# Quality Biology of Medicinal Plants

# 药用植物品质生物学

卢善发 等 编著

科学出版社

北京

# 内 容 简 介

本书概述了药用植物品质生物学与药用植物品质的基本概念,以及遗传因素、环境因子、栽培技术、农药和重金属对药用植物品质形成的影响;阐述了萜类、苯丙烷类、醌类、皂苷类和生物碱活性成分及其生物合成途径,转录因子、非编码 RNA 和 DNA 甲基化及其对药用植物品质形成的调控作用;介绍了药用活性成分、基因组和转录组、植物 miRNA、代谢组、DNA 条形码、药用植物转基因等方面的研究技术及其在药用植物品质生物学研究中的应用。

本书可作为中医药专业本科生和研究生的教材,也可为从事中药学教学、研究和中药生产的人员提供参考。

**图书在版编目(CIP)数据**

药用植物品质生物学/ 卢善发等编著. —北京:科学出版社,2019.1
ISBN 978-7-03-059067-1

Ⅰ. ①药… Ⅱ. ①卢… Ⅲ. ①药用植物学-研究 Ⅳ. ①Q949.95

中国版本图书馆 CIP 数据核字(2018)第 232081 号

责任编辑:陈 新 高璐佳 / 责任校对:严 娜
责任印制:肖 兴 / 封面设计:铭轩堂

科 学 出 版 社 出版
北京东黄城根北街 16 号
邮政编码:100717
http://www.sciencep.com
中国科学院印刷厂 印刷
科学出版社发行 各地新华书店经销
*
2019 年 1 月第 一 版 开本:787×1092 1/16
2019 年 1 月第一次印刷 印张:28
字数:664 000
定价:298.00 元

# 《药用植物品质生物学》编著者名单

**主要编著者：**卢善发

**其他编著者**(按姓名笔画排序)：

| | | | | |
|---|---|---|---|---|
| 王　喆 | 王梅珍 | 王鹏思 | 邓宇星 | 卢　晓 |
| 毕艳孟 | 刘　昶 | 刘　晔 | 刘苗苗 | 刘俊祥 |
| 刘琬菁 | 纪宏亮 | 李　江 | 李东巧 | 李先恩 |
| 李俊飞 | 李晨晨 | 李彩丽 | 杨成民 | 宋经元 |
| 张　慧 | 张西梅 | 张林甦 | 张金兰 | 张建红 |
| 张海燕 | 陈　萌 | 陈海梅 | 罗红梅 | 姜　梅 |
| 徐文忠 | 徐志超 | 高冉冉 | 高微微 | 郭宝林 |
| 隋　春 | 韩建萍 | 潘瑞乐 | 薛　健 | 魏建和 |

# 前　言

　　药用植物是所有经济植物中种类最多，也是非常重要的一类。它既可直接作为草药，又是许多化学药物的重要原料，还广泛用于生产保健食品、食品补充剂、食品调味剂、香水和化妆品等。近年来，随着人口增加、气候变化、环境污染和过度采挖，药用植物面临着野生资源供不应求、品质下降等方面的问题，药用植物的持续供给情况及其安全性和有效性越来越成为人们普遍关心的重要议题。开展高水平基础研究，提升药用植物品质，促进中医药高新技术产业发展势在必行。

　　药用植物品质对应于药材质量，是药材安全性、可靠性和有效性的基础。药用植物品质生物学是研究药用植物品质及其形成过程和规律，揭示药用植物品质形成的调节机制，探讨保障和提升药用植物品质的方式方法的一门科学。药用植物品质生物学研究对药材资源的可持续利用和医药产业的持续发展至关重要。近年来，在广大从事药用植物研究的科研人员的努力下，药用植物品质生物学研究已取得长足进步，获得了许多重要成果，但至今尚未对此进行系统总结，未见药用植物品质生物学相关著作出版。

　　本书是我们在多年从事药用植物品质生物学研究，系统梳理和总结了国内外研究成果的基础上编著而成的。第一章概述了药用植物品质生物学与药用植物品质；第二章至第六章探讨了遗传因素、环境因子、栽培技术、农药和重金属对药用植物品质形成的影响；第七章至第十一章阐述了萜类、苯丙烷类、醌类、皂苷类和生物碱等主要药用植物活性成分的结构、功能、生物合成途径，以及在生物合成途径中发挥催化功能的酶和编码基因；第十二章至第十四章系统总结了转录因子、非编码 RNA 和 DNA 甲基化在药用植物品质形成分子调控机制方面的最新成果；第十五章至第二十章详细介绍了药用活性成分、基因组和转录组、植物 miRNA、代谢组、DNA 条形码、药用植物转基因等方面的研究技术及其在药用植物品质生物学研究中的应用。

　　本书是编著者集体智慧的结晶，撰稿分工如下：第一章卢善发，第二章魏建和、杨成民、陈萌、纪宏亮，第三章高微微、毕艳孟、张西梅、卢晓、李俊飞，第四章李先恩，第五章薛健、郭宝林、王鹏思，第六章徐文忠、张海燕、刘俊祥，第七章张林甦、卢善发，第八章邓宇星、卢善发，第九章王梅珍、刘苗苗、卢善发，第十章罗红梅、刘琬菁、张建红、刘晔，第十一章宋经元、徐志超、高冉冉，第十二章李彩丽、卢善发，第十三章邓宇星、李东巧、卢善发，第十四章李江、卢善发，第十五章潘瑞乐、李晨晨，第十六章姜梅、张慧、陈海梅、刘昶，第十七章卢善发，第十八章王喆、张金兰，第十九章韩建萍，第二十章隋春。感谢中国医学科学院医学与健康科技创新工程（2016-I2M-3-016），国家自然科学基金（81773836、81603225、81573398），现代农业产业技术体系建设专项（CARS-21），科技基础性工作专项（2015FY111500）和贵州省科学技术基金(黔科合基础〔2016〕1137)对本书相关研究工作、编写及出版的资助。

虽然我们已经尽了最大努力，但是限于我们的经验和能力，难免存在疏漏和不足之处，敬请广大科研工作者、老师和同学批评指正。我们将在再版时予以改进。

编著者

2018 年 4 月

# 目　　录

第一章　绪论 ···································································································· 1
　第一节　药用植物品质生物学 ········································································ 1
　第二节　药用植物品质 ················································································· 1
　　一、外部性状和显微特征 ··········································································· 2
　　二、内在质量 ·························································································· 3
　第三节　药效物质形成机制 ············································································ 5
　　一、内在质量影响药效物质形成的因素 ························································· 5
　　二、道地药材及其形成的生物学本质 ···························································· 6
　　三、药效物质形成的分子机制 ······································································ 6
　第四节　提高药用植物品质的途径 ··································································· 8
　第五节　药用植物品质生物学研究展望 ····························································· 9
　参考文献 ··································································································· 9
第二章　遗传因素对药用植物品质形成的影响 ····················································· 13
　第一节　药用植物品质性状的遗传 ································································· 13
　　一、品质性状的可遗传性 ·········································································· 13
　　二、品质性状的主效基因遗传 ···································································· 14
　　三、品质性状的数量遗传 ·········································································· 14
　第二节　药用植物品种选育进展 ···································································· 16
　第三节　药用植物品质育种途径 ···································································· 17
　　一、药用植物种质资源的收集、引种和评价 ················································· 18
　　二、药用植物品质性状的选育方法 ······························································ 19
　参考文献 ·································································································· 23
第三章　环境因子对药用植物品质形成的影响 ····················································· 26
　第一节　地理因子的作用 ············································································· 26
　　一、纬度 ······························································································ 26
　　二、海拔与地势 ······················································································ 27
　第二节　气候因子的作用 ············································································· 27
　　一、光照 ······························································································ 28
　　二、温度 ······························································································ 29
　　三、降水 ······························································································ 30
　第三节　土壤因子的作用 ············································································· 30
　　一、土壤质地 ·························································································· 31
　　二、土壤营养元素 ···················································································· 31
　　三、土壤水分 ·························································································· 33
　　四、土壤微生物多样性 ··············································································· 33

第四节　生物因子的作用 ………………………………………………… 34

一、有益微生物 ………………………………………………………… 34

二、有害微生物 ………………………………………………………… 35

参考文献 …………………………………………………………………… 38

第四章　栽培技术对药用植物品质形成的影响 ………………………… 42

第一节　土壤与施肥 …………………………………………………… 42

一、土壤 ………………………………………………………………… 42

二、施肥 ………………………………………………………………… 44

三、微肥对中药有效成分的作用 ……………………………………… 47

四、稀土元素对中药材的作用 ………………………………………… 47

第二节　繁殖方式 ……………………………………………………… 48

第三节　种植与密度 …………………………………………………… 48

一、播种期 ……………………………………………………………… 48

二、种植密度 …………………………………………………………… 49

第四节　光照与遮阴 …………………………………………………… 50

第五节　水分与灌溉 …………………………………………………… 51

第六节　植株调控 ……………………………………………………… 53

参考文献 …………………………………………………………………… 53

第五章　农药对药用植物品质形成的影响 ……………………………… 57

第一节　农药基础知识及登记情况简介 ……………………………… 57

一、农药基础知识 ……………………………………………………… 57

二、农药登记情况简介 ………………………………………………… 60

第二节　农药产品在药用植物上的使用现状 ………………………… 61

一、违规使用禁限用农药时有报道 …………………………………… 61

二、农药乱用滥用现象严重 …………………………………………… 62

三、植物生长调节剂、除草剂等易被忽视农药品种滥用误用现象严重 … 62

第三节　农药对中药材品质的影响 …………………………………… 63

一、农药对中药材生长发育的影响 …………………………………… 63

二、农药对中药材有效成分的影响 …………………………………… 65

三、农药对中药材成分影响机制研究浅析 …………………………… 67

四、农药残留对中药材安全性的影响 ………………………………… 68

参考文献 …………………………………………………………………… 70

第六章　重金属对药用植物品质形成的影响 …………………………… 73

第一节　重金属的特性及植物对重金属的响应类别 ………………… 73

一、重金属的特性 ……………………………………………………… 73

二、植物对重金属的响应类别 ………………………………………… 74

第二节　重金属对植物的毒害机制 …………………………………… 75

一、离子毒害 …………………………………………………………… 75

二、氧化胁迫 …………………………………………………………… 76

三、遗传毒性 …………………………………………………………… 77

第三节　植物对重金属胁迫的耐性机制 ……………………………… 78

一、抗氧化系统对重金属氧化胁迫的反馈调节 79
二、配位体对重金属的络合作用 83
第四节　植物吸收、转运、积累重金属的分子机制 87
一、根系对重金属离子的吸收 87
二、重金属离子在根系中的横向运输及向木质部导管的装载 87
三、重金属向地上部的长距离运输 88
四、地上部重金属离子的分配 88
第五节　重金属对药用植物品质的影响与调控 89
一、药用植物重金属污染的来源 89
二、重金属对药用植物品质的影响 91
三、重金属对药用植物次生代谢物合成的调控 92
参考文献 93

第七章　萜类活性成分及其生物合成 97
第一节　萜类的分类及其生物活性 97
一、单萜和倍半萜 97
二、二萜 99
三、三萜 104
第二节　萜类的生物合成 106
一、萜类生物合成的三个阶段 106
二、萜类化合物生物合成中的关键酶及其编码基因 109
第三节　萜类合成的调控 112
一、基因型的决定作用 112
二、内部因子对萜类合成的调控 112
三、外部因子对萜类合成的影响 114
第四节　药用植物萜类活性成分研究的前景 115
参考文献 116

第八章　苯丙烷类活性成分及其生物合成 122
第一节　苯丙烷类化合物的结构及功能 125
一、黄酮类 125
二、木质素单体及其衍生物 130
三、酚酸类 131
四、香豆素类 133
五、芪类 135
第二节　苯丙烷类化合物的生物合成途径与关键酶 136
一、苯丙烷代谢总途径 137
二、黄酮生物合成途径 138
三、木质素单体生物合成途径 142
四、酚酸类化合物的生物合成途径 143
五、香豆素类化合物的生物合成途径 146
六、芪类生物合成途径 146
第三节　苯丙烷类化合物研究展望 147
参考文献 147

第九章　醌类活性成分及其生物合成 ･････････････････････････････････････････ 156
　第一节　醌类化合物概述 ･･･････････････････････････････････････････････････ 156
　　一、醌类化合物的结构与分类 ･･････････････････････････････････････････ 156
　　二、醌类化合物在植物中的分布 ･･･････････････････････････････････････ 159
　　三、常见的天然醌类化合物 ･･････････････････････････････････････････････ 160
　第二节　醌类化合物的生物合成 ･･････････････････････････････････････････ 162
　　一、质体醌和泛醌概述 ･･･････････････････････････････････････････････････ 162
　　二、质体醌和泛醌的生物合成途径 ･･････････････････････････････････････ 162
　　三、质体醌和泛醌生物合成途径中的关键酶基因 ･･･････････････････････ 165
　第三节　醌类活性成分的代谢工程 ･････････････････････････････････････････ 169
　第四节　醌类化合物的生理功能 ･･････････････････････････････････････････ 171
　　一、参与电子传递 ･･･････････････････････････････････････････････････････ 171
　　二、参与其他化合物的合成与代谢 ･････････････････････････････････････ 172
　　三、调节细胞信号转导与基因表达 ･････････････････････････････････････ 172
　　四、提高植物抗胁迫能力 ･･････････････････････････････････････････････ 173
　　五、对人类健康的作用 ･･････････････････････････････････････････････････ 174
　　参考文献 ･･････････････････････････････････････････････････････････････････ 174
第十章　皂苷类活性成分及其生物合成 ･････････････････････････････････････ 184
　第一节　皂苷类化合物的结构和活性 ･･･････････････････････････････････････ 184
　　一、人参属植物的三萜皂苷 ･････････････････････････････････････････････ 184
　　二、柴胡皂苷 ････････････････････････････････････････････････････････････ 186
　　三、薯蓣皂苷 ････････････････････････････････････････････････････････････ 187
　　四、其他形式的皂苷 ･･･････････････････････････････････････････････････ 187
　第二节　皂苷类化合物的生物合成途径 ･･･････････････････････････････････ 188
　　一、人参属植物皂苷的生物合成途径 ･･･････････････････････････････････ 190
　　二、柴胡皂苷的生物合成途径 ･･････････････････････････････････････････ 194
　　三、薯蓣皂苷的生物合成途径 ･･････････････････････････････････････････ 194
　　四、其他皂苷的生物合成途径 ･･････････････････････････････････････････ 195
　第三节　皂苷类化合物的异源合成及调控 ･････････････････････････････････ 196
　　一、基因工程合成皂苷类化合物 ･･･････････････････････････････････････ 196
　　二、细胞工程合成皂苷类化合物 ･･･････････････････････････････････････ 198
　　三、皂苷类化合物的生物转化与合成生物学 ･･･････････････････････････ 198
　　参考文献 ･･････････････････････････････････････････････････････････････････ 200
第十一章　生物碱活性成分及其生物合成 ･･･････････････････････････････････ 206
　第一节　生物碱的分类及其生物活性 ･･･････････････････････････････････････ 206
　　一、来源于鸟氨酸 ･･･････････････････････････････････････････････････････ 206
　　二、来源于赖氨酸 ･･･････････････････････････････････････････････････････ 208
　　三、来源于苯丙氨酸-酪氨酸 ･･･････････････････････････････････････････ 209
　　四、来源于色氨酸 ･･･････････････････････････････････････････････････････ 211
　　五、来源于烟酸 ････････････････････････････････････････････････････････ 213
　　六、来源于邻氨基苯甲酸 ･･････････････････････････････････････････････ 213
　　七、来源于组氨酸 ･･･････････････････････････････････････････････････････ 214

　　　　八、来源于氨基化反应·······················································214
　　　　九、来源于萜类·······························································215
　　　　十、来源于甾体·······························································216
　　　　十一、嘌呤及黄嘌呤类生物碱···········································217
　　第二节　生物碱的生物合成···················································217
　　　　一、萜类吲哚生物碱的生物合成·········································217
　　　　二、异喹啉类生物碱的生物合成·········································222
　　第三节　生物碱合成的调控···················································223
　　第四节　药用植物生物碱合成途径研究的前景····························224
　　参考文献·········································································225

第十二章　转录因子及其对药用植物品质形成的调控···················227
　　第一节　转录因子的结构·····················································227
　　　　一、DNA 结合区···························································227
　　　　二、转录调控区···························································228
　　　　三、核定位信号区·························································229
　　　　四、寡聚化位点·····························································229
　　第二节　转录因子的研究方法···············································230
　　　　一、生物信息学分析·····················································230
　　　　二、瞬时转化分析·························································232
　　　　三、突变体表型分析·····················································233
　　　　四、调控网络和组学分析···············································234
　　第三节　转录因子的生物学功能···········································235
　　　　一、参与植物生长发育与形态建成·····································235
　　　　二、转录因子在植物对生物及非生物胁迫响应过程中的调控作用·····237
　　　　三、转录因子在植物次生代谢产物合成中的调控作用··············237
　　第四节　转录因子调控药用植物品质形成································239
　　　　一、转录因子调控药用植物的生长发育·······························239
　　　　二、转录因子参与药用植物的胁迫响应·······························239
　　　　三、转录因子调控药用活性成分生物合成····························239
　　参考文献·········································································242

第一三章　非编码 RNA 及其对药用植物品质形成的调控···············248
　　第一节　非编码 RNA 的种类·················································249
　　　　一、miRNA·································································249
　　　　二、siRNA·································································250
　　　　三、长非编码 RNA·························································251
　　第二节　miRNA 的发现历史和产生途径·····································251
　　　　一、miRNA 的发现历史···················································251
　　　　二、miRNA 的产生途径···················································252
　　第三节　siRNA 的发现历史和产生途径·······································253
　　　　一、siRNA 的发现历史···················································253
　　　　二、siRNA 的产生途径···················································254

第四节　非编码 RNA 的生物学功能·······························256
　　一、植物小 RNA 的生物学功能·····························256
　　二、植物长非编码 RNA 的生物学功能······················257
第五节　非编码 RNA 与药用植物品质形成······················258
　　一、药用植物非编码 RNA 的鉴定·························258
　　二、非编码 RNA 调控药用植物品质形成····················260
　　三、应用非编码 RNA 技术提高药用植物品质················261
参考文献···········································262

第十四章　DNA 甲基化及其对药用植物品质形成的调控···········270
第一节　植物 DNA 甲基化特征······························270
第二节　DNA 甲基化的调控·······························271
　　一、DNA 甲基化的建立·······························271
　　二、DNA 甲基化的维持·······························272
　　三、DNA 甲基化的去除·······························273
第三节　DNA 甲基化的分析技术····························275
　　一、特定位点的甲基化检测技术··························275
　　二、基因组范围的甲基化检测技术························275
第四节　DNA 甲基化的生物学功能··························277
第五节　DNA 甲基化与药用植物品质形成····················278
　　一、药用植物 DNA 甲基化的研究························278
　　二、应用 DNA 甲基化调控药用植物品质··················279
参考文献···········································279

第十五章　药用活性成分分析技术及其在药用植物品质生物学研究中的应用·········284
第一节　色谱法的基本原理及其联用技术····················284
　　一、色谱法的基本原理和分类····························284
　　二、色谱联用技术·································285
第二节　气相色谱法、气相色谱-质谱联用技术及其在药用植物品质生物学
　　　　研究中的应用···································286
　　一、气相色谱法···································286
　　二、气相色谱-质谱联用技术····························289
第三节　高效液相色谱法、液相色谱-质谱联用技术及其在药用植物品质生物学
　　　　研究中的应用···································292
　　一、高效液相色谱法·································292
　　二、液相色谱-质谱联用技术····························296
第四节　毛细管电泳、毛细管电泳-质谱联用技术及其在药用植物品质生物学
　　　　研究中的应用···································299
　　一、毛细管电泳···································299
　　二、毛细管电泳-质谱联用技术··························301
　　三、药用活性成分分析技术在药用植物品质生物学研究中的应用现状及发展趋势·········303
参考文献···········································303

**第十六章　基因组和转录组分析技术及其在药用植物品质生物学研究中的应用** ┄┄┄┄┄ 306

第一节　DNA 测序技术的进展 ┄┄┄┄┄┄┄┄┄┄┄┄┄┄┄┄┄┄┄┄┄┄┄ 306
　　一、测序技术的发展历程 ┄┄┄┄┄┄┄┄┄┄┄┄┄┄┄┄┄┄┄┄┄┄┄ 306
　　二、第一代测序技术 ┄┄┄┄┄┄┄┄┄┄┄┄┄┄┄┄┄┄┄┄┄┄┄┄┄ 308
　　三、第二代测序技术 ┄┄┄┄┄┄┄┄┄┄┄┄┄┄┄┄┄┄┄┄┄┄┄┄┄ 308
　　四、第三代测序技术 ┄┄┄┄┄┄┄┄┄┄┄┄┄┄┄┄┄┄┄┄┄┄┄┄┄ 310

第二节　基因组 *de novo* 测序技术及其应用 ┄┄┄┄┄┄┄┄┄┄┄┄┄┄┄┄┄┄ 313
　　一、基因组 *de novo* 测序技术 ┄┄┄┄┄┄┄┄┄┄┄┄┄┄┄┄┄┄┄┄┄ 313
　　二、物种选择 ┄┄┄┄┄┄┄┄┄┄┄┄┄┄┄┄┄┄┄┄┄┄┄┄┄┄┄┄ 314
　　三、建库与测序 ┄┄┄┄┄┄┄┄┄┄┄┄┄┄┄┄┄┄┄┄┄┄┄┄┄┄┄ 316
　　四、组装与注释 ┄┄┄┄┄┄┄┄┄┄┄┄┄┄┄┄┄┄┄┄┄┄┄┄┄┄┄ 317

第三节　转录组测序技术及其应用 ┄┄┄┄┄┄┄┄┄┄┄┄┄┄┄┄┄┄┄┄┄ 321
　　一、转录组测序技术 ┄┄┄┄┄┄┄┄┄┄┄┄┄┄┄┄┄┄┄┄┄┄┄┄┄ 321
　　二、样本选取 ┄┄┄┄┄┄┄┄┄┄┄┄┄┄┄┄┄┄┄┄┄┄┄┄┄┄┄┄ 322
　　三、建库准备 ┄┄┄┄┄┄┄┄┄┄┄┄┄┄┄┄┄┄┄┄┄┄┄┄┄┄┄┄ 322
　　四、转录组重建和差异表达分析 ┄┄┄┄┄┄┄┄┄┄┄┄┄┄┄┄┄┄┄┄ 324
　　五、生物信息学分析及其在药用植物品质生物学研究中的应用 ┄┄┄┄┄┄┄┄ 325
　　六、差异表达基因验证 ┄┄┄┄┄┄┄┄┄┄┄┄┄┄┄┄┄┄┄┄┄┄┄┄ 326
　　七、基因功能验证 ┄┄┄┄┄┄┄┄┄┄┄┄┄┄┄┄┄┄┄┄┄┄┄┄┄┄ 327

第四节　药用植物 DNA 和 RNA 的提取纯化 ┄┄┄┄┄┄┄┄┄┄┄┄┄┄┄┄┄ 328
　　一、药用植物 DNA 提取纯化 ┄┄┄┄┄┄┄┄┄┄┄┄┄┄┄┄┄┄┄┄┄ 328
　　二、药用植物 RNA 提取纯化 ┄┄┄┄┄┄┄┄┄┄┄┄┄┄┄┄┄┄┄┄┄ 331

参考文献 ┄┄┄┄┄┄┄┄┄┄┄┄┄┄┄┄┄┄┄┄┄┄┄┄┄┄┄┄┄┄┄┄ 333

**第十七章　植物 miRNA 分析技术及其在药用植物品质生物学研究中的应用前景** ┄┄ 337

第一节　小 RNA 分离和序列测定 ┄┄┄┄┄┄┄┄┄┄┄┄┄┄┄┄┄┄┄┄┄ 337
　　一、小 RNA 分离与纯化 ┄┄┄┄┄┄┄┄┄┄┄┄┄┄┄┄┄┄┄┄┄┄┄ 337
　　二、小 RNA 克隆与测序 ┄┄┄┄┄┄┄┄┄┄┄┄┄┄┄┄┄┄┄┄┄┄┄ 337

第二节　小 RNA 种类鉴定 ┄┄┄┄┄┄┄┄┄┄┄┄┄┄┄┄┄┄┄┄┄┄┄┄ 339

第三节　miRNA 表达和定位分析 ┄┄┄┄┄┄┄┄┄┄┄┄┄┄┄┄┄┄┄┄┄┄ 339
　　一、miRNA Northern 杂交技术 ┄┄┄┄┄┄┄┄┄┄┄┄┄┄┄┄┄┄┄┄ 340
　　二、miRNA 实时定量 PCR 技术 ┄┄┄┄┄┄┄┄┄┄┄┄┄┄┄┄┄┄┄┄ 340
　　三、miRNA microarray 和小 RNA-seq 技术 ┄┄┄┄┄┄┄┄┄┄┄┄┄┄┄ 342
　　四、miRNA 组织定位技术 ┄┄┄┄┄┄┄┄┄┄┄┄┄┄┄┄┄┄┄┄┄┄ 343

第四节　miRNA 靶基因预测与实验验证 ┄┄┄┄┄┄┄┄┄┄┄┄┄┄┄┄┄┄ 344
　　一、miRNA 靶基因预测 ┄┄┄┄┄┄┄┄┄┄┄┄┄┄┄┄┄┄┄┄┄┄┄ 344
　　二、改进的 5′RLM-RACE 法验证靶基因 ┄┄┄┄┄┄┄┄┄┄┄┄┄┄┄┄ 344
　　三、降解组高通量测序法验证靶基因 ┄┄┄┄┄┄┄┄┄┄┄┄┄┄┄┄┄ 346

第五节　miRNA 转基因研究技术 ┄┄┄┄┄┄┄┄┄┄┄┄┄┄┄┄┄┄┄┄┄ 346
　　一、miRNA 功能获得 ┄┄┄┄┄┄┄┄┄┄┄┄┄┄┄┄┄┄┄┄┄┄┄┄ 346
　　二、miRNA 功能丧失 ┄┄┄┄┄┄┄┄┄┄┄┄┄┄┄┄┄┄┄┄┄┄┄┄ 348

第六节　植物 miRNA 分析技术在药用植物品质生物学研究中的应用前景 ┄┄┄┄┄ 349

参考文献 ┄┄┄┄┄┄┄┄┄┄┄┄┄┄┄┄┄┄┄┄┄┄┄┄┄┄┄┄┄┄┄┄ 350

**第十八章　代谢组分析技术及其在药用植物品质生物学研究中的应用** ……………… 355

第一节　代谢组学简介 …………………………………………………………… 355
　一、代谢组与代谢组学 ………………………………………………………… 355
　二、药用植物代谢组学 ………………………………………………………… 355

第二节　代谢组学分析技术 ……………………………………………………… 356
　一、样品前处理技术 …………………………………………………………… 356
　二、色谱分离技术 ……………………………………………………………… 359
　三、质谱及其联用技术 ………………………………………………………… 361
　四、核磁共振技术 ……………………………………………………………… 362
　五、化学计量学 ………………………………………………………………… 363
　六、代谢途径和代谢网络分析 ………………………………………………… 363
　七、代谢流组学和质谱成像组学分析技术 …………………………………… 365

第三节　代谢组学分析策略 ……………………………………………………… 365
　一、多种不同功能特点仪器联用 ……………………………………………… 365
　二、基于保留时间与结构关系建立的未知化合物定性策略 ………………… 367
　三、基于多级特征质谱碎片建立的未知化合物发现与定性策略 …………… 368
　四、无对照品的多目标化合物定量策略 ……………………………………… 369
　五、轮廓表征策略 ……………………………………………………………… 370
　六、代谢组学分析方法的验证和数据质量保证 ……………………………… 370

第四节　代谢组学在药用植物品质生物学研究中的应用 ……………………… 371
　一、应用代谢组学技术研究遗传因素对药用植物品质形成的影响 ………… 371
　二、应用代谢组学技术研究环境条件对药用植物品质形成的影响 ………… 372
　三、应用代谢组学技术研究栽培和采收加工对药用植物品质形成的影响 … 373
　四、应用代谢组学技术研究农药对药用植物品质的影响 …………………… 373

参考文献 …………………………………………………………………………… 374

**第十九章　DNA 条形码技术及其在药用植物品质生物学研究中的应用** …… 378

第一节　DNA 条形码技术 ……………………………………………………… 379

第二节　DNA 条形码在药用植物及中药材鉴定中的应用 …………………… 380
　一、DNA 条形码在种子/种苗鉴定中的应用 ………………………………… 380
　二、DNA 条形码在药用植物鉴定中的应用 ………………………………… 380
　三、DNA 条形码在中药材鉴定中的应用 …………………………………… 381
　四、DNA 条形码在粉末鉴定中的应用 ……………………………………… 382
　五、叶绿体超级条形码 ………………………………………………………… 384

第三节　DNA 条形码在中成药鉴定中的应用 ………………………………… 385
　一、Meta-barcode 在中药材和中成药鉴定中的应用 ………………………… 385
　二、分子身份证及其在中成药鉴定中的应用 ………………………………… 386

第四节　基于 SNP 的快速检测方法在中药材和中成药鉴定中的应用 ……… 388
　一、管盖芯片 …………………………………………………………………… 388
　二、纳米金法 …………………………………………………………………… 389
　三、试纸条法 …………………………………………………………………… 389

第五节　DNA 条形码溯源技术及其在中药材流通中的应用 ………………… 390
　一、溯源技术研究方法及进展 ………………………………………………… 390

二、中药材流通过程的关键信息 ································································· 394

三、溯源技术在中药材中的应用现状及发展趋势 ······································· 396

第六节　DNA 条形码技术在药用植物品质生物学研究中的优缺点 ··············· 396

参考文献 ····································································································· 398

**第二十章　药用植物转基因技术** ············································································ 405

第一节　转基因载体的构建 ········································································· 406

一、目的基因的分离 ············································································· 406

二、目的基因与载体的连接 ···································································· 407

第二节　以获得转基因植株为目标的遗传转化 ················································ 409

一、根癌农杆菌介导法 ·········································································· 410

二、基因枪转化法 ················································································ 412

第三节　以获得转基因毛状根为目标的遗传转化 ············································ 416

第四节　定点修饰的基因编辑技术 ································································ 419

参考文献 ····································································································· 422

**名词索引** ··········································································································· 427

# 第一章 绪 论

药用植物种类丰富，联合国粮食及农业组织(FAO)估计全世界药用植物超过 52 000 种(Schippmann et al.，2002)。其中，中国的药用植物 11 146 种，隶属于 383 科 2309 属，约占中药资源总数的 87%(张惠源等，1995)。药用植物是所有经济植物中种类最多的一类，也是非常重要的一类。世界卫生组织(WHO)估计发展中国家大约 80%的人口依赖植物制剂治疗疾病(Dushenkov and Raskin，2008)。除了直接作为草药，药用植物还是许多化学药物的重要原料，目前 1/3 以上的临床用药来源于植物提取物或其衍生物(陈士林和宋经元，2016)。此外，药用植物还广泛用于生产保健食品、食品补充剂、食品调味剂、香水和化妆品等。这些使药用植物市场成为一个正在蓬勃成长的巨大市场。据 WHO 估计，当前全球每年对药用植物的需求约为 140 亿美元，到 2050 年将达 50 000 亿美元(Tripathy et al.，2015)，可见药用植物是高价值的战略资源。但是，随着人口增加，环境恶化，以及对药用植物资源的掠夺式采收，药用植物正面临着野生资源丢失、品质下降等多方面的问题，药用植物的持续供给情况及其安全性和有效性越来越成为人们普遍关心的重要议题。

## 第一节 药用植物品质生物学

药用植物品质生物学是研究药用植物品质及其形成过程和规律，揭示药用植物品质形成的调节机制，探讨保障和提升药用植物品质的方式方法的一门科学。主要内容包括遗传因素、环境条件、栽培措施、采收加工、农药和重金属等对药用植物品质的影响；萜类、苯丙烷类、醌类、皂苷类和生物碱等药用活性成分及其生物合成途径；转录因子、非编码 RNA 和 DNA 甲基化等对药用植物品质形成的调控作用；药用活性成分分析技术、基因组和转录组分析技术、植物 miRNA(microRNA，微 RNA)分析技术、代谢组分析技术、DNA 条形码技术、药用植物转基因技术及这些技术在药用植物品质生物学研究中的应用等。这些研究对揭示药用植物品质形成的生物学本质，对药材资源的可持续利用和医药产业的持续发展，以及对保障人们用药的安全性、可靠性和有效性至关重要。

药用植物品质生物学与生药学及中药资源学、中药栽培学、中药药理学、中药化学、中药鉴定学等中药学分支学科关系密切，互相支撑发展。植物学、动物学、微生物学、分子生物学、生物化学、基因组学、表观遗传学等生物学分支学科为药用植物品质生物学提供基础理论和研究技术。事实上，正是这些学科的发展，强有力地推动了药用植物品质生物学研究。

## 第二节 药用植物品质

药用植物品质对应于药材质量，包括外部性状和显微特征及内在质量等，与种质、产地、生长年限、生长环境、农药使用、老嫩程度、药用部位、采收季节和加工方式等密切相关。评价药用植物品质往往需要从多个方面进行综合判断。鉴别方法包括基源鉴定法、性状鉴定法、显微鉴定法、理化鉴定法和生物鉴定法等。

## 一、外部性状和显微特征

外部性状是药用植物品质最直观的标志,包括大小、重量、形态、质地、色泽、气味等(王凌诗和王良信,1999;武孔云和孙超,2010)。有些性状可以直接观测,有些则需要借助显微镜。

### (一)大小和重量

一般来说,个头大、个体重量重的药材品质较好,个头小、个体重量轻的品质较差。其往往与药用植物生长年限有关,生长年限越长,个头越大、个体重量越重。但是,大小、重量与品质和年限的关系不可绝对化,特别是栽培的药用植物,栽培措施及生长调节剂如膨大剂的使用等会影响个体的大小和重量,进而影响品质。另外,需要注意的是,有时候个头大的不一定药用活性成分含量就高,例如,人参须根中人参皂苷的含量就比主根高,这是因为人参皂苷主要存在于根皮部分。对于较大的材料,大小容易直接观测出来,而小材料如种子和小的果实,如果需要,可以借助显微镜测量。

### (二)形态

药用植物的形态与品质有关。例如,品质好的当归主根肥大而且长,支根少且粗壮,而品质差的主根较短,支根多且细(何婷等,2014)。又如,品质最好的黄芪的根系为鞭杆型,直根型次之,鸡爪型最差(王凌诗和王良信,1999)。利用扫描电镜观察五味子及其变种,发现不同五味子的种皮表面和种皮横切面存在一定差异。通过分析种皮的凹凸程度、栅栏厚壁细胞腔、石细胞层次、晶体的类型与分布等特征可以区分五味子种子的基源(凌云和汤国华,1991),帮助评价药材品质。

### (三)质地

质地包括粉性、绵性、柴性、油性等,是品质评价标准之一。例如,黄芪以绵性大、粉性足者为优(王凌诗和王良信,1999);巴豆以种子饱满、种仁油性足为好;同样,肉桂以油性足者为佳。一般来说,韧皮纤维多,则绵性大;木纤维多,则柴性大;细胞内淀粉粒多,则粉性大(王凌诗和王良信,1999)。用手触摸能大体判断材料的软硬;通过弯曲、折断判断它的脆性及断面的特征,如纤维性、颗粒情况、光滑和粗糙程度等。如果需要,可以用6倍或10倍的放大镜观察切面的特征(WHO,1998)。

### (四)色泽

色泽是药材品质评价的一项重要指标,与药材所含化学成分的种类与数量有关(武孔云和孙超,2010)。例如,丹参以红色、丹参酮ⅡA含量高者为佳;黄连以黄色、小檗碱含量高者为佳;紫草以紫色、乙酰紫草素含量高者为佳;延胡索块茎以断面黄色、延胡索乙素含量高者为佳。

### (五) 气味

与色泽一样，药用植物的气味也与其所含化合物有关(武孔云和孙超，2010)。有些药用植物或药材有特殊的芳香气，如薄荷、肉桂、沉香、艾纳香、陈皮等；有些有腥气，如鱼腥草；有些有臭气，如阿魏。这些气味来源于一些挥发性成分。此外，黄连因小檗碱和黄连碱而味苦，甘草因甘草酸而味甜，姜因姜辣素而味辛辣，乌梅因柠檬酸和苹果酸而味酸，五倍子因鞣酸而味涩(刘世刚，1987)。

## 二、内在质量

药用植物的内在质量包括药效物质的种类和含量、内源有毒物质的种类和含量，以及外源污染物的种类和含量等。

### (一) 药效物质

药效物质的种类和含量与疗效密切相关，是最重要的药用植物品质指标。目前已知的药效物质主要是一些次生代谢产物，如萜类、苯丙烷类、醌类、皂苷类和生物碱等。药效物质含量越高，疗效越显著，品质越好。需要注意的是，一种药用植物往往产生多种药效成分，不同成分通过不同途径产生不同的生物学效应，具有多成分性、多靶点性和多种效应性的特点(邢俊波和李萍，2003)。例如，丹参的药用活性成分包括脂溶性的二萜醌类化合物(丹参酮)和水溶性的酚酸类化合物(丹酚酸)两大类，其中已分离得到的丹参酮类化合物有40多个，丹酚酸类化合物有20多个(宋经元等，2013)。此外，丹参还含有黄酮、原花青素等其他重要酚类化合物。丹参酮主要用于治疗心脑血管系统疾病，而丹酚酸具有抗肝纤维化、抗脂质过氧化、改善肾功能、缓解尿毒症等方面的功能(Wang et al.，2007)。

药用植物的临床疗效是多成分、多靶点、多途径协同作用的结果，不同成分的含量和比例不同，产生的疗效不尽相同，因此分析单一或几个化合物的含量有时难以全面评价药用植物的品质。为了解决这一问题，人们通过建立指纹图谱，分析谱效关系来评价药用植物的品质，内容包括采用高效液相色谱法(HPLC)、气相色谱法(GC)和色谱-质谱联用等分析方法建立可有效代表中药化学信息的指纹图谱，分析指纹峰的成分；建立合适的药效评价模型，选择合适的药效指标，获得药效学数据；采用相关分析、回归分析、主成分分析、典型相关分析、聚类分析、灰色关联度分析、图谱对比等数据处理方法，将指纹峰与药效数据关联，建立谱效模型(曾令军等，2015)。

### (二) 内源有毒物质

很多药用植物含有内源有毒物质(国家药典委员会，2015)。与药效物质一样，内源有毒物质多数是药用植物产生的次生代谢产物，如马兜铃酸和麻黄碱。马兜铃酸是一类硝基菲羧酸，主要存在于马兜铃科马兜铃属和细辛属植物中，由酪氨酸在一系列酶的作用下，经左旋多巴（L-DOPA）、多巴胺等 9 个中间体合成，具有致癌性、细胞毒性和肾毒性（Comer et al.，1969；Dembitskya et al.，2015），会引发肾纤维化、肝脏损伤和膀胱癌。含马兜铃酸的药材已被许多国家限制进口，但在有些中药中还是被检出，引起人们对中药安全性的担心（Coghlan et al.，2012）。麻黄碱为麻黄科麻黄属植物的药效成分，为含氮有机化合物，是一类生物碱。它有较大的毒性作用，会引起头晕、头痛、脱水、呕吐、心脏病发作、脑卒中，甚至死亡（Haller and Benowitz，2000；Bent et al.，2003；Shekelle et al.，2003）。2004 年美国食品药品监督管理局（FDA）把麻黄列为有毒植物，禁止销售含麻黄的产品（Coghlan et al.，2012）。由于内源有毒物质的存在，为了提高用药的安全性，使用药用植物时需要特别注意用药剂量、给药途径，注意配伍的合理性、使用人员个体的差异性等。

### （三）外源污染物

外源污染物会严重影响药用植物的品质。其主要包括重金属、农药、二氧化硫等熏蒸剂、有机溶剂、多环芳香族碳氢化合物（PAH）、霉菌等微生物及其毒素等（WHO，1998；薛健等，2008）。这些外源污染物的不断积累和协同增效，会对人类的身体健康产生多方面不利影响，如影响雄性激素和雌性激素分泌，干扰内分泌系统和免疫系统，导致不育、癌症和畸形等。因此，药用植物中应不含这些污染物，或至少应当控制在安全水平（Tripathy et al.，2015）。

重金属是指密度大于 $5g/cm^3$ 的金属。它们的摩尔质量为 $63.5\sim200.6g/mol$。药用植物中主要的有毒重金属有汞（Hg）、铅（Pb）、镉（Cd）和砷（As）[①]等，可引起肾衰竭、慢性毒性和肝脏损伤，Hg 和 Pb 还会影响儿童的发育（薛健等，2008；Tripathy et al.，2015）。其主要来源于土壤、水和空气，也可来源于化肥、农药等（Tripathy et al.，2015）。重金属污染在很多国家的药用植物中都有报道（Caldasa and Machado，2004；Dogheim et al.，2004；薛健等，2008；Harris et al.，2011；Okatch et al.，2012；Kulhari et al.，2013；Tripathy et al.，2015），是一个世界性问题。

药用植物中另一类重要的外源污染物为真菌毒素，主要有黄曲霉毒素、赭曲霉毒素、镰刀菌毒素、烟曲霉毒素等。这些毒素的毒性很大，其中黄曲霉毒素还是非常强的致癌物。真菌毒素污染的问题在发展中国家表现得更为突出一些（Abeywickrama and Bean，1991；Ali et al.，2005；Kong et al.，2013，2014；Rashidi and Deokule，2013；Lee et al.，2015；Tripathy et al.，2015）。药材中的真菌毒素污染与药用植物的种类、生长环境及药材的处理过程和贮存条件等有关（薛健等，2008；Tripathy et al.，2015）。

药材农药残留污染问题是人们普遍关心的问题，形势严峻。中国、巴西、埃及、印度、葡萄牙、韩国等国的药材中都曾报道发现了农药残留（Tripathy et al.，2015）。绿色和平组织的数据表明，90%被抽检的中药材有农药残留。杨婉珍等（2017）分析了 140 篇文献中的 7089 条中药材农药含量数据，发现 170 种中药材中有 33 种农药残留超过《欧洲药典》中规定的农药残留限量标准。这些残留农药可能来源于：①药用植物生长环境中

① 砷为非金属，鉴于其化合物具有金属性，本书将其归为重金属

的土壤、水源、空气；②种植过程中种植人员使用的过量或禁用农药；③药材贮存过程中喷洒或用于熏蒸的农药；④炮制加工过程中通过辅料引入的农药等(薛健等，2008)。因此，加快推进药材使用农药登记，加强植保专业人才培养，规范农药使用，开展病虫害绿色防控，降低农残污染，制订不同类型的中药材农残标准，对提高药用植物的品质至关重要(陈君等，2016；康传志等，2016)。

# 第三节 药效物质形成机制

## 一、内在质量影响药效物质形成的因素

药效物质的形成由遗传物质决定，受外部环境和栽培措施等影响。

### (一)遗传物质

药效物质往往是一些具有特殊结构的次生代谢产物。它们是自然选择、植物进化的结果。同一种药效物质一般只产生于分类学上相关的植物类群中。它们的基因组中含有产生同一药效物质所必需的蛋白编码基因，其中有些基因来源于细菌或真菌，通过基因水平转移(horizontal gene transfer)转到植物基因组中，而另一些则可能是在植物进化过程中产生的，通过基因垂直转移(vertical gene transfer)在植物的亲代和子代间传递(Wink，2010)。在传递过程中，有的基因会扩增，有的会丢失，基因序列也会发生变化，导致编码的蛋白改变或丧失了酶的活性或功能，使得相关类群的植物产生同一种药效物质的多少不同，有的可能失去产生该化合物的能力，有的则可能产生新的化合物。因此，药效物质产生的决定性因素是遗传物质。

### (二)外部环境

很多药效物质在特定时间产生，在表皮、皮层、花、果实、种子等植物抵御外部胁迫的关键组织部位积累。它们是植物适应环境胁迫及与其他植物、动物、微生物和病毒交流的信号分子或防御物质。为了协同应对外部不利因素，不同类型的化合物经常同时产生，靶向不同的外部因素或同一外部因素的不同方面(Wink，2010)。可见，外部因素对药效物质的产生发挥了重要的调控作用。大量研究表明，环境因子，包括光照、温度、水分、土壤、空气、海拔、纬度等，对药效物质的合成有显著的影响(王义等，1996；武孔云和孙超，2010)。分析不同产地青蒿中青蒿素的含量发现：秦岭—淮河以南的青蒿中青蒿素含量较高，以北的青蒿中含量较低；青蒿素的合成受光照和温度的影响最为显著(Li et al.，2017)。分析中国东北、北京、山东三大中国西洋参主产区人参皂苷的含量与环境因子的关系发现：中国产西洋参分为人参皂苷 $Rb_1$-Re 山海关外型和 $Rg_2$-Rd 山海关内型两大化学生态型；化学生态型的形成及分化与其所在气候地理环境变异相关(黄林芳等，2013)。除了受环境因子调控，药效物质的合成还受动物、微生物等生物因子的影响。动物啃食、病原菌侵染等都有可能诱导特定次生代谢产物的产生(Zhao et al.，2010；Fettig et al.，2012；Jiang et al.，2017)。

### （三）栽培措施

历史上我国中药材主要依靠野生资源，20 世纪 50 年代我国开始大力发展中药材的栽培或养殖，经过 50 多年的努力，中药材人工种植取得了可喜成绩，种植总面积已有约 140 万 $hm^2$，600 多种常用中药材中的近 300 种已经开展人工种植或养殖(魏建和等，2015)。研究发现，栽培措施会对药效物质的形成产生显著的影响。例如，在北京秋播的灰色糖芥，次年生长良好，苷类成分的含量高，而春播的则不开花结果，苷类成分的含量也低(武孔云和孙超，2010)。西洋参的产量和有效成分含量以采用双透棚栽培的最高，单透棚的其次，蓝色参用膜的最低(陈庭甫，2008)。栽培措施主要通过改变药用植物生长过程中的温度、光照、水分、土壤微生物、土壤 pH 和养分等外部环境因素来调节药效物质的合成(Canter et al.，2005)。此外，栽培过程中农药的使用也会对药效物质的形成产生显著影响。

## 二、道地药材及其形成的生物学本质

道地药材是中国几千年悠久文明史及中医药发展史的特有概念，集地理、质量、经济、文化概念于一身(陈士林和肖培根，2006)。它通常指特定种质在具有悠久生产历史的特定产区采用特定的生产技术和加工方法生产的质量优良、疗效显著的中药材，是优质药材的代表(郭宝林，2005；孟祥才和王喜军，2008；陈士林和宋经元，2016)。它的形成既受遗传因素的控制，又受环境条件的影响，还与人文作用有关(肖小河等，1995；陈士林和宋经元，2016)，形成模式有生境主导型、种质主导型、技术主导型、传媒主导型及多因子关联决定型等(肖小河等，1995)。

道地药材形成的生物学本质就是优良的药用植物种质在适宜的特定环境条件下形成高品质药材的复杂生物学过程，涉及药用植物资源、遗传变异、表观遗传、胁迫和防御响应等诸多生物学领域，与细胞内基因组 DNA 序列、酶基因的表达、转录因子和非编码 RNA 及 DNA 甲基化的调控、蛋白质的修饰等密切相关。

## 三、药效物质形成的分子机制

药效物质的形成是一个非常复杂的生物学过程，需要在细胞内通过特异的生物合成途径，在一系列功能特异的酶的作用下，经历一系列的酶促反应后才能完成。许多参与药效物质合成的酶具有很强的时空特异性，酶的活性和编码基因的表达受到高度调控，使得药效物质往往在特定的植物类群、特定的植物生长发育阶段、特定的组织部位或者特定的外部条件下合成。药效物质形成的分子机制研究包括阐明生物合成途径及进化过程，克隆与鉴定参与的酶与编码基因，解析酶基因的表达调控机制及相关信号的转导途径，探讨蛋白的定位与活性调节机制，也涉及分析药效物质的转运、贮藏和降解机制及药效物质的生理生态作用等诸多方面。近年来，随着分子生物学、细胞生物学、代谢组学和基因组学的发展，药效物质形成的分子机制研究取得了很大的进展。

目前，对萜类、苯丙烷类、醌类、皂苷类和生物碱等药效物质生物合成途径的上游部分研究得比较清楚，很多关键酶的编码基因已经被克隆，有的酶分子的空间结构已经被解析，关于参与基因表达调控的转录因子和非编码 RNA 也已经有一些研究。这些上游途径的物种特异性一般不强。例如，萜类化合物的生物合成大体可分为以下三个阶段：①初生代谢产物乙酰辅酶 A（CoA）、丙酮酸和甘油醛-3-磷酸经过质体途径（DXP/MEP）和胞质途径（MVA）合成所有萜类化合物的共同前体异戊烯基焦磷酸（IPP）和二甲基烯丙基焦磷酸（DMAPP）；②合成不同类型萜类化合物中间前体牻牛儿基焦磷酸（GPP）、法尼基焦磷酸（FPP）、牻牛儿基牻牛儿基焦磷酸（GGPP）；③合成特异终产物（Ma et al.，2012；Zhang and Lu，2017）。其中，第一和第二阶段有大约 17 种酶参与。这些酶由小的基因家族编码，进化上比较保守。DXP/MEP 途径在植物中普遍存在，而 MVA 途径不仅广泛存在于植物中，在动物和真菌中也存在。又如，苯丙烷代谢途径中从苯丙氨酸或酪氨酸在苯丙氨酸解氨酶（PAL）、酪氨酸解氨酶（TAL）、肉桂酸-4-羟化酶（C4H）、4-香豆酰辅酶 A 连接酶（4CL）等的催化下形成苯丙烷类化合物共有前体对香豆酰辅酶 A 的苯丙烷代谢共有途径广泛存在于植物、真菌或细菌中。PAL、查耳酮合酶（CHS）等一些参与这些合成途径上游部分的酶的编码基因是在植物进化的早期从细菌或真菌通过基因水平转移进入植物基因组中的（Emiliani et al.，2009；Wink，2010）；而 MVA 途径相关酶的编码基因可能在生命的共同祖先中就已存在（Lombard and Moreira，2011）；另外，某些基因，如二萜合酶基因 di-TPS，可以从植物中经过基因水平转移进入真菌（Fischer et al.，2015）。

与上游共有途径不同，多数药效物质生物合成途径的下游部分研究虽然已经取得了一些进展，但总体上还是很不清楚。例如，二萜类化合物丹参酮合成途径的下游，目前已经知道萜类合酶 SmKSL1 催化形成的次丹参酮二烯在 CYP76AH1、CYP76AH3 和 CYP76AK1 等细胞色素 P450 的催化下产生铁锈醇、11-羟基铁锈醇、柳杉酚、11-羟基柳杉酚、11,20-二羟基铁锈醇、11,20-二羟基柳杉酚和 10-羟甲基四氢丹参新酮等化合物（Guo et al.，2013，2016），但是进一步形成隐丹参酮、丹参酮Ⅰ、丹参酮ⅡA 等药效成分的过程、起催化作用的酶及其编码基因等还不清楚（Ma et al.，2012；Zhang and Lu，2017）。毛地黄强心苷类化合物的生物合成经历萜类化合物骨架合成、甾类化合物合成和强心苷类化合物合成三个阶段，其中对前两个阶段的研究比较透彻，但有些参与第三个阶段的酶及其编码基因还有待鉴定（Wu et al.，2012a）。与此类似，丹参酚酸类化合物丹酚酸 B 等药效物质由迷迭香酸聚合形成的过程、植物泛醌类化合物如药效物质辅酶 Q10 生物合成的下游途径及相关酶的编码基因等也有待研究（Hou et al.，2013；Liu and Lu，2016）。这些下游途径有很强的物种特异性。正是由于这种特异性，人们对其开展的研究还不多，不过，深入研究下游途径的酶及编码基因对彻底阐明特异药效物质形成的分子机制有非常重要的意义。这些功能特异的酶和编码基因与药效物质在特定的植物生长发育阶段、特定的组织部位、特定的外部条件下合成密切相关。

药效物质的形成受外部因素和栽培措施等的影响。它们依赖信号转导途径，通过影响基因调控网络来调节药效物质的合成。在此过程中，转录因子、非编码 RNA、DNA 甲基化和去甲基化酶等发挥了重要的调控作用。其中，转录因子是一类能与基因启动子上顺式作用元件结合，抑制或激活基因表达的蛋白质分子。已知的参与调控药效物质生物合成的转录因子很多，包括 MYB、WRKY、SPL、AP2/ERF、bHLH 等（Li and Lu，2014；

Zhang et al.，2014，2015；Li et al.，2015a；Ma et al.，2017）。非编码 RNA 包括长非编码 RNA 和小分子非编码 RNA。它们不编码蛋白质，在 RNA 水平发挥作用。至今已经从很多药用植物中鉴定出非编码 RNA，初步的研究表明，有些非编码 RNA 参与了药效物质生物合成的调控（Qiu et al.，2009；Wu et al.，2012b；周芳名等，2013；Xu et al.，2014；Li et al.，2015b；Wang et al.，2015；Wei et al.，2015）。DNA 甲基化酶和 DNA 去甲基化酶负责在 DNA 上添加或去除甲基基团。这个过程不改变 DNA 序列，但可影响基因表达，进而改变药用植物生长发育、药效物质合成等遗传表现，是表观遗传学的重要内容（Lavania et al.，2012；Wang et al.，2012；Kuo et al.，2015）。这些因子不仅调控药效物质的合成，还参与调节它们的转运、贮藏和降解。

在植物细胞内，作为次生代谢产物，多数药效物质在细胞质中合成，也有一些通过 DXP/MEP 途径合成的生物碱、呋喃香豆素类化合物、单萜和二萜类化合物在叶绿体中合成，另外，内质网、线粒体等细胞器也是部分生物碱和脂溶性化合物的合成部位（Wink，2010）。一般来说，水溶性成分合成后，通常会在转运子（transporter）的作用下转运到液泡中，而脂溶性成分则会被转运到类囊体膜、乳管、树脂道、腺毛和表皮毛中或角质层外（Wink，2010）。此外，有的脂溶性成分会与极性分子结合后再贮藏于液泡中。有些化合物，如生物碱和强心苷类化合物，在一个部位合成以后，还会通过木质部或韧皮部进行长距离运输并转运到其他部位。有的化合物积累以后，会在葡萄糖苷酶、酯酶和其他水解酶等的作用下降解（Wink，2010）。与生物合成研究相比，药效物质的转运、积累和降解方面的研究比较薄弱，相关的分子机制还不是很清楚。

## 第四节　提高药用植物品质的途径

高品质药用植物是药材安全性、可靠性和有效性的根本保证。提高药用植物品质的途径很多，包括培育高产优质的种质，创造良好的环境条件，采用科学的栽培技术及合适的采后加工和贮藏方法，制订科学、合理、可行的质量标准和规章制度等。有时单一措施难以取得成效，需要多管齐下，从多个方面入手。

种质是药用植物品质的源头，是内因，是药用植物品质的决定性因素。优良药用植物种质培育主要是采用传统的常规育种方法，如引种驯化、无性系培育、化学或辐射诱变育种、组织培养脱毒、系统选育、杂交育种等。通过这些方法，目前已培育出 200 多个药用植物新品种（杨成民等，2013）。除了常规育种方法，分子标记、分子设计、基因工程等分子育种新技术、新手段将在药用植物新种质的培育中发挥越来越重要的作用（杨成民等，2013）。特别是近年来，药用植物基因资源日趋匮乏，人们对药材的需求日益增加，加紧药用植物基因资源的研究和挖掘，利用代谢工程和基因工程育种技术，定向培育生长发育状况优良、抗逆抗病性强、药用活性成分含量高、非药效毒性成分显著降低的药用植物新品种的任务显得尤为紧迫。此外，利用合成生物学技术，将药用活性成分生物合成途径移植到农作物或其他植物中，创建可生产药用活性成分的植物新品种，或者通过细胞和组织的离体培养，利用细胞工厂，生产药用活性成分，是优良药用植物种质培育的有益补充（Ramirez-Estrada et al.，2016）。

环境条件是决定药用植物品质的重要因素。在充分研究的基础上，根据不同药用植物对光照强度、光照时间、温度、昼夜温差、水分、土壤微生物、土壤 pH、土壤养分、空气、海拔、纬度等生长环境条件的不同需求，选择最佳的栽培地点，创造最适宜的生态环境条件，才能培养出高品质的药用植物。这就需要加强环境保护，大力开展产地生态适宜性研究(陈士林，2011)，发展中药生态农业、有机农业、绿色农业(郭兰萍等，2017)，开发适合药用植物生长发育及药效物质合成的设施。

栽培技术及采后加工和贮藏方法对药用植物的品质有很大的影响。不同药用植物的生长习性不同，要根据植物的生长特性，选择轮作、套种或间种的种植方式，确定合适的播种时间，合理施肥并注意减少化肥、农药、激素、抗生素的使用；根据植物生长发育情况、药用部位、生长年限和药效活性成分的积累规律，确定采收期(武孔云和孙超，2010；陈德煜，2011)；根据药材的质地及药效成分和有毒成分的特性，制定科学、客观、可操作性强的采收加工方案，选择炮制方法和干燥方法(陈德煜，2011)；采用科学合理的贮藏方法，注意贮藏时间及贮藏温度、湿度的控制，防止霉烂、虫蛀、变色、泛油等现象的发生(武孔云和孙超，2010)。

此外，科学、合理、可行的质量标准和规章制度是培育高品质药用植物的有力保障。具体有药用植物规范化标准化种植、农药使用的规定、农药残留限量标准等。

## 第五节　药用植物品质生物学研究展望

近年来，药用植物品质生物学研究蓬勃发展，在药用植物品质形成的过程、规律、调控机制，以及保障和提升药用植物品质的方式方法等方面都取得了长足进步，其中药效物质形成和调控的分子机制及药用植物品质生物学研究新方法的建立等方面的成果尤其突出。这些成果为进一步揭示药用植物品质形成的生物学本质，提升药用植物的品质，保障优质药材的供给奠定了良好基础，对药材资源的可持续利用和医药产业的持续发展具有重要意义。但是，也应该看到，与模式植物和农作物相比，药用植物的生物学研究还比较薄弱，有很多问题还有待进一步研究，距离彻底阐明药用植物品质形成的机制，保障药材的安全性、可靠性和有效性，满足人们不断增长的用药需求还很远。药用植物品质生物学研究任重而道远。

### 参 考 文 献

陈德煜. 2011. 中药材采收加工环节对其质量的影响. 中国中医药现代远程教育, 9(11): 87-88.

陈君, 徐常青, 乔海莉, 等. 2016. 我国中药材生产中农药使用现状与建议. 中国现代中药, 18: 263-270.

陈士林. 2011. 中国药材产地生态适宜性区划. 北京: 科学出版社.

陈士林, 宋经元. 2016. 本草基因组学. 中国中药杂志, 41: 3881-3889.

陈士林, 肖培根. 2006. 中药资源可持续利用导论. 北京: 中国医药科技出版社.

陈庭甫. 2008. 单、双透棚小气候效应及对西洋参生长影响的研究. 安徽农业大学硕士学位论文.

郭宝林. 2005. 道地药材的科学概念及评价方法探讨. 世界科学技术—中医药现代化, 7: 57-61.

郭兰萍, 王铁霖, 杨婉珍, 等. 2017. 生态农业——中药农业的必由之路. 中国中药杂志, 42: 231-238.

国家药典委员会. 2015. 中华人民共和国药典: 2015 年版: 一部. 北京: 中国医药科技出版社.

何婷, 巩颖, 刘文亚, 等. 2014. 道地药材的特性内涵. 现代中医临床, 21: 58-60.

黄林芳, 索风梅, 宋经元, 等. 2013. 中国产西洋参品质变异及生态型划分. 药学学报, 48: 580-589.

康传志, 郭兰萍, 周涛, 等. 2016. 中药材农残研究现状的探讨. 中国中药杂志, 41: 155-159.

凌云, 汤国华. 1991. 五味子药材的扫描电镜形态比较. 中国中药杂志, 16: 9-12.

刘世刚. 1987. 药材的气味与有效成分. 山东中医杂志, (6): 35-36.

孟祥才, 王喜军. 2008. 药材道地观与中药材生产. 现代生物医学进展, 8: 2356-2369.

宋经元, 罗红梅, 李春芳, 等. 2013. 丹参药用模式植物研究探讨. 药学学报, 48: 1099-1106.

王凌诗, 王良信. 1999. 中药材性状特征的质量评价. 中草药, 30: 371-374.

王义, 张美萍, 王春德, 等. 1996. 中药材品质与植物生物学研究的关系. 吉林农业大学学报, 18: 112-116.

魏建和, 屠鹏飞, 李刚, 等. 2015. 我国中药农业现状分析与发展趋势思考. 中国现代中药, 17: 94-98, 104.

武孔云, 孙超. 2010. 中药材品质及提高中药材品质的途径. 中草药, 41: 1210-1215.

肖小河, 夏文娟, 陈善墉. 1995. 中国道地药材研究概论. 中国中药杂志, 20: 323-326.

邢俊波, 李萍. 2003. 生物多样性与中药材质量关系的研究. 中医药学刊, 21: 46-47, 50.

薛健, 刘东静, 陈士林, 等. 2008. 中药外源污染物研究现状与分析. 世界科学技术—中医药现代化, 10: 91-96.

杨成民, 魏建和, 隋春, 等. 2013. 我国中药材新品种选育进展与建议. 中国现代中药, 15: 727-737.

杨婉珍, 康传志, 纪瑞锋, 等. 2017. 中药材残留农药情况分析及其标准研制的思考. 中国中药杂志, 42: 2284-2290.

曾令军, 林兵, 宋洪涛. 2015. 中药谱效关系研究进展及关键问题探讨. 中国中药杂志, 40: 1425-1432.

张惠源, 袁昌齐, 孙传奇, 等. 1995. 我国的中药资源种类. 中国中药杂志, 20: 387-390.

周芳名, 白志川, 卢善发. 2013. 药用植物 microRNA. 中草药, 44: 232-233.

Abeywickrama K, Bean G A. 1991. Toxigenic *Aspergillus flavus* and aflatoxins in Sri Lankan medicinal plant material. Mycopathologia, 113: 187-190.

Ali N, Hashim N H, Saad B, et al. 2005. Evaluation of a method to determine the natural occurrence of aflatoxins in commercial traditional herbal medicines from Malaysia and Indonesia. Food and Chemical Toxicology, 43: 1763-1772.

Bent S, Padula A, Neuhaus J. 2004. Safety and efficacy of *Citrus aurantium* for weight loss. American Journal of Cardiology, 94: 1359-1361.

Bent S, Tiedt T N, Odden M C, et al. 2003. The relative safety of ephedra compared with other herbal products. Annals of Internal Medicine, 138: 468-471.

Caldasa E D, Machado L L. 2004. Cadmium, mercury and lead in medicinal herbs in Brazil. Food and Chemical Toxicology, 42: 599-603.

Canter P H, Thomas H, Ernst E. 2005. Bringing medicinal plants into cultivation: opportunities and challenges for biotechnology. Trends in Biotechnology, 23: 180-185.

Coghlan M L, Haile J, Houston J, et al. 2012. Deep sequencing of plant and animal DNA contained within traditional Chinese medicines reveals legality issues and health safety concerns. PLoS Genetics, 8: e1002657.

Comer F, Tiwari H P, Spenser I D. 1969. Biosynthesis of aristolochic acid. Canadian Journal of Chemistry, 47: 481-487.

Dembitskya V M, Gloriozovab T A, Poroikovb V V. 2015. Naturally occurring plant isoquinoline *N*-oxide alkaloids: their pharmacological and SAR activities. Phytomedicine, 22: 183-202.

Dogheim S M, Ashraf A, El M M S, et al. 2004. Pesticides and heavy metals levels in Egyptian leafy vegetables and some aromatic medicinal plants. Food Additives and Contaminants, 21: 323-330.

Dushenkov V, Raskin I. 2008. New strategy for the search of natural biologically active substances. Russian Journal of Plant Physiology, 55: 564-567.

Emiliani G, Fondi M, Fani R, et al. 2009. A horizontal gene transfer at the origin of phenylpropanoid metabolism: a key adaptation of plants to land. Biology Direct, 4: 7.

Fettig C J, McKelvey S R, Dabney C P, et al. 2012. Responses of *Dendroctonus brevicomis* (Coleoptera: Curculionidae) in behavioral assays: implications to development of a semiochemical-based tool for tree protection. Journal of Economic Entomology, 105:149-160.

Fischer M J, Rustenhloz C, Leh-Louis V, et al. 2015. Molecular and functional evolution of the fungal diterpene synthase genes. BMC Microbiology, 15: 221.

Guo J, Ma X H, Cai Y, et al. 2016. Cytochrome P450 promiscuity leads to a bifurcating biosynthetic pathway for tanshinones. New Phytologist, 210: 525-534.

Guo J, Zhou Y J, Hillwig M L, et al. 2013. CYP76AH1 catalyzes turnover of miltiradiene in tanshinones biosynthesis and enables heterologous production of ferruginol in yeasts. Proceedings of the National Academy of Sciences of the United States of America, 110: 12108-12113.

Haller C A, Benowitz N L. 2000. Adverse cardiovascular and central nervous system events associated with dietary supplements containing ephedra alkaloids. New England Journal of Medicine, 343: 1833-1838.

Harris E S, Cao S, Littlefield B A, et al. 2011. Heavy metal and pesticide content in commonly prescribed individual raw Chinese herbal medicines. Science of the Total Environment, 409: 4297-4305.

Hou X, Shao F, Ma Y, et al. 2013. The phenylalanine ammonia-lyase gene family in *Salvia miltiorrhiza*: genome-wide characterization, molecular cloning and expression analysis. Molecular Biology Reports, 40: 4301-4310.

Jiang Z, He F, Zhang Z. 2017. Large-scale transcriptome analysis reveals arabidopsis metabolic pathways are frequently influenced by different pathogens. Plant Molecular Biology, 94: 453-467.

Kong W J, Li J Y, Qiu F, et al. 2013. Development of a sensitive and reliable high performance liquid chromatography method with fluorescence detection for high-throughput analysis of multi-class mycotoxins in *Coix* seed. Analytica Chimica Acta, 799: 68-76.

Kong W J, Wei R, Logrieco A F, et al. 2014. Occurrence of toxigenic fungi and determination of mycotoxins by HPLC-FLD in functional foods and spices in China markets. Food Chemistry, 146: 320-326.

Kulhari A, Sheorayan A, Bajar S, et al. 2013. Investigation of heavy metals in frequently utilized medicinal plants collected from environmentally diverse locations of north western India. Springer Plus, 2: 676-684.

Kuo T C, Chen C H, Chen S H, et al. 2015. The effect of red light and far-red light conditions on secondary metabolism in agarwood. BMC Plant Biology, 15: 139.

Lavania U C, Srivastava S, Lavania S, et al. 2012. Autopolyploidy differentially influences body size in plants, but facilitates enhanced accumulation of secondary metabolites, causing increased cytosine methylation. Plant Journal, 71: 539-549.

Lee D, Lyu J, Lee K. 2015. Analysis of aflatoxins in herbal medicine and health functional foods. Food Control, 48: 33-36.

Li C, Li D, Shao F, et al. 2015a. Molecular cloning and expression analysis of *WRKY* transcription factor genes in *Salvia miltiorrhiza*. BMC Genomics, 16: 200.

Li C, Lu S. 2014. Genome-wide characterization and comparative analysis of R2R3-MYB transcription factors shows the complexity of MYB-associated regulatory networks in *Salvia miltiorrhiza*. BMC Genomics, 15: 277.

Li D, Shao F, Lu S. 2015b. Identification and characterization of mRNA-like noncoding RNAs in *Salvia miltiorrhiza*. Planta, 241: 1131-1143.

Li L, Josef B A, Liu B, et al. 2017. Three-dimensional evaluation on ecotypic diversity of traditional Chinese medicine: a case study of *Artemisia annua* L. Frontiers in Plant Science, 8: 1225.

Liu M, Lu S. 2016. Plastoquinone and ubiquinone in plants: biosynthesis, physiological function and metabolic engineering. Frontiers in Plant Science, 7: 1898.

Lombard J, Moreira D. 2011. Origins and early evolution of the mevalonate pathway of isoprenoid biosynthesis in the three domains of life. Molecular Biology Evolution, 28: 87-99.

Ma R, Xiao Y, Lv Z, et al. 2017. AP2/ERF transcription factor, Ii049, positively regulates lignan biosynthesis in *Isatis indigotica* through activating salicylic acid signaling and lignan/lignin pathway genes. Frontiers in Plant Science, 8: 1361.

Ma Y, Yuan L, Wu B, et al. 2012. Genome-wide identification and characterization of novel genes involved in terpenoid biosynthesis in *Salvia miltiorrhiza*. Journal of Experimental Botany, 63: 2809-2823.

Okatch H, Ngwenya B, Raletamo K M, et al. 2012. Determination of potentially toxic heavy metals in traditionally used medicinal plants for HIV/AIDS opportunistic infections in Ngamiland district in Northern Botswana. Analytica Chimica Acta, 730: 42-48.

Qiu D, Pan X, Wilson I W, et al. 2009. High throughput sequencing technology reveals that the taxoid elicitor methyl jasmonate regulates microRNA expression in Chinese yew（*Taxus chinensis*）. Gene, 436: 37-44.

Ramirez-Estrada K, Vidal-Limon H, Hidalgo D, et al. 2016. Elicitation, an effective strategy for the biotechnological production of bioactive high-added value compounds in plant cell factories. Molecules, 21:182.

Rashidi M, Deokule S S. 2013. Associated fungal and aflatoxins contamination in some fresh and market herbal drugs. Journal of Microbiology and Biotechnology Research, 3: 23-31.

Schippmann U, Leaman D J, Cunningham A B. 2002. Impact of cultivation and gathering of medicinal plants on biodiversity: global trends and issues. *In*: FAO. Biodiversity and the Ecosystem Approach in Agriculture, Forestry and Fisheries. Satellite Event on the Occasion of the Ninth Regular Session of the Commission on Genetic Resources for Food and Agriculture. Rome: Inter-Departmental Working Group on Biological Diversity for Food and Agriculture: 1-21.

Shekelle P G, Hardy M L, Morton S C, et al. 2003. Efficacy and safety of ephedra and ephedrine for weight loss and athletic performance: a meta-analysis. JAMA, 289: 1537-1545.

Tripathy V, Basak B B, Varghese T S, et al. 2015. Residues and contaminants in medicinal herbs—a review. Phytochemistry Letters, 14: 67-78.

Wang M, Wu B, Chen C, et al. 2015. Identification of mRNA-like non-coding RNAs and validation of a mighty one named MAR in *Panax ginseng*. Journal of Integrative Plant Biology, 57: 256-270.

Wang Q M, Wang Y Z, Sun L L, et al. 2012. Direct and indirect organogenesis of *Clivia miniata* and assessment of DNA methylation changes in various regenerated plantlets. Plant Cell Reports, 31: 1283-1296.

Wang X H, Morris-Natschke S L, Lee K H. 2007. Developments in the chemistry and biology of the bioactive constituents of Tanshen. Medicinal Research Reviews, 27: 133-148.

Wei R, Qiu D, Wilson I W, et al. 2015. Identification of novel and conserved microRNAs in *Panax notoginseng* roots by high-throughput sequencing. BMC Genomics, 16: 835.

WHO. 1998. Quality control methods for medicinal plant materials. Geneva: World Health Organization: 1-122.

Wink M. 2010. Annual Plant Reviews Volume 40: Biochemistry of Plant Secondary Metabolism. 2nd. Chichester: Wiley-Blackwell: 1-445.

Wu B, Li Y, Yan H, et al. 2012a. Comprehensive transcriptome analysis reveals novel genes involved in cardiac glycoside biosynthesis and mlncRNAs associated with secondary metabolism and stress response in *Digitalis purpurea*. BMC Genomics, 13: 15.

Wu B, Wang M, Ma Y, et al. 2012b. High-throughput sequencing and characterization of the small RNA transcriptome reveal features of novel and conserved microRNAs in *Panax ginseng*. PLoS ONE, 7: e44385.

Xu X, Jiang Q, Ma X, et al. 2014. Deep sequencing identifies tissue-specific microRNAs and their target genes involving in the biosynthesis of tanshinones in *Salvia miltiorrhiza*. PLoS ONE, 9: e111679.

Zhang L, Lu S. 2017. Overview of medicinally important terpenoids produced by plastids. Mini-Reviews in Medicinal Chemistry, 17: 988-1001.

Zhang L, Wu B, Zhao D, et al. 2014. Genome-wide analysis and molecular dissection of the *SPL* gene family in *Salvia miltiorrhiza*. Journal of Integrative Plant Biology, 56: 38-50.

Zhang X, Luo H, Xu Z, et al. 2015. Genome-wide characterisation and analysis of bHLH transcription factors related to tanshinone biosynthesis in *Salvia miltiorrhiza*. Scientific Reports, 5: 11244.

Zhao J L, Zhou L G, Wu J Y. 2010. Effects of biotic and abiotic elicitors on cell growth and tanshinone accumulation in *Salvia miltiorrhiza* cell cultures. Applied Microbiology and Biotechnology, 87: 137-144.

# 第二章　遗传因素对药用植物品质形成的影响

近些年，药用植物品质性状的遗传规律不断被揭示，特别是药用植物的活性成分被大量发现，如生物碱、萜类、黄酮类等单体化合物总计已达 45 000 种以上，药效成分的合成途径及相关酶和基因克隆与转基因研究取得一定成果，如青蒿素、小檗碱等数十个重要活性成分的合成途径已被成功解析(黄玉香等，2016；谭何新等，2017)，80 余种大宗常用药用植物中选育出了新品种(杨成民等，2013)，人们对药用植物内在品质的形成机制及遗传因素的作用有了深入认识，为进一步制定品质遗传改良方案和品质育种提供了科学依据。下面分三节对药用植物品质性状的遗传、药用植物品种选育进展、药用植物品质育种途径逐一简单介绍。

## 第一节　药用植物品质性状的遗传

药用植物种类繁多，我国作为药用植物资源最为丰富的国家之一，资源种类达 10 000 余种(张惠源等，1995)。但人工栽培药用植物不超过 300 种，大部分药用植物的品质遗传规律尚未得到揭示。就本质而言，药用植物遗传因素对其品质影响是显著的，药用植物品质性状表达的潜力是由遗传物质的内因决定的，表达程度受到生长条件等外因作用的影响。在药用植物遗传学研究和育种实践中，将药用植物的品质性状在群体(自然群体或杂交后代群体)内的遗传变异规律划分为质量性状遗传和数量性状遗传两大类。

### 一、品质性状的可遗传性

药用植物的代谢产物种类繁多，其含量和组成反映药用植物的本质特征和内在质量。主要涉及萜类、生物碱、黄酮、皂苷、香豆素、木质素和挥发油等，但几乎没有什么成分是某种药用植物的特有成分，化学成分变化呈现出多样性和属种内相对稳定性特征。如生物碱存在于绝大多数植物中，从 186 科 1730 属 7321 种植物中都找到了生物碱。其中，仅高等植物中就发现了 20 000 余种生物碱(郝大程和肖培根，2017)。特定的生物碱种类，其分布也表现出显著的植物种属的差异，如喹诺里西生物碱 $N$-甲基金雀花碱、金雀花碱，以及 jussiaeiines A、C 和 D 是葡萄牙荆豆属($Ulex$)[豆科(Leguminosae)]植物的化学标志(Máximo et al.，2006)，而联苯环辛烯类木脂素集中分布于五味子科(Schisandraceae)植物中(刘海涛，2009)。物种水平上药用植物代谢产物的类型和数量也显著受到遗传效应的影响。例如，红花黄酮的含量主要受基因型的影响，而环境的影响居次要地位(张戈等，2004)。灯盏花 3 个品系的灯盏乙素含量的变异系数为 5.15%，灯盏乙素含量的基因型效应占总效应的 78.28%，灯盏花基因型效应显著，可以通过品种选育提高灯盏乙素含量(杨生超等，2011)。丹参含有以丹参酮类为代表的脂溶性成分和以丹酚酸类为代表的水溶性成分，但两者代谢途径完全不同。丹参多品系的脂溶性成分含量在相同环境下呈现同趋势变化，而水溶性成分含量变化规律不明显(Chen et al.，2016；陈萌等，2017)。丹参不同产地间丹酚酸 A 含量相差 7 倍，丹参酮 I 相差可达 30 倍(杨新杰等，2010，2011)。同一种质在年度间总丹参酮含量相差 2～4 倍(He et al.，2010)。这表明环境因子对丹参脂溶性成分含量的高低影响显著，但不决定其有与无，表现出较为明显的数量性状遗传的特征，而水溶性成分更倾向于基因主导型。

## 二、品质性状的主效基因遗传

品质性状的主效基因遗传由单基因或少数的主效基因控制，表现为质量性状遗传，其变异是不连续的，其表现型的判断是质量的有无，如薄荷属中挥发油薄荷酮的有无等。

薄荷类挥发油按化学型分为柠檬醇、薄荷酮、薄荷呋喃、沉香醇、异蒎茨酮、柠檬烯、香芹酮等 7 种，分别受不同的基因控制。Lincoln 等(1971)研究了柠檬薄荷(*Mentha citrata*)×皱叶薄荷(*M. crispa*)中芳香物质的遗传规律，发现 $F_1$ 代中柠檬烯烃和桉树脑香型、薄荷呋喃香型个体按照 1∶1 分离，从中分离出一个显性基因 *Lm*，该基因的存在阻止了柠檬烯向香芹酮、胡薄荷酮、薄荷呋喃、薄荷酮、薄荷醇和乙酸薄荷酯等更复杂的结构的转化，这些化合物受隐性基因 *lm* 的控制。Lincoln 等(1986)研究了异蒎茨酮化学型的柠檬薄荷杂交种的遗传机制。柠檬薄荷中有 1.0%～1.5%的异蒎茨酮、0.5%～2.5%的 $\beta$-蒎烯和 60%～90%的芳樟醇/乙酸芳樟酯，水薄荷(*M. aquatica*)中有 66.5%的薄荷呋喃。柠檬薄荷中有表现为显性的 *I* 基因及其连锁基因 *Is*；水薄荷中有表现为隐性的 *ii* 基因。分离柠檬薄荷中的 *Is* 基因后导入水薄荷，得到的杂交种里有 29.9%的异蒎茨酮、22.3%的 $\beta$-蒎烯。Murray 等(1972)研究发现水薄荷的基因型为 *cc AA PP RR ff*，含有 40%～80%的薄荷呋喃；留兰香(*M. spicata*)的基因型为 *Cc Aa PP rr Ff*，含有 40%～80%的薄荷呋喃。两者杂交的 $F_1$ 代中，2-氧化香芹酮和二氢香芹酮与 3-氧化长叶薄荷酮和薄荷酮按照 1∶1 分离。薄荷香型 $F_1$ 代的基因型为 *cc (Aa 或 AA) PP rr ff*，气相色谱分析出 14 种主要挥发油成分，但是不同 $F_1$ 代个体之间含量差异很大。

曼陀罗属(*Datura*)植物的莨菪碱也呈质量性状遗传。Sharma 等(2000)研究了天仙子中生物碱产量和生物碱粗提物(主要是莨菪碱和东莨菪碱)的基因效应，发现调控生物碱粗提物合成的主要是加性效应，其次为显性效应，上位性效应和环境效应对两个性状的影响非常微弱。多利曼陀罗(*D. ferox*)以合成东莨菪碱为主，而曼陀罗(*D. stramonium*)以合成莨菪碱为主，两者杂交所得的 $F_1$ 代以合成东莨菪碱为主，$F_2$ 代出现 75%的个体以合成东莨菪碱为主，25%的个体以合成莨菪碱为主，符合 3∶1 的分离规律(Romeike，1961)。

## 三、品质性状的数量遗传

数量性状遗传研究最早来源于 1943 年 Mather 提出的多基因理论(polygene theory)，以区别于孟德尔的寡基因(oligogene)。多基因理论认为生物体的数量性状受微效多基因控制，这些微效多基因相互之间无显隐性关系，它们作用相等、效应累加，表现为"数量性状"，如生育期、果实大小、产量高低等。数量性状能很好地解释用质量性状无法阐明的单个基因的行为和效应。目前，有关初生代谢产物如糖、蛋白、脂肪等的数量性状遗传特点研究较多（闫新甫和李卫芬，1997；张洁夫等，2007；路昭亮，2008；魏良明等，2008）。药用植物的临床疗效是多成分、多靶点、多途径协同作用的结果，不同成分次生代谢产物的含量和比例不同，产生的疗效不尽相同，且大多数品质性状以主基因+多基因共同控制为主，表现为数量性状遗传（盖钧镒，2005；黄璐琦等，2008）。其表现型差异的判断是量上的多与少。总体上药用植物次生代谢产物的遗传规律研究较少，主要集中在生物碱、萜类、黄酮类等化合物。研究方法上通常以双亲本杂交后代为对象，常涉及以多个具有优良性状的亲本作为有利基因的供体。通过设计双列杂交或多世代群体，分析不同组合在特定环境中对特定目标遗传力的影响，以及评价亲本和杂交后代（贺建波等，2010），以期确定次生代谢产物的遗传规律。

生物碱化合物大多具有生理活性，往往是许多中草药及药用植物的有效成分。例如，罂粟中不同的生物碱具有不同药效作用，吗啡和可待因可用作麻醉剂及镇痛剂，蒂巴因的镇痛作用较温和，尼古丁具有镇咳和诱导凋亡的作用，罂粟碱扩张血管作用显著（Kapoor，1995）。$F_1$ 代罂粟中吗啡、可待因、蒂巴因和尼古丁的含量均高于亲本，说明这 4 种成分的显性效应显著（Mishra et al.，2016）。采用主基因-多基因混合遗传分析法，发现可待因和尼古丁的加性效应和加性×加性上位性效应显著，而蒂巴因和吗啡主要受显性效应和显性×显性上位性效应的调控（Maurya and Shukla，2014）。研究 $F_1$ 代和 $F_2$ 代罂粟，发现吗啡主要受非加性基因效应的控制，即显性和加性基因双重控制，以显性方差更显著（Singh et al.，2011），亲本的一般配合力按照高×高、高×低、低×低的方式都可以组配得到高特殊配合力的杂交组合（Yadav et al.，2009）；并且亲本按照一般配合力低×低的方式组配，可得到高杂种优势的杂交组合，这可能是由于亲本间有利基因的交叉互作（Shukla et al.，1994；Shukla and Singh，1999）。

在植物次生代谢产物中，萜类的结构与种类最为丰富（Thulasiram et al.，2007）。许多半萜、单萜和倍半萜成分具有挥发性。一些萜类化合物具有重要的药用价值或促进健康的功能。青蒿、穿心莲、银杏等药材的主要成分都是萜类化合物。

黄花蒿的药效成分青蒿素是倍半萜内酯，具有高效的抗疟作用，其青蒿素含量主要受遗传控制（Ferreira，1995b）。青蒿素含量的遗传率在 0.95 以上，狭义遗传率为 0.6，提示青蒿素合成主要受加性效应控制，适合用选择育种来筛选新品种（Delabays et al.，2001）。通过 4 世代轮回选择，青蒿素含量从第一世代的 0.15%上升到第四世代的 1.16%，即世代间遗传增益约为 40%（Paul et al.，2010）。青蒿素含量差异大的亲本杂交，$F_1$ 代显示为中亲优势，$F_2$ 代青蒿素含量变幅很大，表现出数量性状变异的特征。同时显性方差占总遗传方差的 31%，提示当亲本青蒿素含量非常高时，可用杂交育种选育新品种（Delabays et al.，2001）。双列杂交亲本的一般配合力与数量性状基因的正向等位基因具有相关性，说明存在对亲本表型起作用的有利等位基因。一般配合力高的亲本杂交产生的后代，在不同环境下栽培，其青蒿素含量和生物量都有所增加（Townsend et al.，2013）。采用杂交育种的方法选育出青蒿素含量高达 1.4%的新品种，显著高于当时已有品种（Delabays et al.，2001）。

穿心莲的主要活性成分为内酯类成分，为二萜类内酯化合物，具有祛热解毒、消炎止痛之功效，对细菌性与病毒性上呼吸道感染及痢疾有特殊疗效，被誉为天然抗生素药物。Valdiani 等(2012)用 7 个穿心莲品种进行杂交，研究 21 个杂交组合中穿心莲内酯的表现，结果表明所有的组合表现正向的中亲优势，大部分组合表现正向的超亲优势，推测穿心莲内酯受非加性效应的控制，其中显性和超显性效应是产生杂种优势的原因，且杂种优势程度与遗传距离无关。Valdiani 等(2014)测定了 210 个穿心莲 $F_1$ 代中穿心莲内酯(AG)、新穿心莲内酯(NAG)和脱水穿心莲内酯(DDAG)的含量，发现通过杂交可以显著提高三个成分的含量，DDAG、AG 和 NAG 分别呈现高、中、低的杂种优势；三者非加性效应比加性效应显著，提示通过杂交得到有效成分含量更高的品种；三者的广义遗传率均为正，狭义遗传率只有 NAG 为正，广义遗传力高于狭义遗传力。

银杏叶黄酮和内酯两类活性物质对冠心病、心绞痛等疾病有一定疗效。邢世岩等(2002)收集了 87 个不同性别的银杏无性系进行多年多点试验，研究叶片黄酮及内酯的数量性状规律。结果表明，各种遗传参数都是无性系＞性别＞种源，说明银杏黄酮良种选择应先选择种源，种源内选择性别，最终选择无性系，其遗传增益最大，且遗传力最高；雄株黄酮遗传增益和遗传力分别是雌株的 1.9 倍和 1.7 倍；黄酮和内酯含量遗传与性别有关系，高黄酮无性系存在于雄性个体中，而雌性个体中则存在高内酯无性系。

## 第二节　药用植物品种选育进展

近年来，随着人们对健康的要求不断提高，以及中医药临床用药和中药产业的发展，对药用植物的需求量剧增，给药用植物资源带来了极大的压力，最终决定了绝大部分药用植物需要人工种植，其质量的优劣和安全性直接影响中药系列产品的质量和疗效。而优良的药材品种又是药材质量稳定的基础，是中药材规范化生产的保证。目前我国有 300 余种药用植物实现了人工栽培，但作为"源头工程"的良种选育却是中药材生产管理规范(Good Agricultural Practice，GAP)研究中最薄弱的环节。绝大部分栽培药材为遗传混杂群体，整齐度差、产量低、品质不稳定。"源头工程"缺位，成为制约中药材规范化生产、影响药材品质的主要"瓶颈"环节之一。因此，发展高效、优质、抗逆的药用植物新品种是规范化生产的必由之路。

近十年来(截至 2016 年)，药用植物品种选育工作在国家大力扶持下已积累了一定基础。在选育的中药材数量和质量、选育的技术水平和人才队伍建设方面取得一定成绩，特别是国家"十一五"科技支撑计划项目专门设立了"生物技术与中药材优良品种选育研究"课题，首次大规模支持了多种药材新品种选育或种质创新研究。后续国家中医药行业科研专项"荆芥等 9 种大宗药材优良种质挖掘与利用研究"，以及科技部国家科技支撑计划等项目又给予了大力支持。目前已有北柴胡、丹参、薏苡、青蒿、荆芥、桔梗等药材共选育出 235 个优良新品种，选育出新品种的药材种类从 20 世纪 90 年代的 10 种左右，到目前的 86 种，其中已有 174 个新品种得到了推广(表 2-1)。从采用的品种选育方法来分析，已有引种驯化(1.5%)、集团选育(16.7%)、选择育种(2.5%)、无性系(8.6%)、化学或辐射诱变(4.5%)、组培脱毒(1.5%)、系统选育(54.5%)和杂交育种(10.1%)等的应用。药用植物选育方法已呈现出从"选"到"育"的发展趋势，高品质的新品种选育和推广为实现规范化栽培奠定了基础。

表 2-1　药用植物新品种的种类和数量

| 药用植物名称 | 育成新品种数量 | 新品种推广数量 | 药用植物名称 | 育成新品种数量 | 新品种推广数量 | 药用植物名称 | 育成新品种数量 | 新品种推广数量 | 药用植物名称 | 育成新品种数量 | 新品种推广数量 |
|---|---|---|---|---|---|---|---|---|---|---|---|
| 丹参 | 13 | 9 | 金银花 | 13 | 13 | 铁皮石斛 | 9 | 8 | 人参 | 8 | 1 |
| 青蒿 | 8 | 8 | 枸杞 | 7 | 4 | 黄姜 | 7 | 7 | 薏苡 | 7 | 6 |
| 桔梗 | 6 | 1 | 菊花 | 6 | 4 | 罗汉果 | 6 | 5 | 太子参 | 6 | 5 |
| 当归 | 5 | 5 | 黄芪 | 5 | 2 | 北柴胡 | 4 | 2 | 杜仲 | 4 | 4 |
| 山银花 | 4 | 4 | 月见草 | 4 | 4 | 紫苏 | 4 | 1 | 半夏 | 3 | 2 |
| 党参 | 3 | 0 | 附子 | 3 | 3 | 黄芩 | 3 | 0 | 绞股蓝 | 3 | 3 |
| 灵芝 | 3 | 3 | 鱼腥草 | 3 | 3 | 沙棘 | 3 | 3 | 天冬 | 3 | 3 |
| 天麻 | 3 | 3 | 五味子 | 3 | 3 | 西洋参 | 2 | 2 | 玉竹 | 2 | 0 |
| 白芷 | 2 | 2 | 川芎 | 2 | 2 | 灯盏花 | 2 | 1 | 滇龙胆 | 2 | 0 |
| 滇重楼 | 2 | 2 | 葛根 | 2 | 2 | 粉葛 | 2 | 2 | 钩藤 | 2 | 2 |
| 红花 | 2 | 2 | 金线莲 | 2 | 0 | 荆芥 | 2 | 1 | 麦冬 | 2 | 2 |
| 山药 | 2 | 2 | 山茱萸 | 2 | 2 | 水飞蓟 | 2 | 0 | 玄参 | 2 | 2 |
| 白芍 | 1 | 1 | 苍术 | 1 | 0 | 秦艽 | 2 | 0 | 大黄 | 1 | 1 |
| 地黄 | 1 | 1 | 叠鞘石斛 | 1 | 1 | 蝉拟青霉 | 1 | 0 | 红柴胡 | 1 | 1 |
| 厚朴 | 1 | 1 | 黄栀子 | 1 | 0 | 赶黄草 | 1 | 1 | 栝楼 | 1 | 0 |
| 雷公藤 | 1 | 1 | 蔓性千斤拔 | 1 | 1 | 金荞麦 | 1 | 1 | 蓬莪术 | 1 | 1 |
| 千层塔 | 1 | 1 | 三七 | 1 | 0 | 牛膝 | 1 | 1 | 石蒜 | 1 | 1 |
| 水栀子 | 1 | 1 | 菘蓝 | 1 | 1 | 蛇足石杉 | 1 | 1 | 仙草（凉粉草） | 1 | 1 |
| 延胡索 | 1 | 1 | 野葛 | 1 | 1 | 温郁金 | 1 | 1 | 元胡 | 1 | 0 |
| 远志 | 1 | 1 | 浙贝母 | 1 | 1 | 郁金 | 1 | 1 | 竹节参 | 1 | 1 |
| 博落回 | 1 | 1 | 茯苓 | 1 | 1 | 川贝母 | 1 | 1 | | | |
| 防风 | 1 | 1 | 白术 | 1 | 0 | 板蓝根 | 1 | 0 | | | |

　　虽然药用植物新品种选育已取得较大进展，但还有近 200 种人工栽培的药用植物没有优良品种。药用植物品种选育研究尚停留在种质资源评价的"初级"阶段，育种手段和方法整体相对落后；新品种选育体系、评价体系、繁育体系没有建立；特别是药用植物最应开展的品质育种研究，由于涉及的影响因子复杂，基础研究相对薄弱，整体水平明显低于高产育种，仍处于探索阶段。因此树立药用植物的品质育种理念、掌握品质育种方法是提高药用植物品质的必由之路。

## 第三节　药用植物品质育种途径

　　品质育种是以改良药用植物产品品质为主要目标的育种方法。不同药用植物的次生代谢产物种类也不尽相同，但几乎没有什么成分是某种药用植物的特有成分，各种药用植物可能分别含有如黄酮类、皂苷类、生物碱等，针对大多数药用植物均来自于野生、产区间、品种间、个体间有效成分差异较大的问题，通过广泛收集种质资源，研究品质性状的遗传规律，特别是药用植物资源中化学成分的类型、质量、数量、时间、空间等基本属性及其变化规律，确定适合的选育技术和方法，培育有效成分稳定、适于道地产区种植的栽培品种，是提高药材品质的重要途径之一。

## 一、药用植物种质资源的收集、引种和评价

种质资源是开展药用植物品种改良、新品种培育及遗传规律研究的物质基础。广泛收集各药用植物种质资源，包括道地产区的野生种质，长期人工种植形成的地方品种、农家品种，以及极端环境下的特异性种质，并建立资源评价圃，开展性状表现及遗传规律的研究，有利于揭示药用植物品质内涵，确定改良的目标，明确选育方法，特别是通过选择与药用植物品质关系密切且表现稳定的农艺性状，明确各影响因素的主次关系，并通过遗传力高的农艺性状间接选择目标成分含量较高的材料，有望有效提高品种改良、新品种培育的针对性和预见性。目前已对多种药用植物开展了相关研究(表 2-2)。

表 2-2　药材目标有效成分含量与相关农艺性状关系

| 药材 | 植物名 | 目标成分 | 相关的农艺性状 | 参考文献 |
|---|---|---|---|---|
| 苦玄参 | 苦玄参 *Picria felterrae* | 苦玄参苷ⅠA | 与叶缘性状呈显著负相关 | 谢阳姣等，2017 |
| 秦艽 | 秦艽 *Gentiana macrophylla* | 龙胆苦苷 | 与莲座叶叶形、顶端花序密度呈极显著相关，与花萼颜色、茎颜色呈显著相关 | 周文平等，2015 |
| 青蒿 | 黄花蒿 *Artemisia annua* | 青蒿素 | 与花蕾期、始花期和盛花期呈正相关；与枝干夹角及花蕾期呈显著负相关 | 廖凯等，2009 |
| | | 青蒿素总量 | 与单株茎秆干重、秆直径和花蕾期呈显著正相关 | |
| 山茱萸 | 山茱萸 *Cornus officinalis* | 马钱素 | 与果实横径和水溶性浸出物呈极显著正相关 | 张龙进等，2012 |
| | | 水溶性浸出物 | 与果实横径、果实纵径、马钱素含量呈显著正相关 | |
| 枳椇子 | 枳椇 *Hovenia acerba* | 二氢杨梅素 | 与千粒重和红黑籽粒的比例呈极显著正相关 | 刘聪等，2017 |
| 丹参 | 丹参 *Salvia miltiorrhiza* | 丹参酮ⅡA | 与花轮数、根条数呈显著正相关 | 李金莉等，2012 |
| | | 丹酚酸B | 与分枝数呈显著正相关 | |

苦玄参苷ⅠA是苦玄参中主要的苷类成分，具有抑菌和抗癌活性。其含量与叶缘性状具有显著负相关性，叶片叶缘锯齿较圆的苦玄参苷ⅠA含量较高(谢阳姣等，2017)。秦艽根中龙胆苦苷含量为0.2%~1.5%，为了获得稳定的高含量品种，选育优良单株时，以莲座叶为披针形、顶端花序密集、花萼颜色和茎颜色为红色或红绿色的秦艽资源为主要选育对象(周文平等，2015)。选育高产、高青蒿素含量的青蒿品种时应重点选择茎秆紫色、粗壮、株高较高，分枝数和花期适中，分枝角度较小的材料(廖凯等，2009)。山茱萸有效成分马钱素含量与果实横径和水溶性浸出物具有极显著正相关性(0.338和0.372，$P<0.01$)，在筛选高马钱素含量的种质时，可重点考虑果实横径和水溶性浸出物这两个相关性较高的参考指标。水溶性浸出物含量与果实横径、果实纵径、马钱素含量呈显著正相关，表明水溶性浸出物含量的高低与山茱萸有效成分马钱素含量和果实大小

及形状呈显著正相关(张龙进等，2012)；川牛膝的主要农艺性状对其活性成分杯苋甾酮含量贡献依次为叶宽＞叶长＞冠幅＞单株鲜根重＞茎周长＞根分支数＞根长＞株高＞根周长。同时栓内层厚者的杯苋甾酮含量较高(刘维等，2014)。

## 二、药用植物品质性状的选育方法

### (一)选择育种

选择育种是最基本的育种方法，其育种安全性高，也较符合中药材的道地性，因此被药用植物育种工作者广泛采用。目前大多数的药用植物品种(系)都是通过选择育种法育成的。主要方法是根据品质育种目标，在现有的品种群体内选择有益的变异个体，每个个体的后代形成一个系统(株系或穗系)或由相对一致的个体分别组成多个群体，通过试验比较鉴定，选优去劣，培育出新品种。徐昭玺等(2001)通过近20年工作，经选择、纯化、淘汰和品系比较等过程，培育出了边条人参新品种'边条1号'，其形态优美，抗逆性、产量和总皂苷含量均比对照有大幅度的提高。何先元等(2005)发现单株头状花序的数量是影响白菊花产量的主要因素，优选出栽培性状优良且产量、品质较高的'红心菊'和'小白菊'两个品种。郑亭亭等(2010)利用系统选育的方法从野生柴胡种质中选育出种子萌发率高、生长快、产量高、药材根形好的品种'中柴1号'，并在此基础上通过单株选择法以形态性状、农艺性状和品质性状为指标筛选优良种质，选育出整齐度高，深色根比率分别达83.2%和89.9%，柴胡皂苷含量分别达1.3%和1.0%的柴胡新品种'中柴2号'和'中柴3号'。王跃虎等(2008)对荆芥品种选育产量性状的选择方法进行了研究，发现通过选择顶穗性状可以有效简化荆芥育种程序，加快育种进程；有无复穗性状可作为新品系的鉴定根据；随后曹亮等(2009)在此基础上选育出S40新品系，经鉴定命名为'中荆1号'，该品种具有坚实大穗、有效成分含量高的特点。其他如人参的'吉星1号'、宁夏枸杞的'宁杞1号'、红花的'川红1号'、山姜黄、黄芪、当归、地黄、金银花、杜仲、三七、栀子、月见草、西洋参、栝楼、金荞麦、山茱萸、益母草、附子、薯蓣、太子参等品种的系统选育工作取得了较好的成绩，选育了一批优质的药用植物新品种。

### (二)杂交育种

杂交育种是通过人工杂交把两个或两个以上亲本的优良性状综合于一个个体，继而从分离的后代群体中经过人工选择、培育，创造新品种的育种方法。杂交育种现已广泛应用于有性繁殖类药用植物的育种当中。根据参与杂交亲本的亲缘关系，杂交育种可分为品种间杂交育种和远缘杂交育种两大类。

#### 1. 品种间杂交育种

品种间杂交育种是指同一物种内不同品种间进行的杂交育种。王秋颖和郭顺星(2001)通过天麻品种之间多年的正交及反交试验，培育出了3个高产品种，且其中两种遗传稳定性强，可以大面积推广栽培。马小军等(2008, 2009)以'江青皮果'为母本、'冬瓜果'为父本进行杂交，经单株优选、组培繁育而育成果实大、果形整齐美观、丰产性好、抗逆性强的优良雌性无性系品种'永青1号';以'青皮3号'为母本、'冬瓜果'为父本进行杂交,从其 $F_1$ 代实生变异优株中选择,经组培繁育而育成果实大、果形整齐美观、丰产性好、抗逆性强的雌性无性系品种'普丰青皮'。此外,沙棘、金银花、薄荷、地黄、红花等药用植物通过品种间杂交,育成了优质的杂交新品种。

2. 远缘杂交育种

远缘杂交育种是对植物分类学上属于不同种、属,甚至亲缘关系更远的科属间植物进行的杂交,对长期栽培导致种质退化有实用价值。王锦秀等(2005)采用枸杞与番茄进行属间远缘杂交育种试验,配置21个杂交组合,从中筛选出7个杂交组合,培养出16个杂交后代株系,其中有2个株系可开花结果,验证了某些茄科植物不同属间进行杂交是可行的,为培育大果粒枸杞新品种奠定了理论基础。吴才祥等(2007)采用天麻远缘杂交,通过对湖南家栽'红杆猪屎麻'、湘黔野生'乌杆卵形麻''锥形麻'、湖北家栽'红杆脚板麻'、本地野生'乌杆拇指麻'等几个品种之间的单交、回交、三杂交、双杂交等杂交育种试验,培育出在产量和质量上均具有杂交优势的 $y_1$、$y_2$、$y_3$ 杂交后代。阮汉利等(2004)以利川贝母(*Fritillaria lichuanensis*)为父本、湖北贝母(*F. hupehensis*)为母本杂交而成的杂交贝母具有结实率高、种子饱满、发芽率高、病虫害轻等特点。

### (三)杂种优势利用

杂种优势(heterosis)是指两个亲本杂交产生的杂种,在生长势、生活力、繁殖力、适应性,以及产量、品质等性状方面超过其双亲的现象。杂种优势是自然界普遍存在的一种生物学现象。杂种优势育种在药用植物改良品质、抗病性、产量等性状方面具有成功的例子。江苏海门用薄荷的两个品系'687'和'409'杂交育成新品种'香一号',鲜草亩(1亩约合 $667m^2$,后文同)产3000kg,精油薄荷脑含量可达85%以上。河南用'金状元'作父本、'白状元'作母本,育成了'金白1号'地黄新品种,具有优质高产、抗逆早熟和块茎集中的优点,产量较当地'金状元''狮子头''北京一号'均高。宁夏以圆果枸杞为父本,小麻叶枸杞为母本,杂交选育出了生长快、果实大、产量高、抗性好的大麻叶枸杞(高山林,2001)。吴宝成等(2007)通过盾叶薯蓣与小花盾叶薯蓣杂交获得杂交种子,后代叶形同时具备父母本双方的特征,通过结合双方资源和药用成分方面的优势,进行种间杂交,是提高薯蓣产量和薯蓣皂苷元含量的有效途径。魏建和(2006)采用完全双列杂交中的半轮配法配置桔梗杂交组合,测定桔梗总皂苷含量。发现在19个组合中,有68.4%表现超中优势,10.5%具超高优势,桔梗多糖含量也显著提高,比对照种质增加了30%。随后选育出了高产、晚熟、抗病、高有效成分含量的桔梗杂种一代'中梗1号''中梗2号''中梗3号''中梗9号'系列品种,以及丹参杂种一代'中丹药植1号'和'中丹药植2号'等品种(Chen et al., 2016)。韩宁林和王开良(1998)利用地理距离较远的亲本进行杂交,其后代具有明显的生长优势,银杏叶内酯含量的高低具有明显的遗传倾向,采用来自内酯含量较高地区的花粉授粉,其实生后代可以有较高的内酯含量。段宁(2003)研究了红天麻和乌天麻杂交种中天麻素含量,发现 $F_1$ 代中各组合平均优势均值达196.56%,变幅为178.68%~222.88%;$F_2$ 代中各组合平均优势均值达175.28%,

变幅为 153.32%～174.92%。蜂斗菜药效成分蜂斗菜素对偏头痛具有较好疗效，但其根茎含有微量的有毒吡咯生物碱，具有较明显的肝损伤作用，提取时需除去。Chizzola 和 Langer(2002)用生物碱含量不同的蜂斗菜亲本杂交(低×低，低×高，高×高)，结果表明生物碱含量低的亲本杂交可产生含量更低的后代，而含量较高的亲本杂交后代含量可更高。

### (四) 多倍性育种

根据育种目标的要求，采用染色体数加倍选育植物新品种的途径称为多倍性育种。多倍体育种采用的加倍试剂主要为秋水仙碱，加倍用的器官与组织主要为分生组织、愈伤组织、种子等，绝大多数获得了再生植株，加倍率高达 80%，获得的多倍体大多数为四倍体，个别为八倍体。目前，我国染色体加倍已在伞形科、菊科、唇形科、百合科等 13 个科 20 多个属的药用植物中获得成功，包括黄花蒿、鬼针草、菊花脑、牛蒡、白术、芜菁、当归、川白芷、杭白芷、黄芩、丹参、南丹参、桔梗、芦荟、库拉索芦荟、药用百合、川贝母、黄花菜、红千层、生姜、芜菁、刺果甘草、黄芪、枸杞、金荞麦、苦荞麦、盾叶薯蓣、莲、党参、向日葵、三叉蝶豆、杂交碧冬茄、莨菪、胜红蓟、具苞罂粟、茼蒿、鹰嘴豆、飞燕草、菘蓝等 40 多种。药用植物多倍体植株与普通植株相比，通常具有生物产量提高、某些药用活性成分含量提高、抗逆性增强等特点。四倍体蒲公英比二倍体蒲公英类黄酮含量增加 46%，异黄酮含量增加 38%，维生素 C 含量增加 54%，可溶性糖含量增加 50%(田永生和赵晓明，2007)。丹参同源四倍体中隐丹参酮、丹参酮 Ⅰ A、丹参酮 Ⅱ A 含量分别较原植物高 203.3%、70.5%、53.2%(高山林等，1995)。

### (五) 诱变育种

诱变育种是人为地利用物理诱变因素(如 X 射线、γ 射线、中子、激光、离子束和宇宙射线等)及化学诱变剂，对植物的种子、器官、细胞及 DNA 等进行诱变处理，诱发基因突变和遗传变异，在较短时间内获得有利用价值的突变体，诱变育种可以提高变异频率，加速育种进程，大幅度地改良某些性状，但难以控制突变方向，无法将多个优良性状组合。在药用植物方面，国内外学者以颠茄、薏苡、宁夏枸杞、菊花、牛膝、雷公藤、桔梗和藿香等为材料，经诱变处理筛选出一些优质、高产的突变体，但选育出新品种的仍在少数。例如，采用重离子束辐照甘肃当归 '90-01' 干种子，按新品种选育程序育成当归新品种 '岷归 3 号'，其在多地点的区域试验中较对照品种增产 15%，且药用成分含量明显高于对照品种(颉红梅等，2008)。

### (六) 生物技术育种

生物技术应用于药用植物研究的时间并不长，但已经显露出广泛的理论意义和良好的发展前景。目前，转基因药用植物器官和组织的研究，已有青蒿、黄芪、丹参、红豆杉、决明、大黄和栝楼等十多种药用植物转化的器官发状根诱导成功，并建立了培养体系。现阶段生物工程育种(分子设计育种)已成为常规育种方法的重要补充。分子设计与基因工程成为提高育种效率、拓展遗传背景、导入外源基因的重要手段之一。Chen 等 (2000)将棉花法尼基焦磷酸合酶基因 *FPS* 导入青蒿，发现过表达 *FPS* 基因可以将青蒿素产量提高 1~2 倍。但转基因品种带来的安全性问题对中药材而言更值得关注，更需要系统的评价，特别是作为饮片供中医药临床用的中药材需慎重对待。

综上所述，药用植物品质性状的遗传与育种学研究取得一定进展，特别是在药用植物品质性状的遗传规律、调控机制及品质育种方法等方面都取得了长足进步，这些成果为进一步揭示药用植物品质形成的遗传本质，提升药用植物的品质奠定了良好基础。但是，也应该看到，与农作物相比，药用植物的品质性状研究基础还十分薄弱，有很多问题还有待进一步研究。目前，常用的中药材中优良品种不多，大多数人工栽培的中药材没有进行系统的种质资源调查、收集、整理、保存和评价工作，缺乏遗传育种学各项遗传参数、生长发育规律、种子特征、药材质量药效与遗传因素的关系等基础数据的积累，特别是具有高整齐度、优质的新品种还不多，而在药材生产上大规模推广应用的品种更少。因此，亟待从以下两个方面开展工作。

1. 开展生物技术辅助药用植物品种选育研究

虽然药用植物育种取得一定成果，但药用植物种类繁多，生物学特性、生长习性各异，种植的年限、种质纯化的程度、品种选育的基础等均各不相同。摆在中药材育种面前的一个需要解决的重大问题是：如何将传统育种技术与现代生物、分子技术有机结合起来，迅速培育一批大宗常用药材的优质品种，并应用于生产。纵观国内外植物品种选育的历史，其技术发展的基本道路为：农家品种鉴定利用→常规品种选育→杂交品种选育→分子标记辅助育种、分子设计与基因工程。中医药的临床疗效、中药材品质的稳定和提高，又迫切需要有优良品种在生产上推广应用。同时现代生物技术迅猛发展，分子标记辅助选择育种、分子设计育种等新技术、新手段在农作物品种选育中发挥着越来越重要的作用。目前，三七、丹参、人参、博落回、红景天、白木香、黄芩、甘草等药用植物全基因组图谱已成功绘制。对于次生代谢途径研究较为清晰的药用植物如丹参、青蒿等，可开展性状的分子标记、遗传图谱构建、品质性状遗传定位等研究，为分子标记辅助选择育种、分子设计育种奠定基础。例如，可利用人工非编码 RNA 和基因过表达技术，提高药材有效成分的含量；或利用合成生物学技术，创建目标成分可控的植物新品种。

2. 开展品质性状遗传规律研究，加强品质育种研究

需要大力开展种质的筛选和纯化，为杂交育种、性状遗传学的研究积累一批遗传材料。在此基础上开展性状遗传规律研究，特别是品质性状遗传规律研究应有突破，尤其需加强药用植物数量遗传学的研究。数量遗传学的原理和方法有效地指导着两类最常用的育种方法：选择育种和杂种优势育种。数量性状的选择改良是利用群体内优良基因的累加效应，利用群体遗传参数的估算结果，估算各种选择方案的预期效果，为选择有效的品质育种方案提供依据，是数量遗传学理论和方法对育种的贡献之一，可帮助选择群内有利的加性和非加性基因。数量性状应用于杂种优势利用中，可帮助人们认识亲本两方面的特征，一是亲本自身的表现，决定于基因的加性及加性×加性互作效应；二是作为亲本其后代的表现，以及亲本的配合力。通过解释自交衰退和杂种优势现象，阐明交配方式改变引起基因型频率改变的杂种优势假说。杂种优势育种成败的重要因素包括亲本材料的选择，杂交种的实际水平既要利用亲本基因的加性效应(一般配合力)，又要利

用亲本组配的非加性效应(特殊配合力)。针对药材的不同用途开展针对外观品质、有效成分、药效强度等不同层面的品质育种，应充分利用现代植物生物化学和分子生物学在次生代谢产物合成途径方面的研究成果，使品质育种在方法学上有所突破，从更高的起点出发开展工作。

# 参 考 文 献

曹亮, 金钹, 魏建和, 等. 2009. 荆芥选育品系农艺性状及品质性状比较. 中国中药杂志, 34(9): 1075-1077.

陈萌, 魏建和, 金钹, 等. 2017. 应用GGE双标图分析丹参杂种一代品系的稳定性和适应性. 中国现代中药, 19(6): 809-814.

陈萍. 2008. 烤烟主要化学品质性状的遗传及基因型与环境互作研究. 福建农林大学硕士学位论文.

段宁. 2003. 杂交天麻主要性状的配合力分析. 食用菌, 2): 17.

盖钧镒. 2005. 植物数量性状遗传体系的分离分析方法研究. 遗传, 27(1): 130-136.

盖钧镒, 章元明, 王建康. 2003. 植物数量性状遗传体系. 北京: 科学出版社.

高山林. 2001. 药用植物遗传育种的现状与展望. 世界科学技术—中医药现代化, 3(6): 58-62.

高山林, 朱丹妮, 蔡朝晖, 等. 1995. 丹参四倍体优良新品61-2-22的选育与鉴定. 中国中药杂志, 20(6): 337-3378.

韩宁林, 王开良. 1998. 银杏杂种优势利用研究初报. 林业科学研究, 11(5): 533-536.

郝大程, 肖培根. 2017. 药用植物亲缘学导论. 北京: 化学工业出版社.

何先元, 郭巧生, 徐文斌, 等. 2005. 不同药用白菊花栽培品种田间试验研究. 安徽农业大学学报, 32(3): 385-388.

贺建波, 管荣展, 盖钧镒. 2010. 双列杂交设计的主-微位点组遗传分析方法研究. 作物学报, 36(8): 1248-1257.

黄璐琦, 郭兰萍, 胡娟, 等. 2008. 道地药材形成的分子机制及其遗传基础. 中国中药杂志, 33(20): 2303-2308.

黄玉香, 谭何新, 于剑, 等. 2016. 药用植物生物碱次生代谢工程研究进展. 中草药, 47(23): 2471-2481.

李金菊, 米玛潘多, 董丽菊, 等. 2012. 丹参主要农艺性状与丹参酮ⅡA、丹酚酸B的相关性及通径分析. 山东农业科学, 44(8): 17-20.

廖凯, 吴卫, 郑有良, 等. 2009. 青蒿主要农艺性状与单株产量和青蒿素含量及总量间相关分析. 中国中药杂志, 34(18): 2299-2304.

刘聪, 吴加梁, 赵娜, 等. 2017. 枳椇子品质与产地和外观性状相关性分析. 中国中药杂志, 42(24): 4769-4774.

刘海涛. 2009. 五味子科药用植物亲缘初探及两种五味子科药用植物化学成分的研究. 中国协和医科大学博士学位论文.

刘维, 张祎楠, 裴瑾, 等. 2014. 川牛膝品种与品质的灰色关联度分析研究. 中国药学杂志, 49(2): 1796-1801.

路昭亮. 2008. 不同基因型萝卜主要营养品质性状的遗传分析. 南京农业大学硕士学位论文.

马小军, 莫长明, 白隆华, 等. 2008. 罗汉果新品种'永青1号'. 园艺学报, 3(12): 1855.

马小军, 莫长明, 白隆华, 等. 2009. 罗汉果新品'普丰青皮'. 园艺学报, 36(2): 310.

阮汉利, 张勇慧, 皮慧芳, 等. 2004. 杂交贝母非生物碱成分的结构研究. 中草药, 35(1): 22-23.

谭何新, 肖玲, 周正, 等. 2017. 青蒿素生物合成分子机制及调控研究进展. 中国中药杂志, 42(1): 10-19.

田永生, 赵晓明. 2007. 蒲公英二倍体与四倍体的几个生理指标比较. 中国农学通报, 23(6): 345-348.

王锦秀, 赵健, 黄占明. 2005. 枸杞与番茄属间远缘杂交研究初报. 宁夏农林科技, 3: 8-9.

王秋颖, 郭顺星. 2001. 天麻优良品种选育的初步研究. 中国中药杂志, 26(11): 744-746.

王跃虎, 魏建和, 张东向, 等. 2008. 荆芥品种选育产量性状选择方法研究. 现代中药研究与实践, 22(2): 16-19.

魏建和. 2006. 中药桔梗杂种优势利用基础研究. 中国中医科学院博士学位论文.

魏建和, 杨成民, 隋春, 等. 2011. 中药材新品种选育研究现状、特点及策略探讨. 中国现代中药, 13(9): 3-8.

魏建和, 杨成民, 隋春, 等. 2012. 利用雄性不育系育成桔梗新品种'中梗1号'、'中梗2号'和'中梗3号'. 园艺学报, 38(6): 1217-1218.

魏良明, 戴景瑞, 刘占先, 等. 2008. 普通玉米蛋白质、淀粉和油分含量的遗传效应分析. 中国农业科学, 41(11): 3845-3850.

吴宝成, 杭悦宇, 周义峰, 等. 2007. 薯蓣属植物人工杂交后代的检测. 植物资源与环境学报, 16(4): 13-17.

吴才祥, 杨晟永, 葛芝富. 2007. 天麻远缘杂交育种初报. 湖南林业科技, 34(1): 23-25.

颉红梅, 刘效瑞, 李文建, 等. 2008. 甘肃当归新品系 DGA2000-02 的选育研究. 原子核物理评论, 25(2): 196-200.

谢阳姣, 何志鹏, 闫国跃, 等. 2017. 苦玄参 40 个株系表型性状遗传多样性分析. 广西植物, 37(3): 348-355.

邢世岩, 吴德军, 邢黎峰, 等. 2002. 银杏叶药物成分的数量遗传分析及多性状选择. 遗传学报, 29(10): 928-935.

徐昭玺, 冯秀娟, 盛书杰, 等. 2001. 边条人参新品种的系统选育. 中国医学科学院学报, 23(6): 542-546.

闫新甫, 李卫芬. 1997. 二棱大麦 7 种必需氨基酸含量的种子和母体遗传效应分析. 中国农业科学, 30(2): 34-41.

杨成民, 魏建和, 隋春, 等. 2013. 我国中药材新品种选育进展与建议. 中国现代中药, 15(9): 727-737.

杨生超, 王平理, 杨建文. 2011. 灯盏花产量和灯盏乙素含量的基因型与环境效应. 中国农学通报, 27(8): 140-143.

杨新杰, 万德光, 林贵兵, 等. 2010. 丹参脂溶性成分的地域分布特点分析. 天然产物研究与开发, 41(5): 809-812.

杨新杰, 万德光, 刘敏, 等. 2011. 丹参水溶性成分的地域分布特点分析. 天然产物研究与开发, 23: 684-688.

曾国良, 王继安, 韩英鹏, 等. 2007. 大豆异黄酮含量与主要农艺性状相关性及通径分析. 大豆科学, 26(1): 25-29.

张芳, 邓志平, 谭德仁. 2006. 乌红杂交天麻与乌天麻及红天麻经济性状分析. 湖北林业科技, (5): 30-32.

张戈, 郭美丽, 李颖, 等. 2004. 不同品种红花黄酮类成分的 HPLC 含量测定及其遗传稳定性研究. 中草药, 35(12): 1411-1414.

张惠源, 袁昌齐, 孙传奇, 等. 1995. 我国的中药资源种类. 中国中药杂志, 20: 387-390.

张洁夫, 戚存扣, 浦惠明, 等. 2007. 甘蓝型油菜花瓣缺失性状的主基因+多基因遗传分析. 中国油料作物学报, 29(3): 227-232.

张龙进, 李桂双, 白成科, 等. 2012. 山茱萸种质资源数量性状评价及相关性分析. 植物遗传资源学报, 13(4): 655-659.

郑亭亭, 隋春, 魏建和, 等. 2010. 北柴胡 2 号和北柴胡 3 号的选育研究. 中国中药杂志, 35(15): 1931-1934.

周文平, 赵洪峰, 王亚飞, 等. 2015. 秦艽种质资源主要生物学特性与龙胆苦苷含量的相关分析. 中药材, 38(5): 933-936.

Bennett R N, Wallsgrove R M. 1994. Secondary metabolites in plant defence mechanisms. New Phytologist, 127(4): 617-633.

Chen D H, Ye H C, Li G F. 2000. Expression of a chimeric farnesyldiphosphate synthase gene in *Artemisia annua* L. transgenic plants via *Agrobacterium tumefaciens*-mediated transformation. Plant Science, 155: 179-185.

Chizzola R, Langer T. 2002. Distribution of pyrrolizidine alkaloids in crossing progenies of *Petasites hybridus*. Journal of Herbs, Spices & Medicinal Plants, 9(2-3): 39-44.

Delabays N, Simonnet X, Gaudin M. 2001. The genetics of artemisinin content in *Artemisia annua* L. and the breeding of high yielding cultivars. Current Medicinal Chemistry, 8(15): 1795-1801.

Ferreira J F S, Simon J E, Janick J. 1995. Relationship of artemisinin content of tissue-cultured, greenhouse-grown, and field-grown plants of *Artemisia annua* L. Planta Medica, 61(4): 351-355.

He C E, Wei J, Jin Y, et al. 2010. Bioactive components of the root of *Salvia miltiorrhiza*: changes release to harvest time and germplasm line. Industrial Crops and Products, 32: 313-317.

Kapoor L. 1995. Opium Poppy: Botany, Chemistry, and Pharmacology. Boca Raton: CRC Press.

Kirst M, Myburg A A, De León J P G, et al. 2004. Coordinated genetic regulation of growth and lignin revealed by quantitative trait locus analysis of cDNA microarray data in an interspecific backcross of eucalyptus. Plant Physiology, 135(4): 2368-2378.

Ky C L, Louarn J, Guyot B, et al. 1999. Relations between and inheritance of chlorogenic acid contents in an interspecific cross between *Coffea pseudozanguebariae* and *Coffea liberica* var. 'dewevrei'. Theoretical and Applied Genetics, 98(3-4): 628-637.

Lincoln D E, Marble P M, Cramer F J, et al. 1971. Genetic basis for high limonene — cineole content of exceptional *Mentha citrata* hybrids. Theoretical and Applied Genetics, 41(8): 365-370.

Lincoln D E, Murray M J, Lawrence B M. 1986. Chemical composition and genetic basis for the isopinocamphone chemotype of *Mentha citrata* hybrids. Phytochemistry, 25(8): 1857-1863.

Mather K. 1943. Polygenic inheritance and natural selection. Biological Reviews, 18(1): 32-64.

Matzinger D F, Wernsman E A, Cockerham C C. 1972. Recurrent family selection and correlated response in *Nicotina tabacum* L. I. 'Dixie Bright 244' × 'Coker 139'. Crop Science, 12(1): 40-43.

Maurya K N, Shukla S. 2014. *Asthana* G. pattern of quantitative inheritance of yield and component traits in opium poppy (*Papaver somniferum* L.). Genetika, 46(2): 569.

Máximo P, Lourenco A, Tei A, et al. 2006. Chemotaxomomy of portuguese *Ulex*: quinolizidine alkaloids as taxonomical markers. Phytochemistry, 67(17): 1943-1949.

Chen M, Yang C, Sui C, et al. 2016. Zhong dan yao zhi No. 1 and Zhong dan yao zhi No. 2 are hybrid cultivars of *Salvia miltiorrhiza* with high yield and active compounds content. PLoS ONE, 11(2): e0149408.

Mishra B K, Mishra R, Jena S N, et al. 2016. Gene actions of yield and its attributes and their implications in the inheritance pattern over three generations in opium poppy (*Papaver somniferum* L.). Journal of Genetics, 157(1): 123-130.

Murray M J, Lincoln D E, Marble P M. 1972. Oil composition of *Mentha aquatica* × *M. spicata* $F_1$ hybrids in relation to the origin of XM. piperita. Canadian Journal of Genetics and Cytology, 14(1): 13-29.

Novaes E, Osorio L, Drost D R, et al. 2009. Quantitative genetic analysis of biomass and wood chemistry of *Populus* under different nitrogen levels. New Phytologist, 182(4): 878-890.

Pandeya R S, Dirks V A, Poushinsky G, et al. 1985. Quantitative genetic studies in flue-cured tobacco (*Nicotiana tabacum* L.). II. Certain physical and chemical characters. Canadian Journal of Genetics and Cytology, 27(1): 92-100.

Paul S, Khanuja S P S, Shasany A K, et al. 2010. Enhancement of artemisinin content through four cycles of recurrent selection with relation to heritability, correlation and molecular marker in *Artemisia annua* L. Planta Medica, 76(13): 1468-1472.

Romeike A. 1961. Die Scopolaminbildung in der Artkreuzung *Datura ferox* L. × *Datura stramonium* L. Die Kulturpflanze, 9(1): 171-180.

Sharma J R, Lal R K, Gupta M M, et al. 2000. Inheritance of biomass and crude drug content in black henbane (*Hyoscyamus niger* L.). Journal of Herbs, Spices & Medicinal Plants, 7(4): 75-84.

Shukla S, Khanna K R, Singh S P. 1994. Genetics of morphinane alkaloids in opium poppy (*P. somniferum* L.). Indian Journal of Agricultural Science, 64: 465-467.

Shukla S, Singh S P. 1999. Genetic systems involved in inheritance of papaverine in opium poppy. Indian Journal of Agricultural Sciences, 69(1): 44-47.

Singh A, Singh B K, Deka B C, et al. 2011. The genetic variability, inheritance and inter-relationships of ascorbic acid, beta-carotene, phenol and anthocyanin content in strawberry (*Fragaria ananassa* Duch). Scientia Horticulturae, 129(1): 86-90.

Singh R, Pandey R M. 2011. Combining ability and heterosis in opium poppy (*Papaver somniferum* L.). Current Advances in Agricultural Sciences, 3(2): 130-134.

Singh Y, Sharma M, Sharma A. 2009. Genetic variation, association of characters, and their direct and indirect contributions for improvement in chilli peppers. International Journal of Vegetable Science, 15(4): 340-368.

Thulasiram H V, Erickson H K, Poulter C D. 2007. Chimeras of two isoprenoid synthases catalyze all four coupling reactions in isoprenoid biosynthesis. Science, 316: 73-76.

Townsend T, Segura V, Chigeza G, et al. 2013. The use of combining ability analysis to identify elite parents for *Artemisia annua* $F_1$ hybrid production. PLoS ONE, 8(4): e61989.

Valdiani A, Kadir M A, Saad M S, et al. 2012. Intra-specific hybridization: generator of genetic diversification and heterosis in *Andrographis paniculata* Nees. A bridge from extinction to survival. Gene, 505(1): 23-36.

Valdiani A, Talei D, Tan S G, et al. 2014. A classical genetic solution to enhance the biosynthesis of anticancer phytochemicals in *Andrographis paniculata* Nees. PLoS ONE, 9(2): e87034.

Yadav H K, Maurya K N, Shukla S, et al. 2009. Combining ability of opium poppy genotypes over $F_1$ and $F_2$ generations of 8×8 diallel cross. Crop Breeding and Applied Biotechnology, 9: 353-360.

Zewdie Y, Bosland P W. 2000. Pungency of chile (*Capsicum annuum* L.) is affected by node position. Hortscience, 35(6): 1174.

# 第三章　环境因子对药用植物品质形成的影响

药用植物的品质构成包括外部形态和内在成分。这两部分都会受到植物赖以生存的环境的影响。药用植物中次生代谢产物是其主要的药效物质基础和品质内涵，内在品质主要取决于这类产物的合成与积累。某种植物中次生代谢产物的种类及合成量的阈值由自身遗传特性决定，而环境因子则对这些产物的表达量起到调控作用。组成型表达的植物次生代谢产物受植物生长发育的调控，例如，决定植物花颜色的花青素在花形成时合成；而与植物抗逆性相关的很多植物次生代谢产物则是由环境中的生态因子诱导产生的。植物的次生代谢是植物在进化过程中对复杂的外界环境适应和选择的结果，与初生代谢相比，受环境影响更为明显，因此，某种植物中次生代谢产物的种类相对稳定，而含量则受环境因素影响而变化较大。生态因子是指对植物生长发育具有直接或间接影响的各种环境要素，本章就植物生存环境中的地理、气候、土壤、生物因子对药用植物品质形成的影响和可能的作用机制进行综述，重点关注近 10 年来的研究成果及发展趋势。

## 第一节　地理因子的作用

我国幅员辽阔，地域涵盖了 62 个经度和 50 个纬度，地形和气候类型多样，地区之间气候及土壤条件差异极大，药用植物在分布上具有明显的地域性。中药自古就有道地之说，我国古代对"道地药材"的论述可见于历代名家本草文献中。早在东汉药物学专著《神农本草经》中即有"土地所出，真伪新陈，并各有法"的记载，强调了中药材区分产地的重要性。唐代"药王"孙思邈编著的《千金翼方》中，首先按当时行政区划的"道"来归纳药材产地，特别强调"用药必依土地"，也就是今天"道地药材"术语的来源。不同的药用植物对生长环境的适应性不同，药用植物品质形成必须同时满足其生长要求及药效成分合成的基本条件，不同的纬度、海拔、坡向造成了光、热量、水分等环境因子空间分布的差异，对药用植物品质形成产生至关重要的影响，特别是对分布区域较窄的道地药材的作用更为显著。

## 一、纬度

我国不同纬度的生态因子差别主要在于日照长度、降水量、土壤类型等的不同，导致植物个体大小、资源分配、繁殖策略、次生代谢产物发生相应的变化。向前胜等(2015)研究了青海 3 种小檗属植物的根、茎及枝梢中小檗碱含量随纬度的变化规律，发现西北小檗(*Berberis vernae*)中各部位的小檗碱含量随着纬度降低呈现出升高的趋势，而在鲜黄小檗(*B. diaphana*)中则随纬度降低而减少。张辰露等(2015)研究不同气候区同一种源丹参(*Salvia miltiorrhiza*)生物量、有效成分变化与气象因子的相关性，发现不同气候区的丹参根系形态有明显差别，在纬度较高地区，较大的昼夜温差和适度干旱有利于丹参根系垂直向下生长，根的总分支数相对较少，根型长而直，侧根少，根条粗细均匀，外观整齐度好，随着纬度的降低，降水量和水气压增大，根系的生长会从主根上产生侧根，总的分根数变多，根的干物质积累量及二氢丹参酮、隐丹参酮、丹参酮Ⅰ和丹参酮ⅡA含量随纬度升高呈降低的趋势。纬度对药用植物品质的影响与植物长期形成的环境适应性及气象条件的不同有很大关系。

## 二、海拔与地势

海拔是构成植被垂直分布的关键因素，海拔不同，光照、水分、温度、氧分含量及土壤性质等均会表现出差异。海拔对植株形态及次生代谢产物积累有巨大影响。杨丽娟等（2013）对长白山牛皮杜鹃（*Rhododendron aureum*）的研究结果表明，牛皮杜鹃叶干物质量和叶片厚度均随海拔增加而增加，且低海拔条件下的干物质量与高海拔条件下差异显著。在不同的海拔条件下，药用植物会通过调整自身的细胞组织结构和生理来适应外界环境的刺激。何涛等（2005）对3个不同海拔地区的火绒草（*Leontopodium leontopodioides*）叶绿体超微结构进行了观察比较，发现生长在海拔2300m处的火绒草，叶绿体呈扁船形，沿细胞壁分布，基粒片层排列整齐，片层可达32层；海拔升高至2700m，叶绿体基粒片层排列变得不规则，片层下降到十几层，类囊体出现轻微膨大；海拔继续升高至3800m，叶绿体变为圆形，位于细胞中央，基粒片层则严重扭曲，片层只有几层，类囊体膨大严重，出现脂质小球，这些现象反映了火绒草在逆境条件下细胞结构及生理的适应性。张秀丽等（2011）对比了吉林省位于海拔127~305m的珲春、400~600m的集安及500~800m的抚松地区人参（*Panax ginseng*）中人参总皂苷含量，发现人参总皂苷含量随着海拔的升高而升高；而在海拔952~1423m的长白山地区，人参总皂苷的含量随着海拔的升高而降低，从而得出人参栽培的适宜海拔为400~952m。

在山区生长的药用植物，坡向会导致光照、温度、风、水分和土壤养分等因子的再分布，形成局域性的环境差异，从而影响药用植物的生长及品质。刘威等（2015）采用不同坡向结合种植层数培养，探讨了红天麻（*Gastrodia elata f. elata*）生长动态和产量的变化，得出南坡比北坡更有利于红天麻的生长。王芳等（2016）比较了阴坡和阳坡的连翘果及连翘叶中的药效成分，发现阴坡、阳坡连翘中挥发油、连翘苷和连翘酯苷A的含量差异均不明显，但连翘叶中连翘酯苷A的含量受坡向影响较大。

地理位置对药用植物品质的影响是温度、光照、降水、土壤等因子综合作用的结果，生长于特定地区的药用植物品质是其长期适应当地环境而形成的，地域的作用难以替代，如吉林的人参、云南文山的三七、四川江油的附子、山西浑源的黄芪、河北张家口的防风、甘肃岷县的当归等道地药材。研究道地药材产区的各种生态因子在药用植物品质形成中的作用，对保持优质药材质量的稳定与对其进行调控有着重要的意义。

# 第二节　气候因子的作用

气候因子主要包括光照、温度、降水等，植被分布的类型及数量主要受气候的影响。

气候对药用植物的生长和形态建成起决定作用,从而造成药材外观性状的差异。同时,植物通过体内各种生理生化的改变,对生长环境中的光照强度、光质、高温、低温、干旱、水淹等气候变化进行响应,由此引起次生代谢产物的合成或分解,导致药用植物内在品质发生变化。近年来,随着基因技术的快速发展,对植物次生代谢途径的解析越来越清楚,使我们得以从基因调控的层面上了解药用植物内在品质变化的本质。

# 一、光照

光是植物进行光合作用的能量来源,药用植物生长发育、产量与品质形成均需要一定的光照条件。光照强度和光质是植物体内有机物形成和转化的重要因子,光照时间则影响药用植物的发育和有机物的积累。研究证实,光的作用不仅直接影响糖类、脂类、蛋白质、核酸等生命必需的初生代谢产物的积累,影响次生代谢产物形成的前体物质,对次生代谢产物的合成也具有直接的调控作用。

## (一)光质

光质即光谱成分,不同光质反映不同波长的光所占的比例。由于不同波长的光能量不同,对植物色素形成、光合作用、形态建成的诱导等影响不同,如蓝紫光和青光抑制植物伸长生长,使植株矮化,同时能诱导植物色素的形成,使得植物向光性更敏感。光质不仅能影响药用植物的生长,还会影响药用植物某些次级代谢产物的合成。

Fournier 等(2003)在对西洋参皂苷含量与光照关系的研究中发现,红光、远红外光,以及红光和远红外光的比例,都显著地影响二年生西洋参(*Panax quinquefolius*)个体中人参皂苷 Rd、Rc 和 $Rg_1$ 的含量。高亭亭等(2012)在对光质与铁皮石斛(*Dendrobium officinale*)有效成分含量关系的研究中,采用 8 种光质(红光、蓝光、黄光、绿光、白光和 3 个不同比例的红蓝混合光)进行组培实验,发现蓝光有利于铁皮石斛生物碱的积累,红光有利于多糖含量的增加。张鹏飞等(2015)以一年生的蒙古黄芪(*Astragalus membranaceus* var. *mongholicus*)幼苗为材料,用不同颜色的光膜进行不同光质的处理,发现蓝光处理显著提高了黄芪根中多糖、黄酮和黄芪甲苷三种有效成分的积累。光质改变次生代谢产物的作用据推测是由于叶绿素主要吸收红光和蓝光,在可见光光谱中,红光和蓝光对光合作用最重要。它们增加皂苷和多糖的含量与促进初生代谢产物的积累有关(蒋高明,2004)。紫外光对黄酮类次生代谢产物合成的促进作用已有多篇报道,其作用机制也已经基本明确。在紫外辐射条件下,苯丙烷类化合物代谢和黄酮合成途径中多种酶,包括 CHS、F3H 及 DHR 等的基因表达上调,且黄酮-3-羟化酶、二氢黄酮-4-还原酶等酶活性增强(鲁守平等,2006;Park et al.,2007)。

## (二)光照强度

光照强度指单位面积接受可见光的光通量。在一定的范围内,光照强度的增加能够促进植物叶绿素的形成,增加植物的光合作用,有利于光合产物的积累,从而促进药用植物次级代谢产物的积累。而人参、三七、黄连、黄精、玉竹、八角莲、细辛等适宜荫蔽凉爽的环境，为阴生植物，在阳光直射下，会发生叶片灼伤，生长停滞，甚至死亡。

不同药用植物对光照强度的要求各不相同，大部分阳生药用植物适宜阳光充足的环境。阎秀峰等(2003)利用纱布遮阴的方法对高山红景天(*Rhodiola cretinii* subsp. *sinoalpina*)进行光照强度控制的实验，发现随着光照强度降低，高山红景天全株生物量、根生物量及根的红景天苷含量均有降低的趋势。张芳和张永清(2014)对不同光照强度下金银花(*Lonicera japonica*)花蕾大小和药材活性成分含量进行比较，发现不同光照强度下金银花花蕾长、宽、干重及绿原酸和木犀草苷的含量均表现为全光照＞65%光照＞55%光照＞18%光照，说明充足的光照有利于提高金银花药材的质量。也有许多药用植物的次级代谢产物，在光照强度较弱时更有利于积累。许翔鸿等(2004)在研究光照强度对延胡索(*Corydalis yanhusuo*)生长及生物碱积累的影响时发现，尽管遮阴处理减少了延胡索球茎产量，但增加了海罂粟碱、四氢帕马丁、紫堇碱和四氢黄连碱 4 种主要生物碱的总含量，且全遮阴比半遮阴这 4 种生物碱总含量高，同时，遮阴处理造成四氢非洲防己胺、四氢小檗碱的含量下降。王宇等(2017)将黄芪幼苗放在不同光照条件下培养 7d，发现黑暗条件有利于毛蕊异黄酮苷、毛蕊异黄酮和黄芪甲苷的积累，低光[光照强度为 100μmol/(m²·s)]有利于黄芪醇的积累，高光[光照强度为 700μmol/(m²·s)]有利于芒柄花苷的积累。张琪等(2008)研究认为 UV-B 辐射能使光能转化为化学能的效率下降，增加黄酮类物质的含量，重度 UV-B 辐射显著降低甘草酸和甘草苷的含量，可见，甘草有效成分的积累与所处的光照强度密切相关，光照强度的不同会直接影响地上部分的光合作用，增加 UV-B辐射显著降低了甘草的光合速率，从而使地下部分根或根茎有效成分的积累发生改变。崔秀明等(2001)研究表明，光照时间和光照强度是影响三七皂苷含量的主导因子，在一定范围内(2500~12 500lx)，随光照强度增加，三七皂苷含量先增加后降低。

(三)光照时间

光照时间长短的变化，即光周期，对植物开花结果、落叶及休眠等生命过程的启动起到信号作用，对药用植物生长和有效成分的含量产生重要影响。李玲等(2014)研究表明，辣薄荷(*Mentha piperita*)在长日照(16h)下，薄荷醇含量较高(56%)，而在短日照(12h)下，薄荷醇含量降低，薄荷呋喃含量增高。陈顺钦等(2010)以黄芩(*Scutellaria baicalensis*)为材料，研究了光诱导对有效成分累积的影响，发现光诱导显著促进了黄芩苷、黄芩素的积累。邢俊波等(2003)通过对 5 个产区金银花绿原酸和黄酮类主要成分含量的测定，结合对土壤、地理和气候的综合分析，推测日照时数是决定金银花有效成分合成的关键因子。

## 二、温度

植物在其生长发育过程中，只有温度积累到一定的总和时，才能完成其生长发育周期。另外，温度变化可以通过调节次生代谢途径中酶的活性影响多种生理生化过程，从而改变次生代谢产物的含量。

研究表明，薄荷在生长期间，如果夜里较凉爽，则薄荷呋喃的形成受阻，而薄荷醇增多；反之，夜里温度高会引起光合产物的消耗，使胡薄荷酮转化为薄荷呋喃，使油中薄荷呋喃含量升高(黄士诚，1996；刘绍华，2001)。谢彩香等(2011)在对中国人参主产区吉林、辽宁、黑龙江三省份五年生人参皂苷含量与生态因子关系的研究中，通过典型相关分析(CCA)得出，温度(年积温、年平均气温、7月最高气温、7月平均气温、1月最低气温及1月平均气温)与人参皂苷 $Rg_1$、Re 及 $Rb_1$ 含量呈显著的负相关。

有关药用植物生长至收获所需的有效积温研究极少，温度对药用植物次生代谢产物的调控作用研究也仅有个别报道，杨林林等(2017)发现温度对人参皂苷合成途径中的 SS 基因的表达有显著的促进作用。大量离体组织培养的研究结果可以为植株整体水平上的作用提供一些启示(杨世海等，2006；王亮等，2008)。

## 三、降水

水是植物生存的必要条件，参与生长发育的全部过程，环境中降水量的差异决定了不同地区植物的分布差异。对药用植物而言，水分除了影响其生长，还会影响有效成分的形成与积累。

黄明进等(2010)对不同水分条件下盆栽甘草的药材产量及成分含量进行了分析，结果表明甘草药材产量随着土壤水分含量的增加而增加，土壤体积含水量为100%时单株产量最高，而总黄酮、总皂苷的相对含量却接近最低；60%含水量条件下，总黄酮、总皂苷的相对含量和绝对量都最高或接近最高值，说明充足供水条件下，有利于提高其产量，但药材质量有所降低。轻度干旱胁迫能够促进丹参酚酸类和酮类成分的积累(刘大会等，2011)。张辰露等(2015)通过对陕西不同生态区丹参有效成分含量的调查和分析得出结论，与北部干旱、中部半湿润的气候相比，南部湿润气候有利于丹参酮的积累。冯旭芹等(2006)利用相关分析和逐步回归分析方法，系统研究了日照、气温、降水等气候条件对三七有效成分的影响，结果表明，1月降水量是影响三七总皂苷的关键因子之一，降水较多有利于黄酮的积累，却对总皂苷、多糖和三七素的积累有抑制作用。韩忠明等(2017)通过模拟降水实验发现，轻度干旱胁迫(全处理期降水量为200mm)有利于防风色原酮含量的增加，且随着胁迫程度的加重，超氧化物歧化酶(SOD)活性与色原酮含量的相关性增大。郭兰萍等(2005)在应用地理信息系统对苍术(*Atractylodes lancea*)道地药材气候生态特征进行研究时发现，降水量是影响苍术挥发油量的主要生态因子。

植物生境中的气候因子并不是孤立存在的，植物的生长和次级代谢产物的积累都要依赖各种气象因子的综合作用，而各种气象因子之间也存在相互作用。因此，在实际生产中，可通过调节药用植物生境中的光照、温度和水分等条件，结合对不同药用植物不同有效成分的需求，定向培育药用植物。

## 第三节　土壤因子的作用

土壤是植物生长发育的基础，不仅起到固定植株的作用，更重要的是为植物生长发育提供基本的条件,对植物生长所需要的水、肥、气、热起到供应和协调的作用。土壤因子直接影响药用植物的生长发育,进而在一定程度上影响药材的外观品质形成,与此同时也调控着药用植物的有效成分或含量,对药用植物的内在品质形成起到重要的作用,因此土壤因子一直是药用植物资源及栽培研究领域中的重要组成部分。

## 一、土壤质地

土壤质地(soil texture)是指各大小不同的固体颗粒等级占土壤重量的百分比组合,包括黏质土、砂质土、壤土等,对土壤的通透性、保水性、耕作性及养分含量等性状都有很大的影响,是评价土壤肥力和作物适宜性的重要依据(吕贻忠,2006)。土壤质地对药用植物的根系生长分布、株高、茎粗等形态指标,养分吸收和分配、物质积累与分配等生理指标都有一定影响。古一帆等(2010)通过全国 29 个采样点的华细辛(*Asarum sieboldii*)活性成分与土壤样本的相关性研究发现,华细辛中的甲基丁香油酚、榄香脂素、黄樟醚的含量与土壤中粉粒的比例呈极显著正相关,与砂粒的比例呈显著负相关;不同土壤质地条件下生长的青蒿中青蒿素的产量与土壤质地相关,种植于黏壤土上的青蒿叶片青蒿素含量最高,而植株的青蒿素产量以粉砂质壤土最高,砂土的青蒿素产量最低(李红莉,2009)。因此选择适宜的土壤类型对种植药材的品质可以起到一定的提升作用。东北地区不同土壤中种植黄芪的药材外观存在明显差异,棕壤中生长的黄芪,根系长而直、分支少,根皮棕黄色,表皮光滑,断折面纤维细腻、粉性好,其商品质量也最佳;在盐碱土上生长的黄芪因受到盐碱侵蚀而表面锈斑严重,断折面纤维较粗、粉性较差,其商品质量也较差。在科尔沁草原,生长在沙地上的甘草皮色红棕、根条顺直,而在黏质土壤上生长的皮色呈现灰褐色且根条弯曲(林文雄和王庆亚,2007)。

## 二、土壤营养元素

植物组织中的碳(C)、氢(H)、氧(O)、氮(N)、磷(P)、钾(K)占植物干重的 90%～95%,另外还有钙(Ca)、硫(S)、镁(Mg)、铁(Fe)、铜(Cu)、硼(B)、锌(Zn)、钼(Mo)、锰(Mn)、氯(Cl)等,能够参与植物的各种生理功能,也是植物生长发育所必需的元素。其中,除 C、H、O 主要来自于大气和水之外,其余均由土壤提供,这些元素也被称为土壤营养元素(邓绶林,1992)。在药用植物的生长过程中,土壤营养元素是维持其正常生长发育和品质形成的基础,缺乏任何一种营养元素都可能导致药用植物生长受到阻碍、发育不良或出现生理病害,而影响有效成分的积累,导致药用植物的品质下降(罗光明和刘合刚,2008;郭巧生,2009)。

张亚玉(2016)通过对主要土壤肥力指标的主成分分析及相关分析,发现土壤中的全氮是影响人参皂苷组成及含量的主要因子;谢彩香等(2011)分析了道地产区的人参皂苷含量与土壤中大量元素的相关性,也得到土壤中的氮与人参皂苷含量呈显著正相关的结果,适当提高土壤氮的含量可以促进人参皂苷成分的积累。金航等(2012)发现云当归(*Angelica sinensis*)根干重与土壤中全氮和有效磷含量呈显著正相关;金尧(2014)的研究表明,当归中作为质控标准的阿魏酸含量同样与土壤全氮、有效磷含量呈正相关,这表明适当提高土壤中全氮和有效磷的含量可以在一定程度上提高当归品质。韦中强等(2008)研究发现钾元素的含量是影响青蒿素产量的主要因素，适当提高土壤中钾元素的含量可以提高青蒿素产量。尚晓娜等(2012)分析了甘肃 20 个产地的甘草有效成分的含量与土壤营养元素的关系，发现速效钾、铵态氮对甘草黄酮类成分的合成起了关键性作用。以上研究都表明，适当提高 N、P、K 元素的含量可以提升药材有效成分的含量，进而提高药材的品质，但同时在其他药用植物中也有相反的报道。翟娟园等(2010)发现川白芷内异欧前胡素与土壤全氮呈显著负相关，说明氮元素过量不利于异欧前胡素的形成和积累。韩建萍和梁宗锁(2005)通过研究不同的氮磷配比对丹参有效成分含量的影响得出，过度施用氮肥不利于丹参素和丹参酮 II A 的积累。

土壤中适量的 Ca、Mg、S、硅(Si)、Fe、Mn、B、Zn、Mo、Cl 等中微量元素同样是药用植物生长发育、品质形成中不可缺少的重要因素(郭巧生，2009)。土壤中的 Mg 以离子形式进入药用植物体内，它不但参与药用植物叶绿素的合成，对相关酶、蛋白质、核酸的产生也至关重要(罗光明和刘合刚，2008)。在对防风(*Saposhnikovia divaricata*)中有效成分与土壤营养元素的关系的研究中发现，色原酮与土壤中 Mg 含量呈显著的正相关(孙晶波，2013)。在对黄芪中 7 种药用有效成分与土壤营养元素关系的研究中发现，毛蕊异黄酮、黄芪甲苷及总黄酮的积累与土壤中的 Ca 呈负相关，与 Fe 呈正相关(辛博，2015)；Ca 与肿节风中异嗪皮啶和迷迭香酸均呈显著负相关(姚绍嫦等，2013)，与丹皮中丹皮酚的积累呈负相关(郭敏，2008)。土壤中硫元素对有效成分的影响随着药材品种的不同而不同，化橘红中的黄酮含量与硫的含量呈显著正相关(林兰稳等，2008)；黄檗中的总生物碱含量与土壤中硫元素含量呈负相关(张阳，2015)。硅元素可以沉积于植物细胞壁间，能提高植物细胞弹性和刚性，以单晶硅的形式从土壤中富集，Zhao 等(2015)对金银花的根际施用一定量的硅，发现其可以明显地提高金银花绿原酸的产量；郭敏(2008)也发现丹皮中丹皮酚与土壤中的硅呈极显著的正相关。防风中欧前胡素含量与土壤中 Mn 含量之间呈显著的正相关(孙晶波，2013)；秦艽(*Gentiana macrophylla*)中的龙胆苦苷含量与土壤有效 Fe 含量呈显著正相关(宋九华等，2014)。以上研究表明，由于不同药用植物有效成分的化学组成不同，不同药材品质形成对土壤中的必需元素需求不同。因此，在实际的生产过程中，应根据药材的产品质量需求来调节土壤中微量元素的含量。

土壤有机质(soil organic matter, SOM)可改变土壤团聚体的构成，改善土壤的物理性质，提高土壤对水分的吸收能力，通过矿化或改变土壤微生物群落为作物提供速效养分。土壤有机质的含量是土壤肥力的重要指标，对药用植物的有效成分积累有很大影响。在对肿节风(姚绍嫦等，2013)、青蒿(李红莉，2009)、天麻(郑亚玉等，2010)药材中的有效成分含量与土壤有机质关系的研究中均发现，土壤有机质与其相应的药用有效成分含量呈正相关；李莉(2014)在对大黄的药材质量特征及其形成机制的研究中指出，大黄中结合蒽醌类物质的形成和积累与土壤有机质呈负相关。药用植物的品质形成除了要关注有效成分的含量，在含有多种有效成分的药材中，各成分的比例也是重要的参考指标(郭巧生，2009)。雷立等(2016)对商洛地区连翘有效成分含量与土壤因子的相关性研究发现，土壤中丰富的有机质供应会促进连翘药材内连翘苷的形成和积累，但过多的有机质不利于连翘酯苷 A 的积累。

　　总体上来说，土壤营养元素对药用植物品质影响机制的研究更多地体现在土壤与药材中元素含量关系的现象描述，对影响机制的研究还相对较少。

## 三、土壤水分

　　土壤水分(soil water)可通过影响药用植物的生长发育、生物量、有效成分、病害等来影响其质量。对于根部入药的药材，土壤水分可通过影响营养物质的有效性、土壤的透气性、植物细胞膨压、植物的光合能力及有机物向根系的分配，间接影响根系的生长发育和有效成分的积累(冯广龙等，1996)。赵宏光等(2014)的研究表明，随着土壤含水量逐渐增加，人参皂苷 Rb$_1$ 和 Rd 含量呈现出降低的趋势。刘大会等(2011)对丹参的研究发现，当土壤含水量为田间持水量的 55%～60%时，丹参根部的二氢丹参酮Ⅰ、隐丹参酮、丹参酮Ⅰ和丹参酮ⅡA 含量最高，过高和过低的土壤含水量都不利于丹参酮的积累。土壤水分通过影响作物的生长发育来影响药材有效成分的积累，因此应根据不同生长期植物生长发育的需求来选择适宜的土壤水分条件；同时，土壤水分含量与土壤微生物群落密切相关，土壤中某些微生物是造成药材根部病害的主要原因之一，在低洼排水不良的土壤中的作物更易受到感染(仇有文，2007)。在对不同土壤水分条件下三七的根腐病发病率的研究中发现，随着土壤水分含量的增高，根腐病发病率呈现出迅速升高的趋势。通过科学灌溉、合理排水控制土壤含水量是提高药材质量的有效途径。而对地上部位入药的药材而言，土壤水分对药材质量的影响除体现在对有效成分积累的影响外，也会影响到药材外观品质。如适度干旱有利于金银花花蕾增重，在金银花的花期，保持土壤含水量为 16.2%左右不仅有利于提高金银花的外观品质，也有利于金银花内有效成分绿原酸和黄酮维持在较高的水平(柯用春等，2005)。

## 四、土壤微生物多样性

　　土壤中的动植物和微生物等不同的有机体共同构成了土壤的生物群落，与土壤物理、化学性质一起对药用植物的品质形成产生影响(林文雄和王庆亚，2007)。其中的土壤微生物的种类组成、数量及其活动程度在土壤形成、矿物质转化、保持土壤微生态环境健康等方面起着驱动作用(吕贻忠，2006)。土壤微生物包括土壤细菌、土壤真菌、放线菌、藻类及土壤病毒等，通过改变土壤的物理和化学性质直接影响土壤肥力，从而间接影响药材的品质(林文雄和王庆亚，2007)。土壤微生物的多样性与药用植物的健康生长发育有着密切的关系，一般来说，微生物多样性越高，土壤健康状况越好，植物的抗病能力越强，生长状况越好(Nannipieri et al.，2010；Larkin，2015)。Dong 等(2016)的研究则说明土壤真菌多样性可以作为土壤健康的重要指标。Singh 等(2015)对圣罗勒(*Ocimum sanctum*)根际微生物的研究表明，根际细菌多样性的提高有利于植物生物量的提高。另外，土壤微生物量也会影响植物的生长状况，从而对药材的品质产生影响。仇有文(2007)的研究表明，土壤微生物总数与白术产量和水浸提物含量呈正相关。刘飞等(2010)研究青蒿根际微生物及其与青蒿素含量的关系发现，增加青蒿根际微生物中放线菌数量，有利于提高植株的青蒿素含量。

目前，对土壤微生物多样性与药材生长关系的研究为人工调控土壤以提高药材内外品质提供了科学依据，除土壤微生物多样性以外，土壤中的微生物包括有益微生物、有害微生物也对药用植物品质形成具有影响作用，将在本章第四节详细叙述。

# 第四节　生物因子的作用

影响药用植物品质形成的环境因子还包含各种生物因子。威胁植物生长的有害动物包括各种昆虫和螨类等，其危害主要是造成植物外在性状的损伤，减少光合作用面积和药材产量，在此不做介绍。本节着重介绍环境中的微生物因子在药用植物品质形成中的作用，包括有益微生物，如促进植物生长的菌根真菌；有害微生物，如栽培过程中的病原菌、贮藏期引起霉变的真菌等，它们不仅影响药材的外在性状，还会使药效成分含量降低甚至产生真菌毒素，危害人体健康。中药材作为防病、治病、保健的特殊性产品决定了对其品质有着更高的要求，因此，研究这些因子在中药材品质形成中的作用尤为重要。

## 一、有益微生物

### (一)土壤有益微生物

土壤中的有益微生物主要包括调节土壤营养供给、促进植物生长的固氮菌和菌根真菌，以及以防病为主的生防菌，如真菌中的兰科菌根真菌和木霉菌、细菌中的多种芽孢杆菌、放线菌中的链霉菌等。有益菌群通过改善土壤微环境达到促进植物生长及物质合成的作用。

对罗汉果(*Siraitia grosvenorii*)施用枯草芽孢杆菌肥能够提高其产量和大果比率，随着枯草芽孢杆菌的浓度升高，罗汉果的产量和大果率呈上升的趋势，同时处理组果实中的罗汉果甜苷 V(mogroside V)含量显著高于对照(冯世鑫等，2015)。土壤微生物中的菌根真菌能够促进药用植物有效成分的积累。接种丛枝菌根(vesicular-arbuscular mycorrhiza)真菌 *Glomus etunicatum*、*G. tortuosum*、*G. mosseae* 可提高苍术组培苗中 $\beta$-桉叶油醇的比例(梁雪飞，2013)；用接种丛枝菌根真菌的砂土培养丹参，咖啡酸、丹参素、迷迭香酸的含量均显著增加(刘灵，2015)；*G. claroideum* 处理下的黄芩根中黄芩苷含量上升近20%(杨光，2010)。目前，菌根真菌对药用植物有效成分的影响机制已有部分研究，体现在提高有效成分合成过程中关键酶基因的表达水平、酶活性；也可以通过分泌次生代谢产物，刺激药材产生促生长因子(周浓等，2017)，诱导药材次生代谢的产生和有效成分的积累，从而达到提高药材品质的目的(张华等，2015)。

### (二)药用植物内生真菌

内生真菌是指生活在植物体内细胞中或在其生活史中的某一段时期生活在植物组织内，对植物组织没有引起明显病害的一类真菌，具有极其丰富的生物多样性(曹益鸣等，2009)。药用植物内生真菌分布广、种类多，且内生真菌不但自身能够产生特殊的生理活性物质，还能够诱导和促进宿主植物某些代谢产物的合成与积累。

内生真菌可以诱导药用植物中药效成分的形成与积累(Schulz and Boyle，2005)。红豆杉属中的许多种如短叶红豆杉(*Taxus brevifolia*)、云南红豆杉(*T. yunnanensis*)、红豆杉(*T. chinensis*)等植物内生真菌具有诱导作用，促进红豆杉细胞增殖与紫杉醇积累，产量比对照提高了5～7倍(Wang et al.，2001；侯丕勇和郭顺星，2002)。张向飞等(2004)分离于长春花(*Catharanthus roseus*)的内生真菌可诱导长春花碱(vinblastine)的合成和积累，产量比对照提高了2～5倍。江东福等(1995)以柬埔寨龙血树为材料，从中分离到的4株红色镰刀菌对龙血树血竭形成有促进作用，可使血竭的形成量提高66%～120%。陶美华等(2012)在 *Botryosphaeria rhodina* A13 对离体白木香形成沉香组分的作用研究中发现，接种菌株 A13 能诱导离体白木香树枝合成沉香倍半萜类化合物。将内生真菌的诱导作用应用于植物生物碱、萜类、皂苷等天然药物的生产，尤其在利用植物组织或细胞生产天然药用成分方面，具有良好的应用前景。

## 二、有害微生物

### (一)田间病原菌

植物病原菌广泛存在于空气、土壤中，一旦外界环境适宜，便可侵染寄主，引起病害。对于药用植物，病害是影响药材产量和质量的重要因素之一。有关病害对中药材产量的影响多以病情指数、发病率、存苗量与干物质积累量为评价指标(罗光宏等，2005；赵振玲等，2010；李昕月等，2015)。马玲等(2008)研究发现，龙胆(*Gentiana scabra*)患斑枯病后，会引起光合作用面积减少，严重影响根部干物质的积累，致使芽孢发育不良，影响翌年植株生长。王喜军等(2004)研究龙胆斑枯病对龙胆产量影响的结果表明，龙胆斑枯病所造成的产量损失随病情发展逐渐增加。

病害的发生不但会造成产量损失，同时也使药材品质变劣。药用植物的非药用部位发生病害，主要是通过影响初生代谢导致次生代谢产物合成受阻，从而造成药材品质下降；而药用部位的病害直接影响药材的外观品质，同时也会导致内在品质的变化。Lu 等(2014)调查发现，*Rhexocercosporidium panacis* 引起的人参红皮病及西洋参锈腐病表现为表皮呈现红褐色、不规则状的病斑，随着病害的加重，病斑连片至整根变色，随着病害加重病斑颜色变为深红色至黑色，外表皮组织可能破裂进而脱落，呈现疮痂样；参根干燥后病斑呈现淡褐色，影响品相，导致价值降低(Reeleder et al.，2006；Punja et al.，2013)。黄芪患根腐病后，主根腐烂，侧根上可见褐色斑点，严重时根皮腐烂呈纤维状，维管束组织变褐(罗光宏等，2005)。病原菌除了影响中药材外在性状，还会引起有些中药材药效成分的变化，目前，关于药用植物患病后药效成分的含量、种类、结构发生变化导致品质下降已有部分研究。例如，患白粉病的金银花，药效成分绿原酸含量显著降低(陈美兰等，2006)。患斑枯病的龙胆草光合作用效率降低，致使有效成分龙胆苦苷含量降低(马玲等，2008)。肿节风感染炭疽病后，有效成分异嗪皮啶含量随着病情的加重而降低，而当病情指数大于 60 时，异嗪皮啶含量显著低于健康植株(蒋妮等，2012)。人参发生锈腐病后，总皂苷、粗淀粉、总糖、某些必需氨基酸均减少，但是木脂素、脂肪酸和还原糖增加(白容霖和王子权，1989)，而患有红皮病的人参，皂苷、多糖含量有所降低，挥发油成分差别不大(宋治，2015)。高微微等(2008)研究发现，发生根腐病的西洋参中的 3 种人参皂苷发生不同变化，病原尖孢镰刀菌(*Fusarium oxysporum*)和茄病镰刀菌(*F. solani*)导致人参皂苷 Rb$_1$ 含量升高(Jiao et al.，2011)。表现锈根症状的西洋参组织与正常组织相比，6 种主要皂苷(Rg$_1$、Re、Rb$_1$、Rc、Rb$_2$、Rd)含量下降 40%～50%(Rahman and Punja，2005)。泰瑞清(2015)研究发现，患根腐病的三七中新产生 9 种成分，多为三七皂苷的氧化产物。

次生代谢产物是中药材的主要药效成分，有些同时也是与植物防御反应紧密相关的植保素类物质。目前，萜类和黄酮类植保素研究较多(Ahuja et al.，2012)，其分子机制也已经基本明确。Chappell 和 Nahle(1987)的研究表明，向正在生长的烟草悬浮细胞中加入疫霉属(*Phytophthora*)真菌细胞壁碎片可诱导倍半萜类产物的产生与积累，同时还检测到 3-羟基-3-甲基戊二酰辅酶 A 还原酶(HMGR)的瞬时峰值。接种马铃薯晚疫病菌 *P. infestans*，HMGR 活性会更高，倍半萜类植保素的水平也随之升高(Choi et al.，1992)。

### (二)病毒

病毒病也会对药用植物产量及品质产生影响。受病毒侵染的药用植物表现为花叶、皱缩、矮化等现象(陈燕芳等，1983)，影响药用植物的光合作用，最终影响产量和质量(童秀英等，2005)。例如，地黄(*Rehmannia glutinosa*)感染病毒病后其块根变小，病毒病发病越重，单株产量越低，对地黄的产量和质量都有严重的影响(温学森等，2001)。近年来，利用脱毒技术提高药材产量、质量在地黄、菊花等药材上有了较为深入的研究。张晓丽等(2017)研究了怀地黄脱毒种苗大田生长性状及产量品质，结果表明，脱毒苗的株高、冠幅、叶片数、最大叶面积、功能叶片的光合色素含量和净光合速率等各项指标均优于非脱毒苗，块根产量提高、品质改善，增产幅度在 77.35%以上，药用成分梓醇含量提高了 32.90%。吴丹等(2017)比较了滁菊病毒脱除的效果，发现脱毒滁菊在单株产量和品质上都显著优于非脱毒苗，花直径、单株花数、单株产量分别比非脱毒苗高 4.5%、21.2%、24.0%，采用脱毒滁菊种苗生产能有效提高产量和品质。

### (三)根结线虫

根结线虫在土壤中普遍存在，一般将其归为植物病害的研究领域。林丽飞等(2004)对我国药用植物根结线虫病的分布和危害进行概述，发现我国 100 余种药用植物受到 5 种根结线虫的危害，包括北方根结线虫(*Meloidogyne hapla*)、南方根结线虫(*M. incognita*)、爪哇根结线虫(*M. javanica*)、花生根结线虫(*M. arenaria*)、印度根结线虫(*M. indica*)，其中 *M. hapla* 分布最广，危害重。根结线虫多为害药用植物根部，导致侧根数量增多，且在根部形成圆球形或圆锥形大小不一的瘤状凸起。根结初产生时仅为针尖大小，呈白色，质地柔软；随着发育程度的加深，根结逐渐长大，随后多个融合在一起；危害严重时，须根大量脱落，仅剩下主根，根系变为褐色或暗褐色，根表出现龟裂，甚至腐烂。韩凤等(2015)调查发现南川白芷根结线虫病发生面积占总面积的 35%～45%，造成产量下降，同时也严重影响白芷的外观性状。线虫侵染后对药材内在品质的影响仅有个别研究。张永清等(1999a，1999b)研究发现，在线虫为害的初期，丹参中游离氨基酸、可溶性蛋白质、可溶性糖、淀粉与总碳水化合物含量均有一定程度的提高，但在病情比较严重时，含量不断下降。

### (四)采收后污染菌

采收后的中药材在加工、贮藏过程中极易受到真菌污染，引起药材霉变。土壤或空气中存在的大量霉菌孢子散落在中药材及其饮片里，遇适宜温度、湿度则大量繁殖，产生蛋白酶、淀粉酶、脂肪酶、纤维酶等各种酶，造成中药内部组织中的有机物分解，霉菌还会产生各种有毒的代谢产物，从而影响药材的品质和安全。2015年版《中华人民共和国药典》规定"药材和饮片外观不得有虫蛀、发霉及其他物质污染等异常现象"(国家药典委员会，2015)。中药材霉变在早期往往难以识别，可以通过微性状鉴定法进行鉴别(李莉等，2012)。霉变后期在药材表面肉眼可以观察到不同颜色的斑点和霉状物。药材一旦发生霉变，通过水洗、刷霉、颠簸等方法均难以将其去除(杨青山等，2016)。中药材霉变后不仅影响药材外在性状，活性成分也会发生改变。孙欢等(2016)比较了当归药材霉变前后的质量，发现霉变后有效成分阿魏酸和藁本内酯含量分别降低了60.71%和53.16%。周华和乐巍(2011)研究了霉变对葛根药材品质的影响，发现霉变后葛根中总黄酮含量明显降低。秦海军等(2013)研究发现，霉变后吴茱萸中吴茱萸碱和吴茱萸次碱的含量显著降低。

药材污染菌在生长代谢过程中也会产生次级代谢产物——真菌毒素，引发中药材的二次污染，成为影响中药安全的重大隐患(蔡飞等，2010)。真菌毒素具有严重的致畸、致癌、致突变等毒性作用和较强的体内蓄积性，其中黄曲霉毒素(aflatoxin，AF)最为常见，黄曲霉毒素 $B_1$(AFB$_1$)是目前发现的毒性最强的真菌毒素，1993年被世界卫生组织国际癌症研究机构定为Ⅰ类致癌物，对人类健康的潜在危害极大。已有报道表明，种子类药材(Chen et al.，2015)、根类药材(Su et al.，2018)易污染黄曲霉毒素。《中华人民共和国药典》(2015年版)针对19种药材制订了总黄曲霉毒素及黄曲霉毒素 $B_1$(AFB$_1$)的限量标准，大量药材品种真菌毒素的污染风险及标准制订尚属空白。研究中药材中产毒菌的分布特征并明确其在药用植物品质形成中的作用，对中药材质量控制与提升有着重要的意义。

总之，药用植物分布的区域性是长期适应环境的结果，生长环境的构成和变化对药用植物的外观及内在品质具有显著的影响。地理、气候、土壤及生物因子对药用植物形态建成及次生代谢产物合成的作用已有了一定的研究积累，由于植物次生代谢产物对药材品质起决定作用，而且次生代谢产物的产生和变化相比于初生代谢产物，与环境有着更强的相关性，从而受到研究者更多的关注。

在各种环境因子当中，地理环境导致某些药用植物具有特定的分布范围，成为公认的品质优良的道地药材，有研究表明，纬度和海拔对黄连中的小檗碱、丹参中的丹参酮、人参中的人参皂苷等药效成分有显著的影响。气候因子决定了药用植物的生长状态，并对其内在品质起调控作用，对光照强度的适应性差异决定了药用植物对生长环境的不同要求，光照强度和光质通过调控次生代谢途径中的关键酶直接导致次生代谢产物的积累和代谢，有关萜类和黄酮类化合物的光调控已经比较明确。土壤因子的研究中，施肥及肥料种类对次生代谢产物的影响研究比较多，同种营养元素在不同的研究中作用不同，与实验的设计剂量、药用植物种类和次生代谢产物种类有关。生物因子中内生菌对药用植物次生代谢产物的影响研究相对较多，其作用机制大都不够明确。

　　针对目前的研究现状，我们提出以下几点应加强的研究方向。首先，植物次生代谢过程的调控和变化是一个极为复杂的过程，同时受到多个环境因子的共同影响，在分子水平上研究因子间的互作和主效因子的确定对于明确调控的关键点至关重要。其次，植物次生代谢产物的化合物类型众多，分别来源于不同的代谢途径，探究环境因子对不同类型次生代谢产物的调控是否具有规律性，是药用植物品质形成理论的基础性研究，需要增加更多的研究证据。最后，环境因子影响药用植物品质形成的时空性，包括诱导及持续的时间、在植物体内的运输方向等。快速发展的分子生物学技术及大数据的开发，为植物形态建成与内在物质的转化和调控研究提供了新的技术手段，应加强学科之间的合作与交流，探索提高药用植物品质的新途径，也期待理论尽快应用于实践。

# 参 考 文 献

白容霖, 王子权. 1989. 人参锈腐病参根体内若干生物化学变化. 植物病理学报, 19(2): 75-78.

蔡飞, 高微微, 李红玲, 等. 2010. 中药上黄曲霉毒素的污染现状与防除技术. 中国中药杂志, 35(19): 2503-2507.

曹益鸣, 陶金华, 江曙. 2009. 内生真菌对药用植物品质的影响概况. 江苏中医药, 41(11): 79-81.

陈美兰, 刘红彦, 李琴, 等. 2006. 白粉病发生程度对金银花药材中绿原酸含量的影响. 中国中药杂志, 31(10): 846-847.

陈顺钦, 袁媛, 罗毓健, 等. 2010. 光照对黄芩黄酮类活性成分积累及其相关基因表达的影响. 中国中药杂志, 35(6): 682-685.

陈燕芳, 王树琴, 沈淑琳. 1983. 药用植物及花卉可疑病毒病症状调查. 植物检疫, (3): 21-28.

崔秀明, 陈中坚, 王朝梁, 等. 2001. 生长环境与三七皂苷含量. 中药材, 24(2): 81-82.

邓绶林. 1992. 地学辞典. 石家庄: 河北教育出版社.

冯广龙, 刘昌明, 王立. 1996. 土壤水分对作物根系生长及分布的调控作用. 生态农业研究, 4(3): 7-11.

冯世鑫, 莫长明, 唐其, 等. 2015. 枯草芽孢杆菌肥在罗汉果上应用的效应分析. 广西植物, 35(6): 807-811.

冯旭芹, 崔秀明, 陈中坚, 等. 2006. 三七有效成分与气候生态因子的相关性分析. 中国农业气象, 27(1): 16-18, 22.

高亭亭, 斯金平, 朱玉球, 等. 2012. 光质与种质对铁皮石斛种苗生长和有效成分的影响. 中国中药杂志, 37(2): 198-201.

高微微, 焦晓林, 毕武. 2008. 罹病西洋参内主要人参皂苷含量的变化. 中国中药杂志, 33(24): 2905-2907.

古一帆, 刘忠, 何明, 等. 2010. 华细辛中药有效成分与土壤理化性质的相关性研究. 上海交通大学学报(农业科学版), 28(4): 361-366.

郭兰萍, 黄璐琦, 阎洪, 等. 2005. 基于地理信息系统的苍术道地药材气候生态特征研究. 中国中药杂志, 30(8): 565-569.

郭敏. 2008. 无机元素与丹皮质量之间的关系研究. 南京农业大学硕士学位论文.

郭巧生. 2009. 药用植物栽培学. 北京: 高等教育出版社: 35.

国家药典委员会. 2015. 中华人民共和国药典: 2015 年版: 一部. 北京: 中国医药科技出版社.

韩凤, 林茂祥, 余中莲, 等. 2015. 中药材白芷根结线虫调查研究. 中国农学通报, 31(20): 97-100.

韩建萍, 梁宗锁. 2005. 氮、磷对丹参生长及丹参素和丹参酮 II A 积累规律研究. 中草药, 36(5): 756-759.

韩忠明, 王云贺, 胥苗苗, 等. 2017. 干旱胁迫对防风生理特性及品质的影响. 西北农林科技大学学报(自然科学版), 45(11): 100-106.

何涛, 吴学明, 张改娜, 等. 2005. 不同海拔火绒草叶绿体超微结构的比较. 云南植物研究, 27(6): 639-643.

侯丕勇, 郭顺星. 2002. 真菌对植物的诱导作用及其在天然药物研究上的应用. 中草药, 33(9): 855-857.

黄明进, 魏胜利, 王文全. 2010. 气候和土壤因素对甘草药材质量影响的初步分析. 天津: 2010 年中国药学大会暨第十届中国药师周: 5.

黄士诚. 1996. 若干种化学成分对薄荷油质量的影响. 香料香精化妆品, 1996(2): 8-10.

江东福, 马萍, 王兴红, 等. 1995. 龙血树真菌群及其对血竭形成的影响. 植物分类与资源学报, 17(1): 79-82.

蒋高明. 2004. 植物生理生态学. 北京: 高等教育出版社: 15.

蒋妮, 唐美琼, 蓝祖栽, 等. 2012. 肿节风炭疽病病原学研究及其对药材质量的影响. 植物保护, 38(4): 83-88.

金航, 张霁, 杨美权, 等. 2012. 土壤养分与云当归根干重及阿魏酸含量的相关性. 江苏农业科学, 40(1): 208-210.

金尧. 2014. 不同生态因子对当归产量及阿魏酸含量的影响. 甘肃中医学院硕士学位论文.

柯用春, 王建伟, 周凌云, 等. 2005. 土壤中水分对金银花品质的影响. 中草药, 36(10): 121-122.

雷立, 任宏力, 李惠民, 等. 2016. 商洛不同产地连翘有效成分含量与土壤因子的相关性研究. 山东农业科学, 48(5): 55-57, 61.

李红莉. 2009. 土壤质地对青蒿生长发育、生理特性及产量品质的影响. 华中农业大学硕士学位论文.

李茹. 2014. 不同道地区大黄资源现状与药材质量特征及其形成机制研究. 长春中医药大学博士学位论文.

李茹, 杨青山, 周建理. 2012. 中药微性状鉴定法快速识别掺杂、霉变药材探讨. 中外医疗, 31(3): 191-192.

李玲, 贾书华, 金青, 等. 2014. 光对霍山石斛试管苗光合特性、生长及有效成分积累的影响. 植物生理学报, 50(7): 989-994.

李昕月, 付俊范, 魏晓兵, 等. 2015. 长白山区人参锈腐病发生危害调查及杀菌剂田间药效试验. 农学学报, 5(9): 69-72.

梁雪飞. 2013. 内生放线菌与丛枝菌根真菌对茅苍术组培苗生长及挥发油积累的影响研究. 南京师范大学硕士学位论文.

林兰稳, 钟继洪, 骆伯胜, 等. 2008. 化橘红产地土壤中量微量元素分布及其与化橘红药用有效成分的相关关系. 生态环境, 17(3): 1179-1183.

林丽飞, 邓裕亮, 江楠, 等. 2004. 我国药用植物根结线虫病的分布与危害. 云南农业大学学报, 19(6): 666-669.

林文雄, 王庆亚. 2007. 药用植物生态学. 北京: 中国林业出版社: 128.

刘大会, 郭兰萍, 黄璐琦, 等. 2011. 土壤水分含量对丹参幼苗生长及有效成分的影响. 中国中药杂志, 36(3): 321-325.

刘飞, 伍晓丽, 崔广林, 等. 2010. 青蒿根际微生物数量动态及其与青蒿素含量的关系研究. 时珍国医国药, 21(1): 37-38.

刘灵. 2015. 丛枝菌根真菌对丹参酚酸生物合成的影响. 东北林业大学硕士学位论文.

刘绍华. 2001. 栽培条件对椒样薄荷油质量的影响. 天然产物研究与开发, 13(3): 55-57.

刘威, 赵致, 王华磊, 等. 2015. 不同坡向与种植层数组合对仿野生栽培红天麻的影响. 中药材, 38(5): 883-888.

鲁守平, 隋新霞, 孙群, 等. 2006. 药用植物次生代谢的生物学作用及生态环境因子的影响. 天然产物研究与开发, 18(6): 1027-1032.

罗光宏, 陈叶, 王振, 等. 2005. 黄芪根腐病发生危害与防治. 植物保护, 31(4): 75-76.

罗光明, 刘合刚. 2008. 药用植物栽培学. 上海: 上海科学技术出版社.

吕贻忠. 2006. 土壤学. 北京: 中国农业出版社: 16.

马玲, 王宝秋, 谢家全, 等. 2008. 龙胆草斑枯病的发病规律及对药材品质的影响. 中医药信息, 25(4): 22-23.

秦海军, 张毅, 马玲, 等. 2013. 吴茱萸药材霉变前后的质量变化. 安徽医药, 17(6): 952-953.

仇有文. 2007. 土壤微生物对药材白术生物学产量和品质影响的研究. 西南交通大学硕士学位论文.

尚晓娜, 宋平顺, 杨锡, 等. 2012. 甘肃不同地域甘草有效成分含量与土壤因子关系的研究. 中国农学通报, 28(28): 245-249.

宋九华, 孟杰, 曾羽, 等. 2014. 粗茎秦艽根茎品质与栽培土壤化学因子的相关性分析. 植物资源与环境学报, 23(4): 75-82.

宋治. 2015. 红皮病对人参品质的影响研究. 吉林农业大学硕士学位论文.

孙欢, 刘胜兰, 胡纲, 等. 2016. 当归药材霉变前后质量变化研究. 中国药业, 25(1): 44-46.

孙晶波. 2013. 防风药材化学成分及其与根际土壤中无机元素含量的相关性研究. 吉林农业大学博士学位论文.

泰瑞清. 2015. 根腐病胁迫下三七体内皂苷的转化研究. 昆明理工大学硕士学位论文.

陶美华, 王磊, 高晓霞, 等. 2012. *Botryosphaeria rhodina* A13 对离体白木香形成沉香组分的作用研究. 天然产物研究与开发, 24(12): 1719-1723.

童秀英, 杨文权, 寇建村. 2005. 药用植物病毒病及其防治. 青海农林科技, (2): 33-34.

王芳, 白吉庆, 黎丹, 等. 2016. 阴坡、阳坡连翘及连翘叶中不同成分含量的比较. 中国现代中药, 18(2): 185-188, 202.

王亮, 于小溪, 鱼红闪, 等. 2008. 人参二醇类皂苷转化成 C-K 细菌的研究. 大连工业大学学报, 27(1): 22-25.

王喜军, 孙海峰, 孙晖, 等. 2004. 龙胆斑枯病对龙胆产量及质量的影响. 中国中药杂志, 29(8): 21-23.

王宇, 刘洋, 刘佳, 等. 2017. 不同光照强度对黄芪主要次生代谢物含量的影响. 应用与环境生物学报, 23(5): 928-933.

韦中强, 李成东, 肖杰易, 等. 2008. 施肥水平对青蒿产量和质量影响的研究. 时珍国医国药, 19(5): 1286-1287.

温学森, 李先恩, 杨世林. 2001. 地黄病毒病及其亟待解决的问题. 中草药, 32(7): 662-664.

吴丹, 宋爱萍, 史亚东, 等. 2017. '滁菊'病毒脱除及脱毒苗品质分析. 南京农业大学学报, 40(6): 983-992.

向前胜, 王宁, 赵越, 等. 2015. 青海省不同纬度小檗属 3 种植物不同部位小檗碱变化规律研究. 西部林业科学, 44(2): 136-140.

谢彩香, 索风梅, 贾光林, 等. 2011. 人参皂苷与生态因子的相关性. 生态学报, 31(24): 7551-7563.

辛博. 2015. 产地气候、土壤因子及生长年限对黄芩药材质量的影响研究. 北京中医药大学硕士学位论文.

邢俊波, 李萍, 张重义. 2003. 金银花质量与生态系统的相关性研究. 中医药学刊, 21(8): 1237-1238.

许翔鸿, 王峥涛, 余国奠. 2004. 光照对延胡索生长及生物碱积累影响的初步研究. 中药材, 27(11): 804-805.

阎秀娟, 王洋, 尚辛亥. 2003. 温室栽培光强和光质对高山红景天生物量和红景天苷含量的影响. 生态学报, 23(5): 841-849.

杨光. 2010. 药用植物 AM 应用基础研究. 中国中医科学院硕士学位论文.

杨丽娟, 邵殿坤, 栾志慧. 2013. 长白山牛皮杜鹃叶片功能性状随海拔的变化. 江苏农业科学, 41(9): 149-151.

杨林林, 张涛, 杨利民, 等. 2017. 生态因子对人参皂苷合成及其关键酶基因表达的影响. 中草药, 48(20): 4296-4305.

杨青山, 张倩倩, 周建理. 2016. 霉变药材的微性状鉴定. 安徽中医药大学学报, 35(5): 86-88.

杨世海, 刘晓峰, 马秀华, 等. 2006. 不同理化因子对甘草愈伤组织生长和黄酮类化合物合成的影响. 吉林农业大学学报, 28(1): 47-50.

姚绍嫦, 蓝祖栽, 唐美琼, 等. 2013. 广西肿节风药材有效成分含量与土壤因子关系研究. 广东农业科学, (21): 76-79.

翟娟园, 吴卫, 廖凯, 等. 2010. 土壤环境对川白芷产量和品质的影响研究. 中草药, 41(6): 984-988.

张辰露, 梁宗锁, 郭宏波, 等. 2015. 不同气候区丹参生物量、有效成分变化与气象因子的相关性研究. 中国中药杂志, 40(4): 607-613.

张芳, 张永清. 2014. 不同光照强度下忍冬花蕾大小和药材质量的比较研究. 时珍国医国药, 25(11): 2760-2762.

张华, 孙纪全, 包玉英. 2015. 丛枝菌根真菌影响植物次生代谢产物的研究进展. 农业生物技术学报, 23(8): 1093-1103.

张鹏飞, 刘亚令, 梁建萍, 等. 2015. 不同光质处理对蒙古黄芪幼苗根系生物量及有效成分积累的影响. 草地学报, 23(4): 838-843.

张琪, 王俊, 彭励, 等. 2008. 中波紫外线辐射对甘草光合作用及有效成分积累的影响. 农业科学研究, 29(1): 11-15.

张向飞, 张荣涛, 王宁宁, 等. 2004. 真菌诱导子对长春花愈伤组织中吲哚生物碱积累的影响. 中草药, 35(2): 201-204.

张晓丽, 李萍, 周彩云, 等. 2017. 怀地黄脱毒种苗大田生长性状及产量品质. 植物学报, 52(4): 474-479.

张秀丽, 赵岩, 张燕娣, 等. 2011. 不同海拔高度对人参总皂苷含量的影响. 中国现代中药, 13(10): 14-16, 29.

张亚玉. 2016. 不同生长环境下人参根区土壤肥力特性研究. 沈阳农业大学博士学位论文.

张阳. 2015. 野生黄檗中活性成分与生态因子相关性研究. 北京协和医学院硕士学位论文.

张永清, 洪战春, 孙晋璞. 1999a. 根结线虫侵害对丹参药材碳水化合物含量的影响. 基层中药杂志, 13(3): 10-11.

张永清, 王苓, 孙晋璞. 1999b. 根结线虫侵害对丹参药材氨基酸与蛋白质含量的影响. 中国中医药科技, 6(6): 383-384.

赵宏光, 夏鹏国, 韦美膛, 等. 2014. 土壤水分含量对三七根生长、有效成分积累及根腐病发病率的影响. 西北农林科技大学学报(自然科学版), 42(2): 173-178.

赵振玲, 张金渝, 张智慧, 等. 2010. 云南当归软腐病的危害性及病原鉴定. 云南大学学报(自然科学版), 32(2): 227-232.

郑亚玉, 王文佳, 韩洁, 等. 2010. 天麻生长地土壤生态因子与天麻素含量相关性的研究. 中华中医药杂志, 25(4): 527-530.

周华, 乐巍. 2011. 霉变对葛根药材品质的影响. 山东中医杂志, 30(3): 197-198.

周浓, 张杰, 潘兴娇, 等. 2017. 丛枝菌根真菌对滇重楼内源激素的影响. 中草药, 48(23): 4970-4978.

Ahuja I, Kissen R, Bones A M. 2012. Phytoalexinsin defense against pathogens. Trends in Plant Science, 17: 73-90.

Chappell J, Nable R. 1987. Induction of sesquiterpenoid biosynthesis in tobacco cell suspension cultures by fungal elicitor. Plant Physiology, 85(2): 469-473.

Chen A J, Jiao X L, Hu Y J, et al. 2015. Mycobiota and mycotoxins in traditional medicinal seeds from China. Toxins, 7(10): 3858-3875.

Choi D, Ward B L, Bostock R M. 1992. Differential induction and suppression of potato 3-hydroxy-3-methylglutaryl coenzyme A reductase genes in response to *Phytophthora infestans* and to its elicitor arachidonic acid. Plant Cell, 4: 1333-1344.

Dong L, Xu J, Feng G, et al. 2016. Soil bacterial and fungal community dynamics in relation to *Panax notoginseng* death rate in a continuous cropping system. Scientific Reports, 6: 31802.

Fournier A R, Proctor J T A, Gauthier L, et al. 2003. Understory light and root ginsenosides in forest-grown *Panax quinquefolius*. Phytochemistry, 63(7): 777-782.

Jiao X L, Bi W, Li M, et al. 2011. Dynamic response of ginsenosides in American ginseng to root fungal pathogens. Plant and Soil, 339(1-2): 317-327.

Larkin R P. 2015. Soil health paradigms and implications for disease management. Annual Review of Phytopathology, 53(1): 199-221.

Lu X H, Chen A J, Zhang X S, et al. 2014. First report of *Rhexocercosporidium panacis* causing rusty root of *Panax ginseng* in Northeastern China. Plant Disease, 98 (11): 1580.

Nannipieri P, Ascher J, Ceccherini M T, et al. 2010. Microbial diversity and soil functions. European Journal of Soil Science, 54(4): 655-670.

Park J, Choung M, Kim J, et al. 2007. Genes up-regulated during red coloration in UV-B irradiated lettuce leaves. Plant Cell Reports, 26(4): 507-516.

Punja Z K, Wan A, Leippi L, et al. 2013. Growth, pathogenicity and infection behaviour, and genetic diversity of *Rhexocercosporidium panicis* isolates from ginseng roots in British Columbia. Canadian Journal of Plant Pathology, 35(4): 503-513.

Rahman M, Punja Z K. 2005. Biochemistry of ginseng root tissues affected by rusty root symptoms. Plant Physiology and Biochemistry, 43(12): 1103-1114.

Reeleder R D, Hoke S M, Zhang Y. 2006. Rusted root of ginseng (*Panax quinquefolius*) is caused by a species of *Rhexocercosporidium*. Phytopathology, 96(11): 1243-1254.

Schulz B, Boyle C. 2005. The endophytic continuum. Mycological Research, 109(6): 661-686.

Singh M, Awasthi A, Soni S K, et al. 2015. Complementarity among plant growth promoting traits in rhizospheric bacterial communities promotes plant growth. Scientific Reports, 5: 15500.

Su C Y, Hu Y J, Gao D, et al. 2018. Occurrence of toxigenic fungi and mycotoxins on root herbs from Chinese markets. Journal of Food Protection, 5: 754-761.

Wang C, Wu J, Mei X. 2001. Enhancement of Taxol production and excretion in *Taxus chinensis* cell culture by fungal elicitation and medium renewal. Appllied Microbiology and Biotechnology, 55(4): 404-410.

Zhao G, Li S, Xing S, et al. 2015. The role of silicon in physiology of the medicinal plant (*Lonicera japonica* L.) under salt stress. Scientific Reports, 5: 12696.

# 第四章　栽培技术对药用植物品质形成的影响

中药材栽培是研究药用植物生长发育、产量和品质形成规律及其与环境条件的关系，通过协调和改善矿质营养的构成、创造有利于药用植物生长的环境、调控植物营养代谢水平和库-源关系，实现中药材高产、优质、高效及可持续发展(郭巧生，2004)。中药材是一种特殊商品，有严格的质量要求。中药材的品质，大多基于植物的次生代谢产物。次生代谢产物在植物提高自身保护和生存竞争能力、协调与环境关系方面充当重要的角色，其产生和变化比初生代谢产物与环境有着更强的相关性和对应性(王洋等，2004)。要提高中药材的产量和品质，一方面要选育优质、高产、抗病虫害的优良品种；另一方面还要研究栽培方法对中药材产量、品质的影响，确定药材适宜生长的区域和栽培技术。

## 第一节　土壤与施肥

### 一、土壤

土壤条件和矿质营养、水分及空气的供给与植物的生长密切相关。不同土壤的物理、化学性质及所含的各种元素和 pH 对药材的生长发育及有效成分都有很大影响。因地制宜是农业生产必须遵循的一个原则，很大程度上说明了土壤对于植物生长的重要性。中药材种植和农业生产相同，同样需要因地制宜，选择适合的土壤环境种植方可收获优质药材。土壤环境因子对药材的影响是多方面的，包括土壤肥力、质地、酸碱性等，各因素间还存在交互作用。

#### (一)土壤质地

土壤质地是影响土壤肥力的一个关键因素，决定着土壤的蓄水、保水、保温等性能，与中药材的质量息息相关。不同类型的土壤具有不同的保水能力和通透性，而不同的中药材对土壤保水性能和通透性的要求有所不同。土壤适度缺水有利于银杏叶片黄酮和内酯类物质的积累，土壤水分过多对银杏叶黄酮和内酯含量的积累不利(谢宝东等，2002)。土壤的物理结构影响植物根系的生长发育，所以在不同土壤中根类中药材的生长状况不同。一般土壤砂性越强，其根系越发达。砂土通透性较好，但保水保肥能力不强，根类中药材北沙参适宜在砂土中生长。黏土保水保肥能力高，但通透性差，不适于根类中药材生长。壤土既改进了砂土的保水保肥差的缺点，又去除了黏土的通透性差的弊端，对于根及根茎类的中药材栽培是较为理想的土壤类型(高扬和梁宗锁，2004)。黄芪是深根性多年生中药材，在土层深厚的土壤上栽培，产量高，质量好。泽泻等水生药材适合生长在黏质、湿润的土壤中。薄荷生长在砂质土壤中，其挥发油含量高。金银花栽培于砂质土壤中质量最佳(银玲等，2012)。

## (二)土壤酸碱度

土壤酸碱度是土壤重要的化学性质之一，是土壤各种化学性质的综合反映，它与有机质的合成和分解、各种营养元素的转化与释放及有效性、土壤保持养分的能力都有关系(刘德梅，2009)。土壤酸碱度通过影响土壤养分的存在状态、有效性或土壤环境来影响植物对土壤养分的吸收。因此，土壤酸碱性是影响中药材品质形成的重要因素。各种植物生长都有其适宜的酸碱度范围，超过这个范围时，植物生长发育不良，严重的甚至死亡(钟霞军和谈远锋，2012)。大多数中药材适于在中性土壤中生长，如板蓝根、柴胡、地黄、人参、西洋参等，而肉桂、丁香、胖大海、黄连、平贝母等适合生长于酸性土壤中，如平贝母生长土壤 pH 约为 6.54(陈铁柱，2006)，广西莪术最适宜的土壤质地为砂岩和页岩混合型黄红壤区，最适合的土壤类型是偏酸性的壤土或砂壤土(何寻阳等，2007)。甘草、枸杞、白芷、红花适合生长于碱性土壤中，如遂川白芷生长土壤 pH 为 8.49～8.88，川红花生长土壤 pH 为 7.8～8.2。曼陀罗生长在碱性土壤中生物碱含量高，栽培在石灰土中的温郁金莪术油含量比在红壤中的高。三七在中偏酸性土壤中栽培总皂苷含量高，在碱性土壤中栽培的总皂苷含量低，三七适宜的土壤类型为中偏酸性土壤(崔秀明等，2000)。乌拉甘草产地土壤类型差异很大，从而对其品质影响很大，黑龙江肇州碳酸黑钙土野生乌拉甘草的甘草苷含量最高，能达到 3.28%，内蒙古敖汉旗栗钙土和鄂托克前旗棕钙土居中，吉林通榆盐碱化草甸土和新疆石河子次生盐碱化草甸土最低，仅为 1.56%～1.65%。因此，土壤酸碱度是影响中药材品质的重要立地条件。金银花生长受其成土母质影响，最适合的土壤类型是中性或稍偏碱性的砂质土壤，且要求土壤的交换性较好(陈千良，2006)。

## (三)土壤有机质

土壤有机质是土壤中所有有机物质的总称，是土壤中最活跃的部分，也是土壤的重要组成部分，含有植物所需的各种营养元素，又是土壤微生物生命活动的能源，还影响土壤物理性质、水热状况及结构状况(陈兴福等，2003)。土壤有机质能改善土壤的物理和化学性质，有利于土壤团粒结构的形成，从而促进中药材的生长和养分的吸收。土壤有机质含量是衡量土壤肥力的重要指标之一。土壤养分影响人参皂苷积累，其中土壤中有机质和全氮、磷直接影响人参总皂苷的积累，且人参总皂苷的积累与土壤有机质、全氮和全磷呈极显著相关(孙海等，2012)。

土壤中有机质对 Cd 的有效性影响也较大，因为有机质具有大量的官能团，可以与 Cd 等重金属离子结合，更重要的是有机质分解形成的小分子有机酸、腐殖酸等可与 Cd 结合形成稳定的络合物，从而降低 Cd 的活动性。有研究表明，在 Cd 污染的土壤中添加有机肥后，有机络合态的 Cd 明显增加，而水溶态和交换态 Cd 的质量分数则明显降低，即土壤中有效态 Cd 的质量分数降低(赵中秋等，2005)。"浙八味"中药材因连年种植，基本采用化肥而非有机肥，所以土壤中有机质逐渐减少，土壤中络合态的 Cd 质量分数下降，水溶态和交换态 Cd 的质量分数增加，利于 Cd 在中药材中富集(邹耀华和吴加伦，2011)。

### （四）土壤盐分

土壤盐分是影响中药材栽培产量和质量的重要因素之一（陈文霞和谈献和，2006）。宁夏枸杞是茄科植物中唯一的盐生植物，而且也被认为是盐渍化土壤改良的先锋植物。枸杞生长土壤的含盐量对枸杞多糖具有一定的影响，过高或过低的土壤盐分条件下枸杞子多糖含量均低于中等盐分土壤条件下枸杞子多糖含量（何斌，2008）。宁夏枸杞果实内 $\beta$-胡萝卜素含量与土壤盐分呈负相关。对土壤盐分组成离子相关性进行分析发现，$Na^+$ 和 $Cl^-$ 与 $\beta$-胡萝卜素含量呈现显著负相关，说明一定浓度的盐分对 $\beta$-胡萝卜素含量的积累有抑制作用。

适当的环境胁迫可能会导致次生代谢产物的增加，对芳香植物来说可能会诱导精油含量的增加。盐胁迫下芳香植物罗勒精油含量发生明显变化，采用高浓度复合盐配方处理罗勒，虽然罗勒的水势降低，气孔阻力加大，蒸腾速度减弱，对罗勒的生物量影响不大，但却提高了精油含有率（高扬，2004）。

### （五）土壤微生物

在土壤形成和肥力发展过程中，土壤微生物起着重要作用。植物所需要的无机养分的供应，不仅依靠土壤中现有的可溶性无机盐类，还依靠微生物的作用将土壤中的有机质矿化，释放出无机养分来补充（王彦武，2008）。土壤微生物群落与白术药材水浸出物的含量呈正相关，与乙醇浸出物含量之间无明显的相关性，与白术多糖含量之间无明显的相关性。

## 二、施肥

植物正常生长所必需的营养元素有 C、H、O、N、P、K、Ca、Mg、S、Fe、Mn、B、Zn、Cu、Cl 等 15 种，这些营养元素与植物的正常生长是相互促进、相互制约的，也是不可相互替代的（王龙，2008）。前 9 种元素占植物体重量的大部分，称为常量元素肥料；其余 6 种营养元素，由于需要量很少，称为微量元素肥料。各种土壤的理化和生物性质构成其特有的土壤生物作用，影响了药用植物对营养元素的吸收，从而造成了不同栽培条件下中药材质量的差异（万兵和王周庆，1993）。氮、磷、钾肥是生产上常用的肥料，合理施用能促进植物营养成分、有效成分的合成和积累（于彩莲等，2003）。

氮代谢是一切生命活动的基础，也是植物体内糖类、脂类、氨基酸等物质代谢的基础。所以，合理施氮对药用植物栽培尤为重要。龙胆中多糖含量与 pH 呈负相关性，龙胆苦苷含量与 pH 和速效磷呈负相关，与碱解氮呈正相关（孙海峰等，2004；段宇等，2014）。人参根中的氮素含量与皂苷含量呈显著负相关，而茎、叶中含氮量与皂苷含量呈显著正相关，即随着施氮肥量的增加，人参茎、叶皂苷含量增加，而根中皂苷含量降低（辛龙，2010）。菊花中绿原酸、总黄酮和可溶性糖的含量与氮肥用量成反比，高氮肥时绿原酸、总黄酮和可溶性糖含量下降幅度分别达到35.48%～45.26%、28.58%～35.58%和6.42%～9.51%。当氮肥用量为 0.4180～0.4598g/kg 时，菊花中总黄酮和绿原酸的累积量最高（刘大会等，2012）。施氮可明显提高广金钱草产量及多糖、总黄酮和总皂苷含量，但提高的幅度并不随施氮水平的上升而逐渐上升（赵姣姣等，2013）。随着苗期施氮量的增加，益母草中水苏碱含量逐渐提高，在苗期施足量的氮肥，对益母草水苏碱的积累具有较明显的促进作用，同时也具有增产作用（徐建中等，2007）。

　　在肥料中氮素以不同的形态存在，根据肥料中氮素形态的不同，把氮素肥料分为铵态氮和硝态氮，不同氮素形态对药用植物有效成分的影响存在明显的差异。喜树中喜树碱含量与氮素形态有明显的关系，铵硝比为 25/75 时最有利于幼叶中喜树碱的合成和积累（孙世芹和阎秀峰，2008；李灿雯等，2012）。单施铵态氮或硝态氮都会使川芎中阿魏酸含量不同程度下降，而硝铵比为 75/25 时川芎药材中阿魏酸和总生物碱含量较对照分别提高 17.4% 和 105.8%，且产量较高；而硝铵比为 50/50 时虽然产量最高，总生物碱含量也比对照高 32.5%，但阿魏酸含量比对照低 0.7%（张毅，2008）。缺氮处理夏枯草叶中迷迭香酸含量显著高于施氮处理，中硝处理的次之，中铵处理夏枯草迷迭香酸含量最低，只有 0.1%，低于《中华人民共和国药典》（国家药典委员会，2015）要求。施用铵态氮夏枯草叶中熊果酸、齐墩果酸含量均高于硝态氮。缺氮处理的夏枯草叶中总黄酮和水溶性浸出物含量都显著低于施氮处理。随着铵硝比的降低，夏枯草果穗中迷迭香酸含量先升高后下降，铵硝比为 25/75 时达到最大，全铵处理的最低。全铵处理的夏枯草果穗中熊果酸和齐墩果酸含量最高，铵硝比 75/25 的次之，25/75 的第三，全硝处理的最低。果穗中总黄酮含量以铵硝比 25/75 时最高，全硝处理的次之，铵硝比 75/25 时最低，且处理间差异显著（于曼曼，2010；于曼曼等，2011）。不同氮源均能明显提高鸡骨草黄酮类成分的含量，以 NH$_4$NO$_3$ 处理的作用较强（胡彦，2002）。各种氮源对鸡骨草生长前中期地上部皂苷含量的影响较大，以 CO(NH$_2$)$_2$ 和 NH$_4$NO$_3$ 处理的效果最好，但在生长后期效果不明显（罗永明，2006）。与对照相比，硝酸钙使三七中有效成分 R$_1$、Rg$_1$、Rb$_1$ 的积累增高 20.5%，均优于碳酸氢铵、硝酸铵钙、尿素处理，其中硝酸钙处理对 R$_1$ 的积累最为显著，比对照增高 56.9%（孙玉琴等，2008）。低浓度氮素（小于 5.0mmol/L）有利于提高三七皂苷含量，但长时间施用铵态氮则会使三七中三七皂苷含量显著降低（郑冬梅等，2015）。不同的氮源对小檗碱的累积也有一定的影响，以铵态氮加硝态氮混合为氮源时黄连根茎小檗碱的含量最高，以铵态氮为氮源次之，以硝态氮为氮源时黄连小檗碱的含量最低（张丽萍等，1995；何忠俊等，2010）。

　　磷是植物生长发育必需的三大营养元素之一，以多种方式参与植物体内的代谢过程，是植物体内许多重要化合物的结构成分，也是核酸和核蛋白的结构元素。核酸和核蛋白是保持细胞结构稳定、进行正常分裂、能量代谢和遗传所必需的物质（佟乐，2010）。核蛋白的形成只有在磷素不断进入植物体内的情况下才能完成，特别是在植物生长初期，即便短暂停止磷的供应也会导致体内核蛋白的合成受阻。磷是生物膜主要成分类脂类化合物中的必需元素，也是植物体内许多高能化合物的组成成分。在各种脱氨酶、氨基转移酶及辅酶中都含有磷，而这些酶在光合作用、呼吸作用和植物体内物质代谢中具有重要意义（陆景陵，2003）。不同磷水平对夏枯草果穗中活性成分含量的影响不同，施磷后与缺磷处理相比，夏枯草果穗中迷迭香酸含量差异显著，中磷水平果穗中迷迭香酸含量最高，与缺磷、低磷及高磷水平差异显著，缺磷条件下夏枯草果穗中总黄酮含量最高，中磷时次之，高磷时第三，低磷处理的最低，四者差异显著（于曼曼，2010）。以 4.0g/盆（$P_2O_5$ 计）处理的银杏叶片中黄酮浓度最大，以 2.0g/盆和 3.0g/盆处理的单株黄酮总量最大（吴家胜等，2003）。磷肥对丹参中丹参酮ⅡA 的积累表现正效应（薛永峰，2008）。

　　钾在植物体内无固定的有机化合物形态，虽然在某些螯合物中会有共价特征出现（黄冰，2008），但钾的存在以离子态为主。钾是多功能元素，但钾与氮、磷等元素不同，它不是植物体内有机化合物的组成成分，但却是生命活动中不可缺少的重要元素之一。钾主要集中在生命活动最旺盛的部位，如生长点、形成层、幼叶等。钾在细胞内可作为 60多种酶的活化剂，如丙酮酸激酶、果糖激酶、苹果酸脱氢酶、淀粉合成酶、谷胱甘肽合成酶等。因此，钾在碳水化合物代谢、呼吸作用及蛋白质代谢中起重要作用（陆景陵，2003；于曼曼，2010）。

　　不同钾水平不仅影响植物的生长、生理代谢及光合作用，也能进一步调控植物的内在品质。钾素显著增加苦参移栽苗总碱含量和单株苦参总碱产量，苦参总碱含量随施钾量提高呈增加趋势，施钾量达 90kg/hm² 时最高，再提高施钾量后苦参总碱含量增加的趋势显著减缓，但仍然显著高于对照（纪瑛，2008）。不同钾水平对夏枯草果穗中活性成分含量的影响不同，施钾后与缺钾处理相比，夏枯草果穗中迷迭香酸含量差异显著，缺钾处理下果穗中迷迭香酸含量最高，中钾处理的次之，高钾处理的迷迭香酸含量最低。缺钾时夏枯草果穗中熊果酸含量最高，低钾处理的次之，中钾处理的最低。高钾处理时夏枯草果穗中齐墩果酸含量最高，中钾处理的最低。缺钾处理时夏枯草果穗中总黄酮含量最高，高钾和中钾处理的次之，低钾处理的最低，四者差异显著（于曼曼，2010）。

　　生产上合理使用氮、磷、钾肥不但能显著提高黄芩的产量，同时也能不同程度提高黄芩苷的含量（邵玺文，2008）。不同营养元素对黄芩根中黄芩苷含量影响从高到低的排列顺序为 P、NPK、N、NP、K、PK、对照、NK，NK 配合时明显降低黄芩苷含量，但机制尚不明确（苏淑欣，1996）。氮对丹参素和丹参酮ⅡA 积累表现出负效应，随着施氮量的增加，丹参素和丹参酮ⅡA 的质量分数逐渐减少，而磷肥对丹参素和丹参酮ⅡA 积累表现出正效应，施氮肥有利于丹参产量的增加，施磷肥有利于丹参素和丹参酮ⅡA 的积累（韩建萍等，2002；纪瑛，2008）。不同肥料对贝母鳞茎生物碱含量影响各异，氮肥、磷肥能不同程度地提高贝母鳞茎生物碱含量，而钾肥会降低贝母中生物碱的含量（王文杰等，1989；韩建萍和梁宗锁，2005）。栽培钩藤使用 NPK、PK 肥料时，钩藤的产量提高，总生物碱含量比市售的钩藤中高得多，但羟吲哚生物碱含量最低。以氮磷钾复配比为 $N_{40}P_{80}K_{60}$（g/m²）时广金钱草中夏佛塔苷含量最高，达 0.1748%，单施氮肥或单施磷肥组其次，复合施肥配比 $N_{80}P_{80}K_{30}$ 和 $N_{60}P_{60}K_{20}$（g/m²）的广金钱草夏佛塔苷含量最低，说明高磷高钾配比施肥有利于夏佛塔苷的积累，而高氮高磷的配比施肥则产生抑制作用，氮磷钾对夏佛塔苷积累作用的影响顺序为氮＞磷＞钾（卢挺等，2014）。

　　施用不同种类肥料对鱼腥草中甲基正壬酮含量有显著的影响。单施尿素虽能提高鱼腥草的产量，但甲基正壬酮含量明显降低，配合施用农家肥和化肥能显著提高鱼腥草中甲基正壬酮的含量，改善鱼腥草药材的品质，效果显著优于单施化肥或农家肥（高静等，2005）。

## 三、微肥对中药有效成分的作用

土壤中微量元素在不同土质中含量相差很大，主要富集在表层土壤中，随土层深度增加含量递减。尽管土壤中大多数微量元素含量并不缺乏，但是它们一般是以稳定的化合物存在，不能被植物所吸收。土壤中微量营养元素含量与母质、质地轻重、有机质含量、pH 及淋溶程度等有关。植物生长需要多种微量元素，其主要通过根系从土壤中吸收获得(钟霞军和谈远锋，2012)。土壤中的微量元素对药用植物作用很大，不仅影响植物的根系营养及生理活动，促进植物的生长发育，而且影响植物化学成分的形成和积累，从而影响有效成分的含量及药效(陈浩，2002)。

由于各地土质结构的不同，土壤中微量元素的种类和含量有很大差异，直接导致了同种中药在不同的地区有效成分含量的不同(万兵和王周庆，1993)。所以施用微肥已成为药用植物栽培的重要措施。毛地黄药材中铬(Cr)、Mn、Mo 等微量元素含量越高，药效越高，在栽培时施以 Cr、Mn、Mo 等无机盐肥料，不但植株长势良好，而且药材中强心苷含量明显提高，疗效增强。Mn 对蛔蒿中山道年的形成有促进作用。施 Mn 后，蛔蒿花蕾中山道年含量可增高 20%，叶中的含量可增加 2 倍以上(袁勇等，2000)。施用 $ZnSO_4/MnSO_4$ 混合微肥后白豆蔻中挥发油的含量比对照增长 10.5%，而且白豆蔻外观质量明显优于对照和进口商品。阳春砂仁施用 $ZnSO_4/MnSO_4$ 混合微肥后，阳春砂仁产量显著提高，挥发油含量平均值达 3.8%，比对照提高 5.56%，氨基酸含量也比对照显著提高。人参施用微肥，根中的 Cu、Mn、Mo 等近 20 种微量元素含量明显提高，人参总皂苷含量由 4.82%提高到 5.53%，淀粉含量由 46.34%提高到 54.91%，人参产量也随之增高。圆叶千金藤施用 B 和 Mo 后，块茎中所含有效成分轮环藤宁(cycleanine)显著增加(汪斌，2008)。我国缺乏微量元素的土壤较多，分布区域较广。所以，在药用植物栽培时应特别注意微量元素肥料的施用研究，适当补充微量元素，常常能提高中药的有效成分含量。

中药的疗效不仅与其有效成分有关，而且与它们所含微量元素的种类及含量密切相关(何春娥等，2010)。每一种道地药材都有几种特征性微量元素图谱，陈和利和刘晓琦(1989)对 176 味中药的 Cu、Zn、Fe、Mn 等 4 种元素进行统计分析后发现，不同功效中药微量元素含量的比例存在显著差异，含量比例大小与功效分布之间显示出有规律的变化。细辛的药理活性与道地药材的微量元素含量有一定的相关性，细辛道地药材中 V、Li、Sn 等元素的含量较高，Zn/Cu 值较低，细辛对 Ti、Li、B 等元素有较强的富集作用(周长征等，2000)。牛膝道地产区土壤中 Ca、Mg、Zn、Al、B、Cr 的含量高，而 Pb 和 Cu 的含量较低。牛膝药材中含有较高的 K、Cu、Cr，而 Zn 和 Pb 含量较低，这些差异可作为道地牛膝的标识特征(李金亭等，2010)。不同地质背景土壤与三七药材中微量元素含量有密切的关系，表明土壤地质背景是三七道地性的重要成因之一(钟霞军和谈远锋，2012)。

## 四、稀土元素对中药材的作用

稀土元素可提高农业作物的产量，改善农产品质量。稀土元素用于药用植物栽培的报道还不多见。王景余等（1991）利用含钕（Nd）、锗（Ge）、钐（Sm）硝酸盐混合物 300mg/kg 的稀土溶液喷洒人参叶面，可使 6 年生人参皂苷含量提高 64.1%，500mg/kg 的稀土溶液可使 3 年生人参皂苷含量提高 24.5%，表明稀土元素能提高人参的皂苷含量。同时证明，稀土元素能提高人参中二醇组皂苷的含量。稀土元素在人参上的成功运用，说明稀土元素是一种具有广阔应用前景的生长调节物质。

## 第二节　繁　殖　方　式

中药材的繁殖方式主要有有性繁殖和无性繁殖，在无性繁殖中常用的有分根繁殖、分株繁殖、扦插繁殖、压条繁殖等。金银花目前繁殖方法有种子育苗、扦插育苗、压条育苗和分株育苗等。全世界忍冬属植物约有 200 种，国内药用金银花的来源非常复杂，仅河南就有很多与金银花同种或近似种的种质资源作为金银花习用品，金银花为异花授粉植物，用种子育苗繁殖的后代个体变异大，药材品质和质量不稳定，差异较大。因此，生产上要挑选优良品种采用无性繁殖的方法进行繁殖，保证药材的产量及品质。

丹参的繁殖方式主要有育苗移栽和分根繁殖两种。不同的繁殖方式对丹参有效成分的含量有一定影响，以育苗移栽方式繁殖的丹参药材丹参酮Ⅰ、隐丹参酮、丹参酮ⅡA、迷迭香酸和丹酚酸 B 的含量分别是分根繁殖丹参药材的 1.30 倍、1.35 倍、1.25 倍、1.53 倍、1.62 倍，育苗繁殖的丹参有效成分含量高于分根繁殖的。育苗移栽繁殖和分根繁殖丹参药材提取液对 DPPH 自由基的清除率分别为 43.14% 和 39.67%，育苗移栽繁殖的丹参抗氧化活性显著高于分根繁殖的丹参（张晓阳等，2013）。扦插繁殖和组织培养的广藿香药材中挥发油平均含量分别为 14.2ml/kg、12.2ml/kg，两者 10 个指标性成分含量的平均值分别为 81.31%、82.98%，组织培养繁殖与扦插繁殖的广藿香药材挥发油含量及其 10 个指标性成分的百分含量相当（喻良文等，2008）。芽头繁殖与扦插繁殖黄芩中黄芩苷的含量相近，无显著性差异，但二者均显著高于育苗移栽和种子直播者，种子直播者含量最低，种子直播与育苗移栽之间也有显著性差异（刘金花等，2009）。

## 第三节　种植与密度

### 一、播种期

播种期与药材产量和品质紧密相关，不同播种期的牛膝由于受气候条件的影响，其植株的发育程度不同，药材中多糖和齐墩果酸含量存在差异，牛膝根的木质部、三生维管束及表皮与皮层的比例亦存在差异。播种期分别为 7 月 15 日、7 月 20 日和 7 月 25 日的牛膝药材中第 4 轮三生维管束接近发育成熟，已经被成熟的纤维组织包被，而播种期为 7 月 30 日的药材中第 4 轮三生维管束刚进入分化初期，播种期为 8 月 4 日的药材第 4 轮三生维管束刚开始分化，纤维组织的量很少，导管数量为 2 或 3 个，管径较小（张红瑞等，2015）。不同播种期姜黄总挥发油和总姜黄素含量差异极显著，3 月 20 日、4 月 10 日及 5 月 30 日播种的姜黄中总挥发油和总姜黄素含量显著高于播种期为 2 月 28 日的，综合产量和品质因素，姜黄的适宜播种期为 3 月 20 日(李隆云和张艳，1999)。姜黄根茎中姜黄素、去甲氧基姜黄素、双去甲氧基姜黄素和总姜黄素含量均随播种期推迟而降低。随着播种期推迟，姜黄块根(郁金)中姜黄素比例升高，双去甲氧基姜黄素比例降低，去甲氧基姜黄素比例则相对稳定(李青苗，2014)。秋播的红花花丝中羟基红花黄色素 A 含量随着播种期的延迟而呈上升趋势，而山柰素含量没有显著性差异(何立威，2015)。种植于河南郑州的 2 年生桔梗从秋播到春播随着播种期的延迟，其桔梗皂苷 D 含量逐渐降低，秋播高于冬播和春播，桔梗皂苷 D 的含量与生长期有关(陈明明等，2016)。5 月 15 日播种的板蓝根总核苷类含量(0.176%)最高，4 月 1 日播种的板蓝根($R$，$S$)-告依春含量(0.368%)和产量(0.336kg/m$^2$)最高，综合考虑不同播种期、板蓝根总核苷类含量、($R$，$S$)-告依春含量和产量等因素，认为河北安国板蓝根的适宜播种期为 4 月 1 日(秦梦等，2015)。

## 二、种植密度

种植密度是植物类药材栽培措施上的关键技术问题，是影响中药材群体结构的重要因素，不仅影响中药材群体的光能利用率和干物质积累，从而影响中药材产量，而且影响其有效成分的含量(刘式超，2016)。张艳丽等(2008)研究表明，种植密度对牛膝生长发育、叶面积指数、光合势、叶绿素荧光特性、干物质积累、产量和多糖含量影响较大，适当地提高籽粒期群体光合速率有利于提高牛膝产量和品质。密植者，产量高，稀植则产量下降。种植密度不同，姜黄中总姜黄素的含量不同。种植密度为 36cm×50cm、36cm×40cm、30cm×33cm 的姜黄药材中总姜黄素含量明显大于密度为 23cm×27cm 的，综合考虑姜黄产量和主要有效成分含量，姜黄适宜种植密度为 30cm×33cm(李隆云和张艳，1999)。种植密度是丹参栽培的关键技术问题，不仅影响丹参药材产量，而且影响其活性成分的含量。不同栽培密度对丹参有效成分含量及产量也有影响。丹参的产量及其有效成分的含量均以 20cm×25cm 的栽植密度最佳，此密度下丹参产量可达 1631kg/亩，有效成分含量也达到最高水平(赵志刚，2014)。株行距为 20cm×25cm 时，丹参根条数最多，根系总表面积最大，韧皮部与木质部之比最大。随着种植密度增加，白花丹参叶片光合速率降低，单株根产量降低，亩产量先升高后降低，丹参酮ⅡA 和隐丹参酮含量均随密度增加而增加，丹酚酸 B 含量以高密度种植最高(刘春晓，2006)。株距为 5cm 较株距为 40cm 的丹参中隐丹参酮含量提高了 21.74%，丹参酮ⅡA 含量提高了 17.39%，表明密度对丹参药材中脂溶性丹参酮类成分的影响较大，高密度种植有利于丹参中脂溶性成分的积累。随着密度的增大，丹参中迷迭香酸、丹酚酸 B 含量逐渐下降，但各密度间差异不显著，表明密度对丹参药材中水溶性酚酸类成分的影响较小。种植密度对丹参抗氧化活性影响不大(张晓阳，2013)。种植密度与羌活单株生物量、产量、羌活醇及异欧前胡素质量分数均呈显著正相关(方子森等，2010)。种苗质量越好，种植密度越大，药材产量和质量越高，种苗等级与密度存在交互作用，显示低等级种苗可通过增大种植密度以提高药材产量和质量(朱文涛等，2016)。

# 第四节　光照与遮阴

光照是植物光合作用的必要条件，直接影响着药用植物体内初生代谢产物和次生代谢产物的积累。植物对光照的趋向性不同，一般有阳生植物和阴生植物之分。光照条件包括光照时间、光质、光照强度等。植物对 400～700nm 波长范围的光谱非常敏感，该波长范围内的光被称为光合有效辐射，简称 PAR（贺玉林，2007）。植物学家认为，450nm 的蓝光对植物叶片和根系的生长具有极其重要的作用，而 600～700nm 的红光有利于茎的生长，并促进植物的开花和叶绿素的形成。

日照时数、光照的质量和强度是影响植物生长最重要的因素之一。朱仁斌等（2002）在对皖西西洋参品质的研究中发现，在海拔 530～850m，年日照时数随海拔升高逐渐增加，西洋参总皂苷含量呈线性增加，由 6.75% 上升到 8.72%。在海拔 850～1000m，由于形成了强云雾带，年日照时数大为减少，西洋参总皂苷含量下降较快，平均每 100m 下降约 1.38%。

光照强度对不同中药材有效成分积累的影响不同，有的起促进作用，有的起抑制作用。如果光减弱，如遮阴，植物的光合速率会降低、限制碳水化合物的合成，进而限制植株生长和以碳为基础的抵抗物质（如三萜类和多酚等）的合成与积累。同时，随着光照强度降低，药用植物叶片中含氮次生代谢物质将会增加。青蒿为喜光植物，在遮阴条件下青蒿素的含量下降，与正常条件下青蒿素含量存在显著的差异（曾祥琼等，2011）。颠茄在露天栽培时的阿托品含量为 0.703%，而在荫蔽条件下则为 0.38%（侯娅等，2015）。

许多药用植物为阴性植物，怕强光、喜弱光，在强光和高温下，植物生长不良，因此，生产上需要搭棚遮阴种植。遮阴影响植物根系、茎秆和叶子的生长发育。通过遮阴对植物生长发育影响的研究发现，适度的遮阴下，植物的根冠比例有所增加，根系生长状况更好。遮阴有利于活血丹药材中熊果酸和齐墩果酸的积累，但限制了黄酮类成分的积累。活血丹药材中总黄酮的含量随着光照强度的降低逐渐降低。总黄酮产量在 58% 与 33% 光照水平下达到最大值，16% 光照水平下稍低。熊果酸与齐墩果酸的含量随着光照强度的降低而逐渐增加，在 16% 和 33% 光照处理下这两种成分的产量最高。高于 58% 的光照强度会不同程度抑制活血丹药材中熊果酸与齐墩果酸的积累。低于 16% 的光照强度限制活血丹叶片碳同化作用，使植株生长变弱，降低熊果酸和齐墩果酸的产量（张利霞，2012）。60% 透光率（一层遮阳网）条件下半夏中琥珀酸含量最高，为 0.46%；35% 透光率处理下的琥珀酸含量最低，为 0.33%。60% 透光率处理下水溶性浸出物含量最高，为 15.84%；85% 透光率下水溶性浸出物含量最低，为 12.49%。不同遮阴处理后半夏生物碱含量有明显的差异，全光照有利于其生物碱的积累（郑茹茹，2016）。郑斌等（2014）的研究表明，不同遮阴处理下白花败酱体内总皂苷和总黄酮含量先减小后增大，表明在夏季给予白花败酱 55% 的遮阴处理，其药用成分的含量较高。遮阴 40% 条件下岩白菜体内岩白菜素、熊果酸含量等均高于其他条件下（赵桂茹等，2013）。采用单层遮阴网黄连中小檗碱含量与总生物碱含量高于双层遮阴网。可见，黄连虽是阴生植物，但它仍需一定的阳光进行光合作用，采用单层网的荫蔽度比较适合黄连的生长，适合有机物的合成，有利于植株、根系折干率的提高，从而有利于次生代谢产物生物碱的积累(刘芳等，2015)。

光质是影响药材品质的重要因素。红光明显抑制 PAL 活性和黄酮的合成，蓝光显著提高 PAL 活性和黄酮的合成，白光的作用介于红光和蓝光之间，远红光的作用与蓝光相似，但作用比较弱(赵德修等，1999)。高山红景天在红膜处理下根中红景天苷的含量和产量显著增加，在短期绿膜处理下根产量和红景天苷含量略低于对照，而在长期绿膜和蓝膜处理下根的红景天苷含量和产量远低于对照(阎秀峰等，2004)。红光对银杏叶内黄酮和内酯类物质的积累不利，但有利于植株的生长；蓝光对银杏生长不利但有利于黄酮和内酯类物质的积累(谢宝东和王华田，2006)。在绿光处理下紫苏叶片中紫苏醛和柠檬烯含量较高，但是在蓝光处理下紫苏醛和柠檬烯的单株产量是绿光处理单株产量的 1.8 倍；在蓝光红光混合处理下，花青素的单株产量是绿光处理的 4.3 倍；在 6 种不同颜色光的组合中，蓝光红光组合处理是生产高紫苏醛、柠檬烯和花青素含量紫苏属植物的适合光质。绿光对冬凌草再生植株生长及其体内冬凌草甲素和迷迭香酸的积累最为有利，其次为白光；而红光对冬凌草再生植株的生长及次生代谢产物的积累均不利(苏秀红等，2010)。西洋参最适宜的遮阴材料是以蓝色遮阴网加 PVC 参用膜，西洋参体内总皂苷含量为 6.25%(李万莲等，2000)。在相似的光照强度下，黄色滤光膜处理可以有效地提高绞股蓝总皂苷产量，绿色滤光膜处理显著降低绞股蓝总皂苷产量(刘世彪等，2011)。蓝膜处理有利于活血丹中总黄酮含量与单株产量的提高，绿膜处理其次；绿膜处理最有利于熊果酸的积累，蓝膜与白膜处理其次；蓝膜、绿膜与红膜处理均促进齐墩果酸的积累，而蓝膜对齐墩果酸产量的促进作用最显著，绿膜与红膜处理次之。综合分析，蓝膜与绿膜处理最有利于活血丹次生代谢物质的积累，在实际生产中可通过覆盖蓝色或绿色滤光膜来调节光质环境，有利于改善药材品质(张利霞，2012)。

## 第五节　水分与灌溉

水分是植物生命活动过程中必不可少的。不同水分状况下，植物体内的生理生化过程会受到不同程度的影响，从而会影响植物体内的次生代谢过程，进而影响有效成分的积累。降水量对植物生长亦有较大影响，旱涝都可能导致药材的生长停止甚至死亡。在干旱胁迫下，植物组织中次生代谢物的浓度常常上升，包括生氰苷、其他硫化物、萜类化合物、生物碱、单宁和有机酸。土壤水分可影响营养物质的有效性，土壤的强度、通气性、细胞膨压，以及地上光合能力和有机物向根系的分配，因此土壤水分状况直接或间接地影响着根系的生长发育，是影响根系生长和分布最重要的因素之一(高扬，2004)。

次生代谢物质的积累是植物对逆境的一种抵抗机制，这种机制帮助植物响应并适应环境胁迫。水分胁迫是调控植物生长发育、限制植物生长和改变植物生理生化特性的重要环境因子之一(刘洋等，2007)。适宜水分胁迫会增加植物中次生代谢物质的含量，然而，水分过度缺乏则不利于药用植物中次生代谢物质的积累(尚辛亥等，2003)。严重的水分胁迫会抑制菘蓝中靛玉红的产生，而在田间持水量为 45%～70%时，菘蓝产量高且品质好(谭勇等，2008)。适度的水分和盐分胁迫可以促进甘草酸、甘草苷、异甘草素、总黄酮、总皂苷的积累，但抑制了多糖的积累。40%～50%和 60%～70%水分处理及 0.3%

和 0.6%盐分处理条件下甘草的甘草酸、甘草苷、异甘草素、总黄酮、总皂苷含量显著或极显著高于其他处理，但多糖含量显著降低(唐晓敏，2008)。研究表明，适宜水分胁迫会增加药用植物中次生代谢物质的积累，如丹参(Liu et al.，2011)、柴胡(Zhu et al.，2009)、长春花(Jaleel et al.，2007)、地黄(Chung et al.，2006)等。

为了保证植物正常生长，获取高产稳产，必须供给植物以充足的水分。在自然条件下，往往因降水量不足或分布不均匀，不能满足植物对水分的需求。因此，必须进行人工灌溉，以补天然降水之不足。要根据药用植物需水特性、生育阶段、气候、土壤条件而定，要适时、适量，合理灌溉(蒋高明，2016)，可以在播种前灌水、催苗灌水、生长期灌水及冬季灌水等。在灌溉量为 42m³/亩的条件下地黄产量及梓醇、多糖含量显著高于其他处理，与对照具有显著差异性，产量高出对照组 21.8%，梓醇含量高出 35%。不同灌溉方式对地黄的产量及品质影响较大，采用漫灌、沟灌和喷灌各 3 次，每次灌溉量分别为 40m³/亩、45m³/亩、50m³/亩，地黄中梓醇和毛蕊花糖苷含量较高，最高值分别为 5.56%和 0.26%。对移栽 3 年生乌拉尔甘草，以甘草酸含量为评价指标，各因素的作用大小为灌溉量>株距>苗处理>二铵>尿素，不同灌溉量的甘草中甘草酸含量差异达到显著水平，最佳灌溉量为 1500m³/hm²；以甘草多糖含量为评价指标，各因素的作用大小为灌溉量>尿素>苗处理>二铵>株距，不同灌溉量的甘草中甘草多糖含量差异达到极显著水平，最佳灌溉量为 3000m³/hm²(赵莉，2006)。

随着土壤水分的降低，广藿香株高和地上部分干重、茎粗、叶片指数、分蘖数呈先升高后下降的趋势，挥发油含量先上升后下降，百秋李醇和广藿香酮含量均逐渐上升。在土壤水分含量为 80%~85%时，广藿香能保持一定的抗渗透胁迫能力和清除活性氧的能力，且能提高药材产量和有效成分的累积(黄艳萍等，2015)。

在土壤水分含量为田间持水量的 95%~100%时，连钱草总黄酮的含量达到最大值。土壤水分含量为田间持水量的 50%~85%时，不同土壤水分含量下连钱草总黄酮含量无显著差异。土壤水分含量低于田间持水量的 50%，总黄酮的含量急剧降低。刘大会等(2011)研究发现，土壤水分含量对丹参 4 种丹参酮组分(二氢丹参酮Ⅰ、丹参酮Ⅰ、隐丹参酮和丹参酮ⅡA)及丹酚酸 B 有显著影响，轻度干旱有助于丹参酮及丹酚酸 B 的合成与累积，土壤严重干旱和水分过多均影响丹参有效成分含量。杜茜和沈海亮(2006)研究表明，土壤水分含量为 12%时，甘草中甘草酸含量最低，质量最差，低于此值，含量升高。孟繁莹等(1993)发现，土壤水分含量为 80%时，西洋参的光合速率、生物学产量和经济系数最高，若土壤相对含水量高于或低于 80%，光合速率均明显降低，其生物学产量和经济系数也明显趋于降低。土壤相对含水量为 60%~80%时，有利于西洋参总皂苷的积累，而土壤干旱(相对含水量为 40%)或过湿(相对含水量为 100%)时，都会明显降低总皂苷的含量，土壤相对含水量为 80%时有利于氨基酸的形成和积累。在金银花开花期间，保持土壤含水量在 16.2%左右金银花内绿原酸处于较高的水平，有利于提高金银花的品质(柯用春等，2005)。金鸡纳树在雨季并不形成奎宁。在湿润年份羽扇豆种子和植株其他器官中生物碱的含量较干旱年份少。薄荷从苗期至成长期都需要一定的水分，但在开花期则要求较干燥的气候条件，阴雨连绵会使薄荷油含量下降至正常量的 3/4。槲皮素和芦丁是中药材银杏中所含的两种药用成分，干旱胁迫对提高槲皮素的含量有一定的促进作用，但干旱胁迫抑制了芦丁含量的增加(杨云富，2008)。因此，我们可以从控制土壤水分入手，研究水分与中药材次生代谢产物积累之间的关系，从而为保持中药材质量稳定提供理论依据。

# 第六节　植株调控

打顶和摘蕾是利用植物生长的相关性，人为调节植物体内养分的重新分配，促进药用部位生长发育协调统一，从而提高中药材的产量和品质。张艳丽等(2008)以现蕾期牛膝为材料，研究了摘除全部花序、打顶等处理对牛膝性状特征、叶绿素含量、叶绿素荧光特性、根部产量和多糖含量的影响，现蕾期摘除全部花序后，牛膝植株生长健壮，叶绿素含量升高，$F_v/F_o$、$F_v/F_m$ 和光合电子传递速率(ETR)升高，潜在光合性能增强，根部产量和多糖含量升高。打顶后植株生殖生长旺盛，根部增产效果不明显。除 7 月外，其会各月摘除花序的丹参根中总丹参酮、丹参酮ⅡA、丹酚酸 B 的含量均明显高于对照组，分别比对照增加 28.12%、15.49% 和 9.78%。

摘去花蕾可刺激柴胡根中木质部的生长，从而增加根重量。摘去花蕾的柴胡根比未摘花蕾的根木质部厚，但根半径及木质部厚壁组织未见差别。摘去花蕾的柴胡即使在初冬也保持绿色，而未摘花蕾的柴胡地上部分均已枯干。因此，摘去花蕾可提高柴胡根的产量而不影响柴胡皂苷的含量(朱再标，2005)。

修剪枝条是金银花高产管理技术重要的环节。金银花属攀缘植物，定植后生长 1～2 年后要对其植株进行修整。一般情况下分为春剪、夏剪、秋剪、冬剪，具体修剪方式要根据植株的长势和地理环境确定，如在宁夏川区一般每年修剪 4 次，在宁夏南部山区一般不进行秋剪。冬季修枝整形有利于金银花树冠的生长和开花(辛立红等，2017)。采用轻剪、中剪、重剪 3 种不同的冬剪方式对金银花的各项生长指标、分枝、产量的影响达到显著水平，一般可增产 50% 以上。修剪方式对金银花的绿原酸和木犀草苷含量影响不显著，说明修剪只会影响金银花产量，而对次生代谢产物影响不大(张燕等，2012)。

## 参 考 文 献

陈浩. 2002. 稀土元素在中草药中的应用及其前景. 分析科学学报，18(4)：333-337.

陈和利，刘晓琦. 1989. 中药功效与四种微量元素关系的探讨. 中国中药杂志，14(3)：36-39.

陈明明，张红瑞，孟肖，等. 2016. 不同播期对河南产桔梗根品质的影响. 河南农业科学，45(12)：132-134.

陈千良. 2006. "西陵知母"质量特征及其影响因素研究. 北京中医药大学博士学位论文.

陈铁柱. 2006. 平贝母吸肥规律及其专用肥配方研究. 吉林农业大学硕士学位论文.

陈文霞，谈献和. 2006. 中药材栽培与土壤生态因子的关系. 中国中医药信息杂志，13(12)：48-49.

陈兴福，刘思勋，刘岁荣，等. 2003. 白术生长土壤的研究. 中药研究与信息，5(7)：12-16.

崔秀明，陈中坚，王朝梁，等. 2000. 土壤环境条件对三七皂苷含量的影响. 人参研究，12(3)：18-21.

杜茜，沈海亮. 2006. 甘草产量和质量与土壤水分的关系. 中药材，29(1)：5-6.

段宇，王冬梅，潘英妮，等. 2014. GAP 基地龙胆中多糖和龙胆苦苷积累动态与土壤因子的关系. 沈阳药科大学学报，31(12)：998-1002.

方子森，高凌花，张恩和，等. 2010. 人工施用氮肥、磷肥对宽叶羌活产量和质量的影响. 草业学报，19(4)：54-60.

高静, 周日宝, 童巧珍, 等. 2005. 不同施肥处理对鱼腥草产量和品质的影响. 中药研究与信息, 7(7): 27-28, 52.

高扬. 2004. 不同土壤水分对丹参耗水特性及有效成分含量的影响. 西北农林科技大学硕士学位论文.

高扬, 梁宗锁. 2004. 水分对根类中药材根系生长及有效成分积累的影响. 现代中药研究与实践, 18(3): 10-15.

郭巧生. 2004. 药用植物栽培学. 北京: 高等教育出版社: 8.

国家药典委员会. 2015. 中华人民共和国药典: 2015年版: 一部. 北京: 中国医药科技出版社.

韩建萍, 梁宗锁. 2005. 氮、磷对丹参生长及丹参素和丹参酮ⅡA积累规律研究. 中草药, 36(5): 756-759.

韩建萍, 梁宗锁, 孙群, 等. 2002. 施肥对丹参植株生长及有效成分的影响. 西北农业学报, 11(4): 67-71.

何斌. 2008. 异株荨麻的生物学特性和栽培技术研究. 北京林业大学硕士学位论文.

何春娥, 魏建和, 陈士林, 等. 2010. 四个产地丹参种质根中微量元素含量的分析比较. 光谱学与光谱分析, 30(3): 801-803.

何立威. 2015. 播期和打顶对红花生长及产量品质的影响. 河南农业大学硕士学位论文.

何寻阳, 曹建华, 卢玫桂. 2007. 不同土壤环境对温郁金栽培的影响研究. 中国生态农业学报, 15(5): 98-101.

何忠俊, 杨威, 韦建荣, 等. 2010. 氮素形态及其组合对滇重楼产量及有效成分的影响. 云南农业大学学报, 25(1): 107-112.

贺玉林. 2007. 丹参有效成分的积累及其与生态因子的关系. 中国协和医科大学硕士学位论文.

侯娅, 马阳, 邹立思, 等. 2015. 生态因子对药用植物次生代谢物的影响及其研究方法. 时珍国医国药, 26(1): 187-190.

胡彦. 2002. 氮素水平对鸡骨草生长发育及其药用有效成分的影响. 广西大学硕士学位论文.

黄冰. 2008. 砧木对巨峰葡萄钾肥吸收和生长影响的初步研究. 扬州大学硕士学位论文.

黄艳萍, 袁萍, 沈晓萌, 等. 2015. 不同水分处理对广藿香生长、生理生化特性及有效物质积累的影响. 中国现代中药, 17(5): 471-474.

纪瑛. 2008. 氮磷钾肥对苦参生长和生物总碱的效应. 甘肃农业大学博士学位论文.

蒋高明. 2016. 灌溉、排涝与水分利用效率研究. 种子科技, 34(11): 87-91.

柯用春, 周凌云, 徐迎春, 等. 2005. 土壤水分对金银花总绿原酸含量的影响. 中国中药杂志, 30(15): 1201-1202.

李灿雯, 王康才, 吴健, 等. 2012. 氮素形态对半夏生长及生物碱和总有机酸累积的影响. 植物营养与肥料学报, 18(1): 256-260.

李金亭, 张晓伟, 魏慧芳, 等. 2010. 牛膝道地与非道地产区药材及土壤中无机元素分析. 河南师范大学学报(自然科学版), 38(3): 131-135.

李隆云, 张艳. 1999. 栽培措施对姜黄产量和品质的影响. 重庆中草药研究, 39: 1-3.

李青苗. 2014. 姜黄、郁金道地性差异及其形成机制研究. 四川农业大学博士学位论文.

李万莲, 宛志沪, 杨书运. 2000. 参园光质环境对西洋参生长发育的影响. 中草药, 31(5): 381-383.

刘春晓. 2006. 密度和钾肥对白花丹参产量及品质的影响. 山东农业大学硕士学位论文.

刘大会, 郭兰萍, 黄璐琦, 等. 2011. 土壤水分含量对丹参幼苗生长及有效成分的影响. 中国中药杂志, 36(3): 321-325.

刘大会, 朱端卫, 郭兰萍, 等. 2012. 氮肥用量对药用菊花生长及其药用品质的影响. 植物营养与肥料学报, 18(1): 188-195.

刘德梅. 2009. 禁牧封育对三江源区"黑土滩"人工草地的影响. 甘肃农业大学硕士学位论文.

刘芳, 张浩, 青琳森, 等. 2015. 不同生长条件下峨眉产黄连个体生物量及生物碱类成分含量的比较. 中国实验方剂学杂志, 21(18): 21-25.

刘金花, 张永清, 王修奇. 2009. 不同方法繁殖黄芩药材的产量与质量比较. 中国中医药科技, 16(5): 394-395.

刘世彪, 李馨芸, 李朝阳, 等. 2011. 影响绞股蓝和五柱绞股蓝生长和总皂苷积累的有效光质研究. 热带作物学报, 32(1): 50-54.

刘式超. 2016. 栽培措施对裸花紫珠生长、产量及质量的影响. 中国林业科学研究院硕士学位论文.

刘洋, 张佐双, 贺玉林, 等. 2007. 药材品质与生态因子关系的研究进展. 世界科学技术—中医药现代化, 9(1): 65-69.

卢挺, 杨全, 唐晓敏, 等. 2014. 氮磷钾配比施肥对广金钱草产量及质量的影响. 广西植物, 34(3): 426-430.

陆景陵. 2003. 植物营养学. 北京: 中国农业大学出版社: 124-125.

罗永明. 2006. 氮源对鸡骨草生长和药材质量影响的研究. 广西大学硕士学位论文.

孟繁莹, 王铁生, 王化民, 等. 1993. 西洋参栽培生理研究. 西洋参水分生理特性的研究. 中草药, 24(7): 365-368.

秦梦, 谢晓亮, 崔施展, 等. 2015. 播种期对板蓝根药用成分含量及药材产量的影响. 河北农业科学, 19(4): 93-96.

尚辛亥, 王洋, 阎秀峰. 2003. 土壤水分对高山红景天生长和红景天苷含量的影响. 植物生理学通讯, 39(4): 335-336.

邵玺文. 2008. 黄芩高产栽培及质量调控生理生态机制研究. 吉林农业大学博士学位论文.

苏淑欣. 1996. 施肥对黄芩根部黄芩苷含量的影响. 中国药材杂志, 21(6): 3.

苏秀红, 董诚明, 王伟丽. 2010. 光质对冬凌草再生植株生长及次生代谢产物的影响. 时珍国医国药, 21(12): 3278-3279.

孙海, 张亚玉, 孙长伟, 等. 2012. 不同生长模式下人参土壤养分状况与人参皂苷含量的关系. 西北农业学报, 21(8): 146-152.

孙海峰, 王喜军, 吴修红, 等. 2004. 栽培措施对龙胆产量及龙胆苦苷类成分含量的影响. 植物研究, 34(3): 334-338.

孙世芹, 阎秀峰. 2008. 氮素水平对喜树幼苗喜树碱含量的影响. 中国中药杂志, 33(4): 356-359.

孙玉琴, 陈中坚, 韦美丽, 等. 2008. 不同氮肥种类对三七产量和品质影响的初步研究. 中国土壤与肥料, (4): 22-25.

谭勇, 梁宗锁, 董娟娥, 等. 2008. 水分胁迫对菘蓝生长发育和有效成分积累的影响. 中国中药杂志, 33(1): 19-22.

唐晓敏. 2008. 水分和盐分处理对甘草药材质量的影响. 北京中医药大学博士学位论文.

佟乐. 2010. 银杏孢粉学分类及营养生理特性研究. 扬州大学硕士学位论文.

万兵, 王周庆. 1993. 中药微量元素与道地药材. 江西中医药, 24(2): 51-53.

汪斌. 2008. 铜、锌对丹参的品质与安全的影响. 南京农业大学硕士学位论文.

王景余, 李向高, 郑友兰. 1991. 稀土元素对人参皂苷含量的影响. 中国药学杂志, 26(10): 591-593, 632.

王艺. 2008. 营养元素对冬凌草生长发育规律及有效成分积累影响的研究. 河南中医学院硕士学位论文.

王文杰, 张京都, 赵长琦. 1989. 环境条件对伊贝母生物碱含量的影响. 中药材, 12(2): 5-7.

王彦武. 2008. 榆林毛乌素沙地固沙林地土壤质量演变机制. 西北农林科技大学硕士学位论文.

王洋, 戴绍军, 阎秀峰. 2004. 光强对喜树幼苗叶片次生代谢产物喜树碱的影响. 生态学报, 24(6): 1118-1122.

吴家胜, 张往祥, 曹福亮. 2003. 氮磷钾对银杏苗生长和生理特性的影响. 南京林业大学学报(自然科学版), 27(1): 63-66.

谢宝东, 王华田. 2006. 光质和光照时间对银杏叶片黄酮、内酯含量的影响. 南京林业大学学报(自然科学版), 30(2): 51-54.

谢宝东, 王华田, 常立华, 等. 2002. 土壤水分含量对银杏叶黄酮和内酯含量的影响. 山东林业科技, (4): 1-3.

辛立红, 吕玲霞, 管仁伟, 等. 2017. 金银花质量的影响因素及控制措施. 山东农业科学, 49(3): 154-157.

辛龙. 2010. 矿质营养对林荫银莲花生长发育和药用成分的影响. 华中农业大学硕士学位论文.

徐建中, 王志安, 俞旭平, 等. 2007. 氮肥对益母草产量和药材品质的影响. 中国中药杂志, 32(15): 1587-1588.

薛永峰. 2008. 不同氮、磷水平对丹参产量和有效成分的影响. 山东农业大学硕士学位论文.

阎秀峰, 王洋, 尚辛亥, 等. 2004. 光强和光质对野外栽培高山红景天生物量和红景天苷含量的影响. 生态学报, 24(4): 674-679.

杨云富. 2008. 药用白菊花花芽分化及花期耐旱性研究. 南京农业大学硕士学位论文.

银玲, 彭月, 刘荣, 等. 2012. 产地生态环境要素与中药品质相关性研究. 中药与临床, 3(6): 9-14.

于波, 海岩, 蔡雪娇, 等. 2014. 吉林地区连钱草中总黄酮含量的测定. 广东化工, 41(17): 163-164.

于彩莲, 刘元英, 彭显龙. 2003. 中草药施肥研究状况及展望. 东北农业大学学报, 34(5): 368-371.

于曼曼. 2010. 氮磷钾对夏枯草生长及其药材品质的影响. 南京农业大学硕士学位论文.

于曼曼, 刘丽, 郭巧生, 等. 2011. 氮素不同形态配比对夏枯草苗期生长及光合特性的影响. 中国中药杂志, 36(5): 530-534.

喻良文, 钟燕珠, 李薇, 等. 2008. 不同繁殖方式的广藿香药材挥发油分析. 中药新药与临床药理, 19(4): 296-298.

袁勇, 黄慧莲, 刘贤旺. 2000. 无机肥料对中药有效成分含量的影响. 江西林业科技, (1): 29-30, 38-39.

曾祥琼, 江玲, 何荣会, 等. 2011. 遮阴对青蒿花蕾青蒿素含量的影响. 中国农学通报, 27(2): 230-233.

张红瑞, 杨静, 沈玉聪, 等. 2015. 栽培技术对牛膝品质的影响研究. 河南农业, (11): 42-43.

张丽萍, 陈震, 马小军, 等. 1995. 氮源对黄连植株生长、根茎小檗碱含量的影响. 中草药, 26(7): 387-388.

张利霞. 2012. 水分与光照对活血丹生长及其药材品质影响研究. 南京农业大学博士学位论文.

张晓阳. 2013. 栽培技术对丹参药材质量的影响及遗传多样性分析. 北京协和医学院硕士学位论文.

张艳丽, 李友军, 张重义, 等. 2008. 摘花序和打顶对怀牛膝叶绿素荧光特性和品质的影响. 河南科技大学学报(自然科学版), 29(4): 90-93, 120.

张燕, 解凤岭, 郭兰萍, 等. 2012. 不同冬剪方式对金银花生长、产量和质量影响的研究. 中国中药杂志, 37(22): 3371-3374.

张毅. 2008. 氮素形态及其配比对川芎产量与品质的影响. 四川农业大学硕士学位论文.

赵德修, 李茂寅, 邢建民, 等. 1999. 光质、光强和光期对水母雪莲愈伤组织生长和黄酮生物合成的影响. 植物生理学报, (2): 127-132.

赵桂茹, 王仕玉, 郭凤根, 等. 2013. 不同光照强度对 2 年生岩白菜生长的影响. 西部林业科学, 42(5): 93-97.

赵姣姣, 刘文科, 杨其长. 2013. 氮素水平和形态对基质栽培桔梗生长及生理参数的影响. 北方园艺, (4): 162-165.

赵莉. 2006. 产地及栽培条件对甘草多糖和甘草酸含量的影响. 新疆农业大学硕士学位论文.

赵志刚. 2014. 丹参生长规律和栽培方式及加工方法的研究. 北京中医药大学硕士学位论文.

赵中秋, 朱永官, 蔡运龙. 2005. 镉在土壤-植物系统中的迁移转化及其影响因素. 生态环境, 14(2): 282-286.

郑斌, 陈洪国, 颜志强, 等. 2014. 遮阴对白花败酱叶片形态解剖结构及生理的影响. 湖北农业科学, 53(13): 3111-3115.

郑冬梅, 李佳, 欧小宏, 等. 2015. 三七种植地土壤养分动态变化研究. 西南农业学报, 28(1): 279-285.

郑茹茹. 2016. 光照和水分对半夏生长及药材质量的影响. 西北农林科技大学硕士学位论文.

钟霞军, 谈远锋. 2012. 土壤因素对道地药材品质影响的研究进展. 南方农业学报, 43(11): 1708-1711.

周长征, 李银, 杨春澍. 2000. 细辛道地药材与微量元素. 中草药, 31(4): 292-295.

朱仁斌, 宛志沪, 丁亚平. 2002. 皖西山区西洋参有效成分含量与栽培地海拔高度的关系. 中草药, 33(2): 69-72.

朱文涛, 万凌云, 蒋舜媛, 等. 2016. 种苗等级及种植密度对羌活产量和质量的影响研究. 西南师范大学学报(自然科学版), 41(4): 81-85.

朱再标. 2005. 柴胡配方施肥及需水规律研究. 西北农林科技大学硕士学位论文.

邹耀华, 吴加伦. 2011. "浙八味"中药材及其土壤中有害重金属污染调查分析. 中成药, 33(10): 1826-1828.

Chung I M, Kim J J, Lim J D, et al. 2006. Comparison of resveratrol, SOD activity, phenolic compounds and free amino acids in *Rehmannia glutinosa* under temperature and water stress. Environmental and Experimental Botany, 56(1): 44-53.

Jaleel C A, Manivannan P, Sankar B, et al. 2007. *Pseudomonas fluorescens* enhances biomass yield and ajmalicine production in *Catharanthus roseus* under water deficit stress. Colloids and Surfaces B: Biointerfaces, 60(1): 7-11.

Liu H, Wang X, Wang D, et al. 2011. Effect of drought stress on growth and accumulation of active constituents in *Salvia miltiorrhiza* Bunge. Industrial Crops and Products, 33(1): 84-88.

Zhu Z, Liang Z, Han R, et al. 2009. Impact of fertilization on drought response in the medicinal herb *Bupleurum chinense* DC.: growth and saikosaponin production. Industrial Crops and Products, 29(2-3): 629-633.

# 第五章　农药对药用植物品质形成的影响

中药资源是中医药事业发展的物质基础(段金廒等, 2013), 按其来源的自然属性, 可分为药用植物资源、药用动物资源和药用矿物资源等(周益权等, 2016), 除药用矿物资源之外, 均属于生物资源的范畴。上海科学技术出版社 1977 年出版的《中药大辞典》共收录中药 5767 味, 其中植物药 4773 种(82.8%)(张如青, 2010)。《国家基本药物目录》(2012 年版)收录 203 个中成药品种, 涉及中药材 398 种。其中, 植物药材(栽培 230 种, 野生 100 种)330 种(82.9%)(杨崇仁等, 2016)。可见, 药用植物构成了中药资源的绝大部分。长期以来, 由于人们对中药资源不合理开发利用及生态环境的改变、破坏, 目前依赖自然生态提供的野生药用生物资源种类和数量已不能满足社会需求。对百余种常用药材生产现状的分析表明, 大约 70%的药材商品是通过人工生产进行替代和补偿以保障供给的(段金廒等, 2015)。在人工生产过程中, 药用植物和其他农作物一样会受到各种病虫害的侵袭, 为了降低损失、增产增收, 便不可避免地要使用各种农药。因此, 本章主要论述药用植物种植过程中农药的使用对其生长发育及中药材品质的影响。关于药用动物饲养过程中兽药的使用对其生长发育及中药材品质的影响暂不论述, 但这也是一个非常值得关注的问题。

目前, 对中药材生产过程中农药使用的相关研究主要集中在农药药效的优选、残留检测、风险评估等问题上, 关于农药对药用植物的生长发育和化学成分含量的影响关注较少。本章按农药的不同用途分别概述了杀虫剂、杀菌剂、杀螨剂、除草剂、植物生长调节剂 5 类常用农药在药用植物上的应用, 分析总结了它们对药用植物的生长发育及中药材质量安全等方面的影响。药用植物不同于粮食、蔬菜、水果等作物, 作为中药(包括中药材、中药饮片、中成药)的主要来源, 其首要价值在于预防、治疗疾病及其良好的养生保健作用。通过本章相关分析, 旨在为农药在药用植物上的应用提供科学、合理的指导和建议, 进而保障中药及其相关产品的质量及安全。

## 第一节　农药基础知识及登记情况简介

### 一、农药基础知识

#### (一)农药的概念

农药, 是指用于预防、控制危害农业、林业的病、虫、草、鼠和其他有害生物, 以及有目的地调节植物、昆虫生长的化学合成或者来源于生物、其他天然物质的一种物质或者几种物质的混合物及其制剂(《农药管理条例》, 中华人民共和国国务院令第 677 号)。

## （二）农药的分类

1. 按农药的化学成分分类

（1）无机农药（inorganic agricultural chemical）

无机农药是以无机化合物为主的农药，如波尔多液、石硫合剂、硫酸铜、砷酸铅、磷化钙等。

（2）有机农药（organic agricultural chemical）

有机农药是以有机化合物为主的农药，包括天然有机农药、有机合成农药等。

天然有机农药（natural organic pesticide）：①植物性杀虫剂，如烟碱、除虫菊素、鱼藤酮、油菜素内酯等；②矿物性杀虫剂，如机油乳剂等。

有机合成农药（organic synthetic pesticide）是以有机化合物为主的农药，包括：①有机氯类；②有机磷类，如马拉硫磷、乐果等；③氨基甲酸酯类，如西维因、克百威等；④拟除虫菊酯类，如氯氟氰菊酯、氰戊菊酯等。

其他类：如有机硫剂、有机铜剂、有机氟剂、有机锡剂、苯类制剂、均三氮苯类、磺酰脲类、抗生素剂等。

2. 按农药的用途分类

（1）杀虫剂（insecticide）

杀虫剂是用于防治害虫的药剂，有的还兼有杀菌、杀螨、杀线虫等作用，如杀虫脒、阿维菌素等。

（2）杀菌剂（fungicide）

杀菌剂是用于防治病害的药剂，可分为以下几种。

散布杀菌剂（spraying fungicide）：①保护杀菌剂（protectant），用于预防病菌侵害，如波尔多液、代森锌等；②直接杀菌剂（eradicant），对病菌有直接的强杀灭效力，用于防治病菌危害，如石硫合剂等。

种子消毒剂（seed disinfectant）：可附着于种子上，用于消灭病菌，如福尔马林等。

土壤消毒剂（soil disinfectant）：用于消灭土壤中病菌的药剂。

（3）杀螨剂（acaricide/miticide）

杀螨剂是指只杀螨不杀虫或以杀螨为主的药剂，如克螨特等。由于螨类的形状特征及其独特的生活习性，许多杀虫剂对螨类无效；使用不当，不仅不能治螨，反而引起螨类迅速蔓延。

（4）除草剂（herbicide，weed killer）

除草剂用于防除农业耕地、林地杂草，依其组成、对植物的除草作用机制不同，可分为非选择性和选择性两类。

非选择性（灭生性）除草剂（nonselective herbicide）：对各种植物均起杀灭作用的药剂。

选择性除草剂（selective herbicide）：有选择性的、杀灭一定种类杂草的药剂，如2,4-D 等。

(5)植物生长调节剂(plant growth regulator)

植物生长调节剂是用于增进或抑制植物生理功能的药剂，亦用作果树摘果剂或落下防止剂，如生长素、赤霉素、萘乙酸、脱落酸等。

(6)杀鼠剂(rodenticide)

杀鼠剂是用于控制鼠害的一类农药。

3. 按农药的作用方式分类

(1)内吸型农药(systemic pesticide)

内吸型农药的药剂易被植物组织吸收，并在植物体内运输，传导(可单向或多向传导)至植物的各部分，或经过植物的代谢作用而产生更毒的代谢物，如乐果、吡虫啉、2,4-D 等。

(2)触杀型农药(non-systemic pesticide/contact pesticide)

触杀型农药的药剂接触害虫后，通过昆虫的体壁或气门进入其体内，使之中毒死亡，如马拉硫磷等。

(3)胃毒型农药(stomach poisoning pesticide)

胃毒型农药的药剂通过昆虫取食而进入其消化系统发生作用，使之中毒死亡，如乙酰甲胺磷、马拉硫磷等。

(4)熏蒸型农药(fumigant)

熏蒸型农药指施用后，呈气态或气溶胶的生物活性成分，经昆虫气门进入体内引起其中毒的杀虫剂，如溴甲烷、氯化苦等。

(5)驱避型农药(repellent)

驱避型农药指可使害虫忌避，而不在作物上停留的药剂，如樟脑丸、避蚊油等。

(6)引诱型农药(attractant)

引诱型农药的药剂本身无毒或毒效很低，但可以将害虫引诱到一处，便于集中消灭，如棉铃虫性诱剂等。

(7)其他类农药

其他类农药包括不妊剂、拒食剂、粘捕剂、生物农药(如苏云金芽孢杆菌、白僵菌等)、昆虫生长调节剂、杀螺剂等。

4. 按农药的管理方式分类

(1)禁限用农药(banned and restricted pesticide)

禁限用农药包括六六六、滴滴涕、毒杀芬、二溴氯丙烷、杀虫脒、二溴乙烷、除草醚、艾氏剂、狄氏剂、汞制剂、砷类、铅类、敌枯双、氟乙酰胺、甘氟、毒鼠强、氟乙酸钠、毒鼠硅、甲胺磷、甲基对硫磷、对硫磷、久效磷、磷胺、苯线磷、地虫硫磷、甲基硫环磷、磷化钙、磷化镁、磷化锌、硫线磷、蝇毒磷、治螟磷、特丁硫磷、氯磺隆、褐美肿、福美甲肿、胺苯磺隆、甲磺隆、百草枯水剂、三氯杀螨醇、甲拌磷、甲基异柳磷、内吸磷、克百威、涕灭威、灭线磷、硫环磷、氯唑磷、水胺硫磷、灭多威、氧乐果、硫丹、杀扑磷、氰戊菊酯、丁酰肼(比久)、氟虫腈、毒死蜱、三唑磷、2,4-D 丁酯、溴甲烷、氯化苦、氟苯虫酰胺、乙酰甲胺磷、丁硫克百威、乐果等(具体请查看中华人民共和国农业部公告第 194、199、274、322、632、1157、1586、2032、2289、2445、2552 号)。

(2)非禁限用农药(non-banned and non-restricted pesticide)

非禁限用农药指禁限用农药以外的合法登记农药。

此外，根据农药组成，还可将农药分为单剂、混剂等；根据农药毒性，可将农药分为剧毒、高毒、中毒、低毒、微毒等。分类方式较多，而且不同类之间有时会有交叉。

## 二、农药登记情况简介

### (一)农药产品登记情况

在中国农药信息网按农药类别查阅(查阅日期为 2017 年 6 月，网址为 http://www.chinapesticide.org.cn/hysj/index.jhtml)农药登记数据，目前在我国取得登记的农药产品约有 37 158 个，其中杀虫剂有 16 377 个，杀菌剂有 9616 个，除草剂有 8994 个，杀螨剂有 1069 个，植物生长调节剂(简称植调剂)有 863 个，其他类农药 200 多个(杀鼠剂 132 个，杀线虫剂 69 个，杀螺剂 30 个，杀软体动物剂 8 个，等等)。各类农药百分比见图 5-1。

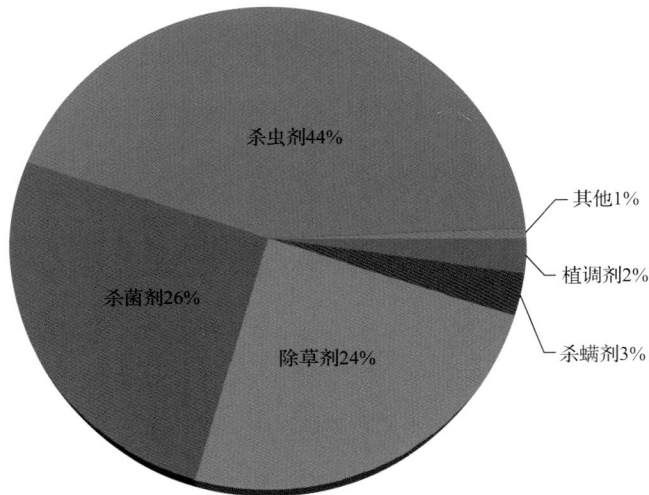

图 5-1　我国各类农药登记产品占农药登记总量的百分比饼状图

### (二)农药产品在药用植物上的登记情况

在中国农药信息网按登记作物名称查阅(查阅日期为 2017 年 9 月，网址为 http://www.chinapesticide.org.cn/hysj/index.jhtml)药用植物上农药登记相关信息，查询结果见表 5-1。由表 5-1 知，目前登记的药用植物只有人参、三七、枸杞、杭白菊、元胡、白术、石斛 7 个，共登记农药产品 82 个，农药化合物 33 个。从登记的农药种类看，大部分是杀虫剂、杀菌剂，杀螨剂只在枸杞上登记了哒螨·乙螨唑 1 个产品，除草剂没有相关登记，植物生长调节剂只在人参上登记了赤霉酸 1 种共 20 个产品。

**表 5-1　农药产品在药用植物上的登记情况**

| 登记植物名称 | 登记农药类别 | 登记农药及产品个数 | 防治对象及作用 |
|---|---|---|---|
| 人参 | 杀虫剂 | 噻虫嗪共 2 个 | 金针虫、黑斑病、根腐病、立枯病、灰霉病、疫病等 |
| | 杀菌剂 | 丙环唑、咯菌腈、哈茨木霉菌、嘧菌酯、霜脲·锰锌、噁霉灵、代森锰锌、王铜等共 23 个 | |
| | 杀虫剂、杀菌剂 | 噻虫·咯·霜灵共 2 个 | |
| | 植物生长调节剂 | 赤霉酸共 20 个 | |
| 三七 | 杀菌剂 | 苯醚甲环唑共 1 个 | 黑斑病、根腐病 |
| | | 枯草芽孢杆菌共 2 个 | |
| 枸杞 | 杀虫剂 | 高效氯氰菊酯、苦参碱、吡虫啉、顺式氯氰菊酯、藜芦碱等共 16 个 | 锈蜘蛛、蚜虫、瘿蚊、瘿螨、白粉病等 |
| | 杀菌剂 | 香芹酚、硫磺、蛇床子素、甲·咪鲜胺等共 4 个 | |
| | 杀螨剂 | 哒螨·乙螨唑共 1 个 | |
| 杭白菊 | 杀虫剂 | 吡虫啉、甲氨基阿维菌素苯甲酸盐共 2 个 | 蚜虫、根腐病 |
| | 杀菌剂 | 井冈霉素 A 共 1 个 | |
| 元胡 | 杀虫剂 | 甲氨基阿维菌素苯甲酸盐、霜霉威盐酸盐共 2 个 | 白毛球象 |
| 白术 | 杀虫剂 | 二嗪磷共 1 个 | 小地老虎、白绢病 |
| | 杀菌剂 | 井冈霉素、井冈·嘧苷素共 2 个 | |
| 石斛 | 杀菌剂 | 喹啉铜、苯醚·咪鲜胺、咪鲜胺共 3 个 | 软腐病、炭疽病 |

# 第二节　农药产品在药用植物上的使用现状

从近期文献报道的中药材上农药残留检测结果、农药使用情况实地调研等可以反映当前某些中药材种植过程中农药的使用现状。

## 一、违规使用禁限用农药时有报道

Li 等(2017)建立了同时筛查金银花中 116 种农药的 GC-MS 法，并对全国 14 个省份 6 个渠道取得的 60 批次金银花样品进行测定，结果发现其中 11 个批次金银花中检出了氧乐果，7 个批次检出了氟虫腈，1 个批次检出了克百威。王莹等(2016)检测了 8 种药材 50 余批次样品的 187 种目标农药，发现花和果实类药材如金银花、菊花、陈皮、枸杞子，部分多年生根和根茎类药材如三七、人参、西洋参农药残留污染比较严重，尤其是花类药材检出率最高，检出的农药种类也最为复杂，氟虫腈、对硫磷等个别禁限用农药也有检出，风险较高，应作为监管重点。顾炎等对金银花主产区种植过程中农药的使用情况进行了两年两地的实地调研，发现某些农户偶尔还会使用一些禁限用农药或高毒农药，如甲胺磷、水胺硫磷、毒死蜱、氧乐果等(顾炎，2016；顾炎等，2016)。随后对 60 个批次的金银花样品中的 54 种有机磷农药进行了筛查检测，结果在 23 个批次金银花样品中检出有机磷类农药，检出率最高并且残留量较大的是毒死蜱，其中 1 个批次金银花样品中检出高毒农药水胺硫磷。彭崚国等(2010)分析总结了黄芪、人参、西洋参、金银花、菊花等数十种中药材中 39 种有机磷农药残留情况,发现共有 22 种有机磷农药(包括甲胺磷、甲拌磷、甲基异柳磷等禁限用农药)被检出。2013 年 6 月 24 日,绿色和平组织(GREENPEACE)发布的《药中药——中药材农药污染调查报告》显示,在检测的包含三七、当归、金银花、枸杞子等 65 个样本中多达 48 个有农药残留,且 26 个样品中发现 6 种禁止在中药材上使用的农药(包括甲拌磷、克百威、甲胺磷、氟虫腈、涕灭威、灭线磷)残留(http://www.greenpeace.org.cn/herbs-rpt/)。

## 二、农药乱用滥用现象严重

据杨崇仁(2013)调查,三七以专业大户种植为主,受经济效益驱使,农药种类日益多样,使用量日益增加,其生长期几乎每天施药。只要市场上能买到的农药,未经试验证明其有效性和安全性,就在三七种植地区很快推广使用。

## 三、植物生长调节剂、除草剂等易被忽视农药品种滥用误用现象严重

魏赫等(2017,2016)调查了植物生长调节剂在中药材种植中的使用情况,发现党参、当归、黄芪、白芍、麦冬普遍使用"壮根灵""膨大素"类植物生长调节剂。随后测定了 8 种 63 批次(包括 13 批当归、5 批黄芪、30 批党参、3 批生白术、3 批白芷、3 批白芍、3 批丹参、3 批麦冬)常用中药材中植物生长调节剂的残留量,结果除当归中未有植物生长调节剂检出外,其余样品均有检出,其中一批麦冬同时检出多效唑(2851.14μg/kg)、烯效唑(19.30μg/kg)、丁酰肼(44.65μg/kg)。翟宇瑶等(2015)调查了 11 种根及根茎类道地药材栽培中"壮根灵"类药剂的使用情况,发现"壮根灵"在除大黄外的这些药材种植过程中均有应用,其中在调查地川麦冬、泽泻、牛膝、党参应用此类药剂极为普遍,地黄、当归中较常应用,川芎、附子、三七和山药中有应用。而且采用超高效液相色谱-质谱(UPLC-MS)方法检测了 38 份农肥"壮根灵"中 6 种植物生长延缓剂的含量,均有检出,其中含量较高的生长延缓剂分别是多效唑、氯化胆碱和矮壮素,其中 31 份"壮根灵"中含有丁酰肼,最高含量达 114mg/L。翟宇瑶和郭宝林(2017)又测定了麦冬、三七、泽泻、川芎、牛膝、当归 6 种药材中多效唑、缩节胺、矮壮素、丁酰肼 4 种植物生长延缓剂的残留量,发现其中一批麦冬中同时检测到多效唑(1352μg/kg)、缩节胺(66μg/kg)、矮壮素(56μg/kg)、丁酰肼(85μg/kg)。丁酰肼的水解产物二甲基联氨(UDMH)具有致癌作用(楼飞等,2012),美国环保局已宣布取消其在食用植物上应用的注册,欧盟也设定了最大残留限量(MRL)为 0.02mg/kg,日本和韩国规定丁酰肼残留不得检测出。可见,植物生长调节剂已经成为药材种植中除了杀虫、杀菌农药又一类值得高度重视的化控物质。

除草剂在中药材上的使用及检测情况较少被报道。褚宏杰(2016)介绍了乙草胺、草甘膦、2,4-D 丁酯三种除草剂在中草药种植中的使用方法。但是徐顺学和郭群(2017)报道 2,4-D 丁酯具有飘移性药害,在应用时雾点能够飘到 1km 以上距离处。近年来,因 2,4-D 丁酯类除草剂的飘移对农作物产生药害的情况时有发生,据调查,受害较轻的农田减产也在 30%～50%,严重时绝收。而灭生性除草剂草甘膦在使用时,一旦遇到有风的情况,则易随风飘移至中药材上,对其产生药害,且此种药害通常是难以逆转和弥补的,会造

成极大损失。中药材生产者缺乏农药及植保方面的知识，对他们来说选择合适的药材除草剂并非易事。因此，必须加强中药材专用除草剂方面的研究及使用方法介绍，以避免因误用而造成损失。

综上，尽管《农药管理条例》(2017 年 2 月 8 日国务院第 164 次常务会议修订通过，自 2017 年 6 月 1 日起施行)第三十四条规定："农药使用者应当严格按照农药的标签标注的使用范围、使用方法和剂量、使用技术要求和注意事项使用农药，不得扩大使用范围、加大用药剂量或者改变使用方法。农药使用者不得使用禁用的农药。标签标注安全间隔期的农药，在农产品收获前应当按照安全间隔期的要求停止使用。剧毒、高毒农药不得用于防治卫生害虫，不得用于蔬菜、瓜果、茶叶、菌类、中草药材的生产，不得用于水生植物的病虫害防治。"但是目前仅极少数药用植物进行过农药登记，登记农药产品远远不能满足 200 余种中药材人工生产中病虫害防治的需要，加上生产者尤其注重经济效益，又缺乏农业和植保方面的知识，发现药材上出现病虫害，首先想到施用农药，农药的选择多是听从农药销售商的建议，主要的选择标准一是有效，二是价格便宜，很少考虑农药的安全性及其对中药材质量的影响。因此药用植物上农药乱用、滥用、误用甚至违规违法使用等现象时有发生。

## 第三节　农药对中药材品质的影响

中药材的品质包括内在质量和外观性状两部分。内在质量主要指中药材药效成分的种类和含量(有效性)、污染物的种类及数量(安全性)等；外观性状是指中药材的色泽(整体外观和断面)、质地、大小和形态等。这些外观性状与药用植物种植过程中的生长发育密切相关。其中内在质量处于主导地位，起决定性作用，而外观性状是内在质量的反映。中药材的品质由其内在基因与外在环境共同决定，外在环境又包括自然环境因素(土壤、光照、温度、降水量等)和人工干预因素(农艺措施、采收时间、药材初加工、贮运方式、药材掺杂使假等)。

### 一、农药对中药材生长发育的影响

植物激素是植物体内自然生成的，对植物生长发育具有调控作用的微量小分子物质。而植物生长调节剂(又称植物外源性激素)是人们根据植物激素的结构、功能和作用原理通过人工合成、提取或微生物发酵等方式得到的一大类物质。因此，植物生长调节剂作为农药的一类必定会对药用植物的生长发育产生显著的影响。除草剂有一部分属于植物生长调节剂类，其代表农药有 2,4-D 丁酯、二甲四氯钠盐、麦草畏、二氯喹啉酸等，喷施后可使杂草扭曲、畸形而除草。其他各类除草剂包括灭生型除草剂、触杀型除草剂等，在药用植物种植过程中使用时若不小心飘移到药用植物上，也会抑制药用植物的生长发育而造成药害。杀虫剂、杀菌剂、杀螨剂主要作用于各种害虫、螨虫和致病菌等，不像植物生长调节剂、除草剂是直接作用于植株的生长发育，但是植物在被喷施杀虫剂、杀菌剂这些外源物质时，相当于受到农药的胁迫，因此其生长发育也或多或少受到影响。

通过查阅文献，将杀虫剂(部分杀虫剂也作杀螨剂)、杀菌剂、除草剂、植物生长调节剂对药用植物生长发育的影响总结于表 5-2。

**表 5-2　农药的使用对中药材生长发育的影响**

| 农药类别 | 农药 | 中药材 | 对生长发育影响 |
| --- | --- | --- | --- |
| 杀虫剂、杀菌剂 | 烯啶虫胺 | 金银花(刘璐, 2015) | 抑制生长 |
|  | 毒死蜱 | 川芎(穆向荣, 2014) | 低剂量促进生长, 高剂量抑制生长 |
|  | 甲基硫菌灵 | 川芎(穆向荣, 2014) | 低剂量促进生长, 高剂量抑制生长 |
|  | 嘧菌酯 | 人参(梁爽, 2016) | 降低株高, 增加茎粗、叶宽、比根重 |
| 除草剂 | 草甘膦 | 桑叶(董纯纯等, 2006) | 降低叶绿素含量、光合速率 |
|  | 精异丙甲草胺 | 桔梗(金银兰等, 2015) | 出苗率较低, 但苗高和苗鲜重与人工除草无显著差异 |
|  | 氟乐灵 | 白术(李记臣, 1989) | 对白术出苗和幼苗生长无不良影响 |
|  | 扑草净 | 西洋参(于树增等, 2003) | 控制一定浓度, 无不良影响 |
|  | 乙草胺 | 西洋参(于树增等, 2003) | 影响较大, 不宜选用 |
|  | 都尔 | 西洋参(于树增等, 2003) | 控制一定浓度, 无不良影响 |
|  | 禾耐斯 | 西洋参(于树增等, 2003) | 影响较大, 不宜选用 |
| 植物生长调节剂 | 6-BA(6-苄基腺嘌呤) | 黄花蒿(刘成等, 2012) | 具有生长毒性 |
|  | GA₃(赤霉素) | 黄花蒿(刘成等, 2012) | 可促进生长 |
|  | Domesticoside(DOM) | 黄花蒿(刘成等, 2012) | 使植株粗壮, 叶片增厚 |
|  | CCC(矮壮素) | 黄花蒿(刘成等, 2012) | 控制植株徒长, 促进生殖生长, 使植株节间缩短, 长得粗壮, 增加产量等 |
|  | 低聚壳聚糖植物生长调节剂 | 黄芪(林强等, 2010) | 促进黄芪植株及根系的生长, 且苗和根粗壮, 须根极少 |
|  | 生根粉(ABT)、吲哚丁酸(IBA)、萘乙酸(NAA) | 苦参(刘龙元等, 2015) | 一定浓度条件下可促进生长, 浓度过高会产生药害 |
|  | 多效唑(PP333) | 川麦冬(林秋霞等, 2014a) | 对块根的长度、直径及百粒重均有显著的提升作用 |
|  | 膨大素(CPPU) | 川麦冬(林秋霞等, 2014a) | 对块根的长度、直径及百粒重均有显著的提升作用 |
|  | 缩节胺 | 黄芩(胡国强等, 2012) | 促进黄芩根的生长, 提高黄芩的产量 |
|  | 壮根灵 | 党参(陈玉武等, 2011) | 党参单位种植面积样品的干样平均增产36% |
|  | 壮根灵 | 党参(高石曼等, 2016) | 抑制党参茎叶的生长发育, 促进地下根的生长 |
|  | 壮根灵 | 丹参(李先恩和张晓阳, 2014) | 使分根繁殖的丹参显著增产 |
|  | 多效唑 | 丹参(李先恩和张晓阳, 2014) | 使种苗繁殖的丹参显著增产 |
|  | 矮壮素 | 黄芩(蔡葛平等, 2008) | 叶片变绿变厚, 茎变粗, 开花提前, 花数目明显增多 |
|  | 赤霉素 | 黄芩(蔡葛平等, 2008) | 植株高度明显增加, 顶芽节间变长, 腋芽生长明显, 叶片变小, 绿色变浅 |
|  | 油菜素内酯(BR) | 甘草(乔晶等, 2016) | 株高、地茎、根长、根粗、根鲜重、根干重均比对照提高 |
|  | 脱落酸(ABA) | 甘草(项好等, 2015) | 3.96mg/L ABA 叶面施加使甘草粉末颜色变深, 偏黄、红两色 |

注: "壮根灵"内含有多种植物生长调节剂成分, 如矮壮素、多效唑、烯效唑、缩节胺、丁酰肼等(翟宇瑶等, 2015)

　　由表 5-2 知，农药的使用会对中药材的生长发育(外观性状)产生各种各样的影响。这些影响最终也许会影响到中药材的商品规格等级，例如，《七十六种药材商品规格标准》[国药联材字(84)第 72 号文附件]中规定了川麦冬的规格参数如下：一等，每 50g 190粒以内；二等，每 50g 300 粒以内；三等，每 50g 300 粒以上，最小不低于麦粒大。而表 5-2 中多效唑、膨大素对川麦冬块根的长度、直径及百粒重均有显著的提升作用。这必然会影响到川麦冬的商品规格等级。这些商品规格等级在药材贸易过程中往往被看作评价中药材质量优劣的"重要参考指标"，影响着同种药材价格的高低，但这些使用过多效唑、膨大素产出的所谓的"优等"川麦冬却没有注重中药材的内在品质(有效成分的种类和含量多少)。因此谷小红等(2017)建议，对于类似单纯以提高药用部位产量为目的，而对药材品质方面的改善没有科学研究支持的植物生长调节剂，应禁止使用。下面我们就探讨一下农药对中药材有效成分的影响。

## 二、农药对中药材有效成分的影响

　　薛健(2009)认为农药和其他外源污染物(重金属、霉菌等)的重要区别是，其虽然具有一定毒性，但在中药材种植过程中作为一种重要的农艺措施却不能不用，因此不仅要进行农药在药材中的残留动态(代谢)研究来确定某种农药对某种药材来说的最佳使用方法和规范，还要考虑农药的使用对中药材有效成分的影响。农药的使用如果影响到药材的成分含量和组成，这种农药就要慎重使用，趋利除弊。研究者从 2005 年开始对此进行研究，结果发现农药的使用对中药材生长发育和成分的影响多种多样。现将相关研究结果及文献报道总结于表 5-3。

**表 5-3　农药的使用对中药材有效成分含量的影响**

| 农药类别 | 农药 | 中药材 | 对有效成分含量影响 |
|---|---|---|---|
| 杀虫剂 | 吡虫啉 | 金银花(孙楠，2007；李嘉欣等，2017) | 显著提高绿原酸含量 |
| | 吡虫啉 | 枸杞子(任斌等，2010) | 提高枸杞多糖含量 |
| | 吡虫啉 | 化橘红(于晶等，2011；郭昆等，2012) | 对柚皮苷、野漆树苷的含量没有显著影响 |
| | 噻虫嗪 | 金银花(刘亚南等，2015) | 对绿原酸、木犀草苷的含量无显著影响 |
| | 烯啶虫胺 | 金银花(刘璐，2015) | 提高绿原酸的含量，降低木犀草苷的含量 |
| | 啶虫脒 | 金银花(孙楠，2007；Wu et al.，2012；李嘉欣等，2017) | 显著提高绿原酸含量 |
| | 啶虫脒 | 枸杞子(于晶等，2010) | 提高枸杞多糖含量 |
| | 敌百虫 | 栀子(周妹等，2015) | 提高栀子苷和绿原酸含量，对西红花苷-1 的影响不明显 |
| | 辛硫磷 | 栀子(周妹等，2015) | 提高绿原酸含量，对栀子苷和西红花苷-1 的影响不明显 |
| | 毒死蜱 | 川芎(穆向荣，2014) | 利于阿魏酸、藁本内酯的积累 |
| 杀菌剂 | 敌克松 | 曼陀罗和毛曼陀罗(沈一行等，1993) | 降低生物碱含量 |
| | 三唑酮 | 金银花(Wu et al.,2012；李嘉欣等,2017) | 显著降低绿原酸含量 |
| | 世高 | 龙胆(刘洪科，2008) | 对龙胆苦苷含量无明显影响 |

续表

| 农药类别 | 农药 | 中药材 | 对有效成分含量影响 |
|---|---|---|---|
| 杀菌剂 | 多菌灵 | 龙胆(刘洪科, 2008) | 对龙胆苦苷含量无明显影响 |
| | 代森锰锌 | 龙胆(刘洪科, 2008) | 对龙胆苦苷含量无明显影响 |
| | 甲基硫菌灵 | 川芎(穆向荣, 2014) | 利于阿魏酸、藁本内酯的积累 |
| | 嘧菌酯 | 人参(梁爽, 2016) | 提高人参皂苷含量 |
| | 阿维菌素(也用作杀虫、杀螨剂) | 枸杞子(于晶等, 2009) | 提高枸杞多糖含量 |
| 除草剂 | 草甘膦 | 桑叶(董新纯等, 2006) | 降低类黄酮含量 |
| 植物生长调节剂 | 6-BA(6-苄基腺嘌呤) | 黄花蒿(刘成等, 2012) | 提高青蒿素含量 |
| | GA₃(赤霉素) | 黄花蒿(刘成等, 2012) | 对青蒿素含量无显著影响 |
| | Domesticoside(DOM) | 黄花蒿(刘成等, 2012) | 显著提高青蒿素、青蒿乙素含量,对青蒿酸作用相反,对3α-羟基-1-去氧青蒿素无影响 |
| | CCC(矮壮素) | 黄花蒿(刘成等, 2012) | 与DOM作用相似 |
| | 低聚壳聚糖植物生长调节剂 | 黄芪(林强等, 2010) | 提高黄芪多糖、黄芪甲苷含量 |
| | 多效唑(PP333) | 川麦冬(林秋霞等, 2014b) | 促进川麦冬总多糖的生成与积累,而不利于总皂苷的积累 |
| | 膨大素(CPPU) | 川麦冬(林秋霞等, 2014b) | 促进川麦冬总皂苷的生成与积累,而不利于总多糖的积累 |
| | 缩节胺 | 黄芩(胡国强等, 2012) | 提高黄芩苷、总黄酮的含量,但黄芩素和汉黄芩素含量显著降低 |
| | 壮根灵 | 党参(李成义等, 2011) | 7个产地党参中党参炔苷含量普遍明显下降,平均下降22.18% |
| | 壮根灵 | 党参(陈玉武等, 2011) | 单位质量的浸出物维持不变,单位质量的党参炔苷含量平均降低20% |
| | 壮根灵 | 党参(高石曼等, 2016) | 党参炔苷和党参多糖的含量明显下降 |
| | 壮根灵 | 丹参(李先恩和张晓阳, 2014) | 对有效成分含量影响不明显 |
| | 多效唑 | 丹参(李先恩和张晓阳, 2014) | 对有效成分含量影响不明显 |
| | 矮壮素 | 黄芩(蔡葛平等, 2008) | 根中黄酮类含量显著下降,地上部分木质素含量升高 |
| | 赤霉素 | 黄芩(蔡葛平等, 2008) | 根中黄酮类成分相对含量略有下降,地上部分木质素含量升高 |
| | 油菜素内酯(BR) | 青蒿(池剑亭等, 2015) | 青蒿素的含量明显增加 |
| | 油菜素内酯(BR) | 甘草(乔晶等, 2016) | 除异甘草素外,甘草酸、甘草苷、异甘草苷、甘草素、芹糖基甘草苷、芹糖基异甘草苷含量提高 |
| | 脱落酸(ABA) | 甘草(项好等, 2015) | 3.96mg/L ABA叶面施加能明显提高甘草内甘草酸和甘草苷的含量 |

注:"壮根灵"内含有多种植物生长调节剂成分,如矮壮素、多效唑、烯效唑、缩节胺、丁酰肼等(翟宇瑶等, 2015)

综合表5-2、表5-3可得如下信息。

1)杀虫剂、杀菌剂对药用植物生长发育影响的研究相对较少,主要集中在对有效成分含量的影响上；除草剂主要集中在优选出对药用植物不产生药害的农药研究；而植物生长调节剂对药用植物生长发育的影响研究最多，但主要关注增产增收效果，对其是否影响药用植物有效成分积累的问题并不在意。对这一现象必须加以重视。

2)关于农药对中药材有效成分含量的影响方面的研究，表 5-3 中多是研究农药对中药材中一种或几种有效成分含量的影响，没有考虑中药有效成分的复杂多样性，笔者考察了溴氰菊酯、氟啶虫酰胺、氟啶虫胺腈三种农药分别对金银花中 18 种成分(除绿原酸、木犀草苷外另选了 16 种典型成分)含量的影响，研究结果表明，农药处理对金银花中绿原酸、木犀草苷以外的其他成分含量也会产生影响(未发表资料)，建议中药材生产者选择农药时应规避对中药成分有显著影响的农药。

3)不少农药，如多效唑、膨大素的使用可以提高川麦冬的商品规格等级，但对川麦冬的主要有效成分皂苷和多糖的影响不一；壮根灵的使用也可以提高党参的商品规格等级，但其对党参的有效成分党参炔苷却有明显的抑制作用。这将会使单位质量药材的药效成分含量明显下降。当前，中医临床中有时会出现"证对方准药不灵"的现象，甚至有人认为"中医将亡于中药"，这可能就是因为医生开的药方中用了使用过壮根灵的党参及同类中药，中药材生产者过于注重产量带来的经济效益，而忽视了中药材的内在质量所产生的社会效益。科研工作者及相关部门应正确引导，从而生产出真正优质的中药材。

## 三、农药对中药材成分影响机制研究浅析

中药发挥药效的物质基础少部分是药用植物的初生代谢产物(糖、氨基酸、脂肪酸、核酸等植物生长发育必需物质)，大部分是药用植物的次生代谢产物(生物碱、黄酮、酚类、萜类、香豆素和皂苷等植物生长发育非必需小分子有机化合物)。至今已从不同有机体中鉴定出大量次生代谢产物(http://www.chemnetbase.com/)。

宏观上，农药通常被认为是一种非生物胁迫，对药用植物代谢过程产生影响，进而影响到中药材的成分。关于初生代谢与次生代谢的关系国外学者曾提出过不同假说，包括碳素/营养平衡(carbon/nutrient balance，CNB)假说(Bryant et al.，1983)、最佳防御(optimum defense，OD)假说(Bazzaz et al.，1987；Chapin et al.，1987)和资源获得(resource availability，RA)假说(Coley et al.，1985)等。尽管这些假说各自间有些方面差异很大，但所有假说都认为，初生代谢和次生代谢对环境条件的响应不同，利于初生代谢产物积累的环境条件不利于次生代谢产物的积累，初生生长与次生代谢存在一定的平衡关系，生物量过高时单位重量植物体中的次生代谢产物含量下降(苏文华等，2006)。这与表 5-2、表 5-3 中总结的壮根灵的使用使党参增产却使党参中有效成分党参炔苷的含量显著降低相符，但是表 5-2、表 5-3 中低聚植物生长调节剂既可以促进黄芪根系生长，提高初生代谢产物黄芪多糖的含量，又可以提高次生代谢产物黄芪甲苷的含量。可见药用植物次生代谢产物积累的机制很复杂。

微观上，从基因水平看，次生代谢产物生物合成调节一般发生在转录和翻译两个层次(Woldemariam et al.，2011)；从蛋白质水平看，次生代谢产物的合成与酶-底物专一性反应密切相关(Zhao et al.，2013)。目前植物基因组测序分析发现了大量与次生代谢产物

相关的编码基因。科学家首先对拟南芥完成了基因组测序，解释了拟南芥约 20% 的基因参与次生代谢物的生物合成（The Arabidopsis Genome Initiative，2000）；其次对水稻完成了基因组测序，发现水稻约 25% 的基因参与次生代谢物的生物合成（Goff et al.，2002）；随后对杨树（Chen et al.，2009）等完成了基因组测序。未来，综合运用基因组测序、代谢组学、转录组学、蛋白质组学、高通量生物化学等技术将会加快次生代谢生物合成相关新功能基因的鉴定和生物化学途径的发现（Zhao et al.，2013），这些技术获得的大量基因、酶、反应、路径、调控等信息可以确定和构建植物代谢网，从而增进人们对植物次生代谢整体水平的理解（Stitt et al.，2010）。

至于农药对药用植物代谢的具体分子作用机制目前研究较少，其中大多数研究集中在植物生长调节剂的作用，经查阅文献发现，农药对植物代谢的影响有多个层次，可作用于代谢关键酶基因、调控因子、内源激素等多个调控环节，改变代谢关键酶的表达水平来影响代谢产物的含量（马琳等，2016；方荣俊等，2014），研究对象有拟南芥、烟草、葡萄、苹果、香蜂花、长春花、丹参、药鼠尾、银杏等（El-Kereamy et al.，2003；Dandekar et al.，2004；Dubos et al.，2008；Hossain et al.，2009；Pan et al.，2010；Shoji et al.，2010；许峰等，2011；Liang et al.，2013），作用的次生代谢产物包括黄酮（花青素）、生物碱、萜类等。具体如下：①池剑亭等（2015）发现，油菜素内酯可通过促进青蒿素生物合成关键基因 *ADS*、*CYP71AV1* 和 *DBR2* 的表达而增加青蒿素的合成。②Liang 等（2013）报道，ABA 和乙烯可以提高 PAL 和 TAT 等关键酶的基因表达，促进丹参毛状根中酚类物质的合成，而 $GA_3$ 则是 ABA 和乙烯作用的必要信号分子。③梁爽（2016）研究了嘧菌酯对人参皂苷合成途径中几种关键酶及基因表达作用的分子机制。试验表明：嘧菌酯的施用使人参皂苷合成途径中的 FPS、SQS、SQE 及 P450 含量均有所提高，与研究得到的嘧菌酯可以促进人参根部皂苷含量的提高结果相一致。④Schmiderer 等（2010）研究发现，赤霉素可以促进鼠尾草（*Salvia officinalis*）单萜合酶的表达，而丁酰肼可以抑制其表达。前者上调 1,8-桉树脑和樟脑的含量，后者则降低其含量。⑤Shoji 等（2010）报道乙烯和茉莉酸甲酯协同诱导 AP2/ERF 家族蛋白的形成。它们特异性结合到次生代谢产物合成基因的启动子区域，上调烟草中萜类化合物和吲哚生物碱的合成。⑥Zhang 等（2011）在研究长春花时发现，乙烯响应因子 ORCA3 可激活茉莉酸响应基因，从而控制萜类吲哚生物碱的生物合成。其他农药对次生代谢的作用研究：Lydon 和 Duke（1989）提出，灭生性除草剂草甘膦可以通过抑制 5-烯醇丙酮酰莽草酸-3-磷酸（EPSP）合酶来阻断莽草酸途径中酚类物质的合成。农药除了通过直接作用于植物本身而影响其代谢产物，还可作用于植物生长的环境而间接影响其代谢。例如，Hussain 等（2009）报道了农药可以影响土壤微生物的多样性，土壤中的生物化学反应，土壤中固氮酶、脱氢酶、脲酶、磷酸酶、β-葡萄糖苷酶等酶的活性。这就会间接地对植物代谢产生影响，从而影响代谢产物的含量。

## 四、农药残留对中药材安全性的影响

### （一）中药材农药残留特点

薛健等（2007）根据参与的"九五"攻关课题"中药材质量标准规范化研究"中对 72

种中药材的 850 份样品的检测结果、"十五"重大科技专项"创新药物和中药现代化"中"有机氯农药残留研究"对 50 种中药近 500 个样品的测定结果、"十一五"重大新药创制平台项目课题"中药有害残留物检测技术标准平台"完成的中药中近 300 种农药残留数据，以及多年来从事中药有害残留物方面的研究工作所积累的中药材农药残留测定数据和相关文献报道数据，总结出中药材农药残留特点：①中药中有机氯农药较其他类型的农药污染程度高，污染程度为有机氯类＞菊酯类＞有机磷、氨基甲酸酯类，有机磷和氨基甲酸酯类农药检出率较低，只有人工种植历史久、虫害严重的药材如枸杞子偶有检出；②种植药材中农药残留量稍高，而野生药材中仅有痕量检出；③同一地区的同种药材、同一药材的不同部位农药残留量也有较大的差异；④根类、根茎类药材一般较其他类药材更容易被农药污染；⑤中成药和提取物中残留农药较少，残留量也低。因此，有机氯农药虽然早已停产禁用，但由于其半衰期长、不易降解、毒性大，对种植历史长、病虫害发生严重的根类药材中有机氯类农药残留依然需要重点关注。

### (二) 中药材农药残留超标的不良影响

首先需要指出的是，农药在中药材生产过程中的使用难以避免，中药材农药残留检出率虽然普遍较高，但是超标率并不高，只有农药残留超标或残留高毒农药才会对中药材的安全性产生各种各样的危害。主要危害如下：①影响人、畜、禽等生物健康，如导致神经系统受损，干扰机体免疫系统和内分泌系统，甚至具有致畸、致癌、致突变的"三致"毒性等；②影响中药材农业生产，特别是长残效除草剂和灭生性除草剂的不合理使用，易产生药害事故而导致中药材减产甚至绝产的损失；③影响中药材进出口贸易，随着世界经济一体化发展进程的加快，我国的中药材及中成药必然要走向国际市场参与竞争，但世界上许多国家和地区是按严格的食品标准要求中药，只要某个指标超标一律停售并销毁。我国出口的中药在欧美等国市场上多次因农药残留超标等原因被查扣。可见农药残留污染已成为中药走向世界的"瓶颈"，影响到中药现代化、国际化进程。

### (三) 对策

根据以上的讨论和存在的问题，我们提出以下对策：①从源头抓起，规范农药生产经营渠道，杜绝高毒、高残留等禁限用农药及假冒伪劣农药的生产销售；②加快推进药用植物上相关农药产品的登记，破解中药材生产过程中"无药可用"的问题；③完善中药中农药残留限量标准、建立农药安全科学使用规范并强制执行，使优质无污染的药材有好的经济效益，使高农药残留的药材没有市场；④重视并开展中药材病虫害绿色防控技术及产品的研发和应用(如抗虫药材品种选育、生物农药研发等)，减少或避免化学农药使用；⑤禁止单纯以提高中药材产量为目的使用植物生长调节剂；⑥建立"生产规范-检测平台-风险评估"三位一体的中药质量安全体系；⑦坚持实事求是的科学精神，坚持技术创新与监管创新。通过以上措施，避免中药材有效性和安全性可能受到的不良影响，让中国制造的中药及其产品真正得到全世界的认可(薛健等，2001；马双成等，2015；谷小红等，2017)。

# 参 考 文 献

蔡葛平, 郭燕红, 姚辉, 等. 2008. 矮壮素和赤霉素对黄芩生物量及根中黄酮类成分产量的影响. 中国农学通报, 24(7): 213-217.

陈玉武, 丁永辉, 李成义, 等. 2011. 党参壮根灵对党参质量影响的研究. 药物分析杂志, 31(2): 254-257.

池剑亭, 申亚琳, 舒位恒, 等. 2015. 油菜素内酯促进药用植物青蒿中青蒿素的生物合成. 中国科学院大学学报, 32(4): 476-481.

褚宏杰. 2016. 化学除草剂在中药种植中的运用. 甘肃农业, (15): 32-33.

董新纯, 王彦文, 孟庆伟. 2006. 草甘膦胁迫下桑树叶片伤害与叶片内类黄酮的关系研究. 河北农业大学学报, 29(1): 20-23.

段金廒, 黄璐琦, 陈士林, 等. 2013. 江苏省中药资源产业化过程协同创新中心建设思路与目标体系. 中国现代中药, 15(12): 1019-1025.

段金廒, 张伯礼, 宿树兰, 等. 2015. 基于循环经济理论的中药资源循环利用策略与模式探讨. 中草药, 46(12): 1715-1722.

方荣俊, 赵华, 廖永辉, 等. 2014. 乙烯对植物次生代谢产物合成的双重调控效应. 植物学报, 49(5): 626-639.

高石曼, 刘久石, 孙恬, 等. 2016. 不同栽培措施对党参药材化学质量的影响. 中国中药杂志, 41(20): 3753-3760.

谷小红, 郭宝林, 田景, 等. 2017. 植物生长调节剂在药用植物生长发育和栽培中的应用. 中国现代中药, 19(2): 295-305, 310.

顾炎. 2016. 金银花农药残留状况与膳食暴露风险研究. 北京协和医学院硕士学位论文.

顾炎, 薛健, 金红宇, 等. 2016. 金银花中有机磷类农药测定方法建立及残留状况调查. 中国现代中药, 18(9): 1148-1152.

郭昆, 乔海莉, 陈君, 等. 2012. 吡虫啉对化橘红野漆树苷含量的影响. 贵阳中医学院学报, 34(2): 29-31.

胡江强, 张学文, 李旻辉, 等. 2012. 植物生长调节剂缩节胺对黄芩活性成分含量的影响. 中国中药杂志, 37(21): 3215-3218.

金银兰, 杨丽, 黄华, 等. 2015. 不同除草剂对桔梗田常见杂草防除效果研究. 延边大学农学学报, 37(2): 111-116.

李成义, 魏学明, 李硕, 等. 2011. 植物生长调节剂壮根灵对党参药材中党参块苷含量的影响. 北京中医药大学学报, 34(11): 766-768.

李记臣. 1989. 氟乐灵防除白术育苗田杂草. 农药, 28(2): 60-61.

李嘉欣, 薛健, 金红宇, 等. 2017. 金银花常用农药对其绿原酸含量影响的初步研究. 中医药学报, 45(2): 54-57.

李先恩, 张晓阳. 2014. 植物生长调节剂对丹参药材产量和品质的影响. 中国中药杂志, 39(11): 1992-1994.

梁爽. 2016. 嘧菌酯对人参生理生化指标及品质的影响. 吉林农业大学博士学位论文.

林强, 张元, 崔玉梅. 2010. 低聚壳聚糖植物生长调节剂对黄芪生长及次生代谢产物的影响. 安徽农业科学, 38(9): 4534-4535.

林秋霞, 李敏, 罗远鸿, 等. 2014a. 植物生长调节剂对川麦冬生长发育影响的研究. 时珍国医国药, 25(8): 1994-1995.

林秋霞, 李敏, 周海玉, 等. 2014b. 植物生长调节剂对川麦冬总皂苷和总多糖含量的影响研究. 中国现代中药, 16(5): 399-401, 409.

刘成, 吴秀丽, 陈靖, 等. 2012. 4种植物激素对黄花蒿叶片中倍半萜积累的影响. 宁夏医科大学学报, 34(10): 1039-1045.

刘洪科. 2008. 龙胆中不同农药的使用对有效成分的影响研究. 吉林农业大学硕士学位论文.

刘龙元, 陈桂葵, 贺鸿志, 等. 2015. 3种植物生长调节剂对苦参生长的影响. 广东农业科学, (9): 16-22.

刘璐. 2015. 金银花中两种除虫菊酯类农药的残留动态研究. 北京协和医学院硕士学位论文.

刘亚南, 李勇, 董杰, 等. 2015. 噻虫嗪对金银花药材指标成分含量影响的初步研究. 世界科学技术—中医药现代化, 17(11): 2328-2334.

楼飞, 章寅, 何亚斌, 等. 2012. 液相色谱-串联质谱法对蔬菜和水果中丁酰肼残留量的测定. 现代农业科技, 19(16): 307-308.

马双成, 金红宇, 刘丽娜, 等. 2015. 中药中外源性有害物质残留风险控制初探. 中国药学杂志, 50(2): 99-103.

马琳, 郜玉钢, 臧埔, 等. 2016. 植物生长调节剂对药用植物次生代谢物积累的影响. 中南药学, 14(8): 834-837.

穆向荣. 2014. 川芎种植中两种常用农药合理使用规范的研究. 成都中医药大学硕士学位论文.

彭峥国, 薛健, 罗水明, 等. 2010. 中药材中有机磷农药残留研究进展. 安徽农业科学, 38(29): 16288-16290.

乔晶, 胡峻, 李妍芫, 等. 2016. 油菜素内酯对甘草性状及7种化学成分含量的影响. 中国中药杂志, 41(2): 197-204.

任斌, 康建宏, 吴宏亮, 等. 2010. 吡虫啉农药不同浓度和施用时间对枸杞多糖的影响研究. 安徽农业科学, 38(2): 783-784, 857.

沈一行, 朱玉香, 宋洪涛, 等. 1993. 敌克松对两种曼陀罗生物碱含量的影响. 中药材, 16(3): 7-9.

苏文华, 张光飞, 李秀华, 等. 2006. 浅谈药用植物人工种植中产量与质量的关系. 全国第二届中药资源生态学学术研讨会论文集: 145-147.

孙楠. 2007. 金银花生产中农药安全使用标准研究. 北京协和医学院硕士学位论文.

王莹, 金红宇, 魏赫, 等. 2016. 花类、果实类中药材中禁限用及常用农药多残留检测方法的建立. 中国药学杂志, 51(5): 404-412.

魏赫, 金红宇, 王莹, 等. 2017. 超高效液相色谱-串联质谱法同时测定中药材中23种植物生长调节剂残留量. 中草药, 48(8): 1653-1660.

魏赫, 王莹, 金红宇, 等. 2016. 植物生长调节剂研究进展及其在中药种植中使用和检测. 中国药学杂志, 51(2): 81-85.

项好, 刘春生, 刘勇, 等. 2015. 脱落酸对甘草化学成分含量和颜色的影响. 中国中药杂志, 40(9): 1688-1692.

徐顺学, 郭群. 2017. 关于除草剂对作物的药害分析. 农业与技术, 37(2): 43-44.

许锋, 张威威, 孙楠楠, 等. 2011. 矮壮素对银杏叶片光合代谢与萜内酯生物合成的影响. 园艺学报, 38(12): 2253-2260.

薛健. 2009. 中药农药残留、重金属问题研究. 第十届全国中药和天然药物学术研讨会论文集: 509-513.

薛健, 金红宇, 田金改, 等. 2007. 中药农药残留问题研究与思考. 中草药, 38(10): 1578-1580.

薛健, 杨世林, 陈建民, 等. 2001. 我国中药材农药残留污染现状与对策. 中国中药杂志, 26(9): 637-640.

杨崇仁. 2013. 中药农药现状与对策. 中国现代中药, 15(8): 633-637.

杨崇仁, 许敏, 宋晖, 等. 2016. 国家基本药物与中药资源. 中国现代中药, 18(11): 1513-1520.

于晶, 徐常青, 陈君, 等. 2011. 吡虫啉对化橘红柚皮苷含量的影响. 中药材, 34(5): 674-676.

于晶, 周峰, 陈君, 等. 2009. 阿维菌素对枸杞多糖含量的影响. 中药材, 32(11): 1649-1651.

于晶, 周峰, 徐荣, 等. 2010. 啶虫脒对枸杞蚜虫防治效果及对枸杞多糖含量的影响. 贵阳中医学院学报, 32(3): 18-20.

于树增, 李春龙, 魏晓明, 等. 2003. 西洋参除除草剂筛选试验. 人参研究, (4): 19-21.

翟宇瑶, 郭宝林. 2017. 高效液相色谱-串联质谱测定4种植物生长延缓剂在6种根及根茎类药材中残留量. 中国中药杂志, 42(11): 2110-2116.

翟宇瑶, 郭宝林, 黄文华. 2015. "壮根灵"类药剂检测及植物生长延缓剂在根及根茎类道地药材栽培中使用情况调查. 中国中药杂志, 40(3): 414-420.

张如青. 2010. 论今日中医药文献的检索与利用. 全国医史文献学科建设发展创新研讨会论文集.

周妹, 汤丽云, 何国振, 等. 2015. 不同肥料与农药对栀子药效成分及重金属含量和农药残留量的影响. 南方农业学报, 46(11): 1965-1969.

周益权, 瞿显友, 杨光, 等. 2016. 我国药用动物繁育标准现状及其关键问题探讨. 中国中药杂志, 41(23): 4474-4478.

Bazzaz F A, Chiariello N R, Coley P D, et al. 1987. Allocating resources to reproduction and defense: new assessments of the costs and benefits of allocation patterns in plants are relating ecological roles to resource use. BioScience, 37(1): 58-67.

Bryant J P, Chapin F S III, Klein D R. 1983. Carbon/nutrient balance of boreal plants in relation to vertebrate herbivory. Oikos, 40(3): 357-368.

Chapin F S III, Bloom A J, Field C B, et al. 1987. Plant-responses to multiple environmental-factors. BioScience, 37(1): 49-57.

Chen F, Liu CJ, Tschaplinski T J, et al. 2009. Genomics of secondary metabolism in *Populus*: interactions with biotic and abiotic environments. Critical Reviews in Plant Sciences, 28(5): 375-392.

Coley P D, Bryant J P, Chapin F S III. 1985. Resource availability and plant antiherbivore defense. Science, 230(4728): 895-899.

Dandekar A M, Teo G, Defilippi B G, et al. 2004. Effect of down-regulation of ethylene biosynthesis on fruit flavor complex in apple fruit. Transgenic Research, 13(4): 373-384.

Dubos C, Le G J, Baudry A, et al. 2008. MYBL2 is a new regulator of flavonoid biosynthesis in *Arabidopsis thaliana*. Plant Journal, 55(6): 940-953.

El-Kereamy A, Chervin C, Roustan J P, et al. 2003. Exogenous ethylene stimulates the long-term expression of genes related to anthocyanin biosynthesis in grape berries. Physiologia Plantarum, 119(2): 175-182.

Goff S A, Ricke D, Lan T H, et al. 2002. A draft sequence of the rice genome (*Oryza sativa* L. ssp. *japonica*). Science, 296(5565): 92-100.

Hossain M A, Sooah K, Kyoungheon K, et al. 2009. Flavonoid compounds are enriched in lemon balm (*Melissa officinalis*) leaves by a high level of sucrose and confer increased antioxidant activity. Hortscience, 44(7): 1907-1913.

Hussain S, Siddique T, Saleem M, et al. 2009. Impact of pesticides on soil microbial diversity, enzymes, and biochemical reactions. Advances in Agronomy, 102(1): 159-200.

Li J X, Gu Y, Xue J, et al. 2017. Analysis and risk assessment of pesticide residues in a Chinese herbal medicine, *Lonicera japonica* Thunb. Chromatographia, 80(3): 503-512.

Liang Z, Ma Y, Xu T, et al. 2013. Effects of abscisic acid, gibberellin, ethylene and their interactions on production of phenolic acids in *Salvia miltiorrhiza* Bunge hairy roots. PLoS ONE, 8(9): e72806.

Lydon J, Duke S O. 1989. Pesticide effects on secondary metabolism of higher plants. Pesticide Science, 25(4): 361-374.

Pan Q, Chen Y, Wang Q, et al. 2010. Effect of plant growth regulators on the biosynthesis of vinblastine, vindoline and catharanthine in *Catharanthus roseus*. Plant Growth Regulation, 60(2): 133-141.

Schmiderer C, Grausgruber-Gröger S, Grassi P, et al. 2010. Influence of gibberellin and daminozide on the expression of terpene synthases and on monoterpenes in common sage (*Salvia officinalis*). Journal of Plant Physiology, 167(10): 779-786.

Shoji T, Kajikawa M, Hashimoto T. 2010. Clustered transcription factor genes regulate nicotine biosynthesis in tobacco. Plant Cell, 22(10): 3390-3409.

Stitt M, Sulpice R, Keurentjes J. 2010. Metabolic networks: how toidentify key components in the regulation of metabolism and growth. Plant Physiology, 152(2): 428-444.

The Arabidopsis Genome Initiative. 2000. Analysis of the genome sequence ofthe flowering plant *Arabidopsis thaliana*. Nature, 408: 796-815.

Woldemariam M G, Baldwin I T, Galis I. 2011. Transcriptional regulation of plant inducible defenses against herbivores: a mini-review. Journal of Plant Interactions, 6(2-3): 113-119.

Wu X B, Xue J, Zhang L L, et al. 2012. Effect of three pesticides on chlorogenic acid concentration of *Lonicera japonica* Thunb. Asian Journal of Chemistry, 24(9): 3829-3832.

Zhang H T, Hedhili S, Montiel G, et al. 2011. The basic helix-loop-helix transcription factor CrMYC2 controls the jasmonate-responsive expression of the *ORCA* genes that regulate alkaloidbiosynthesis in *Catharanthus roseus*. Plant Journal, 67(1): 61-71.

Zhao N, Wang G D, Norris A, et al. 2013. Studying plant secondary metabolism in the age of genomics. Critical Reviews in Plant Sciences, 32(6): 369-382.

# 第六章　重金属对药用植物品质形成的影响

由于采矿、冶金、金属制造业排污，农业和城市生活废物的填埋和污水灌溉，富含重金属物质通过各种途径进入土壤中，致使土壤重金属的污染成为一个严重的环境问题。重金属污染不仅导致土壤的物理、化学性质发生改变，影响植物如药用植物的产量和品质，更为重要的是通过食物链迁移转化，危害人体健康。作为固着生长的生物，植物只能从土壤中吸收生长发育所需的营养物质，同时也将存在于污染土壤中的重金属吸收进体内，产生毒害效应。然而植物在长期的进化和环境选择过程中，产生了一系列耐受机制，进而降低重金属对植物的毒性。目前关于重金属对植物的毒害作用及植物对重金属胁迫的耐性机制的研究也越来越深入和广泛。下面将从重金属的特性及植物对重金属的响应类别、重金属对植物的毒害机制、植物对重金属胁迫的耐性机制、植物对重金属的吸收和积累机制，以及重金属对药用植物品质的调控机制等五个方面进行介绍。

## 第一节　重金属的特性及植物对重金属的响应类别

不同重金属离子的毒害效应不同，不同植物对重金属离子的响应策略存在明显差异。区分不同重金属离子的剂量效应，认识植物对重金属的响应类别，是了解重金属毒理及其对药用植物品质调控机制的基础。

## 一、重金属的特性

### (一)重金属的化学性质

重金属一般指密度等于或大于 $5g/cm^3$ 的金属元素，如 Hg、Cd、Pb、Cr、Ni、Zn、Co、Mn 等，约 40 种。As 虽然属于类金属元素，但其化学性质和危害与重金属元素相似，也被列入重金属的范围(蔡保松等，2004)。大部分重金属都是过渡性元素，具有特殊的电子层结构，使重金属在土壤环境中的化学行为具有一系列特点：①重金属的存在形式在一定范围内随土壤 pH 和氧化还原条件的变化而进行转化，具有可变价态，而不同价态的重金属离子活性不同，对生物体的毒性也不同；②重金属易在土壤中发生化学反应生成难溶解的化合物，如氢氧化物、硫化物、碳酸盐、磷酸盐等，这使得重金属累积于土壤中，不易迁移，造成污染持续时间长，危害加大；③重金属作为中心离子，能够接受多种阴离子和简单分子的独对电子，与土壤中的无机物、有机物生成配位络合物，或与大分子物质生成螯合物，难溶性的重金属盐生成水溶性的络合物和螯合物以后，可以在土壤环境中随水分迁移，增大重金属危害的范围(唐寿印，1998)。

## （二）重金属的分类

在重金属中，按照对植物生长发育的作用划分，可分为必需元素、有益元素和有害元素。有些元素是植物生长发育所必需的微量元素，如 Fe、Cu、Zn、Mn、Mo、Ni 等，缺乏该类元素，植物生长发育受阻，不能完成生活史。有些是有益元素，这些元素并非植物所必需，但能促进某些植物的生长发育，如钴(Co)、钒(V)等。无论是必需元素还是有益元素，其对植物生长发育的作用都存在一个阈值，超过这个阈值，都将对植物造成毒害。除了上述两类元素，有些重金属是有害元素，一旦存在就会对植物产生毒害效应，如 Pb、锑(Sb)、Hg、Cd、As 等。

# 二、植物对重金属的响应类别

过量的重金属抑制植物正常生长发育，尽管如此，仍有些植物能在高浓度重金属污染土壤中完成生活史。根据不同植物对重金属的抗性、吸收、积累的差异，可按植物对重金属的响应将其分为敏感植物、耐性植物和超积累植物。

## （一）敏感植物

土壤中某些重金属元素稍多或过多，可引起植物枯萎和死亡，这些植物称为重金属敏感植物。敏感植物受害症状与重金属毒害程度相关，具有指示作用，可根据敏感植物的形态、生长和生理响应监测土壤重金属污染状况。

## （二）耐性植物

重金属耐性植物是指在具有重金属毒性的土壤中能正常生长、定居乃至繁殖后代的植物。重金属耐性植物除了耐受重金属毒性，往往也可以适应一些极端环境，如营养贫瘠、土壤结构不良等恶劣环境。耐性植物可积累一定浓度的重金属，超过阈值浓度，耐性植物通过阻断根系吸收或外排重金属离子来维持自身生存。

## （三）超积累植物

重金属超积累植物是指能超量吸收重金属并将其转运到地上部的植物，大多生长在重金属含量较高的土壤上，同时具有重金属耐性的特征(陈英旭等，2009)。超积累植物的界定要同时具备三个因素：①植物生长能够忍耐高浓度重金属的毒害；②植物地上部积累的重金属达到一定的量，其地上部重金属浓度比普通植物高 100 倍以上，目前主要依据 Baker 和 Brooks(1989)提出的参考值，即叶片或地上部（干重）中含 Cd 达到100mg/kg，或含 As、Co、Cu、Ni、Pb 达到 1000mg/kg，或 Mn、Zn 达到 10 000mg/kg以上的植物称为该类重金属的超积累植物；③地上部的重金属浓度高于根部该种重金属含量(Rascio and Navari-lzzo，2011)。

# 第二节　重金属对植物的毒害机制

金属离子的毒害效应主要体现在以下几个方面：金属离子取代金属蛋白和金属酶中必需离子或与蛋白质结合，破坏蛋白质的功能；金属离子刺激细胞产生活性氧，导致氧化胁迫；金属离子诱发 DNA 损伤、染色体畸变等。

## 一、离子毒害

### （一）取代金属蛋白和金属酶中的离子

金属蛋白是指以金属离子或金属团簇作为辅基或辅因子的蛋白质。许多蛋白质含有金属离子。在人体基因组编码的蛋白质中，超过 30% 的蛋白质含有一个或多个金属离子，而所有酶中，超过 40% 的蛋白质含有金属离子。金属蛋白和金属酶的生物功能包括结构支持、存贮和转运金属离子、电子转移、分子识别和催化、信号转导、基因表达调控等。金属离子通过与内源配体（氨基酸侧链基团）和外源配体（如水分子、卟啉环、有机小分子等）配位，结合到蛋白质分子中，形成金属活性部位，从而影响蛋白质结构和赋予蛋白质功能。蛋白质侧链的氧原子、氮原子和硫原子均可参与金属离子的配位。常见的配位基团有组氨酸的咪唑基、赖氨酸和精氨酸的氨基、天冬氨酸和谷氨酸的羧基、谷氨酰胺和天冬酰胺的酰胺基、半胱氨酸和甲硫氨酸的巯基、丝氨酸和酪氨酸的羟基。一般情况下，在金属蛋白中，类似的金属可以执行相似的反应。例如，许多电子传递酶可以利用 Fe、Cu 离子进行电子传递；超氧化物歧化酶可以利用 Fe、Mn、Cu 等离子执行歧化反应。在特定的环境下，金属蛋白或金属酶的活性又表现出金属特异性。例如，Fe-SOD 或 Mn-SOD 结合其他金属时，往往表现出低活性或失活。又如，Cd 能够取代 PSⅡ反应中心的 Ca 离子，从而抑制 PSⅡ光活化反应；Hg、Cu、Cd、Ni、Zn、Pb 等重金属离子对叶绿素中心 Mg 原子的取代能导致光合作用中断。因此，在重金属胁迫下，重金属离子通过取代特异蛋白的必需离子，导致金属蛋白或金属酶正常的功能丧失，使植物表现毒害现象甚至死亡。

### （二）蛋白构象变化

蛋白质在细胞信号转导、催化、营养成分和其他物质在细胞内和细胞间的运动、膜融合、结构支撑和保护等过程中均具有重要功能。蛋白质的构象取决于其所处环境的物理和化学条件。重金属能够与新生的或已合成的蛋白结合，抑制这些蛋白的折叠过程，改变这些蛋白的构象，导致蛋白聚集或有活性蛋白量的减少。例如，在酵母中，甲基汞（MeHg）强烈抑制 L-谷氨酰胺：D-果糖-6-磷酸氨基转移酶（L-glutamine: D-fructose-6-phosphate aminotransferase）的活性，如在植物中过表达该酶的基因，能够显著增加转基因植株对 MeHg 的抗性。与此类似，Cd 与巯基转移酶（thiol transferase）的半胱氨酸残基结合而抑制其活性，导致氧化损伤。在印度芥菜（*Brassica juncea*）中，Cd 使 *β*-碳酸酐酶（beta carbonic anhydrase）的活性降低，导致光呼吸加强，光氧化加剧。Cd 处理也能够破坏与稳定蛋白三级结构有关的相互作用，使得蛋白丧失其应有的功能。蛋白功能丧失的后果就是蛋白聚集(protein aggregation)。因此重金属离子干扰蛋白折叠过程，促使新生蛋白或非天然蛋白聚集，会严重影响细胞蛋白稳态平衡，导致内质网胁迫和细胞活力下降。为了防止蛋白聚集及使蛋白重新折叠，细胞启动不同的蛋白质量控制系统对蛋白稳态进行精细调控。热激蛋白是该系统中的重要成员，它们在细胞遭受胁迫时优先表达，在维持细胞蛋白的正常功能中发挥重要作用。反之，受到损伤无法正常折叠的蛋白则通过泛素-蛋白酶体系统(ubiquitin-proteasome system，UPS)降解。该过程被称为 ER 相关蛋白质降解(ER-associated protein degradation，ERAD)途径。另外，受损伤的蛋白也可通过自噬(autophagy)过程最大程度地将无法折叠的蛋白量降到最低(Roth et al.，2006；Vierstra，2009；Hossain and Komatsu，2012；Hasan et al.，2017)。

## (三)营养胁迫

重金属与营养元素复杂的相互作用关系间接影响植物的生长发育。重金属进入土壤后除了本身可能产生毒性，还通过与其他矿质营养元素间的拮抗或协同作用导致植物矿质营养元素的稳态失衡，进而引起植物体内它们参与的代谢和物质组成过程的失调，对植物产生伤害。短期实验表明，Pb 胁迫明显抑制豌豆幼苗对 Zn、Mn、Fe 的吸收。Cd处理的小麦幼苗，其茎、叶中累积的 Cd 含量增加，但 Fe、Mg、Ca 和 K 等营养元素的含量下降。随着环境中 Zn 浓度的增加，植物体内的 Ca、Mg 等离子含量却减少。研究也发现，重金属胁迫可抑制植物对 Mg、Fe 的吸收，使叶绿素合成减少，光合作用能力相应下降。N、P 和 K 是植物必需的大量营养元素，在植物体内蛋白质、核酸等生物大分子的合成和代谢过程中发挥重要功能。体内 N、P 和 K 的缺乏会导致体内物质组成和代谢的紊乱，从而抑制植物生长发育。重金属胁迫能够引起植物对 N、P 和 K 等元素吸收和再运输效率的下降，从而导致它们参与的体内代谢过程的异常。重金属处理造成的营养胁迫效应与重金属种类及其浓度，以及不同的植物种类等均有关。重金属对营养元素的影响机制有两方面：一方面，介质中较高浓度的重金属能够引起植物对营养元素的吸收和转运能力的下降；另一方面，重金属的胁迫能引起植物根系生物膜脂质的过氧化作用，导致膜透性增加，小分子物质外泄能力增加(Gallego et al.，2012；陈久耿和晁代印，2014)。

## 二、氧化胁迫

氧气是植物生命活动中必不可少的物质之一，它参与新陈代谢、线粒体的呼吸和氧化磷酸化，产生能量 ATP，是植物生命存在的基础物质之一。然而氧气在参与新陈代谢的过程中会被活化产生活性氧(reactive oxygen species，ROS)，包括单线态氧($^1O_2$)、超氧阴离子自由基($O_2^-\cdot$)、过氧化氢($H_2O_2$)、羟自由基($\cdot OH$)等。ROS 的来源主要有以下两方面：①来源于 $O_2$ 参与的生化反应的副反应。例如，电子传递链可以产生副产物超氧化物阴离子。复合物Ⅲ中的辅酶 Q 在被还原的过程中会变成高活性的自由基中间体(半醌自由基)。这种不稳定的中间体会发生电子的"泄漏"(丢失电子)。"泄漏"的电子跳出正常的电子传递链，直接将氧分子还原生成超氧阴离子。②来源于金属离子参与的

Fenton 反应。一些重金属如 Fe、Cu、Cr、V 和 Co 等元素本身具有氧化还原活性，在细胞中参与氧化还原反应。因此，它们通过 Fenton 反应（如 $H_2O_2+Fe^{2+}\longrightarrow Fe^{3+}+OH^-+\cdot OH$）参加·OH 的形成，进而参与非特异性脂质过氧化（lipid peroxidation）过程。在正常生长过程中，植物细胞产生的 ROS 能够被有效清除，从而保持低水平的 ROS。然而，当植物遭受包括重金属等的胁迫时，细胞内产生过量的 ROS，造成氧化胁迫，从而导致膜脂过氧化、蛋白质变性及 DNA 和 RNA 的损伤等（Sharma and Dietz，2009；Gallego et al.，2012；Chmielowska-Bak et al.，2014）。

　　ROS 对植物细胞的损伤作用主要包括以下几方面。①脂类的过氧化：多不饱和脂类对 ROS 很敏感，在过氧化时，羟自由基与单线态氧可与亚甲基反应，形成二烷基、脂过氧化物自由基、氢过氧化物等。过氧化物自由基可从另外的不饱和脂肪酸夺取 H，引发一个链式的过氧化反应。②膜脂的过氧化：膜脂的过氧化会导致膜结构和功能的破坏。丙二醛是脂类过氧化的产物之一，常用于测定过氧化反应。乙烷、戊烷、乙烯等烃类也会释放出来，也可用于过氧化测定。③氧化形成的醛的效应：脂类过氧化形成的醛可与蛋白质结合并使其失活。④羟自由基的效应：羟自由基可使蛋白质变性，与 DNA 碱基发生反应从而引起基因突变。⑤氢过氧化物的效应：氢过氧化物可使酶（特别是 Calvin 循环中的一些光激活的酶）失活，并可使有氧酸脱羧。通常植物对重金属的敏感性与其受到重金属胁迫时遭受的氧化胁迫程度相关。如 Cu 抗性较强的杜氏藻（*Dunaliella tertiolecta*）的脂质过氧化程度明显低于敏感的杜氏藻（*D. salina*）。与 As 敏感蕨类植物 *Pteris ensiformis* 和 *Nephrolepis exaltata* 相比，As 超富集植物蜈蚣草（*Pteris vittata*）在 As 处理下的脂质过氧化程度较低。可见，氧化胁迫伤害是植物重金属毒害的重要机制之一（张金彪和黄维南，2000；刘小兰等，2003；Sharma and Dietz，2009；张梦如等，2014）。

　　当然 ROS 也可以作为植物受到伤害的信号转导分子而起作用。例如，当植物受到重金属胁迫时，其内源 $H_2O_2$ 含量会迅速升高，$H_2O_2$ 可作为第二信使，调控植物体内的抗氧化系统活性，以抵御重金属胁迫（Suzuki et al.，2011；Chmielowska-Bak et al.，2014；Cuypers et al.，2016）。外源施加 $H_2O_2$（$0.1\sim0.5\text{mmol/L}$）时，可诱导植物体内的抗氧化系统活性发生变化。现在通常认为：在重金属胁迫的早期，ROS 是作为信号转导分子在起作用，且该信号分子受 $Ca^{2+}$-CaM 的调控。

## 三、遗传毒性

　　重金属胁迫除能造成 DNA 损伤，染色体改变，DNA 单、双链断裂外，还能明显提高基因突变的概率，增加细胞中微核的水平。因此重金属对植物的遗传毒害作用引起人们的极大关注。

### （一）重金属离子可以与 DNA 发生配位作用

　　配位作用是金属离子与 DNA 间最常见的相互作用模式。重金属离子如 $Cd^{2+}$、$Cu^{2+}$、$Pb^{2+}$、$Zn^{2+}$ 等还具有与 DNA 磷酸基团的氧原子配位结合的能力，这些配合物呈现离子性而非共价性的特性。这种结合可能破坏 DNA 单、双链结构，使 DNA 双螺旋结构变得不稳定，甚至会导致 DNA 链断裂、染色体畸变等。

### （二）重金属引发 DNA 甲基化异常

DNA 甲基化（DNA methylation）是广泛存在于真核生物活体细胞基因组的最常见的一种 DNA 共价修饰形式。它是利用甲基转移酶的催化作用，将 S-腺苷甲硫氨酸的甲基转移到 DNA 嘧啶或嘌呤环特定位置而完成的。DNA 甲基化修饰过程中，DNA 的甲基化并不改变基因的碱基序列，而是通过影响基因的表达以改变其功能。DNA 甲基化决定着染色体的结构，DNA 低甲基化可使染色质凝聚发生障碍，干扰中期染色体的分离，促使染色体不稳定，使染色体断裂、易位和丢失。运用扩增片段长度多态性（amplified fragment length polymorphism，AFLP）和甲基敏感扩增片段多态性（methylation sensitive amplification polymorphism，MSAP）的方法研究发现，Al 胁迫诱导玉米 DNA 甲基化的程度发生改变。重金属处理小麦和水稻后也发现地上部叶片和幼穗中的 5-甲基胞嘧啶（5mC）含量增高，引起叶和穗 DNA 高甲基化，暗示重金属胁迫诱导的 DNA 甲基化程度改变可能影响基因表达调控和染色体结构重组等，继而产生遗传毒性（常学秀和王焕校，1999；葛才林等，2002）。

### （三）重金属诱导 DNA 链断裂

DNA 骨架由脱氧核糖经磷酸二酯键连接起来，外源化合物可通过改变脱氧核糖或磷酸二酯键而导致 DNA 链断裂，DNA 链断裂可分为单链断裂（single-strand breakage，SSB）和双链断裂（double-strand breakage，DSB）。目前研究认为，DNA 断链损伤由活性氧引起。活性氧自由基可以攻击 DNA 分子中的核糖环，引起糖-磷酸骨架的断裂。DNA 链断裂可能造成部分碱基的缺失，导致基因突变。随机扩增多态性 DNA（random amplified polymorphic DNA，RAPD）和彗星分析（comet assay）技术可用来检测生物的 DNA 断裂等 DNA 损伤。研究发现，重金属胁迫会引起很多植物 RAPD 图谱发生变化，说明重金属处理对植物 DNA 造成一定的损伤。一些实验结果也显示，重金属 Cu、Cd、Pb 和 Hg 对拟南芥、谷子幼苗、黑藻和金鱼藻等植物的胁迫都可使其基因组 DNA 的 RAPD 图谱发生明显的变化。彗星实验研究表明，Cd 能够引起蚕豆叶片 DNA 损伤，但是不同 Cd 浓度引起 DNA 损伤的种类不同：5mg/L Cd 主要引起单链 DNA 损伤和碱性不稳定位点的形成；10mg/L Cd 处理时可以检测到 DNA 双链断裂；20mg/L Cd 处理时，各种类型的 DNA 损伤均明显增加，且 DNA 双链断裂尤其明显（张旭红等，2006；郭丹蒂和丁国华，2014）。

## 第三节　植物对重金属胁迫的耐性机制

重金属 Cd 对植物的细胞结构及其生理代谢活动产生一定的伤害，但是，植物在长期对环境的适应过程中，也会产生相应的防御机制。

# 一、抗氧化系统对重金属氧化胁迫的反馈调节

环境胁迫如重金属胁迫等都会影响植物生长代谢，使植物体内发生一系列生理生化反应，同时植物细胞代谢过程不协调可导致活性氧（ROS）作为副产物大量生成。如果不被及时清除，ROS 将会对植物细胞造成严重的伤害。植物为保证其正常的代谢机能，本身对活性氧的氧化伤害具有相应的适应和抵御能力，表现在其体内存在着一套精细而又复杂的抗氧化系统，负责对活性氧的抵御和清除。抗氧化系统参与植物逆境响应代谢途径，通过改变酶活性水平及基因转录水平，降低植物体内 ROS 含量，从而保护植物不受氧化胁迫的危害，使其得以在逆境中存活。抗氧化系统包括酶促清除系统（抗氧化酶）和非酶促清除系统（抗氧化剂）两大类。

## （一）酶促清除系统——抗氧化酶类

酶促清除系统主是由抗氧化酶组成的，包括清除超氧自由基的超氧化物歧化酶（superoxide dismutase，SOD）和清除过氧化氢等过氧化物的过氧化物酶（peroxidase，POD）等。

1. 超氧化物歧化酶（SOD）

SOD 是生物体内特异清除超氧阴离子自由基的酶，在抗氧化酶系统中处于核心地位。SOD 可以催化两个 $O_2^-\cdot$ 发生歧化反应，生成 $H_2O_2$ 和 $O_2$。$H_2O_2$ 虽然是一种比 $O_2^-\cdot$ 毒性低的活性氧，但在 $O_2^-\cdot$ 存在条件下 $H_2O_2$ 会生成毒性非常强的 $\cdot OH$。SOD 是一种含金属酶，根据金属辅因子的不同，植物体内的 SOD 可分为 Cu/Zn-SOD、Fe-SOD 和 Mn-SOD 三种类型。低等植物以 Fe-SOD 和 Mn-SOD 为主，高等植物以 Cu/Zn-SOD 为主。SOD 主要存在于细胞溶质中（以 Cu/Zn-SOD 为主），其次分布在线粒体中（以 Mn-SOD 为主），Fe-SOD 主要分布于叶绿体的基质中，少量存在于膜间介质中。三种类型的 SOD 酶都由核基因编码，首先线粒体 Mn-SOD 前体或叶绿体 Cu/Zn-SOD 前体均在细胞质中合成，然后在线粒体或叶绿体前导肽的作用下，分别将其运输到线粒体或叶绿体中发挥功能。Cu/Zn-SOD 主要位于靠近液泡、细胞核、质外体的细胞质区。当重金属胁迫导致活性氧形成增加时，SOD 的表达量和活性也增加（窦俊辉等，2010）。

SOD 的活性受到细胞的氧化还原状态的调控。在低浓度重金属胁迫下，植物体内所具有的 ROS 清除酶系统和具抗性特征的生理活动被诱导，SOD 在此诱导下，其表达量和活性逐渐增加，用以清除重金属胁迫导致植物体内产生的过多的 $O_2^-\cdot$，但随着重金属浓度的增加，当植物体内的 $O_2^-\cdot$ 浓度超过了 SOD 的歧化能力并对组织细胞多种功能膜及酶系统造成破坏时，则可导致 SOD 活性下降。刺苦草（*Vallisneria spinulosa*）在较高浓度 Pb 胁迫下或者经过 Pb 长期处理后，其 SOD 的活性均明显下降，但低浓度下则可增强其活性（Sharma and Dietz，2009）。

2. 过氧化物酶（POD）

POD 是植物中广泛存在的一类活性物质，其功能主要是催化 $H_2O_2$ 及其他过氧化物对

各种有机物和无机物的氧化作用。植物中主要有 3 类过氧化物酶，即过氧化氢酶(catalase，CAT)、谷胱甘肽过氧化物酶(glutathione peroxidase，GPX)和抗坏血酸过氧化物酶(ascorbate peroxidase，APX)。

### 3. 过氧化氢酶(CAT)

CAT 又称触酶，为含血红素酶，主要存在于植物细胞的过氧化物酶体和乙醛酸循环体中，可直接将 $H_2O_2$ 分解为 $H_2O$ 和 $O_2$，其功能主要是清除光呼吸过程或脂肪酸 β-氧化反应形成的 $H_2O_2$。但是由于 CAT 与 $H_2O_2$ 的亲和力较弱，因此 CAT 在清除逆境胁迫产生的 $H_2O_2$ 时有一定局限性。CAT 作用于 $H_2O_2$ 的机制实质上是 $H_2O_2$ 的歧化，必须有两个 $H_2O_2$ 先后与 CAT 相遇且碰撞在活性中心上，才能发生反应。$H_2O_2$ 浓度越高，$H_2O_2$ 分解速度越快。CAT 按照催化中心结构差异可分为两类：一类为含 Fe 卟啉结构的 CAT，又称铁卟啉酶(Fe-CAT)，另一类为含 Mn 卟啉结构的 CAT，即以 Mn 离子代替 Fe 离子，又称 Mn 过氧化氢酶(Mn-CAT)。CAT 由多基因编码，存在多个同系物，可分为三类：CAT1、CAT2 和 CAT3。CAT1 主要清除光呼吸过程中产生的 $H_2O_2$，存在于光合作用组织中；CAT2 受 UV-B、病原物和臭氧诱导，在植物抗逆中起重要作用，主要存在于维管组织中；CAT3 主要清除乙醛酸循环体中脂肪酸 β-氧化产生的 $H_2O_2$，在种子内表达最强 (Sharma and Dietz，2009；Cuypers et al.，2016)。

重金属胁迫会影响 CAT 的活性。如重金属 Pb 处理会抑制 CAT 的活性，说明 Pb 胁迫下 CAT 缓解 $H_2O_2$ 毒害的能力降低，植物细胞膜脂质过氧化过程中活性基团的产生增加。在以紫萍(*Spirodela polyrrhiza*)为材料的研究中发现，Pb 处理对 CAT 活性有明显的抑制作用，而 Fe、Ni、Hg、Cr 对 CAT 活性均有不同程度的刺激效应。对蚕豆(*Vicia faba*)根系亚细胞水平 CAT 含量的研究表明，0.5mmol/L 和 1mmol/L 的 $Pb(NO_3)_2$ 处理均增加了 CAT 的活性。植物体内的 CAT 对 Pb 表现出来的不同生态效应，是植物在逆境因子作用下，通过自身的酶合成机制，对重金属做出的保护性反应。

### 4. 谷胱甘肽过氧化物酶(GPX)

GPX 是一种含巯基的过氧化物酶，可以清除机体内的 $H_2O_2$、有机氢过氧化物及脂质过氧化物，阻断 ROS 对机体的损伤。人们对 GPX 的认识及对功能机制的研究，最早从动物开始。根据氨基酸序列、底物特异性及组织定位，将哺乳动物 GPX 分为 8 类，即 GPX1~8。其中 GPX1~3、GPX5 和 GPX6 是同源四聚体；GPX4、GPX7 和 GPX8 是单体。GPX1~4 的活性位点含硒代半胱氨酸(SeCys)残基，GPX5~8 的催化活性位点由 Cys 残基替代 SeCys 残基。哺乳动物中的 GPX 利用谷胱甘肽(GSH)为电子供体还原 $H_2O_2$ 及有机氢过氧化物等过氧化物，GPX 名称由此而来。关于植物 GPX 的研究起步较晚，不过其目前已在烟草、拟南芥、水稻、番茄、柑橘、菠菜、盐芥等多种植物中得到分离和鉴定(乔新荣和张继英，2016)。

植物 GPX 与动物 GPX4 氨基酸序列高度同源，而与 GPX1~4 不同的是，植物 GPX 的催化活性位点含 Cys 残基，而不含 SeCys 残基，另外植物 GPX 的底物为硫氧还蛋白 (thioredoxin，Trx)或具有 CXXC 基序的蛋白，而非 GSH。模式植物拟南芥 GPX 家族有 8 个成员，其氨基酸数量为 169~236，其中 AtGPX1 和 AtGPX7 定位于叶绿体，AtGPX3

定位于胞质，AtGPX8 位于胞质和细胞核中，但大部分位于胞质中。Gaber 等（2012）利用 *AtGPX8* 的超表达株系和基因敲除突变体材料，通过百草枯胁迫处理，证明 *AtGPX8* 参与胁迫耐性，并具有清除 ROS 和阻止 DNA 损伤的作用。将小麦的两个定位于叶绿体的 *GPX* 基因转入拟南芥超表达后，转基因植株表现出对盐、$H_2O_2$ 和 ABA 胁迫的强耐性。在冷胁迫下，超表达番茄 *GPX* 转基因植株表现出较高的光合速率和果糖-1,6-焦磷酸活性，且对非生物胁迫（机械刺激）的耐性也增强。超表达烟草 *GPX* 基因后，其转基因烟草增强了 ROS 清除能力，细胞膜损伤缓解，也增强了耐盐性和耐冷性。在烟草的细胞质或叶绿体中超表达衣藻（*Chlamydomonas*）*GPX* 后，转基因株系都表现出较高的光合能力，抑制了脂质氢过氧化物的产生，增强了对盐、冷等胁迫的耐受性（Sharma and Dietz，2009；乔新荣和张继英，2016；Cuypers et al.，2016）。

5. 抗坏血酸过氧化物酶（APX）

APX 是由卟啉与肽链构成的血红蛋白。APX 和谷胱甘肽还原酶（glutathione reducase，GR）是抗坏血酸-谷胱甘肽（AsA-GSH）循环（也称 Halliwell-AsAda 循环）过程中必不可少的组成部分，主要是用于清除叶绿体和其他细胞器中所产生的 $H_2O_2$ 及催化抗坏血酸（AsA）氧化的关键酶。APX 与 CAT 的不同之处在于，APX 与 $H_2O_2$ 的亲和力较强，但需要以 AsA 作为底物。根据亚细胞定位的不同，将 APX 分为细胞质 APX（cAPX）、类囊体 APX（tAPX）、微体膜 APX（mAPX）和叶绿体基质可溶 APX（sAPK）。拟南芥 APX 家族有 8 个成员，其中有 3 个蛋白质定位于细胞质（APX1、APX2 和 APX6），2 个定位于叶绿体（存在于叶绿体基质的 sAPX 和结合在类囊体膜上的 tAPX），还有 3 个存在于过氧化物酶体（APX3、APX4 和 APX5）。水稻 APX 家族也有 8 个成员，分别定位于细胞质（2 个）、过氧化物酶体（2 个）、叶绿体（3 个）和线粒体（1 个）中（李泽琴等，2013；林源秀等，2013；丁顺华等，2016）。

APX 利用还原型 AsA 作为电子供体，清除细胞内过量的 $H_2O_2$。研究表明，所有 APX 中，cAPX 对环境的变化最敏感。在臭氧、$SO_2$、Cu、百草枯、热激、强光等逆境条件下，*cAPX* 基因在转录水平的表达均明显增强，而叶绿体 *APX* 基因则不同，在外界条件刺激下，其转录水平的表达变化不大。例如，拟南芥 *tAPX* 基因的过量表达使得转基因植株对除草剂百草枯诱导的氧化胁迫和氧化氮诱导的细胞死亡的抗性增强。对玉米愈伤组织的研究表明，Pb 处理导致多胺物质和丙二醛含量的增加，氧化损伤增强，同时抗氧化酶 APX 和 GR 的活性明显增强。将该愈伤组织经过 6 个月的缺 Pb 培养后发现，其抗氧化酶活性仍然保持在较高水平，说明经过 Pb 处理后，细胞中 APX 和 GR 的活性被诱导表达，且这种特性具有一定的遗传性。另外，Pb 胁迫水稻中 APX 的活性也明显增加，有助于 Pb 处理后水稻中 $H_2O_2$ 的清除（Sharma and Dietz，2009；李泽琴等，2013；Cuypers et al.，2016）。

（二）非酶促清除系统——抗氧化剂类

非酶促清除系统主要指抗坏血酸（ascorbic acid，AsA）与类胡萝卜素（carotenoid，Car）及一些含巯基的低分子化合物，如还原型谷胱甘肽等，它们通过多条途径直接或间接地猝灭 ROS。

## 1. 抗坏血酸（AsA）

AsA 是植物中广泛存在的一种水溶性抗氧化有机小分子。AsA 有 L-型和 D-型两种异构体，其中 L-型异构体即维生素 C，能够治疗坏血酸病，D-型异构体无治疗坏血酸病的作用，但两者均具有抗氧化功能。AsA 广泛存在于植物细胞的细胞质、液泡、叶绿体、线粒体和细胞壁等结构中，其中叶绿体中的 AsA 的浓度可达到 20mmol/L。AsA 不仅是 AsA-GSH 循环中 APX 的底物，还可以作为抗氧化剂直接清除 ROS。AsA 可还原 $O_2^-\cdot$，清除 $\cdot OH$，猝灭 $^1O_2$，歧化 $H_2O_2$，还可再生生育酚。由于 AsA 有多种抗氧化功能，有人认为 AsA 水平的降低可作为植物抗氧化能力总体衰退的指标（Gallego et al.，2012；俞乐等，2016；Cuypers et al.，2016）。

植物中的 AsA 含量与抗逆性呈正相关，提高 AsA 含量或促进氧化态 AsA 的还原都能增强植物的抗逆性。拟南芥 vtc-1 突变株中的 AsA 含量只有野生型的 30%，对臭氧非常敏感，且在盐胁迫下 $H_2O_2$ 积累则明显高于野生型。植物在重金属盐和干旱等逆境中，体内的 AsA 含量会暂时增加，说明逆境对其 AsA 的水平起调控作用。在 Pb 和 Cd 轻度污染条件下，莲藕（Nelumbo nucifera）膨大茎中的 AsA 含量显著升高，后又逐渐下降；而在 Pb 和 Cd 重度污染条件下，其 AsA 含量则显著低于对照。另外，外源 AsA 对逆境条件下植物所遭受的 ROS 胁迫有一定的缓解作用。例如，外源 AsA 处理逆境胁迫下的植株幼苗，幼苗细胞内 SOD 和 POD 的活性升高，GSH 和 AsA 的含量增加，MDA 含量和膜透性增加的幅度减小（石永春等，2015；Cuypers et al.，2016）。

## 2. 谷胱甘肽（GSH）

GSH 是由 $\gamma$-谷氨酸与半胱氨酸及甘氨酸组成的三肽（$\gamma$-Glu-Cys-Gly），是植物体内普遍存在的低分子量巯基化合物，对清除 ROS 和外源性有害物质及其代谢产物有重要作用。首先，GSH 作为 GR 的底物通过 AsA-GSH 途径清除 $H_2O_2$。其次，GSH 可以直接参与 ROS 清除反应，不需要酶的催化作用。GSH 还原 ROS，自身被氧化成 GSSG，而 GSSG 又可以被 GR 还原成 GSH。这样，通过细胞内 GSH 和 GSSG 的相互转化，使 ROS 维持在安全水平，保证细胞不受 ROS 的侵害。

对重金属胁迫而言，GSH 除能缓解 ROS 的毒害作用外，还可以通过另外两种方式解除重金属离子对细胞的毒害作用。首先，GSH 对金属离子具有较强亲和力，能与进入植物细胞内的有毒重金属离子及化合物相结合，形成无毒化合物。$Cd-S_4$ 复合物使细胞内重金属离子含量降低，从而起到解除重金属离子对细胞毒害的作用。在植物中，GSH 可作为硫贮藏和转运的重要物质。在 GSH-S 转移酶的作用下，GSH 可与有毒物质结合，因而 GSH 可被用作脱毒剂；植物受到重金属损伤后，GSH-S 转移酶与脂类过氧化物结合，从而利用 GSH 氧化一些过氧化物，减少 $\cdot OH$ 的形成，因而 GSH 被看作抗氧化剂。其次，GSH 是金属螯合肽合成的基础物质，其含量的增加可以提高细胞内金属螯合肽的含量。通过金属螯合肽清除细胞内游离的重金属离子，从而起到解毒作用。

植物体 GSH 含量的高低直接关系到其对重金属离子毒害的解除效果，而适量的外源 GSH 处理有助于缓解重金属离子对植物的毒害作用。用 50mg/L 和 100mg/L 的外源 GSH 处理水稻种子，有助于缓解种子萌发过程中的 Cu 毒害作用。大豆（Glycine max）种子经过 GSH 处理后其发芽率、发芽指数、活力指数、幼根长度均显著提高。GSH 处理可以促进 Cd 胁迫的青菜（*Brassica chinensis*）和大白菜（*B. pekinensis*）的根系伸长，并使叶绿素含量提高，保护酶 SOD、POD 和 CAT 的活性增强，MDA 含量降低（Gallego et al.，2012；Cuypers et al.，2016）。

3. 类胡萝卜素（Car）

在所有的 $^1O_2$ 猝灭系统中，类胡萝卜素具有最重要的生物学意义。类胡萝卜素共有 $\alpha$-胡萝卜素、$\beta$-胡萝卜素与叶黄素三种形式，以 $\beta$-胡萝卜素含量最高。$\beta$-胡萝卜素是一种有效的 $^1O_2$ 猝灭剂，它可直接猝灭 $^1O_2$ 或通过猝灭三线态叶绿素（$^3Chl$）阻止 $^1O_2$ 的形成，从而保护叶绿素免受活性氧伤害，消除 $^1O_2$ 对光合作用结构的破坏。但 $\beta$-胡萝卜素的抗氧化作用受氧浓度的影响，低氧压下有良好的抗氧化作用，高氧压下，它会转化成自由基的形式加速氧化进程。类胡萝卜素主要通过以下机制起到抗氧化剂保护作用：一是与膜脂过氧化产物反应终止过氧化反应；二是通过与单线态氧反应降低其毒性；三是通过与基态或激发态叶绿素分子反应，防止单线态氧的形成；四是通过参与叶黄素循环防止过多的 ROS 产生。类胡萝卜素在吸收光能方面也起重要作用。此外，类胡萝卜素还能够提高生育酚捕获过氧化自由基的能力（Gallego et al.，2012）。

4. $\alpha$-生育酚（$\alpha$-tocopherol）

$\alpha$-生育酚，又称维生素 E，是膜中的亲脂分子，在叶绿体类囊体膜中很丰富。$\alpha$-生育酚能够以自我分解方式清除单线态氧（$^1O_2$）及超氧化·OH，终止脂质过氧化过程中的链式反应。其本身可通过与 AsA 或 GSH 反应而再生。因此，$\alpha$-生育酚也是一种重要的抗氧化剂。在 Cu 或 Cd 处理 7d 的拟南芥叶片中积累生育酚，同时在 Cd 处理下 4-羟苯丙酮酸双加氧酶（4-hydroxyphenylpyruvatedioxygenase，HPPD）（与生育酚的生物合成有关）在转录水平和蛋白水平均有持续增加。有研究显示，$\alpha$-生育酚在拟南芥 Cd 诱导的氧化胁迫抗性反应中具有重要功能（Lavid et al.，2001；Gallego et al.，2012）。

此外，脯氨酸、二甲基亚砜、苯甲酸、异丙醇、硫脲与尿素可直接清除·OH，次生代谢物质多酚、单宁与黄酮类物质可直接清除 $O_2^-·$，没食子酸丙酯清除 $O_2^-·$ 的能力与 SOD 很接近。一些渗透调节物质如甜菜碱与甘露醇等同样具有清除 ROS 的能力。

## 二、配位体对重金属的络合作用

植物耐金属毒害的最主要和最普遍的机制是通过诱导金属配位体的合成，形成金属配位体复合物，并在器官、细胞和亚细胞水平呈区域化分布。植物体内存在多种金属配位体，主要包括金属硫蛋白、植物络合素、有机酸和氨基酸等。重金属主要分布在元素周期表的 B 族和边界元素。其中 B 族金属，如 Hg、Pb、Cu（Ⅰ）寻找生物系统中的 S、N 中心，并可能与其不可逆结合；边界金属如 Cu（Ⅱ）、Cd、Ni、Zn 与含 S、N、O 物质形成稳定复合物。金属配位体与金属离子配位结合后，细胞内的金属即以非活性态存在，或形成金属配位体复合物后转运进入液泡中，从而降低细胞质中游离金属离子的浓度。因此金属配位体参与植物对金属的吸收、运输、积累和解毒过程。

## （一）金属硫蛋白（metallothionein，MT）

MT 是一类低分子量(1～14kDa)、高 Cys 含量、具有金属结合能力的蛋白。其具有独特的氨基酸排列顺序，即 MT 的 N 端和 C 端具有两个富含 Cys 的金属结合结构域，其中的 Cys 以一定的方式排列。植物 MT 富含 Cys 的结构域常含有 15～20 个氨基酸残基，被长 30～45 个残基的间隔区(spacer)分开，间隔区缺乏 Cys。根据推测的植物 MT 蛋白中 Cys 残基的位置及排列方式，可将植物 MT 分为 4 种类型。Type 1 MT 中含有多个 Cys-Xaa-Cys 基序；Type 2 MT 除含有 Cys-Xaa-Cys 基序外，羧基端还含有 Cys-Cy 和 Cys-Xaa-Xaa-Cys 基序；Type 3 MT 中 N 端的结构域中仅有 4 个 Cys 残基，C 端至少有 6 个 Cys 残基；Type 4 MT 含有 3 个明显的富含 Cys 残基的结构域，如 Ec 蛋白和玉米中已克隆的基因所预测的 MT。对拟南芥中 MT1、MT2、MT3 三种蛋白进行研究后发现，每一个蛋白分子分别平均结合 8.4 个、7.3 个、5.5 个 $Cu^{2+}$。Tommey 等将豌豆 $PsMT_A$ 在大肠杆菌中进行了表达，发现 GST-$PsMT_A$ 融合蛋白和 $Zn^{2+}$、$Cd^{2+}$、$Cu^{2+}$ 的结合比例分别是 1∶4.27、1∶4.10、1∶3.53。Cu、Cd、Pb 和 Zn 能够强烈诱导 MT 基因的表达。例如，在 Cd、Cu、Pb 或 Zn 处理非超富集植物拟南芥后，其根中 *MT1a*、*MT1b* 和 *MT2a* 的表达显著增强。在拟南芥中过表达油菜(*Brassica campestris*)*BcMT1* 和 *BcMT2* 后转基因植株抵抗 Cd 和 Cu 胁迫的能力增强，且转基因植株比野生型积累较低水平的活性氧(ROS)，说明 MT 在保护植物免受氧化胁迫伤害中也有作用。在拟南芥中过表达大蒜(*Allium sativum*)*AsMT2b* 或芋头(*Colocasia esculenta*)*CeMT2b* 均能够增强 Cd 抗性和促进 Cd 积累。因此，当植物体内某种金属离子含量过高时，金属硫蛋白可以结合非必需金属、微量必需金属，从而解除重金属的毒性，转运必需微量元素，作为必需微量金属贮存库，调节必需微量金属在细胞内水平，起着一种生理调节作用(Guo et al.，2003；Zhang et al.，2006；Lv et al.，2013；Anjum et al.，2015)。

## （二）植物络合素（phytochelatin，PC）

PC 是植物体内一类重要的非蛋白质形态的富 Cys 的寡肽，由半胱氨酸、谷氨酸和甘氨酸组成。其一级结构为 $(\gamma\text{-Glu-Cys})_n\text{-X}$，n=2～11，X 为不同的 C 端氨基酸，可以为 Gly、Glu、Ser 和 Ala 等。植物体内产生的 PC 种类与物种和重金属离子的种类有关。PC 是以 GSH 为底物，在植物络合素合酶(phytochelatin synthase，PCS)的催化下生成的。当植物摄入过量重金属时，PC 可与金属离子络合形成毒性较小的化合物，降低细胞内重金属离子的浓度，从而减轻重金属对植物的毒害作用，增强植物抵抗重金属胁迫的能力。据报道，在十多种高等植物中,PC 能结合所吸收的 90% 的 Cd。Verkleij 和 Koevvoets(1990)也报道，根系所吸收的 Cd 至少有 60% 是以 PC 结合物形式存在的。PC 与 Cd 螯合后形成无毒的化合物(Cd-$S_4$ 复合物)，降低胞内游离 Cd 浓度，防止金属敏感酶变性失活，进而减轻 Cd 对植物的毒害效应。重金属与 PC 形成的复合物的性质是不均一的，根据含 Cd 复合物在凝胶过滤中迁移率的差异，可将它们大致分为低分子量(low molecular weight，LMW)和高分子量(high molecular weight，HMW)两种类型。HMW 复合物和 LMW 复合物均为可溶性的，前者主要存在于液泡中，后者主要存在于细胞质中，而植物中的 Cd

主要以 HMW 复合物的形式存在于液泡中。据此 Ortiz 等（1995）提出了 Cd 复合物的累积及转移机制：细胞质中合成的 PC 与 Cd 先结合成 LMW 复合物，然后通过液泡膜进入液泡，进而与其中的 Cd 和硫化物形成 HMW 复合物；通过液泡膜上的 ABC 型（ATP-binding cassette type）转运蛋白或有机溶质转运蛋白把 PC 前体、LMW 复合物和富含硫的 HMW 复合物运入液泡中进行重金属解毒。研究表明，ABC 型转运蛋白 HMT1 的大量表达可提高液泡中 HMW 复合物的含量和植物抵抗重金属的能力，因而抗重金属能力与 HMW 复合物装配速率呈正相关，而与 PC 的合成速率无一定相关性。LMW 复合物跨膜进入液泡的速率高于 HMW 复合物，推测 LMW 复合物的主要作用是把细胞质中的 Cd 转运到液泡内，而 HMW 复合物主要起聚集重金属（Cd）和解毒作用。因此在细胞质中 Cd 与 PC 形成 PC-Cd 复合物进而被区隔化到液泡中通常被认为是植物重金属解毒的最重要机制（孙涛等，2011；李洋等，2015；Anjum et al.，2015）。

### （三）有机酸

有机酸主要在线粒体中通过三羧酸循环产生，少量产生于乙醛酸循环体，主要贮存在液泡中。有机酸是一类重要的重金属配位体，参与重金属的吸收运输、贮存和解毒等生理代谢过程，但酸的种类因植物种类、金属类型和浓度等因素而异。如 Kersten 等（1980）报道 Ni 超积累植物 *Psychotria douarrei* 体内 80% 的 Ni 以柠檬酸和苹果酸复合物形式存在。Krämer 等（2000）的研究也表明，在非致死的 Ni 供应水平下，Ni 超积累的遏蓝菜属植物 *Thlaspi goesingense* 地上部 Ni 有 28%±7% 被柠檬酸螯合，且主要存在于液泡中。运用核磁共振分析 Al 超积累植物野牡丹（*Melastoma malabathricum*）叶片中 Al 的形态，发现 Al 主要以自由离子和 1∶1、1∶2 及 1∶3 三种 Al-草酸盐复合物存在。除了 1∶3 型 Al-草酸盐复合物，其他形态的 Al 对植物均具有很强的毒害作用，因此它们可能被贮存在液泡中。绣球（*Hydragea macrophylla*）叶片中 80% 的 Al 为可溶态，细胞汁液中 Al 浓度高达 13.7μmol/L，核磁共振分析表明，Al 以 Al-柠檬酸（1∶1）复合物形态存在（傅晓萍等，2010；Anjum et al.，2015）。

### （四）区隔化分配

区隔化作用是通过把重金属运输到一些代谢活性不强的植物器官或亚细胞区域，从而达到一定的解毒目的，是一种有效的重金属解毒途径。

#### 1. 细胞壁对重金属离子的沉淀和区室化作用

细胞壁是植物细胞特有的结构之一，也是金属离子通过细胞膜进入细胞的第一道屏障。细胞壁中纤维素、半纤维素、木质素和果胶等大分子物质提供各种带负电的配位基团，如羟基、羧基、醛基、氨基和磷酸基等，可以与金属阳离子发生物理和化学反应而将金属离子吸附或固定于细胞壁中，保证细胞的正常生长和发育。Yu 等（2014）将 Cu 结合蛋白 CusF 靶向表达于拟南芥的细胞壁（CusF$_{cw}$）和细胞质（CusF$_{cyto}$）中后发现，无论是在 Cu 过量还是在 Cu 缺乏条件下，*CusF$_{cw}$* 转基因植株的抗性均强于 *CusF$_{cyto}$*，可见细胞壁能够充当 Cu 离子缓冲系统在 Cu 稳态平衡中起重要作用。Nishizono 等（1987）发现，禾杆蹄盖蕨(*Athyrium yokoscense*)70%～90%的 Cu、Zn 和 Cd 积累于细胞壁中。Peng 等(2005)用透射电镜及梯度离心技术研究了 Cu 超积累植物海州香薷(*Elsholtzia splendens*)根系中 Cu 的分布,发现细胞壁是一个高含 Cu 区域,说明细胞壁的积累作用也是海州香薷富集 Cu 的原因之一。Chen 等(2005)对超积累植物蜈蚣草(*Pteris vittata*)细胞内 As 的分布进行了研究,发现当用低浓度 As 处理(<15mg/kg)时,细胞壁在其富集 As 的过程中发挥重要作用,而当用高浓度 As 处理时,细胞壁在其富集 As 过程中的作用不大,说明细胞壁在对重金属离子的富集方面作用是有限的。当外界重金属离子浓度过高时,细胞壁的结合量达到饱和后就难以起到降低金属离子对植物毒性的作用(张旭红等,2008;Verbruggen et al.,2009;段德超等,2014)。

2. 液泡对重金属离子的区室化作用

液泡里含有的各种蛋白质、多糖、有机酸、有机碱等都能与重金属结合而解毒。Wang 等(1991)曾在对烟草液泡中 Cd 的化学状态模拟中发现,液泡内 Cd 与无机磷酸根能形成磷酸盐沉淀,降低了 Cd 的毒性。Rauser 和 Ackerley(1987)在电子显微镜下观察到了 Cd 在植物液泡中的结晶,为植物液泡对重金属元素的区隔化作用提供了直接证据。富集 Zn/Cd 的天蓝遏蓝菜(*Thlaspi caerulescens*)表皮细胞中 Zn 相对含量与细胞长度呈线性相关,显示表皮细胞的液泡化促进了 Zn 的积累(Kupper et al.,1999)。Lasat 等(1998)认为天蓝遏蓝菜能使 Zn 有效地分布在液泡中,从而使液泡成为向地上部分运输的贮存库。陈同斌等(2005)研究发现,蜈蚣草羽片中 As 的主要储存部位是液泡,液泡对 As 明显的区隔化作用可能是蜈蚣草能够解除 As 毒性的重要原因。这些都表明通过液泡将重金属区隔化是植物增强重金属抗性的重要机制(Verbruggen et al.,2009;Zhao and Chu,2011;段德超等,2014;Sharma et al.,2016)。

3. 叶表皮特化结构对重金属离子的区隔化作用

一些重金属超富集植物可以将重金属离子贮存在叶片表皮的表皮毛(trichome)中,从而避免重金属离子对叶肉细胞的直接伤害,例如,重金属 Cd 超富集植物印度芥菜(*Brassica juncea*)中,其叶片表皮毛中的 Cd 含量比叶片组织高 43 倍,其耐 Cd 的主要方式之一就是将 Cd 贮存在叶片表皮毛中。植物也可以将重金属富集在叶表皮腺或吸水细胞中,使得其他组织器官避免受到重金属的伤害。荇菜(*Nymphoides peltata*)叶片远轴端的上表皮具有一种与睡莲的表皮腺体相应的结构,称为吸水细胞。这些细胞含有酚类物质、过氧化物酶和多酚氧化酶。在遭受 Cd 胁迫时,荇菜的吸水细胞中能够积累高水平的 Cd。Cd 的积累可以诱导吸水细胞产生更多的酚,进而增强过氧化物酶和多酚氧化酶的活性。实验也表明,多聚酚能够与 Cd 结合形成晶体。这可能是水生或半水生植物的主要重金属解毒方式。尽管荇菜和睡莲中 Cd 的累积量相似,但由于睡莲细胞中具有较高水平的过氧化物酶活性和多聚酚,因此睡莲耐 Cd 性强于荇菜(Lavid et al.,2001;Verbruggen et al.,2009)。

# 第四节　植物吸收、转运、积累重金属的分子机制

植物根系吸收重金属并将其转移到地上部积累，要经过一系列的生理生化过程，其中主要包括根系吸收重金属离子、重金属离子横向运输及向木质部装载、木质部长距离运输、从木质部卸载到叶片细胞分配。近年来，关于植物吸收与积累重金属的相关基因、转运蛋白的研究取得了一定进展，重金属的跨膜吸收、转运途径逐步被认识和解析。深入研究植物对重金属吸收、转运、积累及忍耐和解毒的物质基础和分子机制，可以揭示超积累植物的耐性与超积累机制，分离克隆超积累相关基因，培育高效的修复植物，为重金属污染土壤的植物修复提供理想材料。

## 一、根系对重金属离子的吸收

重金属在土壤中以多种形式存在，植物对不同化学形态重金属吸收的有效性不同，只有具有生物可给性的重金属才能被植物吸收。根系可吸收的重金属大部分以自由离子态存在，螯合态的重金属离子一般不具备根系吸收的有效性(Nolan et al.，2003)。重金属离子在土壤中的扩散非常缓慢，根系对重金属离子的吸收主要依靠与土壤广泛接触的根毛，根毛是根系吸收重金属最活跃的位点。重金属离子通过离子交换作用被吸附到根毛表面，一方面沿着浓度梯度向根系内部的质外体空间扩散，另一方面经过跨膜转运系统进入原生质体。重金属离子可借助通道蛋白或载体蛋白，在根表皮细胞质膜内超过−200mV 膜电势的强大驱动力下向细胞内转运(Hirsch et al.，1998)。

目前，已经鉴定了一些与重金属离子吸收相关的转运蛋白。Zn 超积累植物天蓝遏蓝菜和鼠耳芥(*Arabidopsis halleri*)对重金属 Zn 的超量吸收归因于一类位于质膜的阳离子转运体 ZIP(zinc-regulated transporter，iron-regulated transporter protein)家族(Assuncão et al.，2001)。在非超积累植物中，*ZIP* 基因受重金属 Zn 的调节，只有在 Zn 供应不足时才能检测到 *ZIP* 基因的表达(Assuncão et al.，2001)；而在超积累植物中，*ZIP* 基因始终保持较高的表达量(Weber et al.，2004)。此外，一些重金属离子可以借助其他金属离子通道转运，但转运效率受底物的特异性和亲和性的影响。天蓝遏蓝菜根系对重金属 Cd 的吸收依赖于 Zn 转运体，Zn 浓度升高将减少 Cd 的吸收，而在一种特殊生态型天蓝遏蓝菜(Ganges)中，根系对 Cd 的吸收不被 Zn 所抑制，可能存在重金属 Cd 的专一转运系统(Zhao et al.，2002)。对于类金属 As，其五价态离子可通过磷酸盐的转运蛋白跨膜运输。As 超积累植物蜈蚣草(*Pteris vittata*)根系细胞质膜中磷酸盐转运蛋白的密度远高于非超积累植物 *Pteris tremula*(Caille et al.，2005)。

## 二、重金属离子在根系中的横向运输及向木质部导管的装载

### (一)根系中重金属离子的横向运输

根系吸收的重金属离子的横向运输受重金属结合态和区隔化的影响。对于非超积累植物，根系吸收的重金属在表皮或皮层细胞的胞液中被螯合或者被区隔在液泡，以减少自由

态重金属离子的数量，降低重金属的毒性，因而限制了重金属的横向转运。而超积累植物通过减少液泡对重金属离子的贮藏和增加液泡中重金属离子的外流，加速了重金属离子跨越表皮和皮层组织向中柱的流入。在 Zn 超积累植物天蓝遏蓝菜和东南景天(*Sedum alfredii*)中，根系中液泡贮藏的重金属离子数量为同属的非超积累植物的 37%，而液泡膜重金属离子的流出速度却是非超积累植物的 2 倍(Lasat et al.，2000；Yang et al.，2006)。

　　根系的内皮层中存在凯氏带，质外体中的重金属离子被其阻挡不能自由扩散，必须跨膜转入共质体途径才能继续向中柱运输(Akhter et al.，2014)。在根系的内皮层中存在重金属离子转运的特定位点。在水稻根系内皮层的外侧质膜上有 Nramp5 转运蛋白的分布，负责将质外体的 Cd 离子转运进入内皮层细胞，再通过共质体途径向中柱鞘运输(Sasaki et al.，2012)。三价砷离子可通过 Si 的转运蛋白跨内皮层运输，在水稻根系内皮层的外侧和内侧质膜上，分布有 Si 的转运体 Lsi1 和 Lsi2，在二者的作用下，三价砷离子被转运进入根系的中柱(Ma et al.，2008)。

### (二)重金属离子向木质部导管的装载

　　重金属离子向木质部导管的装载受木质部薄壁细胞膜转运蛋白的严格调控。超积累植物快速、高效地向地上部转运重金属，依赖于木质部薄壁细胞膜转运蛋白基因的过量表达。HMA(heavy metal transporting ATPase)蛋白家族对 Zn、Cd、Pb 等重金属向木质部导管的装载起重要作用(Mils et al.，2003)。在 Zn/Cd 超积累植物天蓝遏蓝菜和鼠耳芥中，编码二价阳离子转运体的 *HMA4* 基因在根系中过量表达，当暴露在高浓度的 Zn 和 Cd 环境中时，*HMA4* 的表达量上调，而在非超积累植物中，*HMA4* 的表达量却随着 Zn 和 Cd 浓度的升高而降低(Papoyan and Kochian，2004；Talke et al.，2006)。HMA4 蛋白定位于木质部薄壁细胞的质膜上，负责将重金属从根系的共质体装载到木质部导管中。此外，在超积累植物中，*HMA4* 表达量的提高将增强重金属吸收相关 ZIP 家族基因的表达，二者协同驱动重金属向地上部的转运(Hanikenne et al.，2008)。

## 三、重金属向地上部的长距离运输

　　重金属离子进入木质部导管后，在根压和蒸腾拉力作用下，以集流的方式向地上部运输。在木质部导管中，重金属与导管壁上的重金属结合位点、木质部蒸腾流中的小分子配位体、自由水合金属离子及螯合物结合的平衡体系受 pH 的调节。利用 X 射线吸收光谱技术研究重金属的结合形态，在 Zn 超积累植物天蓝遏蓝菜根中，70%的 Zn 分布在原生质，主要与组氨酸络合，而在木质部汁液中 Zn 主要以水合阳离子形态运输，其余是柠檬酸络合态(杨肖娥等，2002)。

## 四、地上部重金属离子的分配

　　根系吸收的重金属经木质部长距离运输在地上部释放。木质部汁液中的重金属经转运蛋白卸载进入茎、叶中的共质体，再经共质体或质外体在细胞组分间分配。一般在组织和细胞水平，重金属在茎和叶中都存在区隔化分布。在组织水平，重金属主要分布在表皮细胞、亚表皮细胞和表皮毛中；在细胞水平，重金属主要分布在质外体和液泡中。

对于重金属超积累植物，地上部对重金属的解毒和分配机制是其超量积累重金属而又避免遭受毒害的基础(Rascio and Navari-lzzo，2011)。超积累植物地上部通过配位体络合来降低重金属离子的化学活性，有机酸等小分子配位体在重金属离子的解毒上发挥重要作用。柠檬酸是 Ni 超积累植物 *Thlaspi goesingense* 叶片中 Ni 的配位体(Krämer et al.，2000)；在 Cd 超积累植物 *Solanum nigrum* 叶片中 Cd 与柠檬酸和乙酸结合(Sun et al.，2006)；在天蓝遏蓝菜和鼠耳芥叶片中，大部分 Zn 与苹果酸形成络合物(Salt et al.，1999；Sarret et al.，2002)。配位体络合不仅可降低重金属离子的生物活性，还可促进重金属离子向液泡的区隔化分配。超积累植物通过将重金属向非代谢活性位点转运来减少细胞液中的重金属数量，进而保证重金属浓度维持在每个细胞器特定的生理范围内。伴矿景天(*Sedum plumbizincicola*)是在我国古老铅锌矿区发现的一种镉锌超富集植物，在伴矿景天超富集重金属 Cd 的过程中，主要定位于地上部茎叶细胞液泡膜上的 $Cd^{2+}$ 特异性转运蛋白 SpHMA3，通过液泡区隔化 $Cd^{2+}$ 实现对幼叶和幼茎细胞中高浓度 Cd 的解毒，从而维持这些新生幼嫩组织正常生长发育。*SpHMA3* 基因的高水平表达对于伴矿景天 $Cd^{2+}$ 高耐性是必需的(Liu et al.，2017)。MTP(metal transport protein)家族成员介导叶片细胞液中二价阳离子向细胞壁和液泡区隔化。MTP1 在超积累植物中过量表达(Hammond et al.，2006)，定位在液泡膜和质膜上，介导重金属 Zn/Ni 向液泡和细胞壁的分配(Persant et al.，2001；Kim et al.，2004；Gustin et al.，2009)。

# 第五节　重金属对药用植物品质的影响与调控

中药分为植物药、动物药、矿物药三大类。中药是中华文明的发展见证，自神农尝遍百草，发现了药用植物对治疗人类疾病的功效伊始，至今已跨过了悠悠五千多年的历史，中药是中华民族传统文化的华丽瑰宝，更是在近些年跨出国门、走向世界，以我国少数具有国际竞争优势的产业地位向世界展示着中华民族的文明与文化。

我国中药资源十分丰富，据第三次全国中药资源普查统计显示，中药资源种类有12 807 种，其中药用植物 11 146 种，药用动物 1581 种，药用矿物 80 种。我国中药资源储量丰富、品种齐全，在国际市场上占有一定份额，但也面临着很多困难，《中国海关》杂志发布的 2009~2010 年度《中国制造实力榜——行业国际竞争力指数》显示，中药出口仅占医药出口的 2%左右。这一情况从侧面反映了我国中药的国际竞争力并不高，这和我国中医药大国的地位极不相称，究其原因，除了与中药产业的外部因素有关，中药材自身的质量安全问题也是重要原因之一。尤其是中药材的重金属问题，已经严重制约了中药材进入国际市场(赵连华等，2014)。

## 一、药用植物重金属污染的来源

从环境污染方面来说，重金属一般包括 Pb、Cd、Cr、Fe、Cu、Zn、Ni、Hg 等生物毒性显著的元素，药用植物所受的重金属污染主要来自 Pb、Cd、As、Cu、Hg。

　　药用植物的重金属来源从生产时期上划分，一般可划分为两种：一种是生长时期引入重金属，另一种是加工时期引入重金属。

## （一）生长时期

　　药用植物生长的环境若受到了重金属的污染，包括土壤、灌溉水、所施的肥料及大气污染等，这些重金属会随着药用植物的生长而被运输至其体内。除去在生长时期的外源污染外，还有植物自身的富集特性也应被考虑(鄢星等，2017)。

### 1. 土壤

　　中药材生产最基本的因素是土壤，土壤为植物生长提供矿质营养和有机营养基质。重金属是构成地壳的物质，并不断地在自然环境中迁延运动。由于不同产地具有不同的生态环境，因此土壤中重金属含量与中药材中重金属元素的积累有着直接的关系。例如，"浙八味"中白术、白芍、浙贝母、元胡、玄参、麦冬、温郁金这七味药都取用植物的地下块茎或块根，受土壤环境因子的影响较大(刘毅和邱昌贵，2008)。

### 2. 大气

　　工业"三废"重金属有害物质进入大气。工业生产将大量含重金属的有害气体排放到空气中，植物叶面通过主动或被动吸收，将废气中的有害物质吸收。这是叶用药用植物重金属的主要来源之一。一般来说，在大气严重污染地区采集的药用植物重金属的平均含量在多数情况下要高于生态优良地区药用植物重金属含量。

### 3. 水体

　　水分直接接触植物茎、叶、花、果实，通过主动或被动吸收富集，可直接污染药用植物，如含有重金属的废水、固体废弃物通过灌溉造成污染。

### 4. 化肥

　　出于经济效益的考虑，在药用植物的种植中，需要广泛喷洒农药和化肥等化学合成物。农药和肥料中含有 As、Hg 等重金属元素，植物会通过根部和茎、叶部分对重金属元素进行吸收，从而可能导致药用植物重金属污染。As 虽不属于重金属，但其来源及危害与重金属相似，对人体的危害也是多面性的。

### 5. 植物自身特性

　　植物在进化层次、个体发育、生理代谢等方面是有差异的。金属元素在植物体内以多种方式参与生理生化活动。植物按自身特定比例主动吸收不同的金属离子，可能会对某种元素具有富集能力。植物在主动吸收的同时，对土壤中富集元素也会相应地进行非选择性吸收(被动吸收)。例如，海州香薷(*Elsholtzia splendens*)是我国长江中下游地区废铜矿石堆上常见的优势植物，对 Cu 有较高的耐性和强蓄积能力(罗晓健等，2007)。

　　同时，同种药材不同药用部位重金属含量也存在差异。例如，夏枯草和薯蓣不同部位都含有 Pb、Cd、Hg，其中叶受 Pb 和 Hg 的污染最为严重；Cd 主要贮存于两种植物的根部；果穗中重金属含量最低。

### (二)加工时期

药用植物加工过程中要经过一系列工序，如炮制加工、仓贮等，在这些工序中会引入重金属离子。原药材炮制加工的粗处理(如采收、去泥沙、清洗等)、炮制加工都可能影响重金属含量。或在加工过程中以治疗为目的，在处方中加入了重金属的矿物药，如朱砂(含HgS)或含此类矿物药的成方制剂，如安宫牛黄丸、磁朱丸、天王补心丹等(罗晓健等，2007)。

中药材仓贮过程中，为防治霉变、虫害和鼠害，使用含有重金属元素的仓贮熏蒸剂，从而导致中药材的重金属污染。甚至在运输过程中，不规范的包装和人为因素都有可能引起重金属含量增加。

## 二、重金属对药用植物品质的影响

一些重金属元素如 Cd、Pb 等在低浓度时对药用植物生长发育与品质提高有一定促进作用，但浓度稍高会导致其自身在植物体中积累，从而影响药效，中药材的重金属污染是造成中药质量下降的重要因素。例如，Cd 低浓度显著促进了青蒿这一药用植物中青蒿素的合成积累，但随着 Cd 浓度的增加，促进作用逐渐减小，且对青蒿生长发育的抑制作用较为明显，使其生长缓慢，生物量及各项农艺指标较低，叶片在幼苗期及收获时均发黄。Cu 污染使青蒿生长缓慢，物候期推迟，生物量及农艺指标下降。土壤高浓度 Cu 抑制了青蒿素的合成和积累；Pb 对青蒿生长的影响主要表现为抑制作用。重金属 Cd 对板蓝根的药效有着巨大的负面影响，由于 Cd 在板蓝根植株体内的大量富集，影响了板蓝根对 N、P、K 的吸收利用，植株 N、P、K 含量下降，主要药用成分靛玉红含量减少，品质下降。土壤中重金属元素的含量不仅对药材正常生长有极大影响，而且中药材对重金属的积累会导致中药材重金属含量超标，降低中药材的品质，阻碍中药材的市场产业化发展。

更重要的是，药用植物中若重金属含量超标，将会对人体健康有直接危害。关于重金属对人体的危害很早就有论著：血液中 Hg 含量达 200μg/L 时能导致肾障碍、震颤乃至麻痹；锡(Sn)及其有机化合物有剧毒，当超过 250mg/kg 可引起中毒反应，重症发生脑水肿；Cd 被国际癌症研究中心(IARC)于 1992 年确认为 I A 级致癌物，被美国毒物管委会(ATSDR)列为第 6 位危害人体健康的有毒物质。Cd 是已知的最易在人体内长期蓄积的毒物。

因此，各个国家和国际组织都制定了相应的重金属限量标准，来对药用植物的质量进行监测。我国中药资源中心郭兰萍研究员及其团队建立了基于人工胃肠液溶出度的中药材重金属危害风险评估方法，在美国环保部和世界卫生组织(WHO)提供的重金属安全限量，并综合考虑服用周期、频次、服用剂量、煎煮方法、煎出度的基础上，首次利用靶标系数建立科学实用的中药材重金属 ISO 国家标准。它不仅给出了中药材重金属危害风险评估方法，还为中药材重金属含量的最高限额提供参考，同时适用于作为食品补充剂、功能性食品或天然药物进行国际贸易的非矿物类中药材和饮片。该标准的颁布，使中药材 Cu、Pb、As、Cd、Hg 超标率分别由 21.0%、12.0%、9.7%、28.5%、6.9%下降至 1.476%、3.967%、4.819%、1.872%、1.08%。

目前，国际上虽然尚无植物类中药的国际标准，但是 FAO 和 WHO 均制定了食品、蔬菜及茶叶重金属的允许摄入量和农药残留限量。美国、欧盟及传统出口中药的东南亚地区均对中药提出了重金属和农药残留限量的指标，并有提高的趋势。各个国家对药用植物中所含的重金属的定义却略有差异，如我国的《中华人民共和国药典》和日本发布的《日本药局方》将重金属定义为在实验条件下能与硫代乙酰胺或硫化钠作用显色的金属杂质；英国、美国和欧洲的药典则将其定义为在实验条件下能与硫离子作用显色的金属杂质，代表物是 Pb、Hg、铋（Bi）、As、Sb、Sn、Cd、银（Ag）、Cu 和钼（Mo）（李敏等，2007）。各国及 WHO 有关中药中重金属及砷盐的限量标准还很不一致，表 6-1 列出了几个有代表性的国家和地区的相关标准（李敏等，2007）。

**表 6-1　部分国家及地区有关中药中重金属的限量标准**

| 国家或地区 | 重金属限量标准（mg/kg） |
|---|---|
| 中国 | 重金属总量≤20，Pb≤5，As≤2，Hg≤0.2，Cd≤0.3，Cu≤20 |
| 美国 | Pb<10，Hg<3，As<3 |
| 德国 | Pb<5.0，Cd<0.2，Hg<0.1 |
| 日本 | 重金属总量<50，砷盐<2 |
| 韩国 | 重金属总量≤100 |
| 新加坡 | Cu<15.5，Pb<20，Hg<0.5，As<5 |
| 东南亚 | Hg<1，As<5 |

### 三、重金属对药用植物次生代谢物合成的调控

次生代谢（secondary metabolism）是植物对环境的一种适应，也是植物主要的防御机制之一，在调节植物与生态环境的关系中起一定作用。对人类而言，很多植物次生代谢物都有治疗疾病的功能，也是医药产品和化学产品的来源。中药材品质的物质基础即药效活性成分，其大多是药用植物的次生代谢物，是植物在长期进化过程中与环境相互作用的结果。许多药用植物在受到外界刺激后，能够显著提高一些次生代谢产物的含量，甚至从头合成很多药用次生代谢产物，并且这些药用物质还包括有化学防御作用的物质，通常称为植保素（phytoalexin）。与植物防御有关的药用次生代谢产物主要有萜类、生物碱类、类异戊二烯、苯丙烷类及其衍生物。药用植物次生代谢物的生源途径复杂，其合成与积累受到自身遗传和环境中各种生物因子和非生物因子的调控（Nasim and Dhir，2010）。

重金属往往能激发药用植物的防御反应，植物防御反应可诱导多种药用苯丙烷类（phenylpropanoid）次生代谢物的产生和积累。苯丙烷类或其衍生物广泛分布于约 25 万种维管植物中，结构迥异，种类繁多，其中很多苯丙烷类化合物具有药用价值。在苯丙烷类化合物合成途径中，苯丙氨酸经过多次酶促反应，可分别合成水杨酸、呋喃香豆素、绿原酸、木质素、类黄酮和异黄酮等多酚类次生代谢物。苯丙氨酸解氨酶（PAL）催化苯丙氨酸解氨生成反式肉桂酸，是连接初级代谢和苯丙烷类代谢、催化苯丙烷类代谢第一步反应的酶，也是苯丙氨酸代谢途径的关键酶和限速酶，可生成阿魏酸、香豆酸等中间产物，进一步代谢为香豆素和绿原酸，进而生成苯丙素类和黄酮类等有效成分。PAL 还是一种诱导酶，受多种因素的诱导，如低温、机械损伤、病原菌感染、光、毒素处理和

昆虫取食都可诱导 *PAL* 基因的表达（高杰，2014）。

重金属离子在植物体内会促进产生活性氧物质（ROS），如超氧阴离子（$O_2^-·$）、过氧化氢（$H_2O_2$）和羟自由基（·OH）。ROS 代表在连续还原 $O_2$ 到 $H_2O$ 期间出现的中间体。ROS 是高度反应性的物质，可能会损害脂质、蛋白质和核酸。它是质子化形式的 $O_2^-·$ 和氢过氧自由基（$O_2H^-·$），主要参与脂质过氧化。由重金属诱导的氧化应激可以通过存在的抗氧化剂和抗氧化酶来减少，如超氧化物歧化酶、过氧化物酶、过氧化氢酶和相容性溶质脯氨酸等（Nasim and Dhir，2010）。

重金属在植物体内是可转运的，由于这种移动性，可以减少植物成分中活性成分的生物合成，可能会导致一些特定关键酶的损失或失活，或引发一些非必要的生物合成过程，如某些次生代谢物的生产。最终，重金属可减少关键的生物活性植物分子的合成积累。重金属会对诱导植物生长模式和代谢活动的变化产生影响，包括减少蛋白质、光合色素、糖和非蛋白质硫醇的产生。这种效应可能是由于重金属对参与这些天然产物合成的各种酶的抑制作用（Nasim and Dhir，2010）。但是，重金属对药用植物的毒害绝不仅仅是破坏其中某一种酶或影响某一种物质的含量，而是对药用植物整个的生理活动、生化反应、细胞结构等造成整体伤害。重金属对药用植物产生毒性的生物学途径可能主要有两条：一是大量的重金属离子进入植物内干扰了离子间原有的平衡系统，造成正常离子的吸收、运输、渗透和调节等方面的障碍，从而使代谢过程紊乱；二是较多的重金属离子进入植物体后，不仅与核酸、蛋白质和酶等大分子物质结合，而且可取代某些酶和蛋白质行使其功能时所必需的特定元素，使其变性或活性降低。重金属影响药用植物中酶的活性，就可能影响药用植物中药用成分的积累和转化。

# 参 考 文 献

蔡保松，陈同斌，廖晓勇. 2004. 土壤砷污染对蔬菜砷含量及食用安全性的影响. 生态学报，24(4)：711-717.

常学秀，王焕校. 1999. $Cd^{2+}$、$Al^{3+}$对蚕豆(*Vicia faba*)DNA 合成及修复的影响. 生态学报，19：855-859.

陈久秋，晁代印. 2014. 矿质元素互作及重金属污染的研究进展. 植物生理学报，50：585-590.

陈同斌，阎秀兰，廖晓勇，等. 2005. 蜈蚣草中砷的亚细胞分布与区隔化作用. 科学通报，50：2739-2744.

陈英旭，陈新才，于明革. 2009. 土壤重金属的植物污染化学研究进展. 环境污染与防治，31(12)　42-46.

丁顺华，陈珊，卢从明. 2016. 植物叶绿体谷胱甘肽还原酶的功能研究进展. 植物生理学报，52：1703-1709.

窦俊辉，喻树迅，范术丽，等. 2010. SOD 与植物胁迫抗性. 分子植物育种，8：359-364.

段德超，于明革，施积炎. 2014. 植物对铅的吸收、转运、累积与解毒机制研究进展. 应用生态学报，25：287-296.

傅晓萍，豆长明，胡少平，等. 2010. 有机酸在植物对重金属耐性和解毒机制中的作用. 植物生态学报，34：1354-1358.

高杰. 2014. 重金属污染对三棱毒害影响及其苯丙氨酸解氨酶基因克隆研究. 南京中医药大学硕士学位论文.

葛才林，杨小勇，刘向农，等. 2002. 重金属胁迫对作物 DNA 胞嘧啶甲基化的影响. 农业环境保护，21：301-305.

郭丹苓，丁国华. 2014. 重金属胁迫对生物 DNA 影响的研究进展. 现代农业科技，2：246-249.

李敏，刘渝，周睿，等. 2007. 国内外有关中药中重金属和砷盐的限量标准及分析. 时珍国医国药，18：2859-2860.

李威. 2014. 某些重要金属蛋白功能的结构基础及其分子机制研究. 复旦大学博士学位论文.

李洋，于丽杰，金晓霞. 2015. 植物重金属胁迫耐受机制. 中国生物工程杂志，35：94-104.

李泽琴，李静晓，张根发. 2013. 植物抗坏血酸过氧化物酶的表达调控以及对非生物胁迫的耐受作用. 遗传，35：45-54.

林源秀，顾欣昕，汤浩茹. 2013. 植物谷胱甘肽还原酶的生物学特性及功能. 中国生物化学与分子生物学报，29：534-542.

刘小兰，刘晓红，张欣，等. 2003. MnSOD 与 FeSOD 的结构和催化机理研究进展. 有机化学，23：30-36.

刘毅, 邱昌贵. 2008. 中药中重金属研究综述. 微量元素与健康研究, 25: 56-58.

罗晓健, 孙婷婷, 高丽丽, 等. 2007. 中药重金属研究概况. 江西中医药大学学报, 19: 88-90.

乔新荣, 张继英. 2016. 植物谷胱甘肽过氧化物酶(GPX)研究进展. 生物技术通报, 32: 7-13.

石永春, 杨永银, 薛瑞丽, 等. 2015. 植物中抗坏血酸的生物学功能研究进展. 植物生理学报, 51: 1-8.

孙涛, 张玉秀, 柴团耀. 2011. 印度芥菜(*Brassica juncea* L.)重金属耐性机理研究进展. 中国农业生态学报, 19: 226-234.

唐寿印. 1998. 废水处理工程. 北京: 化学工业出版社.

鄢星, 魏惠珍, 朱益雷, 等. 2017. 中药重金属研究概述. 江西中医药大学学报, 29: 116-120.

杨肖娥, 龙新宪, 倪吾钟. 2002. 超积累植物吸收重金属的生理及分子机制. 植物营养与肥料学报, 8(1): 8-15.

俞乐, 刘拥海, 袁伟超, 等. 2016. 植物抗坏血酸积累及其分子机制的研究进展. 植物学报, 51: 396-410.

张金彪, 黄维南. 2000. 镉对植物的生理生态效应的研究进展. 生态学报, 20: 514-523.

张梦如, 杨玉梅, 成蕴秀, 等. 2014. 植物活性氧的产生及其作用和危害. 西北植物学报, 34: 1916-1926.

张旭红, 高艳玲, 林爱军, 等. 2008. 植物根系细胞壁在提高植物抵抗金属离子毒性中的作用. 生态毒理学报, 3: 9-14.

张旭红, 林爱军, 苏玉红, 等. 2006. 镉引起蚕豆(*Vicia faba*)叶片 DNA 损伤和细胞凋亡研究. 环境科学, 27: 787-793.

赵连华, 杨银慧, 胡一晨, 等. 2014. 我国中药材中重金属污染现状分析及对策研究. 中草药, 45: 1199-1206.

Akhter M F, Omelonb C R, Gordonc R A, et al. 2014. Localization and chemical speciation of cadmium in the roots of barley and lettuce. Environmental and Experimental Botany, 100: 10-19.

Anjum N A, Hasanuzzaman M, Hossein M A, et al. 2015. Jacks of metal/metalloid chelation trade in plants — an overview. Frontiers in Plant Science, 6: 192.

Assuncão A G L, Da Costa Martins P, De Folter S, et al. 2001. Elevated expression of metal transporter genes in three accessions of the metal hyperaccumulator *Thlaspi caerulescens*. Plant, Cell and Environment, 24: 217-226.

Baker A J M, Brooks R R. 1989. Terrestrial higher plants which hyperaccumulate metallic elements — a review of their distribution, ecology and phytochemistry. Biorecovery, 1: 81-126.

Caille N, Zhao F J, McGrath S P. 2005. Comparison of root absorption, translocation and tolerance of arsenic in the hyperaccumulator *Pteris vittata* and the non hyperaccumulator *Pteris tremula*. New Phytologist, 165: 755-761.

Chen T, Huang Z, Huang Y, et al. 2005. Distributions of arsenic and essential elements in pinna of arsenic hyperaccumulator *Pteris vittata* L. Science China C — Life Sciences, 48: 18-24.

Chmielowska-Bak J, Gzyl J, Rucinska-Sobkowiak R, et al. 2014. The new insights into cadmium sensing. Frontiers in Plant Science, 5: 245.

Cuypers A, Hendrix S, Dos Reis R A, et al. 2016. Hydrogen peroxide, signaling in disguise during metal phytotoxicity. Frontiers in Plant Science, 7: 470.

Gaber A, Ogata T, Maruta T, et al. 2012. The involvement of *Arabidopsis* glutathione peroxidase 8 in the suppression of oxidative damage in the nucleus and cytosol. Plant and Cell Physiolpgy, 53(9): 1596-1606.

Gallego S M, Pena L B, Barcia R A, et al. 2012. Unravelling cadmium toxicity and tolerance in plants: insight into regulatory mechanisms. Environmental and Experimental Botany, 83: 33-46.

Guo W J, Bundithya W, Goldsbrough P B. 2003. Characterization of the *Arabidopsis* metallothionein gene family: tissue-specific expression and induction during senescence and in response to copper. New Phytologist, 159: 369-381.

Gustin J L, Loureiro M E, Kim D, et al. 2009. MTP1-dependent Zn sequestration into shoot vacuoles suggests dual roles in Zn tolerance and accumulation in Zn hyperaccumulating plants. Plant Journal, 57: 1116-1127.

Hammond J P, Bowen H C, White P J, et al. 2006. A comparison of the *Thlaspi caerulescens* and *Thlaspi arvense* shoot transcriptomes. New Phytologist, 170: 239-260.

Hanikenne M, Talke I N, Haydon M J, et al. 2008. Evolution of metal hyperaccumulation required cisregulatory changes and triplication of HMA4. Nature, 453: 391-395.

Hasan M K, Cheng Y, Kanwar M K, et al. 2017. Responses of plant proteins to heavy metal stress — a review. Frontiers in Plant Science, 8: 1492.

Hirsch R E, Lewis B D, Spalding E P, et al. 1998. A role for the AKT1 potassium channels in plant nutrition. Science, 280: 918-921.

Hossain Z, Komatsu S. 2012. Contribution of proteomic studies towards understanding plant heavy metal stress response. Frontiers in Plan Science, 3: 310.

Kersten W J, Brooks R R, Reeves R D, et al. 1980. Nature of nickel complexes in *Psychotria douarrei* and other nickel-accumulating plants. Phytochemistry, 19: 1963-1965.

Kim D, Gustin J L, Lahner B, et al. 2004. The plant CDF family member TgMTP1 from the Ni/Zn hyperaccumulator *Thlaspi goesingense* acts to enhance efflux of Zn at the plasma membrane when expressed in *Saccharomyces cerevisiae*. Plant Journal, 39: 237-251.

Krämer U, Pickering I J, Prince R C, et al. 2000. Subcellular localization and speciation of nickel in hyperaccumulator and non-accumulator *Thlaspi* species. Plant Physiology, 122: 1343-1353.

Kupper H, Zhao F J, McGrath S P. 1999. Cellular compartmentation of zinc in leaves of the hyperaccumulator *Thlaspi caerulescens*. Plant Physiology, 119: 305-311.

Lasat M M, Baker A J M, Kochian L V. 1998. Altered Zn compartmentation in the root symplasm and stimulated Zn absorption into the leaf as mechanisms involved in Zn hyperaccumulation in *Thlaspi caerulescens*. Plant Physiology, 118 (3): 875-883.

Lasat M M, Pence N S, Garvin D F, et al. 2000. Molecular physiology of zinc transport in the Zn hyperaccumulator *Thlaspi caerulescens*. Journal of Experimental Botany, 51 (342): 71-79.

Lavid N, Schwartz A, Lewinsohn E, et al. 2001. Phenols and phenol oxidases are involved in cadmium accumulation in the water plants *Nymphoides peltata* (Menyanthaceae) and *Nymphaeae* (Nymphaeaceae). Planta, 214: 189-195.

Liu H, Zhao H X, Wu L H, et al. 2017. Heavy metal ATPase 3 (HMA3) confers cadmium hypertolerance on the cadmium/zinc hyperaccumulator *Sedum plumbizincicola*. New Phytologist, 215 (2): 687-698.

Lv Y Y, Deng X P, Quan L T, et al. 2013. Metallothioneins BcMT1 and BcMT2 from *Brassica campestris* enhance tolerance to cadmium and copper and decrease production of reactive oxygen species in *Arabidopsis thaliana*. Plant and Soil, 367: 507-519.

Ma J F, Yamaji N, Mitani N, et al. 2008. Transporters of arsenite in rice and their role in arsenic accumulation in rice grain. Proceedings of the National Academy of Sciences of the United States of America, 105 (29): 9931-9935.

Mills R F, Krijger G C, Baccarini P J, et al. 2003. Functional expression of AtHMA4, a P-1B-type ATPase of the Zn/Co/Cd/Pb subclass. Plant Journal, 35 (2): 164-176.

Nasim S A, Dhir B. 2010. Heavy metals alter the potency of medicinal plants. Reviews of Environmental Contamination and Toxicology, 203: 139-149.

Nishizono H, Ichikawa H, Ishii F. 1987. The role of the root cell wall in the heavy metal tolerance of *Athyrium yokoscense*. Plant Soil, 101: 15-20.

Nolan A L, Lombi E, McLaughlin M J. 2003. Metal bioaccumulation and toxicity in soils — why bother with speciation? Australian Journal of Chemistry, 56 (3): 77-91.

Ortiz D F, Ruscitti T, McCue K F, et al. 1995. Transport of metal-binding peptides by HMT1, a fission yeast ABC-Type vacuole membrane protein. Journal of Biological Chemistry, 270: 4721-4728.

Papoyan A, Kochian L V. 2004. Identification of *Thlaspi caerulescens* genes that may be involved in heavy metal hyperaccumulation and tolerance. Characterization of a novel heavy metal transporting ATPase. Plant Physiology, 136: 3814-3823.

Peng H Y, Yang X E, Tian S K. 2005. Accumulation and ultrastructural distribution of copper in *Elsholtzia splendens*. Journal of Zhejiang University — Science B, 6: 311-318.

Persant M W, Nieman K, Salt D E. 2001. Functional activity and role of cation-efflux family members in Ni hyperaccumulation in *Thlaspi goesingense*. Proceedings of the National Academy of Sciences of the United States of America, 98 (17): 9995-10000.

Rascio N, Navari-lzzo F. 2011. Heavy metal hyperaccumulating plants: how and why do they do it? and what makes them so interesting? Plant Science, 180: 169-181.

Rauser W E, Ackerley C A. 1987. Localizaion of cadmium in granules within differentiating and mature root cells. Canadian Journal of Botany-revue Canadienne Debotanique, 65: 643-646.

Roth U, Von Roepenack-Lahaye E, Clemens S. 2006. Proteome changes in *Arabidopsis thaliana* roots upon exposure to $Cd^{2+}$. Journal of Experimental Botany, 57: 4003-4013.

Salt D E, Prince R C, Baker A J M, et al. 1999. Zinc ligands in the metal accumulator *Thlaspi caerulescens* as determined using X-ray absorption spectroscopy. Environmental Science & Technology, 33(5): 713-717.

Sarret G, Saumitou-Laprade P, Bert V, et al. 2002. Forms of zinc accumulated in the hyperaccumulator *Arabidopsis halleri*. Plant Physiology, 130(4): 1815-1826.

Sasaki A, Yamaji N, Yokosho K, et al. 2012. Nramp5 is a major transporter responsible for manganese and cadmium uptake in rice. Plant Cell, 24: 2155-2167.

Sharma S S, Dietz K J. 2009. The relationship between metal toxicity and cellular redox imbalance. Trends in Plant Science, 14: 43-50.

Sharma S S, Dietz K J, Mimura T. 2016.Vacuolar compartmentalization as indispensable component of heavy metal detoxification in plants. Plant, Cell and Environment, 39: 1112-1126.

Sun R, Zhou Q, Jin C. 2006. Cadmium accumulation in relation to organic acids in leaves of *Solanum nigrum* L. as a newly found cadmium hyperaccumulator. Plant and Soil, 285: 125-134.

Suzuki N, Miller G, Morales J, et al. 2011. Respiratory burst oxidases: the engines of ROS signaling. Current Opinion in Plant Biology, 14: 691-699.

Talke I N, Hanikenne M, Krämer U. 2006. Zinc-dependent global transcriptional control, transcriptional deregulation, and higher gene copy number for genes in metal homeostasis of the hyperaccumulator *Arabidopsis halleri*. Plant Physiology, 142(1): 148-167.

Verbruggen N, Hermans C, Schat H. 2009. Molecular mechanisms of metal hyperaccumulation in plants. New Phytologist, 181: 759-776.

Verkleij J A C, Koevvoets P. 1990. Poly($\gamma$ -gluylcysteinyl) glucines or phytochelatins and their role in cadmium tolerance of *Silene vulgaris*. Plant, Cell and Environment, 13: 913-921.

Vierstra R D. 2009. The ubiquitin-26S proteasome system at the nexus of plant biology. Nature Reviews Molecular Cell Biology, 10: 385-397.

Wang J, Evangelou B P, Nielsen M T, et al. 1991. Computer-simulatedevaluation of possible mechanisms for quenching heavy-metal ion activity in plant vacuoles. Plant Physiology, 97: 1154-1160.

Weber M, Harada E, Vess C, et al. 2004. Comparative microarray analysis of *Arabidopsis thaliana* and *Arabidopsis halleri* root identifies nicotinamine synthase, a ZIP transporter and other genes as potential metal hyperaccumulation factors. Plant Journal, 37(2): 269-281.

Yang X, Li T, Yang J, et al. 2006. Zinc compartmentation in root, transport into xylem, and adsorption into leaf cells in the hyperaccumulating species of *Sedum alfredii* Hance. Planta, 224(1): 185-195.

Yu P L, Yuan H H, Deng X, et al. 2014. Subcellular targeting of bacterial CusF enhances Cu accumulation and alters root to shoot Cu translocation in *Arabidopsis*. Plant and Cell Physiology, 55: 1568-1581.

Zhang H Y, Xu W Z, Dai W T, et al. 2006. Functional characterization of cadmium-responsive garlic gene AsMT2b: a new member of metallothionein family. Chinese Science Bulletin, 51: 409-416.

Zhao F J, Hamon R E, Lombi E, et al. 2002. Characteristics of cadmium uptake in two contrasting ecotypes of the hyperaccumulator *Thlaspi caerulescens*. Journal of Experimental Botany, 53(368): 535-543.

Zhao Y, Chu C C. 2011. Towards understanding plant response to heavy metal stress. *In*: Shanker A. Abiotic Stress in Plants — Mechanisms and Adaptations. Rijeka: InTech Europe: 59-78.

# 第七章　萜类活性成分及其生物合成

萜类化合物(terpenoid 或 isoprenoid)是自然界中存在种类最繁多的一类化合物。目前已知并经过结构鉴定的萜类超过 80 000 种(Pemberton et al.，2017)。萜类物质在植物、动物和微生物中都有发现(Soto et al.，2015；Chen et al.，2016)，在植物中广泛存在并参与植物生长、发育、生殖和防御等几乎所有的生物学过程。植物中的萜类有一小部分，如叶绿素、固醇类化合物及赤霉素(GA)和脱落酸(ABA)等植物激素，作为初生代谢产物(primary metabolite)参与植物的基本生理生化反应和结构构成；大部分萜类作为植物的次生代谢产物(secondary metabolite)参与信息传递、生态维持、环境适应和病虫害防御等，在植物的生长发育过程中扮演重要角色(Wink，2010；Zhang and Lu，2017)。此外，人类在漫长的历史进程中，积累了很多利用植物萜类的经验，使得萜类越来越受重视。有的萜类化合物可作为药物或膳食补充剂治疗疾病、保持人体健康，有的可作为香料和芳香剂添加到香水、肥皂、牙膏、食品、饮料、香烟等产品中，有的可作为低毒和环境友好的杀虫剂、除草剂等。近年还开发出可作为生物燃料的萜类(Schrader and Bohlmann，2015；梁宗锁等，2017)。随着分析技术和生物技术的发展，人们对萜类的认识越来越深入，为更加科学合理地利用、生产萜类奠定了基础。本章将就具有代表性的植物萜类化合物的结构、活性及其生物合成等进行介绍。

## 第一节　萜类的分类及其生物活性

萜类化合物的结构单元是含有 5 个碳原子($C_5$)的异戊二烯(isoprene)。只含碳(C)和氢(H)的萜烃称为萜烯(terpene)，分子式通式为$(C_5H_8)_n$。根据 $n$ 的数值，即萜类所含异戊二烯单元的个数，分为半萜($C_5$，hemiterpene)、单萜($C_{10}$，monoterpene)、倍半萜($C_{15}$，sesquiterpene)、二萜($C_{20}$，diterpene)、二倍半萜($C_{25}$，sesterterpene)、三萜($C_{30}$，triterpene)、四萜($C_{40}$，tertraterpene)和多萜(C＞40，polyterpene)等(Wink，2010；Zhang and Lu，2017)。分子量较小的半萜、单萜和倍半萜往往具有挥发性，而二萜及更大分子量的化合物一般没有挥发性。药用萜类化合物多属于单萜、倍半萜、二萜和三萜。另外，根据化合物中是否含有环，可将萜类分为链萜、单环萜、双环萜、三环萜、四环萜等(吴继洲和孔令义，2008)。有些萜类在体内还经过氧化、还原、加成、重排、甲基转移等进一步的反应过程，形成含氧的醇、酸、酮、酯、苷、羧酸等形式的萜类衍生物，被称为类萜(terpenoid)。萜烯和类萜构成了种类繁多、功能各异的萜类化合物世界(王凌健等，2013)。

## 一、单萜和倍半萜

单萜和倍半萜是植物香气或挥发油的重要组成成分。唇形科薄荷、紫苏、藿香，伞形科茴香、当归、白芷、川芎，菊科艾叶、茵陈蒿、苍术、白术、木香，芸香科橙、橘、花椒，樟科樟、肉桂，姜科生姜、姜黄、郁金等植物及相关中药材中都含有丰富的单萜成分。单萜大都存在于植物的腺体、油室或树脂道等分泌组织中，具有气味和较强的生物活性，可作为芳香剂、消毒剂和防腐剂等，是医药、化妆品和食品工业的重要原料。单萜按碳链的形式可以分为无环单萜、单环单萜、双环单萜和三环单萜(较少见)(吴继洲和孔令义，2008)。

无环单萜也称链状单萜。重要的链状单萜是一些含氧衍生物，如香叶醇(牻牛儿醇，geraniol)、橙花醇(nerol)和香茅醇(citronellol)等。它们是香叶油、玫瑰油、柠檬草油和香茅油等挥发油的主要成分，具有类似玫瑰的香味，是重要的香料工业原料。

单环单萜的代表化合物是薄荷醇(menthol)。薄荷醇的左旋体即薄荷脑，在薄荷中含量高达50%以上，涂在皮肤上有清凉感和轻微的麻醉作用，常用于镇痛和止痒。

双环单萜的代表化合物为龙脑(borneol)和樟脑(camphor)。龙脑又称樟醇,俗称冰片，具有显著的抗缺氧功能，常与其他药物合用于治疗冠心病、心绞痛等(王宁生和梁美容，1994)。樟脑是樟树挥发油的主要成分，具有刺激和防腐的作用，医药上用于治疗神经痛、跌打损伤、疥癣瘙痒等。

以上单萜化合物的结构见图 7-1。

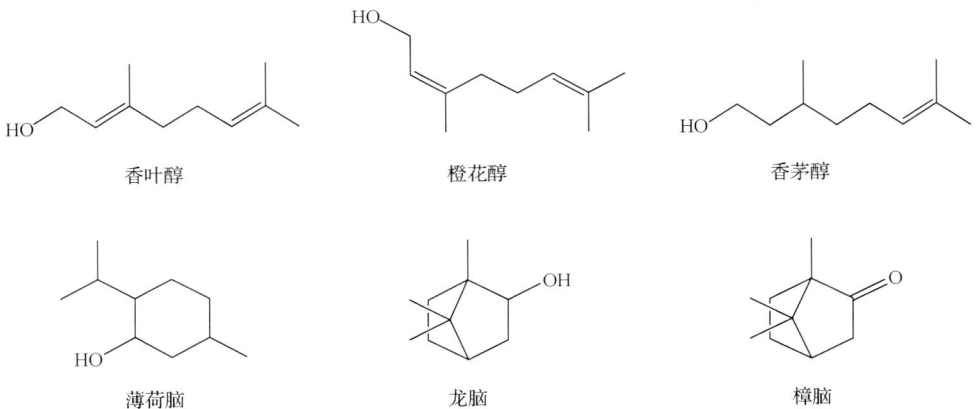

香叶醇　　　　　　　　　橙花醇　　　　　　　　　香茅醇

薄荷脑　　　　　　　　　龙脑　　　　　　　　　樟脑

图 7-1　几种常见单萜化合物的结构

倍半萜含有三个异戊二烯结构单元($C_{15}H_{24}$)，具挥发性，但沸程高于单萜，一般以挥发油或低沸点固体的形式存在。倍半萜种类繁多、结构复杂，可分为链状倍半萜、单环倍半萜和双环倍半萜。其中，$α$-金合欢烯、金合欢醇等倍半萜具有香气，可用作香料、精油等；脱落酸(abscisic acid，ABA)及其类似物黄氧素(xanthoxin)调控植物落叶，抑制生长、休眠、发芽等过程，为植物生长调节物质；从冷杉、枞木树胶中分离得到的倍半萜保幼酮(juvabione)对昆虫无翅红椿有很强的保幼作用；一些倍半萜可作为昆虫的性引诱剂和趋避剂，被用于植物虫害的防治。

倍半萜的药用价值主要体现在细胞毒性作用和抗菌等方面。此外，其对寄生虫有驱虫和杀虫的作用。莪术油是姜科植物莪术的挥发油，具有抗肿瘤、抗血栓、抗菌、抗病毒的作用。最近发现，莪术油中的三种倍半萜能抑制肝癌 HepG-2 细胞的增殖(王佳丽等,

2014)。棉籽中的棉酚可以杀灭精子，曾作为男性避孕药，但因不良反应大，现已不用。䓫类化合物(azulenoid)由五元环和七元环骈合形成，也属于倍半萜结构，具有抗菌、抗肿瘤和杀虫等生物活性。山道年来源于蛔蒿未开花序或全草，具有强烈的驱蛔作用，不过现已不用于临床。由我国科学家屠呦呦领衔研究发现的青蒿素(artemisinin)及其衍生物青蒿甲素、青蒿琥珀单酯对疟原虫有高效的杀虫效果。其溶解性好、毒性低，至今已挽救了数百万人的生命，屠呦呦本人也因此获得了 2015 年诺贝尔生理学或医学奖。

几种常见倍半萜的结构如图 7-2 所示。

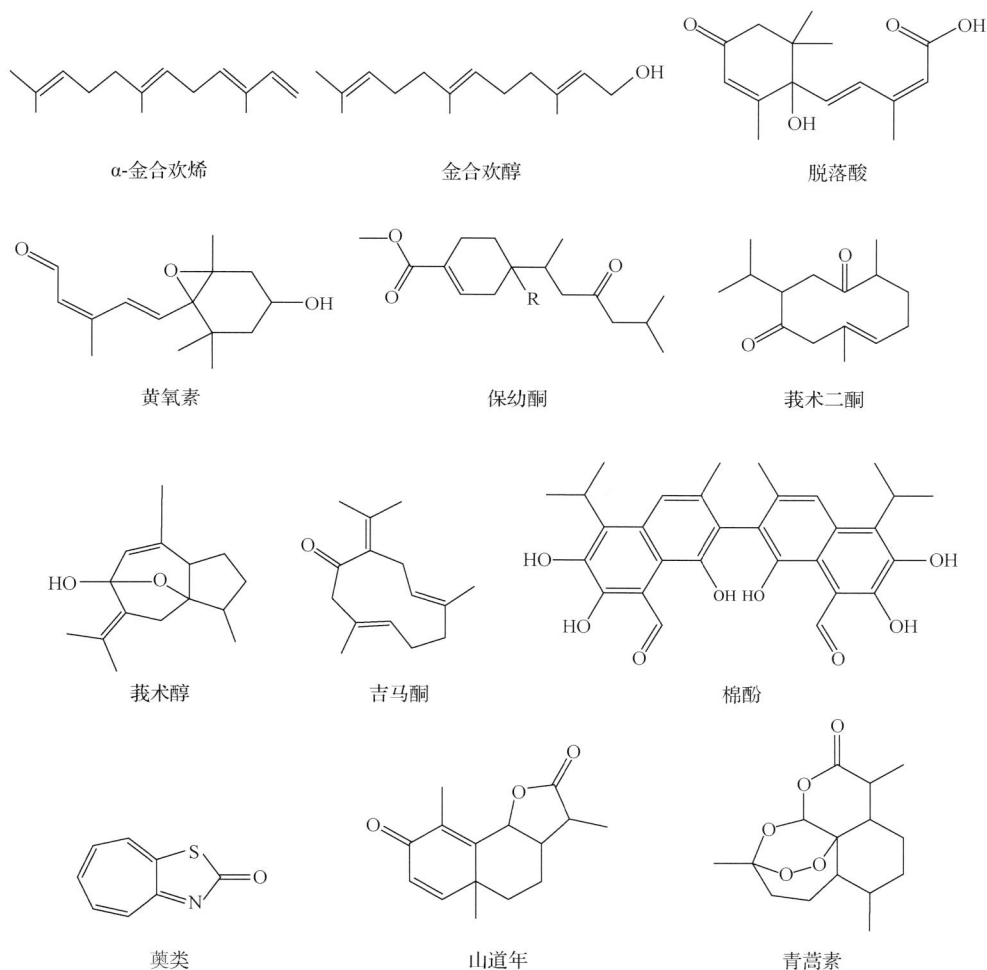

图 7-2 几种常见倍半萜的结构

## 二、二萜

二萜含有 4 个异戊二烯结构单元，即 $(C_5H_8)_4$。其在植物中分布广泛、种类繁多，其中不少已成功开发成临床使用的药物，药用价值显著。至今发现的二萜骨架结构已超过

100 种，比较常见的有贝壳杉烷、克罗烷、松香烷、乌头烷、半日花烷、紫杉烷、海松烷等。按分子中是否成环及环的数目，可以将二萜类化合物大致分为无环二萜、单环二萜、双环二萜、三环二萜和四环二萜等几类。以下逐一选取一些代表性化合物进行介绍。

　　无环二萜和单环二萜：叶绿素的水解产物植物醇(phytol)属无环二萜，与叶绿素分子中的卟啉(porphyrin)结合成酯的形式存在于植物中，曾作为合成维生素 E、维生素 K 的原料。维生素 A 为单环二萜化合物，是一种重要的脂溶性维生素，在动物肝脏尤其是鱼肝中含量丰富，是保持正常夜间视力的必要物质。植物中的胡萝卜素进入人体后，可转变为维生素 A。植物醇和维生素 A 的结构如图 7-3 所示。

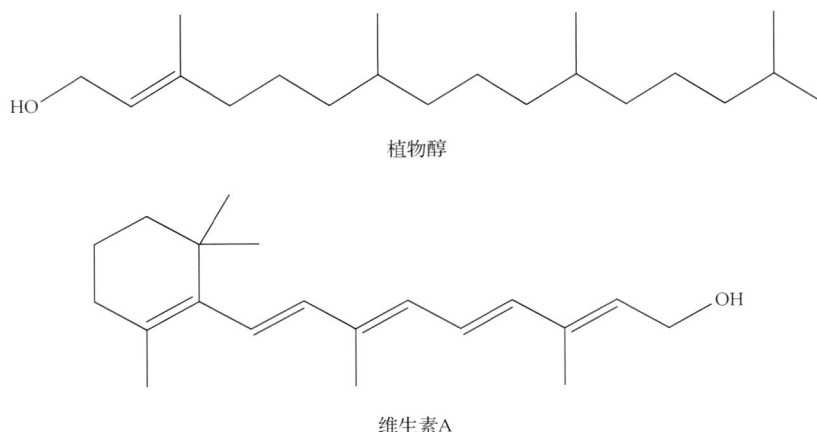

植物醇

维生素A

图 7-3　植物醇和维生素 A 的结构

植物醇为无环二萜，维生素 A 为单环二萜

　　双环二萜：半日花烷、克罗烷大多是双环二萜。金钱松树皮中的土荆酸可以抗真菌；防己根中的防己内酯有强苦味，具有免疫抑制的作用；穿心莲内酯为穿心莲抗菌消炎作用的活性成分，临床用于治疗急性菌痢、胃肠炎、咽喉炎等。另一类重要的双环二萜为银杏内酯。已经鉴定的银杏内酯有多种。银杏内酯(ginkgolide)A、B、C 和 J 属于二萜，而白果内酯(bilobalide)属于倍半萜(图 7-4)。银杏内酯可以拮抗血小板活化因子 PAF 引起的休克障碍，改善循环，是治疗心脑血管疾病的有效药物(Strømgaard and Nakanishi，2004；Zhang and Lu，2017)。

　　三环二萜：主要类型有松香烷型、海松烷型、紫杉烷型、瑞香烷型和千金二萜烷型等。卫矛科植物雷公藤(*Triperygium wilfordii* Hook)的根皮中含有雷公藤甲素、雷公藤乙素、雷酚萜、雷酚萜甲醚、雷酚内酯、16-羟基雷公藤内酯醇等成分(部分结构参见图 7-5)。它们都属于三环二萜，具有抗肿瘤、抗感染、免疫抑制的作用。抗肿瘤的作用机制主要是抑制 RNA 聚合酶(Pan，2010)。经药理实验证实，雷公藤甲素和雷公藤乙素具有抗白血病的活性，在临床上治疗白血病有一定疗效。16-羟基雷公藤内酯醇具有较强的抗炎、免疫抑制和雄性抗生育作用。另外雷公藤甲素还可诱导胰腺细胞微 RNA(microRNA，miRNA)和转录组改变(MacKenzie et al.，2013)。

银杏内酯A　　　　银杏内酯B　　　　银杏内酯C

银杏内酯J　　　　白果内酯(银杏新内酯)

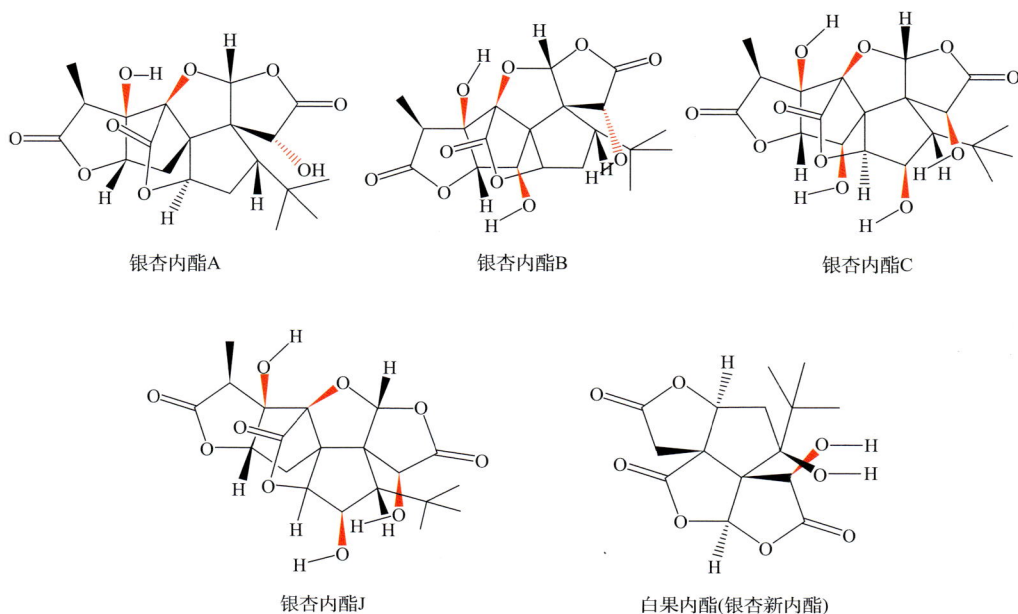

图 7-4　几种银杏内酯的结构

银杏内酯 A、B、C 和 J 属于双环二萜，白果内酯属于倍半萜

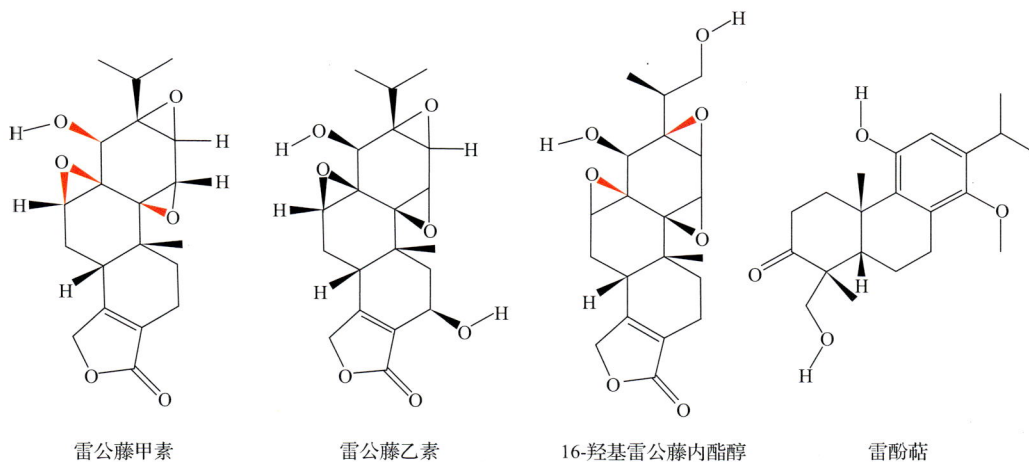

雷公藤甲素　　　　雷公藤乙素　　　　16-羟基雷公藤内酯醇　　　　雷酚萜

图 7-5　几种雷公藤二萜的结构

　　另一类重要的三环二萜是紫杉醇(paclitaxel，taxol)。紫杉醇最早于 20 世纪 60 年代在太平洋短叶紫杉(*Taxus brevifolia*)中被分离得到，后来发现紫杉醇及其衍生物对多种肿瘤细胞具有抑制作用，包括对 KB 细胞具有显著的细胞毒性作用，对 P388 和 P1534 白血病有很高的活性，能抑制 W256 肉瘤、S180 和肺癌细胞的生长。1992 年紫杉醇经美国食品药品监督管理局批准上市，第一个商品为美国 BMS 公司的 Taxol，此后紫杉醇又在瑞典、法国、日本和中国等 40 多个国家面市，用于治疗卵巢癌、转移性乳腺癌、肺癌、恶性黑色素癌和淋巴肉瘤等肿瘤。紫杉醇已经成为重要的抗肿瘤药物，也是天然二萜化合

物具有治疗人类重大疾病功能的一个标志。它的主要作用机制为：结合到纺锤体微管蛋白(tublin)，防止微管蛋白解聚，使细胞分裂无法正常进行，最终导致癌细胞的死亡(Schiff et al.，1979)。常见的紫杉醇类药物结构如图7-6所示。随着临床资料的积累和研究的深入，发现和合成了更多具有抗肿瘤活性的紫杉醇类似物或中间产物。这些新化合物的结构已不完全局限于三环二萜。

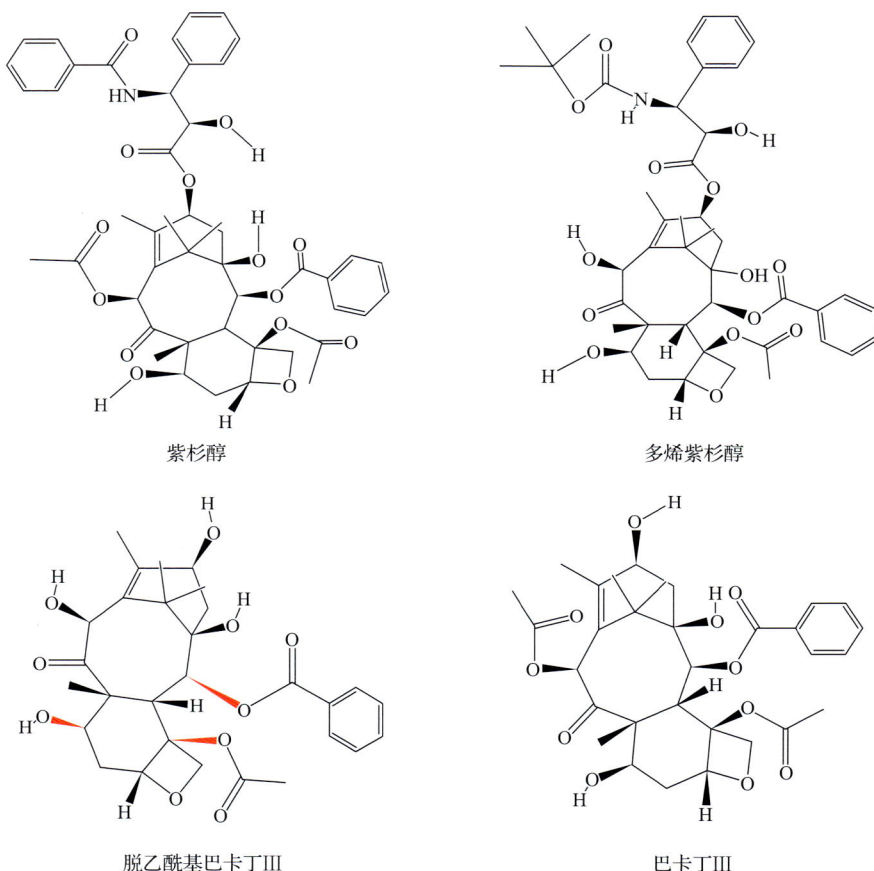

紫杉醇　　　　　　　　　　　　　　　　　多烯紫杉醇

脱乙酰基巴卡丁Ⅲ　　　　　　　　　　　　巴卡丁Ⅲ

图 7-6　常见紫杉醇类药物的结构

紫杉醇；多烯紫杉醇(taxotere)，商品名多西他赛、泰索帝；脱乙酰基巴卡丁Ⅲ(10-DAB)和巴卡丁Ⅲ(baccatin Ⅲ)，二者在植物中含量较高，均为紫杉醇合成的前体化合物，也具有抗肿瘤活性

四环二萜：主要类型有二萜毒素类、巴豆萜烷型、瑞香烷型、西松烷型、曼西醇型、贝克松型等。

甜叶菊是原产于巴西的菊科植物，甜度约为蔗糖的 300 倍，但热量只有蔗糖的 1/300，因此对肥胖症患者和糖尿病患者尤为适宜。甜叶菊中的甜味物质除了半日花烷型的 sterebin A、B、C、D 双环二萜，还有属四环二萜的甜菊苷。甜菊苷的骨架由母核对映-贝壳杉烷加不同的糖组成。甜菊苷因其高甜度、低热量、无毒性等优良特性，在医药、食品等行业广泛应用。

冬凌草素是从中国传统草药冬凌草中分离出来的二萜化合物，包括冬凌草甲素和冬凌草乙素，具有较广的抗瘤谱，并且安全性较好，可用于治疗前列腺癌、乳腺癌、卵巢癌和非小细胞肺癌、多形性胶质母细胞瘤、黑素瘤和白血病(Weng et al.，2014)。其作用机制：在不同细胞中引发细胞周期停滞、细胞凋亡和自噬(Tian and Chen，2013)。

丹参酮是药用植物丹参体内的一类四环二萜化合物，包括丹参酮Ⅰ、丹参酮ⅡA、丹参酮ⅡB、隐丹参酮、丹参酸甲酯、次甲基丹参醌、紫丹参甲素、紫丹参乙素、丹参新酮、二氢丹参酮等，其中部分化合物的结构见图7-7。丹参酮属醌类，在电子传递中发挥重要作用，因此丹参酮具有调节生理生化反应的能力，进而呈现抗菌、抑菌、抗炎等多种生物活性(张林甦，2015)。大量的体外、体内和离体实验表明，丹参酮具有抑制血小板聚集、提高耐缺氧能力、改善冠状动脉供血等药理作用，是很多治疗心脑血管疾病的中成药的重要组成成分。它的作用机制为：通过抑制血管紧张素，促进冠脉侧支循环形成，抑制外周血内皮祖细胞增殖、黏附和迁移，减轻冠脉的栓塞(陈晓锋等，2007)。另外，丹参酮通过自然杀伤作用(nature killing effect)杀死肿瘤细胞，通过诱导肿瘤细胞分化，发生凋亡，影响肿瘤细胞的增殖、分化、迁移等，发挥抗肿瘤作用(Liu et al.，2000)。它还有护肝(刘永刚和李芳哲，2001)、预防绝经后骨质疏松(李隆敏等，1996)等方面的作用。

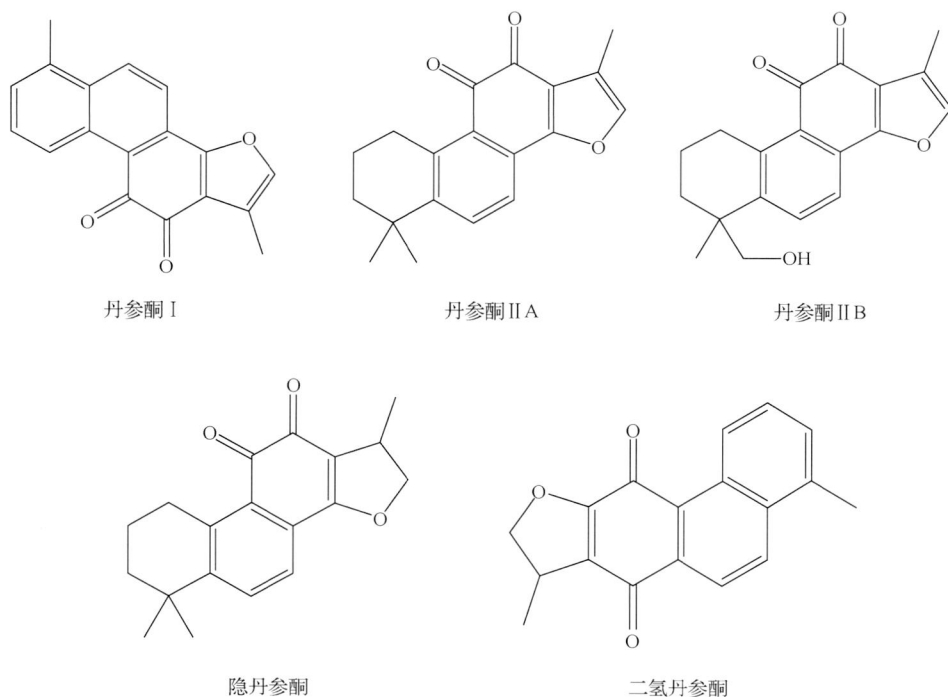

丹参酮Ⅰ　　　　　　　丹参酮ⅡA　　　　　　　丹参酮ⅡB

隐丹参酮　　　　　　　　二氢丹参酮

图 7-7　几种丹参酮化合物的结构

# 三、三萜

三萜含有 30 个碳原子，即 6 个异戊二烯结构单元，通式可表示为 $(C_5H_8)_6$。自然界中的三萜分布广，大量存在于动物(尤其是海洋动物)和真菌中，如羊毛脂中分离出的羊毛醇，从鲨鱼肝脏分离出的鲨烯，从海参、软珊瑚中分离出的多种三萜，以及灵芝中具有药用价值的灵芝酸 C。植物中的三萜多存在于菊科、石竹科、五加科、豆科、远志科、桔梗科及玄参科。含有三萜成分的药用植物有人参、甘草、柴胡、黄芪、桔梗、川楝皮、泽泻等。这些萜类多以游离、成苷或成酯的形式存在，形成链状、单环、双环、三环三萜，以及常见的四环三萜和五环三萜。表 7-1 和表 7-2 列出了常见的四环三萜、五环三萜及代表植物，以及化合物的主要药理作用和用途。需要注意的是，三萜与糖基形成皂苷后，部分皂苷会与红细胞壁上的胆甾醇结合，形成分子复合物沉淀，引起细胞内渗透压增加，红细胞崩解导致溶血(李成林和叶于薇，1978)，因此皂苷通常不用作静脉注射剂。

表 7-1　常见四环三萜化合物

| 类型 | 结构 | 代表物种及化合物名称 | 主要药理作用和用途 |
|---|---|---|---|
| 达玛烷型 | | 人参<br>人参皂苷 | 抗疲劳、增强免疫、轻度兴奋中枢神经等* |
| 羊毛脂烷型 | | 灵芝<br>灵芝酸 C | 补中益气，固本扶正，延年益寿 |
| 大戟烷型 | | 大戟<br>大戟醇<br>(张旭东和钟惠民，2012) | 逐水通便，消肿散结，有毒，需慎用 |
| 葫芦烷型 | | 罗汉果<br>罗汉果甜苷 V | 味甜，0.02%的溶液比蔗糖甜256倍，可作调味剂 |

续表

| 类型 | 结构 | 代表物种及化合物名称 | 主要药理作用和用途 |
|---|---|---|---|
| 原萜烷型 | 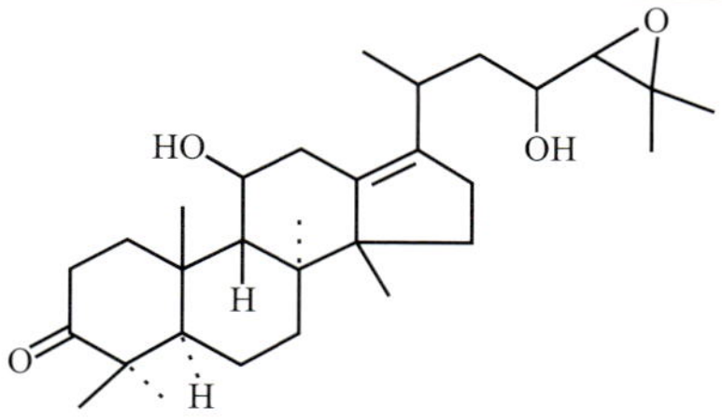 | 泽泻<br>泽泻萜醇 A、B | 降低血清总胆固醇 |
| 楝烷型 | 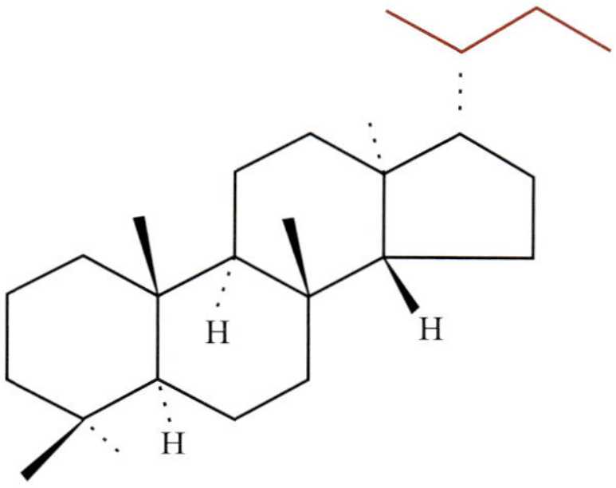 | 苦楝<br>川楝素 | 驱虫，外用治疗风疹、疥癣、头癣等 |
| 环阿屯烷型 | 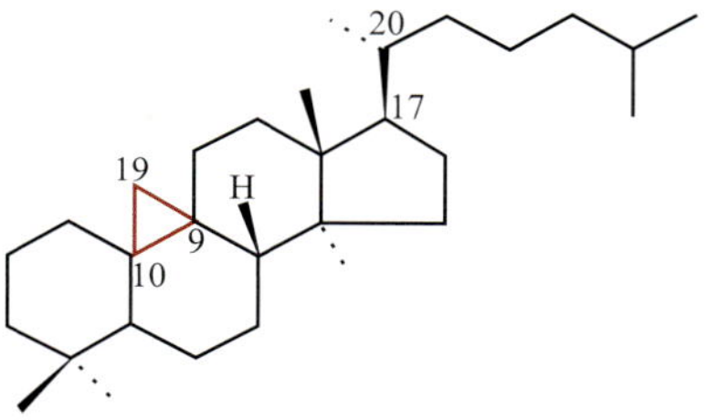 | 黄芪** | 补气、健脾 |

注：除有文献标注之外，本表中其余部分的主要参考书目为《天然药物化学》（吴继洲和孔令义，2008）。

*人参含有多种皂苷。Rg1 具有轻度中枢神经兴奋作用及抗疲劳作用；Rb1 具有中枢神经抑制作用和安定作用，可增强核糖核酸聚合酶的活性；Rc 抑制核糖核酸聚合酶的活性。

**黄芪含有多种三萜，包括环黄芪醇(cycloastragenol)、黄芪甲苷 I (astragaloside I)、黄芪甲苷 V (astragaloside V)和黄芪甲苷Ⅶ(astragaloside Ⅶ)等

表 7-2　常见五环三萜化合物

| 类型 | 结构 | 代表物种及化合物名称 | 主要药理作用和用途 |
|---|---|---|---|
| 齐墩果烷型 | 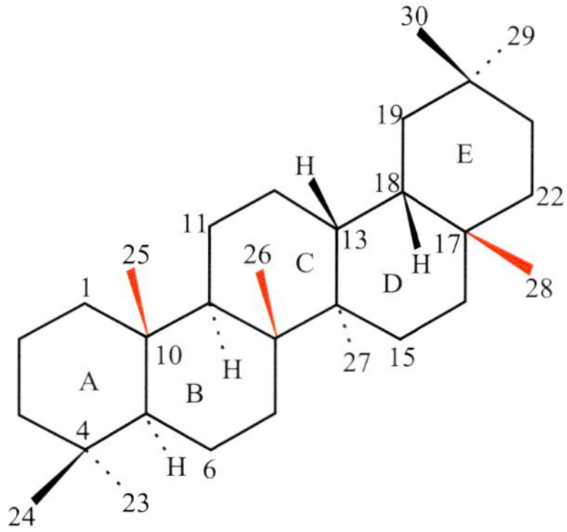 | 广泛存在于植物中<br>齐墩果酸 | 降转氨酶，用于治疗急性黄疸性肝炎 |

| 类型 | 结构 | 代表物种及化合物名称 | 主要药理作用和用途 |
|---|---|---|---|
| 乌苏烷型 | | 地榆<br>地榆皂苷 | 凉血、止血 |
| 羽扇豆烷型 | | 酸枣仁、桦树皮<br>白桦脂醇、白桦脂酸 | 抗肿瘤、抗菌、抗病毒 |
| 木栓烷型 | | 卫矛科植物<br>木栓烷萜类 | 抗肿瘤、抗炎、抗菌<br>(汪远超等，2015) |

注：除有文献标注以外，本表中其余部分的主要参考书目为《天然药物化学》(吴继洲和孔令义，2008)

　　四萜或多萜化合物，如杜仲胶和橡胶等常作为工业原料使用，作为药用的较少，此处不再赘述。

# 第二节　萜类的生物合成

## 一、萜类生物合成的三个阶段

　　虽然萜类的结构中含有基本的异戊二烯单元，但是萜类的生源起始并不是异戊二烯，而是从初生代谢产物乙酰辅酶 A(CoA)、丙酮酸和甘油醛-3-磷酸开始的。早期人们在研究萜类合成途径时，主要思路是分离出细胞器，然后进行体外酶活测试，而现代则采用结果更加精确可靠的同位素示踪等手段对产物进行追踪、定位(梁宗锁等，2017)。经过数十年研究，初步揭示了植物萜类的生物合成过程(图 7-8)。

　　根据合成场所，萜类的生物合成途径可分为质体途径和胞质途径。质体途径又称为1-脱氧木酮糖-5-磷酸途径(1-deoxy-D-xylulose-5-phosphate pathway，DXP pathway)(Rohmer et al.，1993)或甲基赤藓醇-4-磷酸途径(methylerythritol 4-phosphate pathway，MEP pathway)(Lange and Croteau，1999)，均因其重要中间体分别是 DXP 和 MEP 得名。胞质途径的重要中间体是甲羟戊酸(MVA)，故该途径又称为甲羟戊酸途径(mevalonate pathway，MVA pathway)(Chappell et al.，1995；Newman and Chappell，1999)。萜类的生物合成途径通常可分为三个阶段(图 7-8)。

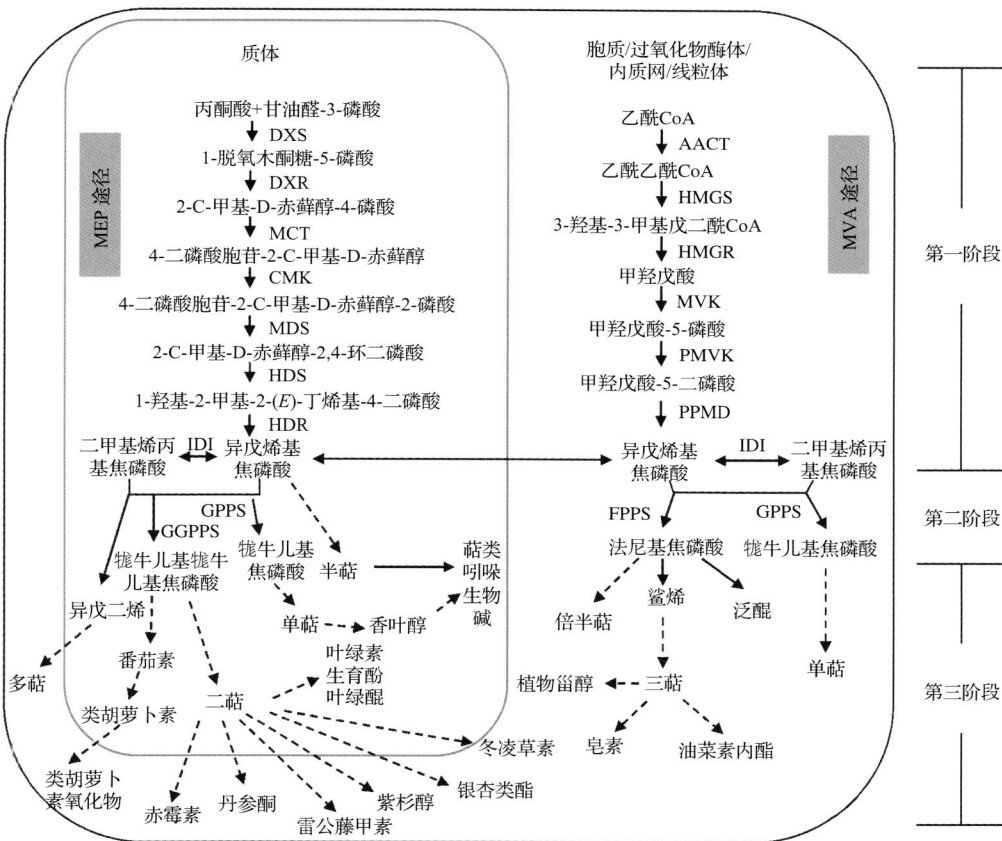

图 7-8　植物萜类生物合成途径(Zhang and Lu，2017)

质体途径(MEP/DXP 途径)和胞质途径(MVA 途径)产生的 IPP/DMAPP 可以跨过质体膜交换，发生串流。DXS：1-脱氧木酮糖-5-磷酸合酶；DXR：脱氧木酮糖磷酸盐还原异构酶；MCT：2-C-甲基-D-赤藓醇-4-磷酸胞苷酰转移酶；CMK：4-二磷酸胞苷-2-C-甲基-D-赤藓糖激酶；MDS：2-甲基赤藓糖-2,4-环二磷酸合酶；HDS：1-羟基-2-甲基-2-(E)-丁烯基-4-二磷酸合酶；HDR：1-羟基-2-甲基-2-(E)-丁烯基-4-二磷酸还原酶；IDI：异戊烯基焦磷酸异构酶；GPPS：牻牛儿基焦磷酸合酶；GGPPS：牻牛儿基牻牛儿基焦磷酸合酶；AACT：乙酰乙酰辅酶 A 硫解酶；HMGS：羟基甲基戊二酰辅酶 A 合酶；HMGR：3-羟基-3-甲基戊二酰辅酶 A 还原酶；MVK：甲羟戊酸激酶；PMVK：磷酸甲羟戊酸激酶；PPMD：焦磷酸甲羟戊酸脱羧酶；FPPS：法尼基焦磷酸合酶

### (一)第一阶段

第一阶段从乙酰 CoA 或丙酮酸和甘油醛-3-磷酸起始到生成共同前体异戊烯基焦磷酸(isopentenyl pyrophosphate,IPP)(C5)及其烯丙基异构体二甲基烯丙基焦磷酸(dimethylallyl pyrophosphate,DMAPP)(C5)。IPP 和 DMAPP 可以在异戊烯基焦磷酸异构酶(IPP isomerase,IDI)的催化下相互转化,是可以继续反应的活化了的异戊二烯单位。质体途径产生的 IPP/DMAPP 和胞质途径产生的 IPP/DMAPP 可以穿过质膜进行交流,从而实现两条途径的串流(cross talk)(Kasahara et al.,2002)。

IPP/DMAPP 的具体形成过程如下。

MVA 途径中,以 2 个乙酰 CoA 分子为起始,在乙酰乙酰 CoA 硫解酶(AACT)作用下加上一个乙酰基,形成含有 5 个碳原子的乙酰乙酰 CoA(acetoacetyl-CoA)。乙酰乙酰 CoA 在羟甲基戊二酰辅酶 A 合酶(hydroxymethylglutaryl-CoA synthase,HMGS)的催化下加上羟甲基,形成 3-羟基-3-甲基戊二酰辅酶 A(3-hydroxy-3-methylglutaryl coenzyme A,HMG-CoA),再经 3-羟基-3-甲基戊二酰辅酶 A 还原酶(3-hydroxy-3-methylglutaryl-CoA reductase,HMGR)催化还原为甲羟戊酸(MVA)。MVA 含有 6 个碳原子,这步还原反应需要 2 分子辅酶 NADPH。MVA 在激酶 MVK 和 PMVK 的相继作用下,在 5 位磷酸化、双磷酸化并脱羧,形成活化形式的异戊二烯单位——异戊烯基焦磷酸(IPP),并与 DMAPP 互相转化。

MEP/DXP 途径由丙酮酸和甘油醛-3-磷酸起始。在 1-脱氧木酮糖-5-磷酸合酶(1-deoxy-D-xylulose 5-phosphate synthase,DXS)的作用下将二者连起来成为磷酸化的 5 碳单位的 1-脱氧木酮糖-5-磷酸(1-deoxy-D-xylulose 5-phosphate,DXP),再被脱氧木酮糖磷酸盐还原异构酶(1-deoxy-D-xylulose 5-phosphate reductoisomerase,DXR)还原成 2-C-甲基-D-赤藓醇-4-磷酸(2-C-methyl-D-erythritol 4-phosphate,MEP)。MEP 经 2-C-甲基-D-赤藓醇-4-磷酸胞氨酰转移酶(2-C-methyl-D-erythritol 4-phosphate cytidyltransferase,MCT)的加成作用,引进一个磷酸胞苷,形成带有杂环和二磷酸的 4-二磷酸胞苷-2-C-甲基-D-赤藓醇(4-diphosphocytidyl-2-C-methyl-D-erythritol,CDP-ME)。这里的环不是通过环化反应得到的,而是加成反应得到的。之后,CDP-ME 在 4-二磷酸胞苷-2-C-甲基-D-赤藓糖激酶(4-diphosphocytidyl-2-C-methyl-D-erythritol kinase,CMK)的作用下进一步磷酸化,生成 4-二磷酸胞苷-2-C-甲基-D-赤藓醇-2-磷酸(4-diphosphocytidyl-2-C-methyl-D-erythritol 2-phosphate,CDP-ME2P)。它在 2-C-甲基-D-赤藓醇-2,4-环二磷酸合酶(2-C-methyl-D-erythritol 2,4-cyclodiphosphate synthase,MDS)的作用下,磷酸二酯键发生环化,又形成 5C 单位的 2-C-甲基-D-赤藓醇-2,4-环二磷酸(2-C-methyl-D-erythritol 2,4-cyclodiphosphate,ME-cPP)。ME-cPP 在 1-羟基-2-甲基-2-($E$)-丁烯基-4-二磷酸合酶[1-hydroxy-2-methyl-2-($E$)-butenyl 4-diphosphate synthase,HDS]的作用下开环,形成 1-羟基-2-甲基-2-($E$)-丁烯基-4-二磷酸[1-hydroxy-2-methyl-2-($E$)-butenyl 4-diphosphate,HMBPP]。最后,经 1-羟基-2-甲基-2-($E$)-丁烯基-4-二磷酸还原酶(HDR)脱水,形成 IPP(张长波等,2007)。MEP/DXP 途径产生的 IPP 与 MVA 途径产生的 IPP 一样,可在 IDI 的催化下与 DMAPP 相互转化。至此,两个途径都形成了萜类化合物的共同前体 IPP/DMAPP。

## （二）第二阶段

IPP/DMAPP 可在不同的异戊烯基转移酶（PT）的催化下形成各种萜类化合物的前体物质，包括含有 10 个碳原子（C10）的单萜类化合物的前体牻牛儿基焦磷酸（GPP），含 15 个碳原子（C15）的倍半萜和含 30 个碳原子的三萜类化合物的前体法尼基焦磷酸（FPP），以及含有 20 个碳原子（C20）的二萜和含 40 个碳原子的四萜类化合物的前体牻牛儿基牻牛儿基焦磷酸（GGPP）等（Liang et al.，2002）。其中，GPP 由一分子 IPP 和一分子 DMAPP 在牻牛儿基焦磷酸合酶（GPPS）的催化下缩合形成，FPP 由两分子 IPP 和一分子 DMAPP 在法尼基焦磷酸合酶（FPPS）的作用下形成，而 GGPP 由三分子 IPP 和一分子 DMAPP 在牻牛儿基牻牛儿基焦磷酸合酶（GGPPS）的催化下形成（Liang et al.，2002；Ma et al.，2012）。

## （三）第三阶段

萜类合成的第三阶段中，由异戊烯基焦磷酸分子连接形成的 GPP、FPP 和 GGPP 等短链化合物在中长链顺式或反式异戊烯基转移酶（cis-PT，trans-PT）、萜类合酶（TPS）及修饰酶的作用下，进行链的延伸、修饰和骨架结构重排等一系列反应，形成各种各样的萜类终产物（Liang et al.，2002；Skorupinska-Tudek et al.，2008；Liu and Lu，2016；梁宗锁等，2017；Zhang and Lu，2017）。植物中参与萜类生物合成的修饰酶主要有甲基转移酶、糖基转移酶、细胞色素 P450 单加氧酶、脱氢酶和还原酶等（梁宗锁等，2017）。

# 二、萜类化合物生物合成中的关键酶及其编码基因

一般来说，第一、二阶段的酶比第三阶段的酶在进化上相对保守（Sharkey et al.，2005；Ramsay et al.，2009）。第一、二阶段的酶通常由小的基因家族编码。例如，很多物种的 HMGR、DXS 家族都仅包含 2 或 3 个基因（Estévez et al.，2001；Enfissi et al.，2005；Cordoba et al.，2009）。第三阶段的酶常常由比较大的基因家族编码，以便产生多种多样的萜类终产物（Tholl，2006）。以下选取一些重要的萜类化合物生物合成过程中的关键酶及其编码基因进行介绍。

## （一）3-羟基-3-甲基戊二酰辅酶 A 还原酶（HMGR）

HMGR 是 MVA 途径中的一个关键酶，也是限速酶。在 NADPH 存在的条件下，催化 HMG-CoA 合成甲羟戊酸。这一步是 MVA 途径中最重要的步骤（Caelles et al.，1989）。多种药用植物的 HMGR 已经被鉴定、克隆，如丹参（Dai et al.，2011；张夏楠等，2012；Ma et al.，2012）、京大戟（Cao et al.，2010）、银杏（Shen et al.，2006）、红豆杉（Liao et al.，2004）、人参（Kim et al.，2014）和积雪草（Kalita et al.，2015）等。植物 HMGR 通常含有 2 个跨膜区和 1 个催化区，后者包括三个结构域。N 结构域为小的螺旋氨基酸末端；大的中间部分为 L 结构域，含有 2 个可与 HMG-CoA 结合的基序（motif）（TTEGCLVA 和 EMPVGYVQIP）及 1 个能与 NADP（H）结合的基序（GTVGGGT）；小的螺旋结构域 S 具

有 DAMGMNM 序列，可与 NADP(H)结合(Ruiz-Albert et al.，2001)。这些基序在植物中具有保守性(Darabi et al.，2012)。

## (二)脱氧木酮糖磷酸盐还原异构酶(DXR)

DXR 是 MEP 途径中的关键酶之一。它催化由丙酮酸和甘油醛-3-磷酸缩合形成的 DXP 转化成重要中间产物 MEP(具体过程参见萜类形成的第一阶段)。青蒿(Souret et al.，2003)、喜树(Yao et al.，2008)、丹参(Wu et al.，2009)、长春花(Veau et al.，2000)、滇龙胆(张晓东等，2014)、杜仲(刘攀峰等，2012)、银杏(Gong et al.，2005)等很多药用植物的 DXR 已被鉴定。DXR 的 N 端包含两部分：质体转运肽(cTP)和类囊体腔转运肽(lTP)，暗示 DXR 的靶向是质体，但是它通常定位于类囊体腔。此外，DXR 还含有一个双精氨酸基序，一个疏水区和一个富含脯氨酸的区域(Fung et al.，2010)。在拟南芥中敲除或抑制 DXR 基因，植株表现出幼苗致死和白化现象，而超表达 DXR 会产生杂色表型(Xing et al.，2010)。

## (三)异戊烯基焦磷酸异构酶(IDI)

无论是 MVA 途径还是 MEP 途径,萜类合成第一阶段的产物是异戊烯基焦磷酸(IPP)和二甲基烯丙基焦磷酸(DMAPP)。这二者为同分异构体，只是双键所在位置不同。IDI 可以使二者互相转化，成为活化的异戊二烯单元，供接下来的萜类合成使用。IDI 催化的反应机制是质子化或去质子化，是萜类合成过程中的又一个限速步骤(Berthelot et al.，2012)。自然界中存在两类结构和亚细胞定位迥异的 IDI。第二类 IDI 主要存在于细菌和古细菌中，而植物 IDI 属于第一类，分布在植物的各种细胞结构中，如细胞质、质体、线粒体、过氧化物酶体等(Berthelot et al.，2016)。很多植物 IDI 的基因已经被克隆鉴定。植物 IDI 蛋白的序列较短，保守的基序包含 NxxCxHP、ExE 和很多富 G 序列等(Berthelot et al.，2012)。IDI 除了催化 IPP 和 DMAPP 互相转化，还可根据胞质中萜类的浓度调节代谢平衡(Thibodeaux and Liu，2017)。

## (四)萜类合酶(TPS)

TPS(terpene synthase)是萜类合酶的总称。根据产物的不同，可以分为单萜合酶、倍半萜合酶、二萜合酶、三萜合酶等；根据序列的相似性，可分为 TPSa、TPSb、TPSc、TPSd、TPSe、TPSf 和 TPSg 等 7 个亚族(图 7-9)(Danner et al.，2011)。TPSa 为被子植物倍半萜合酶，可进一步分为双子叶植物特有的 a1 和单子叶植物特有的 a2 两个组。TPSb 为被子植物单萜合酶，由含有 7 个外显子的基因编码，长度通常为 600~650 个氨基酸，含有 N 端质体转运肽和对单萜环化很重要的 RRx8W 基序(Davis and Croteau，2000)。TPSc 为柯巴基焦磷酸合酶(CPS)。它在陆生植物中最保守，可以将不稳定的 GGPP 进行环化，形成稳定的 CPP。TPSd 为裸子植物萜类合酶，又可分为 TPSd1、TPSd2 和 TPSd3 等 3 个组，分别承担不同的功能。TPSd1 是单萜和倍半萜合酶，TPSd2 为倍半萜合酶，TPSd3 为倍半萜和二萜合酶(Chen et al.，2011)。TPSe 为贝壳杉烯合酶(KS)，催化柯巴基焦磷酸进一步环化和重排，形成贝壳杉烯，参与赤霉素和丹参酮等二萜的合成(Cui et al.，

2015；Du et al.，2015）。TPSf 为芳樟醇合酶。芳樟醇又名沉香醇，是重要的香料物质。TPSg 为被子植物非环单萜合酶（图 7-9）。

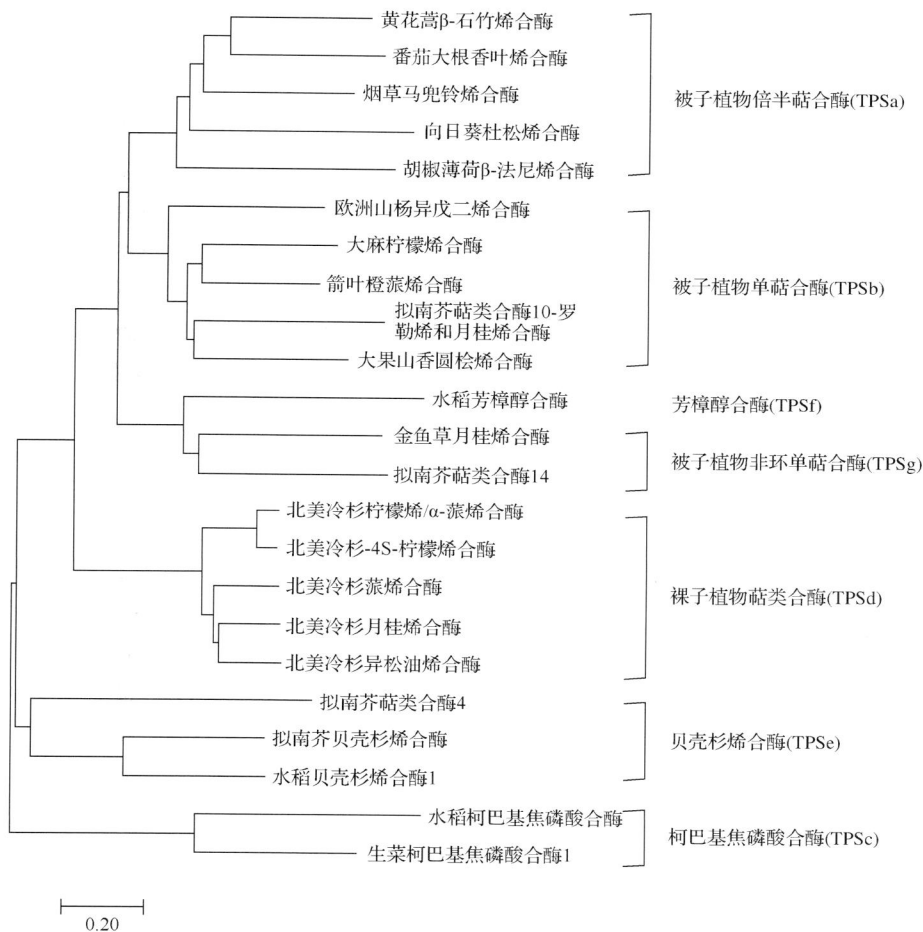

图 7-9　萜类合酶进化树分析（参考 Danner et al.，2011）

萜类合酶可分为 7 个亚族（TPSa～g）（Bohlmann et al.，1998；Dudareva et al.，2003）。进化树用 MEGA7 构建，按邻接（neighbor-joining）方法，bootstrapping 重复数 *n*=1000

## （五）细胞色素 P450

　　自然界中萜类种类如此之多、结构如此复杂，很大程度上是因为由萜类合酶催化生成萜类以后还经过了很多形式的化学修饰。细胞色素 P450（cytochrome P450，CYP）就是一大类萜类修饰酶。CYP 的基因家族是个大的超家族，家族成员数十个到上百个不等（Guo et al.，2016）。大约97%的萜类化合物通过 CYP 催化进行氧化反应（梁宗锁等，2017）。例如，丹参酮合成过程中，萜类合酶 SmKSL1 的产物次丹参酮二烯（miltiradiene）首先在 CYP76AH1 细胞色素 P450 的催化下形成铁锈醇（ferruginol）（Guo et al.，2013），随后铁锈醇在另一个被称为 CYP76AH3 的细胞色素 P450 的催化下产生 11-羟基铁锈醇（11-hydroxy ferruginol)、柳杉酚(sugiol)和 11-羟基柳杉酚(11-hydroxy sugiol)，接着 11-羟基铁锈醇和 11-羟基柳杉酚在另一个被称为 CYP76AK1 的细胞色素 P450 的催化下分别生成 11,20-二羟基铁锈醇和 11,20-二羟基柳杉酚。前者会自氧化形成丹参酮邻苯二醌结构，即 10-羟甲基四氢丹参新酮(Guo et al.，2016)。

## 第三节　萜类合成的调控

萜类化合物的产生是自然选择的结果，是生物体为了适应地球环境而进化来的。萜类化合物在植物抵御动物啃食、病菌侵害，以及吸引昆虫助其传粉繁殖、调节环境的生态平衡等方面发挥重要作用，同时萜类的生物合成受多种内、外因子的影响，其中植物的基因型决定萜类生物合成相关酶的种类和功能，而酶的多少与编码基因的表达量直接相关，既受生物节律、转录因子和非编码 RNA 等内部因子的调控，又受土壤、温度、光照、水分等环境因子及病原菌侵染、动物啃食和诱导子刺激等外部因子的影响。

### 一、基因型的决定作用

不同的物种含有不同的酶类，产生不同的萜类。例如，薄荷中存在柠檬烯合酶、柠檬烯羟化酶、异薄荷醇脱氢酶、异薄荷二烯还原酶、薄荷酮还原酶、薄荷呋喃合酶等多种单萜合酶。这些酶的存在，使薄荷得以产生特有的单萜薄荷脑、新异薄荷脑、薄荷呋喃、香芹酮、新异薄荷醇等化合物(Turner and Croteau，2004)。另外，同一种酶在不同的物种中有不同的成员和不同的表达模式。萜类生物合成途径中的酶基因一般由基因家族构成(Ma et al.，2012)，同一家族的基因具有不同的表达模式。在不同的植物、同种植物不同品系、不同生长发育阶段、不同的组织和不同的细胞中，很多基因的表达各不相同，使得基因功能趋异。譬如，在丹参萜类合成途径下游就存在同工酶表达模式不同、功能不同的情况。Ma 等(2012)分析发现丹参 CPS 家族至少包括 5 个 CPS 基因。经原核表达、纯化、体外生化反应、质谱分析等方法确认，SmCPS1 主要是在根中环化 GGPP 形成柯巴基焦磷酸(copalyl pyrophosphate，CPP)；SmCPS2 的生化功能与 SmCPS1 相同，不过它主要在丹参的地上部分发挥作用；SmCPS4 参与花萼中一种泪柏醚(ent-13-epi-manoyl oxide)的合成；保守的 SmCPS5 则主要是参与合成植物激素赤霉素(Gao et al.，2009；Cui et al.，2015)。

### 二、内部因子对萜类合成的调控

#### (一)生物节律

生物节律又称生物钟，是一种生物内在的、复杂而精细的生理调节系统。很多植物都具有生物节律现象，例如，牵牛花每天早晨开花、夜晚花瓣关闭；植物每年秋天落叶等。生物节律使植物可以根据外界环境的周期性变化来协调自身的新陈代谢及各种生理过程，从而与环境保持同步。它是植物与环境长期生存斗争过程中进化而来的一种适应性机制，在植物生命过程中扮演着非常重要的角色(门中华和李生秀，2009)。用同位素示踪和GC-MS的方法检测金鱼草(snapdragon)花中单萜和倍半萜的释放情况，Dudareva等(2005)发现植物萜类的合成受生物节律调控。金鱼草中挥发性的单萜和倍半萜经质体产生的IPP中间体合成。花瓣中这些萜类的释放有明显的昼夜节律性。用磷胺霉素阻断MEP途径，挥发萜类释放的节律性消失(Dudareva et al.，2005)。节律性的波动能够减少不必要的物质和能量消耗，提高生产力和生物量，大大增强植物的生存和竞争能力，从而使植物在环境应答反应中受益(Doddan et al.，2005；Nozue et al.，2007；Covington et al.，2008；徐小冬和谢启光，2013)。

### (二)转录因子

转录因子能够像开关一样在转录水平控制基因的表达，从而发挥重要的调控作用，影响生物的发育进程(Sun and Oberley，1996；Ambawat et al.，2013)。转录因子的种类很多，其中参与调控萜类生物合成的有WRKY、MYB、AP2、SPL等(张林甦，2015)。其中，WRKY是最大的转录因子家族之一。通过与不同的蛋白互作，一个WRKY可以抑制或者激活多个相互独立的生物学过程(Rushton et al.，2010)。研究表明，长春花的根中过表达转录因子CrWRKY1后，具有抗癌作用的中间体化合物萜类吲哚生物碱蛇根碱(serpentine)的含量增加3倍(Suttipanta et al.，2011)。分析其中可能的作用机制时，Suttipanta等(2011)发现，CrWRKY1通过与ORCA3、CrMYC2、ZCTs等其他转录因子相互作用，使蛇根碱在根部特异地累积。MYB是另一大类转录因子。它参与信号转导与次生代谢物的生物合成有关。丹参含有至少110个R2R3-MYB，部分成员具有种属特异性。另外，有些MYB受miR159、miR319、miR828和miR858等miRNA的调控，与miRNA一起构成复杂的生物活性物质生物合成调控网络(Li and Lu，2014)。

### (三)miRNA和长非编码RNA

近些年关于miRNA和长非编码RNA在转录后水平的调控研究可谓如火如荼。这些过去被认为是"噪声或垃圾"RNA的物质因为其在动植物生命过程中广泛、复杂而精准的调控作用越来越受重视。对木槿的根、叶、花和子房进行miRNA测序和分析后，发现33个保守的和30个新的miRNA家族，其中miR477可切割萜类合酶基因*HsTPS12*，暗示miR477可能参与调控萜类的生物合成(Kim et al.，2017)。苍耳的毛状体中含有大量的苍耳素等萜类化合物。对苍耳的叶和腺体毛状体进行miRNA测序，发现miR6435、miR5021和miR1134可能参与萜类化合物生物合成的调控(Fan et al.，2015)。长非编码RNA参与RNA指导的DNA甲基化过程，调控基因表达，影响基因组稳定，并在核的自组装中发挥作用。毛地黄(Wu et al.，2012)、丹参(Li et al.，2015)和人参(Wang et al.，2015)等药用植物的长非编码RNA已经被鉴定，其中毛地黄*mlncR8*和*mlncR31*可能参与调控萜类化合物的生物合成(Wu et al.，2012)。

## 三、外部因子对萜类合成的影响

### (一)环境因子

　　光照、温度、湿度、土壤、空气等环境因素都可影响萜类的合成。光照是 MEP 途径中最主要的影响因素。拟南芥的幼苗叶片在受到光照时，MEP 途径一些基因的转录水平会提高(Hsien et al.，2003)。拟南芥发芽过程中，光线对 IPP 的转化或交换也有很大影响(Rodriguez-Concepcion et al.，2004)。杂交白杨中萜类的释放与光照强度呈正相关，高浓度 $CO_2$ 抑制萜类释放，低浓度 $O_2$ 可能增加或抑制萜类释放。这些变化都随植物体内 DMAPP 含量的变化而变化，说明萜类的合成(DMAPP 积累量)受光合作用能量代谢的影响(Rasulov et al.，2009)。太阳花和山毛榉中萜类挥发物的产生和释放也与温度及光照相关(Schuh et al.，1997)。萜类的释放对轻度干旱不敏感，但当植物的碳同化作用降低到某个阈值时，萜类的释放率会增加，此时电子传递和碳同化作用持续进行着，当达到严重干旱程度时，因碳的利用受限制，MEP 萜类合成途径受阻(Dani et al.，2014)。此外，热胁迫和机械损伤可以诱导江南卷柏中鲨烯的合成(姜一凡，2012)。环境因子对萜类合成的影响从一个侧面也说明植物可通过控制次生代谢物的合成来适应环境。

### (二)诱导子

　　诱导子(elicitor)是指能诱导生物响应某些刺激产生特定目的物质的因素，可分为生物诱导子和非生物诱导子。生物诱导子主要包括真菌、细菌、病毒等病原菌，以及细胞壁水解产物等植物细胞成分。非生物诱导子主要是起诱导作用的理化因子，包括水杨酸(salicylicacid，SA)、茉莉酸(jasmonic acid，JA)、茉莉酸甲酯(methyljasminate，MeJA 或 MJ)、稀土元素及重金属盐等(李文渊等，2012)。诱导子种类多，作用机制复杂，人们对其了解还比较宽泛。通常认为，诱导子作为第一信使，与植物细胞壁上的某些位点结合，被识别后被吸收进入细胞，并转移到细胞核中，进而影响一系列基因的表达，或者进入细胞后与膜上的受体结合，激活第二信使级联系统，间接激活特异基因。此过程涉及几种信号途径的转导和放大。参与植物次生代谢的信号分子主要有 JA、SA、乙烯(ETH)、过氧化氢($H_2O_2$)和一氧化氮(NO)等。这些诱导子通过信号转导招募了相关基因，从而影响萜类等次生代谢物的合成(Zhao et al.，2005)。在青蒿的悬浮培养细胞中添加适量的青蒿素前体甲瓦龙酸和诱导剂甲基茉莉酸后，可以生产出比对照组多出 5.93 倍的青蒿素(Baldi and Dixit，2008)。用甲基茉莉酸喷施青蒿植株 8d 后，青蒿中青蒿素含量提高了 49%，与此同时，合成青蒿素的前体物质都有不同程度的增加(Wang et al.，2010)。在欧洲红豆杉悬浮细胞中加入一定浓度的甲基茉莉酮酸酯，再培养 7d，紫杉醇合成途径中的牻牛儿基牻牛儿基焦磷酸合酶活力迅速上升，5d 后达到最高(Laskaris et al.，1999)。

### (三)病原菌侵染和动物啃食

　　植物受到病原菌侵染时会启动防御机制，产生次生代谢物就是其防御手段之一。有时这些防御机制的启动需要外界的帮助，根际细菌(根瘤菌)可以充当一类助手。当葡萄受到葡萄孢菌侵袭时：①接种过根瘤菌的葡萄的伤口直径小于未接种过根瘤菌的；②与根瘤菌共培养的葡萄能产生一些单萜、倍半萜和二萜，而没有根瘤菌的葡萄则不产生这些萜类；③与根瘤菌共同生长的葡萄叶子因为降低了氧的消耗而具有抗光氧化的能力，也就是抗氧化的作用提高了。从这个例子可以看出，根瘤菌通过触发植物萜类的积累来对抗病原菌的侵袭，此外萜类的增加还使植物的抗氧化能力增强(Salomon et al.，2016)。当草食性昆虫或螨虫攻击植物时，植物会通过产生一些挥发性物质(主要是萜类)来吸引这些昆虫或螨虫的天敌前来帮忙。当杨树被食草动物舞毒蛾啃食后，可能通过茉莉酸信号介导，11 个 *TPS* 基因的表达量显著增加，杨树叶产生高浓度的挥发性萜类，进而帮助舞毒蛾的天敌找到猎物(Irmisch et al.，2014)。这个例子为害虫侵袭、信号分子、基因表达、萜类合成和吸引害虫天敌等一系列事件做出了合理、有趣的解释。

# 第四节　药用植物萜类活性成分研究的前景

萜类虽然种类繁多，但是作为次生代谢产物，其在植物体内的含量通常不高，有的甚至很低。对于一些经济价值高的萜类，由于植物资源的日益匮乏和对其需求量的增加，供需矛盾越来越突出。科研人员在努力提高植物品质的同时，正研究利用生物工程技术在植物体外生产萜类化合物。

我国幅员广阔，各地的气候、土壤条件各不相同，要想种植出质量合格、主要成分含量稳定的药材，必须采取合适的栽培技术，选育优良品种，必要时还需采取分子育种等措施以获得高品质的药源植物。例如，通常情况下白花丹参的丹参酮含量高于紫花丹参。丹参在山东等地较易种植，丹参酮、丹酚酸的含量也较高，但在苏北地区却存在丹参酮含量偏低的情况。要根据药用目的和引种数据等对比筛选合适的品种，根据植物不同生长时期对不同营养物质的需求进行科学栽培和管理(刘德辉等，2004)。随着分子生物学的发展，转基因技术可用于分子育种(张祥道和孟祥兵，2001)，而分子标记辅助育种和分子设计育种可用于药用植物品种选育(马小军和莫长明，2017)。

此外，还可利用生物工程技术生产萜类化合物。比较直接、简单的方法是通过摸索出合适的培养条件，利用细胞悬浮培养、植物组织培养的手段来获得萜类等次生代谢物。培养过程中选择合适的诱导子，以提高萜类化合物在培养物中的含量(沈双，2011)，或选择合适的生物反应器以自动化培养细胞或组织，批量生产萜类等物质。用微生物或酵母生产萜类的代谢工程已有一些成功的例子。以青蒿酸作为青蒿素的前体，就是用微生物生产青蒿素的有益尝试(Chen et al.，2015)。用多元化模块代谢工程技术，在大肠杆菌工程菌中生产紫杉醇的中间产物紫杉烯，浓度可以接近 1g/L(Ajikumar et al.，2010)。通过在真核生物酿酒酵母中过量表达 *HMGR* 基因，可以使芳樟醇的产量翻倍(Rico et al.，2010)。

要想建立一个成功的代谢工程体系，有很多方面需要考虑。首先，宿主菌的选择至关重要。有的植物萜类涉及多个酶、多步修饰反应，包括结合在细胞膜上的 P450 的修饰。例如，青蒿酸在大肠杆菌中的产量为毫克级，而在酿酒酵母中可以获得浓度高达 25g/L

的产物(Paddon et al., 2013)。其次,要考虑基因的组装。通常在大肠杆菌中可以组装 7 个基因(总共 9kb),而在酵母中可以组装 12 个 DNA 组件。在组装的同时,还应考虑去掉产生副产物的其他基因。再次,要保证充足的 IPP 及其同分异构体 DMAPP 等前体的供应,同时还应考虑代谢平衡的问题,避免一些有害中间产物的积累,使前体物质的量和终产物的量之间达到最佳比例。最后,还要考虑各种酶之间的空间耦合、辅因子的影响等多种因素。这些需要考虑的因素可以借助计算机进行组学量化及优化(Chen et al., 2015)。

总之,萜类作为自然界中种类最多的化合物,对自然环境、生态及人类都具有重要的意义。随着对药用植物萜类化合物的生物合成及其调控机制研究的深入,更多萜类合成相关基因将被发现和解读。人们将知道萜类化合物的合成是如何被外界非生物因素影响的,又是怎样被转录因子、miRNA 或长非编码 RNA 调控的。人们对萜类代谢途径的了解和认识越多,越容易将这些知识应用于实践,生产出高品质的药材,或在植物体外建立高效、稳定的萜类代谢工程平台,满足人类对萜类化合物不断增长的需求。

# 参 考 文 献

陈晓锋, 唐礼江, 朱敏, 等. 2007. 丹参酮 IIA 对外周血内皮祖细胞增殖、粘附和迁移功能的影响. 中国药理学通报, 23: 274-275.

姜一凡. 2012. 五种园林植物与花香及胁迫防御相关的挥发性萜类物质的调控与合成. 西北农林科技大学博士学位论文: 5-35.

李成林, 叶于薇. 1978. 关于皂苷的溶血作用的试验. 中国医药工业杂志, (6): 28-30.

李隆敏, 周樱, 邵幸署. 1996. 丹参酮防治绝经后骨质疏松. 中国骨质疏松杂志, 2: 78-80.

李文渊, 高伟, 赵静, 等. 2012. 基于茉莉酸甲酯诱导的丹参毛状根酚酸类成分次生代谢机制研究. 中国中药杂志, 37: 13-16.

梁宗锁, 方誉民, 杨东风. 2017. 植物萜类化合物生物合成与调控及其代谢工程研究进展. 浙江理工大学学报(自然科学版), 37(2): 255-264.

刘德辉, 赵海燕, 严秀贵, 等. 2004. 苏北中药材种植基地栽培丹参质量评析及改善对策. 中草药, 35: 1426-1428.

刘攀峰, 杜红岩, 乌云塔娜, 等. 2012. 杜仲 1-脱氧-D-木酮糖-5-磷酸还原异构酶基因 cDNA 全长克隆与序列分析. 林业科学研究, 25: 195-200.

刘永刚, 李芳哲. 2001. 丹参酮 IIA 对小鼠肝损伤的保护作用. 中药材, 24: 58.

马小军, 莫长明. 2017. 药用植物分子育种展望. 中国中药杂志, 11: 2021-2031.

门中华, 李生秀. 2009. 植物生物节律性研究进展. 生物学杂志, 26: 53-55.

沈双. 2011. 诱导子对丹参毛状根生长和丹参酮含量的影响. 西北农林科技大学硕士学位论文.

汪远超, 李明炀, 汪豪, 等. 2015. 卫矛科木栓烷型三萜类化学成分及药理活性. 现代中药研究与实践, (2): 73-79.

王佳丽, 王秀, 夏泉, 等. 2014. 莪术油中 3 种倍半萜类化合物对肝癌 HepG2 细胞增殖抑制作用的研究. 中成药, 36: 1535-1539.

王凌健, 方欣, 杨长青, 等. 2013. 植物萜类次生代谢及其调控. 中国科学: 生命科学, 43: 1030-1046.

王宁生, 梁美容. 1994. 冰片 "佐使则有功" 之实验研究. 中医杂志, (1): 16-17.

吴继洲, 孔令义. 2008. 天然药物化学. 北京: 中国医药科技出版社: 24-258.

徐小冬, 谢启光. 2013. 植物生物钟研究的历史回顾与最新进展. 自然杂志, 35: 118-126.

张长波, 孙红霞, 巩中军, 等. 2007. 植物萜类化合物的天然合成途径及其相关合酶. 植物生理学通讯, 43: 779-786.

张林甦. 2015. 丹参次生代谢相关基因的克隆与鉴定. 贵州大学博士学位论文.

张夏楠, 郭娟, 申业, 等. 2102. 一个新的丹参 3-羟基-3-甲基戊二酰辅酶 A 还原酶 3 基因的克隆及其表达分析. 中国中药杂志, 37: 2378-2382.

张祥道, 孟祥兵. 2001. 植物分子育种方法研究进展. 生命科学研究，5: 165-169.

张晓东, 赵静, 李彩霞, 等. 2014. 滇龙胆 1-脱氧-D-木酮糖-5-磷酸还原异构酶基因 GrDXR 的克隆、序列分析与原核表达. 中草药, 45: 2378-2384.

张旭东, 钟惠民. 2012. 大戟属植物化学成分及生理活性研究. 广州化工, 40: 110-112.

Ajikumar P K, Xiao W H, Tyo K E J, et al. 2010. Isoprenoid pathway optimization for taxol precursor overproduction in *Escherichia coli*. Science, 330: 70-74.

Ambawat S, Sharma P, Yadav N R, et al. 2013. MYB transcription factor genes as regulators for plant responses: an overview. Physiologe and Molecular Biology of Plants, 19: 307-321.

Baldi A, Dixit V K. 2008. Yield enhancement strategies for artemisinin production by suspension culture of *Artemisia annua*. Bioresource Technology, 99: 4609-4614.

Berthelot K, Estevez Y, Deffieux A, et al. 2012. Isopentenyl diphosphate isomerase: a checkpoint to isoprenoid biosynthesis. Biochimie, 94: 1621-1634.

Berthelot K, Estevez Y, Quiliano M, et al. 2016. HbIDI, SlIDI and EcIDI: a comparative study of isopentenyl diphosphate isomerase activity and structure. Biochimie, 127: 133-143.

Bohlmann J, Meyergauen G, Croteau, R. 1998. Plant terpenoid synthases-molecular biology and phylogenetic analysis. Proceedings of the National Academy of Sciences of the United States of America, 95: 4126-4133.

Caelles C, Ferrer A, Balcells L, et al. 1989. Isolation and structural characterization of a cDNA encoding *Arabidopsis thaliana* 3-hydroxy-3-methylglutaryl coenzyme A reductase. Plant Molecular Biology, 13: 627-638.

Cao R, Zhang Y, Mann F M, et al. 2010. Diterpene cyclases and the nature of the isoprene fold. Proteins, 78: 2417-2437.

Chappell J, Wolf F, Proulx J, et al. 1995. Is the reaction catalysed by 3-hydroxy-3-methylglutaryl coenzyme A reductase a rate-limiting step for isoprenoid biosynthesis in plants? Plant Physiology, 109: 1337-1343.

Chen F, Tholl D, Bohlmann J, et al. 2011. The family of terpene synthases in plants: a mid-size family of genes for specialized metabolism that is highly diversified throughout the kingdom. Plant Journal, 66: 212-229.

Chen X, Köllner T G, Jia Q, et al. 2016. Terpene synthase genes in eukaryotes beyond plants and fungi: occurrence in social amoebae. Proceedings of the National Academy of Sciences of the United States of America, 113: 12132-12137.

Chen Y, Zhou Y J, Siewers V, et al. 2015. Enabling technologies to advance microbial isoprenoid production. Advances in Biochemistry Engeering/Biotechnology, 148: 143-160.

Cordoba E, Salmi M, León P. 2009. Unravelling the regulatory mechanisms that modulate the MEP pathway in higher plants. Journal of Experimental Botany, 60: 2933-2943.

Covington M F, Maloof J N, Straume M. 2008. Global transcriptome analysis reveals circadian regulation of key pathways in plant growth and development. Genome Biology, 9: R130.

Cui G, Duan L, Jin B, et al. 2015. Functional divergence of diterpene syntheses in the medicinal plant *Salvia miltiorrhiza*. Plant Physiology, 169: 1607-1618.

Dai Z, Cui G, Zhou S F, et al. 2011. Cloning and characterization of a novel 3-hydroxy-3-methylglutaryl coenzyme A reductase gene from *Salvia miltiorrhiza* involved in diterpenoid tanshinone accumulation. Journal of Plant Physiology, 168: 148-157.

Dani K G S, Jamie I M L, Prentice I C, et al. 2014. Increased ratio of electron transport to net assimilation rate supports elevated isoprenoid emission rate in *Eucalypts* under drought. Plant Physiology, 166: 1059-1072.

Danner H, Boeckler G A, Irmisch S, et al. 2011. Four terpene synthases produce major compounds of the gypsy moth feeding-induced volatile blend of *Populus trichocarpa*. Phytochemistry, 72: 897-908.

Darabi M, Masoudi-Nejad A, Nemat-Zadeh G. 2012. Bioinformatics study of the 3-hydroxy-3-methylglotaryl-coenzyme A reductase (HMGR) gene in Gramineae. Molecular Biology Reports, 39: 8925-8935.

Davis E, Croteau R. 2000. Cyclization enzymes in the biosynthesis of monoterpenes, sesquiterpenes, and diterpenes. Topics in Current Chemistry, 209: 53-95.

Doddan S H, Kévei E, Tóth R, et al. 2005. Plant circadian clocks increase photosynthesis growth survival and competitive advantage. Science, 309: 630-633.

Du Q, Li C, Li D, et al. 2015. Genome-wide analysis, molecular cloning and expression profiling reveal tissue-specifically expressed, feedback-regulated, stress-responsive and alternatively spliced novel genes involved in gibberellin metabolism in *Salvia miltiorrhiza*. BMC Genomics, 16: 1087.

Dudareva N, Andersson S, Orlova I, et al. 2005. The nonmevalonate pathway supports both monoterpene and sesquiterpene formation in snapdragon flowers. Proceedings of the National Academy of Sciences of the United States of America, 102: 933-938.

Dudareva N, Martin D, Kish C M, et al. 2003. （E）-Beta-ocimene and myrcene synthase genes of floral scent biosynthesis in snapdragon: function and expression of three terpene synthase genes of a new terpene synthase subfamily. Plant Cell, 15: 1227-1241.

Enfissi E M A, Fraser P D, Lois L M, et al. 2005. Metabolic engineering of the mevalonate and non-mevalonate isopentenyl diphosphate-forming pathways for the production of health-promoting isoprenoids in tomato. Plant Biotechnology Journal, 3: 17-27.

Estévez J M, Cantero A, Reindl A, et al. 2001. 1-Deoxy-D-xylulose-5-phosphatesynthase limiting enzyme for plastidic isoprenoid biosynthesis in plants. Journal of Biology Chemistry, 276: 22901-22909.

Fan R, Li Y, Li C, et al. 2015. Differential microRNA analysis of glandular trichomes and young leaves in *Xanthium strumarium* L. reveals their putative roles in regulating terpenoid biosynthesis. PLoS ONE, 10: e0139002.

Fung P K, Krushkal J, Weathers P J, et al. 2010. Computational analysis of the evolution of 1-deoxy-d d-xylulose-5-phosphate reductoisomerase, an important enzyme in plant terpene biosynthesis. Chemistry & Biodiversity, 7: 1098-1110.

Gao W, Hillwig M L, Huang L. 2009. A functional genomics approach to tanshinone biosynthesis provides stereochemical insights. Organic Letters, 11: 5170-5173.

Gong Y, Liao Z, Chen M, et al. 2005. Molecular cloning and characterization of a 1-deoxy-D-xylulose 5-phosphate reductoisomerase gene from *Ginkgo biloba*. DNA Sequence, 16: 111-120.

Guo J, Ma X H, Cai Y, et al. 2016. Cytochrome P450 promiscuity leads to a bifurcating biosynthetic pathway for tanshinones. New Phytologist, 210: 525-534.

Guo J, Zhou Y J, Hillwig M L, et al. 2013. CYP76AH1 catalyzes turnover of miltiradiene in tanshinones biosynthesis and enables heterologous production of ferruginol in yeasts. Proceedings of the National Academy of Sciences of the United States of America, 110: 12108-12113.

Hsien M H, Chang C Y, Hsu S. 2003. First committed enzyme of the 2-C-methyl-D-erythriltol 4-phosphate pathway. Plant Physiology, 129: 1581-1591.

Irmisch S, Jiang Y, Chen F, et al. 2014. Terpene synthases and their contribution to herbivore-induced volatile emission in western balsam poplar （*Populus trichocarpa*）. BMC Plant Biology, 14: 270-285.

Kalita R, Patar L, Shashany A K, et al. 2015. Molecular cloning, characterization and expression analysis of 3-hydroxy-3-methylglutaryl coenzyme A reductase gene from *Centella asiatica* L. Molecular Biology Reports, 42: 1431-1439.

Kasahara H, Hanada A, Kuzuyama T, et al. 2002. Contribution of the mevalonate and methylerythritol phosphate pathways to the biosynthesis of gibberellins in *Arabidopsis*. Journal of Biological Chemistry, 277: 45188-45194.

Kim T, Park J H, Lee S, et al. 2017. Small RNA transcriptome of *Hibiscus syriacus* provides insights into the potential influence of microRNAs in flower development and terpene synthesis. Molecules and Cells, 40: 587-597.

Kim Y J, Lee O R, Oh J Y, et al. 2014. Functional analysis of 3-hydroxy-3-methylglutaryl coenzyme A reductase encoding genes in triterpene saponin-producing ginseng. Plant Physiology, 165: 373-387.

Lange B M, Croteau R. 1999. Isoprenoid biosynthesis via a mevalonate-independent pathway in plants: cloning and heterologous expression of 1-deoxy-D-xylulose-5-phosphate reductoisomerase from peppermint. Archives of Biochemistry and Biophysics, 365: 170-174.

Laskaris G, Bounkhay M, Theodoridis G. 1999. Induction of geranylgeranyl diphaosphate synthase activity and taxane accumulation in *Taxuns baccata* cell cultures after elicitation by methyl jasmonate. Phytochemistry, 50: 939-946.

Li C, Lu S. 2014. Genome-wide characterization and comparative analysis of R2R3-MYB transcription factors shows the complexity of MYB-associated regulatory networks in *Salvia miltiorrhiza*. BMC Genomics, 15: 277.

Li D, Shao F, Lu S. 2015. Identification and characterization of mRNA-like noncoding RNAs in *Salvia miltiorrhiza*. Planta, 241: 1131-1143.

Liang P H, Ko T P, Wang A H J. 2002. Structure, mechanism and function of prenyltransferases. European Journal of Biochemistry, 269: 3339-3354.

Liao Z H, Tan Q M, Chai Y R, et al. 2004. Cloning and characterization of the gene encoding HMG-CoA reductase from *Taxus* 9 media and its functional identification in yeast. Functional Plant Biology, 31: 73-81.

Liu J, Shen H M, Ong C N. 2000. *Salvia miltiorrhiza* inhibit cell growth and induces apoptosis in human hepatoma HePG2 cells. Cancer Letter, 153: 85-93.

Liu M, Lu S. 2016. Plastoquinone and ubiquinone in plants: biosynthesis, physiological function and metabolic engineering. Frontiers in Plant Science, 7: 1898.

Ma Y, Yuan L, Wu B, et al. 2012. Genome-wide identification and characterization of novel genes involved in terpenoid biosynthesis in *Salvia miltiorrhiza*. Journal of Experimental Botany, 63: 2809-2823.

MacKenzie T N, Sarver A, Chen Z, et al. 2013. Triptolide causes global changes in the microRNAome and transcriptome of pancreatic cancer cells. Pancreatology, 13: e51.

Newman J D, Chappell J. 1999. Isoprenoid biosynthesis in plant: carbon partitioning within the cytoplasmic pathway. Critical Reviews of Biochemistry and Molecular Biology, 34: 95-106.

Nozue K, Covington M F, Duek P D. 2007. Rhythmic growth explained by coincidence between internal and external cues. Nature, 448: 358-361.

Paddon C J, Westfall P J, Pitera D J, et al. 2013. High-level semi-synthetic production of the potent antimalarial artemisinin. Nature, 496: 528-532.

Pan J. 2010. RNA polymerase—an important molecular target of triptolide in cancer cells. Cancer Letter, 292: 149-152.

Pemberton T A, Chen M, Harris G G, et al. 2017. Exploring the influence of domain architecture on the catalytic function of diterpene synthases. Biochemistry, 56: 2010-2023.

Ramsay H, Rieseberg L H, Ritlandm K. 2009. The correlation of evolutionary rate with pathway position in plant terpenoid biosynthesis. Molecular Biology and Evolution, 26: 1045-1053.

Rasulov B, Hüve K, Välbe M. 2009. Evidence that light, carbon dioxide, and oxygen dependencies of leaf isoprene emission are driven by energy status in hybrid aspen. Plant Physiology, 151: 448-460.

Rico J, Pardo E, Orejas M. 2010. Enhanced production of a plant monoterpene by overexpression of the 3-hydroxy-3-methylglutaryl coenzyme A reductase catalytic domain in *Saccharomyces cerevisiae*. Micorbiology, 76: 6449-6454.

Rodriguez-Concepcion M, Fores O, Martinez-Garcia J F, et al. 2004. Distinct light-mediated pathways regulate the biosynthesis and exchange of isoprenoid precursors during *Arabidopsis* seedling development. Plant Cell, 16: 144-156.

Rohmer M, Knani M, Simonin P, et al. 1993. Isoprenoid biosynthesis in bacteria: a novel pathway for the early steps leading to isopentenyl diphosphate. Biochemical Journal, 295 (Pt2): 517-524.

Ruiz-Albert J, Cerda-Olmedo E, Corrochano L M. 2001. Genes for mevalonate biosynthesis in phycomyces. Molecular Genetics and Genomics, 266: 768-777.

Rushton P J, Somssich I E, Ringler P, et al. 2010. WRKY transcription factors. Trends in Plant Science, 15: 247-258.

Salomon M V, Purpora R, Bottini R, et al. 2016. Rhizosphere associated bacteria trigger accumulation of terpenes in leaves of *Vitis vinifera* L. cv. Malbec that protect cells against reactive oxygen species. Plant Physiology and Biochemistry, 106: 295-304.

Schrader J, Bohlmann J. 2015. Biotechnology of isoprenoids. Advances in Biochemical Engineering/Biotechnology, 148: 1-475.

Schiff P B, Fant J, Horaite S B. 1979. Promotion of microtubule assemble *in vitro* by taxol. Nature, 277: 665-666.

Schuh G, Heiden A C, Hoffmann T H. 1997. Emissions of volatile organic compounds from sunflower and beech: dependence on temperature and light intensity. Journal of Atmospheric Chemistry, 27: 291-318.

Sharkey T D, Yeh S, Wiberley A E, et al. 2005. Evolution of the isoprene biosynthetic pathway in kudzu. Plant Phsiology, 137: 700-712.

Shen Y Y, Wang X F, Wu F Q, et al. 2006. The Mg-chelatase H subunit is an abscisic acid receptor. Nature, 443: 823-826.

Skorupinska-Tudek K, Wojcik J, Swiezewska E. 2008. Polyisoprenoid alcohols—recent results of structural studies. Chemical Record, 8: 33-45.

Soto S, Serrano E, Humada M J, et al. 2015. Volatile compounds in the perirenal fat from calves finished on semiextensive or intensive systems with special emphasis on terpenoids. Grasasy Aceites, 66: e108.

Souret F F, Kim Y, Wyslouzil B E, et al. 2003. Scale-up of *Artemisia annua* L. hairy root cultures produces complex patterns of terpenoid gene expression. Biotechnology and Bioengineering, 83: 653-667.

Strømgaard K, Nakanishi K. 2004. Chemistry and biology of terpene trilactones from *Ginkgo biloba*. Angewandte Chemie International Edition in English, 43: 1640-1658.

Sun Y, Oberley L W. 1996. Redox regulation of transcriptional activators. Free Radical Biology and Medicine, 21: 335-348.

Suttipanta N, Pattanaik S, Kulshrestha M, et al. 2011. The transcription factor CrWRKY1 positively regulates the terpenoid indole alkaloid biosynthesis in *Catharanthus roseus*. Plant Physiology, 157: 2081-2093.

Thibodeaux C J, Liu H. 2017. The type II isopentenyl diphosphate: dimethylallyl diphosphate isomerase (IDI-2): a model for acid/base chemistry in flavoenzyme catalysis. Archives of Biochemistry and Biophysics, 632: 47-58.

Tholl D. 2006. Terpene synthases and the regulation, diversity and biological roles of terpene metabolism. Current Opinion in Plant Biology, 9: 297-304.

Tian W, Chen S Y. 2013. Recent advances in the molecular basis of anti-neoplastic mechanisms of oridonin. Chinese Journal of Integrative Medicine, 19: 315-320.

Turner G W, Croteau R. 2004. Organization of monoterpene biosynthesis in *Mentha*. Immunocytochemical localizations of geranyl diphosphate synthase, limonene-6-hydroxylase, isopiperitenol dehydrogenase, and pulegone reductase. Plant Physiology, 136: 4215-4227.

Veau B, Courtois M, Oudin A, et al. 2000. Cloning and expression of cDNAs encoding two enzymes of the MEP pathway in *Catharanthus roseus*. Biochimica et Biophysica Acta (BBA)—Gene Structure and Expression, 1517: 159-163.

Wang H, Ma C F, Li Z. 2010. Effects of exogenous methyl jasmonate on artemishinin bisosythesis and secondary metabolites in *Artemisia annua* L. Industrial Crops and Products, 31: 214-218.

Wang M, Wu B, Chen C, et al. 2015. Identification of mRNA-like non-coding RNAs and validation of a mighty one named MAR in *Panax ginseng*. Journal of Integrative Plant Biology, 57: 256-270.

Weng H, Huang H, Dong B, et al. 2014. Inhibition of miR-17 and miR20a by oridonin triggers apoptosis and reverses chemoresistance by derepressing BIM-S. Cancer Research, 74: 4409-4419.

Wink M. 2010. Annual Plant Reviews Volume 40: Biochemistry of plant secondary metabolism. 2nd. Chichester: Wiley-Blackwell: 1-19.

Wu B, Li Y, Yan H, et al. 2012. Comprehensive transcriptome analysis reveals novel genes involved in cardiac glycoside biosynthesis and mlncRNAs associated with secondary metabolism and stress response in *Digitalis purpurea*. BMC Genomics, 13: 15.

Wu S, Shi M, Wu J. 2009. Cloning and characterization of the 1-deoxy-D-xylulose-5-phosphate reductoisomerase gene for diterpenoid tanshinone biosynthesis in *Salvia miltiorrhiza* (Chinese sage) hairy roots. Biotechnology and Applied Biochemistry, 52: 89-95.

Xing S, Miao J, Li S, et al. 2010. Disruption of the 1-deoxy-D-xylulose-5-phosphate reductoisomerase (DXR) gene results in albino, dwarf and defects in trichome initiation and stomata closure in *Arabidopsis*. Cell Research, 20: 688-700.

Yao H, Gong Y, Zuo K, et al. 2008. Molecular cloning, expression profiling and functional analysis of a *DXR* gene encoding 1-deoxy-D-xylulose -5-phosphate reductoisomerase from *Camptotheca acuminata*. Journal of Plant Physiology, 165: 203-213.

Zhang L, Lu S. 2017. Overview of medicinally important terpenoids produced by plastids. Mini-Reviews in Medicinal Chemistry, 17: 988-1001.

Zhao J, Davis L C, Verpoorte R. 2005. Elicitor signal transduction leading to production of plant secondary metabolites. Biotechnology Advances, 23: 283-333.

# 第八章　苯丙烷类活性成分及其生物合成

依据生物合成的起源(biosynthetic origin)，苯丙烷类化合物(phenylpropanoid)是一大类来源于芳香族氨基酸苯丙氨酸(phenylalanine)或者酪氨酸(tyrosine)的植物次生代谢产物(Winkel，2004)。在结构上，其通常是一个或多个 C6-C3 单元(一个苯环加上三个碳原子的丙烷侧链)的衍生物。苯丙烷类化合物主要包括黄酮类(flavonoid)、木质素单体类(monolignol)、酚酸类(phenolic acid)、香豆素类(coumarin)及芪类(stilbene)(图 8-1)(Dixon and Paiva，1995；Noel et al.，2005；Vogt，2010)。苯丙烷类化合物在植物界中广泛分布，发挥多种生理功能。在植物体内，其充当结构多聚物，如木质素的基本组分，为植物提供机械支撑(Wang et al.，2013)；使植物的花、果实、种子、茎和叶呈现多种颜色，有助于吸引昆虫传粉和种子传播(Shi and Xie，2014)；充当信号传递分子来介导植物与其他植物或微生物的相互作用，如化感、诱导根瘤菌等(Dastmalchi and Dhaubhadel，2015)；充当保护剂来抵抗强光及紫外线辐射和其他非生物胁迫(Petrussa et al.，2013)；充当植物抗毒素来抵抗食草动物和病菌威胁(Dixon and Paiva，1995)。总之，苯丙烷类化合物对于植物的正常生长发育是不可缺少的。此外，苯丙烷类化合物也具有广泛的药用价值，可在人体内发挥抗氧化、抗菌、抗炎、抗癌、抗衰老、抗糖尿病及抗心脑血管疾病等多种药理活性，是多种药用植物的药效物质基础(Yang et al.，2016)。例如，丹参(*Salvia miltiorrhiza*)、黄芩(*Scutellaria baicalensis*)、银杏(*Ginkgo biloba*)、金银花(*Lonicera japonica*)、淫羊藿(*Epimedium brevicornu*)、葛根(*Pueraria lobata*)、何首乌(*Fallopia multiflora*)、虎杖(*Polygonum cuspidatum*)等药用植物中的重要活性成分就属于苯丙烷类化合物(表 8-1)。

随着现代生物学技术的快速发展，苯丙烷类化合物的生物合成途径研究取得了重要进展。总的来说，其生物合成可以分成两个阶段：苯丙烷代谢总途径(general phenylpropanoid pathway，GPP)和特异性分支途径(specific branch pathway)。GPP 起始于初生代谢莽草酸途径(shikimic acid pathway)生成的苯丙氨酸或酪氨酸，终止于对香豆酰辅酶 A(*p*-coumaroyl-CoA)的生成，是大部分苯丙烷类化合物所共有的初始途径(Vogt，2010)。特异性分支途径是以 GPP 代谢途径中产生的肉桂酸(cinnamic acid)、对香豆酸(*p*-coumaric acid)或香豆酰辅酶 A 为前体物质，在不同酶的催化作用下，产生特异的某一类苯丙烷类化合物的途径，主要包括黄酮、木质素单体、酚酸、香豆素和芪类分支途径(Vogt，2010；Yang et al.，2016)。下面我们将对苯丙烷类化合物的结构、功能、生物合成途径及其中的关键酶进行简单介绍。

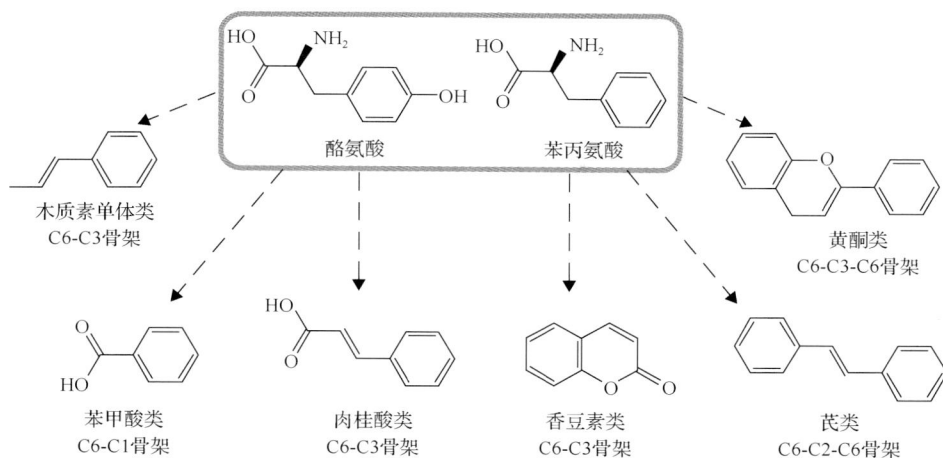

图 8-1　苯丙烷类化合物的主要分类及其基本骨架

苯丙烷类化合物是一大类来源于芳香族氨基酸苯丙氨酸或者酪氨酸的植物次生代谢产物，主要包括黄酮类、木质素单体类、酚酸类、香豆素类及芪类。其中，酚酸类依据骨架又可以划分为苯甲酸类和肉桂酸类

表 8-1　富含苯丙烷类化合物的代表性药用植物

| 药用植物 | 拉丁名 | 科 | 代表性成分 | 类型 | 主要药理学功能 |
|---|---|---|---|---|---|
| 黄芩 | *Scutellaria baicalensis* | 唇形科 | 黄芩苷、汉黄芩素、黄芩素 | 黄酮类 | 抗菌、消炎 |
| 广藿香 | *Pogostemon cablin* | 唇形科 | 芹菜素、金丝桃苷、3-芹菜素-7-葡萄糖苷 | 黄酮类 | 抗病原微生物等 |
| 甘草 | *Glycyrrhiza uralensis* | 豆科 | 甘草素、甘草苷、异甘草素、异甘草苷、光甘草素等 | 黄酮类 | 保肝、抗菌、抗病毒、抗肿瘤 |
| 黄芪 | *Astragalus membranaceus* | 豆科 | 毛蕊异黄酮苷、芒柄花苷 | 黄酮类 | 增强免疫力、抗心肌缺血、保肝、抗炎、抗突变、抗氧化、清除自由基、抑制动脉粥样硬化 |
| 苦参 | *Sophora flavescens* | 豆科 | SophoraflavecromaneA, B,C | 黄酮类 | 清热燥湿、杀虫、利尿，多用于皮肤病和妇科疾病 |
| 山豆根 | *Sophora tonkinensis* | 豆科 | 广豆根素、广豆根酮 | 黄酮类 | 多用于治疗急慢性咽炎 |
| 葛根 | *Pueraria lobata* | 豆科 | 葛根素、大豆苷、大豆素、染料木黄酮 | 黄酮类 | 缓解心绞痛、抗心律失常、抗氧化、降血糖、增强机体免疫力等 |
| 红花 | *Carthamus tinctorius* | 菊科 | 山柰酚、槲皮素及其苷类 | 黄酮类 | 保护心脑血管，有效防治心脑血管疾病 |
| 银杏 | *Ginkgo biloba* | 银杏科 | 银杏双黄酮、异银杏双黄酮、去甲银杏双黄酮、槲皮素、山柰酚、异鼠李素等 | 黄酮类 | 扩张血管、增加冠脉及脑血管流量、降低血黏度、改善脑循环，在心脑血管的治疗中具有显著疗效 |
| 淫羊藿 | *Epimedium brevicornu* | 小檗科 | 淫羊藿苷 | 黄酮类 | 补药，抗风湿性关节炎，在临床中用于治疗阳痿、尿频/尿急、冠心病、慢性支气管炎和神经衰弱 |

续表

| 药用植物 | 拉丁名 | 科 | 代表性成分 | 类型 | 主要药理学功能 |
|---|---|---|---|---|---|
| 水飞蓟 | *Silybum marianum* | 菊科 | 水飞蓟素 | 黄酮类 | 抗肝纤维化、抗肾小管间质纤维化、抗肿瘤、抗炎及治疗糖尿病 |
| 半枝莲 | *Scutellaria barbata* | 唇形科 | 野黄芩苷、芹菜素、黄芩苷、木犀草素 | 黄酮类 | 清热解毒、活血化瘀、利尿消肿 |
| 酸橙 | *Citrus aurantium* | 芸香科 | 柚皮苷、橙皮苷、柚皮素及橙皮素 | 黄酮类 | 具有雌激素样及抗雌激素样活性，此外，其也具有抗肿瘤、抗氧化、抗炎、降脂、抗血小板凝聚、抗动脉粥样硬化、舒张血管等多种功能 |
| 厚叶算盘子 | *Glochidion hirsutum* | 大戟科 | 3-*O*-（3-methylgalloyl）catechin，3-*O*-（3-methylgalloyl）gallocatechin，3-*O*-galloylgallocatechin，gallocatechin，catechin | 黄酮类 | 具有收敛固脱、祛风消肿功效，可治疗风湿、脱肛、跌打损伤和子宫下垂等病症 |
| 儿茶 | *Acacia catechu* | 豆科 | 儿茶素和表儿茶素 | 黄酮类 | 具有抗氧化、抗腹泻、抗炎、抗肿瘤、抗细菌、抗高血糖及保护心脑器官等多种药理作用 |
| 石菖蒲 | *Acorus tatarinowii* | 天南星科 | 细辛醚 | 苯丙烯类 | 抗癫痫、保护神经细胞、抗血栓形成、改善血液流变量、保护心肌细胞、杀虫灭菌 |
| 丁香 | *Eugenia caryophyllata* | 桃金娘科 | 丁香酚 | 苯丙烯类 | 解热镇痛、抗炎、麻醉、抗菌、抗氧化、抗肿瘤 |
| 丹参 | *Salvia miltiorrhiza* | 唇形科 | 迷迭香酸、丹酚酸 A、丹酚酸 B、丹酚酸 C、紫草酸、丹参素 | 酚酸类 | 能够抗氧化、抗菌、抗病毒，在临床中用于治疗和预防心血管病、脑血管病、高脂血症和急性缺血性脑卒中 |
| 金银花 | *Lonicera japonica* | 忍冬科 | 绿原酸、木犀草素、木犀草苷 | 酚酸类和黄酮类 | 清热解毒，多用于治疗细菌感染、感冒等症 |
| 菊花 | *Dendranthema morifolium* | 菊科 | 绿原酸、山柰酚-7-*O*-葡萄糖苷、芹菜素-7-*O*-β-D-葡萄糖苷、木犀草素-7-*O*-β-D-葡萄糖苷 | 酚酸类和黄酮类 | 具有杀菌抗炎、抗病毒、抗肿瘤、抗氧化衰老、抗寄生虫、增强心血管功能、调节胆固醇、增强机体免疫力等药理作用 |
| 五味子 | *Schisandra chinensis* | 木兰科 | 五味子素、去氧五味子素、γ-五味子素、五味子醇 | 木脂素类 | 具有保护肝脏和解毒、改善肝功能、抗氧化、增强对抗癌药物的敏感性及中枢神经镇静作用 |
| 连翘 | *Forsythia suspensa* | 木犀科 | 连翘苷、连翘脂素、松脂素 | 木脂素类 | 具有抗氧化、抗衰老、抗炎和抗肝损伤作用 |
| 北细辛 | *Asarum heterotropoides* | 马兜铃科 | l-细辛脂素、l-芝麻脂素 | 木脂素类 | 解热镇痛、抗菌 |
| 菘蓝 | *Isatis indigotica* | 十字花科 | 落叶松树脂醇 | 木脂素类 | |
| 何首乌 | *Fallopia multiflora* | 蓼科 | 二苯乙烯苷 | 芪类 | 降血脂、抗衰老、保护心血管及抗动脉粥样硬化等 |

续表

| 药用植物 | 拉丁名 | 科 | 代表性成分 | 类型 | 主要药理学功能 |
|---|---|---|---|---|---|
| 虎杖 | *Polygonum cuspidatum* | 蓼科 | 白藜芦醇和虎杖苷 | 芪类 | 白藜芦醇有降血脂、抑制血小板活性作用，对动脉粥样硬化和冠心病有保护作用，还有明显的预防癌症作用；虎杖苷有扩张细动脉、抑制血小板聚集、镇咳、抗脂质过氧化作用 |
| 滨蒿 | *Artemisia scoparia* | 菊科 | 滨蒿内酯 | 香豆素类 | 降压调脂、保肝利胆、控制血糖、免疫抑制、抗辐射和抗哮喘 |
| 茵陈蒿 | *Artemisia capillaries* | 菊科 | 滨蒿内酯 | 香豆素类 | 降压调脂、保肝利胆、控制血糖、免疫抑制、抗辐射和抗哮喘 |
| 苦枥白蜡树 | *Fraxinus rhynchophylla* | 木犀科 | 七叶内酯、七叶苷 | 香豆素类 | 清除自由基、抑制平滑细胞增生、抗肿瘤等 |
| 蛇床 | *Cnidium monnieri* | 伞形科 | 蛇床子素 | 香豆素类 | 雌激素样作用、显著的降血脂作用、抗炎及心脑血管保护等多种功能 |
| 补骨脂 | *Psoealea corylifolia* | 豆科 | 补骨脂素、异补骨脂素 | 香豆素类 | 抗癌、抗骨质疏松、保护和调节神经系统及雌激素样作用 |
| 白花前胡 | *Peucedanum praeruptorum* | 伞形科 | 白花前胡丙素、白花前胡苷Ⅱ、北美芹素 | 香豆素类 | 散风清热、降气化痰，在临床中多用于治疗风热感冒、咳嗽痰多、痰热喘满、咳痰黄稠等 |
| 紫花前胡 | *Peucedanum decursivum* | 伞形科 | 紫花前胡素、紫花前胡醇、紫花前胡香豆素Ⅰ | 香豆素类 | 具有散风清热、降气化痰的功效，在临床中多用于治疗风热感冒、咳嗽痰多、痰热喘满、咳痰黄稠等 |

# 第一节　苯丙烷类化合物的结构及功能

## 一、黄酮类

黄酮类化合物是一类广泛存在于药用植物中的次生代谢产物，其基本骨架 C6-C3-C6 由两个苯环(A 环与 B 环)通过中间三个碳原子(C 环)相互连接而成(图 8-2)。根据中间三个碳原子(C 环)的饱和程度、氧化程度和置换程度等的不同，天然的黄酮类化合物主要可以分为黄酮(flavone)、黄酮醇(flavonol)、二氢黄酮(flavanone)、二氢黄酮醇(dihydroflavonol/flavanonol)、异黄酮(isoflavone)、橙酮(aurone)、花青素(anthocyanidin)和黄烷醇(flavanol，包括黄烷-3-醇和黄烷-3,4-二醇等)(Petrussa et al.，2013)(图 8-2)。此外，在各种类型的黄酮类化合物中，黄酮骨架 A 环和 B 环上的不同修饰，如羟基化、O-/C-糖苷化、O-甲基化、乙酰化及异戊烯基化等，使天然存在的黄酮类化合物的种类更加丰富。

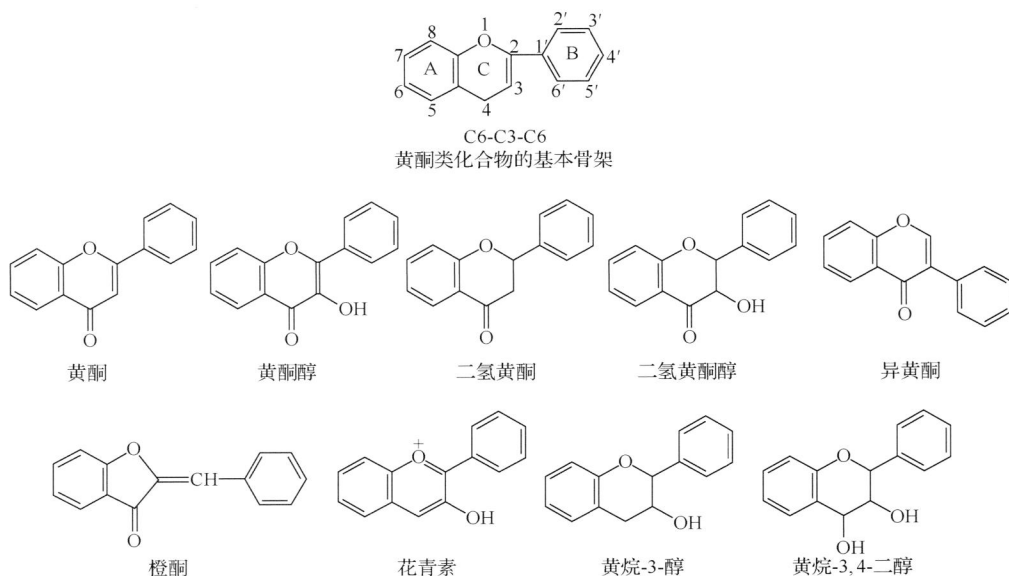

C6-C3-C6
黄酮类化合物的基本骨架

黄酮　　黄酮醇　　二氢黄酮　　二氢黄酮醇　　异黄酮

橙酮　　　　花青素　　黄烷-3-醇　　黄烷-3,4-二醇

图 8-2　黄酮类化合物的基本骨架及主要结构类型

## (一)黄酮

黄酮化合物的化学特征是基本骨架上 C-2 与 C-3 位之间存在双键，B 环附着在 C-2 位上，C-3 位无含氧取代基(图 8-2)。黄酮在植物界普遍存在，数目庞大，大约占已报道的黄酮类化合物总数的 1/4(Martens and Mithöfer，2005)。黄酮在植物的生命活动中发挥重要功能，可保护植物抵抗紫外线辐射和氧化胁迫。黄酮在物种之间的相互作用包括植化相克(allelopathy)、诱导根瘤菌、抵抗病原菌等。黄酮还是一类重要的共色剂，能够与花青素形成复合体，使植物的颜色更加稳定和鲜艳(Martens and Mithöfer，2005)。黄酮具有重要的药理活性，在哺乳动物体内发挥抗氧化、消炎、抗菌、抗病毒及抗癌等诸多功能，是多种药用植物的有效成分(Jiang et al.，2016)。例如，常用的清热解毒类药用植物黄芩中的药效成分为汉黄芩素(wogonin)和黄芩黄素(baicalein)等黄酮类化合物，它们具有显著的抗菌、消炎功能(Zhao et al.，2016)。半枝莲(*Scutellaria barbata*)中黄酮类化合物含量高，已报道的有野黄芩苷、芹菜素、黄芩苷和木犀草素等几十种黄酮类化合物，是半枝莲发挥清热解毒、活血化瘀、利尿消肿等功能的物质基础(Zhang et al.，2015)。

## (二)黄酮醇

黄酮醇的化学结构特点是在黄酮基本骨架的 C-3 位上连有羟基，因此也被称作 3-羟基黄酮。此外，黄酮醇的化学结构相比于黄烷醇，C 环上连有一个酮基(ketone group)(图 8-2)。需要注意不要将其英文名称 flavonol 与黄烷醇的英文名称 flavanol 混淆。

黄酮醇类化合物是自然界中含量最为丰富、分布最为广泛的一类黄酮，数目在已报道的黄酮类化合物中所占比例最大，大约占总数的 1/3。黄酮醇类具有多种重要的生理、生化、药理功能。在植物体内，黄酮醇可以调节生长调控激素植物生长素的运输，参与花粉的生长和发育，保护植物免受紫外线损伤。在动物体内，黄酮醇类化合物具有显著的抗氧化、抗炎、抗血管生成、抗恶性细胞增生及神经药理学功能（Petrussa et al.，2013）。黄酮醇类也是常见药用植物的药效基础物质，银杏、红花中均富含槲皮素和山奈酚等黄酮醇类化合物，其中山奈酚具有抗氧化、抗炎、抗溃疡、抗癫痫、解痉、抗癌、利胆、利尿和止咳等功能，而槲皮素具有降血糖、降血脂和抗自由基等作用（张芳芳，2006）。

### （三）二氢黄酮

二氢黄酮类化合物的结构与黄酮相似，但相比于黄酮，C-2、C-3 位双键被氢化（图 8-2）。二氢黄酮在自然界中的含量相对有限并且大多是其羟基化、甲氧基化、苄氧基化、异戊烯基化后的衍生物，属于微量黄酮类化合物。二氢黄酮作为黄酮生物合成途径中的重要中间体，具有强大的结构修饰潜力，已经成为目前药物开发及有机合成中的研究热点（杨柳阳和朱观明，2014）。此外，二氢黄酮类化合物也是多种药用植物的重要活性成分，具有杀菌、抗炎、抗肿瘤、抗 HIV 病毒、抗诱变及抗氧化等活性。例如，酸橙（*Citrus aurantium*）是传统理气类中药枳实、枳壳的基源植物，富含柚皮苷、橙皮苷、柚皮素和橙皮素等二氢黄酮类物质（Lu et al.，2006）。柚皮素和橙皮素具有雌激素样及抗雌激素样活性，也具有抗肿瘤、抗氧化、抗炎、降脂、抗血小板凝聚、抗动脉粥样硬化、舒张血管等多种功能（许冬梅，2007）。甘草中的药效成分甘草素、甘草苷也属于二氢黄酮类化合物。它们在抵抗结肠癌和前列腺癌等肿瘤中具有确切功能（Simmler et al.，2014；黄雨婷等，2017）。

### （四）二氢黄酮醇

二氢黄酮醇也被称作 3-羟基黄烷酮（3-hydroxyflavanone）。这类化合物常与相应的黄酮醇类化合物共存，化学结构也与黄酮醇相类似，均在黄酮基本母核的 C-3 位上有羟基，但相比于黄酮醇，二氢黄酮醇的 C-2 与 C-3 位之间不存在双键（图 8-2）。植物中存在三种最为常见的二氢黄酮醇，即二氢山奈酚（dihydrokaempferol）、二氢槲皮素（dihydroquercetin）和二氢杨梅素（dihydromyricetin）。这三类化合物的区别在于黄酮碳骨架 B 环上羟基的数目和空间分布。二氢山奈酚只含有一个存在于 C-4′位的羟基。二氢槲皮素拥有两个羟基，分别位于 C-3′和 C-4′位。二氢杨梅素拥有三个羟基，分别存在于 C-3′、C-4′和 C-5′位（Petrussa et al.，2013）。二氢黄酮醇不仅是黄酮醇和花青素合成过程中的重要中间体物质，也具有多种生物学活性，是多种药用植物的药效基础物质。具有抗癌、解毒、消肿、排脓和驱虫效果的皂角刺（*Gleditsiae spina*）中含有二氢山奈酚（Gao et al.，2016）。土茯苓（*Smilax glabra*）中的药效成分落新妇苷和新落新妇苷也属于二氢黄酮醇类（Zhou et al.，2009）。菊科植物水飞蓟（*Silybum marianum*）种子中活性物质水飞蓟素（silymarin）是二氢槲皮素与木质素单体松柏醇（coniferyl alcohol）缩合而成的复合物，在临床中广泛用于肝炎的治疗（刘志刚等，2012；Torres and Corchete，2016）。

### （五）异黄酮

异黄酮是一类主要存在于豆科植物中的特殊的黄酮类化合物。相比于一般黄酮类化合物的 B 环连接在 C 环的 C-2 位，异黄酮的 B 环连接在 C 环的 C-3 位上（图 8-2）。异黄酮类化合物在植物中负责调控生长素的转运，帮助植物抵抗病原微生物，诱导根瘤菌，促进根瘤形成(Dastmalchi and Dhaubhadel，2015)。在动物体内，异黄酮类化合物具有雌激素样作用。作为一种重要的植物雌激素，异黄酮具有抑制和协同的双向调节功能，能够促进女性雌激素的正常维持。此外，异黄酮类化合物具有抗肿瘤、抗氧化、抗溶血、抗血栓等方面的药理作用(孙君明和韩粉霞，2005)。多种药用植物中的异黄酮类化合物为药用活性成分。豆科植物黄芪中的异黄酮类化合物毛蕊异黄酮苷及其苷元毛蕊异黄酮具有抗病毒、诱导红细胞生成素表达、清除自由基和防止心肌缺血等作用(石剑，2016)。豆科植物葛根中的有效成分是葛根素、3-羟基葛根素、3-甲氧基葛根素、葛根素-木糖苷、大豆苷元、大豆苷、染料木苷及染料木素等异黄酮类化合物，具有抗衰老、增强记忆力、降血糖、降血脂、抗血栓、改善心血管疾病、增强免疫力等多种药理作用(程斯倩等，2013)。

### (六)橙酮

橙酮类化合物是黄酮结构异构体。其骨架中的 C 环是以一个呋喃杂环(heterocyclic furan)代替常见的吡喃杂环(heterocyclic pyrane)，并且呋喃杂环进一步与 A 环组成了苯并呋喃酮核心，橙酮的 B 环(苯环)通过碳-碳环外双键连接在苯并呋喃酮核心上(图 8-2)。根据 C-4 位是否存在羟基，橙酮可以进一步分为 4-脱氧橙酮(4-deoxyaurone)和 4-羟基橙酮(4-hydroxyaurone)。橙酮在自然界中的分布非常有限，主要存在于双子叶植物菊科(Asteraceae)、车前科(Plantaginaceae)、酢浆草科(Oxalidaceae)、苦苣苔科(Gesneriaceae)、蔷薇科(Rosaceae)、豆科(Fabaceae)、漆树科(Anacardiaceae)、鼠李科(Rhamnacea)、白花丹科(Plumbaginaceae)、茜草科(Rubiaceae)、仙人掌科(Cactaceae)和桑科(Moraceae)等植物中(Sato et al.，2001；Nakayama，2002；Molitor et al.，2015，2016)。此外，橙酮也存在于一些高等单子叶植物如莎草科(Cyperaceae)和苔藓植物中(Boucherle et al.，2017)。橙酮在植物中使花呈现亮黄色，有助于吸引昆虫传粉；具有抗氧化功能，保护植物抵御光损伤；发挥抗毒素功能，抵抗真菌、细菌的感染及食草动物的侵袭。在哺乳动物及人体内，橙酮发挥抗癌、抗炎、抗微生物、抗病毒等多种生物活性。由于其具有高利用度、合成简单、低毒性等特点，橙酮已经在抗癌药物的开发中受到广泛关注(Boucherle et al.，2017)。在药用植物中已经鉴定的橙酮类化合物有菊科植物两色金鸡菊(*Coreopsis tinctoria*)中的 6,7,3′,4′-四羟基橙酮等(Deng et al.，2017)。

### (七)花青素

花青素的化学结构特点是基本母核的 C 环无羰基，1 位氧原子以水合氢离子($H_3O^+$)的形式存在(图 8-2)。植物中常见的花青素有 6 种，包括矢车菊素/芙蓉花色素(cyanidin，Cy)、竺葵色素(pelargonidin，Pg)、翠菊素或飞燕草素(delphinidin，Dp)、锦葵色素(malvidin，Mv)、芍药色素(peonidin，Pn)和牵牛花色素(petunidin，Pt)。自然界中花青素极少以游离态存在，常与葡萄糖、鼠李糖、半乳糖和阿拉伯糖等通过糖苷键形成稳定的花色苷(anthocyanin)积累于植物细胞的液泡中，随液泡 pH 的不同而使植物呈现橙色、红色、粉色、蓝色和紫色等不同的颜色(Tanaka and Brugliera，2013)。花青素在植物体内发挥诸多生物学功能。首先，它赋予植物的花、果实、种子、茎和叶等以颜色，吸引传粉者，促进花粉和种子的传播。其次，花青素在植物逆境胁迫中发挥重要功能，保护植物免受紫外线的损伤，抵抗干旱、低温及病原菌侵袭等(Shi and Xie，2014)。在人体内，花青素也发挥多种健康促进作用。它具有抑制并清除自由基、抗氧化、抗辐射、抗肿瘤、抗过敏、抗衰老和提高心、脑血管活性等多种活性(Smeriglio et al.，2016)。其抗氧化活性是维生素 C 的 20 倍，维生素 E 的 50 倍。目前，花青素在药品、保健品、食品和化妆品等诸多领域都有广泛应用。维吾尔族的民间药材药桑甚(*Morus nigra*)和藏药黑果枸杞(*Lycium ruthenicum*)中均富含花青素(江岩等，2011；段雅彬等，2015)。

### (八)黄烷醇类

黄烷醇类的结构特点是在黄酮基本母核的 C 环上不具有羰基，但 C-3 或 C-4 位含有羟基。根据 C 环 C-3、C-4 位羟基的分布情况，黄烷醇类可以分为黄烷-3-醇类(flavan-3-ol)和黄烷-3,4-二醇类(flavan-3,4-diol)(图 8-2)。黄烷-3-醇类化合物只在 C-3 位含有羟基。依据其 C-2 与 C-3 位之间的立体异构情况(*cis-*或 *trans-*)，黄烷-3-醇类又可进一步分成两大类：2,3-*trans*-flavan-ol 和 2,3-*cis*-flavan-ol。植物中，黄烷-3-醇类化合物及其衍生物主要包括儿茶素(catechin)、表儿茶素没食子酸酯(epicatechin gallate)、表没食子儿茶素(epigallocatechin)、表没食子儿茶素没食子酸酯(epigallocatechin gallate)、茶黄素(theaflavins)、茶红素(thearubigin)和原花青素(proanthocyanidin，PA)。黄烷-3,4-二醇类又称为无色花色素类或白花色素类(leucoanthocyanidin)，在 C-3 和 C-4 位均含有羟基。自然界中的黄烷-3,4-二醇类主要包括无色矢车菊素(leucocyanidin)、无色飞燕草素(leucodelphinidin)和无色天竺葵素(leucopelargonidin)。作为花青素生物合成过程中的前体物质，黄烷-3,4-二醇类的化学性质比黄烷-3-醇活泼，容易发生缩聚反应，但在植物体内含量相对较少。

原花青素是由黄烷-3-醇单体，如儿茶素[2,3-*trans*-(+)-flavan-3-ol 类]和其异构体表儿茶素[2,3-*cis*-(−)-flavan-3-ol 类]缩合而成的聚多酚类化合物(Dixon et al.，2013)。因其在热酸-醇处理下能水解生成花色苷而被命名为原花青素。此外，由于原花青素的聚合体具有鞣性，表现出单宁的特征，因此也被称为缩合丹宁(condensed tannin，CT)(孙传范，2010；Dixon et al.，2013)。原花青素在自然界中分布广泛，常见于植物的种皮中，但也存在于植物的花、茎、叶中。原花青素在植物中发挥抗紫外线、抗虫、抗病、清除自由基、调节种子休眠和萌发等多种生理功能(彭清忠和谢德玉，2012)。此外，原花青素在人体内具有极强的抗氧化性，是一种良好的氧游离基清除剂和脂质过氧化抑制剂，具有抗癌、抗炎、抗过敏、抗高血压、抗衰老，以及预防心脑血管疾病、糖尿病、阿尔茨海默病等多种功效(Zhou et al.，2015)。因其显著的保健治疗作用，原花青素已广泛应用于食品、保健品、药品和化妆品等诸多领域。

目前，黄烷醇类化合物已在多种药用植物中被鉴定和发现。例如，具有收敛固脱、祛风消肿功效，可治疗风湿、脱肛、跌打损伤和子宫下垂等病症的大戟科植物厚叶算盘子(*Glochidion hirsutum*)中被分离鉴定出 5 个黄烷醇类化合物(杨金等，2007)。具有消食健脾、行气散淤功能的蔷薇科植物山楂(*Crataegus pinnatifida*)中的黄烷醇类化合物被证明具有延缓衰老的功能(陈洪雨，2013)。豆科植物儿茶(*Acacia catechu*)中主要含有儿茶素和表儿茶素，具有抗氧化、抗腹泻、抗炎、抗肿瘤、抗细菌、抗高血糖及保护心脑器官等多种药理作用(Stohs and Bagchi，2015)。

## 二、木质素单体及其衍生物

木质素单体，也被称作羟基肉桂醇单体(hydroxycinnamyl alcohol monomer)，是进一步形成木质素(lignin)和木脂素(lignan)的基础物质。自然界中有三种常见的木质素单体，包括香豆醇(*p*-coumaryl alcohol)、松柏醇和芥子醇(sinapyl alcohol)(图 8-3)。它们均含有C6-C3 骨架，但在苯环的 C-3 和 C-5 位的甲氧基化程度不同(Wang et al.，2013)。

图 8-3　木质素单体的基本骨架及主要结构类型

羟基肉桂醇单体通过脱氢聚合，会产生以醚键和碳碳键相互连接而成且含有(C6-C3)$_n$ 结构的高分子聚合物木质素，其中香豆醇、松柏醇和芥子醇可以分别聚合为对-羟基苯基型木质素(*p*-hydroxyphenyl lignin，H 型木质素)、愈创木基木质素(guaiacyl lignin，G 型木质素)和紫丁香基木质素(syringyl lignin，S 型木质素)(Boerjan et al.，2003；Li et al.，2006；Lu et al.，2010，2013)。不同植物含有不同的木质素组成。裸子植物木质素主要是 G 型木质素，此外含有少量的 H 木质素和微量的 S 木质素。双子叶植物木质素主要由 G 型和 S 型木质素组成，含有微量的 H 型木质素。单子叶植物的木质素组成与双子叶植物相类似，但其中 H 型木质素的含量通常比双子叶植物多(Weng and Chapple，2010；Labeeuw et al.，2015)。木质素是地球上含量仅次于纤维素的第二大丰富的天然聚合物，主要存在于维管植物和一些藻类植物的次生细胞壁中。对植物本身来说，木质素的存在为植物提供了结构支撑，维持了植物细胞完整性，保持了植物体的机械强度，对植物抵御外界病原菌的入侵，防止机械损伤，以及水分和营养物质等通过植物维管束系统的长距离运输等具有重要意义(Weng and Chapple，2010；Wang et al.，2013；Labeeuw et al.，2015)。

除了参与木质素的形成，松柏醇也参与木脂素的形成。后者是一类由两分子的苯丙素衍生物氧化聚合而成的植物次生代谢产物(C3-C3)$_2$(Aehle et al.，2011；Satake et al.，2015；Teponno et al.，2016)，在自然界中分布广泛，多见于植物的木质部和树脂中，具有多种生物活性，与植物的抗病、抗逆、抵抗食草动物侵袭等紧密相关，也有抗诱变、抗炎、抗氧化、抗菌、抗病毒、抗肿瘤、保肝及抗肥胖等药理活性（Satake et al.，2015；Teponno et al.，2016）。此外，多种木脂素类化合物在抑制艾滋病病毒方面具有独特的活性，已经成为目前艾滋病药物开发中的热点（Teponno et al.，2016）。罗汉松脂酚（matairesinol，MAT）和开环异落叶松脂素（secoisolariciresinol，SECO）是自然界中含量最为丰富的两种木脂素（刘津等，2016）。它们在哺乳动物肠道菌群的作用下，产生肠二醇（enterodiol，END）和肠内酯（enterolactone，ENL），具有弱的雌激素和抗雌激素样活性，对激素依赖性疾病如乳腺癌、前列腺癌等具有显著的预防和治疗作用（Aehle et al.，2011）。五味子（*Schisandra chinensis*）、连翘（*Forsythia suspensa*）、北细辛（*Asarum heterotropoides*）等多种药用植物富含木脂素类活性成分（刘津等，2016）。

　　木质素单体还可作为中间产物生成非聚合的、具有芳香性和挥发性的苯丙烯类（phenylpropene）（Koeduka et al.，2006；Ferrer et al.，2008）。主要的植物苯丙烯类化合物有丁香酚（eugenol）、异丁香酚（isoeugenol）、细辛醚（asarone）、胡椒酚（chavicol）和紫杉酚（taxol）等。苯丙烯类物质在植物体内可充当防御组分来抵御动物和微生物的入侵，同时也能吸引传粉者。日常生活中，人们利用苯丙烯类化合物来保存食物和调味。苯丙烯类化合物也是一种重要的药用活性成分。多种药用植物中含有苯丙烯类化合物。桃金娘科丁香（*Eugenia caryophyllata*）的干燥花蕾是温中降逆、补肾助阳的温里药，其中的主要成分丁香酚具有解热镇痛、抗炎、麻醉、抗菌、抗氧化、抗肿瘤等多种药理活性（孔晓军等，2013；朱金段等，2013）。天南星科植物石菖蒲（*Acorus tatarinowii*）和马兜铃科植物北细辛（*Asarum heterotropoides*）的挥发油中均富含细辛醚，具有抗癫痫、保护神经细胞、抗血栓形成、改善血液流变量、保护心肌细胞、杀虫灭菌等多种药理活性（兰烨荣等，2013）。

## 三、酚酸类

　　酚酸，也称酚羧酸（phenolcarboxylic acid），是一大类含有酚羟基和羧基的次生代谢物。根据碳骨架结构类型，酚酸类化合物可以分成两类：羟基肉桂酸类和羟基苯甲酸类。羟基肉桂酸的英文名称为 hydroxycinnamic acid 或 hydroxycinnamate（HCA）。它们拥有C6-C3骨架。具有代表性的 HCA 有对香豆酸、咖啡酸（caffeic acid）、阿魏酸（ferulic acid）、芥子酸（sinapic acid）、对香豆酰奎尼酸（*p*-coumaroyl quinic acid）、咖啡酰奎尼酸/绿原酸（caffeoyl quinic acid/chlorogenic acid）（图 8-3）。羟基苯甲酸的英文名称为 hydroxybenzoic acid（BA）。它们是一类拥有C6-C1骨架结构的芳香性羧酸。具有代表性的 BA 有对羟基苯甲酸（*p*-hydroxybenzoic acid）、水杨酸（salicylic acid，2-hydroxy-BA）、没食子酸（gallic acid，也称 3,4,5-trihydroxybenzoic acid）、原儿茶酸（protocatechuic acid，也称 3,4-dihydroxybenzoic acid）、香草酸（vanillic acid）、异香草酸（isovanillic acid）、龙胆酸（gentisic acid）和丁香酸（syringic acid）（图 8-4）。上述两类酚酸类化合物中，对香豆酸、咖啡酸、阿魏酸、原儿茶酸和香草酸在自然界中普遍存在（Robbins，2003）。

酚酸

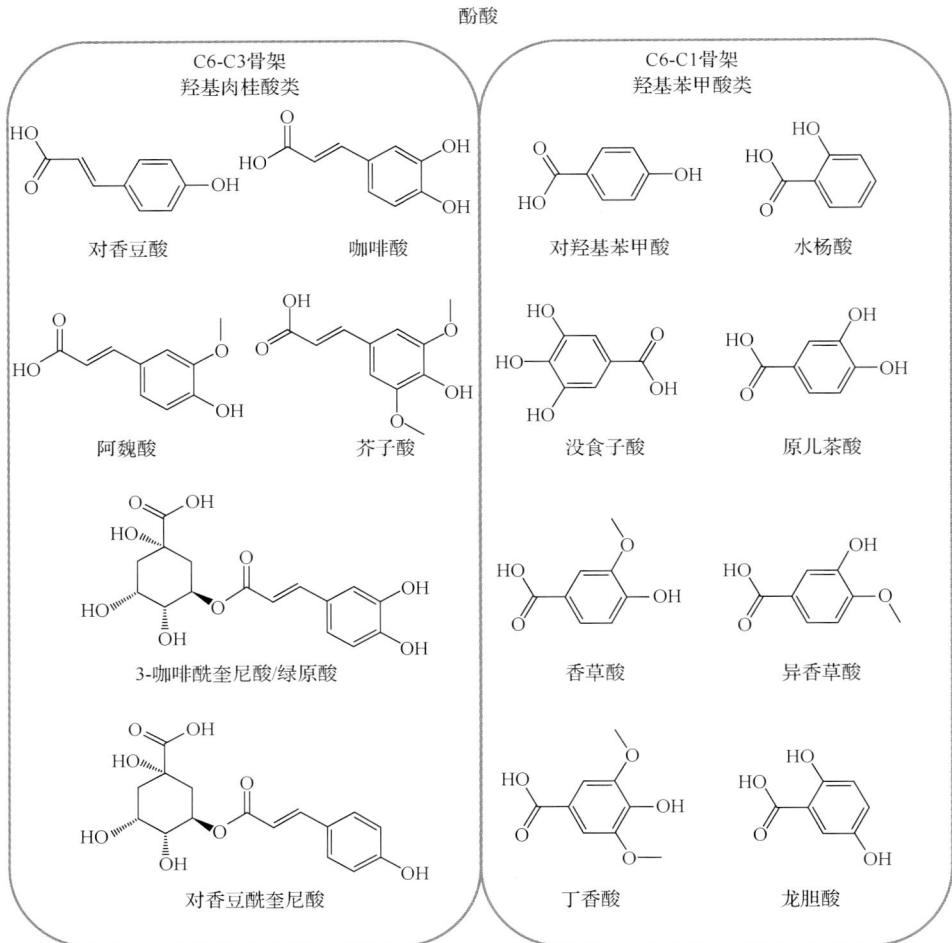

图 8-4　酚酸的主要结构类型及其代表性化合物

　　酚酸类化合物作为植物体内的重要次生代谢产物,在植物体中发挥多种生物学功能。咖啡酸和绿原酸参与植物-微生物共生(López-Ráez et al.,2010;Mandal et al.,2010),对羟基苯甲酸和咖啡酸参与植物的化感作用(Seal et al.,2004),绿原酸帮助植物抵御病原菌的攻击,阿魏酸与木质素交联进而形成细胞壁的组分(Valiñas et al.,2015)。此外,一些酚酸类衍生物,如苯甲酸的衍生物苯甲酰(benzoyl)、邻氨基苯甲酸(anthranilic acid)的衍生物氨茴酰(anthraniloyl)等,具有挥发性,能够吸引昆虫,促进花粉和种子的传播(Goff and Klee,2006;Dudareva et al.,2013)。此外,水杨酸是一种重要的植物激素,参与植物的开花和衰老过程,在紫外线辐射、臭氧胁迫、冷胁迫、干旱胁迫和病菌攻击等多种胁迫响应中发挥重要作用(Dempsey et al.,2011;Kumar,2014;Yan and Dong,2014)。

　　酚酸类化合物在人体内发挥重要的健康促进作用。其显著的抗氧化、清除自由基的功能在糖尿病、心脑血管疾病和癌症等多种慢性疾病的预防和治疗中意义重大(El-Seedi et al.,2012;Vinayagam et al.,2016)。土豆、洋葱、蘑菇等蔬菜,苹果、桃、葡萄等水果,咖啡、茶等饮料中都富含酚酸类化合物(El-Seedi et al.,2012)。此外,多种药用植物的药效活性成分为酚酸类化合物。例如，在心脑血管疾病的临床治疗中应用最为广泛的丹参(*Salvia miltiorrhiza*)中，水溶性的药用活性成分就是丹酚酸 A、丹酚酸 B、丹参素、阿魏酸、迷迭香酸等酚酸类化合物(Hou et al.，2013；Ma et al.，2015)。治疗细菌感染、感冒等症的常用中药金银花的基源植物金银花富含具有显著抗菌活性的绿原酸(Han et al.，2014)。

## 四、香豆素类

香豆素是一大类具有苯并 $\alpha$-吡喃酮母核($\alpha$-benzopyrone)(C6-C3)结构的苯丙烷类化合物。其名称来自于法语单词"coumarou"，指的是一种最初发现香豆素的植物香豆(*Coumarouna odorata*)。在结构上，香豆素可以被看作顺式邻羟基桂皮酸的内酯类化合物(图 8-5)。依据环上取代基及位置的不同，香豆素类化合物可被划分为简单香豆素类(simple coumarin)、呋喃香豆素类(furanocoumarins)、吡喃香豆素类(pyranocoumarin)，以及其他香豆素类(other coumarin)(Santana et al.，2004；Venugopala et al.，2013)。

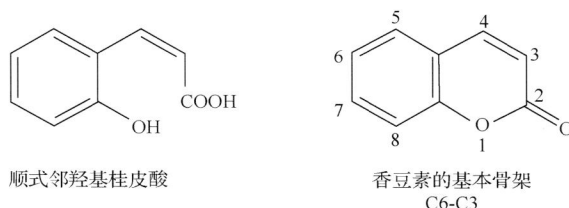

图 8-5 顺式邻羟基桂皮酸和香豆素的基本骨架

香豆素类化合物常见于伞形科、芸香科、菊科、豆科、茄科、瑞香科、兰科、木犀科、五加科及藤黄科等药用植物中。在植物体内，香豆素发挥化感作用，会对周围植物的生长产生不利或有利影响(姚丹丹等，2017)。香豆素还可以保护植物抵御病原菌和食草昆虫的侵袭，促进植物从土壤中吸收铁离子等(Schmidt et al.，2014；Shimizu，2014)。天然来源的香豆素类化合物具有抗炎、抗凝、抗菌、抗病毒、抗氧化、抗癌、抗高血压、抗结核、抗惊厥、抗脂肪、抗高血糖、镇痛、平喘及神经保护等广泛的药理活性(Venugopala et al.，2013)。

简单香豆素类化合物取代基存在于苯环上，主要有羟基(—OH)、烷氧基(—OR)和或烷基(—R)。此外，7 位羟基不与 6(或 8)位的异戊烯基形成呋喃环或吡喃环(图 8-6)。多种药用植物的有效成分是简单香豆素类化合物。菊科植物滨蒿(*Artemisia scoparia*)和茵陈蒿(*Artemisia capillaries*)是传统中药茵陈的基源植物。滨蒿内酯(scoparone)是其中的重要药效成分，具有降压调脂、保肝利胆、控制血糖、免疫抑制、抗辐射和抗哮喘等多种功能(Hoult and Payá，1996；杨燕等，2011)。木犀科植物苦枥白蜡树(*Fraxinus rhynchophylla*)的树皮是中药中常用的秦皮，其中的主要成分为七叶内酯(esculetin)和七叶苷等简单香豆素，具有抗菌、抗炎、抗氧化、清除自由基、抗肿瘤、抑制细胞增生、利尿和抗高尿酸血症等活性(朱金婵等，2005；贺超等，2012；聂安政等，2016)。伞形科植物蛇床(*Cnidium monnieri*)的干燥成熟果实蛇床子是中医中的温肾壮阳药物，其中的主要活性成分是简单香豆素类化合物蛇床子素（osthole），具有雌激素样作用、显著的降血脂作用、抗炎及心脑血管保护等多种功能（张晓平等，2013）。

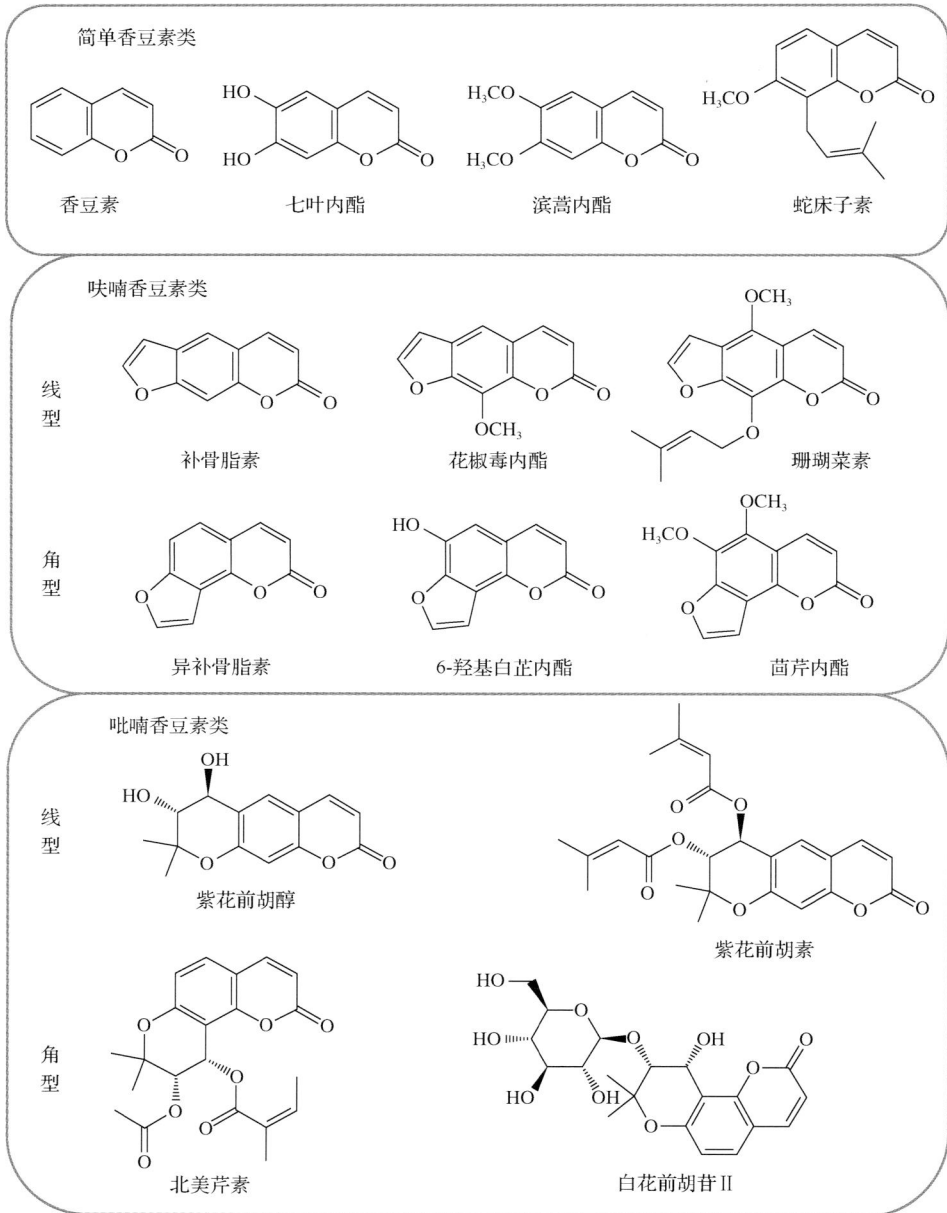

图 8-6    香豆素的主要分类及其具有代表性的化合物

呋喃香豆素类是香豆素的母核上连有由香豆素苯环上的 7 位羟基和邻位 6（或 8）位的异戊烯基缩合形成的呋喃环的衍生物（图 8-6）。其中，6 位异戊烯基与 7 位羟基形成的 6,7-呋喃香豆素被称为线型（linear type）呋喃香豆素，其化学结构中呋喃环、苯环和 $\alpha$-吡喃酮环这三个环处在一条直线上。8 位异戊烯基与 7 位羟基形成的 7,8-呋喃香豆素被称为角型 (angular type)呋喃香豆素，其化学结构中的 3 个环处在一条折线上。补骨脂是豆科植物补骨脂(*Psoealea corylifolia*)的干燥成熟果实，具有温肾助阳、纳气止泄的功能。补骨脂素(psoralen)、异补骨脂素(isopsoralen，又称当归素、白芷内酯)及其糖苷补骨脂苷、异补骨脂苷是补骨脂中的主要活性成分。其中，补骨脂素属于线型呋喃香豆素，而异补骨脂素属于角型二氢呋喃香豆素。它们具有抗癌、抗骨质疏松、保护和调节神经系统及雌激素样作用(郭洁和宋殿荣，2013)。

吡喃香豆素类是香豆素的母核上连有由香豆素苯环上的 7 位羟基和邻位 6(或 8)位的异戊烯基缩合形成的吡喃环的衍生物。类似于呋喃香豆素，6,7-吡喃香豆素为线型吡喃香豆素，7,8-吡喃香豆素为角型吡喃香豆素。中药前胡为伞形科植物白花前胡(*Peucedanum praeruptorum*)和紫花前胡(*Peucedanum decursivum*)的干燥根，具有散风清热、降气化痰的功效，在临床中多用于治疗风热感冒、咳嗽痰多、痰热喘满、咳痰黄稠等。其中，紫花前胡中分离得到的紫花前胡素(decursin)、紫花前胡醇(1-decursidinol)和紫花前胡香豆素 I 为线型吡喃香豆素。白花前胡中分离得到的白花前胡丙素[ praeruptorin C]、白花前胡苷 II (praeroside II)和北美芹素(pteryxin)为角型吡喃香豆素类化合物(图 8-6)。

## 五、芪类

芪类是指具有 1,2-二苯乙烯(1,2-diphenylethylene)骨架的苯丙烷类化合物。其摩尔质量为 200~300g/mol。根据其骨架中双键构型的不同，可将芪类化合物分为顺式和反式两种。天然芪类化合物多以稳定的反式异构体存在，也可以聚合形成二聚体或其他低聚体。例如，白藜芦醇在植物体内可以被转化为二聚体 $\delta$-viniferin 和 $\varepsilon$-viniferin(Chong et al.，2009)。最常见的芪类化合物单体为反式白藜芦醇(*trans*-resveratrol)。其他芪类化合物单体有赤松素(pinosylvin，也称为 3,5-dihydroxy-*trans*-stilbene)、紫檀芪(*trans*-pterostilbene)、白皮杉醇(piceatannol)、云杉新苷(*trans*-piceid)、买麻藤醇(gnetol)等(图 8-7)。芪类化合物最早由 Langcake 和 Pryce(1976)在被真菌侵染后的葡萄中发现，后来在松科(Pinaceae)、葡萄科(Vitaceae)、山毛榉科(Fagaceae)、百合科(Liliaceae)、桑科(Moraceae)、桃金娘科(Myrtaceae)、豆科(Fabaceae)、杜鹃花科(Ericaceae)、买麻藤科(Gnetaceae)、龙脑香科(Dipterocarpaceae)、蓼科(Polygonaceae)、莎草科(Cyperaceae)和禾本科(Poaceae)植物中都鉴定到该类化合物。

芪类化合物具有多种生物活性。它是一种重要的植保素，保护植物免受病菌和微生物的侵袭及机械损伤、疾病、过量紫外线暴露、铝、茉莉酸甲酯处理和乙烯胁迫等造成的伤害(Roupe et al.，2006；Chong et al.，2009；Jeandet et al.，2010)。此外，它能够诱导癌细胞凋亡，在人体内发挥抗癌、抗氧化、清除自由基、抗菌、抗炎、抗血管生成等诸多药理活性，对心脑血管疾病、癌症等老年病具有显著的预防和治疗作用(Roupe et al.，2006；Xia et al.，2017)。其中，葡萄中富含的反式白藜芦醇对延缓衰老、增长寿命具有显著功能(Bavaresco et al.，1999；Xia et al.，2017)。具有解毒、消痈、润肠通便功能的多年生缠绕草本蓼科药用植物何首乌(*Fallopia multiflora*)的块根中含有的芪类化合物二苯

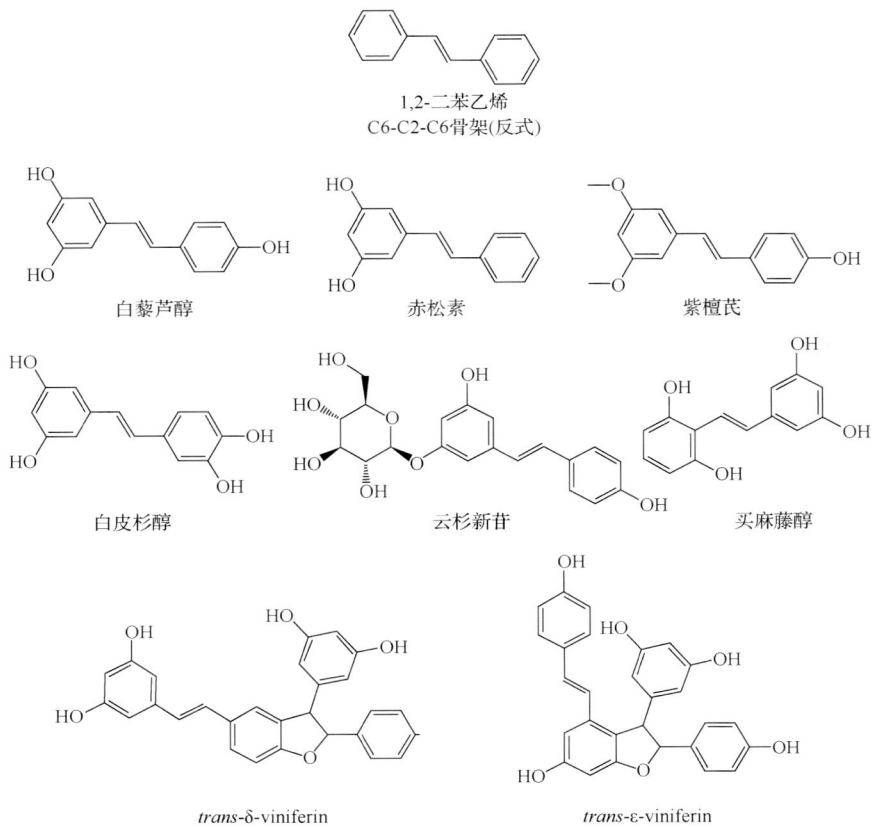

图 8-7　芪类的主要骨架及其代表性成分

乙烯苷具有降血脂、抗衰老、保护心血管及抗动脉粥样硬化等功能(生书晶，2010)。同科植物虎杖(*Polygonum cuspidatum*)的干燥根和根茎是中医中常用的利湿退黄药，其主要有效成分也包含白藜芦醇和虎杖苷(polydatin)等芪类化合物，其中，白藜芦醇的含量比葡萄、花生高 1000 倍以上(Kirino et al.，2012；郭辉力等，2014)。

## 第二节　苯丙烷类化合物的生物合成途径与关键酶

苯丙烷类化合物生物合成途径是目前研究得较为深入的植物次生代谢途径。它主要分为两个阶段：苯丙烷代谢总途径(GPP)和特异分支途径。GPP 是苯丙烷类化合物所共有的初始代谢途径，包含由苯丙氨酸或酪氨酸转变为对香豆酰辅酶 A 的两到三步反应(图 8-8)。GPP 代谢途径中产生的肉桂酸、对香豆酸和对香豆酰辅酶 A 是大部分苯丙烷类化合物所共有的重要前体物质(Winkel，2004；Ferrer et al.，2008；Vogt，2010)。以这些前体物质为基础，在不同酶的催化作用下，苯丙烷代谢流进入不同的分支，产生不同种类的苯丙烷类化合物。主要分支包括黄酮途径、芪类途径、木质素单体途径、酚酸途径及香豆素生物合成途径等。这个过程由裂解酶、氧化酶、连接酶、还原酶和转移酶等一系列酶参与。

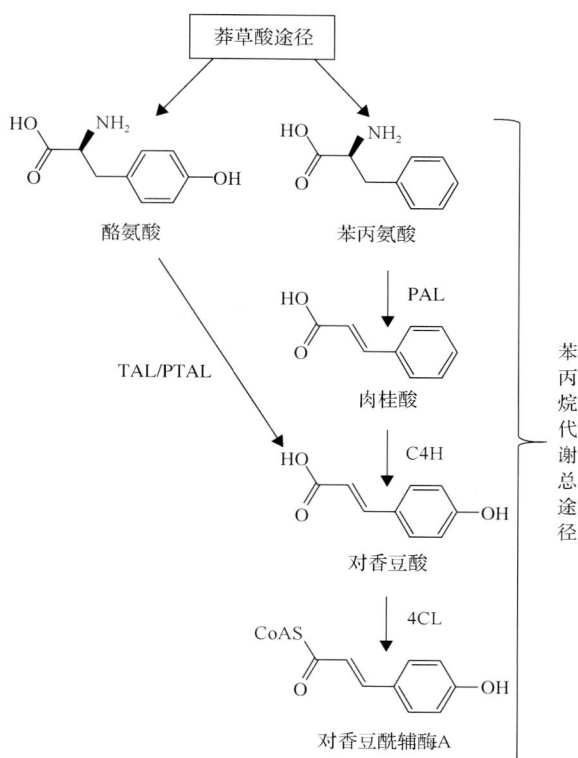

图 8-8 苯丙烷代谢总途径

苯丙烷代谢总途径包含由苯丙氨酸或酪氨酸转变为对香豆酰辅酶 A 的两到三步反应。参与其中的关键酶有 PAL、TAL、PTAL、C4H 和 4CL。PAL 表示苯丙氨酸解氨酶，TAL 表示酪氨酸解氨酶，PTAL 表示双功能解氨酶，C4H 表示肉桂酸-4-羟化酶，4CL 表示 4-香豆酰辅酶 A 连接酶。灰色箭头表示多步反应，黑色箭头表示直接一步反应

## 一、苯丙烷代谢总途径

大部分植物中，GPP 起始于莽草酸途径(shikimic acid pathway)合成的芳香族氨基酸苯丙氨酸，经由苯丙氨酸解氨酶(phenylalanine ammonia-lyase，PAL)、肉桂酸-4-羟化酶(cinnamate 4-hydroxylase，C4H)和 4-香豆酰辅酶 A 连接酶(4CL)依次催化的三步反应，转变为对香豆酰辅酶 A(图 8-8)。在一小部分单子叶植物如禾本科植物中，莽草酸途径所产生的另外一种芳香族氨基酸酪氨酸可作为反应起始物，经由酪氨酸解氨酶(tyrosine ammonia-lyase，TAL)或双功能解氨酶(bifunctional ammonia-lyase，PTAL)及 4-香豆酰辅酶 A 连接酶依次催化的两步反应，转变成对香豆酰辅酶 A(Watts et al.，2004；Barros et al.，2016)。

PAL 是连接植物初生代谢和苯丙烷次生代谢，催化苯丙烷合成第一步反应的关键酶。它能够以苯丙氨酸为底物，促使苯丙氨酸脱氨转变为肉桂酸。编码 PAL 的基因在丹参(Hou et al.，2013)、黄芩(Xu et al.，2010)、广藿香(Zeng et al.，2015)、盐肤木(*Rhus chinensis*）（Ma et al.，2013）、夏枯草（*Prunella vulgaris*）（Kim et al.，2014）等药用植物中普遍存在。*PAL* 通常由 1 个小的基因家族编码，由 2 个外显子和 1 个内含子组成，编码区长度大约为 2100bp。黄芩（Xu et al.，2010）、丹参（Hou et al.，2013）和广藿香（Zeng et al.，2015）中均有 3 个 *PAL* 基因。模式植物拟南芥中有 4 个，分别为 *AtPAL1*、*AtPAL2*、*AtPAL3* 和 *AtPAL4*。*AtPAL1*、*AtPAL2* 和 *AtPAL4* 与木质素的生物合成相关，而 *AtPAL1* 和 *AtPAL2* 与胁迫诱导的黄酮类化合物的合成相关（Wanner et al.，1995；Raes et al.，2003；Rohde et al.，2004；Olsen et al.，2008）。

C4H 是 GPP 中的第二个关键酶，催化肉桂酸苯环的对位羟基化，使肉桂酸转变为对香豆酸。C4H 在药用植物中广泛存在。药用植物如丹参（Huang et al.，2008）、黄芩（Xu et al.，2010）、甘草（邹广平等，2017）、红花（Sadeghi et al.，2013）、喜树（*Camptotheca acuminata*）（Li et al.，2016）及模式植物拟南芥中的 C4H 已被克隆。C4H 也是第一个被鉴定的植物细胞色素 P450（cytochrome P450）（Fahrendorf and Dixon，1993）。P450 是一大类包含有亚铁血红素的单加氧酶，通常催化 NADPH 和分子氧依赖的羟基化反应，是高等植物中最大的酶蛋白家族（Chapple，1998）。由于其还原态与一氧化碳结合后在 450nm 的波长处有吸收峰而被命名为 P450。P450 在植物体内不仅催化多种初生代谢和次生代谢（如黄酮类、香豆素类、萜类及生物碱类）反应，还在降解外源化学药物毒性等方面发挥作用（董栩等，2016）。

值得注意的是，一些单子叶植物和细菌的酪氨酸解氨酶（TAL）或 PTAL 能够以酪氨酸为底物，促使酪氨酸直接转变为对香豆酸，跨过 C4H 的催化步骤（Watts et al.，2004；Barros et al.，2016）。因此，代谢工程中使用 TAL 或 PTAL 代替 PAL 可以克服 P450 C4H 溶解性差、难以充当工程酶的缺点。

GPP 中的最后一步由 4-香豆酰辅酶 A 连接酶（4CL）作用，催化对香豆酸生成对香豆酰辅酶 A。4CL 属于 AAE（AMP-producing adenylating superfamily of enzymes）家族成员，能够以各种羟基肉桂酸（如肉桂酸、香豆酸、咖啡酸、芥子酸和阿魏酸）为底物，催化相应辅酶 A 酯的形成。编码 4CL 的基因通常以基因家族的形式存在，并且基因家族中的成员具有不同的底物偏好性和表达特征。例如，拟南芥中存在 4 个 *4CL*，其中 *At4CL1* 和 *At4CL2* 主要在茎中表达，参与木质素的形成，*At4CL3* 主要在角果中表达，参与黄酮类化合物的形成，*At4CL4* 的表达较难检测，对木质素的形成有微弱贡献（Ehlting et al.，1999；Hamberger and Hahlbrock，2004；Li et al.，2015a）。*4CL* 基因已经在丹参、罗勒（*Ocimum basilicum*）（Abdollahi et al.，2017）、白花前胡（Liu et al.，2017）、香鳞毛蕨（*Dryopteris fragrans*）（Li et al.，2015b）和葛根（*Pueraria lobata*）（Li et al.，2014）等多种药用植物中得到鉴定和克隆。

## 二、黄酮生物合成途径

在各类苯丙烷分支代谢途径中，对黄酮生物合成途径研究得最为透彻（图 8-9）。对于催化黄酮生物合成的关键酶已经在模式植物拟南芥中进行了详细而深入的研究。依据拟南芥外种皮颜色的变异，黄酮生物合成相关基因的突变体也得到了筛选和鉴定，并统一

命名为 *transparent testa*（*tt*）mutation（Lepiniec et al.，2006；Buer and Djordjevic，2009；Appelhagen et al.，2014；Ichino et al.，2014）。对于黄酮生物合成途径相关的酶基因也在黄芩（Zhao et al.，2016）、金银花（Wu et al.，2016）、银杏（Xu et al.，2014）、白苏（*Perilla frutescens*）（Kitada et al.，2001）等药用植物中进行了研究。概言之，除了异黄酮和橙酮等物种特异的黄酮，其他黄酮类化合物的合成途径及相关酶基因在多种高等植物，尤其是双子叶植物中相对保守。

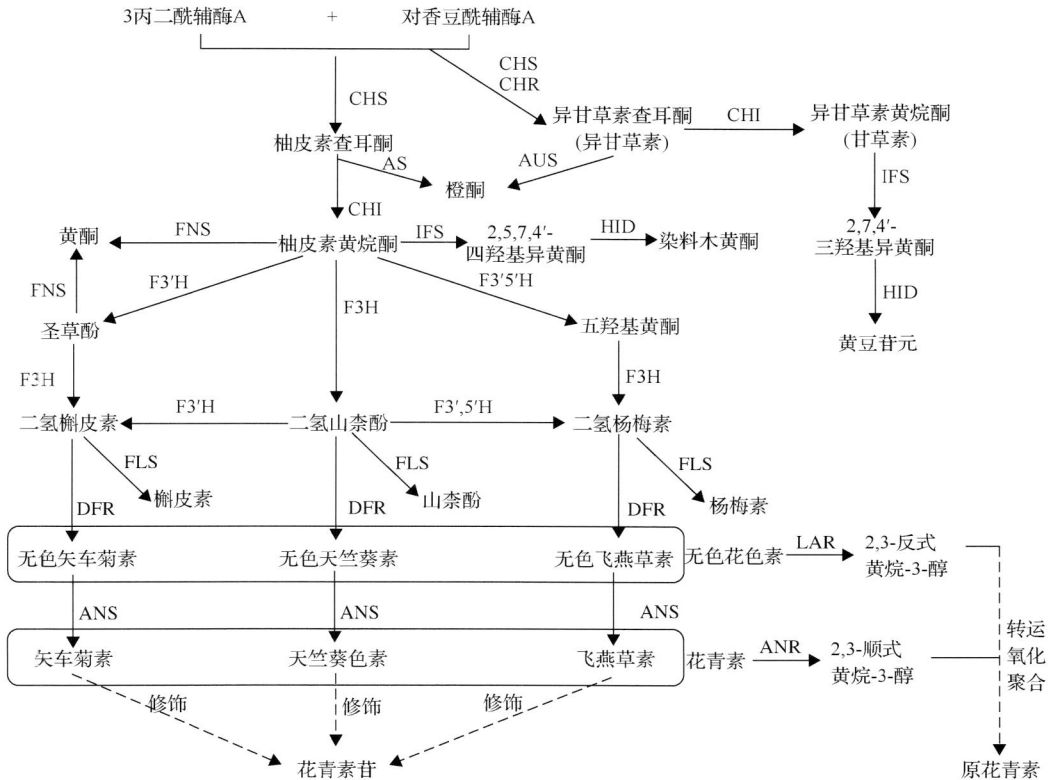

图 8-9　黄酮生物合成途径简图

图示主要的黄酮类化合物生物合成的关键酶催化步骤。在一部分植物中，芪合酶（stilbene synthase，STS）可以利用与 CHS 同样的底物，催化芪类物质的产生。其中，实箭头表示单独一步酶催化反应，虚箭头表示多步酶催化反应。两个实框分别表示无色花色素类物质和花青素类物质。缩写字母表示催化这些关键步骤的酶，其中 CHS 表示查耳酮合酶，CHR 表示查耳酮还原酶，CHI 表示查耳酮异构酶，AS 表示金鱼草素合酶，AUS 表示橙酮合酶（aurone synthase），F3H 表示黄烷酮-3-羟化酶，F3′H 表示黄酮 3′-羟化酶，F3′,5′H 表示黄酮 3′,5′-羟化酶，DFR 表示二氢黄酮醇还原酶，ANS 表示花青素合酶，FLS 表示黄酮醇合酶，FNS 表示黄酮合酶，IFS 表示异黄酮合酶，HID 表示 2-羟基异黄酮脱水酶，ANR 表示花青素还原酶，LAR 表示无色花色素还原酶

　　在黄酮生物合成的第一步，查耳酮合酶（chalcone synthase，CHS）催化一分子的对香豆酰辅酶 A 和三分子的丙二酰辅酶 A（malonyl-CoA）聚合成柚皮素查耳酮（naringenin chalcone，2′,4′,6′,4-tetrahydroxychalcone）（Jez and Noel，2000）。当查耳酮还原酶（chalcone reductase，CHR）存在时，CHS 还可以与 CHR 共同作用，催化异甘草素查耳酮（isoliquiritigenin chalcone，4,2′,4′-trihydroxychalcone）的生成（Bomati et al.，2005）。CHS 在植物中普遍存

在，其催化的产物柚皮素查耳酮也在植物界中广泛分布，并且是多种黄酮类化合物合成的关键前体物质。相比之下，CHR 和异甘草素查耳酮的分布有限，目前主要发现于豆科植物中（Bomati et al.，2005；Xu et al.，2012）。在黄酮生物合成的第二步，查耳酮异构酶（chalcone isomerase，CHI）催化柚皮素查耳酮和异甘草素查耳酮的立体定向环化反应，使其分别转变为柚皮素黄烷酮和异甘草素黄烷酮（Ngaki et al.，2012）。柚皮素黄烷酮是黄酮类化合物产生途径中的重要中间体，可以充当多种酶的底物。

以柚皮素黄烷酮为底物，黄酮合酶（flavone synthase，FNS）催化黄酮（flavone）的产生。植物界中存在两类黄酮合酶：FNS I 和 FNS II（Martens and Mithöfer，2005；Jiang et al.，2016）。FNS I 属于 2-ODD 双加氧酶（2-oxoglutarate-dependent dioxygenase），主要存在于伞形科（Apiaceae）植物中（Cheng et al.，2014）。FNS II 属于细胞色素 P450，催化大部分植物中黄酮的形成（Kitada et al.，2001）。编码 FNS II 的基因已经在白苏、黄芩和三花龙胆（*Gentiana triflora*）等药用植物中得到鉴定和克隆（Kitada et al.，2001；Nakatsuka et al.，2005；Zhao et al.，2016）。黄烷酮-3-羟化酶（flavanone 3-hydroxylase，F3H）也催化以柚皮素黄烷酮为底物的反应，促进其 C-3 位置羟基化，使其转变为二氢山奈酚（Turnbull et al.，2004）。二氢山奈酚进一步在黄酮 3′-羟化酶（flavonoid 3′-hydroxylase，F3′H）或者黄酮 3′,5′-羟化酶（flavonoid 3′,5′-hydroxylase，F3′,5′H）的作用下分别转变为二氢槲皮素或者二氢杨梅素。F3′H 和 F3′,5′H 分别是催化黄酮 B 环 C-3′位和 C-3′,5′位羟基化反应的两个关键酶。F3′H 和 F3′,5′H 也可以催化柚皮素黄烷酮分别转变为圣草酚（eriodictyol）和五羟基黄酮（pentahydroxy-flavone）。在 F3H 的作用下，这两种化合物可以进一步被羟基化，分别转变为二氢槲皮素和二氢杨梅素（Petrussa et al.，2013）。二氢山奈酚、二氢槲皮素和二氢杨梅素是植物中常见的三种二氢黄酮醇，是黄酮醇类和花青素类化合物的重要前体。

黄酮醇合酶（flavonol synthase，FLS）是黄酮醇生成的关键酶，催化二氢黄酮醇的去饱和反应，使其转变为黄酮醇。具体来说，二氢槲皮素、二氢山奈酚和二氢杨梅素可以分别被 FLS 转变为槲皮素（quercetin）、山奈酚（kaempferol）和杨梅素（myricetin）（Turnbull et al.，2004）。二氢黄酮醇还原酶（dihydroflavonol reductase，DFR）与 FLS 竞争同样的底物，催化二氢黄酮醇的 4 位酮基还原，促进无色花色素的产生。二氢槲皮素、二氢山奈酚和二氢杨梅素在 DFR 的催化下，可以分别转变为无色矢车菊素、无色天竺葵素和无色飞燕草素（Petrussa et al.，2013）。无色天竺葵素、无色矢车菊素和无色飞燕草素是植物中常见的三种无色花色素，也被称作黄烷-3,4-二醇，是进一步产生花青素和原花青素的重要前体物质。

花青素合酶（anthocyanidin synthase，ANS），也称无色花色素双加氧酶（leucoanthocyanidin dioxygenase，LDOX），是花青素合成中的关键酶（Cheng et al.，2014）。无色天竺葵素、无色矢车菊素和无色飞燕草素在 ANS 的催化作用下可以分别转变成天竺葵色素（pelargonidin，Pg）、矢车菊素（cyanidin，Cy）和飞燕草素（delphinidin，Dp）。Pg、Cy、Dp 是自然界中分布最广的三种花青素。Cy 和 Dp 还是其他花青素类的前体。例如，芍药色素（peonidin，Pn）是 Cy 的甲基衍生物，锦葵色素（malvidin，Mv）和牵牛花色素（petunidin，Pt）是 Dp 的甲基衍生物（Tanaka and Brugliera，2013；Ali et al.，2016）。

　　无色花色素还原酶(leucoanthocyanidin reductase，LAR)和花青素还原酶(anthocyanidin reductase，ANR)是催化原花青素前体黄烷-3-醇产生的两个关键酶(Dixon et al.，2013；Zhou et al.，2015)。LAR 催化无色花色素转变为 2,3-反式黄烷-3-醇。ANR 催化花青素转变为 2,3-顺式黄烷-3-醇。黄烷-3-醇在聚合酶的作用下缩合成为原花青素，但催化这步反应的关键酶还没有确定。植物多酚氧化酶(polyphenol oxidase，PPO)、漆酶(laccase)、过氧化物酶(peroxidase)可能参与其中(彭清忠和谢德玉，2012)。

　　异黄酮和橙酮均是植物特异的黄酮。其中，异黄酮合酶(isoflavone synthase，IFS)是异黄酮产生的关键酶(Jung et al.，2000)。IFS 属于植物细胞色素 P450，催化黄烷酮类转变为异黄酮。异黄酮作为一种重要的药用活性成分，它的生成合成途径已经在多种药用植物如葛根、苦参、百脉根(*Lotus japonicus*)和黄芪中得到研究(Shimamura et al.，2007；He et al.，2011；Sasaki et al.，2011；Xu et al.，2011)。橙酮的生物合成研究有限，主要集中在车前科的金鱼草(*Antirrhinum majus*)(Nakayama et al.，2000)、菊科的大花金鸡菊(*Coreopsis grandiflora*)(Kaintz et al.，2014)和阿魏鬼针草(*Bidens ferulifolia*)(Miosic et al.，2013)中。金鱼草素合酶(aureusidin synthase，AS)和橙酮合酶(aurone synthase，AUS)分别是金鱼草和菊科植物橙酮产生的关键酶(Nakayama et al.，2000；Miosic et al.，2013；Kaintz et al.，2014)。其具体催化机制已由 Boucherle 等(2017)进行了全面而详细的综述。

　　各种黄酮类化合物的基本结构生成以后，糖苷化(glycosylation)、酰基化(acylation)、羟基化(hydroxylation)、甲基化(methylation)及异戊烯基化(prenylation)等多种修饰可以使黄酮类化合物的结构更加稳定，最终决定它们的水溶性、细胞定位、潜在的毒性及生物学活性等(Saito et al.，2013)。这些修饰中，糖苷化修饰最为常见。尿苷焦磷酸(UDP)-葡萄糖：黄酮糖基转移酶(UDP-glucose: flavonoid glycosyltransferase，UFGT)是催化黄酮糖苷产生的关键酶。它能够利用 UDP-葡萄糖(uridine pyrophosphate-glucose)作为糖供体，将黄酮的羟基与糖的端基碳原子连接(Le Roy et al.，2016)。其中，UF3GT 可以催化花青素苷元的 C-3 位与来自于 UDP-葡萄糖的葡萄糖连接，形成花青素苷(Gachon et al.，2005；Ali et al.，2016)。黄酮骨架的甲基化由黄酮甲基转移酶(flavonoid methyltransferase，FMT)催化。在拟南芥中，AtOMT1 是目前研究得最为清楚的黄酮甲基转移酶。它催化黄酮醇甲基化，使其转变为异鼠李亭(isorhamnetin)(Tohge et al.，2007)。黄酮骨架的酰基化由黄酮酰基转移酶(flavonoid acyltransferase，FAT)催化。它利用酰基辅酶 A 硫酯或酰基活化糖(acyl-activated sugar)作为酰基供体(Saito et al.，2013)。黄酮的异戊烯基化是在异戊烯基转移酶的作用下添加异戊烯基到黄酮母核上。异戊烯基化促进了黄酮类化合物的多样性(Yazaki et al.，2009)。目前已经从植物中分离到 1000 多种异戊烯基化的黄酮。黄酮的异戊烯基化增强了黄酮分子的亲脂性，使化合物更容易通过脂溶性的细胞膜到达作用位点，提高了它们的生物活性。许多异戊烯基化的黄酮是药用植物中的重要活性组分。临床中常用于治疗皮肤病和妇科疾病的豆科植物苦参中富含异戊烯基化的黄酮，其中的 3 个异戊烯基转移酶已经被克隆和鉴定，包括催化柚皮素 C-8 位异戊烯基化的 *SfN8DT-1*、催化异黄酮染料木素 C-6 位异戊烯基化的 *SfG6DT* 和催化查耳酮异戊烯基化的 *SfiLDT*(Sasaki，2008，2011)。

## 三、木质素单体生物合成途径

在过去的几十年里，木质素单体的生物合成被广泛研究。以 GPP 中生成的对香豆酰辅酶 A 为前体，在不同酶的催化作用下产生对香豆醇、松柏醇和芥子醇这三种重要的木质素单体(图 8-10)。

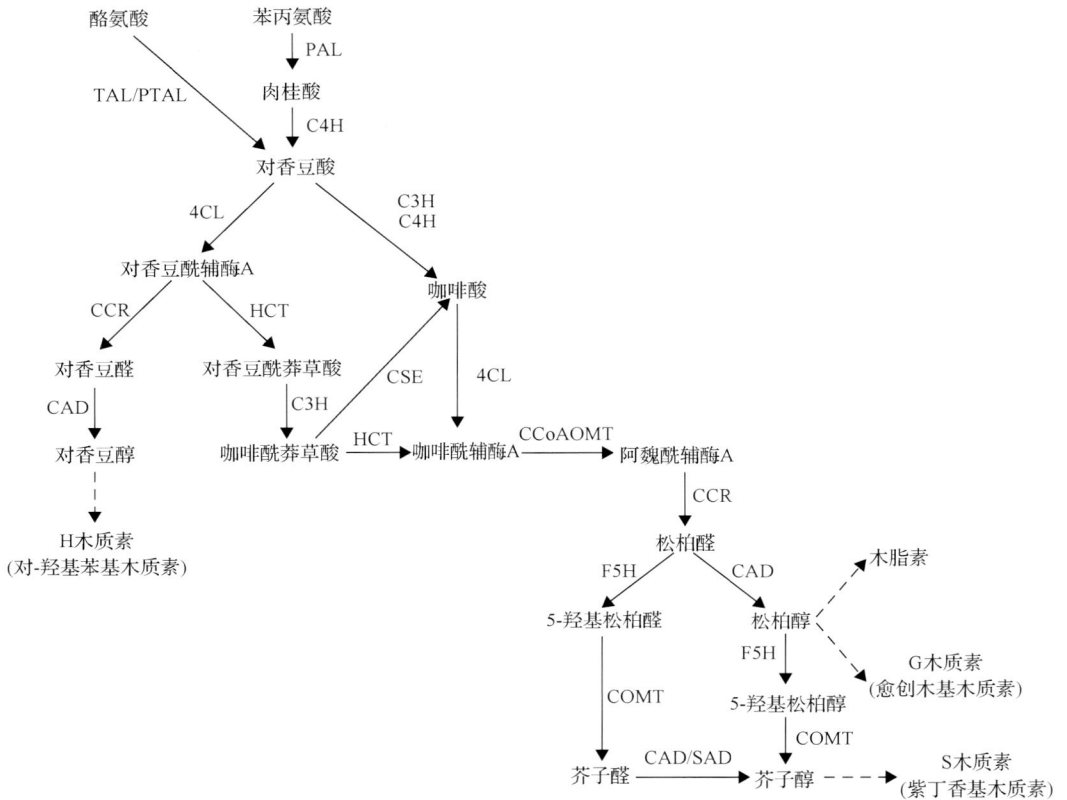

图 8-10  木质素单体生物合成途径简图

该图显示了木质素单体生成的关键酶催化步骤。其中，实箭头表示单独一步酶催化反应，虚箭头表示多步酶催化反应。缩写字母表示催化这些关键步骤的酶，其中 TAL 表示酪氨酸解氨酶，PTAL 表示双功能解氨酶，PAL 表示苯丙氨酸解氨酶，C4H 表示肉桂酸-4-羟化酶，4CL 表示 4-香豆酰辅酶 A 连接酶，CCR 表示肉桂酰辅酶 A 还原酶，CAD 表示肉桂醇脱氢酶，HCT 表示莽草酸/奎尼酸羟基肉桂酰转移酶催化，C3H 表示对香豆素-3-羟化酶，CSE 表示咖啡酰莽草酸酯酶，F5H 表示阿魏酸 5-羟化酶，COMT 表示咖啡酸-氧位甲基转移酶，CCoAOMT 表示咖啡酰辅酶 A 氧甲基转移酶，SAD 表示芥子醇脱氢酶

肉桂酰辅酶 A 还原酶(cinnamoyl-CoA reductase，CCR)和肉桂醇脱氢酶(cinnamyl alcohol dehydrogenase，CAD)是木质素单体合成途径中的两个关键酶。下调 CCR 的编码基因可以显著降低植物中木质素的含量(Leplé et al.，2007)。CCR 可以还原对香豆酰辅酶 A，将其转变为对香豆醛(p-coumaraldehyde)。对香豆醛可以进一步被肉桂醇脱氢酶(CAD)还原，转变为对香豆醇(Rinaldi et al.，2016)。

对香豆酰辅酶 A 除了充当 CCR 的催化底物，也可以被对羟基-肉桂酰辅酶 A: 莽草酸/奎尼酸羟基肉桂酰转移酶(hydroxycinnamoyl-CoA: shikimate/quinate hydroxycinnamoyl transferase，HCT）催化，转变为对香豆酰莽草酸（*p*-coumaroyl shikimate）。对香豆酰莽草酸又能在对香豆素-3-羟化酶（*p*-coumarate 3-hydroxylase，C3H）的作用下转变为咖啡酰莽草酸（caffeoyl shikimic acid）。咖啡酰莽草酸在 HCT 和咖啡酰莽草酸酯酶（caffeoyl shikimate esterase，CSE）的作用下分别转变为咖啡酰辅酶 A（caffeoyl-CoA）和咖啡酸（Vanholme et al.，2013）。咖啡酸不仅来自于咖啡酰莽草酸的转变，也可以由 C3H 和 C4H 形成的膜蛋白复合体催化对香豆酸的进一步羟基化而产生（Chen et al.，2011）。合成的咖啡酸可以在 4-香豆酰辅酶 A 连接酶（4CL）的作用下进一步产生咖啡酰辅酶 A。4CL 是木质素单体合成途径中的关键酶，能够将 CoA 连接到羟基肉桂酸（对香豆酸和咖啡酸）上，将其转变为羟基肉桂酸辅酶 A 酯。这种连接反应能够激活羟基肉桂酸，使其进一步还原，进而转变为木质素单体（Lu et al.，2006；Chen et al.，2013）。咖啡酰辅酶 A 氧甲基转移酶（caffeoyl coenzyme A *O*-methyltransferase，CCoAOMT）转移一个甲基基团到咖啡酰辅酶 A 上，使其转变为阿魏酰辅酶 A（feruloyl-CoA）（Do et al.，2007；Day et al.，2009）。阿魏酰辅酶 A 是木质素单体松柏醇和芥子醇合成的重要前体。CCR 催化阿魏酰辅酶 A 生成松柏醛（coniferaldehyde）。松柏醛在 CAD 的介导下可以被还原为松柏醇（Leplé et al.，2007）。

　　阿魏酸 5-羟化酶（ferulate 5-hydroxylase，F5H），也称松柏醛 5-羟化酶（coniferaldehyde 5-hydroxylase，CAld5H），是形成芥子醇所必需的酶。F5H 催化松柏醛的羟基化反应，使其转变为 5-羟基松柏醛（5-hydroxy-coniferyldehyde）（Humphreys et al.，1999）。5-羟基松柏醛经过咖啡酸-氧位甲基转移酶（caffeic acid *O*-methyltransferase，COMT）的催化转变为芥子醛（sinapaldehyde）（Do et al.，2007）。在 CAD 或者芥子醇脱氢酶（sinapyl alcohol dehydrogenase，SAD）的作用下，芥子醛可以转变生成芥子醇（Li et al.，2001；Guo et al.，2010）。此外，F5H 也催化松柏醇转变为 5-羟基松柏醇（5-hydroxy-coniferyl alcohol），而 5-羟基松柏醇经过 COMT 的催化可以转变为芥子醇（Humphreys et al.，1999）。对香豆醇、松柏醇和芥子醇这三种重要的木质素单体形成以后，在漆酶或过氧化物酶等的催化作用下，可以分别聚合形成对-羟基苯基木质素、愈创木基木质素和紫丁香基木质素（Li et al.，2006；Lu et al.，2010，2013）。

　　松柏醇也是木脂素合成的前体物质。两分子的松柏醇单体通过自由基加成反应聚合成松脂酚（pluviatolide）。催化该反应的松脂酚合成酶及编码基因还不清楚（刘津等，2016）。松脂酚可以进一步转变为多种其他的木脂素。在连翘和鬼臼等多种植物中，落叶松脂醇还原酶（PLR）可以催化松脂酚先形成落叶松脂醇（lariciresinol），再形成开环异落叶松树脂酚（secoisolariciresinol）。开环异落叶松树脂酚经过开环异落叶松树脂酚脱氢酶（SDH）的催化，形成罗汉松脂酚。最后，木脂素被糖基化修饰，形成木脂素糖苷，在植物细胞和组织中积累贮存（刘津等，2016）。此外，松柏醇也可以和其他苯丙烷类物质，如二氢槲皮素聚合形成水飞蓟素（silymarin）。水飞蓟素作为一种具有代表性的药用植物苯丙烷类活性成分，它的生物合成途径已由 Torres 和 Corchete（2016）报道。

## 四、酚酸类化合物的生物合成途径

　　尽管酚酸在自然界中广泛分布，但对酚酸合成途径的认识还远远少于黄酮类和木质素单体类。下面对目前研究得较为清楚的几种酚酸生物合成途径进行简单介绍(图 8-11)。

咖啡酸、阿魏酸、芥子酸和迷迭香酸(rosmarinic acid)均属于羟基肉桂酸(图 8-11)。其中,咖啡酸直接产生于对香豆酸的羟基化。在 C3H/C4H 膜蛋白复合体的催化下,对香豆酸芳香环的 C-3 位添加了羟基,进而转变为咖啡酸(Chen et al.,2011)。同时,咖啡酸也可以产生于 CSE 催化的咖啡酰莽草酸的水解反应(Vanholme et al.,2013)。阿魏酸和芥子酸可能分别产生于松柏醛和芥子醛的氧化反应。这两个反应在拟南芥中由降低表皮荧光 1(reduced epidermal fluorescence 1,REF1)催化(Nair et al.,2004;Chen et al.,2006)。

没食子酸是一种含有 C6-C1 骨架的羟基苯甲酸。其生物合成起始于莽草酸途径中产生的 3-脱氢奎尼酸(3-dehydroquinate)。3-脱氢奎尼酸在 3-脱氢奎尼酸水解酶(3-dehydroquinate dehydratase,DHD)的作用下生成 3-脱氢莽草酸(3-dehydroshikimate,3-DHS)。后者在莽草酸脱氢酶(shikimate dehydrogenase,SDH)的催化下,直接氧化成为没食子酸(Muir et al.,2011)。此外,3-脱氢莽草酸可以直接发生脱水反应转变成为原儿茶酸,进而在一种未知的酶的作用下被羟基化,形成没食子酸(Widhalm and Dudareva,2015)。

苯甲酸(benzoic acid)的合成起始于肉桂酸。肉桂酸 C3 侧链上的两个碳原子被降解,进而转变为苯甲酸(Hanson and Gregory,2011;Widhalm and Dudareva,2015)。这个缩短侧链的过程可以经过 CoA 依赖的 β-氧化途径、CoA 依赖的非氧化途径和 CoA 不依赖的非氧化途径等多条路径实现(Qualley et al.,2012;Widhalm and Dudareva,2015)。

水杨酸是一类可以帮助植物抵御病原菌侵袭的植物激素(Kumar,2014)。它可以由苯甲酸 2-羟化酶(benzoic acid 2-hydroxylase,BA2H)催化苯甲酸转变而来(Lee et al.,1995),也可以由分支酸(chorismic acid 或 chorismate)转变而来。在异分支酸合酶(isochorismate synthase,ICS)的催化下,分支酸可以异构化为异分支酸(isochorismate)(Wildermuth et al.,2001)。在 *Pseudomonas aeruginosa* 等一些细菌中,异分支酸-丙酮酸裂解酶(isochorismate pyruvate lyase,IPL)催化异分支酸转变为水杨酸,然而与该反应相对应的酶在植物中还没有被发现(Gaille et al.,2002)。

迷迭香酸的生物合成在唇形科(Lamiaceae)和紫草科(Boraginaceae)中都有报道。唇形科鼠尾草属多年生草本丹参植物中的酚酸类化合物有丹参素、迷迭香酸、丹酚酸 B 等(Di et al.,2013)。丹参的酪氨酸氨基转移酶(tyrosine aminotransferase,TAT)催化酪氨酸转变为对羟基苯丙酮酸(4-hydroxyphenylpyruvic acid,4-HPPA)。4-HPPA 在对羟基苯丙酮酸还原酶(4-hydroxyphenylpyruvate reductase,HPPR)的催化下转变为对羟基苯乳酸(4-hydroxyphenyllactic acid,4-HPLA)。4-HPLA 在一种未知的酶的催化下生成丹参素(3,4-dihydroxyphenyllactic acid,3,4-二羟基苯乳酸)。随后,迷迭香酸合酶(rosmarinic acid synthase,RAS)催化丹参素与对香豆酰辅酶 A 耦合形成 4-香豆酰-3′,4′-二羟基苯乳酸(4-coumaroyl-3′,4′-dihydroxy-phenyllactic acid,4C-DHPL)。在 P450 酶 CYP98A14 的催化下,3-羟基被引入 4C-DHPL 中,使其转变为迷迭香酸。在未知的酶的催化作用下,两分子的迷迭香酸聚合成为丹酚酸 E。丹酚酸 E 可以被进一步催化成药用活性物质丹酚酸 B 等(Ma et al.,2015)。

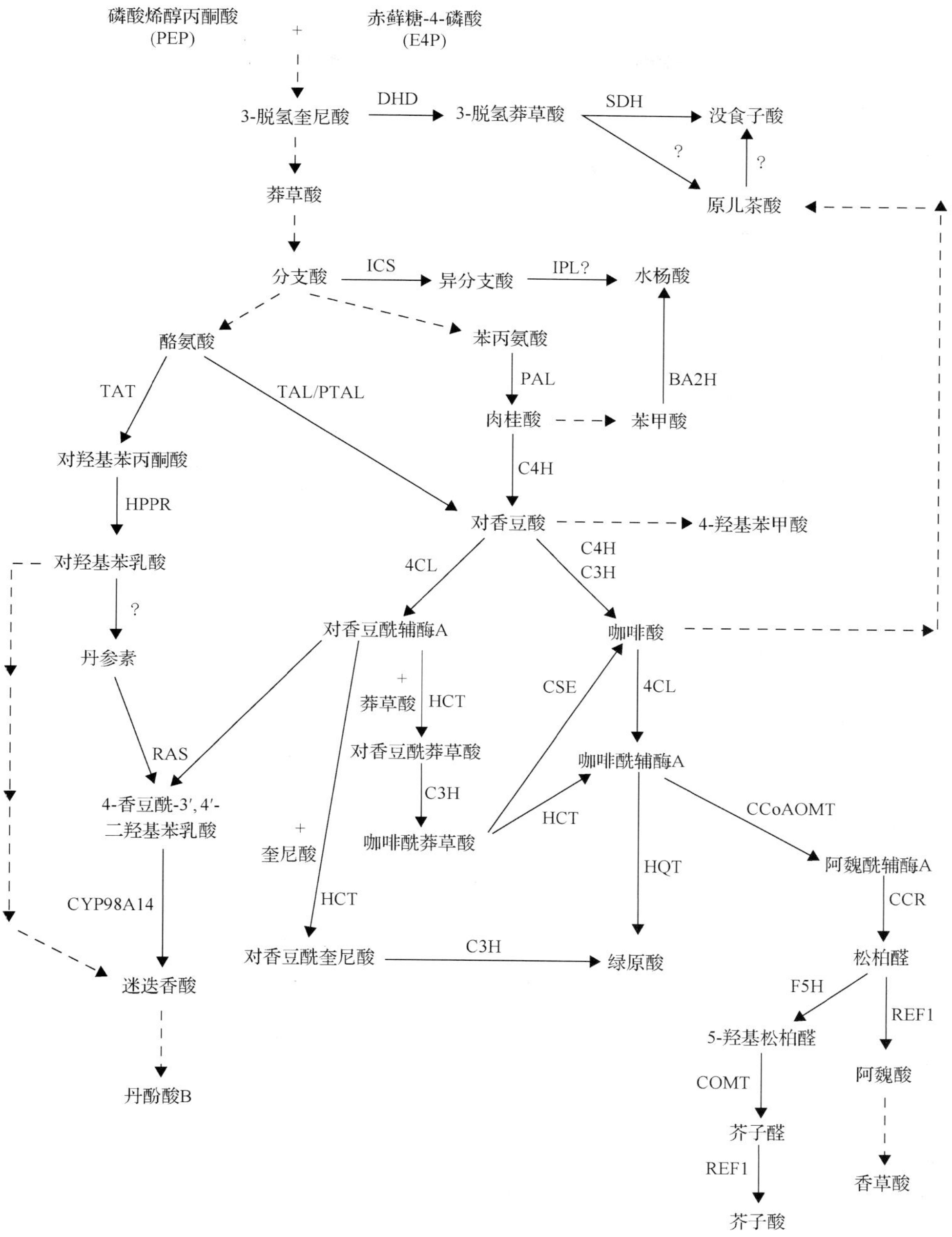

磷酸烯醇丙酮酸　　　赤藓糖-4-磷酸
(PEP)　　　　　　　(E4P)

3-脱氢奎尼酸 ──DHD──▶ 3-脱氢莽草酸 ──SDH──▶ 没食子酸

莽草酸

原儿茶酸

分支酸 ──ICS──▶ 异分支酸 ──IPL?──▶ 水杨酸

酪氨酸　　　　　　　苯丙氨酸

肉桂酸 ─ ─ ─▶ 苯甲酸

TAT　　　TAL/PTAL　　PAL　　BA2H

对羟基苯丙酮酸

对香豆酸 ─ ─ ─▶ 4-羟基苯甲酸

HPPR　　　　　　C4H

对羟基苯乳酸

丹参素

咖啡酸

对香豆酰辅酶A　　　C4H C3H 4CL

RAS

4-香豆酰-3′,4′-二羟基苯乳酸

奎尼酸

莽草酸 ──HCT──▶ 对香豆酰莽草酸 ──C3H──▶ 咖啡酰莽草酸

CSE　　咖啡酰辅酶A

HCT

CYP98A14

对香豆酰奎尼酸 ──C3H──▶ 绿原酸

HQT　　CCoAOMT　　阿魏酰辅酶A

迷迭香酸

CCR

松柏醛

F5H　　REF1

5-羟基松柏醛　　阿魏酸

丹酚酸B

COMT

芥子醛　　香草酸

REF1

芥子酸

图 8-11　酚酸生物合成途径简图

该图显示了酚酸生成的关键酶催化步骤。其中，实箭头表示单独一步酶催化反应，虚箭头表示多步酶催化反应。缩写字母表示催化这些关键步骤的酶，其中 DHD 表示 3-脱氢奎尼酸水解酶，SDH 表示莽草酸脱氢酶，ICS 表示异分支酸合酶，IPL 表示异分支酸-丙酮酸裂解酶，BA2H 表示苯甲酸 2-羟化酶，TAL 表示酪氨酸解氨酶，PTAL 表示双功能解氨酶，PAL 表示苯丙氨酸解氨酶，C4H 表示肉桂酸-4-羟化酶，4CL 表示 4-香豆酰辅酶 A 连接酶，TAT 表示酪氨酸氨基转移酶，HPPR 表示对羟基苯丙酮酸还原酶，RAS 表示迷迭香酸合酶，HCT 表示莽草酸/奎尼酸羟基肉桂酰转移酶催化，C3H 表示对香豆素-3-羟化酶，CSE 表示咖啡酰莽草酸酯酶，HQT 表示奎尼酸羟基肉桂酰基转移酶，CCR 表示肉桂酰辅酶 A 还原酶，F5H 表示阿魏酸5-羟化酶，COMT 表示咖啡酸-氧位甲基转移酶，CCoAOMT 表示咖啡酰辅酶 A 氧甲基转移酶，REF1 表示降低表皮荧光 1

值得注意的是，对香豆酸、咖啡酸、松柏醛和芥子醛也是木质素单体合成途径中的中间产物，这表明植物次生代谢途径之间是紧密关联的。此外，酚酸类化合物在植物体内常与醇结合形成酯类。芥子酸酯（sinapate ester）是拟南芥及多种十字花科植物的特征性组分，也是拟南芥叶片中主要的羟基肉桂酸酯，它主要在近轴表皮细胞中积累，保护植物抵御紫外线辐射（Anderson et al.，2015）。在芥子酸酯的合成途径中，芥子酸在芥子酸葡萄糖基转移酶（sinapate: UDP-glucose glucosyltransferase，SGT）的催化下转变为芥子酰葡萄糖（Fraser et al.，2007；Milkowski and Strack，2010），然后在芥子酰葡萄糖胆碱转移酶（sinapoylglucose: choline sinapoyltransferase，SCT）和芥子酰葡萄糖苹果酸转移酶（sinapoylglucose: malate sinapoyltransferase，SMT）的作用下分别转变为芥子酰胆碱（sinapoylcholine，SC）和芥子酰苹果酸（sinapoylmalate，SM）。芥子酰胆碱主要存在于拟南芥的种子中，而芥子酰苹果酸主要存在于拟南芥的叶片当中（Mock et al.，1992；Fraser et al.，2007；Milkowski and Strack，2010）。在种子萌发过程中，芥子酰胆碱可以被芥子酰胆碱酯酶（sinapine esterase，SCE）催化水解，释放出胆碱（choline）和芥子酸（Milkowski and Strack，2010）。

## 五、香豆素类化合物的生物合成途径

目前对香豆素类化合物生物合成的研究较少，主要在含羟基的简单香豆素和呋喃香豆素中有报道。使用肉桂酸（cinnamate）或其衍生物进行的示踪实验表明，简单香豆素核心结构的形成主要经过苯环上邻位的羟基化（ortho-hydroxylation）、顺式或反式异构化（cis-/trans-isomerization）及内酯化（lactonization）等步骤（Bayoumi et al.，2008）。其中邻位的羟基化是最关键的步骤。它由 2ODD 酶催化（Shimizu，2014）。拟南芥 AtF6′H 催化阿魏酰辅酶 A（feruloyl coenzyme A）的邻羟基化，使其转变为 6-羟基阿魏酰辅酶 A（6-hydroxyferuloyl-CoA）。随后经过烯醇阴离子（enoiate anion）的异构化及内酯化，生成东莨菪亭（scopoletin）（Kai et al.，2008）。当 AtF6′H 突变时，拟南芥中的东莨菪亭及其 β-葡萄糖苷——东莨菪苷（scopolin）的含量显著降低。需要注意的是，欧洲花楸（Sorbus aucuparia）等植物中简单香豆素的产生不需要邻位羟基化步骤（Liu et al.，2010）。呋喃香豆素的合成在伞形科植物中有报道。异戊二烯基转移酶在伞形酮（umbelliferone）苯环的 C-6 或 C-8 位上添加异戊二烯基，生成去甲基软木花椒素（demethylsuberosin）或者欧芹酚（osthenol），随后在一系列不同的 P450 酶催化下，去甲基软木花椒素或者欧芹酚分别被转变为线型或角型的呋喃香豆素（Larbat et al.，2007；Karamat et al.，2014；Dueholm et al.，2015）。

## 六、芪类生物合成途径

芪类生物合成途径是苯丙烷代谢途径的一个分支。芪合酶（stilbene synthase，STS）是催化芪类骨架形成的关键酶，属于 type III聚酮合酶超家族。在 STS 的催化下，三分子的丙二酰-CoA 与一分子的肉桂酸辅酶 A 酯衍生物（对香豆酰辅酶 A 或肉桂酰辅酶 A）缩合成为来源于对香豆酰辅酶 A 的白藜芦醇和来源于肉桂酰辅酶 A 的赤松素这两种最常见的芪类化合物骨架(Chong et al.，2009；Jeandet et al.，2010)。STS 催化白藜芦醇合成已经在葡萄(葡萄科)(Larronde et al.，2003)、何首乌(蓼科)(陆娣，2013)、虎杖(蓼科)(郭辉力等，2014)、圆叶大黄(蓼科)(Samappito et al.，2003)、花生(豆科)(Sobolev，2008)、蓝莓(杜鹃花科)(Lyons et al.，2003)、高粱(禾本科)(Yu et al.，2005)等被子植物和鱼鳞云杉(*Picea jezoensis* var. *microsperma*)等裸子植物(Kiselev et al.，2016)中发现。STS 催化银松素的合成已经在樟子松(*Pinus sylvestris*)(Fliegmann et al.，1992)、北美乔松(*P. strobus*)(Raiber et al.，1995)和赤松(*P. densiflora*)(Kodan et al.，2002)等多种松科裸子植物中被发现。对白藜芦醇的骨架进行糖基化、异构化、甲氧基化、低聚化和异戊化修饰，会产生云杉新苷(piceid)、葡萄素(viniferin)、白皮杉醇葡萄糖苷(astringin)和白皮杉醇(piceatannol)等多种白藜芦醇衍生物(Chong et al.，2009)。

## 第三节　苯丙烷类化合物研究展望

苯丙烷类化合物是自然界中分布最为广泛的一类植物次生代谢产物，也是多种药用植物发挥临床药效的物质基础。目前，药用植物苯丙烷类化合物的研究主要集中在化学成分分析、提取工艺及药理活性的研究中，生物合成途径和合成机制的分子生物学研究尚处于起步阶段。随着现代生物学技术的快速发展，尤其是高通量测序技术的普及化、生物学实验的简单化及各种组学技术的相互联合等，解析药用植物中苯丙烷类活性成分的合成途径及调控机制已是行业领域内的研究热点。丹参、黄芩等部分药用植物的苯丙烷类化合物合成途径及调控机制的研究已取得较大进展，为利用合成生物学和代谢工程等技术在模式植物或微生物中合成苯丙烷类活性成分奠定了基础。

## 参 考 文 献

陈洪雨. 2013. 山楂黄烷醇延缓衰老活性及其作用机制研究. 河北农业大学硕士学位论文.

程斯倩, 陈雪, 于馨洋, 等. 2013. 葛根异黄酮药理作用的研究进展. 吉林医药学院学报, 34(1): 46-49.

董栩, 许燕, 李月亭, 等. 2016. 药用植物中细胞色素 P450 基因的研究进展. 云南中医中药杂志, 37(3): 75-78.

段雅彬, 姚星辰, 朱俊博, 等. 2015. 藏药黑果枸杞中总花色苷与原花青素 B$_2$ 的含量测定. 时珍国医国药, (7): 1629-1631.

郭辉力, 罗在柒, 杨亚东, 等. 2014. 两种不同植物来源白藜芦醇生物合成关键酶——芪合酶催化效率比较. 生物工程学报, 30(10): 1622-1633.

郭洁, 宋殿荣. 2013. 补骨脂香豆素成分研究进展. 天津中医药, 30(4): 250-253.

贺超, 黄烨, 李柏生, 等. 2012. 七叶内酯对平滑肌源性泡沫细胞胆固醇外转运蛋白 ABCA1 和 ABCG1 表达的影响. 广东医学, 33(22): 3368-3371.

黄雨婷, 迟宗良, 王姝梅, 等. 2017. 甘草中的黄酮类成分及其抗肿瘤活性研究进展. 中国新药杂志, 26(13): 1532-1537.

江岩, 郑力, 克热木江·吐尔逊江. 2011. 药桑椹花青素的体外抗氧化作用. 食品科学, 32(13): 45-48.

孔晓军, 刘希望, 李剑勇, 等. 2013. 丁香酚的药理学作用研究进展. 湖北农业科学, 52(3): 508-511.

兰烨荣, 刘素香, 张铁军, 等. 2013. 细辛醚的研究进展. 现代药物与临床, 28(2): 252-257.

刘津, 于思礼, 马雅婷, 等. 2016. 天然木脂素的代谢工程和合成生物学研究进展. 中草药, 47(14): 2556-2562.

刘志刚, 李雪玲, 翁立冬. 2012. 水飞蓟素药理作用研究进展. 辽宁中医药大学学报, (10): 91-93.

陆娣, 赵炜, 夏晚霞, 等. 2013. 何首乌二苯乙烯合成酶基因 *FmSTS2* 的克隆、鉴定和与二苯乙烯苷表达关系分析. 药物生物技术, (2): 124-127.

聂安政, 林志健, 张冰. 2016. 秦皮化学成分和药理作用研究进展. 中草药, 47(18): 3332-3341.

彭清忠, 谢德玉. 2012. 原花青素聚合作用机理研究进展. 西北植物学报, 32(3): 624-632.

生书晶. 2010. 何首乌芪合酶基因(*FmSTS*)的克隆、鉴定及转化拟南芥研究. 华南理工大学博士学位论文.

石剑. 2016. 黄芪中异黄酮成分的药代动力学特征及肝肠处置机制研究. 南方医科大学博士学位论文.

孙传范. 2010. 原花青素的研究进展. 食品与机械, 26(4): 146-148.

孙君明, 韩粉霞. 2005. 植物次生代谢产物异黄酮的调控机理. 西南农业学报, 18(5): 663-667.

许冬梅. 2007. 橙皮素和柚皮素对血管内皮细胞 NO 分泌功能影响的研究. 浙江大学硕士学位论文.

杨金, 羊晓东, 杨姝, 等. 2007. 厚叶算盘子中黄烷醇类成分的研究. 中国中药杂志, 32(7): 593-596.

杨柳阳, 朱观明. 2014. 黄烷酮的合成研究进展. 合成化学, 22(2): 272-280.

杨燕, 王庆伟, 张琰. 2011. 滨蒿内酯的研究进展. 中国药业, 20(19): 1-3.

姚丹升, 王婧怡, 周倩, 等. 2017. 香豆素对多花黑麦草种子萌发和幼苗生长化感作用的机理研究. 草业学报, 26(2): 136-145.

张芳芳. 2006. 山柰酚和槲皮素抑制细胞色素 P450 酶活性. 浙江大学硕士学位论文.

张晓平, 陈新梅, 崔清华, 等. 2013. 蛇床子素药理作用及其相关机制研究进展. 中国执业药师, (11): 28-32.

朱金婵, 王恒山, 潘英明, 等. 2005. 秦皮有效成分对自由基清除能力的研究. 全国化学生物学学术会议暨国际化学与生物医学交叉研讨会.

朱金段, 袁德俊, 林新颖. 2013. 丁香的药理研究现状及临床应用. 中国药物经济学, (1): 32-35.

邹广平, 李雅丽, 冯梦薇, 等. 2017. 甘草悬浮细胞肉桂酸-4-羟基化酶(C4H)基因的克隆及表达分析. 生物技术通报, 33(11): 1-6.

Abdollahi M B, Eyvazpour E, Ghadimzadeh M. 2017. The effect of drought stress on the expression of key genes involved in the biosynthesis of phenylpropanoids and essential oil components in basil (*Ocimum basilicum* L.). Phytochemistry, 139: 1-7.

Aehle E, Müller U, Eklund P C, et al. 2011. Lignans as food constituents with estrogen and antiestrogen activity. Phytochemistry, 72(18): 2396-2405.

Ali H M, Almagribi W, Al-Rashidi M N. 2016. Antiradical and reductant activities of anthocyanidins and anthocyanins, structure-activity relationship and synthesis. Food Chemistry, 194: 1275-1282.

Anderson N A, Bonawitz N D, Nyffeler K, et al. 2015. Loss of FERULATE 5-HYDROXYLASE leads to mediator-dependent inhibition of soluble phenylpropanoid biosynthesis in *Arabidopsis*. Plant Physiology, 169(3): 1557-1567.

Appelhagen I, Thiedig K, Nordholt N, et al. 2014. Update on transparent testa mutants from *Arabidopsis thaliana*: characterisation of new alleles from an isogenic collection. Planta, 240(5): 955-970.

Barros J, Serrani-Yarce J C, Chen F, et al. 2016. Role of bifunctional ammonia-lyase in grass cell wall biosynthesis. Nature Plants, 2(6): 16050.

Bavaresco L, Fregoni C, Cantù E, et al. 1999. Stilbene compounds: from the grapevine to wine. Drugs Under Experimental and Clinical Research, 25 (2-3): 57-63.

Bayoumi S A, Rowan M G, Beeching J R, et al. 2008. Investigation of biosynthetic pathways to hydroxycoumarins during post-harvest physiological deterioration in cassava roots by using stable isotope labelling. Chembiochem, 9(18): 3013-3022.

Boerjan W, Ralph J, Baucher M. 2003. Lignin biosynthesis. Annual Review of Plant Biology, 54(1): 519-546.

Bomati E K, Austin M B, Bowman M E, et al. 2005. Structural elucidation of chalcone reductase and implications for deoxychalcone biosynthesis. Journal of Biological Chemistry, 280(34): 30496-30503.

Boucherle B, Peuchmaur M, Boumendjel A, et al. 2017. Occurrences, biosynthesis and properties of aurones as high-end evolutionary products. Phytochemistry, 142: 92-111.

Buer C S, Djordjevic M A. 2009. Architectural phenotypes in the transparent testa mutants of *Arabidopsis thaliana*. Journal of Experimental Botany, 60(3): 751-763.

Chapple C. 1998. Molecular-genetic analysis of plant cytochrome p450-dependent monooxygenases. Annual Review of Plant Physiology and Plant Molecular Biology, 49(1): 311-343.

Chen F, Srinivasa Reddy M S, Temple S, et al. 2006. Multi-site genetic modulation of monolignol biosynthesis suggests new routes for formation of syringyl lignin and wall-bound ferulic acid in alfalfa (*Medicago sativa* L.). Plant Journal, 48(1): 113-124.

Chen H C, Li Q, Shuford C M, et al. 2011. Membrane protein complexes catalyze both 4- and 3-hydroxylation of cinnamic acid derivatives in monolignol biosynthesis. Proceedings of the National Academy of Sciences of the United States of America, 108(52): 21253-21258.

Chen H C, Song J, Williams C M, et al. 2013. Monolignol pathway 4-coumaric acid: coenzyme A ligases in *Populus trichocarpa*: novel specificity, metabolic regulation, and simulation of coenzyme A ligation fluxes. Plant Physiology, 161(3): 1501-1516.

Cheng A X, Han X J, Wu Y F, et al. 2014. The function and catalysis of 2-oxoglutarate-dependent oxygenases involved in plant flavonoid biosynthesis. International Journal of Molecular Sciences, 15(1): 1080-1095.

Chong J, Poutaraud A, Hugueney P. 2009. Metabolism and roles of stilbenes in plants. Plant Science, 177(3): 143-155.

Dastmalchi M, Dhaubhadel S. 2015. Proteomic insights into synthesis of isoflavonoids in soybean seeds. Proteomics, 15(10): 1646-1657.

Day A, Neutelings G, Nolin F, et al. 2009. Caffeoyl coenzyme A O-methyltransferase down-regulation is associated with modifications in lignin and cell-wall architecture in flax secondary xylem. Plant Physiology and Biochemistry, 47(1): 9-19.

Dempsey D A, Vlot A C, Wildermuth M C, et al. 2011. Salicylic acid biosynthesis and metabolism. The *Arabidopsis* Book, 9: e0156.

Deng Y, Lam S C, Zhao J, et al. 2017. Quantitative analysis of flavonoids and phenolic acid in *Coreopsis tinctoria* Nutt. by capillary zone electrophoresis. Electrophoresis, 8(20): 2654-2661.

Di P, Zhang L, Chen J, et al. 2013. $^{13}$C tracer reveals phenolic acids biosynthesis in hairy root cultures of *Salvia miltiorrhiza*. ACS Chemical Biology, 8(7): 1537-1548.

Dixon R A, Liu C, Jun J H. 2013. Metabolic engineering of anthocyanins and condensed tannins in plants. Current Opinion in Biotechnology, 24(2): 329-335.

Dixon R A, Paiva N L. 1995. Stress-induced phenylpropanoid metabolism. Plant Cell, 7(7): 1085-1097.

Do C T, Pollet B, Thévenin J, et al. 2007. Both caffeoyl Coenzyme A 3-O-methyltransferase 1 and caffeic acid O-methyltransferase 1 are involved in redundant functions for lignin, flavonoids and sinapoyl malate biosynthesis in *Arabidopsis*. Planta, 226(5): 1117-1129.

Dudareva N, Klempien A, Muhlemann J K, et al. 2013. Biosynthesis, function and metabolic engineering of plant volatile organic compounds. New Phytologist, 198(1): 16-32.

Dueholm B, Krieger C, Drew D, et al. 2015. Evolution of substrate recognition sites (SRSs) in cytochromes P450 from Apiaceae exemplified by the CYP71AJ subfamily. BMC Evolutionary Biology, 15: 122.

Ehlting J, Büttner D, Wang Q, et al. 1999. Three 4-coumarate: coenzyme A ligases in *Arabidopsis thaliana* represent two evolutionarily divergent classes in angiosperms. Plant Journal, 19(1): 9-20.

El-Seedi H R, El-Said A M, Khalifa S A, et al. 2012. Biosynthesis, natural sources, dietary intake, pharmacokinetic properties, and biological activities of hydroxycinnamic acids. Journal of Agricultural and Food Chemistry, 60(44): 10877-10895.

Fahrendorf T, Dixon R A. 1993. Stress responses in alfalfa (*Medicago sativa* L.) XVIII: Molecular cloning and expression of the elicitorinducible cinnamic acid 4-hydroxylase cytochrome 450. Archives of Biochemistry and Biophysics, 305(2): 509-515.

Ferrer J L, Austin M B, Stewart C Jr, et al. 2008. Structure and function of enzymes involved in the biosynthesis of phenylpropanoids. Plant Physiology and Biochemistry, 46(3): 356-370.

Fliegmann J, Schröder G, Schanz S, et al. 1992. Molecular analysis of chalcone and dihydropinosylvin synthase from Scots pine (*Pinus sylvestris*), and differential regulation of these and related enzyme activities in stressed plants. Plant Molecular Biology, 18(3): 489-503.

Fraser C M, Thompson M G, Shirley A M, et al. 2007. Related *Arabidopsis* serine carboxypeptidase-like sinapoylglucose acyltransferases display distinct but overlapping substrate specificities. Plant Physiology, 144(4): 1986-1999.

Gachon C M, Langlois-Meurinne M, Saindrenan P. 2005. Plant secondary metabolism glycosyltransferases: the emerging functional analysis. Trends in Plant Science, 10(11): 542-549.

Gaille C, Kast P, Haas D. 2002. Salicylate biosynthesis in *Pseudomonas aeruginosa*. Purification and characterization of PchB, a novel bifunctional enzyme displaying isochorismate pyruvatelyase and chorismate mutase activities. Journal of Biological Chemistry, 277(24): 21768-21775.

Gao J, Yang X, Yin W. 2016. From traditional usage to pharmacological evidence: a systematic mini-review of *Spina gleditsiae*. Evidence-based Complementary and Alternative Medicine: 3898957.

Goff S A, Klee H J. 2006. Plant volatile compounds: sensory cues for health and nutritional value? Science, 311(5762): 815-819.

Guo D M, Ran J H, Wang X Q. 2010. Evolution of the cinnamyl/sinapyl alcohol dehydrogenase (CAD/SAD) gene family: the emergence of real lignin is associated with the origin of bona fide CAD. Journal of Molecular Evolution, 71(3): 202-218.

Hamberger B, Hahlbrock K. 2004. The 4-coumarate: CoA ligase gene family in *Arabidopsis thaliana* comprises one rare, sinapate-activating and three commonly occurring isoenzymes. Proceedings of the National Academy of Sciences of the United States of America, 101(7): 2209-2214.

Han J, Lv Q Y, Jin S Y, et al. 2014. Comparison of anti-bacterial activity of three types of di-*O*-caffeoylquinic acids in *Lonicera japonica* flowers based on microcalorimetry. Chinese Journal of Natural Medicines, 12(2): 108-113.

Hanson A D, Gregory J F. 2011. Folate biosynthesis, turnover, and transport in plants. Annual Review of Plant Biology, 62: 105-125.

He X, Blount J W, Ge S, et al. 2011. A genomic approach to isoflavone biosynthesis in kudzu (*Pueraria lobata*). Planta, 233(4): 843-855.

Hou X, Shao F, Ma Y, et al. 2013. The phenylalanine ammonia-lyase gene family in *Salvia miltiorrhiza*: genome-wide characterization, molecular cloning and expression analysis. Molecular Biology Reports, 40(7): 4301-4310.

Hoult J R, Payá M. 1996. Pharmacological and biochemical actions of simple coumarins: natural products with therapeutic potential. General Pharmacology—the Vascular System, 27(4): 713-722.

Huang B, Duan Y, Yi B, et al. 2008. Characterization and expression profiling of cinnamate 4-hydroxylase gene from *Salvia miltiorrhiza*, in rosmarinic acid biosynthesis pathway. Russian Journal of Plant Physiologyogy, 55(3): 390.

Humphreys J M, Hemm M R, Chapple C. 1999. New routes for lignin biosynthesis defined by biochemical characterization of recombinant ferulate 5-hydroxylase, a multifunctional cytochrome P450-dependent monooxygenase. Proceedings of the National Academy of Sciences of the United States of America, 96(18): 10045-10050.

Ichino T, Fuji K, Ueda H, et al. 2014. GFS9/TT9 contributes to intracellular membrane trafficking and flavonoid accumulation in *Arabidopsis thaliana*. Plant Journal, 80(3): 410-423.

Jeandet P, Delaunois B, Conreux A, et al. 2010. Biosynthesis, metabolism, molecular engineering, and biological functions of stilbene phytoalexins in plants. Biofactors, 36(5): 331-341.

Jez J M, Noel J P. 2000. Mechanism of chalcone synthase. pKa of the catalytic cysteine and the role of the conserved histidine in a plant polyketide synthase. Journal of Biological Chemistry, 275(50): 39640-39646.

Jiang N, Doseff A I, Grotewold E. 2016. Flavones: from biosynthesis to health benefits. Plants, 5(2): 27.

Jung W, Yu O, Lau S M, et al. 2000. Identification and expression of isoflavone synthase, the key enzyme for biosynthesis of isoflavones in legumes. Nature Biotechnology, 18(2): 208-212.

Kai K, Mizutani M, Kawamura N, et al. 2008. Scopoletin is biosynthesized via ortho-hydroxylation of feruloyl CoA by a 2-oxoglutarate-dependent dioxygenase in *Arabidopsis thaliana*. Plant Journal, 55(6): 989-999.

Kaintz C, Molitor C, Thill J, et al. 2014. Cloning and functional expression in *E. coli* of a polyphenol oxidase transcript from *Coreopsis grandiflora* involved in aurone formation. FEBS Letters, 588(18): 3417-3426.

Karamat F, Olry A, Munakata R, et al. 2014. A coumarin-specific prenyltransferase catalyzes the crucial biosynthetic reaction for furanocoumarin formation in parsley. Plant Journal, 77(4): 627-638.

Kim Y B, Shin Y, Tuan P A, et al. 2014. Molecular cloning and characterization of genes involved in rosmarinic acid biosynthesis from *Prunella vulgaris*. Biological & Pharmaceutical Bulletin, 37(7): 1221-1227.

Kirino A, Takasuka Y, Nishi A, et al. 2012. Analysis and functionality of major polyphenolic components of *Polygonum cuspidatum* (itadori). Journal of Nutritional Science and Vitaminology(Tokyo), 58(4): 278-286.

Kiselev K V, Grigorchuk V P, Ogneva Z V, et al. 2016. Stilbene biosynthesis in the needles of spruce *Picea jezoensis*. Phytochemistry, 131: 57-67.

Kitada C, Gong Z, Tanaka Y, et al. 2001. Differential expression of two cytochrome P450s involved in the biosynthesis of flavones and anthocyanins in chemo-varietal forms of *Perilla frutescens*. Plant and Cell Physiology, 42 (12): 1338-1344.

Kodan A, Kuroda H, Sakai F. 2002. A stilbene synthase from Japanese red pine (*Pinus densiflora*): implications for phytoalexin accumulation and down-regulation of flavonoid biosynthesis. Proceedings of the National Academy of Sciences of the United States of America, 99 (5): 3335-3339.

Koeduka T, Fridman E, Gang D R, et al. 2006. Eugenol and isoeugenol, characteristic aromatic constituents of spices, are biosynthesized via reduction of a coniferyl alcohol ester. Proceedings of the National Academy of Sciences of the United States of America, 103 (26): 10128-10133.

Kumar D. 2014. Salicylic acid signaling in disease resistance. Plant Science, 228: 127-134.

Labeeuw L, Martone P T, Boucher Y, et al. 2015. Ancient origin of the biosynthesis of lignin precursors. Biology Direct, 10: 23.

Langcake P, Pryce R J. 1976. The production of resveratrol by *Vitis vinifera* and other members of the Vitaceae as a response to infection or injury. Physiological Plant Pathology, 9 (1): 77-86.

Larronde F, Gaudillère J P, Krisa S, et al. 2003. Airborne methyl jasmonate induces stilbene accumulation in leaves and berries of grapevine plants: researchnote. American Journal of Enology & Viticulture, 54 (1): 63-66.

Larbat R, Kellner S, Specker S, et al. 2007. Molecular cloning and functional characterization of psoralen synthase, the first committed monooxygenase of furanocoumarin biosynthesis. Journal of Biological Chemistry, 282 (1): 542-554.

Le Roy J, Huss B, Creach A, et al. 2016. Glycosylation is a major regulator of phenylpropanoid availability and biological activity in plants. Frontiers in Plant Science, 7: 735.

Lee H I, Leon J, Raskin I. 1995. Biosynthesis and metabolism of salicylic acid. Proceedings of the National Academy of Sciences of the United States of America, 92 (10): 4076.

Lepiniec L, Debeaujon I, Routaboul J M, et al. 2006. Genetics and biochemistry of seed flavonoids. Annual Review of Plant Biology, 57 (1): 405-430.

Leplé J C, Dauwe R, Morreel K, et al. 2007. Downregulation of cinnamoyl-coenzyme A reductase in poplar: multiple-level phenotyping reveals effects on cell wall polymer metabolism and structure. Plant Cell, 19 (11): 3669-3691.

Li L, Cheng X F, Leshkevich J, et al. 2001. The last step of syringyl monolignol biosynthesis in angiosperms is regulated by a novel gene encoding sinapyl alcohol dehydrogenase. Plant Cell, 13 (7): 1567-1586.

Li L, Lu S, Chiang V. 2006. A genomic and molecular view of wood formation. Critical Reviews in Plant Sciences, 25 (3): 215-233.

Li S S, Li Y, Sun L L, et al. 2015b. Identification and expression analysis of 4-coumarate: coenzyme A ligase gene family in *Dryopteris fragrans*. Cellular and molecular biology, 61 (4): 25-33.

Li W, Yang L X, Jiang L Z, et al. 2016. Molecular cloning and functional characterization of a cinnamate 4-hydroxylase-encoding gene from *Camptotheca acuminata*. ACTA Physiologiae Plantarum, 38 (11): 255-263.

Li Y, Kim J I, Pysh L, et al. 2015a. Four isoforms of *Arabidopsis thaliana* 4-coumarate: CoA ligase (4CL) have overlapping yet distinct roles in phenylpropanoid metabolism. Plant Physiology, 169 (4): 2409-2421.

Li Z B, Li C F, Li J, et al. 2014. Molecular cloning and functional characterization of two divergent 4-coumarate: coenzyme A ligases from kudzu (*Pueraria lobata*). Biological & Pharmaceutical Bulletin, 37 (1): 113.

Liu B, Raeth T, Beuerle T, et al. 2010. A novel 4-hydroxycoumarin biosynthetic pathway. Plant Molecular Biology, 72 (1-2): 17-25.

Liu T, Yao R, Zhao Y, et al. 2017. Cloning, functional characterization and site-directed mutagenesis of 4-coumarate: coenzyme A ligase (4CL) involved in coumarin biosynthesis in *Peucedanum praeruptorum* Dunn. Frontiers in Plant Science, 8: 4.

López-Ráez J A, Flors V, García J M, et al. 2010. AM symbiosis alters phenolic acid content in tomato roots. Plant Signaling & Behavior, 5 (9): 1138-1140.

Lu S, Li L, Zhou G. 2010. Genetic modification of wood quality for second-generation biofuel production. GM Crops, 1 (4): 230-236.

Lu S, Li Q, Wei H, et al. 2013. Ptr-miR397a is a negative regulator of laccase genes affecting lignin content in *Populus trichocarpa*. Proceedings of the National Academy of Sciences of the United States of America, 110(26): 10848-10853.

Lu S, Zhou Y, Li L, et al. 2006. Distinct roles of cinnamate 4-hydroxylase genes in *Populus*. Plant and Cell Physiology, 47(7): 905-914.

Lyons M M, Yu C, Toma R B, et al. 2003. Resveratrol in raw and baked blueberries and bilberries. Journal of Agricultural & Food Chemistry, 51(20): 5867-5870.

Ma W, Wu M, Wu Y, et al. 2013. Cloning and characterisation of a phenylalanine ammonia-lyase gene from *Rhus chinensis*. Plant Cell Reports, 32(8): 1179-1190.

Ma X H, Ma Y, Tang J F, et al. 2015. The biosynthetic pathways of tanshinones and phenolic acids in *Salvia miltiorrhiza*. Molecules, 20(9): 16235-16254.

Mandal S M, Chakraborty D, Dey S. 2010. Phenolic acids act as signaling molecules in plant-microbe symbioses. Plant Signaling & Behavior, 5(4): 359-368.

Martens S, Mithöfer A. 2005. Flavones and flavone synthases. Phytochemistry, 66(20): 2399-2407.

Milkowski C, Strack D. 2010. Sinapate esters in brassicaceous plants: biochemistry, molecular biology, evolution and metabolic engineering. Planta, 232(1): 19-35.

Miosic S, Knop K, Hölscher D, et al. 2013. 4-Deoxyaurone formation in *Bidens ferulifolia* (Jacq.) DC. PLoS ONE, 8(5): e61766.

Mock H P, Vogt T, Strack D. 1992. Sinapoylglucose: malate sinapoyltransferase activity in *Arabidopsis thaliana* and *Brassica rapa*. Zeitschrift Für Naturforschung C, 47(9-10): 680-682.

Molitor C, Mauracher S G, Pargan S, et al. 2015. Latent and active aurone synthase from petals of *C. grandiflora*: a polyphenol oxidase with unique characteristics. Planta, 242(3): 519-537.

Molitor C, Mauracher S G, Rompel A. 2016. Aurone synthase is a catechol oxidase with hydroxylase activity and provides insights into the mechanism of plant polyphenol oxidases. Proceedings of the National Academy of Sciences of the United States of America, 113(13): 1806-1815.

Muir R M, Ibáñez A M, Uratsu S L, et al. 2011. Mechanism of gallic acid biosynthesis in bacteria (*Escherichia coli*) and walnut (*Juglans regia*). Plant Molecular Biology, 75(6): 555-565.

Nair R B, Bastress K L, Ruegger M O, et al. 2004. The *Arabidopsis thaliana* REDUCED EPIDERMAL FLUORESCENCE1 gene encodes an aldehyde dehydrogenase involved in ferulic acid and sinapic acid biosynthesis. Plant Cell, 16(2): 544-554.

Nakayama T. 2002. Enzymology of aurone biosynthesis. Journal of Bioscience & Bioengineering, 94(6): 487-491.

Nakatsuka T, Nishihara M, Mishiba K, et al. 2005. Temporal expression of flavonoid biosynthesis-related genes regulates flower pigmentation in gentian plants. Plant Science, 168: 1309-1318.

Nakayama T, Yonekura-Sakakibara K, Sato T, et al. 2000. Aureusidin synthase: a polyphenol oxidase homolog responsible for flower coloration. Science, 290(5494): 1163-1166.

Ngaki M N, Louie G V, Philippe R N, et al. 2012. Evolution of the chalcone-isomerase fold from fatty-acid binding to stereospecific catalysis. Nature, 485(7399): 530-533.

Noel J P, Austin M B, Bomati E K. 2005. Structure-function relationships in plant phenylpropanoid biosynthesis. Current Opinion in Plant Biology, 8(3): 249-253.

Olsen K M, Lea U S, Slimestad R, et al. 2008. Differential expression of four *Arabidopsis PAL* genes; *PAL1* and *PAL2* have functional specialization in abiotic environmental-triggered flavonoid synthesis. Journal of Plant Physiology, 165(14): 1491-1499.

Petrussa E, Braidot E, Zancani M, et al. 2013. Plant flavonoids-biosynthesis, transport and involvement in stress responses. International Journal of Molecular Sciences, 14: 14950-14973.

Qualley A V, Widhalm J R, Adebesin F, et al. 2012. Completion of the core β-oxidative pathway of benzoic acid biosynthesis in plants. Proceedings of the National Academy of Sciences of the United States of America, 109(40): 16383-16388.

Raes J, Rohde A, Christensen J H, et al. 2003. Genome-wide characterization of the lignification toolbox in *Arabidopsis*. Plant Physiology, 133(3): 1051-1071.

Raiber S, Schröder G, Schröder J. 1995. Molecular and enzymatic characterization of two stilbene synthases from Eastern white pine (*Pinus strobus*): a single Arg/His difference determines the activity and the pH dependence of the enzymes. FEBS Letters, 361(2-3): 299-302.

Rinaldi R, Jastrzebski R, Clough M T, et al. 2016. Paving the way for lignin valorisation: recent advances in bioengineering, biorefining and catalysis. Angewandte Chemie International Edition, 55(29): 8164-8215.

Robbins R J. 2003. Phenolic acids in foods: an overview of analytical methodology. Journal of Agricultural & Food Chemistry, 51(10): 2866-2887.

Rohde A, Morreel K, Ralph J, et al. 2004. Molecular phenotyping of the pal1 and pal2 mutants of *Arabidopsis thaliana* reveals far-reaching consequences on and carbohydrate metabolism. Plant Cell, 16(10): 2749-2771.

Roupe K A, Remsberg C M, Yáñez J A, et al. 2006. Pharmacometrics of stilbenes: seguing towards the clinic. Current Clinical Pharmacology, 1(1): 81-101.

Sadeghi M, Dehghan S, Fischer R, et al. 2013, Isolation and characterization of isochorismate synthase and cinnamate 4-hydroxylase during salinity stress, wounding, and salicylic acid treatment in *Carthamus tinctorius*. Plant Signaling & Behavior, 8(11): e27335.

Saito K, Yonekura-Sakakibara K, Nakabayashi R, et al. 2013. The flavonoid biosynthetic pathway in *Arabidopsis*: structural and genetic diversity. Plant Physiology & Biochemistry, 72: 21-34.

Samappito S, Page J E, Schmidt J, et al. 2003. Aromatic and pyrone polyketides synthesized by a stilbene synthase from *Rheum tataricum*. Phytochemistry, 62(3): 313-323.

Santana L, Uriarte E, Roleira F, et al. 2004. Furocoumarins in medicinal chemistry, synthesis, natural occurrence and biological activity. Current Medicinal Chemistry, 11(24): 3239-3261.

Sasaki K, Mito K, Ohara K, et al. 2008. Cloning and characterization of naringenin 8-prenyltransferase, a flavonoid-specific prenyltransferase of *Sophora flavescens*. Plant Physiology, 146(3): 1075-1084.

Sasaki K, Tsurumaru Y, Yamamoto H, et al. 2011. Molecular characterization of a membrane-bound prenyltransferase specific for isoflavone from *Sophora flavescens*. Journal of Biological Chemistry, 286(27): 24125-24134.

Satake H, Koyama T, Bahabadi S E, et al. 2015. Essences in metabolic engineering of lignan biosynthesis. Metabolites, 5(2): 270-290.

Sato T, Nakayama T, Kikuchi S, et al. 2001. Enzymatic formation of aurones in the extracts of yellow snapdragon flowers. Plant Science, 160(2): 229-236.

Schmidt H, Gunther C, Weber M, et al. 2014. Metabolome analysis of *Arabidopsis thaliana* roots identifies a key metabolic pathway for iron acquisition. PLoS ONE, 9: e102444.

Seal A N, Pratley J E, Haig T, et al. 2004. Identification and quantitation of compounds in a series of allelopathic and non-allelopathic rice root exudates. Journal of Chemical Ecology, 30(8): 1647-1662.

Shi M Z, Xie D Y. 2014. Biosynthesis and metabolic engineering of anthocyanins in *Arabidopsis thaliana*. Recent Patents on Biotechnology, 8(1): 47-60.

Shimamura M, Akashi T, Sakurai N, et al. 2007. 2-Hydroxyisoflavanone dehydratase is a critical determinant of isoflavone productivity in hairy root cultures of *Lotus japonicus*. Plant and Cell Physiology, 48(11): 1652-1657.

Shimizu B. 2014. 2-oxoglutarate-dependent dioxygenases in the biosynthesis of simple coumarins. Frontiers in Plant Science, 5: 549.

Simmler C, Jones T, Anderson J R, et al. 2014. Species-specific standardisation of licorice by metabolomic profiling of flavanones and chalcones. Phytochemical Analysis, 25(4): 378-388.

Smeriglio A, Barreca D, Bellocco E, et al. 2016. Chemistry, pharmacology and health benefits of anthocyanins. Phytotherapy Research, 30(8): 1265-1286.

Sobolev V S. 2008. Localized production of phytoalexins by peanut (*Arachis hypogaea*) kernels in response to invasion by *Aspergillus* species. Journal of Agricultural and Food Chemistry, 56(6): 1949-1954.

Stohs S J, Bagchi D. 2015. Antioxidant, anti-inflammatory, and chemoprotective properties of *Acacia catechu* heartwood extracts. Phytotherapy Research, 29(6): 818-824.

Tanaka Y, Brugliera F. 2013. Flower colour and cytochromes P450. Philosophical Transactions of the Royal Society of London Series B—Biological Sciences, 368(1612): 20120432.

Teponno R B, Kusari S, Spiteller M. 2016. Recent advances in research on lignans and neolignans. Natural Product Reports, 23(9): 1044-1092.

Tohge T, Yonekurasakakibara K, Niida R, et al. 2007. Phytochemical genomics in *Arabidopsis thaliana*: a case study for functional identification of flavonoid biosynthesis genes. Pure and Applied Chemistry, 79(4): 811-823.

Torres M, Corchete P. 2016. Gene expression and flavonolignan production in fruits and cell cultures of *Silybum marianum*. Journal of Plant Physiology, 192: 111-117.

Turnbull J J, Nakajima J, Welford R W, et al. 2004. Mechanistic studies on three 2-oxoglutarate-dependent oxygenases of flavonoid biosynthesis: anthocyanidin synthase, flavonol synthase, and flavanone 3 beta-hydroxylase. Journal of Biological Chemistry, 279(2): 1206-1216.

Valiñas M A, Lanteri M L, ten Have A, et al. 2015. Chlorogenic acid biosynthesis appears linked with suberin production in potato tuber (*Solanum tuberosum*). Journal of Agricultural and Food Chemistry, 63(19): 4902-4913.

Vanholme R, Cesarino I, Rataj K, et al. 2013. Caffeoyl shikimate esterase (CSE) is an enzyme in the lignin biosynthetic pathway in *Arabidopsis*. Science, 341(6150): 1103-1106.

Venugopala K N, Rashmi V, Odhav B. 2013. Review on natural coumarin lead compounds for their pharmacological activity. Biomed Research International: 963248.

Vinayagam R, Jayachandran M, Xu B. 2016. Antidiabetic effects of simple phenolic acids: a comprehensive review. Phytotherapy Research, 30(2): 184-199.

Vogt T. 2010. Phenylpropanoid biosynthesis. Molecular Plant, 3(1): 2-20.

Wang Y, Chantreau M, Sibout R, et al. 2013. Plant cell wall lignification and monolignol metabolism. Frontiers in Plant Science, 4: 220.

Wanner L A, Li G, Ware D, et al. 1995. The phenylalanine ammonia-lyase gene family in *Arabidopsis thaliana*. Plant Molecular Biology, 27(2): 327-338.

Watts K T, Lee P C, Schmidt-Dannert C. 2004. Exploring recombinant flavonoid biosynthesis in metabolically engineered *Escherichia coli*. Chembiochem, 5(4): 500-507.

Weng J K, Chapple C. 2010. The origin and evolution of lignin biosynthesis. New Phytologist, 187(2): 273-285.

Widhalm J R, Dudareva N. 2015. A familiar ring to it: biosynthesis of plant benzoic acids. Molecular Plant, 8(1): 83-97.

Wildermuth M C, Dewdney J, Wu G, et al. 2001. Isochorismate synthase is required to synthesize salicylic acid for plant defence. Nature, 414(6863): 562-565.

Winkel B S. 2004. Metabolic channeling in plants. Annual Review of Plant Biology, 55: 85-107.

Wu J, Wang X C, Liu Y, et al. 2016. Flavone synthases from *Lonicera japonica* and *L. macranthoides* reveal differential flavone accumulation. Scientific Reports, 6: 19245.

Xia N, Daiber A, Förstermann U, et al. 2017. Antioxidant effects of resveratrol in the cardiovascular system. British Journal of Pharmacology, 174(12): 1633-1646.

Xu F, Ning Y, Zhang W, et al. 2014. An R2R3-MYB transcription factor as a negative regulator of the flavonoid biosynthesis pathway in *Ginkgo biloba*. Functional & Integrative Genomics, 14(1): 177-189.

Xu H, Park N I, Li X, et al. 2010. Molecular cloning and characterization of phenylalanine ammonia-lyase, cinnamate 4-hydroxylase and genes involved in flavone biosynthesis in *Scutellaria baicalensis*. Bioresource Technology, 101(24): 9715-9722.

Xu R Y, Nan P, Pan H, et al. 2012. Molecular cloning, characterization and expression of a chalcone reductase gene from *Astragalus membranaceus* Bge. var. *mongholicus*（Bge.）Hsiao. Molecular Biology Reports, 39（3）: 2275-2283.

Xu R Y, Nan P, Yang Y, et al. 2011. Ultraviolet irradiation induces accumulation of isoflavonoids and transcription of genes of enzymes involved in the calycosin-7-*O*-*β*-d-glucoside pathway in *Astragalus membranaceus* Bge. var. *mongholicus*（Bge.）Hsiao. Physiologia Plantarum, 142（3）: 265-273.

Yan S, Dong X. 2014. Perception of the plant immune signal salicylic acid. Current Opinion in Plant Biology, 20: 64-68.

Yang L, Yang C, Li C, et al. 2016. Recent advances in biosynthesis of bioactive compounds in traditional Chinese medicinal plants. Science Bull（Beijing）, 61: 3-17.

Yazaki K, Sasaki K, Tsurumaru Y. 2009. Prenylation of aromatic compounds, a key diversification of plant secondary metabolites. Phytochemistry, 70（15-16）: 1739-1745.

Yu C K, Springob K, Schmidt J, et al. 2005. A stilbene synthase gene（*SbSTS1*）is involved in host and nonhost defense responses in sorghum. Plant Physiology, 138（1）: 393-401.

Zeng S, Ouyang P, Mo X, et al. 2015. Characterization of genes coding phenylalanine ammonia lyase and chalcone synthase in four *Pogostemon cablin*, cultivars. Biologia Plantarum, 59（2）: 298-304.

Zhang Z, He L, Lu L, et al. 2015. Characterization and quantification of the chemical compositions of *Scutellariae barbatae* herba and differentiation from its substitute by combining UHPLC-PDA-QTOF-MS/MS with UHPLC-MS/MS. Journal of Pharmaceutical and Biomedical Analysis, 109: 62-66.

Zhao Q, Zhang Y, Wang G, et al. 2016. A specialized flavone biosynthetic pathway has evolved in the medicinal plant, *Scutellaria baicalensis*. Science Advances, 2（4）: e1501780.

Zhou M, Wei L, Sun Z, et al. 2015. Production and transcriptional regulation of proanthocyanidin biosynthesis in forage legumes. Applied Microbiology and Biotechnology, 99（9）: 3797-3806.

Zhou X, Xu Q, Li J X, et al. 2009. Structural revision of two flavanonol glycosides from *Smilax glabra*. Planta Medica, 75（6）: 654-655.

# 第九章　醌类活性成分及其生物合成

醌类化合物是自然界中广泛存在的一类具有醌式结构的化合物，主要分为苯醌、萘醌、菲醌和蒽醌四类。醌类化合物是许多药材，如大黄、何首乌、虎杖、决明子、芦荟、丹参、紫草等的有效成分，具有利尿、止血、抗菌、抗癌等重要的生物活性。药用植物中的醌类化合物以蒽醌及其衍生物最为重要。然而，目前关于蒽醌的研究多集中在提取、分离、药理等方面，对其生物合成研究较少。本章除了简要介绍醌类化合物及其在植物中的分布，还重点介绍最简单的苯醌质体醌和泛醌的生物合成途径及其关键酶基因，泛醌(尤其是辅酶 Q10)的代谢工程，以及醌类化合物的生理功能等。

## 第一节　醌类化合物概述

### 一、醌类化合物的结构与分类

醌类化合物是一类含有六元环状共轭不饱和二酮结构(醌式结构)的化合物，主要包括苯醌、萘醌、菲醌、蒽醌及其衍生物。

#### （一）苯醌

苯醌(benzoquinone)是具有单个苯环的醌，也是最简单的醌。苯醌包括两类，即 1,4-苯醌(又称为对苯醌)和 1,2-苯醌(又称为邻苯醌)(图 9-1)。

对苯醌(p-quinone，1,4-benzoquinone)，为金黄色棱状晶体，具有刺激性气味，熔点115～117℃，能升华，溶于热水、乙醇和乙醚。由于对苯醌结构稳定，因此天然存在的苯醌类化合物多数是对苯醌的衍生物。通常所说的苯醌指对苯醌。

邻苯醌(o-quinone，1,2-benzoquinone)，为红色片状或棱状晶体，熔点 60～70℃，溶于乙醚、丙酮和苯。邻苯醌结构不稳定，能自动转变成酮式。

#### （二）萘醌

萘醌(naphthoquinone)是一类衍生自萘的醌类化合物，通常分为 1,4-萘醌(又称为 $\alpha$-萘醌)、1,2-萘醌(又称为 $\beta$-萘醌)和 2,6-萘醌三种类型(图 9-1)。

$\alpha$-萘醌，为黄色的三斜晶体，具有与对苯醌相似的气味，熔点126～128℃，能升华，在水和石油醚中微溶，在乙醚、氯仿、苯、冰醋酸等大多数有机溶剂中易溶，强烈加热时分解而爆炸，在碱性条件下呈红棕色。由于 $\alpha$-萘醌具有芳香族化合物的稳定性，故天然存在的萘醌类化合物几乎都是 $\alpha$-萘醌的衍生物。通常所说的萘醌是指 $\alpha$-萘醌。

$\beta$-萘醌，为橙黄色粉末或结晶，熔点 139～142℃，微溶于水，溶于乙醇、乙醚和苯。

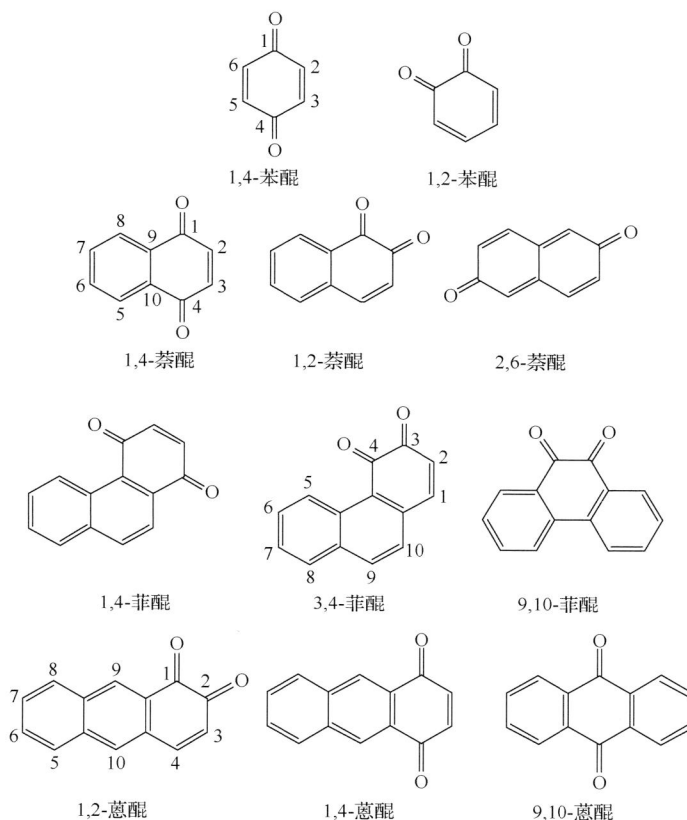

图 9-1　不同类型醌类化合物的分子结构式

（三）菲醌

根据氧代部位的不同，菲醌（phenanthraquinone）分为对位氧代的 1,4-菲醌（又称为对菲醌）和邻位氧代的 3,4-菲醌及 9,10-菲醌（又称为邻菲醌）（图 9-1）。植物中得到的菲醌有对菲醌和邻菲醌类多种衍生物。

（四）蒽醌

蒽醌（anthraquinone），是天然醌类化合物中数量最多的一类，为黄色或橘黄色结晶，加热可升华，微溶或不溶于水，易溶于苯、乙醚、三氯甲烷、乙酸乙酯等有机溶剂。蒽醌存在不同的异构体，常见的有 1,2-蒽醌、1,4-蒽醌和 9,10-蒽醌等三种（图 9-1）。但由于 C-9 和 C-10 位氧化产物较为稳定，故 9,10-蒽醌最为常见。通常所说的蒽醌是指9,10-蒽醌。

根据母核的个数，可将蒽醌分为单蒽核和双蒽核两类（图 9-2）。

单蒽核类(大黄酚)　　　　　　　　　　双蒽核类(山扁豆双醌)

图 9-2　蒽醌的类型

　　蒽醌类化合物还包括其不同还原程度的产物和二聚物。根据还原程度，可将蒽醌类化合物分为蒽醌类、蒽酚类(如蒽酚、氧化蒽酚)、蒽酮类、二蒽酚类和二蒽酮类衍生物等。蒽醌在酸性条件下可还原生成蒽酚及其互变异构体蒽酮(图 9-3)。由于蒽酚和蒽酮类化合物不稳定，易被氧化生成蒽醌类，故一般只存在于新鲜植物组织中。蒽醌在碱性条件下可被还原生成氧化蒽酚及其互变异构体蒽二酚(图 9-3)。氧化蒽酚和蒽二酚不稳定，故较少存在于植物体内。

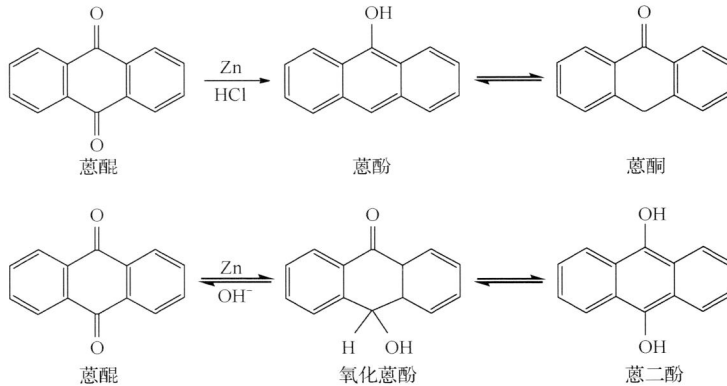

蒽醌　　　　　　　　　　　　　蒽酚　　　　　　　　　　　　蒽酮

蒽醌　　　　　　　　　　氧化蒽酚　　　　　　　　　　蒽二酚

图 9-3　蒽醌不同还原产物之间的转化

　　二蒽酮类是由两分子蒽酮脱去一分子氢而成。根据连接部位不同，又可将二蒽酮分为中位连接二蒽酮和 α 位连接二蒽酮。其中，中位连接二蒽酮较为常见，如番泻苷(图 9-4)。但其 C10—C10′键容易水解而断裂，生成较稳定的蒽酮游离基，继而氧化成醌类化合物。因此，随着植物原料贮存时间的延长，二蒽酮类化合物含量下降，单蒽酮类化合物含量上升。

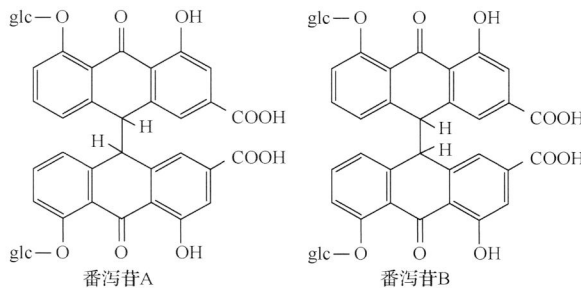

番泻苷A　　　　　　　　　　　　番泻苷B

图 9-4　二蒽酮类番泻苷分子结构式

植物中存在的蒽醌衍生物多为羟基蒽醌，即蒽醌母核上有不同数目的羟基取代基，其中以二元羟基为多。根据羟基在母核上的位置，可将羟基蒽醌分为大黄素型（emodin）和茜草素型（alizarin）两类（图 9-5）。大黄素型蒽醌多呈棕黄色，羟基分布于两侧苯环；茜草素型蒽醌多呈橙色或橙红色，羟基分布于一侧苯环。大黄素型是分布最广泛的一种蒽醌类化合物。

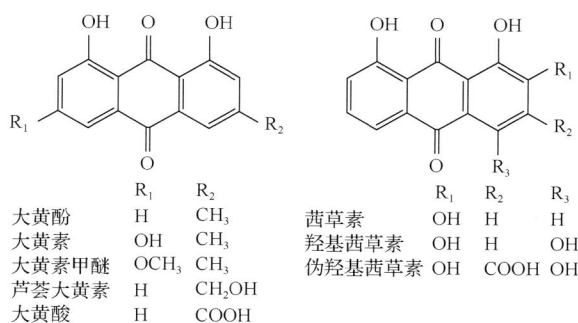

| | $R_1$ | $R_2$ |
| --- | --- | --- |
| 大黄酚 | H | $CH_3$ |
| 大黄素 | OH | $CH_3$ |
| 大黄素甲醚 | $OCH_3$ | $CH_3$ |
| 芦荟大黄素 | H | $CH_2OH$ |
| 大黄酸 | H | COOH |

| | $R_1$ | $R_2$ | $R_3$ |
| --- | --- | --- | --- |
| 茜草素 | OH | H | H |
| 羟基茜草素 | OH | H | OH |
| 伪羟基茜草素 | OH | COOH | OH |

图 9-5 羟基蒽醌的类型

植物中的蒽醌主要以游离蒽醌和结合蒽醌两种形式存在。其中，结合蒽醌多以苷的形式存在，即蒽酚的羟基与糖缩合形成蒽醌苷。蒽醌苷难以被氧化，只有被水解除去糖后才易被氧化成蒽醌类化合物，而苷的水解需要一定的条件。因此，蒽醌苷较稳定。

## 二、醌类化合物在植物中的分布

醌类化合物的结构具有丰富的多样性，已有超过 1500 种天然醌类化合物被发现（Thomson，1991）。它们在自然界的分布十分广泛，主要存在于开花植物、细菌、真菌（包括地衣）和动物等（表 9-1）。尽管开花植物中醌类化合物的种类最多，但是含量较低，容易被其他色素所掩盖。因此，醌类化合物对植物颜色的贡献远比类胡萝卜素和花青素要小得多（Thomson，1991）。

表 9-1 天然醌类化合物的分布（Thomson，1991）

| 物种 | 醌类化合物数量 |
| --- | --- |
| 原核生物 | |
| ——蓝藻（蓝细菌） | — |
| ——细菌 | >400 |
| 植物 | |
| ——藻类植物 | 14 |
| ——苔藓植物（苔类和藓类） | |
| ——蕨类植物（石松类、木贼类） | |
| （真蕨类） | 5 |
| ——裸子植物（苏铁） | — |
| （针叶树） | 10 |

续表

| 物种 | 醌类化合物数量 |
|---|---|
| 植物 | |
| ——被子植物(开花植物) | >600 |
| ——真菌和地衣 | >300 |
| 动物 | |
| ——多孔动物(海绵动物) | 34 |
| ——腔肠动物(水螅虫、珊瑚虫) | 6 |
| ——棘皮动物(海胆、海百合等) | 45 |
| ——节肢动物(昆虫等) | 48 |
| ——其他 | 10 |

同一植物可能含有不同类型的醌类化合物，并且这些化合物通常具有相关的生物功能(Thomson，1991)。不同的植物也可能含有相同类型的醌类化合物。此外，有些植物的醌类衍生物从生物合成上属于萜类化合物。例如，唇形科鼠尾草属丹参含有的多种菲醌衍生物，如丹参酮Ⅰ、丹参酮ⅡA和隐丹参酮等，均属于二萜醌类(Baillie and Thomson，1968)。锦葵科和榆科的植物所含的萘醌类化合物属于倍半萜醌类(Bell and Stipanovic，1977；Stipanovic et al.，1977；Bell et al.，1978；Dumas et al.，1983)。

### 三、常见的天然醌类化合物

植物中主要的苯醌是对苯醌及其衍生物。已知的苯醌大约100种，其中植物中发现的约有30种，主要分布于紫金牛科、牛栓藤科、牻牛儿苗科、百合科、豆科等植物(Romanova et al.，1977)。例如，紫金牛科紫金牛属、酸藤子属、杜茎山属、铁仔属、桐花树属及密花树属植物中均含有信筒子醌；紫金牛科紫金牛属、桐花树属、铁仔属和密花树属植物，以及牛栓藤科牛栓藤属植物中均含有酸金牛醌；紫金牛科紫金牛属和酸藤子属含有朱砂根醌；莎草科莎草属、飘拂草属、海滨莎属等含有呋喃苯醌类化合物(Romanova et al.，1977)。此外，所有的真核细胞线粒体上，均含有参与呼吸作用电子传递的泛醌(ubiquinone，UQ)(图 9-6)；所有的绿色植物均含有参与光合作用电子传递的质体醌(plastoquinone，PQ)(图 9-6)。

植物中发现的萘醌约有150种，分布于紫草科、柿科、蓝雪科、茅膏菜科、山龙眼科、菊科、苦苣苔科、鼠李科、马鞭草科、榆科、锦葵科、鸢尾科、凤仙花科、胡桃科等(Romanova et al.，1977)。萘醌是萘类衍生物中最重要的一类。$\alpha$-萘醌在植物中分布较为广泛，如从绿色植物中提取的维生素$K_1$(图 9-6)，存在于紫草科植物紫草的紫草素(图 9-6)，胡桃科植物胡桃及其同属植物黑核桃中的胡桃醌(图 9-6)，蓝雪科植物白花丹和小蓝雪花中的蓝雪醌(图 9-6)。有些萘醌类化合物从生物合成上属于倍半萜类，如锦葵科和榆科植物所含的倍半萜醌类(Bell and Stipanovic，1977；Stipanovic et al.，1977；Bell et al.，1978；Dumas et al.，1983)。

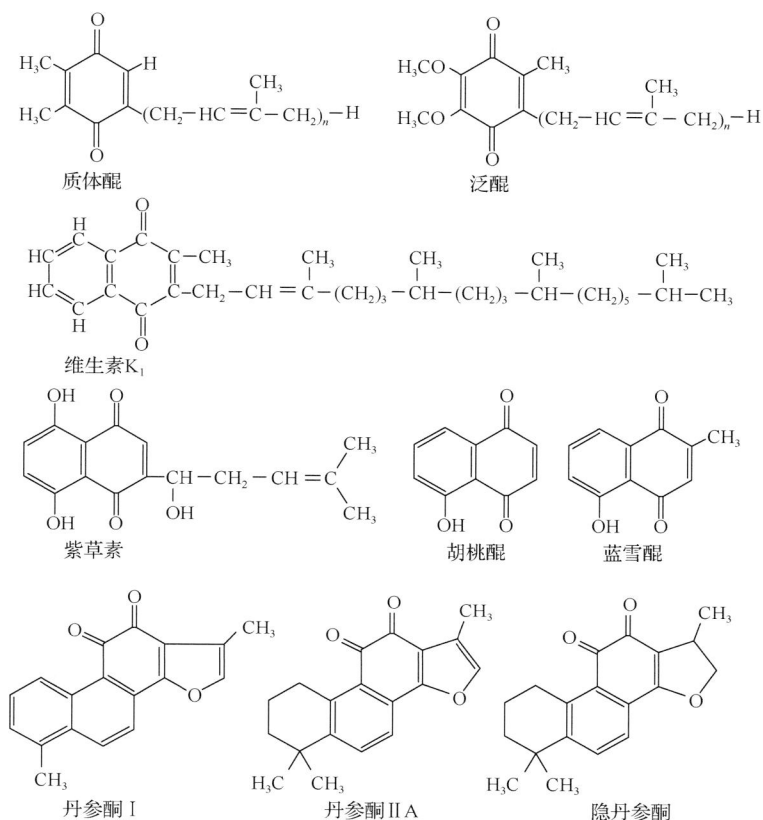

图 9-6　常见天然醌类化合物的分子结构式

　　关于天然菲醌类化合物的研究比较少，通常与二萜相关，属于二萜醌类，如唇形科鼠尾草属丹参含有的丹参酮Ⅰ、丹参酮ⅡA 和隐丹参酮(图 9-6)等(Baillie and Thomson，1968)。

　　蒽醌是天然醌类化合物中数量最多也是最重要的一类化合物，包括蒽醌衍生物及其不同程度的还原产物，约 200 种，主要存在于高等植物、真菌(尤其是曲霉属和青霉属)和地衣，而在细菌中分布较少(Romanova et al.，1977)。植物中，蒽醌主要以葡萄糖苷的形式存在于茜草科、鼠李科、豆科、蓼科、紫葳科、马鞭草科、玄参科、百合科、鸢尾科、苦苣苔科、藤黄科等(Romanova et al.，1977)。蒽醌类化合物在传统药用植物中较为常见，如蓼科大黄属大黄中含有大黄酚、大黄素、大黄素甲醚、芦荟大黄素及大黄酸等大黄素型蒽醌(图 9-5)；茜草科茜草属茜草含有茜草素、羟基茜草素和伪羟基茜草素等茜草素型蒽醌(图 9-5)(魏蕾，2013)。蒽醌的聚合物二蒽酮类分布于豆科决明属和山扁豆属、蓼科大黄属和荞麦属等，它们结构不稳定，易分解为单蒽酮类。大黄和番泻叶中的主要致泻成分番泻苷 A(图 9-4)就是在体内转变为大黄酸蒽酮而发挥作用的(魏蕾，2013)。就目前所知，二蒽醌类化合物仅存在于豆科的决明属，如山扁豆双醌等(图 9-2)(魏蕾，2013)。

## 第二节　醌类化合物的生物合成

深入研究植物醌类化合物的生物合成途径，利用基因工程技术和合成生物学技术生产植物醌类化合物，具有十分重要的理论意义和广阔的开发应用前景。植物醌类化合物是通过一系列复杂的生物合成途径完成的。目前对植物醌类化合物生物合成途径的研究还相对较少，主要集中在最简单的苯醌化合物泛醌和质体醌等。因此，本节将重点介绍目前植物质体醌和泛醌生物合成途径及其关键酶基因研究中取得的进展。

### 一、质体醌和泛醌概述

质体醌和泛醌结构相似，都含有一个与对苯醌母核相连的、由不同数目（6~10）异戊二烯单位组成的侧链（图 9-6）。其中，侧链的异戊二烯单位数决定质体醌和泛醌的种类。

质体醌在叶绿体内膜上合成，贮存于质体小球，在类囊体上通过电子和质子传递参与光合作用（Nowicka and Kruk，2010）。质体醌不仅存在于植物光合作用的主要器官叶片，在根、球茎、花、果实、黄化的叶片等器官中也检测到少量的质体醌（Tevini and Lichtenthaler，1977；Lichtenthaler，2007）。植物叶绿体中最多的质体醌是 PQ9（也称 PQ-A）（Nowicka and Kruk，2010），但有些植物中也含有少量不同长短侧链的质体醌，如玉米和橡胶树中含有 PQ8，马栗中含有 PQ4，菠菜中含有 PQ3（Crane，2010）。此外，植物中还有其他类型的质体醌，如去甲基质体醌、PQ-B、PQ-C、PQ-D 等（Barr et al.，1967；Etman-Gervais et al.，1977）。

泛醌又称辅酶 Q（CoQ），最初是从牛心肌线粒体中分离得到的（Crane et al.，1957）。后来发现，所有的生物体都含有泛醌（Nowicka and Kruk，2010）。在原核生物中，泛醌存在于细胞质膜上；而在真核生物中，所有细胞的内膜系统，包括内质网、高尔基体、溶酶体、过氧化物酶体、核膜、细胞质膜等都含有泛醌（Ernster and Dallner，1995；Szkopinska，2000；Bentinger et al.，2007；Crane，2007）。生物体可能同时含有多种类型的泛醌，但是通常只有一种在含量和功能上起主导作用（Kawamukai，2009）。例如，无脊椎动物中含有 UQ8、UQ9 和 UQ10；大多数哺乳动物，包括人类，主要含有 UQ10 和少量的 UQ9；而啮齿目动物主要含有 UQ9（Crane，1965）。酵母和细菌中含有的主要的泛醌分别为 UQ6 和 UQ8（Okada et al.，1998；Nowicka and Kruk，2010）。不同植物中泛醌的种类也不同。例如，烟草、番茄和紫花曼陀罗中含有 UQ10，而拟南芥、水稻麸皮和小麦胚芽中 UQ9 含量较高（Ikeda and Kagei，1979；Kamei et al.，1986；Takahashi et al.，2009；Parmar et al.，2015；Liu and Lu，2016）。

### 二、质体醌和泛醌的生物合成途径

植物质体醌和泛醌的生物合成途径十分复杂，是一个由超过 35 个关键酶参与的、高度关联的代谢网络。该途径通常分为两个步骤（图 9-7）。

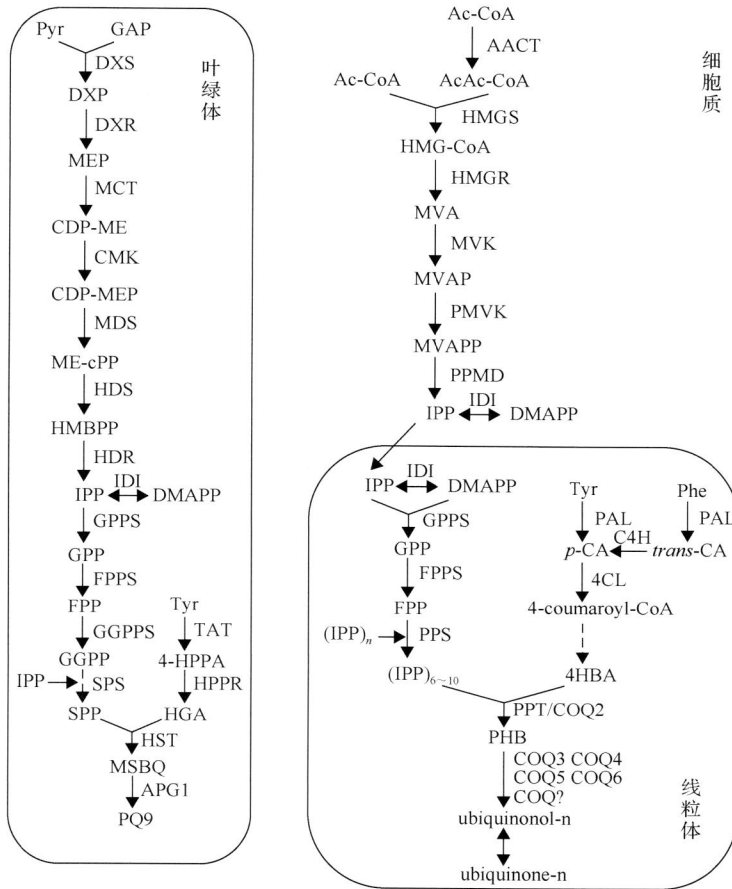

图 9-7　植物质体醌和泛醌的生物合成途径

1-脱氧木酮糖-5-磷酸合酶（DXS，1-deoxy-D-xylulose-5-phosphate synthase）；1-脱氧木酮糖-5-磷酸还原异构酶（DXR，1-deoxy-D-xylulose-5-phosphate reductoisomerase）；2-C-甲基-D-赤藓醇-4-磷酸胞氨酰转移酶（MCT，2-C-methyl-D-erythritol-4-phosphatecytidyl transferase）；4-二磷酸胞苷-2-C-甲基赤藓醇（CDP-ME，4-diphosphocytidyl-2-C-methyl-D-erythritol）；4-二磷酸胞苷-2-C-甲基-D-赤藓醇激酶（CMK，4-diphosphocytidyl-2-C-methyl-D-erythritol kinase）；4-二磷酸胞苷-2-C-甲基-D-赤藓醇-2-磷酸（CDP-ME2P，4-diphosphocytidyl-2-C-methyl-D-erythritol-2-phosphate）；2-C-甲基-D-赤藓醇-2,4-环化二磷酸合酶（MDS，2-C-methyl-D-erythritol-2,4-cyclodiphosphate synthase）；2-C-甲基-D-赤藓醇-2,4-环二磷酸（ME-cPP，2-C-methyl-D-erythritol-2,4-cyclodiphosphate）；1-羟基-2-甲基-2-($E$)-丁烯基-4-二磷酸合酶[HDS，1-hydroxy-2-methyl-2-($E$)-butenyl-4-diphosphate synthase]；1-羟基-2-甲基-2-($E$)-丁烯基-4-二磷酸[HMBPP，1-hydroxy-2-methyl-2-($E$)-butenyl-4-diphosphate]；1-羟基-2-甲基-2-($E$)-丁烯基-4-二磷酸还原酶[HDR，1-hydroxy-2-methyl-2-($E$)-butenyl-4-diphosphate reductase]；异戊二烯基二磷酸-$\delta$-异构酶（IDI，isopentenyl-diphosphate delta-isomerase）；4-羟苯基丙酮酸（4-HPPA，4-hydroxyphenylpyruvic acid）；乙酰乙酰辅酶 A 硫解酶（AACT，acetoacetyl-CoA thiolase）；3-羟基-3-甲基戊二酰辅酶 A 合酶（HMGS，3-hydroxy-3-methylglutaryl-CoA synthase）；3-羟基-3-甲基戊二酰辅酶 A（HMG-CoA，3-hydroxy-3-methylglutaryl-coenzymeA）；3-羟基-3-甲基戊二酰辅酶 A 还原酶（HMGR，3-hydroxy-3-methylglutaryl-CoA reductase）；5-磷酸甲羟戊酸（MVAP，mevalonate-5-phosphate）；5-焦磷酸甲羟戊酸（MVAPP，mevalonate-5-pyrophosphate）；焦磷酸甲羟戊酸脱羧酶（PPMD，pyrophosphomevalonate decarboxylase）；聚异戊二烯焦磷酸合酶（PPS，polyprenylpyrophosphate synthese）；苯丙氨酸（Phe，phenylalanine）；反式桂皮酸（trans-CA，trans-cinnamic acid）；对香豆酸（p-CA，p-coumaric acid）；香豆酰辅酶 A（4-coumaroyl-CoA）；$O$-甲基转移酶（COQ3，$O$-methyltransferase）；$C$-甲基转移酶（COQ5，$C$-methyltransferase）；COQ4 的功能尚不清楚；单加氧化酶-6（COQ6，monooxygenase）；ubiquinonol（泛醌醇）；ubiquinone（泛醌）

　　第一步主要包括苯醌环和异戊二烯侧链的合成。其中，质体醌的苯醌环前体是尿黑酸(HGA，homogentisate acid)。它是以酪氨酸(Tyr，tyrosine)为原料，在酪氨酸转氨酶(TAT，tyrosine aminotransferase)和4-羟苯丙酮酸还原酶(HPPR，4-hydroxyphenylpyruvate reductase)的作用下合成的。泛醌的苯醌环前体是 4-羟基苯甲酸(4HBA)。它是以酪氨酸或苯丙氨酸为原料，在苯丙氨酸解氨酶(PAL，phenylalanine ammonia-lyase)、肉桂酸-4-羟化酶(C4H，cinnamic acid4-hydroxylase)、4-香豆酰辅酶 A 连接酶(4CL，4-coumarate CoA ligase)及其他未知酶等一系列酶的催化作用下生成的。质体醌和泛醌的异戊二烯侧链具有共同的前体，即异戊烯基焦磷酸(IPP，isopentenyl diphosphate；C5)及其双键异构体二甲基烯丙基焦磷酸(DMAPP，dimethylallyl pyrophosphate)。它们是以 3-磷酸甘油醛(GAP，D-glyceraldehyde 3-phosphate)和丙酮酸(Pyr，pyruvate)为原料经 2-C-甲基-D-赤藓糖醇-4-磷酸(MEP，2-C-methyl-D-erythritol-4-phosphate)途径，或以乙酰 CoA(Ac-CoA，acetyl-coenzyme A)和乙酰乙酰 CoA(AcAc-CoA，acetylacetyl-coenzyme A)为原料经甲羟戊酸(MVA，mevalonic acid)途径合成。随后，由 MEP 途径和 MVA 途径合成的异戊二烯侧链前体IPP 和 DMAPP，在牻牛儿基焦磷酸合酶(GPPS，geranyl pyrophosphate synthase)、法尼基焦磷酸合酶(FPPS，farnesyl pyrophosphate synthase)及牻牛儿基牻牛儿基焦磷酸合酶(GGPPS，geranylgeranyl pyrophosphate synthase)等的作用下，生成中间产物牻牛儿基焦磷酸(GPP，geranyl pyrophosphate；C10)、法尼基焦磷酸(FPP，farnesyl pyrophosphate；C15)、牻牛儿基牻牛儿基焦磷酸(GGPP，geranylgeranyl pyrophosphate；C20)(Ma et al.，2012；Liu and Lu，2016；Zhang and Lu，2016)。异戊二烯侧链在茄尼基焦磷酸合酶(SPS，solanesyl pyrophosphate synthese)或十聚异戊二烯焦磷酸合酶(DPS)的作用下，分别可以延伸到具有 45 个 C 的茄尼基焦磷酸(SPP，solanesyl pyrophosphate；C45)和具有 50 个 C 的十聚异戊烯焦磷酸(DPP，decaprenyl pyrophosphate)(Liu and Lu，2016)。

　　第二步主要包括苯醌环和异戊二烯侧链的缩合及后续的修饰。在这个阶段，茄尼基焦磷酸(SPP，C45)与尿黑酸(HGA)在尿黑酸茄尼基转移酶(HST，homogentisatesolanesyl transferase)的作用下，缩合生成中间产物 2-甲基-6-茄尼基-1,4-苯醌(MSBQ，2-methyl-6-solanesyl-1,4-benzoquinone)。该中间产物再在 MSBQ 甲基转移酶(APG1，MSBQ methyltransferase)的作用下生成最终产物质体醌 PQ9。泛醌的形成则是由 6～10 聚体的异戊烯基焦磷酸(IPP)与 4-羟基苯甲酸(4-HBA，4-hydroxybenzoateacid)在 4-羟苯甲酸聚异戊二烯转移酶(PPT/CoQ2，4-hydroxybenzoate polyprenyl transferase)的作用下，缩合生成含有不同异戊二烯单位数的 3-聚异戊二烯基-4-羟基苯甲酸甲酯(PHB，3-polyprenyl-4-hydroxybenzoate)。该中间产物再经过一系列的甲基化、羟基化和脱羧反应后，生成不同类型的泛醌最终产物(Liu and Lu，2016)。这个修饰阶段决定了泛醌化合物的结构多样性，然而参与这一过程的关键酶还不清楚，是目前植物泛醌次生代谢研究的重点领域。

## 三、质体醌和泛醌生物合成途径中的关键酶基因

质体醌和泛醌的异戊二烯侧链前体 IPP 和 DMAPP，同时也是萜类化合物的前体，主要通过两条途径，即 MEP 途径和 MVA 途径合成。关于这两条途径的研究已经较为深入。因此，下面将重点介绍异戊二烯侧链延伸、苯醌环与侧链缩合及后续修饰过程中的关键酶基因。

### (一)聚异戊二烯焦磷酸合酶基因(*PPS*)

聚异戊二烯焦磷酸合酶(polyprenyl pyrophosphate synthese，PPS)，又称为异戊烯基转移酶(prenyltransferase，PT)或异戊烯基焦磷酸合酶(isoprenyl pyrophosphate synthase，IPPS)，是广泛存在于生物体的一类酶，它催化 IPP 的连续缩合反应，进而生成不同长度的聚异戊二烯焦磷酸(Kellogg and Poulter，1997)。除了质体醌和泛醌，PPS 还参与单萜、二萜、三萜、类胡萝卜素、天然橡胶及维生素 E、异戊烯基黄酮等许多化合物的生物合成过程(Kellogg and Poulter，1997)。

PPS 通常含有 7 个保守的结构域，命名为结构域Ⅰ～Ⅶ。结构域Ⅱ(即 DDX2-4D)和结构域Ⅵ(即 DDXXD)分别为第一个和第二个被鉴定到的富含天冬氨酸的保守结构域(Wang and Ohnuma，1999；Phatthiya et al.，2007)。这些富含天冬氨酸的保守结构域通过螯合酶活性中心的辅助因子 $Mg^{2+}$，进而参与底物的结合与催化过程(Wang and Ohnuma，1999)。根据反应产物链的长度，PPS 可以分为短链(C15～C25)、中链(C30～C35)和长链(C40～C50)等三类(Hemmi et al.，2002)。植物中普遍存在的质体醌 PQ9 和泛醌 UQ9 含有 45 个 C 的异戊二烯基侧链，泛醌 UQ10 含有 50 个 C 的异戊二烯基侧链(Ohara et al.，2010)。因此，长链 PPS，如催化形成茄尼基焦磷酸(SPP，C45)的茄尼醇磷酸酶 SPS，以及催化形成十聚异戊二烯焦磷酸(DPP，C50)的十聚异戊二烯焦磷酸合酶(DPS)，都是植物质体醌和泛醌生物合成途径中的关键酶。

植物基因组全序列分析显示，衣藻、红藻、黄瓜、葡萄和大麦含有 2 个 *SPS* 基因，小立碗藓、拟南芥、大豆、水稻和玉米有 3 个，而二穗短柄草有 4 个(Block et al.，2013)。拟南芥 3 个 *SPS* 中，*AtSPS1*(*At1g78510*)和 *AtSPS2*(*At1g17050*)在叶中表达量较高，且 *AtSPS1* 表达量要高于 *AtSPS2*(Hirooka et al.，2003，2005)；而 *AtSPS3*(*At2g34630*)是组成型表达，且在种子和茎尖分生组织中表达最高(Ducluzeau et al.，2012)。AtSPS1 和 AtSPS2 特异地靶向定位到质体，并与植物脂类结合蛋白 fribrillin 5(FNB5-B)形成复合体，相互作用，共同参与质体醌 PQ9 的生物合成(Block et al.，2013；Kim et al.，2015)。拟南芥中过表达 *AtSPS1* 可提高质体醌 PQ9 及其衍生物 plastochromanol-8(PC-8)的积累(Ksas et al.，2015)。PC-8 是一种天然存在的生育三烯酚的同系物，含有 8 个类异戊二烯单元的侧链，是由质体醌在生育酚环化酶 VTE1 的作用下转变形成的(Olejnik et al.，1997；Kruk et al.，2014)。AtSPS3 双向定位到线粒体和质体(Ducluzeau et al.，2012)，能互补酵母 *coq1* 缺失突变体中六聚异戊二烯焦磷酸合酶的功能。在拟南芥中，利用 RNAi 干扰技术将 *AtSPS3* 基因沉默后，UQ 含量下降 75%～80%，过表达 *AtSPS3* 可使 UQ 含量提高 40%；而 PQ 的含量均没有明显变化。因此，AtSPS3 主要在拟南芥泛醌 UQ9 的生物合成

中起作用(Hsieh et al.，2011；Ducluzeau et al.，2012)。

　　水稻有 3 个 *SPS* 基因，其中 OsSPS1 主要在根中表达，OsSPS2 主要在叶片和根中表达(Ohara et al.，2010；Block et al.，2013)。OsSPS1 定位于线粒体，而 OsSPS2 定位于质体。OsSPS1 和 OsSPS2 均能催化茄尼基焦磷酸的形成，但 OsSPS1 活性要比 OsSPS2 强。OsSPS1 能互补酵母 *coq1* 缺失突变体中六聚异戊二烯焦磷酸合酶的功能，并产生泛醌 UQ9；而 OsSPS2 并不能很好地互补酵母 *coq1* 的功能(Ohara et al.，2010)。因此，OsSPS1 在线粒体中为泛醌 UQ9 的合成提供茄尼基焦磷酸，而 OsSPS2 是在叶绿体中参与质体醌 PQ9 的合成。对 OsSPS3 的研究相对较少，但其序列与 OsSPS2 高度相似(Block et al.，2013)，推测其也参与了质体醌 PQ9 的生物合成。

　　番茄有 2 个 *SPS* 基因，即 *SlSPS* 和 *SlDPS*。SlSPS 定位于质体，SlDPS 可能定位于线粒体(Ohara et al.，2010；Block et al.，2013；Jones et al.，2013)。在大肠杆菌中，SlSPS 和 SlDPS 可将内源泛醌的侧链分别转变为 9 或 10 个异戊二烯单位(Jones et al.，2013)。过表达 *SlSPS* 基因可以提高烟草嫩叶中 PQ 的含量，而病毒介导 *SlSPS* 基因沉默则引起转基因苗白化，八氢番茄红素含量提高(Jones et al.，2013)。八氢番茄红素是类胡萝卜素生物合成过程中的一个中间物质，由两分子牻牛儿基牻牛儿基焦磷酸(GGPP)在八氢番茄红素合酶(PSY)的催化作用下缩合而成(Gregonis and Rilling，1974；Misawa et al.，1994)。SlDPS 可利用牻牛儿基焦磷酸(GPP)、法尼基焦磷酸(FPP)或牻牛儿基牻牛儿基焦磷酸(GGPP)合成茄尼基焦磷酸(SPP)或十聚异戊二烯焦磷酸(DPP)。虽然 *SlDPS* 基因沉默未引起转基因苗叶片变化，但葡萄糖、果糖、甘露糖和阿拉伯糖等糖类含量提高(Jones et al.，2013)。因此，*SlDPS* 基因在泛醌生物合成中的作用还有待进一步研究。

### (二)尿黑酸茄尼基转移酶基因(*HST*)

　　尿黑酸茄尼基转移酶(homogentisate solanesyltransferase，HST)是质体醌生物合成过程中的一个关键酶，它催化茄尼基焦磷酸(SPP)与尿黑酸(HGA)缩合，形成质体醌 PQ9 的中间产物 2-甲基-6-茄尼基-1,4-苯醌(MSBQ)(Sadre et al.，2010)。与尿黑酸叶绿醇转移酶(homogentisate phytyltransferase，HPT)等其他尿黑酸异戊烯基转移酶相比，HST 具有显著不同的特征。例如，HPT 对植基二磷酸(phytyl diphosphate，PDP)的催化活性最高，而 HST 对茄尼基焦磷酸(SPP)的活性很高，对植基二磷酸则几乎没有活性(Collakova and DellaPenna，2001；Savidge et al.，2002；Sadre et al.，2006)。

　　目前，对植物中 *HST* 基因的研究还较少，只在莱茵衣藻和拟南芥中有报道(Sadre et al.，2006，2010；Venkatesh et al.，2006；Tian et al.，2007；Chao et al.，2014)。拟南芥 AtHST 蛋白定位于叶绿体(Tian et al.，2007)。过表达 *AtHST* 基因可引起质体醌 PQ9 含量提高(Sadre et al.，2006)；而 *AtHST* 基因缺失或插入突变会引起植株白化或者矮化、早花、叶绿体发育受阻、叶绿素缺失、气孔关闭障碍等表型(Norris et al.，1995；Tian et al.，2007；Chao et al.，2014)。除了质体醌，GGPP 还是植物 ABA、GA、类胡萝卜素、生育酚、叶绿素植醇侧链等生物合成的前体物质。因此，*AtHST* 基因功能缺失可能通过直接或间接方式引起 GA 和 ABA 含量降低(Chao et al.，2014)。

## （三）MSBQ/MPBQ 甲基转移酶基因（*MSBQMT/MPBQMT/APG1*）

MSBQ 甲基转移酶（methyl-solanesyl-benzoquinone methyltransferase，MSBQMT），又称 MPBQ 甲基转移酶（methy-phytyl-benzoquinone methyltransferase，MPBQMT），是质体醌生物合成过程中的甲基化修饰酶（Shintani et al.，2002；Cheng et al.，2003）。在拟南芥中，编码该酶的基因是通过 Ds 转座标签引起的白化或浅绿突变体（*albino or pale green mutant 1*，*apg1*）获得，因此又称为 *APG1*（Motohashi et al.，2003）。该突变体不能合成质体醌，叶绿体类囊体片层减少，叶绿素含量降低，幼苗不能存活（Motohashi et al.，2003）。体外酶活试验证明，APG1（又称 VTE3）与集胞藻 MPBQ/MSBQ 甲基转移酶具有相同的功能，均以 MPBQ 和 MSBQ 作为底物进行甲基转移反应（Cheng et al.，2003）。

另外，维生素 E（其水解产物为生育酚）与质体醌的生物合成具有共同的尿黑酸（HGA）前体。若 HGA 与茄尼基焦磷酸（SPP）缩合，则生成质体醌；若与植基二磷酸（phytyl diphosphate，PDP）或牻牛儿基牻牛儿基焦磷酸（GGPP）缩合，则生成维生素 E。因此，MPBQ 甲基转移酶（MSBQMT/MPBQMT）也参与了维生素 E 的生物合成（Shintani et al.，2002）。在大豆中过表达拟南芥 *APG1* 基因，可使种子中 $\delta$-生育酚的含量由 20% 下降到 2%；而同时过表达拟南芥 *APG1* 基因和 *VTE4* 基因（γ-生育酚甲基转移酶基因，γ-tocopherol methyltransferase gene），可使大豆种子中 α-生育酚含量提高 8 倍以上（Van Eenennaam et al.，2003）。

## （四）4-羟苯甲酸聚异戊二烯转移酶基因（*PPT/COQ2*）

4-羟苯甲酸聚异戊二烯转移酶（4-hydroxybenzoate polyprenyl transferase，PPT/COQ2）是泛醌生物合成过程中的一个限速酶，它催化 4-羟基苯甲酸（4HBA）和 6～10 聚体的异戊烯基焦磷酸（IPP）缩合，生成泛醌的中间产物，即侧链含有不同异戊二烯单位数的 3-聚异戊二烯基-4-羟基苯甲酸甲酯（PHB）。真核生物 PPT 的 N 端均含有一个线粒体定位信号肽。大多数 PPT 可以作用于不同长度的异戊烯基焦磷酸（IPP），但都对底物 4-羟基苯甲酸（4HBA）具有特异性（Forsgren et al.，2004；Okada et al.，2004；Ohara et al.，2006）。

*PPT* 基因存在于不同的生物体，如大肠杆菌（Siebert et al.，1992）、酵母（Ashby et al.，1992；Uchida et al.，2000）、人类（Forsgren et al.，2004）、拟南芥（Okada et al.，2004）和水稻（Ohara et al.，2006）等。拟南芥 *AtPPT1* 定位于线粒体，能互补酵母 *COQ2* 基因的功能缺失（Okada et al.，2004）。T-DNA 插入引起的 *AtPPT1* 基因突变可导致早期胚胎发育停滞（Okada et al.，2004）。EMS 诱变筛选获得另一个 *AtPPT1* 基因（又称为 HRL 基因）的突变体，该突变体对细菌病原体的抗性增强，并表现出类似过敏性反应引起的植株白化（Devadas et al.，2002）。图位克隆证实，该突变体上 *AtPPT1* 基因第 682 位碱基 C 突变为 T，进而导致亮氨酸被苯丙氨酸取代（Dutta et al.，2015）。在拟南芥中过表达 *AtPPT1* 基因可引起泛醌含量提高，泛醇含量降低（Dutta et al.，2015）。

水稻基因组上有 3 个 *PPT* 基因，即 *OsPPT1a*、*OsPPT1b* 和 *OsPPT1c*，但只有 *OsPPT1a* 表达（Ohara et al.，2006）。同拟南芥 *AtPPT1* 类似，*OsPPT1a* 也定位于线粒体，能互补酵母 *COQ2* 基因的功能缺失，可接受不同长度侧链的异戊烯基焦磷酸（IPP）作为异戊烯基供体，但对异戊烯基受体 4-羟基苯甲酸(4HBA)则具有严格的专一性(Ohara et al.，2006)。

## (五) *COQ6* 和 *COQ7*

质体醌的合成过程中只经过一步甲基化修饰，而泛醌的修饰更为复杂，需要经过三次甲基化、三次羟基化和一次脱羧反应(Liu and Lu，2016)。原核生物和真核生物泛醌的合成过程类似，区别仅在于修饰的顺序。例如，原核生物中按照脱羧、三次羟基化、三次甲基化的顺序进行(Tran and Clarke，2007)，而真核生物中先经过一次羟基化、一次甲基化和脱羧反应后，再进行两次羟基化和两次甲基化(Meganathan，2001)。

羟基化是真核生物泛醌修饰的第一步(Goewert et al.，1977)。目前已知的催化泛醌羟基化反应的有单加氧酶 COQ6 和 COQ7(Olson and Rudney，1983)。它们存在于大肠杆菌(Chehade et al.，2013)、酵母(Marbois and Clarke，1996；Kawamukai，2009；Ozeir et al.，2011)、老鼠(Jonassen et al.，1996)、线虫(Ewbank et al.，1997)、人类(Vajo et al.，1999；Lu et al.，2013)、藻类(Blanc et al.，2010，2012)和拟南芥(Lange and Ghassemian，2003)等不同的生物体。拟南芥不含 *COQ7*，仅含有一个 *COQ6* 的同源基因 *AtCOQ6*(Hayashi et al.，2014)。在 AtCOQ6 的 N 端引入线粒体定位信号肽，可互补酵母突变体 *COQ6* 的功能缺失(Hayashi et al.，2014)。

## (六) *COQ3* 和 *COQ5*

真核生物泛醌生物合成过程中需经过三次甲基化修饰，包括两次氧位甲基化和一次碳位甲基化(Meganathan，2001)。其中，氧位甲基化由 COQ3 催化完成，而碳位甲基化则由 COQ5 催化完成(Clarke et al.，1991；Barkovich et al.，1997；Poon et al.，1999；Hsu et al.，2000；Baba et al.，2004)。

COQ3 存在于大肠杆菌(Hsu et al.，1996)、酵母(Clarke et al.，1991；Poon et al.，1999；Hsu et al.，2000)、老鼠(Marbois et al.，1994a，1994b)、人类(Jonassen and Clarke，2000)、拟南芥(Avelange-Macherel and Joyard，1998)、白菜(Wang et al.，2011)和山蓣菜属植物(Yang et al.，2013)等不同物种。拟南芥 AtCOQ3 蛋白定位于线粒体膜，能互补酵母突变体 *COQ3* 的功能缺失(Avelange-Macherel and Joyard，1998；Hayashi et al.，2014)。

与 COQ3 类似，COQ5 定位于线粒体内膜(Baba et al.，2004；Nguyen et al.，2014)，是典型的 I 型 *S*-腺苷甲硫氨酸依赖的甲基转移酶(Dai et al.，2014)，存在于酵母(Barkovich et al.，1997；Baba et al.，2004)、人类(Chen et al.，2013；Nguyen et al.，2014)、花椰菜(Zhou et al.，2009)和拟南芥(Hayashi et al.，2014)等不同物种。拟南芥 AtCOQ5 和花椰菜 BoCOQ5 均可互补酵母突变体 COQ5 的功能缺失(Zhou et al.，2009；Hayashi et al.，2014)。BoCOQ5 还可以提高细菌中泛醌的含量(Zhou et al.，2009)。

## (七) 参与泛醌脱羧反应的酶基因

在原核生物泛醌合成过程中，脱羧反应发生在羟基化和甲基化之前。细菌中，*ubiX* 和 *ubiD* 基因参与了泛醌环的脱羧反应(Meganathan，2001；Gulmezian et al.，2007；Aussel et al.，2014)。其中，*ubiX* 编码黄素异戊烯基转移酶。它以二甲基烯丙基磷酸为底物，将二甲基烯丙基转移至黄素 N5 和 C6 位置。该反应产物为脱羧酶 UbiD 发挥作用提供辅助因子 (Payne et al.，2015；White et al.，2015)。UbiX 是黄素单核苷酸 (FMN) 结合蛋白，其活性不依赖金属离子 (Gulmezian et al.，2007；Aussel et al.，2014；White et al.，2015)。

　　真菌中，*pad1* 和 *fdc1* 分别为 *ubiX* 和 *ubiD* 同源基因，但它们并不是酵母泛醌合成中必需的 (Mukai et al.，2010；Lin et al.，2015；Payne et al.，2015)。因此，真核生物泛醌合成过程中的脱羧反应较为复杂，目前尚不清楚。从马铃薯块茎中分离线粒体，加入 $^{14}$C 标记的异戊烯基焦磷酸 (IPP)、4-羟基苯甲酸 (4HBA) 和 *S*-腺苷基甲硫氨酸，结果检测到了甲氧基-4-羟基-5-十聚异戊二烯苯甲酸 (methoxy-4-hydroxy-5-decaprenylbenzoate) 的积累 (Lütke-Brinkhaus et al.，1984；Lütke-Brinkhaus and Kleinig，1987)。这一结果说明，真核生物泛醌合成过程中的脱羧反应发生在第一次羟基化和氧位甲基化之后。但是，目前还没有从植物中鉴定到参与泛醌脱羧反应的关键酶基因。

　　除上述酶之外，还有 COQ4、COQ8、COQ9 等不同的酶也可能参与了泛醌环的修饰，需要进一步证实。

## 第三节　醌类活性成分的代谢工程

　　质体醌在植物光合作用电子传递过程中发挥着重要的作用，但是对人类的生命健康却没有直接的功效。质体醌主要通过化学方法合成，有关其大规模生产的研究较少。而泛醌，尤其是 UQ10，对预防和治疗高血压、高血脂、冠状动脉疾病和心力衰竭等心血管疾病具有显著的疗效 (Tran et al.，2001；Moludi et al.，2015)。因此，UQ10 的生物合成与调控一直是代谢领域的研究热点。UQ10 的生产和制备方法主要有提取法、化学合成法、微生物发酵法和植物生物反应器等。利用烟草、猪心等动植物原料直接提取 UQ10，工艺复杂，原材料消耗大，产量低 (75μg UQ10/kg 猪心，89.65μg UQ10/g 豆油)，难以满足市场需求 (王春林，1996；袁艺，1997)。随着从废弃烟叶中提取茄尼醇技术的成功，以茄尼醇为原料合成 UQ10 得以实现 (宋华付与王俊锋，2002；Lipshutz et al.，2005；Mu et al.，2011；Taylor and Fraser，2011)。但是，该方法获得的产物多为顺反异构体混合物，生物活性低，且会造成环境污染，影响了其产业化发展 (Choi et al.，2005；Tian et al.，2010；Murphy，2011；Wenda et al.，2011；Sheldon，2014)。

　　20 世纪 70 年代，日本开始进行通过微生物发酵法生产 UQ10 的研究。与其他方法相比，该方法不受原料限制，分离过程相对简单，产物无光学异构体，生物活性高，临床效果好，适合大规模生产 (Choi et al.，2005；韩少英等，2006；Cluis et al.，2007；王智文等，2009；李家洲等，2011)。有些微生物自身可产生 UQ10，如粟酒裂殖酵母 (*Schizosaccharomyces pombe*)、约氏掷孢酵母 (*Sporidiobolus johnsonii*)、类球红细菌 (*Rhodobacter sphaeroides*)、根癌农杆菌 (*Agrobacterium tumefaciens*) 及鞘氨醇单胞菌 (*Sphingomonas* sp. EUTEO$_3$) 等 (Zhong et al.，2009，2011；Dixson et al.，2011；Tokdar et al.，2013；Lu et al.，2015；Moriyama et al.，2015)。利用它们生产 UQ10 可以避免非目标产物如 UQ8 或 UQ9 的产生，但是产量较低 (30～130mg UQ10/L)，且需要严格控制培养基成分和培养条件才能实现，导致生产成本高 (Cluis et al.，2007)。通过化学诱变筛选 UQ10

高产突变体菌株,是一种行之有效的方法。例如,根癌农杆菌野生菌株UQ10产量为87.6～211mg/L(Yoshida et al.,1998),而突变株 KCCM 10413 可达 458～638mg/L(Ha et al.,2007a,2007b,2008)。类球红细菌野生菌株 UQ10 产量为97.2mg/L(Yoshida et al.,1998),而突变株 KACC 91339P 可高达 3020mg/L(Kien et al.,2010)。随着对 UQ10 生物合成的深入解析,利用分子生物学技术克隆 UQ10 生物合成途径中的关键酶基因,通过重组 DNA技术将其引入宿主菌并高效表达,构建 UQ10 高产菌株,也是提高 UQ10 产量的有效途径,如将 1-脱氧木酮糖-5-磷酸合酶基因(*DXS*)转入根癌农杆菌,重组菌 UQ10 产量可达502.4mg/L(Lee et al.,2007)。尽管如此,利用自身能生产 UQ10 的微生物通过发酵法生产 UQ10 仍难以满足市场需求。这是由于一方面缺乏有效控制 UQ10 合成的启动子及遗传元件的研究(Wang et al.,2012;Lu et al.,2013),另一方面 UQ10 产量的提高依赖于前体物质的添加,导致成本较高(Qiu,2011;Yan et al.,2015)。

　　虽然大肠杆菌和酵母细胞内主要的泛醌分别为 UQ8 和 UQ6(Zhu et al.,1995),但是它们的遗传背景清楚,培养条件简单,是代谢工程最常用的宿主菌(Kelwick et al.,2014)。因此,利用大肠杆菌和酵母产生 UQ10 也是研究的热点。将根癌农杆菌、弱氧化葡糖杆菌(*Gluconobacter suboxydans*)或类球红细菌的十聚异戊二烯焦磷酸合酶(DPS)基因转入大肠杆菌可产生 UQ10,但同时也产生了非目标产物 UQ8 和 UQ9(Park et al.,2005;Zahiri et al.,2006;Huang et al.,2011)。将大肠杆菌八聚异戊二烯焦磷酸合酶(IspB)基因敲除后,可有效降低这些非目标产物的含量(Choi et al.,2009)。通过调节 MEP 途径的代谢流或是引入完整的异源 MVA 途径,可以增加前体物质 IPP 和 DMAPP 的含量,进而提高UQ10 产量(Martin et al.,2003;Cluis et al.,2007;Choi et al.,2009;Yang et al.,2012)。后者虽然不受到负调节的影响,但是会造成中间代谢物的积累(Martin et al.,2003;Yang et al.,2012)。此外,也有研究通过控制限速反应过程中的关键酶来提高 UQ10 产量(Barker and Frost,2001;Kim and Keasling,2001;Kim et al.,2006;Cluis et al.,2011)。目前,利用大肠杆菌和酵母生产 UQ10 的产量均达不到自身产 UQ10 的根癌农杆菌和类球红细菌。

　　利用植物作为生物反应器生产 UQ10 无须提取纯化,价格更加低廉,具有更广阔的应用前景,也是目前的研究热点。然而大多数可食用植物不含 UQ10 或含量很低,加工过程中还会造成损失,难以满足需求。起初,人们利用组织培养技术筛选高 UQ10 含量的植物细胞系,如烟草 BY-2 细胞系 UQ10 产量高达 15mg/L,1890μg UQ10/g 干重(Matsumoto et al.,1981),比普通烟草细胞线粒体 UQ10 产量高 4.3 倍(Ikeda et al.,1981)。真核生物酵母 UQ 生物合成途径的解析及植物同源基因功能的鉴定为利用植物代谢工程生产 UQ10 奠定了重要的基础(Ohara et al.,2006;Tran and Clarke,2007;Kawamukai,2009;Stiff,2010)。例如,在水稻中过表达弱氧化葡糖杆菌十聚异戊二烯焦磷酸合酶基因 *ddsA* 可产生 UQ10,而内源 UQ9 含量很低(Takahashi et al.,2006,2010)。将 *ddsA* 基因转入饲用牧草 *Panicum meyerianum* 可使 UQ10 的含量提高 11～20 倍(Seo et al.,2011)。将酵母 UQ 生物合成途径中的限速酶 4-羟苯甲酸聚异戊二烯转移酶基因 *COQ2* 或拟南芥同源基因 *AtPPT1* 转入烟草,可使 UQ10 含量提高,同时使抗氧化胁迫能力增强(Ohara et al.,2004;Stiff,2010)。尽管如此,利用植物作为生物反应器生产 UQ10 尚处于研究阶段。

## 第四节 醌类化合物的生理功能

醌类化合物是植物天然产物中非常重要的一类活性成分,不仅参与植物的生长发育、抗逆等生理过程,对人类的生命健康也发挥着十分重要的作用。

### 一、参与电子传递

醌类化合物是由一个芳香环的极性头部和一个疏水侧链构成。该侧链使得醌类化合物具有疏水特征,可以插入膜的双层磷脂结构内,而极性头部可与蛋白质亲水性部分互作(Lenaz et al.,2007;Nowicka and Kruk,2010)。醌环结构经过两步可逆的还原反应可形成对苯二酚(也称氢醌),即醌环接受一个电子还原成半醌,再接受一个电子和两个质子还原成氢醌(图9-8)。这种可逆的氧化还原反应使得醌类物质可在不同蛋白复合体之间发挥着电子和质子传递的作用。

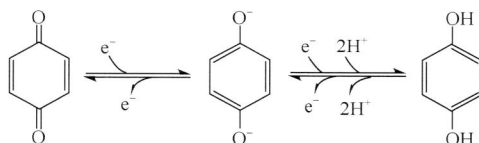

图 9-8 醌环的氧化还原反应

质体醌主要在植物光合作用链中发挥作用(Lambreva et al.,2014;Tikhonov,2014)。在光系统 II 中,质体醌有 4 个结合位点,即 $Q_A$、$Q_B$、$Q_C$ 和 $Q_D$ 位点。位于 $Q_A$ 位点的 PQ 与蛋白结合牢固,一次可将一个电子传递给 $Q_B$ 位点的 PQ。在经过两次电子传递后,$Q_B$ 位点的 PQ 可再接受两个来自叶绿体基质的质子,形成还原态的氢醌 $PQH_2$(Lambreva et al.,2014;Tikhonov,2014)。由于 $Q_B$ 位点的 PQ 与蛋白结合松弛,因此会被另一个 PQ 取代,而质子化的 PQ 进入类囊体膜,将电子继续传递给水溶性的质体蓝素,进而进行光反应(Lambreva et al.,2014;Tikhonov,2014)。光系统 II 中 $Q_C$ 和 $Q_D$ 两个位点的功能未知(Lambreva et al.,2014)。

泛醌在植物呼吸链中处于中心地位,是电子和质子传递体。以蔗糖为底物,植物有氧呼吸可分为糖酵解、三羧酸(TCA)循环和氧化磷酸化三个阶段。糖酵解过程发生在细胞质基质内,在此过程中,蔗糖被分解成丙酮酸、ATP 和 NADH。生成的丙酮酸进入线粒体,经 TCA 循环后,生成 $CO_2$、NADH 和 $FADH_2$。随后,NADH 和 $FADH_2$ 进入呼吸链,进行氧化磷酸化作用。呼吸链也称电子传递链,由复合体 I～IV 组成(Siedow and Umbach,1995)。复合体 I 即 NADH: 泛醌氧化还原酶复合体。其中,NADH 脱氢酶将线粒体基质中 TCA 循环产生的 NADH 氧化后,产生的电子传递给泛醌。复合体 II 即琥珀酸: 泛醌氧化还原酶复合体,该复合体含有 TCA 循环中唯一的酶,即琥珀酸脱氢酶,它将琥珀酸氧化生成延胡索酸,并将电子传递给泛醌。复合体III即泛醌: 细胞色素 c 氧化还原酶复合体,将来自泛醌的电子依次传递给线粒体内膜外表面的细胞色素 c。复合体Ⅳ即细胞色素 c 氧化酶复合体,是呼吸链最后一个载体,将电子直接传递给氧。

## 二、参与其他化合物的合成与代谢

　　有研究表明,质体醌参与了植物类胡萝卜素(Norris et al.,1995)、ABA(Rock and Zeevaart,1991)和 GA(Nievelstein et al.,1995)的合成。类胡萝卜素为四萜类化合物,是光合组织中的捕光辅助色素(Pfander,1992)。八氢番茄红素去饱和反应是类胡萝卜素生物合成途径中的限速步骤(Mayer et al.,1990)。拟南芥白花突变体 pds1 和 pds2 中,八氢番茄红素去饱和反应受到影响,导致八氢番茄红素积累,但八氢番茄红素去饱和酶却不受影响(Norris et al.,1995)。进一步分析发现,pds1 突变体中维生素 E 合成的关键酶 4-羟苯丙酮酸双加氧酶(4-hydroxyphenylpyruvatedioxygenase,HPPD)功能缺失(Norris et al.,1998),而 pds2 突变体中质体醌合成的关键酶尿黑酸茄尼基转移酶(HST)发生了突变(Tian et al.,2007)。以上结果说明,质体醌对于八氢番茄红素去饱和反应是必需的。植物激素 ABA 是由环氧类胡萝卜素氧化分解产生的(Rock and Zeevaart,1991)。尿黑酸茄尼基转移酶基因(HST)的 T-DNA 插入突变体 pds2-1 中,除了质体醌,类胡萝卜素、ABA 和 GA₃的含量均明显降低(Chao et al.,2014)。拟南芥八氢番茄红素去饱和酶基因突变体 pds3 中,GA 合成也受阻(Qin et al.,2007)。此外,质体醌、类胡萝卜素、ABA 和 GA 的生物合成都具有相同的前体物质 GGPP(Ma et al.,2012;Chao et al.,2014;Du et al.,2015;Zhang and Lu,2016)。因此,质体醌可能通过反馈抑制或其他间接方式参与了这些化合物的生物合成。

　　泛醌参与了线粒体中支链氨基酸(BCAA)的代谢(Ishizaki et al.,2006;Araújo et al.,2010)。除了过氧化物酶体,氨基酸也在线粒体中进行分解,从而为维生素、氨基酸和脂类等其他重要化合物的生物合成提供骨架(Sweetlove et al.,2007)。拟南芥中,亮氨酸在线粒体基质进行代谢产生异戊酰辅酶 A,然后在异戊酰辅酶 A 脱氢酶(isovaleryl-CoA dehydrogenase,IVD)的作用下,异戊酰辅酶 A 脱氢形成 3-甲基巴豆酰辅酶 A。该过程中伴有一个电子经电子转运黄素蛋白/电子转运黄素蛋白:泛醌氧化还原酶系统(ETF/ETFQO),先传递给黄素蛋白,然后再传递给黄素:泛醌氧化还原酶(Ishizaki et al.,2006;Araújo et al.,2010)。由此可见,泛醌是亮氨酸分解过程中的最终电子受体。同样,赖氨酸代谢产生的电子也经过线粒体电子传递链传递给泛醌(Araújo et al.,2010)。

## 三、调节细胞信号转导与基因表达

　　质体醌和泛醌可直接参与或通过产生信号分子过氧化氢间接参与细胞信号转导和基因表达调控。叶绿素 a/b 结合蛋白复合体Ⅱ(LHCⅡ)和 NADPH 脱氢酶复合体是植物光合作用中两个重要的蛋白复合体。弱光条件下,稀脉浮萍细胞色素 b₆f 缺失突变体中 LHC Ⅱ含量较低;还原态的质体醌库被抑制后,突变体无论在弱光还是强光条件下,LHCⅡ含量均有提高,而野生型只在强光条件下 LHCⅡ含量增加(Yang et al.,2001)。这一结果说明,质体醌的氧化还原状态对植物光驯化过程中的信号转导是非常重要的(Yang et al.,2001)。DNA 芯片技术分析显示,在不同程度的辐照条件下,拟南芥中差异表达的基因有 663 个,其中 50 个会被电子传递抑制剂二氯苯基二甲脲(DCMU)恢复,说明它们的表达受到质体醌的调节(Adamiec et al.,2008)。进一步分析发现,这 50 个基因的启动子区含有保守的质体醌氧化还原状态信号转导的顺式作用元件(Adamiec et al.,2008)。用葡萄糖处理集胞藻 PCC6803 细胞,引起质体醌库部分还原,NADPH 脱氢酶复合体活性受到抑制,光系统 I 循环电子传递效率降低;而当 DCMU 处理后,质体醌库过氧化,NADPH 脱氢酶复合体活性会显著提高(Ma et al.,2008)。这一结果说明,质体醌的氧化还原状态调控 NADPH 脱氢酶复合体活性,进而影响光系统 I 的循环电子传递(Ma et al.,2008)。

除了质体醌,泛醌也参与了植物的信号转导。利用 TMV 和 TMV+UQ10 分别处理敏感型烟草品种 'Samsun NN',结果显示,TMV 与 UQ10 同时处理的烟草感染面积更小,TMV 含量和植物激素 ABA 含量更低,IAA 含量更高(Rozhnova and Gerashchenkov,2006)。可见,UQ10 通过调控植物激素状态增加植物的抗病毒能力(Rozhnova and Gerashchenkov,2008)。有报道显示,泛醌氧化还原过程中产生的活性氧含量是诱发植物基础抗性反应的重要信号(Dutta et al.,2015)。此外,泛醌还参与了植物线粒体 3-磷酸甘油穿梭过程中的氧化还原状态平衡(Shen et al.,2006)。

## 四、提高植物抗胁迫能力

还原态的质体醌和泛醌具有抗氧化活性,能消除植物体内的自由基,进而阻止脂类过氧化、蛋白氧化及生物和非生物胁迫对植物造成的 DNA 损伤(Hundal et al.,1995)。例如,菠菜类囊体膜中还原态的质体醌可以清除光照胁迫产生的自由基(Hundal et al.,1995)。在去除质体醌的菠菜光系统 II 膜上,外源添加还原态的质体醌醇也能有效清除单态氧(Yadav et al.,2010)。强光刺激下,莱茵哈德衣藻中还原态的质体醌含量大幅提高;当加入质体醌和生育酚的抑制剂吡唑特后,质体醌含量快速下降(Kruk et al.,2005)。随后的分析显示,强光刺激下,质体醌醇在清除单态氧的过程中频繁地进行着氧化还原态的转换(Kruk and Trebst,2008)。质体醌库的氧化还原状态与植物抗除草剂、过剩激发能状态下的光适应及强光适应有关(Mühlenbock et al.,2008;Lepetit et al.,2013;Darwish et al.,2015)。在烟草中过表达酵母 coq2 基因后,转基因烟草泛醌含量提高,对甲基紫精和高盐引起的氧化胁迫抗性增强(Ohara et al.,2004)。对高山离子芥悬浮细胞的分析显示,泛醌的氧化还原状态转换使得细胞对冷胁迫作出适应性调节(Chang et al.,2006)。

除了非生物胁迫,质体醌和泛醌在植物生物胁迫响应中也发挥着重要的作用。例如,当用致病疫霉的激发子处理龙葵后,活性氧增多,脂类过氧化增强,同时伴随着质体醌含量的提高(Maciejewska et al.,2002)。这一结果说明,质体醌对维持植物体内活性氧积累和抗氧化活性的平衡起着重要的调控作用(Maciejewska et al.,2002)。非洲冰草被灰葡萄孢菌侵染后,质体醌的氧化还原状态显著影响了抗氧化剂的活性,进而参与了植物对病原菌的胁迫响应(Nosek et al.,2015)。同样,泛醌的氧化还原状态决定了拟南芥体内的活性氧水平,并在拟南芥抵御病原菌和其他强氧化胁迫响应中发挥着重要的调控作用(Dutta et al.,2015)。

## 五、对人类健康的作用

除了对植物生长发育的作用,醌类化合物还对人体具有很重要的生理活性。辅酶 Q10 在医学上可用于心血管疾病如缺血性心脏病、风湿性心脏病、心绞痛、心律失常及高血压等(钱雪等,2006)的治疗;肝病如急慢性病毒性肝炎、亚急性肝坏死等(周桂林和范江勇,2005)的治疗;也可用于癌症(Lockwood et al.,1994)、帕金森病的辅助治疗(Shults et al.,2002)。辅酶 Q10 还能大幅改善人体细胞的营养状态,增强抗氧化性,提高免疫力,滋润肌肤,延缓衰老等(王根华和钱和,2002;叶青等,1999)。

其他醌类化合物,如胡桃醌、蓝雪醌、拉帕醌等具有抗菌或抗肿瘤活性;紫草中的紫草素类和异紫草素类具有止血、抗炎、抗病毒及抗肿瘤活性;大黄中的游离羟基蒽醌具有抗菌作用;大黄和番泻叶中的番泻苷类化合物具有较强的致泻作用;茜草中的茜草素具有止血作用;丹参中的丹参醌类用于治疗冠心病、心肌梗死等(匡海学,2003)。

综上所述,质体醌和泛醌通过电子传递、参与其他化合物的合成与代谢、细胞信号转导等多种方式在植物生长发育及抗逆等方面发挥着重要的生理功能。虽然质体醌对人体没有直接的生理活性,但是泛醌尤其辅酶 Q10 在心血管病、肝病、癌症等疾病的治疗及食品保健等方面应用十分广泛。另外,药用植物中还含有很多具有重要生物活性的其他醌类化合物,但其生物合成途径尚不清楚。

## 参 考 文 献

韩少英, 窦洁, 周长林. 2006. 发酵法生产辅酶 Q10 的研究进展. 药物生物技术, 13(3): 227-232.

匡海学. 2003. 中药化学. 北京: 中国中医药出版社: 71-96.

李家洲, 张冬青, 肖玉平, 等. 2011. 辅酶 Q10 生物合成与生产研究进展. 生物技术通报, 10: 37-42.

钱雪, 王祖巧, 韩国平, 等. 2006. 辅酶 Q10 的药理及应用. 食品与药品, 8(1): 16-18.

宋华付, 王俊锋. 2002. 辅酶 Q10 的合成. 化学与粘合, 6: 267-268.

王春林. 1996. 中国大豆辅酶 Q_(10) 的提取、分离和鉴定. 中国医药工业杂志, 3: 102-104.

王根华, 钱和. 2002. 辅酶 Q10 及其保健功能. 江苏食品与发酵, 2: 16-17.

王智文, 马向辉, 陈海, 等. 2009. 大肠杆菌生产 CoQ10 的代谢工程研究进展. 化工进展, 28(5): 855-863.

魏蕾. 2013. 醌类化合物的分布和药理作用. 现代中药研究与实践, 27(1): 33-35.

叶青, 张宾红, 关屹. 1999. CoQ10 的性质及其在化妆品中的应用. 香料香精化妆品, 3: 32-34.

袁艺. 1997. 猪心中提取和纯化辅酶 Q10(联产 CytC). 安徽农业大学学报, 2: 200-203.

周桂林, 范江勇. 2005. 保肝康联合辅酶 Q10 治疗乙型肝炎肝硬化功能不良 29 例. 中西医结合肝病杂志, 15(3): 178-179.

Adamiec M, Drath M, Jackowski G. 2008. Redox state of plastoquinone pool regulates expression of *Arabidopsis thaliana* genes in response to elevated irradiance. Acta Biochimica Polonica, 55(1): 161-173.

Araújo W L, Ishizaki K, Nunes-Nesi A, et al. 2010. Identification of the 2-hydroxyglutarate and isovaleryl-CoA dehydrogenases as alternative electron donors linking lysine catabolism to the electron transport chain of *Arabidopsis* mitochondria. Plant Cell, 22(5): 1549-1563.

Ashby M N, Kutsunai S Y, Ackerman S, et al. 1992. COQ2 is a candidate for the structural gene encoding para-hydroxybenzoate: polyprenyltransferase. Journal of Biological Chemistry, 267(6): 4128-4136.

Aussel L, Pierrel F, Loiseau L, et al. 2014. Biosynthesis and physiology of coenzyme Q in bacteria. Biochimica et Biophysica Acta, 1837(7): 1004-1011.

Avelange-Macherel M H, Joyard J. 1998. Cloning and functional expression of *AtCOQ3*, the *Arabidopsis* homologue of the yeast *COQ3* gene, encoding a methyltransferase from plant mitochondria involved in ubiquinone biosynthesis. Plant Journal, 14(2): 203-213.

Baba S W, Belogrudov G I, Lee J C, et al. 2004. Yeast Coq5 C-methyltransferase is required for stability of other polypeptides involved in coenzyme Q biosynthesis. Journal of Biological Chemistry, 279(11): 10052-10059.

Baillie A C, Thomson R H. 1968. Naturally occurring quinones. Part XI. The tanshinones. Journal of the Chemical Society C: Organic: 48-52.

Barker J L, Frost J W. 2001. Microbial synthesis of p-hydroxybenzoic acid from glucose. Biotechnology and Bioengineering, 76(4): 376-390.

Barkovich R J, Shtanko A, Shepherd J A, et al. 1997. Characterization of the *COQ5* gene from Saccharomyces cerevisiae. Evidence for a C-methyltransferase in ubiquinone biosynthesis. Journal of Biological Chemistry, 272(14): 9182-9188.

Barr R, Henninger M D, Crane F L. 1967. Comparative studies on plastoquinone II. Analysis of plastoquinones A, B, C and D. Plant Physiology, 42(9): 1246-1254.

Bell A A, Stipanovic R D. 1977. The chemical composition, biological activity, and genetics of pigment glands in cotton. Beltwide Cotton Production Research Conference: 244-258.

Bell A A, Stipanovic R D, O'Brien D H, et al. 1978. Sesquiterpenoid aldehyde quinones and derivatives in pigment glands of *Gossypium*. Phytochemistry, 17(8): 1297-1305.

Bentinger M, Brismar K, Dallner G. 2007. The antioxidant role of coenzyme Q. Mitochondrion, 7: S41-S50.

Blanc G, Agarkova I, Grimwood J, et al. 2012. The genome of the polar eukaryotic microalga *Coccomyxa subellipsoidea* reveals traits of cold adaptation. Genome Biology, 13(5): R39.

Blanc G, Duncan G, Agarakova I, et al. 2010. The *Chlorella variabilis* NC64A genome reveals adaptation to photosymbiosis, coevolution with viruses, and cryptic sex. Plant Cell, 22(9): 2943-2955.

Block A, Fristedt R, Rogers S, et al. 2013. Functional modeling identifies paralogous solanesyl-diphosphate synthases that assemble the side chain of plastoquinone-9 in plastids. Journal of Biological Chemistry, 288(38): 27594-27606.

Chang J, Fu X, An L, et al. 2006. Properties of cellular ubiquinone and stress-resistance in suspension-cultured cells of *Chorispora bungeana* during early chilling. Environmental and Experimental Botany, 57(1): 116-122.

Chao Y, Kang J, Zhang T, et al. 2014. Disruption of the homogentisate solanesyltransferase gene results in albino and dwarf phenotypes and root, trichome and stomata defects in *Arabidopsis thaliana*. PLoS ONE, 9(4): e94031.

Chehade M H, Loiseau L, Lombard M, et al. 2013. *ubiI*, a new gene in *Escherichia coli* coenzyme Q biosynthesis, is involved in aerobic C5-hydroxylation. Journal of Biological Chemistry, 288(27): 20085-20092.

Chen S W, Liu C C, Yen H C. 2013. Detection of suppressed maturation of the human COQ5 protein in the mitochondria following mitochondrial uncoupling by an antibody recognizing both precursor and mature forms of COQ5. Mitochondrion, 13(2): 143-152.

Cheng Z, Sattler S, Maeda H, et al. 2003. Highly divergent methyltransferases catalyze a conserved reaction in tocopherol and plastoquinone synthesis in cyanobacteria and photosynthetic eukaryotes. Plant Cell, 15(10): 2343-2356.

Choi J H, Ryu Y W, Park Y C, et al. 2009. Synergistic effects of chromosomal *ispB* deletion and *dxs* overexperession on coenzyme Q10 production in recombinant *Escherichia coli* expressing *Agrobacterium tumefaciens dps* gene. Journal of Biotechnology, 144(1): 64-69.

Choi J H, Ryu Y W, Seo J H. 2005. Biotechnological production and applications of coenzyme Q10. Appl Microbiol Biotechnol, 68(1): 9-15.

Clarke C F, Williams W, Teruya J H. 1991. Ubiquinone biosynthesis in Saccharomyces cerevisiae. Isolation and sequence of COQ3, the 3,4-dihydroxy-5-hexaprenylbenzoate methyltransferase gene. Journal of Biological Chemistry, 266(25): 16636-16644.

Cluis C P, Burja A M, Martin V J J. 2007. Current prospects for the production of coenzyme Q10 in microbes. Trends in Biotechnology, 25(11): 514-521.

Cluis C P, Ekins A, Narcross L, et al. 2011. Identification of bottlenecks in *Escherichia coli* engineered for the production of CoQ10. Metabolic Engineering, 13(6): 733-744.

Collakova E, DellaPenna D. 2001. Isolation and functional analysis of homogentisate phytyltransferase from *Synechocystis* sp. PCC 6803 and *Arabidopsis*. Plant Physiology, 127(3): 1113-1124.

Crane F L. 1965. Biochemistry of Quinones. London: Academic Press: 183-206.

Crane F L. 2007. Discovery of ubiquinone (coenzyme Q) and an overview of function. Mitochondrion, 7: S2-S7.

Crane F L. 2010. Discovery of plastoquinones: a personal perspective. Photosynthesis Research, 103(3): 195-209.

Crane F L, Hatefi Y, Lester R L, et al. 1957. Isolation of a quinone from beef heart mitochondria. Biochimica et Biophysica Acta, 25: 220-221.

Dai Y N, Zhou K, Cao D D, et al. 2014. Crystal structures and catalytic mechanism of the C-methyltransferase Coq5 provide insights into a key step of the yeast coenzyme Q synthesis pathway. Acta Crystallographica. Section D, Biological Crystallography, 70(8): 2085-2092.

Darwish M, Vidal V, Lopez-Lauri F, et al. 2015. Tolerance to clomazone herbicide is linked to the state of LHC, PQ-pool and ROS detoxification in tobacco (*Nicotiana tabacum* L.). Journal of Plant Physiology, 175: 122-130.

Devadas S K, Enyedi A, Raina R. 2002. The *Arabidopsis hrl1* mutation reveals novel overlapping roles for salicylic acid, jasmonic acid and ethylene signalling in cell death and defence against pathogens. Plant Journal, 30(4): 467-480.

Dixson D D, Boddy C N, Doyle R P. 2011. Reinvestigation of coenzyme Q10 isolation from *Sporidiobolus johnsonii*. Chemistry & Biodiversity, 8(6): 1033-1051.

Du Q, Li C, Li D, et al. 2015. Genome-wide analysis, molecular cloning and expression profiling reveal tissue-specifically expressed, feedback-regulated, stress-responsive and alternatively spliced novel genes involved in gibberellin metabolism in *Salvia miltiorrhiza*. BMC Genomics, 16: 1087.

Ducluzeau A L, Wamboldt Y, Elowsky C G, et al. 2012. Gene network reconstruction identifies the authentic *trans*-prenyl diphosphate synthase that makes the solanesyl moiety of ubiquinone-9 in *Arabidopsis*. Plant Journal, 69(2): 366-375.

Dumas M T, Strunz G M, Hubbes M, et al. 1983. Isolation and identification of six mansonones from *Ulmus americana* infected with *Ceratocystis ulmi*. Experientia, 39(10): 1089-1090.

Dutta A, Chan S H P, Pauli N T, et al. 2015. HYPERSENSITIVE RESPONSE-LIKE LESIONS 1 codes for AtPPT1 and regulates accumulation of ROS and sefense against bacterial pathogen *Pseudomonas syringae* in *Arabidopsis thaliana*. Antioxidants & Redox Signaling, 22(9): 785-796.

Ernster L, Dallner G. 1995. Biochemical, physiological and medical aspects of ubiquinone function. Biochimica et Biophysica Acta, 1271(1): 195-204.

Etman-Gervais C, Tendille C, Polonsky J. 1977. 3-demethyl-9-plastoquinone and 3-demethyl-8-plastoquinone, isolated from bulbes *Iris hollandica*. New Journal of Chemistry, 1: 323-325.

Ewbank J J, Barnes T M, Lakowski B, et al. 1997. Structural and functional conservation of the *Caenorhabditis elegans* timing gene *clk-1*. Science, 275(5302): 980-983.

Forsgren M, Attersand A, Staffan L, et al. 2004. Isolation and functional expression of human *COQ2*, a gene encoding a polyprenyl transferase involved in the synthesis of CoQ. Biochemical Journal, 382(2): 519-526.

Goewert R R, Sippel C J, Olson R E. 1977. The isolation and identification of a novel intermediate in ubiquinone-6 biosynthesis by *Saccharomyces cerevisiae*. Biochemical and Biophysical Research Communications, 77(2): 599-605.

Gregonis D E, Rilling H C. 1974. The stereochemistry of trans-phytoene synthesis. Lycopersene as a carotene precursor and a mechanism for the synthesis of *cis*- and *trans*-phytoene. Biochemistry, 13(7): 1538-1542.

Gulmezian M, Hyman K R, Marbois B N, et al. 2007. The role of UbiX in *Escherichia coli* coenzyme Q biosynthesis. Archives of Biochemistry and Biophysics, 467(2): 144-153.

Ha S J, Kim S Y, Seo J H, et al. 2007a. Controlling the sucrose concentration increases coenzyme Q10 production in fed-batch culture of *Agrobacterium tumefaciens*. Applied Microbiology and Biotechnology, 76(1): 109-116.

Ha S J, Kim S Y, Seo J H, et al. 2007b. Optimization of culture conditions and scale-up to pilot and plant scales for coenzyme Q10 production by *Agrobacterium tumefaciens*. Applied Microbiology and Biotechnology, 74(5): 974-980.

Ha S J, Kim S Y, Seo J H, et al. 2008. Lactate increases coenzyme Q10 production by *Agrobacterium tumefaciens*. World Journal of Microbiology & Biotechnology, 24(6): 887-890.

Hayashi K, Ogiyama Y, Yokomi K, et al. 2014. Functional conservation of coenzyme Q biosynthetic genes among yeasts, plants, and humans. PLoS ONE, 9(6): e99038.

Hemmi H, Ikejiri S, Yamashita S, et al. 2002. Novel medium-chain prenyl diphosphate synthase from the thermoacidophilic archae on *Sulfolobus solfataricus*. Journal of Bacteriology, 184(3): 615-620.

Hirooka K, Bamba T, Fukusaki E, et al. 2003. Cloning and kinetic characterization of *Arabidopsis thaliana* solanesyl diphosphate synthase. Biochemical Journal, 370(2): 679-686.

Hirooka K, Izumi Y, An C I, et al. 2005. Functional analysis of two solanesyl diphosphate synthases from *Arabidopsis thaliana*. Bioscience, Biotechnology, and Biochemistry, 69(3): 592-601.

Hsieh F L, Chang T H, Ko T P, et al. 2011. Structure and mechanism of an *Arabidopsis* medium/long-chain-length prenyl pyrophosphate synthase. Plant Physiology, 155(3): 1079-1090.

Hsu A Y, Do T Q, Lee P T, et al. 2000. Genetic evidence for a multi-subunit complex in the *O*-methyltransferase steps of coenzyme Q biosynthesis. Biochimica et Biophysica Acta, 1484(2): 287-297.

Hsu A Y, Poon W W, Shepherd J A, et al. 1996. Complementation of *coq3* mutant yeast by mitochondrial targeting of the *Escherichia coli* UbiG polypeptide: evidence that UbiG catalyzes both *O*-methylation steps in ubiquinone biosynthesis. Biochemistry, 35(30): 9797-9806.

Huang M, Wang Y, Liu J, et al. 2011. Multiple strategies for metabolic engineering of *Escherichia coli* for efficient production of coenzyme Q10. Chinese Journal of Chemical Engineering, 19(2): 316-326.

Hundal T, Forsmark-Andrée P, Ernster L, et al. 1995. Antioxidant activity of reduced plastoquinone in chloroplast thylakoid membranes. Archives of Biochemistry and Biophysics, 324(1): 117-122.

Ikeda M, Kagei K. 1979. Ubiquinone content of eight plant species in cell culture. Phytochemistry, 18(9): 1577-1578.

Ikeda T, Matsumoto T, Obi Y, et al. 1981. Characteristics of cultured tobacco cell strains producing high levels of ubiquinone-10 selected by a cell cloning technique. Agricultural and Biological Chemistry, 45(10): 2259-2263.

Ishizaki K, Schauer N, Larson T R, et al. 2006. The mitochondrial electron transfer flavoprotein complex is essential for survival of *Arabidopsis* in extended darkness. Plant Journal, 47(5): 751-760.

Jonassen T, Clarke C F. 2000. Isolation and functional expression of human COQ3, a gene encoding a methyltransferase required for ubiquinone biosynthesis. Journal of Biological Chemistry, 275(17): 12381-12387.

Jonassen T, Marbois B N, Kim L, et al. 1996. Isolation and sequencing of the rat Coq7 gene and the mapping of mouse Coq7 to chromosome 7. Archives of Biochemistry and Biophysics, 1330(2): 285-289.

Jones M O, Perez-Fons L, Robertson F P, et al. 2013. Functional characterization of long-chain prenyl diphosphate synthases from tomato. Biochemical Journal, 449(3): 729-740.

Kamei M, Fujita T, Kanbe T, et al. 1986. The distribution and content of ubiquinone in foods. International Journal for Vitamin and Nutrition Research, 56(1): 57-63.

Kawamukai M. 2009. Biosynthesis and bioproduction of coenzyme Q10 by yeasts and other organisms. Biotechnology and Applied Biochemistry, 53(4): 217-226.

Kellogg B A, Poulter C D. 1997. Chain elongation in the isoprenoid biosynthetic pathway. Current Opinion in Chemical Biology, 1(4): 570-578.

Kelwick R, MacDonald J T, Webb A J, et al. 2014. Developments in the tools and methodologies of synthetic biology. Frontiers in Bioengineering and Biotechnology, 2: 60.

Kien N B, Kong I S, Lee M G, et al. 2010. Coenzyme Q10 production in a 150-l reactor by a mutant strain of *Rhodobacter sphaeroides*. Journal of Industrial Microbiology & Biotechnology, 37(5): 521-529.

Kim E H, Lee Y, Kim H U. 2015. Fibrillin 5 is essential for plastoquinone-9 biosynthesis by binding to solanesyl diphosphate synthases in *Arabidopsis*. Plant Cell, 27(10): 2956-2971.

Kim S J, Kim M D, Choi J H, et al. 2006. Amplification of 1-deoxy-D-xyluose 5-phosphate (DXP) synthase level increases coenzyme Q10 production in recombinant *Escherichia coli*. Applied Microbiology and Biotechnology, 72(5): 982-985.

Kim S W, Keasling J D. 2001. Metabolic engineering of the nonmevalonate isopentenyl diphosphate synthesis pathway in *Escherichia coli* enhances lycopene production. Biotechnology and Bioengineering, 72(4): 408-415.

Kruk J, Holländer-Czytko H, Oettmeier W, et al. 2005. Tocopherol as singlet oxygen scavenger in photosystem II. Journal of Plant Physiology, 162(7): 749-757.

Kruk J, Szymańska R, Cela J, et al. 2014. Plastochromanol-8: fifty years of research. Phytochemistry, 108: 9-16.

Kruk J, Trebst A. 2008. Plastoquinol as a singlet oxygen scavenger in photosystem II. Biochimica et Biophysica Acta, 1777(2): 154-162.

Ksas B, Becuwe N, Chevalier A, et al. 2015. Plant tolerance to excess light energy and photooxidative damage relies on plastoquinone biosynthesis. Scientific Reports, 5: srep10919.

Kuratsu Y, Sakurai M, Hagino H, et al. 1984. Aeration-agitation effect on coenzyme Q_10 production by *Agrobacterium* species. Journal of Fermentation Technology, 62(3): 305-308.

Lambreva M D, Russo D, Politicelli F, et al. 2014. Structure/function/dynamics of photosystem II plastoquinone binding sites. Current Protein and Peptide Science, 15(4): 285-295.

Lange B M, Ghassemian M. 2003. Genome organization in *Arabidopsis thaliana*: a survey for genes involved in isoprenoid and chlorophyll metabolism. Plant Molecular Biology, 51(6): 925-948.

Lee J K, Oh D K, Kim S Y. 2007. Cloning and characterization of the *dxs* gene, encoding 1-deoxy-d-xylulose 5-phosphate synthase from *Agrobacterium tumefaciens* and its over-expression in *Agrobacterium tumefaciens*. Journal of Biotechnology, 128(3): 555-566.

Lenaz G, Fato R, Formiggini G, et al. 2007. The role of coenzyme Q in mitochondrial electron transport. Mitochondrion, 7: S8-S33.

Lepetit B, Sturm S, Rogato A, et al. 2013. High light acclimation in the secondary plastids containing diatom *Phaeodactylum tricornutum* is triggered by the redox state of the plastoquinone pool. Plant Physiology, 161(2): 853-865.

Lichtenthaler H K. 2007. Biosynthesis, accumulation and emission of carotenoids, tocopherol, plastoquinone and isoprene in leaves under high photosynthetic irradiance. Photosynthesis Research, 92(2): 163-179.

Lin F, Ferguson K L, Boyer D R, et al. 2015. Isofunctional enzymes PAD1 and UbiX catalyze formation of a novel cofactor required by ferulic acid decarboxylase and 4-hydroxy-3-polyprenylbenzoic acid decarboxylase. ACS Chemical Biology, 10(4): 1137-1144.

Lipshutz B H, Lower A, Berl V, et al. 2005. An improved synthesis of the "miracle nutrient" coenzyme Q10. Organic Letters, 7(19): 4095-4097.

Liu M, Lu S. 2016. Plastoquinone and ubiquinone in plants: biosynthesis, physiological function and metabolic engineering. Frontiers in Plant Science, 7(R39): 1898.

Lockwood K, Moesgaard S, Folkers K. 1994. Partial and complete regression of breast cancer in patients in relation to dosage of coenzyme Q10. Biochemical and Biophysical Research Communications, 199(3): 1504-1508.

Lu W, Shi Y, He S, et al. 2013. Enhanced production of CoQ10 by constitutive overexpression of 3-dementhyl ubiquinone 9 3-methyltransferase under *tac* promoter in *Rhodobacter sphaeroides*. Biochemical Engineering Journal, 72: 42-47.

Lu W, Ye L, Lv X, et al. 2015. Identification and elimination of metabolic bottlenecks in the quinone modification pathway for enhanced coenzyme Q10 procduction in *Rhodobacter sphaeroides*. Metabolic Engineering, 29: 208-216.

Lütke-Brinkhaus F, Kleinig H. 1987. Ubiquinone biosynthesis in plant mitochondria. Methods in Enzymology, 148: 486-490.

Lütke-Brinkhaus F, Liedvogel B, Kleinig H. 1984. On the biosynthesis of ubiquinones in plant mitochondria. FEBS Journal, 141(3): 537-541.

Ma W, Deng Y, Mi H. 2008. Redox of plastoquinone pool regulates the expression and activity of NADPH dehydrogenase supercomplex in *Synechocystis* sp. strain PCC 6803. Current Microbiology, 56(2): 189-193.

Ma Y, Yuan L, Wu B, et al. 2012. Genome-wide identification and characterization of novel genes involved in terpenoid biosynthesis in *Salvia miltiorrhiza*. Journal of Experimental Botany, 63(7): 2809-2823.

Maciejewska U, Polkowska-Kowalczyk L, Swiezewska E, et al. 2002. Plastoquinone: possible involvement in plant disease resistance. Acta Biochimica Polonica, 49(3): 775-780.

Marbois B N, Clarke C F. 1996. The *COQ7* gene encodes a protein in *Saccharomyces cerevisiae* necessary for ubiquinone biosynthesis. Journal of Biological Chemistry, 271(6): 2995-3004.

Marbois B N, Hsu A, Pillai R, et al. 1994a. Cloning of a rat cDNA encoding dihydroxypolyprenylbenzoate methyltransferase by functional complementation of a *Saccharomyces cerevisiae* mutant deficient in ubiquinone biosynthesis. Gene, 138(1): 213-217.

Marbois B N, Xia Y R, Lusis A J, et al. 1994b. Ubiquinone biosynthesis in eukaryotic cells: tissue distribution of mRNA encoding 3, 4-dihydroxy-5-polyprenylbenzoate methyltransferase in the rat and mapping of the *COQ3* gene to mouse chromosome 4. Archives of Biochemistry and Biophysics, 313(1): 83-88.

Martin V J J, Pitera D J, Withers S T, et al. 2003. Engineering a mevalonate pathway in *Escherichia coli* for production of terpenoids. Nature Biotechnology, 21(7): 796-802.

Matsumoto T, Kanno N, Ikeda I, et al. 1981. Selection of cultured tobacco cell strains producing high levels of ubiquinone 10 by a cell cloning technique. Agricultural and Biological Chemistry, 45(7): 1627-1633.

Mayer M P, Beyer P, Kleinig H. 1990. Quinone compounds are able to replace molecular oxygen as terminal electron acceptor in phytoene desaturation in chromoplasts of *Narcissus pseudonarcissus* L. The FEBS Journal, 191(2): 359-363.

Meganathan R. 2001. Ubiquinone biosynthesis in microorganisms. FEMS Microbiology Letters, 203(2): 131-139.

Misawa N, Truesdale M R, Sandmann G, et al. 1994. Expression of a tomato cDNA coding for phytoene synthase in *Escherichia coli*, phytoene formation *in vivo* and *in vitro*, and functional analysis of the various truncated gene products. The Journal of Biochemistry, 116(5): 980-985.

Moludi J, Keshavarz S, Mohammad Javad H, et al. 2015. Coenzyme Q10 effect in prevention of atrial fibrillation after Coronary Artery Bypass Graft: double-blind randomized clinical trial. Tehran University Medical Journal TUMS Publications, 73(2): 79-85.

Moriyama D, Hosono K, Fujii M, et al. 2015. Production of CoQ10 in fission yeast by expression of genes responsible for CoQ10 biosynthesis. Bioscience, Biotechnology, and Biochemistry, 79(6): 1026-1033.

Motohashi R, Ito T, Kobayashi M, et al. 2003. Functional analysis of the 37 kDa inner envelope membrane polypeptide in chloroplast biogenesis using a Ds-tagged *Arabidopsis* pale-green mutant. Plant Journal, 34(5): 719-731.

Mu F S, Luo M, Fu Y J, et al. 2011. Synthesis of the key intermediate of coenzyme Q10. Molecules, 16(5): 4097-4103.

Mühlenbock P, Szechynska-Hebda M, Plaszczyca M, et al. 2008. Chloroplast signaling and LESION SIMULATING DISEASE1 regulate crosstalk between light acclimation and immunity in *Arabidopsis*. Plant Cell, 20(9): 2339-2356.

Mukai N, Masaki K, Fujii T, et al. 2010. PAD1 and FDC1 are essential for the decarboxylation of phenylacrylic acids in *Saccharomyces cerevisiae*. Journal of Bioscience and Bioengineering, 109(6): 564-569.

Murphy A C. 2011. Metabolic engineering is key to a sustainable chemical industry. Natural Product Reports, 28(8): 1406-1425.

Nguyen T P, Casarin A, Desbats M A, et al. 2014. Molecular characterization of the human COQ5 *C*-methyltransferase in coenzyme Q10 biosynthesis. Biochimica et Biophysica Acta, 1841(11): 1628-1638.

Nievelstein V, Vandekerckhove J, Tadros M H, et al. 1995. Carotene desaturation is linked to a respiratory redox pathway in *Narcissus pseudonarcissus* chromoplast membranes. The FEBS Journal, 233(3): 864-872.

Norris S R, Barrette T R, DellaPenna D. 1995. Genetic dissection of carotenoid synthesis in arabidopsis defines plastoquinone as an essential component of phytoene desaturation. Plant Cell, 7(12): 2139-2149.

Norris S R, Shen X, DellaPenna D. 1998. Complementation of the *Arabidopsis pds1* mutation with the gene encoding *p*-hydroxyphenylpyruvate dioxygenase. Plant Physiology, 117(4): 1317-1323.

Nosek M, Kornaš A, Kuzniak E, et al. 2015. Plastoquinone redox state modifies plant response to pathogen. Plant Physiology and Biochemistry, 96: 163-170.

Nowicka B, Kruk J. 2010. Occurrence, biosynthesis and function of isoprenoid quinones. Biochimica et Biophysica Acta (BBA)-Bioenergetics, 1797(9): 1587-1605.

Ohara K, Kokado Y, Yamamoto H, et al. 2004. Engineering of ubiquinone biosynthesis using the yeast *coq2* gene confers oxidative stress tolerance in transgenic tobacco. Plant Journal, 40(5): 734-743.

Ohara K, Sasaki K, Yazaki K. 2010. Two solanesyl diphosphate synthases with different subcellular localizations and their respective physiological roles in *Oryza sativa*. Journal of Experimental Botany, 61(10): 2683-2692.

Ohara K, Yamamoto K, Hamamoto M, et al. 2006. Functional characterization of *OsPPT1*, which encodes *p*-hydroxybenzoate polyprenyltransferase involved in ubiquinone biosynthesis in *Oryza sativa*. Plant & Cell Physiology, 47(5): 581-590.

Okada K, Kainou T, Matsuda H, et al. 1998. Biological significance of the side chain length of ubiquinone in *Saccharomyces cerevisiae*. The FEBS Letters, 431(2): 241-244.

Okada K, Ohara K, Yazaki K, et al. 2004. The *AtPPT1* gene encoding 4-hydroxybenzoate polyprenyl diphosphate transferase in ubiquinone biosynthesis is required for embryo development in *Arabidopsis thaliana*. Plant Molecular Biology, 55(4): 567-577.

Olejnik D, Gogolewski M, Nogala-Kałucka M. 1997. Isolation and some properties of plastochromanol-8. Molecular Nutrition & Food Research, 41(2): 101-104.

Olson R E, Rudney H. 1983. Biosynthesis of ubiquinone. Vitamins & Hormones, 40: 1-43.

Ozeir M, Mühlenhoff U, Webert H, et al. 2011. Coenzyme Q biosynthesis: Coq6 is required for the C5-hydroxylation reaction and substrate analogs rescue Coq6 deficiency. Chemistry & Biology, 18(9): 1134-1142.

Park Y C, Kim S J, Choi J H, et al. 2005. Batch and fed-batch production of coenzyme Q10 in recombinant *Escherichia coli* containing the decaprenyl diphosphate synthase gene from *Gluconobacter suboxydans*. Applied Microbiology and Biotechnology, 67(2):192-196.

Parmar S S, Jaiwal A, Dhankher O P, et al. 2015. Coenzyme Q10 production in plants: current status and future prospects. Critical Reviews in Biotechnology, 35(2): 152-164.

Payne K A P, White M D, Fisher K, et al. 2015. New cofactor supports α, β-unsaturated acid decarboxylation via 1,3-dipolar cycloaddition. Nature, 522(7557): 497-501.

Pfander H. 1992. Carotenoids: an overview. Methods in Enzymology, 213: 3-13.

Phatthiya A, Takahashi S, Chareonthiphakorn N, et al. 2007. Cloning and expression of the gene encoding solanesyl diphosphate synthase from *Hevea brasiliensis*. Plant Science, 172: 824-831.

Poon W W, Barkovich R J, Hsu A Y, et al. 1999. Yeast and rat Coq3 and *Escherichia coli* UbiG polypeptides catalyze both *O*-methyltransferase steps in coenzyme Q biosynthesis. Journal of Biological Chemistry, 274(31): 21665-21672.

Qin G, Gu H, Ma L, et al. 2007. Disruption of phytoene desaturase gene results in albino and dwarf phenotypes in *Arabidopsis* by impairing chlorophyll, carotenoid, and gibberellin biosynthesis. Cell Research, 17(5): 471-482.

Qiu L, Wang W, Zhong W, et al. 2011. Coenzyme Q10 production by *Sphingomonas* sp. ZUTE03 with novel precursors isolated from tobacco waste in a two-phase conversion system. Journal of Microbiology and Biotechnology, 21:494-502.

Rock C D, Zeevaart J A. 1991. The aba mutant of *Arabidopsis thaliana* is impaired in epoxy-carotenoid biosynthesis. Proceedings of the National Academy of Sciences of the United States of America, 88(17): 7496-7499.

Romanova A S, Patudin A V, Ban'kovskii A I. 1977. Quinones of higher plants as possible therapeutic agents. Pharmaceutical Chemistry Journal, 11(7): 927-937.

Rozhnova N A, Gerashchenkov G A. 2006. Hormonal status of tobacco variety Samsun NN exposed to synthetic coenzyme Q10 (ubiquinone 50) and TMV infection. Biology Bulletin, 33(5): 471-478.

Rozhnova N A, Gerashchenkov G A. 2008. Effect of ubiquinone 50 and viral infection on phytohemagglutinin activity in development of induced resistance in tobacco plants. Biology Bulletin, 35(4): 442-447.

Sadre R, Frentzen M, Saeed M, et al. 2010. Catalytic reactions of the homogentisate prenyl transferase involved in plastoquinone-9 biosynthesis. Journal of Biological Chemistry, 285(24): 18191-18198.

Sadre R, Gruber J, Frentzen M. 2006. Characterization of homogentisate prenyltransferases involved in plastoquinone-9 and tocochromanol biosynthesis. FEBS Letters, 580(22): 5357-5362.

Savidge B, Weiss J D, Wong Y H H, et al. 2002. Isolation and characterization of homogentisate phytyltransferase genes from *Synechocystis* sp. PCC 6803 and *Arabidopsis*. Plant Physiology, 129(1): 321-332.

Seo M, Takahashi S, Kadowaki K, et al. 2011. Expression of CoQ10-producing *ddsA* transgene by efficient *Agrobacterium*-mediated transformation in *Panicum meyerianum*. Plant Cell, Tissue and Organ Culture, 107(2): 325-332.

Sheldon R A. 2014. Green and sustainable manufacture of chemicals from biomass: state of the art. Green Chemistry, 16(3): 950-963.

Shen W, Wei Y, Dauk M, et al. 2006. Involvement of a glycerol-3-phosphate dehydrogenase in modulating the NADH/NAD$^+$ ratio provides evidence of a mitochondrial glycerol-3-phosphate shuttle in *Arabidopsis*. Plant Cell, 18(2): 422-441.

Shintani D K, Cheng Z, DellaPenna D. 2002. The role of 2-methyl-6-phytylbenzoquinone methyltransferase in determining tocopherol composition in *Synechocystis* sp. PCC6803. FEBS Letters, 511(1): 1-5.

Shults C W, Oakes D, Kieburtz K, et al. 2002. Effects of coenzyme Q10 in early Parkinson disease: evidence of slowing of the functional decline. Archives of Neurology, 59(10): 1541-1550.

Siebert M, Bechthold A, Melzer M, et al. 1992. Ubiquinone biosynthesis cloning of the genes coding for chorismate pyruvate-lyase and 4-hydroxybenzoate octaprenyl transferase from *Escherichia coli*. FEBS Letters, 307(3): 347-350.

Siedow J N, Umbach A L. 1995. Plant mitochondrial electron transfer and molecular biology. Plant Cell, 7(7): 821-831.

Stiff M R. 2010. Coenzyme Q10 biosynthesis in plants: is the polyprenyltransferase an appropriate gene target for the increased production of CoQ10. North Carolina State University Ph.D. thesis.

Stipanovic R D, Bell A A, Lukefahr M J. 1977. Natural insecticides from cotton (*Gossypium*). ACS Symposium Series, 62: 197-214.

Sweetlove L J, Fait A, Nunes-Nesi A, et al. 2007. The mitochondrion: an integration point of cellular metabolism and signalling. Critical Reviews in Plant Sciences, 26(1): 17-43.

Szkcpinska A. 2000. Ubiquinone, biosynthesis of quinone ring and its isoprenoid side chain, intracellular localization. ACTA Biochimica Polonica-English Edition, 47(2): 469-480.

Takahashi S, Ogiyama Y, Kusano H, et al. 2006. Metabolic engineering of coenzyme Q by modification of isoprenoid side chain in plant. FEBS Letters, 580(3): 955-959.

Takahashi S, Ohtani T, Iida S, et al. 2009. Development of CoQ10-enriched rice from giant embryo lines. Breeding Science, 59(3): 321-326.

Takahashi S, Ohtani T, Satoh H, et al. 2010. Development of CoQ10-enriched rice using sugary and shrunken mutants. Bioscience, Biotechnology, and Biochemistry, 74(1): 182-184.

Taylor M A, Fraser P D. 2011. Solanesol: added value from solanaceous waste. Phytochemistry, 72(11): 1323-1327.

Tevini M, Lichtenthaler H K. 1977. Lipids and lipid polymers in higher plants. Berlin: Springer.

Thomson R H. 1991. Distribution of naturally occurring quinones. Pharmacy World & Science, 13(2): 70-73.

Tian L, DellaPenna D, Dixon R A. 2007. The *pds2* mutation is a lesion in the *Arabidopsis* homogentisate solanesyltransferase gene involved in plastoquinone biosynthesis. Planta, 226(4): 1067-1073.

Tian Y, Yue T, Yuan Y, et al. 2010. Tobacco biomass hydrolysate enhances coenzyme Q10 production using photosynthetic *Rhodospirillum rubrum*. Bioresource Technology, 101(20): 7877-7881.

Tikhonov A N. 2014. The cytochrome b6f complex at the crossroad of photosynthetic electron transport pathways. Plant Physiology and Biochemistry, 81: 163-183.

Tokdar P, Wani A, Kurnar P, et al. 2013. Process and strain development for reduction of broth viscosity with improved yield in coenzyme Q10 fermentation by *Agrobacterium tumefaciens* ATCC 4452. Fermentation Technology, 2(1): 110.

Tran M T, Mitchell T M, Kennedy D T, et al. 2001. Role of coenzyme Q10 in chronic heart failure, angina, and hypertension. Pharmacotherapy: The Journal of Human Pharmacology and Drug Therapy, 21(7): 797-806.

Tran U P C, Clarke C F. 2007. Endogenous synthesis of coenzyme Q in eukaryotes. Mitochondrion, 7: S62-71.

Uchida N, Suzuki K, Saiki R, et al. 2000. Phenotypes of fission yeast defective in ubiquinone production due to disruption of the gene for *p*-hydroxybenzoate polyprenyl diphosphate transferase. Journal of Bacteriology, 182(24): 6933-6939.

Vajo Z, King L M, Jonassen T, et al. 1999. Conservation of the *Caenorhabditis elegans* timing gene *clk-1* from yeast to human: a gene required for ubiquinone biosynthesis with potential implications for aging. Mammalian Genome, 10(10): 1000-1004.

Van Eenennaam A L, Lincoln K, Durrett T P, et al. 2003. Engineering vitamin E content: from *Arabidopsis* mutant to soy oil. Plant Cell, 15(12): 3007-3019.

Venkatesh T V, Karunanandaa B, Free D L, et al. 2006. Identification and characterization of an *Arabidopsis* homogentisate phytyltransferase paralog. Planta, 223(6): 1134-1144.

Wang K, Ohnuma S.1999. Chain-length determination mechanism of isoprenyl diphosphate synthases and implications for molecular evolution. Trends in Biochemical Sciences, 24: 445-451.

Wang X, Chen J, Quinn P. 2012. Reprogramming microbial metabolic pathways. Dordrecht: Springer: 703.

Wang X, Wang H, Wang J, et al. 2011. The genome of the mesopolyploid crop species *Brassica rapa*. Nature Genetics, 43(10): 1035-1039.

Wenda S, Illner S, Mell A, et al. 2011. Industrial biotechnology-the future of green chemistry. Green Chemistry, 13(11): 3007-3047.

White M D, Payne K A P, Fisher K, et al. 2015. UbiX is a flavin prenyltransferase required for bacterial ubiquinone biosynthesis. Nature, 522(7557): 502-506.

Yadav D K, Kruk J, Sinha R K, et al. 2010. Singlet oxygen scavenging activity of plastoquinol in photosystem II of higher plants: electron paramagnetic resonance spin-trapping study. Biochimica et Biophysica Acta (BBA)—Bioenergetics, 1797(11): 1807-1811.

Yan N, Liu Y, Gong D, et al. 2015. Solanesol: a review of its resources, derivatives, bioactivities, medicinal application, and biosynthesis. Phytochemistry Reviews, 114(3): 403-417.

Yang D H, Andersson B, Aro E, et al. 2001. The redox state of the plastoquinone pool controls the level of thelight-harvesting chlorophyll a/b binding protein complex II (LHC II) during photoacclimation. Photosynthesis Research, 68(2): 163-174.

Yang J, Xian M, Su S, et al. 2012. Enhancing production of bio-isoprene using hybrid MVA pathway and isoprene synthase in *E. coli*. PLoS ONE, 7(4): e33509.

Yang R, Jarvis D E, Chen H, et al. 2013. The reference genome of the halophytic plant *Eutrema salsugineum*. Frontier in Plant Science, 4: 46.

Yoshida H, Kotani Y, Ochiai K, et al. 1998. Production of ubiquinone-10 using bacteria. The Journal of General and Applied Microbiology, 44(1): 19-26.

Zahiri H S, Noghabi K A, Shin Y C. 2006. Biochemical characterization of the decaprenyl diphosphate synthase of *Rhodobacter sphaeoides* for coenzyme Q10 production. Applied Microbiology and Biotechnology, 73(4): 796-806.

Zhang L, Lu S. 2016. Overview of medicinally important diterpenoids derived from plastids. Mini Reviews in Medicinal Chemistry, 17(12): 988-1001.

Zhong W, Fang J, Liu H, et al. 2009. Enhanced production of CoQ10 by newly isolated *Sphingomonas* sp. ZUTEO3 with a coupled fermentation-extraction process. Journal of Industrial Microbiology & Biotechnology, 36(5): 687-693.

Zhong W, Wang W, Kong Z, et al. 2011. Coenzyme Q10 production directly from precursors by free and gel-entrapped *Sphingomonas* sp. ZUTEO3 in a water-organic solvent, two-phase conversion system. Applied Microbiology and Biotechnology, 89 (2) : 293-302.

Zhou X, Yuan Y, Yang Y, et al. 2009. Involvement of a broccoli COQ5 methyltransferase in the production of volatile selenium compounds. Plant Physiology, 151 (2) : 528-540.

Zhu X, Yuasa M, Okada K, et al. 1995. Production of ubiquinone in *Escherichia coli* by expression of various genes responsible for ubiquinone biosybthesis. Journal of Fermentation and Bioengineering, 79: 493-495.

# 第十章  皂苷类活性成分及其生物合成

皂苷(saponin)是由皂苷元和糖、糖醛酸或其他有机物组成的一类结构复杂的化合物。由于它的水溶液经振摇后能形成胶体溶液，并具有持久性的、似肥皂溶液的泡沫，故有皂苷之称。组成皂苷的糖常见的有葡萄糖、半乳糖、鼠李糖、阿拉伯糖、木糖及其他戊糖类。按照水解后皂苷元种类，将其分为三萜皂苷和甾体皂苷。三萜皂苷又可分为四环三萜皂苷和五环三萜皂苷，而以五环三萜皂苷较为常见。五环三萜皂苷是由三萜皂苷元和糖经糖苷键连接而成的苷元，大多以游离或苷类的形式广泛存在于自然界。依据苷元的不同，五环三萜皂苷可分为齐墩果烷(oleanane)型、乌苏烷(ursane)型、羽扇豆烷(lupane)型和木栓烷(friedeiane)型等多种不同类型的化合物。大部分三萜皂苷存在于双子叶植物中，且广泛分布在五加科、伞形科、豆科、石竹科、葫芦科、商陆科、木犀科、报春花科、山茶科、桔梗科、远志科等植物中，一些常用中药如人参、黄芪、柴胡、三七、麦冬、知母、甘草、白头翁、夏枯草等都含有三萜皂苷类成分(陈颖等，2012)；而甾体皂苷主要存在于单子叶植物百合科的丝兰属和知母属，以及菝葜科、薯蓣科、龙舌兰科等(吴立军，2003)；双子叶植物中也有发现，如豆科、玄参科、茄科等。甾体皂苷的皂苷元是由27个碳原子组成的，基本骨架称为螺旋甾烷(spirostane)及其异构体异螺旋甾烷(isospirostane)。研究较多的皂苷主要有：苜蓿皂苷、人参皂苷、三七皂苷、苦瓜皂苷、丝兰皂苷、酸枣仁总皂苷等。近年来，围绕皂苷类物质药理活性和合成调控的研究取得了显著进展，如药理活性筛选及鉴定、代谢途径的挖掘、转录调控、代谢工程等。本章总结了药用植物中常见皂苷类化合物的活性与结构、合成与调控等领域的研究进展。

## 第一节  皂苷类化合物的结构和活性

皂苷通常由皂苷元和糖、糖醛酸或其他有机物组成。皂苷类化合物通常是药用植物药理特性的关键化合物，对各类皂苷类化合物药理作用的研究也较为深入。有研究表明，大部分皂苷类化合物对双向免疫调节、抗氧化、保护神经中枢系统、抗肿瘤等都具有一定的作用，也被广泛应用于新药物研发。

### 一、人参属植物的三萜皂苷

人参(*Panax ginseng*)、西洋参(*Panax quinquefolius*)和三七(*Panax notoginseng*)这三种人参属(*Panax*)的药用植物是人参皂苷的主要来源。此外，在珠子参(*Panax japonicus*)(Zou et al.，2002a，2002b)、越南人参(*Panax vietnamensis*)(Nguyen et al.，1993)、屏边三七(*Panax stipuleanatus*)(Liang et al.，2010)、羽叶三七(*Panax bipinnatifidus*)(Nguyen et al.，2011)等人参属其他植物中，也有皂苷被分离获得。至今，已有289种皂苷从人参属植物中得到分离纯化(Yang et al.，2014)。

人参皂苷的结构包括皂苷元和一个或两个糖基单元/链。人参皂苷根据糖苷配基的骨架主要分为三类：达玛烷(dammarane)型、齐墩果酸(oleanolic acid，OA)型、奥寇梯木醇(octillol，OT)型(图 10-1)。达玛烷型苷元由糖基转移酶催化不同的糖基进行修饰，从而产生了不同种类的达玛烷型皂苷。原人参二醇(proto-panaxadiol，PPD)型皂苷包括 $Rb_1$、$Rb_2$、Rc、Rd、$F_2$、$Rg_3$、$Rh_2$ 等。原人参三醇型皂苷(PPT)包括 Re、$Rg_1$、$Rg_2$、Rf、$Rh_1$等。它们是人参皂苷的主要活性成分(Christensen，2008)(图 10-1)。人参皂苷 $Rb_1$、$Rb_3$、Rc、$Rg_1$ 和 Re 在人参属植物中都有分布，而三七皂苷 $R_1$、Fc 只存在于三七中，被认为是三七区别于同属植物人参和西洋参的特征性成分。葡萄糖(glucose)、葡萄糖醛酸(glucuronic acid)、鼠李糖(rhamnose)、木糖(xylose)和阿拉伯糖(arabinose)是组成人参皂苷的 5 种不同的单糖。此外，皂苷中的糖基，特别是葡萄糖残基易于进行特定酰化反应，包括乙酰基(—$C_2H_3O$)、丁烯酰基(—$C_4H_4O$)、辛烯基(—$C_8H_{12}O$)和丙二酰(—$C_3H_2O_3$)残基。对皂苷中的糖基进行结构修饰，使其变成酰基取代形式，如丙二酰化、乙酰化或其他酰化形式，对改变皂苷活性及新药创制具有重要意义。

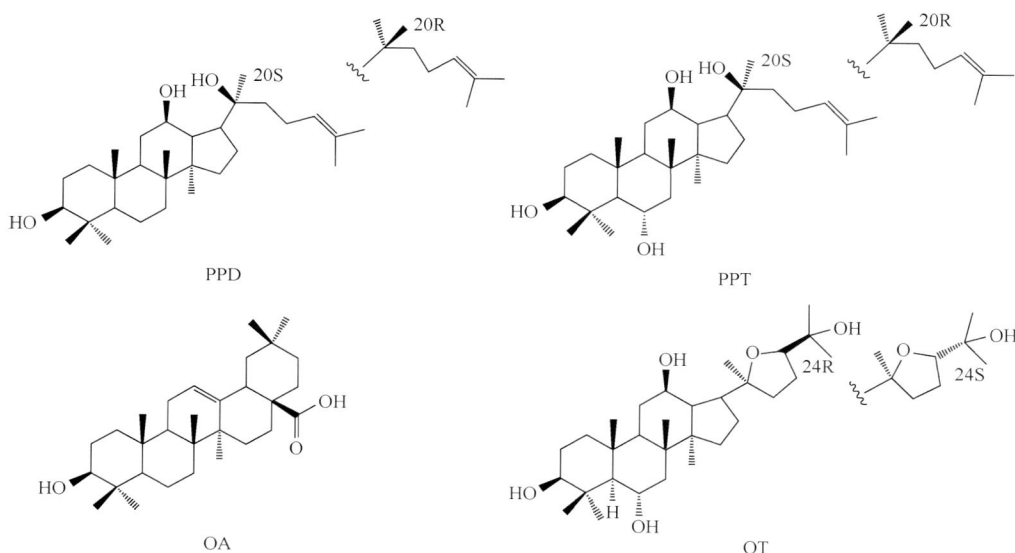

图 10-1　人参属植物中的三萜皂苷结构图

人参皂苷对神经系统具有保护作用，能够改善认知能力，对脊髓神经元具有保护作用，对血液及造血系统具有改善作用，对心血管系统、内分泌系统疾病及肿瘤具有一定疗效。人参皂苷中的部分皂苷 $Rb_1$、$Rb_2$、Rd、Rc、Re 等，可以通过其抗氧化作用，从而减少体内自由基的含量，起到延缓衰老的功效(Wan et al.，2016)。人参皂苷通过对神经细胞的保护作用，可以延缓神经细胞的衰老，对阿尔茨海默病(老年痴呆)等具有明显缓解作用，可显著提高老年人的记忆能力(杨秋娅等，2013)。人参皂苷作为一种抗炎分子，靶向作用于许多由炎症发展为肿瘤的关键因子，从而发挥其肿瘤治疗作用(Hofseth et al.，2007)。绞股蓝总皂苷可使小鼠脾脏自然杀伤细胞(NK 细胞)活性升高 91%，具有明显增强机体免疫监视功能的作用(张崇泉等，1990)。

三七皂苷具有止血活血作用，对心肌起保护作用，可抗心律失常，改善脑血液循环，可镇定、镇痛、提高记忆力，还具有抗炎、抗肿瘤、抗纤维化、抗衰老和氧化、抗病毒等功效(Uzayisenga et al.，2014)。三七中，主要的活性有效成分为三七总皂苷(PNS)。三七总皂苷(其主要成分为人参皂苷 $Rb_1$、人参皂苷 $Rg_1$、三七皂苷 $R_1$)的主要药理作用是降低机体的耗氧量，增加脑血管流量，抑制血小板聚集，从而起到抗血栓、活血的作用(苏萍等，2014)。PNS 可通过诱导造血细胞中 GATA-1 和 GATA-2 转录调控蛋白的表达，从而起到活血化瘀的作用(高瑞兰等，2004)。PNS 还具有抗心肌缺血再灌注损伤的作用(李秀才，1998)。PNS 可以通过直接抑制肿瘤细胞的生长和转移、诱导肿瘤细胞凋亡、逆转肿瘤细胞多药耐药性、增强和刺激机体免疫功能等多种方式起到抗肿瘤作用(尚西亮等，2006)。

## 二、柴胡皂苷

目前,已经从柴胡药材(Bupleuri Radix)中分离得到100余种不同的三萜皂苷(Yuan et al.，2017)。这些皂苷均为五环三萜齐墩果烷型衍生物(图 10-2)，苷元一般为葡萄糖、呋喃糖(furanose)、鼠李糖和木糖等。根据化学结构的不同，可以分为柴胡皂苷 a(SSa)、柴胡皂苷 d(SSd)、柴胡皂苷 c(SSc)和柴胡皂苷 $b_2$(SSb$_2$)。其中，柴胡皂苷 a 和柴胡皂苷 d 含量较高，是柴胡的主要成分，SSd 是 SSa 的差向异构体。此外，根据不同的苷元进行分类，SSa、SSd 和 SSc 是环氧醚类三萜皂苷，属于 I 型柴胡皂苷，而 SSb$_2$ 是杂环二烯三萜皂苷，属于 II 型柴胡皂苷(Lin et al.，2013)。

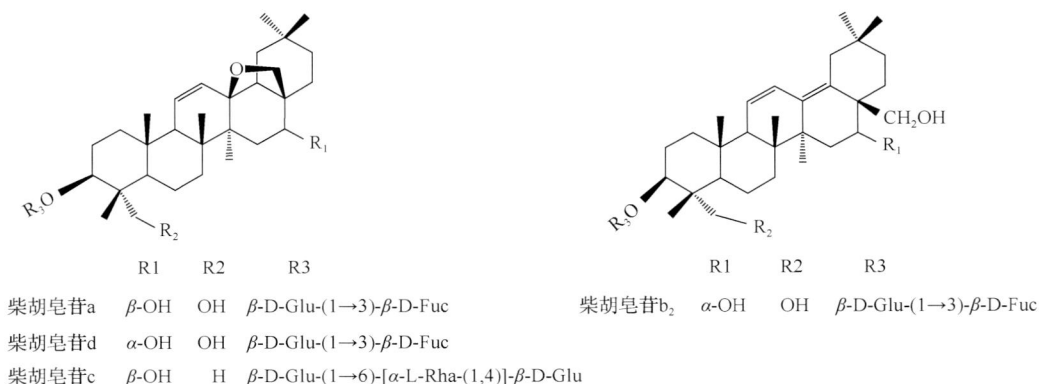

|  | R1 | R2 | R3 |
|---|---|---|---|
| 柴胡皂苷a | β-OH | OH | β-D-Glu-(1→3)-β-D-Fuc |
| 柴胡皂苷d | α-OH | OH | β-D-Glu-(1→3)-β-D-Fuc |
| 柴胡皂苷c | β-OH | H | β-D-Glu-(1→6)-[α-L-Rha-(1,4)]-β-D-Glu |

|  | R1 | R2 | R3 |
|---|---|---|---|
| 柴胡皂苷b$_2$ | α-OH | OH | β-D-Glu-(1→3)-β-D-Fuc |

图 10-2　柴胡皂苷的分子结构图

柴胡皂苷(saikosaponin，SS)对肝脏具有保护作用，可以促进肝细胞再生，促进蛋白合成，增加肝糖原，降低肝细胞色素活性(黄幼异等，2011)。柴胡皂苷对肝内毒性具有抑制作用，柴胡皂苷 d(SSd)是柴胡皂苷主要药理活性成分之一，经生化和病理分析显示，老鼠在 SSd 的处理下可以防止对乙酰氨基酚(APAP)诱发的肝毒性损伤(Liu et al.，2014)。柴胡皂苷对其他癌细胞也有明显的治疗功效。研究表明，柴胡皂苷 a(SSa)可作为抗癌药物的辅助治疗药物，提高治疗效果(Ye and Chen，2017)。

## 三、薯蓣皂苷

薯蓣皂苷(dioscin)是由螺甾烷型的薯蓣皂苷元和一个连接在 3 位羟基上的糖链以糖苷键相连构成(图 10-3),广泛存在于薯蓣科(Dioscoreaceae)、百合科(Liliaceae)、石竹科(Caryophyllaceae)和蔷薇科(Rosaceae)等药用植物中,尤其是在薯蓣科植物中含量丰富,如穿龙薯蓣(*Dioscorea nipponica*)、盾叶薯蓣(*D. zingiberensis*)、黄山药(*D. panthaica*)等(许丽娜等,2015)。据赵岩和肖培根(1989)报道,薯蓣皂苷元在 17 种薯蓣属植物中均含有,我国有 10 种该属植物可工业化生产薯蓣皂苷元。有研究认为,薯蓣皂苷在机体内发生水解,以薯蓣皂苷元的形式发挥作用。对薯蓣皂苷元的结构修饰主要包括两种,一是对薯蓣皂苷元母核的结构修饰,主要集中在 3-位羟基和 F 环开环后 26-位的结构修饰;另外是对薯蓣皂苷元进行糖苷化,可以通过这两方面改善薯蓣皂苷元的抗肿瘤活性。更有研究结果表明,大部分结构修饰产物的活性优于母体化合物(王美哲等,2015)。

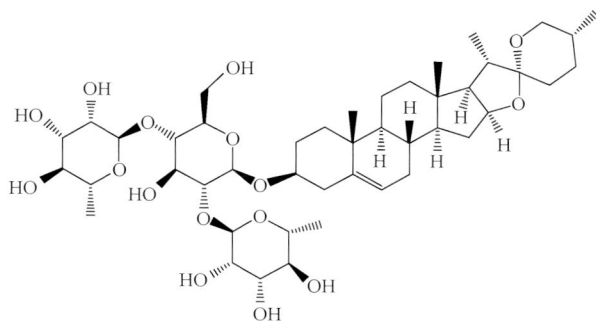

图 10-3 薯蓣皂苷元的分子结构图

薯蓣皂苷具有溶血、祛痰、抗血小板聚集、抗肿瘤、降血脂、抗炎、抗真菌和抗病毒等作用(Yao et al.,2017)。薯蓣皂苷可以抑制肺癌迁移,并在体外通过抑制肺癌细胞入侵,减少癌症病变的发生(Lim et al.,2017)。临床证明,薯蓣皂苷具有调节脂质代谢、促进血液循环从而降低血液胆固醇含量的作用,并通过降低血液黏稠度从而提高血液流动能力。

## 四、其他形式的皂苷

甘草皂苷(glycyrrhizin)又称甘草酸(glycyrrhizic acid)或甘草甜素,是甘草(*Glycyrrhiza uralensis*)中的主要活性物质,主要由皂苷元 18β-甘草次酸(glycyrrhetinic acid)与 2 分子的葡萄糖醛酸构成。绞股蓝皂苷(gypenoside)为绞股蓝(*Gynostemma pentaphyllum*)中一类重要的活性成分,目前已从绞股蓝中分离出 170 多种绞股蓝皂苷(Zhang et al.,2015)。绞股蓝皂苷的基本结构为达玛烷型四环三萜,有研究发现,25%的绞股蓝皂苷与人参皂苷具有相似性。商陆皂苷(esculentoside)存在于中药商陆(*Phytolacca acinosa*)的根中,商陆皂苷甲、乙、丙、丁(esculentoside A、B、C、D)的苷元均为商陆酸(esculentic acid)。20 世纪 70 年代至今,已从商陆中分离得到 21 个三萜皂苷元,且均为齐墩果烷型,具体分为 5 种母核类型：商陆酸、商陆酸 30-甲酯、美商陆皂苷元、加利果酸、商陆酸 G。此外，从商陆中还分离得到 42 种三萜皂苷苷元（王鹏程等，2014）。地榆（*Sanguisorba officinalis*）中存在多种皂苷，目前已从地榆中分离出了 30 多种三萜皂苷类成分（代良敏等，2016），大多数为乌苏烷型五环三萜及其苷类化合物，以地榆皂苷- I 为主要代表成分，其次为齐墩果烷型五环三萜及其苷类化合物。

　　三萜皂苷对免疫细胞、细胞因子、神经内分泌免疫网络、抗肿瘤和抗衰老均有不同程度的调节作用，在一定范围内能增强机体的非特异性免疫功能，促进某些细胞因子的分泌，活化免疫细胞，增强机体的防病、治病能力和抗衰老、抗肿瘤能力（何德和吕世静，1999）。皂苷类化合物及其药理作用在中医药治疗疾病方面起着至关重要的作用，是一些药用植物的重要活性成分。目前对各种皂苷药理作用研究较多，同时针对这类化合物的生物合成及调控的研究也得到广泛关注。

# 第二节　皂苷类化合物的生物合成途径

　　皂苷由皂苷元与糖链组成，皂苷元主要为三萜或螺旋甾烷类化合物，三萜皂苷的皂苷元基本骨架为羽扇豆烷型、达玛烷型、乌苏烷型、齐墩果烷型，主要存在于人参属、柴胡属等；甾体皂苷元的皂苷元基本骨架主要为螺旋甾烷及其异构体异螺旋甾烷。糖链主要为葡萄糖、半乳糖、葡萄糖醛酸等。植物皂苷既是自身体内重要的次生代谢产物，可以参与植物防御反应，又可以作为重要药用成分应用于医药行业。目前，对植物皂苷的化学成分及药理作用已有大量研究，但对其生物合成研究仍相对薄弱。

　　皂苷的生物合成途径可以分为前体形成、2,3-氧化鲨烯合成、骨架构建及下游修饰等步骤。前体形成阶段主要由细胞质中的甲羟戊酸（MVA）途径和质体中的 2-C-甲基-D-赤藓糖醇-4-磷酸（2-C-methyl-D-erythritol-4-phosphate，MEP）途径进行萜类化合物的前体物质——异戊烯基焦磷酸（isopentenyl pyrophosphate，IPP）和二甲基烯丙基焦磷酸（dimethylallyl pyrophosphate，DMAPP）的合成。这也是皂苷生物合成途径中研究得较为清晰的一部分。此外，2,3-氧化鲨烯合成途径也相对较为明确（图 10-4）。皂苷生物合成途径中的骨架构建是对 2,3-氧化鲨烯环化酶催化合成不同类型的皂苷元。该步骤也是三萜皂苷和甾体皂苷间差异途径的第一步。下游修饰过程中包含对皂苷进行的羟基化、糖基化、酰基化等，涉及多个基因家族的酶基因，是形成皂苷结构多样化的主要原因。在不同物种中，这些修饰基因具有一定的种属特异性，目前大部分基因仍未被鉴定（图 10-4）。

　　2,3-氧化鲨烯的合成起始于萜类化合物合成途径。萜类化合物是以异戊二烯为基本单元构成的一类烃类化合物，其生物合成途径主要包括：IPP 及其异构体 DMAPP 的生成，法尼基焦磷酸（FPP）、牻牛儿基焦磷酸（GPP）及牻牛儿基牻牛儿基焦磷酸（GGPP）等萜类化合物直接前体的生成，以及萜类化合物的生成及修饰等三个阶段。其中，植物中多种不同的萜类合酶和修饰酶参与第三阶段萜类化合物的合成，这些酶决定了萜类化合物结构的多样性（王凌健等，2013）。在植物中，通常由位于细胞质中以乙酰辅酶 A 为起始原

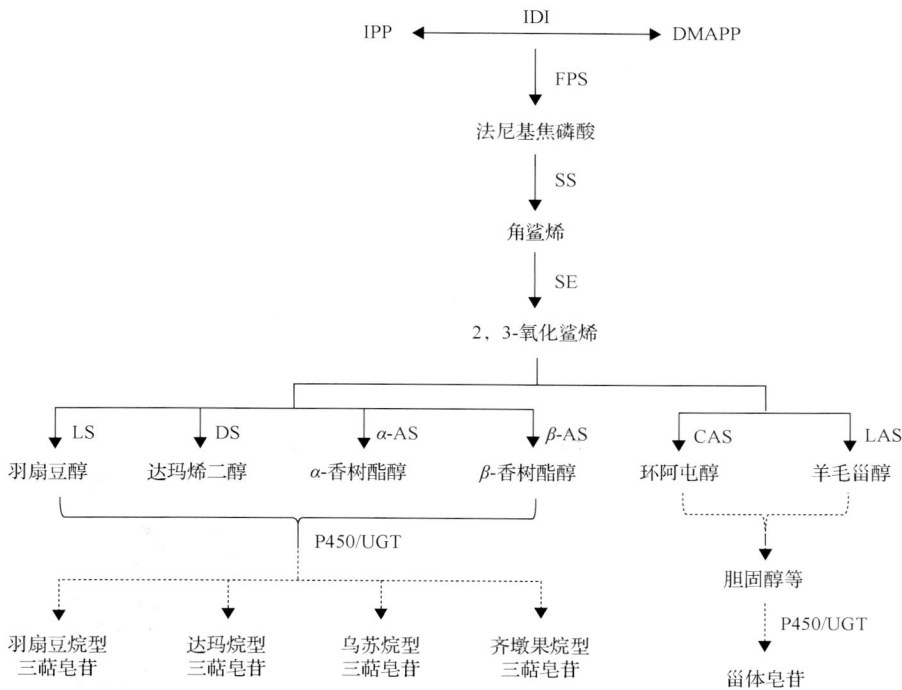

图 10-4　皂苷的生物合成途径

IPP：异戊烯基焦磷酸；DMAPP：二甲基丙烯基焦磷酸；IDI：异戊烯基焦磷酸异构酶；FPS：法尼基焦磷酸合酶；SS：角鲨烯合酶；SE：鲨烯环氧酶；LS：羽扇豆醇合酶；DS：达玛烯二醇合酶；α-AS：α-香树酯醇合酶；β-AS：β-香树酯醇合酶；CAS：环阿屯醇合酶；LAS：羊毛甾醇合酶；P450：细胞色素 P450；UGT：UDP-葡萄糖基转移酶

料的 MVA 途径和位于质体中以丙酮酸和甘油醛-3-磷酸为原料的 MEP 途径合成 IPP 和 DMAPP（Lange et al.，2000）。其中，负责生成 IPP 和 DMAPP 的 MVA 途径中的 3-羟基-3-甲基戊二酰辅酶 A 还原酶（3-hydroxy-3-methylglutaryl coenzyme A reductase，HMGR）为限速酶，而 MEP 途径中的 1-脱氧-D-木酮糖-5-磷酸合酶（1-deoxy-D-xylulose-5-phosphate synthase，DXS）、1-脱氧-D-木酮糖-5-磷酸还原异构酶（1-deoxy-D-xylulose-5-phosphate reduc-toisomerase，DXR）为限速酶。在不同异戊烯基转移酶的催化作用下，IPP 与 DMAPP 结合生成牻牛儿基焦磷酸（geranyl pyrophosphate，GPP）、法尼基焦磷酸（farnesyl pyrophosphate，FPP）、牻牛儿基牻牛儿基焦磷酸（geranylgeranyl pyrophosphate，GGPP）等萜类化合物的前体（Liang et al.，2002；王凌健等，2013）。其中，GPP、GGPP、FPP 分别是单萜、二萜、倍半萜和三萜的前体化合物。

　　两分子的 FPP 在角鲨烯合酶（squalene synthase，SS）催化下以头-头还原偶联生成 C30 骨架的角鲨烯（squalene）。角鲨烯被鲨烯环氧酶（squalene epoxidase，SE）催化形成 2,3-氧化鲨烯（2,3-oxidosqualene，C30）（Lee et al.，2004）。2,3-氧化鲨烯再进一步合成不同结构类型的三萜皂苷类化合物（图 10-4）。2,3-氧化鲨烯中间体可启动角鲨烯发生环化反应。2,3-氧化鲨烯在氧化鲨烯环化酶（oxidosqualene cyclase，OSC）催化下，经过一系列的质子化作用、环化、重排和去质子化作用形成三萜皂苷元。大多数植物三萜类皂苷是从齐墩果烷和达玛烷衍化而来的，因此 β-香树酯醇合酶(β-amyrin synthase，β-AS)和达玛烯二醇合酶(dammarenediol-Ⅱ-synthase，DS)对五环三萜皂苷的合成非常重要。改变三萜类 OSC 的单个氨基酸序列就可以改变其产物的结构。从 2,3-氧化鲨烯形成的环化产物合成皂苷还需经氧化、羟基化及在骨架的不同位置上糖基化等修饰过程。区别于萜类皂苷生物合成过程中 2,3-氧化鲨烯的椅式-椅式-椅式-船式构型，在甾体皂苷合成途径中，2,3-氧化鲨烯在环阿屯醇合酶(cycloartenol synthase，CAS)的催化下，以椅式-船式-椅式-船式构型环化形成环阿屯醇(cycloartenol，C30)，以此作为甾体类化合物的先导前体(Wang et al.，2015)。这个步骤在高等植物中也是甾体化合物代谢与萜类化合物代谢途径的一个重要分支点(Moses et al.，2014a)。

## 一、人参属植物皂苷的生物合成途径

人参属植物主要包含人参、西洋参、三七等植物，所产生的皂苷类型为三萜皂苷。该类皂苷具有抗肿瘤、抗氧化、抗炎、抑制细胞凋亡等药理活性(He et al.，2012)。人参和西洋参主要活性成分为人参皂苷。至今已从这两类植物中鉴定 150 余种皂苷成分(Kim et al.，2015)。根据糖苷配基骨架类型可以分为达玛烷型皂苷和齐墩果烷型皂苷。达玛烷型四环三萜类皂苷包含人参二醇型皂苷(protopanaxadiol，PPD；如 Rb$_1$、Rb$_2$、F$_2$、Rh$_2$ 等)和人参三醇型皂苷(protopanaxatriol，PPT；如 Rg$_1$、Rg$_2$、Rh$_1$ 等)(Kim et al.，2015)。在人参属植物中，不同的人参皂苷在植物体内含量各不相同。含量较多的人参皂苷如 Rg$_1$、Rb$_1$，具有抗衰老活性。Rg$_3$、Rh$_2$ 等为稀有人参皂苷，含量极低(Christensen，2008)。这些稀有人参皂苷经实验验证往往具有更好的药理活性。人参皂苷元的抗肿瘤活性也会随着糖基数目的增加依次减弱。

人参皂苷作为三萜类皂苷，其前体物质 IPP 和 DMAPP 是由细胞质中的 MVA 途径和质体中的 MEP 途径合成的。在真核生物中，MVA 途径较为保守，仅在部分古细菌通路中存在差异(Lombard and Moreira，2011；Tholl and Lee，2011；Hemmerlin et al.，2012)。MEP 途径中由丙酮酸甘油醛-3-磷酸(pyruvate glyceraldehyde-3-phosphate，GAP)和 C2 缩合形成 1-脱氧-D-木酮糖-5-磷酸(1-deoxy-D-xylulose-5-phosphate，DXP)，DXP 重排并还原，形成 1-羟基-2-甲基-2-(E)-丁烯基-4-二磷酸 [(1-hydroxy-2-methyl-2-(E)-butenyl 4-diphosphate，HMBPP]，IPP 及其同分异构体 DMAPP 则是由 HMBPP 生成。由一分子 DMAPP 和两分子 IPP 合成一分子法尼基焦磷酸(farnesyl pyrophosphate，FPP)(Lee et al.，2004)，两个 FPP 分子头头相连可以合成线性 C30 分子角鲨烯，这也是通常认为的三萜皂苷合成前体。角鲨烯通过由氧化鲨烯环化酶(OSC)催化的巴马酰甲酰阳离子环化(Phillips et al.，2006)，转化为(S)-2,3-氧化物。之后，通过氧化修饰和糖基化修饰获得不同的人参皂苷。2,3-氧化鲨烯分别经过不同的 OSC 催化，得到羽扇豆醇(lupeol)、达玛烯二醇(dammaranediol)、环阿屯醇(cycloartanol)、α-香树酯(α-amyrin)及 β-香树酯(β-amyrin)，并经细胞色素 P450(cytochrome P450，P450)和 UDP-葡萄糖基转移酶(UDP-glucosyltransferase，UGT)修饰，得到羽扇豆烷型皂苷(lupinealkyl-type saponins)、人参皂苷 Rb₁ 和 Rg₁、植物甾醇（phytosterol）、乌苏烷型皂苷（ursane-type saponin）及齐墩果烷型人参皂苷 R₀（oleanane-type ginsenoside R₀）。

目前人参中已鉴定出合成皂苷骨架的 11 类基因，包括 *HMGS*、*HMGR*、*MVD*、*FPS*、*SS*、*SE*、*PNX*、*PNZ*、*PNY*、*PNA*、*DDS*（表 10-1），以及 7 种修饰酶基因，包括 *PPDS*、*PPTS*、*OAS*、*UGTPg1*、*UGT71A27*、*UGT74AE2*、*UGT94Q2*（表 10-1）。其中，Jung 等（2003）鉴定到催化原人参萜二醇 C-6 羟基化形成原人参萜三醇的 P450。催化三萜皂苷元与糖基通过糖苷键相连的酶是糖基转移酶。糖基转移酶具有高度的底物专一性。已鉴定的糖基转移酶没有明显的同源性，但有相似的结构域。在原人参萜二醇 C-3 和 C-20 位进行糖基化，可形成原人参萜二醇型人参皂苷，而在原人参萜三醇 C-6 和 C-20 位进行糖基化，可形成原人参萜三醇型人参皂苷。Yue 和 Zhong（2005）在三七中分离出糖基转移酶 UDPG 蛋白。陈欣等（2009）首次分离出人参中的糖基转移酶并获得蛋白及验证功能，因未查找到具体序列信息故未列于表中。西洋参中也已鉴定部分关键基因，如 *HMGR*、*FPS*、*SS*、*SE*、*β-AS*、*DDS*，以及修饰酶基因 *PPDS*、*PPTS*（表 10-1）。Zhao 等（2014）验证了人参中的 MVA 和 MEP 途径均参与皂苷的合成。但是，$^{13}CO_2$ 脉冲追踪试验发现，人参皂苷主要由 MVA 途径生成，但在 MVA 途径受限时，MEP 途径可以进行产物补偿（Schramek et al.，2014）。

人参植物体中不同的物种、年龄、组织器官、收获时间等均影响人参皂苷的含量。Attele 等（1999）发现人参的根、茎、叶、花、果实均含有人参皂苷。其中，人参叶主要在第一、二年生长时合成几类人参皂苷，根与根毛可积累大量人参皂苷（Wang et al.，2006；Shi et al.，2007；Li et al.，2012）。Schramek 等（2014）认为光合代谢产物如葡萄糖和果糖有助于将人参皂苷合成或运输到根中，$^{13}C$ 标记的检测也说明，人参皂苷生物合成的前体可以从人参叶转运到根中。

三七也富含皂苷成分。至 2014 年底，已分离得到 70 余种单体皂苷，主要分为达玛烷型的 20(*S*)-原人参二醇 [20(*S*)-protopanaxadio] 和 20(*S*)-原人参三醇 [20(*S*)-peotopanaxatriol] 两种类型。三七皂苷合成途径与人参皂苷合成途径相近，由两分子 FPP 转化为 C30 类异戊二烯角鲨烯，角鲨烯是合成胆固醇、类固醇激素、维生素 D 和三萜烯的底物。由鲨烯环氧酶对角鲨烯双键进行第一次氧化修饰形成 2,3-氧化鲨烯，再经 DS 催化及 P450 和 UGT 的氧化、羟基化和糖基化修饰，得到多种人参/三七皂苷产物（Niu et al.，2014）。目前三七中已鉴定 12 种皂苷合成相关基因（表 10-1）。

Yang 等（2017）构建了 MVA 和 MEP 途径中的法尼基焦磷酸合酶（farnesyl pyrophosphate synthase，FPS）基因过表达株系，以及 *CAS* 基因的 RNAi 株系。通过与野生型三七比较，发现 *FPS* 过表达株系可以解除三萜皂苷合成途径中 FPS 催化的限速反应；*CAS* RNAi 株系可以减少植物甾醇的合成，从而使更多前体物质流动至三萜皂苷合成途径，间接达到增加三萜皂苷含量的目的。同时过表达 *FPS* 和沉默 *CAS* 基因可以使转基因植株中合成更高含量的皂苷（Yang et al.，2017）。

表 10-1　　人参属植物皂苷合成途径基因研究

| 基因命名 | 基因登录号 | 中文名称 | 英文名称 | 参考文献 |
|---|---|---|---|---|
| **人参** | | | | |
| *PgHMGS* | | 3-羟基-3-甲基戊二酰辅酶 A 合酶 | 3-hydroxy-3- methylglutaryl coenzyme A synthase | |
| *PgHMGR1* | KM386694 | | | Kim et al.(2014a) |
| *PgHMGR2* | KM386695 | | | Kim et al.(2014a) |
| *PgHMGR1* homologue | GU565097 | 3-羟基-3-甲基戊二酰辅酶 A 还原酶 | 3-hydroxy-3- methylglutaryl coenzyme A reductase | Kim et al.(2013) |
| *PgHMGR2* homologue | JX648390 | | | Luo et al.(2013) |
| *PgMVD* | GU565096 | 甲羟戊酸-5-焦磷酸脱羧酶 | mevalonate-5- pyrophosphate decarboxylase | Kim et al.(2014) |
| *PgFPS* | DQ087959 | 法尼基焦磷酸合酶 | farnesyl pyrophosphate synthase | Kim et al.(2014) |
| *PgSS1* | AB115496 | | | Lee et al.(2004) |
| *PgSS2* | GQ468527 | 鲨烯合酶 | squalene synthase | Kim et al.(2011) |
| *PgSS3* | GU183406 | | | Kim et al.(2011) |
| *PgSE1* | AB122078 | 鲨烯环氧酶 | squalene epoxidase | Han et al.(2010) |
| *PgSE2* | FJ393274 | | | Han et al.(2010) |
| *PNX* | AB009029 | 环阿屯醇合酶 | cycloartenol synthase | Kushiro et al.(1998a) |
| *PNZ* | AB009031 | 羊毛固醇合酶 | lanosterol synthase | Suzuki et al.(2006) |
| *PNY1* | AB009030 | β-香树酯醇合酶 | β-amyrin synthase | Kushiro et al.(1998a) |
| *PNY2* | AB014057 | | | Kushiro et al.(1998b) |
| *PNA* | AB265170 | 达玛烯二醇合酶 | dammarendiol synthase | Tansakul et al.(2006) |
| *DDS* | AB122080 | | | Han et al.(2006) |
| *PPDS*（*CYP716A47*） | JN604537 | | | Han et al.(2011) |
| *PPTS*（*CYP716A53v2*） | JX036031 | 细胞色素 P450 | cytochrome P450 | Han et al.(2012) |
| *PgOAS*（*CYP716A52v2*） | JX036032 | | | Han et al.(2013) |
| *UGTPg1* | KF377585 | | | Yan et al.(2014) |
| *PgUGT71A27* | KM491309 | UDP-葡萄糖基转移酶 | UDP-glucosyltransferase | Jung et al.(2014) |
| *PgUGT74AE2* | JX898529 | | | Jung et al.(2014) |
| *PgUGT94Q2* | JX898530 | | | Jung et al.(2014) |
| **西洋参** | | | | |
| *PqHMGR* | FJ755158 （ACV65036） | 3-羟基-3-甲基戊二酸单酰辅酶 A 还原酶 | 3-hydroxy-3- methylglutaryl coenzyme A reductase | Wu et al.(2010) |
| *PqFPS* | GQ401664 （ADJ68004） | 法尼基焦磷酸合酶 | farnesyl pyrophosphate synthase | |
| *PqSS1* | GU997681 （AED99863） | 鲨烯合酶 | squalene synthase | |

续表

| 基因命名 | 基因登录号 | 中文名称 | 英文名称 | 参考文献 |
| --- | --- | --- | --- | --- |
| *PqSS2* | AM182456<br>(CAJ58418) | | | |
| *PqSS3* | AM182457<br>(CAJ58419) | | | |
| *PqSE* | KC524469<br>(AGK62446) | 鲨烯环氧酶 | squalene epoxidase | |
| *Pqβ-AS1* | JX185490<br>(AGG09938) | *β*-香树酯醇合酶 | *β*-amyrin synthase | Wu et al.(2010) |
| *Pqβ-AS2* | JX262290<br>(AGG09939) | | | Wu et al.(2010) |
| *PqDDS* | KC316048<br>(AGI15962) | 达玛烯二醇合酶 | dammarendiol synthase | Wang et al.(2014a) |
| *PqPPDS*<br>（*PqD12H*） | JX569336<br>(AFU93031) | | | Sun et al.(2013) |
| *PqPPTS*<br>（*PqCYP6H*） | KC190491<br>(AGC31652) | | | Wang et al.(2014b) |
| 三七 | | | | |
| *PnHMGR2* | KP702300 | | | Liu et al.(2016) |
| *PnMVK* | JQ957844<br>(AFN02124) | 甲羟戊酸激酶 | mevalonate kinase | Guo et al.(2012) |
| *PnFPS1* | KC953034<br>(AGS79228) | 法尼基焦磷酸合酶 | farnesyl diphosphate synthase | Niu et al.(2014) |
| *PnFPS2* | DQ059550<br>(AAY53905) | | | |
| *PnSS* | DQ186630<br>(ABA29019) | 鲨烯合酶 | squalene synthase | Niu et al.(2014) |
| *PnSE1* | KC953033<br>(AGS79227) | | | Niu et al.(2014) |
| *PnSE2* | JX625132<br>(AFV92748) | 鲨烯环氧酶 | squalene epoxidase | Luo et al.(2011) |
| *PnSE1*homologue | DQ386734<br>(ABE60738) | | | He et al.(2008) |
| *PnCS* | EU342419<br>(ABY60426) | 环阿屯醇合酶 | cycloartenol synthase | |
| *PnDDS* | KC953035<br>(AGS79229) | 达玛烯二醇合酶 | dammarendiol synthase | Niu et al.(2014) |
| *PnPPDS*<br>（*PnCYP450*） | GU997665<br>(AED99867) | 细胞色素 P450 | cytochrome P450 | Luo et al.(2011) |
| *PnPPTS*<br>（*PnCYP450*） | GU997666<br>(AED99868) | | | Luo et al.(2011) |
| *PnOAS*<br>（*PnCYP450*） | GU997670<br>(AED99872) | | | Luo et al.(2011) |
| *PnUGRdGT* | GU997660<br>(AED99883) | UDP-葡萄糖基转移酶 | UDP-glucosyltransferase | 向丽等(2012) |

## 二、柴胡皂苷的生物合成途径

柴胡具有解表退热、疏肝升阳的功效。柴胡中主要药效成分为齐墩果烷类的三萜皂苷，在柴胡中含量较少。柴胡三萜皂苷的上游合成途径与其他三萜皂苷合成的途径一致。目前，仅有少量研究探讨了柴胡皂苷合成途径。在三岛柴胡（*Bupleurum falcatum*）中，皂苷合成上游途径的 4 个关键基因 *HMGR*、*IPPI*、*FPS*、*SS* 及合成三萜皂苷的关键基因 *β-AS* 已被克隆。经 RNA 印迹检验，柴胡毛状根中皂苷含量变化与这 5 个基因的上调表达趋势一致（Kim et al.，2006，2011b）。Sui 等（2011）应用 454 焦磷酸测序技术对柴胡进行全长转录组测序，得到一些可能参与柴胡皂苷合成的 *P450* 和 *UGT* 基因。通过茉莉酸甲酯（methyl jasmonate，MeJA）诱导处理，鉴定到与 *β-AS* 协同表达的基因，其中包括 2 个 *P450* 和 3 个 *UGT* 基因，它们是可能参与柴胡皂苷合成的候选基因，但仍需进一步的实验验证。Moses 等（2014b）在柴胡中通过 MeJA 诱导的转录表达谱分析，首次鉴定并验证了可以催化烯烃和尿烷型三萜烯 C-16 羟基化的 P450 的功能，命名为 *CYP716Y1*。CYP716Y1 可对前体产物香树脂醇的 C-16 进行羟基化。该研究发现了 P450 对香树脂醇骨架新的修饰位点。陶韵文（2013）同样通过在 MeJA 诱导条件下寻找与 *β-AS* 表达谱一致的修饰酶基因，预测并验证了 3 个 *UGT* 基因的功能。隋春等（2010）在北柴胡中克隆鲨烯合酶时发现了两个表达产物相差 1 个氨基酸的 *SS* 基因，氨基酸同源性为 96%。这种情况也出现在甘草中，但柴胡中尚未对两者功能进行比较。目前对柴胡皂苷生物合成途径的研究多是对关键酶基因的筛选鉴定，但基因功能研究目前相对薄弱，对柴胡皂苷进行修饰的大量酶基因仍未被鉴定。

## 三、薯蓣皂苷的生物合成途径

薯蓣皂苷又名黄姜皂素，是螺旋甾烷类甾体化合物，主要存在于薯蓣科、百合科、蔷薇科、石竹科植物中，其中薯蓣科植物（如盾叶薯蓣）含有的薯蓣皂苷最为丰富。药理学研究认为，薯蓣皂苷具有祛痰、消食利水、舒筋活血、抗肿瘤、降脂等功效，同时也是合成甾体激素类药物的重要原料。

盾叶薯蓣以根状茎入药，可以治疗风湿、腰膝疼痛等疾病。其薯蓣皂苷由薯蓣皂苷元和糖组成。薯蓣皂苷元在 C-3 位由糖苷键和糖链相连，由糖苷键与植物纤维素结合，紧密贴附于植物细胞壁中，在酸、热等特殊条件下可以水解得到薯蓣皂苷元（Peng et al.，2011）。目前，对盾叶薯蓣中的薯蓣皂苷元的生物合成途径研究尚在起步阶段，对生物合成途径上的酶基因研究多集中在上游前体合成和甾体皂苷的骨架合成方面。皂苷元的前体主要由 MVA 途径和 MEP 途径提供，且两者之间存在 IPP 与 DMAPP 的可逆转换。MEP 途径中，已克隆得到 HDR（4-hydroxy-3-methylbut-2-enyl diphosphate reductase）、DXR 和 MDS（2-C-methyl-D-erythritol 2,4-cyclodiphosphate synthase）的基因，并通过原核表达验证了这些基因编码蛋白质的催化功能（王润发，2014；杨婷，2014）。MVA 途径中的 *HMGR* 及 *SQS*、*FPS*、*CAS* 等基因也已经被克隆。Diarra 等（2013）通过植物激素乙烯诱导实验发现关键酶基因 *CAS* 和 *HMGR* 表达量上调引起皂苷含量增加。Ye 等（2014）克隆了盾叶薯

蓣中的 *SQS* 基因，并通过原核表达对基因编码的酶的催化产物进行了分析，发现催化产物含有角鲨烯。盾叶薯蓣中的 *CAS* 基因已被克隆获得该基因家族的两个成员，并通过真核表达方法研究了其蛋白功能(陈迪等，2009；涂碧梦等，2010)。Wang 等(2015)通过对墨西哥薯蓣(*Dioscorea composita*)进行 RNA-seq 转录组测序和生物信息学分析，获得 79 条与甾体皂苷生物合成相关的基因，这些基因共编码 35 个参与皂苷合成的酶(Wang et al.，2015)。

薯蓣皂苷元的具体合成途径的下游修饰部分研究较少。IPP 和 DMAPP 作为植物萜类骨架前体物质主要由 MVA 途径得到，MEP 途径也可产生该类前体，但不是主要来源(Chappell，2002；Kirby and Keasling，2009；Zulak and Bohlmann，2010；Nes，2011)。目前的研究对从 2,3-氧化鲨烯到合成薯蓣皂苷推测有两条途径。一条是在 CAS 的催化下将 2,3-氧化鲨烯环化或由羊毛甾醇合酶作用生成羊毛甾醇(Ohyama et al.，2009)，进而得到可转化为薯蓣皂苷元的前体胆固醇(Mehrafarin et al.，2010)。胆固醇通过催化修饰形成呋喃甾醇和原薯蓣皂苷元等，最终合成薯蓣皂苷元(Stohs et al.，1974)。通过同位素标记法证明了胆固醇可转化成薯蓣皂苷元(Joly et al.，1969；Stohs et al.，1969；Bennett et al.，1970)。生成甾体环戊烷多氢菲母核的各种环化酶，它们负责催化直链 FPP 形成甾体的环状骨架，其中 CAS 是甾体与萜类化合物合成途径分支的关键酶(Wang et al.，2015)。在同位素标记试验中发现谷甾醇同样可以转化成薯蓣皂苷元(Diener et al.，2000；Schaeffer et al.，2001)。这也是预测的薯蓣皂苷元合成的第二条途径。此外，负责催化甾体皂苷先导化合物生成甾体皂苷元过程中的结构修饰的酶包括催化胆固醇生成的各种氧化酶、甲基转移酶等，以及以 P450 酶为主的 C-26(27)、C-16、C-22 羟化酶，最后由甾体皂苷糖基转移酶(steroidal glycosyltransferase，SGTase)催化甾体皂苷糖苷键的形成。薯蓣皂苷元还可以经过修饰，如在 C-17、C-23、C-24、C-27 位引入羟基，形成偏诺皂苷元(pennogenin)或羟基偏诺皂苷元(hydroxyl-pennogenin)(Wang et al.，2013)。但是，目前由胆固醇和谷甾醇向薯蓣皂苷元转化的生物合成途径仍未被阐明，可能涉及一系列的修饰酶，如 P450、糖基转移酶等。

## 四、其他皂苷的生物合成途径

皂苷具有多种功能，除了以上提到的几种皂苷，在越来越多的植物中发现了具有不同功效的皂苷。

梅叶冬青(*Ilex asprella*)是中国岭南地区广泛使用的一种草药，常被制成冷饮和抗流感药物，其主要活性成分是三萜皂苷，具有抗癌(Kashiwada et al.，1993)和抗病毒活性(Zhou et al.，2012)。从梅叶冬青的根和叶中分离出 30 多种三萜皂苷(Cai et al.，2010；Huang et al.，2012a；Wang et al.，2012；Zhou et al.，2012；Zhao et al.，2013)，主要分为 *α*-淀粉蛋白和 *β*-二氨基吡啶两种类型。Zheng 等(2014)通过下一代测序(NGS)技术对梅叶冬青的根进行转录组测序，分析筛选了可能参与三萜皂苷合成途径的基因，并对梅叶冬青中三萜皂苷合成途径进行了预测。鉴于梅叶冬青的根中检测到 *α*-淀粉蛋白和 *β*-淀粉型三萜类化合物，Zheng 等(2014)预测得到 9 个 *AS* 候选基因。对这些基因的系统发育分析表明，它们与 $\beta$-二聚酪氨酸合酶和多功能淀粉酶合酶表现出近似的同源关系，最终筛选获得 2 个全长 *AS* 基因并命名。在形成二氨基吡啶后，可在骨架的不同位置引入羟基和羧基等官能团，该反应由 P450 催化（Carelli et al.，2011；Fukushima et al.，2011）。目前已鉴定的 P450 主要为大豆中催化 $\beta$-二苯胺的 C24-羟基化的 CYP93E1（Shibuya et al.，2006），甘草中具有相似活性的 CYP93E3 与 CYP93E1（Seki et al.，2008），以及玫瑰中被表征为具有 $\beta$-淀粉样蛋白 28-氧化酶、$\alpha$-淀粉样蛋白 28-氧化酶和 lupeol28-氧化酶活性的多功能酶 CYP716A12 和 CYP716AL1（Paquette et al.，2003；Huang et al.，2012b）等。UGT 催化糖基残基转移到经 P450 修饰的前体中，将糖基部分引入到三萜中增加其水溶性，从而使其成为三萜皂苷。梅叶冬青中，通过同源比较也筛选出 5 种可能催化齐墩果酸的 3-*O*-葡糖基化、一种催化烯烃皂苷元 C28-羧基的葡糖基化和一种催化烯烃皂苷元的 28-*O*-葡糖基化的转录本。对这些基因需要后期进行功能验证。

尽管目前已有越来越多的学者开始关注皂苷合成的研究，但多数物种仅局限于皂苷合成的前体和骨架合成，而对下游修饰至最终的皂苷元部分知之甚少，尤其是甾体皂苷。该类化合物是药用植物如重楼、薤白、知母、菝葜等中药材中广泛存在的一类重要次生代谢产物，具有极好的新药开发潜力和应用前景。但是，目前多数药用植物中甾体皂苷生物合成途径尚未得到解析。因此，应参考其他植物皂苷生物合成途径的研究进展，进一步深入研究药用植物甾体皂苷的生物合成途径，掌握调控甾体皂苷生物合成的关键酶及基因，实现利用基因工程、发酵工程等手段大量获得活性甾体皂苷，为药用植物品质改良提供基因资源和新药研发提供重要原料。

## 第三节　皂苷类化合物的异源合成及调控

随着对三萜皂苷和甾体皂苷类化合物的结构解析，以及近年来生物化学、植物化学、分子生物学的发展，该类化合物的生物合成途径研究取得了显著进展。但是，植物中的皂苷含量受多种因素影响，不同植物中皂苷含量和种类不同，同一植物不同部位皂苷含量也不相同。另外，植物中皂苷含量还与生长季节和产地等因素密切相关。因此，植物中皂苷的生物合成具有可调控性，可利用基因工程、发酵工程等生物技术手段，从分子水平对次生代谢产物生物合成途径中的关键基因进行调控，促进其表达，从而实现皂苷类化合物的大量合成和积累。

### 一、基因工程合成皂苷类化合物

目前在人参等药用植物中已经克隆获得与三萜皂苷合成相关的关键酶基因。通过对生物合成途径中的关键酶基因进行过量表达或抑制表达，可实现增加或抑制目标产物的合成和积累。另外，通过研究调控生物合成途径关键酶基因表达的相关转录因子的功能及其作用机制，可对产物进行高效、定向的合成调控。

根据皂苷合成途径，由 OSC 催化 2,3-氧化鲨烯的环化反应，是三萜皂苷与甾醇生物合成的关键步骤。2,3-氧化鲨烯在各种 OSC 的催化下，经过质子化、环化、重排和去质子化反应，得到三萜皂苷和植物甾醇的前体。OSC 属于超家族酶，主要包括甾醇类和三萜皂苷骨架的各种环化酶，可产生 100 多种不同骨架的三萜化合物。不同三萜化合物具有不同立体构型的选择。环阿屯醇是由环阿屯醇合酶(CAS)催化环化 2,3-氧化鲨烯形成的，是植物甾醇生物合成的前体。高等植物中环阿屯醇合成各种甾醇，然后胆固醇经过一系列的氧化及糖基化形成 C27 骨架的甾体皂苷。

人参鲨烯合酶(SS)催化两分子的 FPP 生成鲨烯。响应 MeJA 诱导的 *PgSS1* 在转基因人参不定根中可激活人参皂苷下游合成途径中 *SE*、*β-AS*、*CAS* 的表达，促进植物甾醇的合成及人参皂苷 Rb$_1$、Rb$_2$、Rc、Rd、Re、Rf 和 Rg$_1$ 的积累，而抑制人参鲨烯合酶的表达则可降低其三萜皂苷的含量。该研究表明，SS 是三萜皂苷合成途径的关键酶，推测增加 PgSS 酶活性可能对提高人参皂苷的产量具有重要作用(Lee et al.，2004)。Jo 等(2017)基于西伯利亚人参叶片的转录组学分析，分离得到 *EsBAS* 和 *CYP716A244*。通过原核表达和真核表达证实了 EsBAS 为 β-淀粉样蛋白合酶，CYP716A244 为 β-淀粉样蛋白 28-氧化酶。在工程酵母和转基因烟草中共同表达 *EsBAS* 和 *CYP716A244*，催化油酸合成。酿酒酵母已经广泛用于三萜皂苷生物合成基因的表达，其自身的麦角固醇生物合成途径可以产生三萜皂苷前体 2,3-氧化鲨烯(Augustin et al.，2011)。鲨烯经鲨烯环氧酶的作用生成 2,3-氧化鲨烯。*PgSQE1* 和 *PgSQE2* 是两个不同的鲨烯环氧酶基因，两者同源性为 83%。它们受不同方式调控。在转基因人参中，干扰 *PgSQE1* 的表达，引起人参皂苷含量的降低，但能够上调 *PgSQE2* 基因的表达，促进甾醇的积累(Han et al.，2010)。达玛烯二醇合酶(DS)可催化 2,3-氧化鲨烯生成达玛烯二醇，被认为是人参皂苷生物合成中最重要的关键酶。Han 等(2006)通过 RNAi 技术使 DS 基因沉默，导致人参根中皂苷含量降低至对照组的 84.5%。*PgLOX6* 是人参中一种 13-脂氧合酶基因，在人参毛状根中过表达 *PgLOX6* 基因，可上调 *PgSS1*、*PgSE1*、*PgDDS* 等的表达，使人参皂苷含量增加 1.4 倍(Rahimi et al.，2016)。在人参中过表达 *CYP716A53v2* 基因，原人参三醇(Rg$_1$、Re、Rf)的含量增加，原人参二醇(Rb$_1$、Rc、Rb$_2$、Rd)的含量降低(Park et al.，2016)。在积雪草毛状根中过表达 *PgFPS* 基因，可促进 *CaDDS* 基因的转录，从而引起植物甾醇与三萜化合物的积累(Kim et al.，2010)。

茉莉酸甲酯作为一种信号分子，可以通过激活细胞中的某些途径来调控次级代谢产物的合成。研究表明，在适当的浓度下，MeJA 可促进人参毛状根中人参皂苷的积累。利用 MeJA 诱导人参不定根，通过转录组分析，获得定位于细胞核的 PgWRKY1。它包含一个 WRKY 结构域，其中含有一个保守的氨基酸基序 WRKYGQK 及一个 C2H2 型锌指结构。*PgWRKY1* 同时受 SA、ABA 和 NaCl 的正调控，表明其可能参与人参的多个信号途径(Nuruzzaman et al.，2016)。Afrin 等(2015)从人参中克隆得到 MYB 转录因子基因家族的一个成员——*PgMYB1*，属于 R2R3 型 MYB 转录因子，在根、叶中高表达，并定位于细胞核。它受 ABA、SA、NaCl 及冷处理的正调控，受 MeJA 负调控，表明 *PgMYB1* 可能参与不同的压力及信号通路(Afrin et al.，2015)。

## 二、细胞工程合成皂苷类化合物

植物生物反应器是指利用天然的或经基因工程改良的植物细胞、组织、器官或整株植株，大量生产具有重要功能的蛋白质，如疫苗、抗体或次生代谢产物等（凌华等，2002）。微生物反应器是指在微生物体内直接生成或通过构建代谢途径、引入关键酶，生产次级代谢产物的方法。Kim 等（2006）利用一种毛状根培养基培养三岛柴胡（*Bupleurum falcatum*）的毛状根，从中分离了 5 个基因，即 *HMGR*、*IPPI*、*FPS*、*SS* 和 *OSC*。这些基因的表达量受到明显的上调，尤其是 *SS* 和 *OSC* 这两个基因在培养第 8 天同时被诱导表达。它们的表达水平在整个毛状根培养过程中一直较为稳定（Kim et al.，2006）。

植物细胞培养是利用从植物体取下的细胞，在一定的培养条件下，达到大量繁殖、生产某些次级代谢产物的目的（Zhong，2001）。植物细胞培养不受资源限制，易于工业化生产，且便于分离纯化目的产物。近年来，通过植物细胞培养获得的萜类化合物越来越多，如人参皂苷等（Hu et al.，2001）。Kim 等（2011a）利用植物细胞工程技术实现对三萜皂苷基因表达的调控。

利用根癌农杆菌（*Agrobacterium tumefaciens*）或发根农杆菌（*Agrobacterium rhizogenes*）侵染植物外植体，将质粒上的 T-DNA 插入植物细胞，经过同源重组，整合到植物基因组中，在植物细胞中表达，获得毛状根体系或转基因植株，为提高有用次级代谢产物的含量及代谢调控的研究奠定基础（宋经元等，2000；孔静等，2003）。

## 三、皂苷类化合物的生物转化与合成生物学

合成生物学是由分子生物学、基因组学、信息技术和工程学交叉融合而成的一门整合科学。其本质是工程学，是按照人为需求，采用"自下而上"的研究策略，根据需要设计、重组、构建并优化新的生物合成途径，利用微生物为"细胞工厂"人工合成自然界来源受限的有生命功能的元件、模块或器件、系统、细胞等（McDaniel and Weiss，2005）。与化学合成相比，合成生物学技术具有反应体系简单、产量高、周期短、安全无污染、提取工艺简单、杂质少等优点。在大肠杆菌和酿酒酵母中，可以设计代谢途径和模块组成的生物元件来改变正常的细胞代谢，可以合成中药药用活性成分人参皂苷、齐墩果酸等三萜皂苷（Misawa，2011）。酵母体内含有大量植物次生代谢的酶和底物，且合成效率高。酿酒酵母已经广泛用于三萜皂苷生物合成基因的表达，其自身的麦角固醇生物合成途径可以产生三萜皂苷前体 2,3-氧化鲨烯（Augustin et al.，2011）。

Dai 等（2013）在酿酒酵母中通过密码子优化提高 3-羟基-3-甲基戊二酰辅酶 A 还原酶、法尼烯焦磷酸合酶、鲨烯环氧酶和鲨烯合酶的活性，将原人参二醇的产量提高了 262 倍；通过双相发酵工艺优化，最终将原人参二醇的产量提高至 8.40mg/g DCM（dry cell weight）（1189mg/L）（Dai et al.，2013）。在酿酒酵母中整合带有强启动子的基因，最终获得第一代"人参酵母"细胞工厂 GY-1。该细胞工厂能同时合成齐墩果酸、原人参二醇和原人参三醇这三种人参基本皂苷元（Dai et al.，2013，2014）。将人参的一个 UDP-糖基转移酶基因（*UGTPg1*）在酵母中与 *CYP716A47* 及其辅酶基因 *ATR2-1* 同时过表达，合成了

人参二醇型皂苷(Wei et al., 2015)。Tang 等(2011)从罗汉果中克隆得到葫芦二烯醇生物合成所有反应的合酶基因。将罗汉果葫芦二烯醇合酶基因(*SgCS*)在大肠杆菌、烟草中进行异源表达。构建 *SgCS* 基因的酵母表达载体 *SgCS-pYES2*，转化到酵母菌株 IVF 中，成功合成了葫芦二烯醇(Tang et al., 2011)。

在酵母中，过表达酵母自身的 *ERG8*、*ERG9* 和 *HFA1*，在此菌株中再过表达来自豌豆的 *β*-香树酯合酶基因，使表达产物 *β*-香树酯醇含量增加了 5 倍(Misawa, 2011)。在齐墩果酸酿酒酵母工程菌 *BY-OA* 中，增加甘草 *β*-香树酯合酶基因(*GgβAS*)、蒺藜首蓿齐墩果酸合酶基因(*MtOAS*)和拟南芥烟酰胺腺嘌呤二核苷磷酸-P450 还原酶 1 基因(*AtCPR1*)的拷贝数能显著提高工程菌中目标产物的产量。同时优化 YPD 发酵液中初糖浓度(葡萄糖浓度 20g/L)，发酵 7d 后，*β*-香树酯和齐墩果酸分别达到 136.5mg/L(提高 54%)和 92.5mg/L(提高 30%)，当葡萄糖浓度提高到 40g/L 时，齐墩果酸产量能达到 165.7mg/L(王冬等，2014)。

Kentaro 等(1996)根据从闭鞘姜(*Costus speciosus*)中纯化的 26-*β*-糖苷酶蛋白序列设计引物成功克隆得到 *CSF26G*。将该基因在大肠杆菌中表达，发现其对呋甾烷型甾体皂苷 26-*β*-糖苷键的裂解具有特异性。随后，*CSF26G* 基因被成功转入烟草植株，证明了其能在异源植物中表达并发挥相似的功能(Ichinose et al., 1999)。王亮等(2001)将 *CSF26G* 转入大肠杆菌并成功表达，实现了呋甾烷型甾体皂苷到螺甾烷型甾体皂苷的体外生物转化。Arthan 等(2006)从双子叶植物水茄(*Solanum torvum*)的叶子中提取纯化 F26G 酶，F26G 是植物源 GH3 家族特异性水解呋甾烷型皂苷的 *β*-糖苷酶。高加索薯蓣(*Dioscorea caucasica*)叶中 F26G 酶的组织和亚细胞定位研究表明，该酶主要存在于叶肉细胞中，而呋甾烷型皂苷却在叶表皮中积累(Koba et al., 2004)。

通过合成生物学的设计，实现三萜皂苷活性成分的异源生物合成，将会是实现大规模生产三萜皂苷类活性成分的有效方法。青蒿素等活性成分研究结果显示了合成生物学的巨大优势和应用潜力，表明合成生物学可以提供工业化生产的药物产品三萜皂苷作为许多药用植物或中药材的重要有效成分之一，深入研究并阐明其生物合成途径分子机制，不论对其基础研究还是提高三萜皂苷有效成分的量，都有十分重要的理论意义及应用价值。目前，对三萜皂苷生物合成途径已有了大量研究，关于三萜皂苷生物合成途径起始阶段和骨架构建阶段的研究比较成熟，但对三萜骨架修饰阶段，因三萜皂苷结构多样、涉及的修饰酶基因种类繁多，具体合成步骤还未清楚。因此，如果想要利用生物代谢工程的方法合成三萜皂苷，还需要对其碳环骨架建立后复杂的官能团反应进行深入研究。三萜皂苷的合成生物学的研究也因此受到制约，但就像青蒿素的生物合成一样，可通过合成生物学的方法合成前体，再通过半合成的方法获得目标产物。

植物次生代谢产物是自然界中最丰富的天然产物，在植物与外界环境相互作用中具有重要作用，且与人类的生存和发展息息相关。随着现代生物技术手段的发展，近年来在皂苷类化合物生物合成途径相关功能基因研究、代谢调控、代谢工程、合成生物学等方面取得了很大进展。虽然目前对皂苷生物合成途径已有了大量的研究，但由于其中、下游合成途径中的多基因家族酶的结构及类型的复杂性，其合成具体步骤还未能得到清晰阐明。随着对皂苷类生物合成关键酶基因调控研究的深入，阐明皂苷生物合成途径中的关键酶基因及其协同性，采用人工方法调控关键酶基因水平达到其高表达目的，最终利用细胞培养、生物转化、发状根培养等工业化生产，将会是实现大规模生产三萜皂苷类活性成分的有效方法。

# 参 考 文 献

陈迪, 陈永勤, 杨之帆, 等. 2009. 盾叶薯蓣环阿屯醇合酶基因克隆与表达. 西北植物学报, 29(2): 221-228.

陈欣, 薛铁, 刘吉华, 等. 2009. 人参毛状根糖基转移酶的分离纯化及酶学性质研究. 药物生物技术, 16(1): 50-54.

陈颖, 孙海燕, 曹银萍. 2012. 三萜皂苷生物合成途径研究进展. 中国野生植物资源, 83(6): 15-17.

代良敏, 熊永爱, 范奎, 等. 2016. 地榆化学成分与药理作用研究进展. 中国实验方剂学杂志, 27: 189-195.

高瑞兰, 徐卫红, 林筱洁, 等. 2004. 三七皂苷对造血细胞 GATA-1 和 GATA-2 转录调控蛋白的诱导作用. 中华血液学杂志, 25(5): 281-284.

何德, 吕世静. 1999. 中药三萜皂苷免疫调节作用的研究进展. 广东医学院学报, 17(4): 340-341.

何询, 陈怡露. 2012. 合成生物学促进中药活性成分的生物合成. 生物产业技术, 4: 13-19.

黄幼异, 黄伟, 孙蓉. 2011. 柴胡皂苷对肝脏的药理毒理作用研究进展. 中国实验方剂学杂志, 17(17): 298-301.

孔静, 金鑫, 李晓波. 2003. 毛状根培养生产天然活性物质. 中国医学生物应用杂志, 3: 21-27.

李秀才. 1998. 抗心肌缺血再灌注损伤的中草药研究进展. 中国现代应用药学杂志, 15(4): 1-4.

凌华, 黄惠琴, 鲍时翔. 2002. 植物生物反应器研究进展. 中国生物工程杂志, 22: 21-26.

尚西亮, 傅华群, 刘佳, 等. 2006. 三七总皂苷对人肝癌细胞的抑制作用. 中国临床康复, 10(23): 121-123.

宋经元, 张荫麟, 任春玲. 2000. 农杆菌介导的药用植物的转化. 中国中药杂志, 25: 73-76.

苏萍, 王蕾, 杜仕静, 等. 2014. 三七皂苷对神经系统疾病药理作用机制研究进展. 中国中药杂志, 39(23): 4516-4521.

隋春, 魏建和, 战晴晴, 等. 2010. 北柴胡鲨烯合酶基因及其编码区 cDNA 克隆与序列分析. 园艺学报, 37(2): 283-290.

陶韵文. 2013. 北柴胡3个 UGT 基因表达特性及其原核表达与蛋白纯化. 佳木斯大学硕士学位论文.

涂碧梦, 陈永勤, 杨之帆. 2010. 盾叶薯蓣环阿屯醇合酶全长基因的克隆与分析. 西北植物学报, 30(1): 8-13.

王冬, 王贝贝, 刘怡, 等. 2014. 齐墩果酸酵母细胞工厂的合成途径与发酵工艺优化. 中国中药杂志, 39(14): 2640-2645.

王亮, 游松, 蒋雅红, 等. 2001. 利用重组 F26G 酶实现呋甾皂苷向螺甾皂苷的体外生物转化. 中国药物化学杂志, 11: 326-328.

王凌健, 方欣, 杨长青, 等. 2013. 植物萜类次生代谢及其调控. 中国科学: 生命科学, 43: 1030-1046.

王美哲, 李倩, 赵余庆. 2015. 薯蓣皂苷元及其衍生物的构效关系研究进展. 沈阳药科大学学报, 32: 154-160.

王鹏程, 王秋红, 赵珊, 等. 2014. 商陆化学成分及药理作用和临床应用研究进展. 中草药, 45(18): 2722-2731.

王润发. 2014. 盾叶薯蓣 DXR 基因和 MDS 基因的克隆与功能验证. 湖北大学硕士学位论文.

吴立军. 2003. 天然药物化学. 北京: 人民卫生出版社: 271-275.

向丽, 郭溆, 牛云云, 等. 2012. 三七 PnUGT1 基因的全长 cDNA 克隆和生物信息学分析. 药学学报, 47(8): 1085-1091.

许丽娜, 卫永丽, 彭金咏, 等. 2015. 天然产物薯蓣皂苷的研究进展. 中国中药杂志, 40(1): 36-41.

杨秋娅, 李晓宇, 刘皋林. 2013. 人参皂苷 Rb$_1$ 的药理作用研究进展. 中国药学杂志, 48(15): 1233-1237.

杨婷. 2014. 盾叶薯蓣 4-羟基-3-甲基-2-丁烯基焦磷酸还原酶基因克隆与功能分析. 湖北大学硕士学位论文.

张崇泉, 杨晓慧, 徐琳本, 等. 1990. 绞股蓝总皂苷免疫调节作用的研究. 中西医结合杂志, 10(2): 96-98.

赵岩, 肖培根. 1989. 我国薯蓣属甾体激素原料植物的种质资源. 作物品种资源, (1): 23-24.

Afrin S, Zhu J, Cao H, et al. 2015. Molecular cloning and expression profile of an abiotic stress and hormone responsive MYB transcription factor gene from *Panax ginseng*. Acta Biochimica et Biophysica Sinica, 47: 267-277.

Arthan D, Kittakoop P, Esen A, et al. 2006. Furostanol glycoside 26-*O*-β-glucosidase from the leaves of *Solanum torvum*. Phytochemistry, 67: 27-33.

Attele A S, Wu J, Yuan C. 1999. Ginseng pharmacology: multiple constituents and multiple actions. Biochemical Pharmacology, 58(11): 1685-1693.

Augustin J M, Kuzina V, Andersen S B, et al. 2011. Molecular activities, biosynthesis and evolution of triterpenoid saponins. Phytochemistry, 72(6): 435-457.

Bennett R D, Heftmann E, Joly R A. 1970. Biosynthesis of diosgenin from 26-hydroxycholesterol in *Dioscorea floribunda*. Phytochemistry, 9(2): 349-353.

Cai Y, Zhang Q, Li Z, et al. 2010. Chemical constituents from roots of *Ilex asprella*. Chinese Traditional & Herbal Drugs, 41(9): 1426-1429.

Carelli M, Biazzi E, Panara F, et al. 2011. *Medicago truncatula CYP716A12* is a multifunctional oxidase involved in the biosynthesis of hemolytic saponins. Plant Cell, 23(8): 3070-3081.

Chappell J. 2002. The genetics and molecular genetics of terpene and sterol origami. Current Opinion in Plant Biology, 5(2): 151-157.

Christensen L P. 2008. Ginsenosides: chemistry, biosynthesis, analysis, and potential health effects. Elsevier Science & Technology, 55: 1-99.

Dai Z, Wang B, Liu Y, et al. 2014. Producing aglycons of ginsenosides in bakers' yeast. Scientific Reports, 4(4): 3698.

Dai Z B, Liu Y, Huang L Q, et al. 2013. Metabolic engineering of *Saccharomyces cerevisiae* for production of ginsenosides. Metabolic Engineering, 20: 146-156.

Diarra S T, He J, Wang J, et al. 2013. Ethylene treatment improves diosgenin accumulation in *in vitro* cultures of *Dioscorea zingiberensis* via up-regulation of *CAS* and *HMGR* gene expression. Electronic Journal of Biotechnology, 16(5): 1-10.

Diener A C, Li H, Zhou W, et al. 2000. Sterol methyltransferase 1 controls the level of cholesterol in plants. Plant Cell, 12(6): 853-870.

Fukushima E O, Seki H, Ohyama K, et al. 2011. CYP716A subfamily members are multifunctional oxidases in triterpenoid biosynthesis. Plant and Cell Physiology, 52(12): 2050-2061.

Guo X, Luo H, Chen S. 2012. Cloning and analysis of mevalonate kinase (*PnMVK1*) gene in *Panax notoginseng*. Acta Pharmaceutica Sinica, 47(8): 1092-1097.

Han J, Hwang H S, Choi S W, et al. 2012. Cytochrome P450 *CYP716A53v2* catalyzes the formation of protopanaxatriol from protopanaxadiol during ginsenoside biosynthesis in *Panax ginseng*. Plant and Cell Physiology, 53(9): 1535-1545.

Han J, Kim M J, Ban Y W, et al. 2013. The involvement of β-amyrin 28-oxidase (*CYP716A52v2*) in oleanane-type ginsenoside biosynthesis in *Panax ginseng*. Plant and Cell Physiology, 54(12): 2034-2046.

Han J, Kim H J, Kwon Y S, et al. 2011. The CytP450 enzyme *CYP716A47* catalyzes the formation of protopanaxadiol from dammarenediol-II during ginsenoside biosynthesis in *Panax ginseng*. Plant and Cell Physiology, 52(12): 2062-2073.

Han J, Kwon Y S, Yang D, et al. 2006. Expression and RNA interference-induced silencing of the dammarenediol synthase gene in *Panax ginseng*. Plant and Cell Physiology, 47: 1653-1662.

Han J Y, In J G, Kwon Y S, et al. 2010. Regulation of ginsenoside and phytosterol biosynthesis by RNA interferences of squalene epoxidase gene in *Panax ginseng*. Phytochemistry, 71(1): 36-46.

He D, Wang B, Chen J. 2012. Research progress on pharmacological effects of ginsenosides. Journal of Liaoning University of Traditional Chinese Medicine, 14: 118-121.

He F, Zhu Y, He M, et al. 2008. Molecular cloning and characterization of the gene encoding squalene epoxidase in *Panax notoginseng*. DNA Sequence, 19(3): 270-273.

Hemmerlin A, Harwood J L, Bach T J. 2012. A raison d'etre for two distinct pathways in the early steps of plant isoprenoid biosynthesis? Progress in Lipid Research, 51(2): 95-148.

Hofseth L J, Wargovich M J. 2007. Inflammation, cancer, and targets of ginseng. Journal of Nutrition, 137(Suppl): 183S-185S.

Hu W W, Yao H, Zhong J J. 2001. Improvement of *Panax notoginseng* cell culture for production of ginseng saponin and polysaccharide by high density cultivation in pneumatically agitated bioreactors. Biotechnology Progress, 17: 838-846.

Huang J, Chen F, Chen H, et al. 2012a. Chemical constituents in roots of *Ilex asprella*. Chinese Traditional & Herbal Drugs, 41(9): 1426-1429.

Huang L, Li J, Ye H, et al. 2012b. Molecular characterization of the pentacyclic triterpenoid biosynthetic pathway in *Catharanthus roseus*. Planta, 236(5): 1571-1581.

Ichinose K, You S, Kawano N, et al. 1999. Heterologous expression of furostanol glycoside 26-*O*-β-glucosidase of *Costus speciosus* in *Nicotiana tabacum*. Phytochemistry, 51: 599-603.

Jo H J, Han J Y, Hwang H S, et al. 2017. β-amyrin synthase (EsBAS) and β-amyrin 28-oxidase (CYP716A244) in oleanane-type triterpene saponin biosynthesis in *Eleutherococcus senticosus*. Phytochemistry, 135: 53-63.

Joly R A, Bonner J, Bennett R D, et al. 1969. The biosynthesis of steroidal sapogenins in *Dioscorea floribunda* from doubly labelled cholesterol. Phytochemistry, 8(9): 1709-1711.

Jung J D, Park H W, Hahn Y, et al. 2003. Discovery of genes for ginsenoside biosynthesis by analysis of ginseng expressed sequence tags. Plant Cell Reports, 22(3): 224-230.

Jung S C, Kim W, Park S C, et al. 2014. Two ginseng UDP-glycosyltransferases synthesize ginsenoside Rg3 and Rd. Plant and Cell Physiology, 55(12): 2177-2188.

Kashiwada Y, Zhang D, Chen Y, et al. 1993. Antitumor agents, 145. cytotoxic asprellic acids A and C and asprellic acid B. new *p*-coumaroyl triterpenes, from *Ilex asprella*. Journal of Natural Products, 56: 2077-2082.

Kentaro I, Shibuya M, Yamamoto K, et al. 1996. Molecular cloning and bacterial expression of a cDNA encoding furostanol glycoside 26-*O*-beta-glucosidase of *Costus speciosus*. FEBS Letters, 389: 273-277.

Kim O T, Kim S H, Ohyama K, et al. 2010. Upregulation of phytosterol and triterpene biosynthesis in *Centella asiatica* hairy roots overexpressed ginseng farnesyl diphosphate synthase. Plant Cell Reports, 29: 403-411.

Kim T D, Han J Y, Huh G H, et al. 2011a. Expression and functional characterization of three squalene synthase genes associated with saponin biosynthesis in *Panax ginseng*. Plant & Cell Physiology, 52(1): 125-137.

Kim Y J, Lee O R, Oh J Y, et al. 2014a. Functional analysis of 3-hydroxy-3-methylglutaryl coenzyme a reductase encoding genes in triterpene saponin-producing ginseng. Plant Physiology, 165(1): 373-387.

Kim Y J, Zhang D, Yang D. 2015. Biosynthesis and biotechnological production of ginsenosides. Biotechnology Advances, 33(6): 717-735.

Kim Y K, Kim J K, Kim Y B, et al. 2013. Enhanced accumulation of phytosterol and triterpene in hairy root cultures of *Platycodon grandiflorum* by overexpression of *Panax ginseng* 3-hydroxy-3-methylglutaryl-coenzyme A reductase. Journal of Agricultural and Food Chemistry, 61(8): 1928-1934.

Kim Y K, Kim Y B, Uddin M R, et al. 2014b. Enhanced triterpene accumulation in *Panax ginseng* hairy roots overexpressing mevalonate-5-pyrophosphate decarboxylase and farnesyl pyrophosphate synthase. ACS Synthetic Biology, 3(10): 773-779.

Kim Y S, Cho J H, Ahn J, et al. 2006. Upregulation of isoprenoid pathway genes during enhanced saikosaponin biosynthesis in the hairy roots of *Bupleurum falcatum*. Molecules and Cells, 22(3): 269-274.

Kim Y S, Cho J H, Park S, et al. 2011b. Gene regulation patterns in triterpene biosynthetic pathway driven by overexpression of squalene synthase and methyl jasmonate elicitation in *Bupleurum falcatum*. Planta, 233(2): 343-355.

Kirby J, Keasling J D. 2009. Biosynthesis of plant isoprenoids: perspectives for microbial engineering. Annual Review of Plant Biology, 60: 335-355.

Koba G, Gogoberidze M, Dadeshidze I, et al. 2004. Tissue and subcellular localization of oligofurostanosides and their specific degrading β-glucosidase in *Dioscorea caucasica* Lipsky. Phytochemistry, 65: 555-559.

Kushiro T, Shibuya M, Ebizuka Y. 1998a. Beta-amyrin synthase-cloning of oxidosqualene cyclase that catalyzes the formation of the most popular triterpene among higher plants. European Journal of Biochemistry, 256(1): 238-244.

Kushiro T, Shibuya M, Ebizuka Y. 1998b. Molecular cloning of oxidosqualene cyclase cDNA from *Panax ginseng*: the isogene that encodes β-amyrin synthase. International Congress Series, 1157(Towards Natural Medicine Research in the 21st Century): 421-427.

Lange B M, Rujan T, Martin W, et al. 2000. Isoprenoid biosynthesis: the evolution of two ancient and distinct pathways across genomes. Proceedings of the National Academy of Sciences of the United States of America, 97: 13172-13177.

Lee M H, Jeong J H, Seo J W, et al. 2004. Enhanced triterpene and phytosterol biosynthesis in *Panax ginseng* overexpressing squalene synthase gene. Plant & Cell Physiology, 45: 976-984.

Li X, Yi Z, Jin X, et al. 2012. Ginsenoside content in the leaves and roots of *Panax ginseng* at different ages. Life Science Journal, 9(4): 670-683.

Liang C, Ding Y, Nguyen H T, et al. 2010. Oleanane-type triterpenoids from *Panax stipuleanatus* and their anticancer activities. Bioorganic & Medicinal Chemistry Letters, 20: 7110-7115.

Liang P H, Ko T P, Wang A H. 2002. Structure, mechanism and function of prenyltransferases. European Journal of Biochemistry, 269: 3339-3354.

Lim W C, Kim H, Kim Y J, et al. 2017. Dioscin suppresses TGF-β1-induced epithelial-mesenchymal transition and suppresses A549 lung cancer migration and invasion. Bioorganic & Medicinal Chemistry Letters, 27(15): 3342-3348.

Lin T Y, Chiou C Y, Chiou S J. 2013. Putative genes involved in saikosaponin biosynthesis in *Bupleurum* species. International Journal of Molecular Sciences, 14(6): 12806-12826.

Liu A, Tanaka N, Sun L, et al. 2014. Saikosaponin d protects against acetaminophen-induced hepatotoxicity by inhibiting NFκB and STAT3 signaling. Chemico-biological interactions, 223: 80-86.

Liu W, Lv H, He L, et al. 2016. Cloning and bioinformatic analysis of *HMGS* and *HMGR* genes from *Panax notoginseng*. Chinese Herbal Medicines (CHM), 8(4): 344-351.

Lombard J, Moreira D. 2011. Origins and early evolution of the mevalonate pathway of isoprenoid biosynthesis in the three domains of life. Molecular Biology and Evolution, 28(1): 87-99.

Luo H, Song J, Li X, et al. 2013. Cloning and expression analysis of a key device of *HMGR* gene involved in ginsenoside biosynthesis of *Panax ginseng* via synthetic biology approach. Acta Pharmaceutica Sinica, 48(2): 219-227.

Luo H, Sun C, Sun Y, et al. 2011. Analysis of the transcriptome of *Panax notoginseng* root uncovers putative triterpene saponin-biosynthetic genes and genetic markers. BMC Genomics, 12(Suppl 5): S5-S19.

McDaniel R, Weiss R. 2005. Advances in synthetic biology: on the path from prototypes to applications. Current Opinion in Biotechnology, 16(4): 476-483.

Mehrafarin A, Ghaderi A, Rezazadeh S, et al. 2010. Bioengineering of important secondary metabolites and metabolic pathways in fenugreek (*Trigonella foenum-graecum* L.). Journal of Medicinal Plants Research, 9(35): 1-18.

Misawa N. 2011. Pathway engineering for functional isoprenoids. Current Opinion in Biotechnology, 22(5): 627-633.

Moses T, Papadopoulou K K, Osbourn A. 2014a. Metabolic and functional diversity of saponins, biosynthetic intermediates and semi-synthetic derivatives. Critical Reviews in Biochemistry and Molecular Biology, 49: 1-24.

Moses T, Pollier J, Almagro L, et al. 2014b. Combinatorial biosynthesis of sapogenins and saponins in *Saccharomyces cerevisiae* using a C-16α hydroxylase from *Bupleurum falcatum*. Proceedings of the National Academy of Sciences of the United States of America, 111(4): 1634-1639.

Nes W D. 2011. Biosynthesis of cholesterol and other sterols. Chemical Reviews, 111(10): 6423-6451.

Nguyen H T, Tran H Q, Nguyen T T, et al. 2011. Oleanolic triterpene saponins from the roots of *Panax bipinnatifidus*. Chemical & Pharmaceutical Bulletin, 59(11): 1417-1420.

Nguyen M D, Nguyen T N, Kasai R, et al. 1993. Saponins from *Vietnamese ginseng, Panax vietnamensis* Ha et Grushv. collected in central Vietnam. I. Chemical & Pharmaceutical Bulletin, 41(11): 2010-2014.

Niu Y, Luo H, Sun C, et al. 2014. Expression profiling of the triterpene saponin biosynthesis genes *FPS, SS, SE*, and *DS* in the medicinal plant *Panax notoginseng*. Gene, 533(1): 295-303.

Nuruzzaman M, Cao H, Xiu H, et al. 2016. Transcriptomics-based identification of WRKY genes and characterization of a salt and hormone-responsive *PgWRKY1* gene in *Panax ginseng*. Acta Biochimica et Biophysica Sinica (Shanghai), 48: 117-131.

Ohyama K, Suzuki M, Kikuchi J, et al. 2009. Dual biosynthetic pathways to phytosterol via cycloartenol and lanosterol in *Arabidopsis*. Proceedings of the National Academy of Sciences of the United States of America, 106(3): 725-730.

Paquette S, Moller B L, Bak S. 2003. On the origin of family 1 plant glycosyltransferases. Phytochemistry, 62(3): 399-413.

Park S B, Chun J H, Ban Y W, et al. 2016. Alteration of *Panax ginseng* saponin compositionby overexpression and RNA interference of the protopanaxadiol 6-hydroxylase gene（*CYP716A53v2*）. Journal of Ginseng Research, 40: 47-54.

Peng Y, Yang Z, Wang Y, et al. 2011. Pathways for the steroidal saponins conversion to diosgenin during acid hydrolysis of *Dioscorea zingiberensis* CH Wright. Chemical Engineering Research & Design, 89（12）: 2620-2625.

Phillips D R, Rasbery J M, Bartel B, et al. 2006. Biosynthetic diversity in plant triterpene cyclization. Current Opinion in Plant Biology, 9（3）: 305-314.

Rahimi S, Kim Y J, Sukweenadhi J, et al. 2016. *PgLOX6* encoding a lipoxygenase contributes to jasmonic acid biosynthesis and ginsenoside production in *Panax ginseng*. Journal of Experimental Botany, 67: 6007-6019.

Schaeffer A, Bronner R, Benveniste P, et al. 2001. The ratio of campesterol to sitosterol that modulates growth in *Arabidopsis* is controlled by STEROL METHYLTRANSFERASE 2; 1. Plant Journal, 25（6）: 605-615.

Schramek N, Huber C, Schmidt S, et al. 2014. Biosynthesis of ginsenosides in field-grown *Panax ginseng*. JSM Biotechnology & Biomedical Engineering, 2: 1033.

Seki H, Ohyama K, Sawai S, et al. 2008. Licorice $\beta$-amyrin 11-oxidase, a cytochrome P450 with a key role in the biosynthesis of the triterpene sweetener glycyrrhizin. Proceedings of the National Academy of Sciences of the United States of America, 105（37）: 14204-14209.

Shi W, Wang Y, Li J, et al. 2007. Investigation of ginsenosides in different parts and ages of *Panax ginseng*. Food Chemistry, 102（3）: 664-668.

Shibuya M, Hoshino M, Katsube Y, et al. 2006. Identification of beta-amyrin and sophoradiol 24-hydroxylase by expressed sequence tag mining and functional expression assay. FEBS Journal, 273（5）: 948-959.

Stohs S J, Kaul B, Staba E J. 1969. The metabolism of $^{14}$C-cholesterol by *Dioscorea deltoidea* suspension cultures. Phytochemistry, 8（9）: 1679-1686.

Stohs S J, Sabatka J J, Rosenberg H. 1974. Incorporation of 4-$^{14}$C-22, 23-$^{3}$H-sitosterol into diosgenin by *Dioscorea deltoidea* tissue suspension cultures. Phytochemistry, 13（10）: 2145-2148.

Sui C, Zhang J, Wei J, et al. 2011. Transcriptome analysis of *Bupleurum chinense* focusing on genes involved in the biosynthesis of saikosaponins. BMC Genomics, 12: 539.

Sun Y, Zhao S, Liang Y, et al. 2013. Regulation and differential expression of protopanaxadiol synthase in Asian and American ginseng ginsenoside biosynthesis by RNA interferences. Plant Growth Regulation, 71（3）: 207-217.

Suzuki M, Xiang T, Ohyama K, et al. 2006. Lanosterol synthase in dicotyledonous plants. Plant and Cell Physiology, 47（5）: 565-571.

Tang Q, Ma X, Mo C, et al. 2011. An efficient approach to finding *Siraitia grosvenorii* triterpene biosynthetic genes by RNA-seq and digital gene expression analysis. BMC Genomics, 12（1）: 343.

Tansakul P, Shibuya M, Kushiro T, et al. 2006. Dammarenediol-II synthase, the first dedicated enzyme for ginsenoside biosynthesis, in *Panax ginseng*. FEBS Letters, 580（22）: 5143-5149.

Tholl D, Lee S. 2011. Terpene specialized metabolism in *Arabidopsis thaliana*. *Arabidopsis* Book, 9: e0143.

Uzayisenga R, Ayeka P A, Wang Y. 2014. Anti-diabetic potential of *Panax notoginseng* saponins（PNS）: a review. Phytotherapy Research, 28（4）: 510-516.

Wan J Y, Wang C Z, Liu Z, et al. 2016. Determination of American ginseng saponins and their metabolites in human plasma, urine and feces samples by liquid chromatography coupled with quadrupole time-of-flight mass spectrometry. Journal of Chromatography B Analytical Technologies in the Biomedical & Life Sciences, 1015-1016: 62-73.

Wang L, Cai Y, Zhang X, et al. 2012. New triterpenoid glycosides from the roots of *Ilex asprella*. Carbohydrate Research, 349: 39-43.

Wang L, Zhao S, Cao H, et al. 2014a. The isolation and characterization of dammarenediol synthase gene from *Panax quinquefolius* and its heterologous co-expression with cytochrome P450 gene *PqD12H* in yeast. Functional & Integrative Genomics, 14（3）: 545-557.

Wang L, Zhao S, Liang Y, et al. 2014b. Identification of the protopanaxatriol synthase gene *CYP6H* for ginsenoside biosynthesis in *Panax quinquefolius*. Functional & Integrative Genomics, 14（3）: 559-570.

Wang X, Chen D J, Wang Y Q, et al. 2015. *De novo* transcriptome assembly and the putative biosynthetic pathway of steroidal sapogenins of *Dioscorea composite*. PLoS ONE, 10: 1-18.

Wang Y, Gao W, Li X, et al. 2013. Chemotaxonomic study of the genus *Paris* based on steroidal saponins. Biochemical Systematics and Ecology, 48: 163-173.

Wang Y, Pan J, Xiao X, et al. 2006. Simultaneous determination of ginsenosides in *Panax ginseng* with different growth ages using high-performance liquid chromatography-mass spectrometry. Phytochemical Analysis, 17(6): 424-430.

Wei W, Wang P P, Wei Y J, et al. 2015. Characterizationof *Panax ginseng* UDP-glycosyltransferases catalyzing protopanaxatriol and biosynthesis of bioactive ginsenosides F1 and Rh1 in metabolically engineered yeasts. Molecular Plants, 8: 1412-1424.

Wu Q, Song J, Sun Y, et al. 2010. Transcript profiles of *Panax quinquefolius* from flower, leaf and root bring new insights into genes related to ginsenosides biosynthesis and transcriptional regulation. Plant Physiology and Biochemistry, 138(2): 134-149.

Yan X, Fan Y, Wei W, et al. 2014. Production of bioactive ginsenoside compound K in metabolically engineered yeast. Cell Research, 24(6): 770-773.

Yang W Z, Hu Y, Wu W Y, et al. 2014. Saponins in the genus *Panax* L.（Araliaceae）: a systematic review of their chemical diversity. Phytochemistry, 106(10): 7-24.

Yang Y, Ge F, Sun Y, et al. 2017. Strengthening triterpene saponins biosynthesis by over-expression of farnesyl pyrophosphate synthase gene and RNA interference of cycloartenol synthase gene in *Panax notoginseng* cells. Molecules, 22: 4.

Yao H, Sun Y, Song S, et al. 2017. Protective effects of dioscin against lipopolysaccharide-induced acute lung injury through inhibition of oxidative stress and inflammation. Frontiers in Pharmacology, 8: 120.

Ye R P, Chen Z D. 2017. Saikosaponin A, an active glycoside from, reverses P-glycoprotein-mediated multidrug resistance in MCF-7/ADR cells and HepG2/ADM cells. Xenobiotica, 47(2): 176-184.

Ye Y, Wang R, Jin L, et al. 2014. Molecular cloning and differential expression analysis of a squalene synthase gene from *Dioscorea zingiberensis*, an important pharmaceutical plant. Molecular Biology Reports, 41(9): 6097-6104.

Yuan B, Yang R, Ma Y, et al. 2017. A systematic review of the active saikosaponins and extracts isolated from *Radix bupleuri* and their applications. Pharmaceutical Biology, 55(1): 620-635.

Yue C, Zhong J. 2005. Purification and characterization of UDPG: ginsenoside Rd glucosyltransferase from suspended cells of *Panax notoginseng*. Process Biochemistry, 40(12): 3742-3748.

Zhang X S, Cao J Q, Zhao C, et al. 2015. Novel dammarane-type triterpenes isolated from hydrolyzate of total *Gynostemma pentaphyllum* saponins. Bioorganic & Medicinal Chemistry Letters, 25(16): 3095-3099.

Zhao S, Wang L, Liu L, et al. 2014. Both the mevalonate and the non-mevalonate pathways are involved in ginsenoside biosynthesis. Plant Cell Reports, 33(3): 393-400.

Zhao Z, Lin C, Zhu C, et al. 2013. A new triterpenoid glycoside from the roots of *Ilex asprella*. Chinese Journal of Nature Medicines, 11(4): 415-418.

Zheng X, Xu H, Ma X, et al. 2014. Triterpenoid saponin biosynthetic pathway profiling and candidate gene mining of the *Ilex asprella* root using RNA-Seq. International Journal of Molecular Sciences, 15(4): 5970-5987.

Zhong J J. 2001. Biochemical engineering of the production of plant-specific secondary metabolites by cell suspension cultures. Advances in Biochemical Engineering/ Biotechnology, 72: 1-26.

Zhou M, Xu M, Ma X, et al. 2012. Antiviral triterpenoid saponins from the roots of *Ilex asprella*. Planta Medica, 78(5): 1702-1705.

Zou K, Zhu S, Meselhy M R, et al. 2002a. Dammarane-type saponins from *Panax japonicus* and their neurite outgrowth activity in SK-N-SH cells. Journal of Natural Products, 65(9): 1288-1292.

Zou K, Zhu S, Tohda C, et al. 2002b. Dammarane-type triterpene saponins from *Panax japonicus*. Journal of Natural Products, 65(3): 346-351.

Zulak K G, Bohlmann J. 2010. Terpenoid biosynthesis and specialized vascular cells of conifer defense. Journal of Integrative Plant Biology, 52(1): 86-97.

# 第十一章　生物碱活性成分及其生物合成

生物碱(alkaloid)是生物体中一类含有氮原子的有机化合物(小分子胺类、蛋白质、肽、氨基酸及维生素 B 除外)，是研究最早的一类有生物活性的重要天然有机化合物，具有广泛的药理活性(周贤春等，2006)。1804 年，从罂粟(*Papaver somniferum*)中分离到第一个生物碱吗啡碱(morphine)(Andreas，2009)。截至目前，分离鉴定的生物碱已超过12 000 种，广泛用作药物、兴奋剂、麻醉剂和毒药等。大多数生物碱具有较复杂的氮杂环结构且带有一定碱性，主要存在于高等植物，特别是双子叶植物中，较少存在于单子叶植物和低等植物中。动物界也只发现个别动物含有生物碱。生物碱在植物体内大多以盐的形式存在于植物细胞中，还有少数以酰胺和糖苷及有机酸酯的形式存在，少数碱性极弱的生物碱以游离态存在。本章主要介绍生物碱类化合物的分类、具有代表性的生物碱的生物活性及其生物合成。

## 第一节　生物碱的分类及其生物活性

生物碱结构复杂多样，根据不同分类依据，生物碱的分类也不同。在生物碱的早期研究中，常根据来源分类，如黄连生物碱、乌头生物碱、麻黄生物碱等，但同一植物中可能含有多种不同母核的生物碱。按照化学结构，即按照生物碱结构中氮原子存在的主要基本母核分类，可以分为吲哚生物碱、异喹啉生物碱、萜类生物碱等。按照生源来分，又可分为来源于氨基酸和来源于非氨基酸两大类，其中大部分生物碱来源于氨基酸：吡咯类、吡咯里西啶类及托品烷类生物碱来源于鸟氨酸；哌啶类、喹诺里西啶类和吲哚里西啶类生物碱来源于赖氨酸；苯乙胺类、四氢异喹啉类生物碱及酚氧化偶联起作用的其他生物碱来自于苯丙氨酸-酪氨酸；吲哚类、卡波林类等生物碱来源于色氨酸；喹啉类、喹唑啉类和吖啶酮类生物碱来源于色氨酸生物合成途径中的重要中间体——邻氨基苯甲酸；咪唑类生物碱来源于组氨酸。目前较为全面的分类方法是依据生源结合化学的方法进行分类。

## 一、来源于鸟氨酸

### (一)吡咯类生物碱

吡咯类生物碱(pyrrolidine alkaloid)主要由吡咯或四氢吡咯衍生而成，这类生物碱结构简单，数目较少，生物活性不显著，其氮原子以叔氮形式存在于吡咯环上，代表性化合物如水苏碱、红古豆碱等。其中水苏碱是最简单的吡咯生物碱，是中药益母草的主要活性成分之一(国家药典委员会，2015)。

吡咯、四氢吡咯及几种常见的吡咯类生物碱结构见图 11-1。

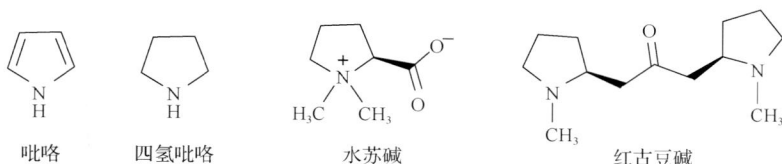

图 11-1　吡咯、四氢吡咯及几种常见的吡咯类生物碱结构

## (二)吡咯里西啶类生物碱

吡咯里西啶类生物碱(pyrrolizidine alkaloid，PA)的基本骨架是由两分子鸟氨酸形成的两个吡咯烷经叔氮原子稠合而成，主要分布在菊科(Compositae)的千里光属(*Senecio*)、紫草科(Boraginaceae)的天芥菜属(*Heliotropium*)和倒提壶属(*Cynoglossum*)、豆科(Leguminosae)的猪屎豆属(*Crotalaria*)、旋花科(Convolvulaceae)、风信子科(Hyacinthaceae)、唇形科(Labiatae)、桑科(Moraceae)等植物中。PA 的结构由千里光次碱和千里光次酸两个基本成分构成，大致可分为饱和型和不饱和型两类，其中饱和型为低毒或无毒，而不饱和型则有较强肝毒性。不饱和型 PA 环的 1,2 位上的双键可形成烯丙醇酯结构，能迅速与肝细胞中的酶、蛋白、DNA 及 RNA 等亲核基团结合发生烃化反应，使肝细胞膜、内质网、线粒体等细胞器受损而产生功能障碍，从而发挥较强的肝细胞毒性，造成肝损伤(文良志等，2017)。吡咯里西啶类生物碱包括具有阿托品样活性的阔叶千里光碱，农吉利中的抗肿瘤有效成分野百合碱等。

吡咯里西啶骨架及几种常见的吡咯里西啶类生物碱结构见图 11-2。

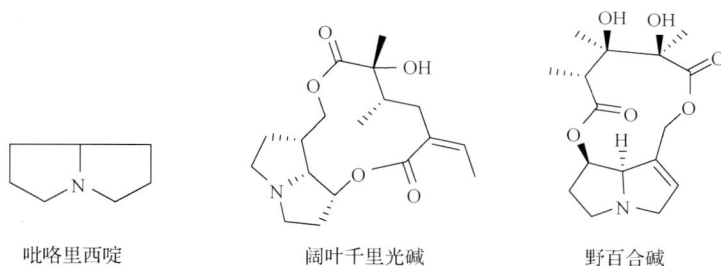

图 11-2　吡咯里西啶骨架及几种常见的吡咯里西啶类生物碱结构

## (三)托品烷类生物碱

托品烷类生物碱(tropane alkaloid)是吡咯环和哌啶环骈合而成的，两环共用一个氮原子和两个碳原子形成托品烷基本骨架，在植物体内常以有机酸酯的形式存在。主要分布于茄科(Solanaceae)颠茄属(*Atropa*)、天仙子属(*Hyoscyamus*)、曼陀罗属(*Datura*)、莨菪属(*Scopolia*)等植物中，代表化合物有阿托品(atropine)、莨菪碱(hyoscyamine)、樟柳碱(anisodine)、山莨菪碱(anisodamine)、东莨菪碱(scopolamine)和可卡因(cocaine)等。莨菪碱、东莨菪碱、山莨菪碱和樟柳碱等均为 M 胆碱受体拮抗剂，临床上用于胃肠道解痉、抑制胃酸分泌、镇静和扩瞳等。

托品烷骨架及几种常见的托品烷类生物碱结构见图 11-3。

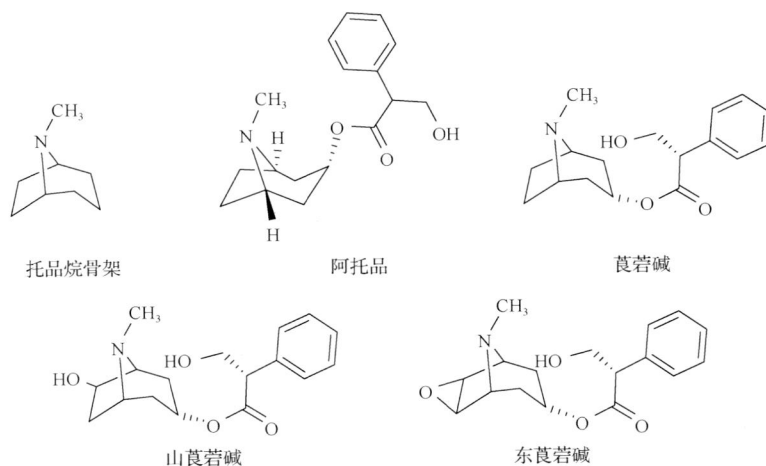

图 11-3　托品烷骨架及几种常见的托品烷类生物碱结构

## 二、来源于赖氨酸

### (一)哌啶类生物碱

哌啶类生物碱(piperdine alkaloid)结构简单，是一类以哌啶环为母体结构的生物碱，主要分布在桔梗科(Campanulaceae)、景天科(Crassulaceae)和胡椒科(Piperaceae)等科植物中。代表性化合物有中药槟榔中最重要的活性成分槟榔碱(arecoline)，胡椒活性成分胡椒碱(piperine)，山梗菜活性成分山梗菜碱(洛贝林，lobeline)等。洛贝林能选择性地兴奋颈动脉体化学感受器，从而使呼吸中枢兴奋，大剂量也能直接使呼吸中枢兴奋。还有研究表明，洛贝林能抑制 P-糖蛋白的活性，增加耐药肿瘤细胞的化疗敏感性(Ma and Wink，2008)。

哌啶及几种常见的哌啶类生物碱结构见图 11-4。

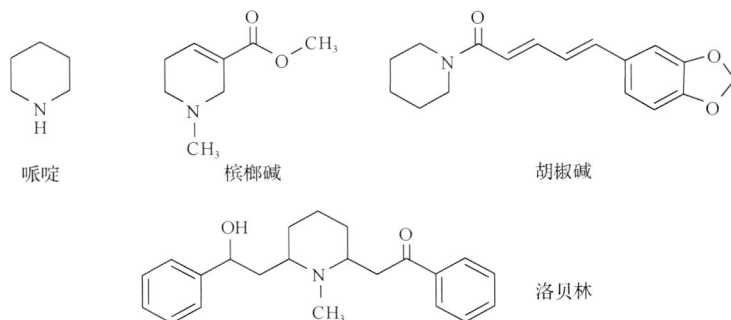

图 11-4　哌啶及几种常见的哌啶类生物碱结构

### (二)吲哚里西啶类

吲哚里西啶类生物碱(indolizidine alkaloid)是哌啶环和吡咯环共用一个氮原子的稠

环衍生物，该类生物碱数目较少，但具有较强的生物活性，如糖苷酶抑制活性、抑制病毒复制、抑制肿瘤细胞迁移、诱导肿瘤细胞凋亡等活性（Garraffo et al.，1997）。代表性化合物如存在于大戟科一叶萩属植物一叶萩中的一叶萩碱（securinine），具有对中枢神经的兴奋作用；存在于娃儿藤属植物中的娃儿藤定碱（tylophorinidine），具有显著的抗癌作用（Dhiman et al.，2013）。

吲哚里西啶及几种常见的吲哚里西啶类生物碱结构见图11-5。

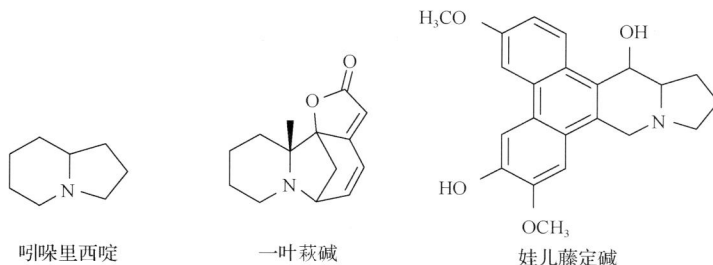

图11-5 吲哚里西啶及几种常见的吲哚里西啶类生物碱结构

### （三）喹诺里西啶类

喹诺里西啶类生物碱（quinolizidine alkaloid）是两个哌啶共用一个氮原子的稠环衍生物，主要存在于豆科、石松科石松属、罂粟科、小檗科等植物中，其最具代表性的苦参碱（matrine）已被开发成药品用于临床，复方苦参注射液具有良好的抗肿瘤疗效，配合放化疗药应用可以提高抗肿瘤的疗效（Qu et al.，2016）。另外，还有羽扇豆碱（lupine）、石松碱（lycopodine）、金雀花碱（sparteine）等。

几种常见的喹诺里西啶类生物碱结构见图11-6。

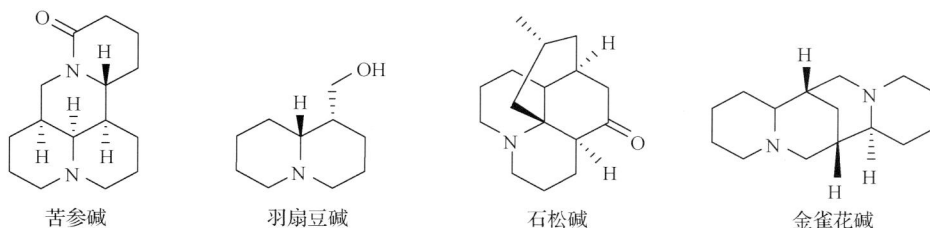

图11-6 几种常见的喹诺里西啶类生物碱结构

## 三、来源于苯丙氨酸-酪氨酸

### （一）苯乙胺类

苯乙胺类生物碱较少，如从仙人掌科植物乌羽玉中分离得到的仙人球毒碱，结构见图11-7。

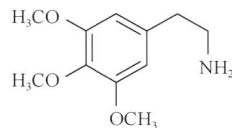

图11-7 仙人球毒碱结构

## （二）简单四氢异喹啉类

简单四氢异喹啉类生物碱种类较少，结构简单。主要有两类结构，一类是 6,7-位和 1-位有取代时，形成不对称碳，这类结构具有光学活性，主要存在于仙人掌科、藜科、荷苞牡丹科、豆科等植物中；另一类是在 1-位上有 C=O，形成酰胺，不具有碱性，6,7-位有取代，3,4-位之间常有双键，主要存在于毛茛科、防己科、小檗科、罂粟科、荷苞牡丹科等植物中。

几种常见的简单四氢异喹啉类生物碱的结构见图 11-8。

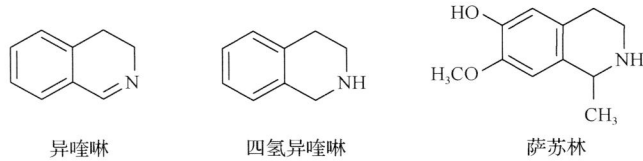

图 11-8　异喹啉、四氢异喹啉及萨苏林结构

## （三）苄基异喹啉类

苄基异喹啉类生物碱均含有一个异喹啉骨架，数量较多，其根据骨架类型又可分为 15 类，主要有苄基四氢异喹啉类、双苄基四氢异喹啉类、阿朴啡类和异阿朴啡类、吗啡烷类、原小檗碱和小檗碱类、普托品类、菲啶类 7 类，代表性化合物的结构见图 11-9。主要存在于罂粟科、马兜铃科、防己科、毛茛科、芸香科、大戟科、小檗科、马钱科等植物中。

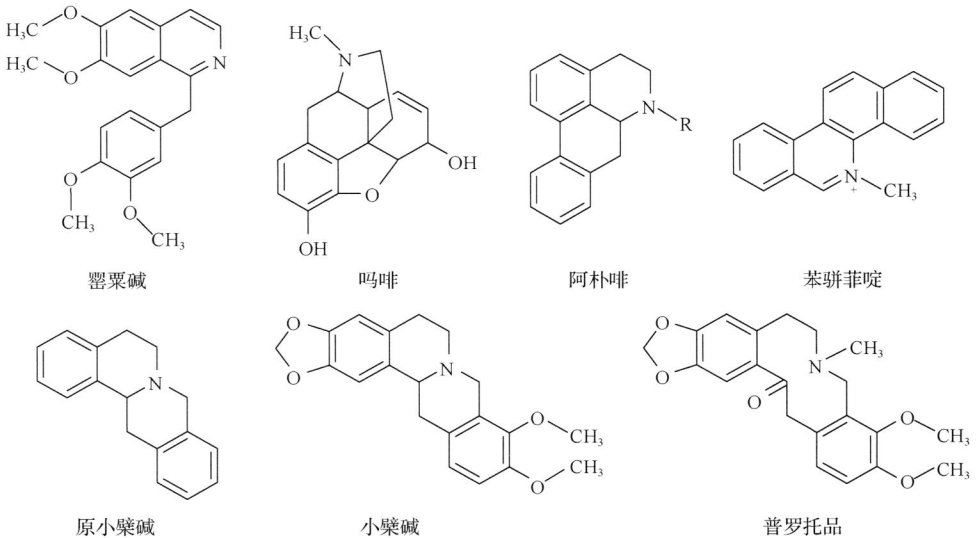

图 11-9　几种常见的苄基异喹啉类生物碱结构

## 四、来源于色氨酸

### (一)简单吲哚类生物碱

简单吲哚类生物碱(simple indole alkaloid)结构中只有吲哚母核(图 11-10),无其他杂环结构,如菘蓝中的大青素 B,蓼蓝中的靛苷及美洲印第安人使用的一种毒蘑菇中具有致幻作用的西洛西宾等。

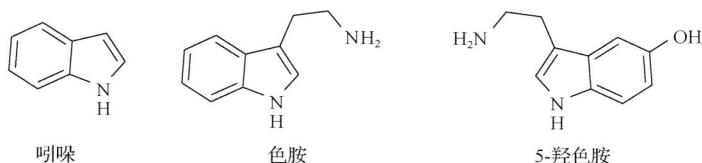

图 11-10  简单吲哚类生物碱的母核结构

### (二)简单 β-卡波林类生物碱

该类生物碱可被认为是吡啶并吲哚类生物碱。根据环合方式不同,分为 α、β、γ、δ-卡波林,其中 β-卡波林类在自然界中分布最广,数量最多,主要存在于植物界和海洋生物中。哈满尼是一种全芳香的 β-卡波林类生物碱,结构见图 11-11。

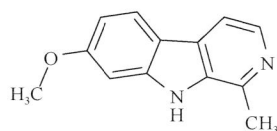

图 11-11  哈满尼结构

### (三)半萜吲哚类生物碱

半萜吲哚类生物碱(semiterpenoid indole alkaloid)是由色胺构成的吲哚衍生物和一个异戊二烯形成的吲哚类生物碱。这类生物碱主要存在于麦角,也称麦角类生物碱,如具有防止产后大出血、促进子宫复原功能的麦角新碱(ergometrine)、麦角胺(ergotamine)等(Mukherjee and Menge,2000),其结构见图 11-12。

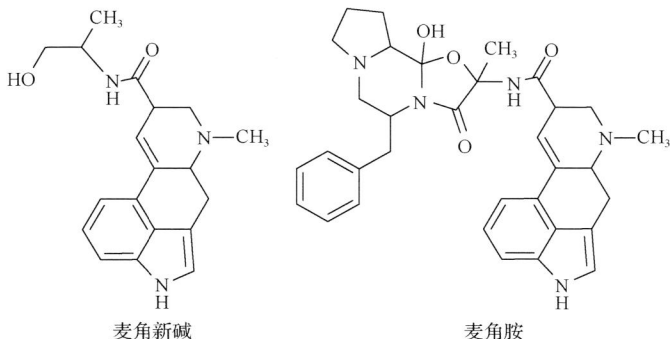

图 11-12  麦角新碱和麦角胺的结构

药用植物品质生物学

## （四）单萜吲哚类生物碱

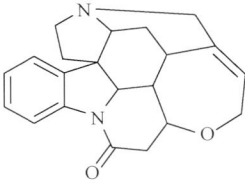

图 11-13　士的宁的结构

单萜吲哚类生物碱（monoterpenoid indolealkaloid）是由色胺和一个 10C 或 9C 的单萜形成的吲哚类生物碱，单萜吲哚类生物碱主要存在于夹竹桃科、茜草科和马钱科等植物中，如具有中枢兴奋作用的士的宁（图 11-13），具有降压作用的利血平等。利血平是一种囊泡再摄取抑制剂，能够使递质留在囊泡外，被单胺氧化酶降解，从而使儿茶酚胺类物质耗竭。它在 20 世纪 50 年代开始应用于高血压，具有中枢镇静作用，但长期服用会导致抑郁的不良反应（Leith and Barrett，1980）。

## （五）双吲哚类生物碱

双吲哚类生物碱（bisindole alkaloid）由两分子单萜吲哚类生物碱聚合而成。如从长春花中分离得到的具有抗癌作用的药物长春碱（vinblastine）和长春新碱（vincristine）（图 11-14），是目前在医疗上应用最为广泛的两种天然植物抗肿瘤药物，广泛应用于霍奇金病、恶性淋巴肿瘤、急性淋巴细胞型白血病、绒毛上皮细胞癌等癌症的治疗。长春新碱和长春碱的区别在于，长春新碱以 N-CHO 取代长春碱的 N-CH$_3$（图 11-14），疗效却有较大差别，长春新碱使用剂量小、疗效高且副作用小，其已广泛用于治疗癌症，研究表明，长春碱类药物可以干扰细胞周期的有丝分裂阶段，从而抑制细胞的分裂和增殖（Zhou and Rahmani，1992）。

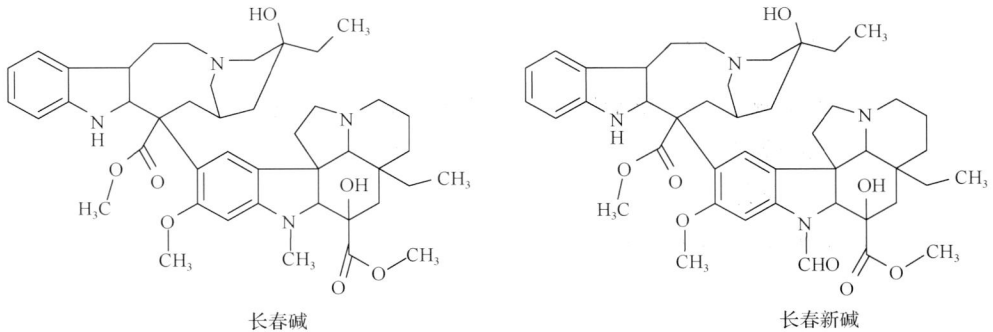

图 11-14　长春碱和长春新碱的结构

## （六）吡咯并吲哚类

吡咯并吲哚类生物碱（pyrroloindolealkaloid）结构中含有吡咯环和吲哚环（图 11-15），主要存在于豆科植物中。

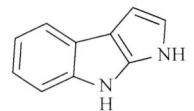

图 11-15　吡咯并吲哚类生物碱骨架

## 五、来源于烟酸

该类生物碱主要存在于茄科(Solanaceae)植物烟草(*Nicotiana tabacum*)中，如烟碱(nicotine)和新烟碱(anabasine)等，结构见图 11-16。

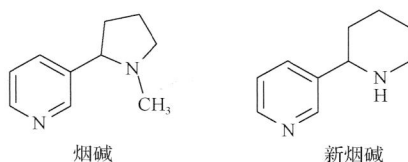

图 11-16　烟碱及新烟碱的结构

## 六、来源于邻氨基苯甲酸

### (一)喹啉类生物碱

喹啉类生物碱是以喹啉环为基本母核衍生而成的，主要存在于芸香科、茜草科等植物中，代表性化合物有从茜草科金鸡纳植物中分离得到的具有抗疟作用的奎宁(quinine)和从喜树中分离得到的具有抗癌活性的喜树碱(camptothecine)。喜树碱是 DNA 拓扑异构酶Ⅰ的特异性抑制剂，不同于大多数为拓扑异构酶Ⅱ抑制剂的抗癌药，因此受到了格外重视，喜树碱在临床上用于治疗胃癌、膀胱癌、白血病等，但因有血尿、尿急尿频等不良反应受到了限制。其结构改造产物有许多已经开发为药物，如两种水溶性的喜树碱衍生物拓扑替康(Topotecan)和伊立替康(Irinotecan)已获得美国 FDA 批准用于临床治疗卵巢癌和结肠癌等，用于治疗结肠癌、胃癌、肝癌等消化系统肿瘤的羟喜树碱也已在我国上市(徐任生，2004)。

### (二)喹唑啉类生物碱

喹唑啉类生物碱具有喹唑啉母核，而且在氮环上存在羰基的生物碱较多，主要存在于芸香科、蒺藜科等植物中。代表性化合物是从植物常山中分离到的常山碱和异常山碱，二者互为同分异构体，其中常山碱抗疟作用是奎宁的 100 倍以上，异常山碱和奎宁抗疟作用相当，但因为其毒性未得到推广(Kaur et al.，2009)。

### (三)吖啶酮类生物碱

吖啶酮类生物碱是以 9(10H)-吖啶酮为基本母核衍生而成的(图 11-17)。主要存在于芸香科、苦木科和胡椒科植物中，在抗肿瘤、抗病毒、抗疟疾和抗菌方面有一定活性，如山油柑碱、吴茱萸宁等。

奎宁　　　　　　　　　　　　　　喜树碱

常山碱　　　　　　　吖啶　　　　　　山油柑碱

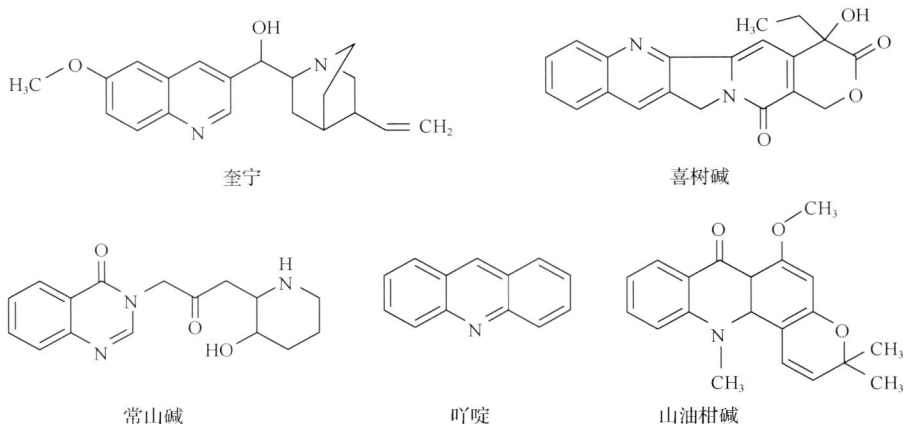

图 11-17　几种来源于邻氨基苯甲酸的生物碱结构

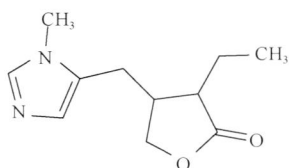

## 七、来源于组氨酸

图 11-18　毛果芸香碱的结构

组氨酸的结构中含有一个咪唑环，因此是含有咪唑类生物碱的前体。组氨酸经组氨酸脱羧酶生成组胺。该类生物碱较少，如芸香科植物毛果芸香中分离得到的用于治疗青光眼的毛果芸香碱，结构见图 11-18。

## 八、来源于氨基化反应

有少数生物碱并非来源于氨基酸，而是来源于非氨基酸，如乙酸类生物碱和苯丙胺类生物碱。

### （一）乙酸类生物碱

乙酸类生物碱（acetate-derived alkaloid）主要存在于伞形科、松科植物中，从毒芹、钩吻植物中分离的毒芹碱（coniine）从结构上看是来源于赖氨酸的哌啶类生物碱，但实际上是来源于乙酸。毒芹碱的结构见图 11-19。

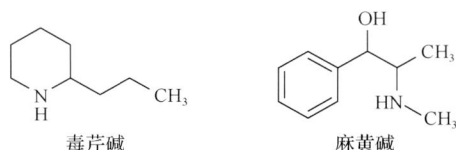

毒芹碱　　　　　　麻黄碱

图 11-19　毒芹碱和麻黄碱的结构

### （二）苯丙胺类生物碱

苯丙胺类骨架来源于苯丙氨酸（L-phenylalanine），但氮原子并非来源于苯丙氨酸，而是来源于氨基化反应。主要存在于麻黄科、卫矛科、茄科植物中。麻黄碱的结构见图 11-19。

## 九、来源于萜类

### （一）单萜类生物碱

该类生物碱主要由环烯醚萜衍生而来，常与单萜吲哚类生物碱共存。

### （二）倍半萜类生物碱

这类生物碱具有倍半萜的骨架，主要存在于兰科石斛属和睡莲科萍蓬草属植物中，如石斛碱(dendrobine)、萍蓬草碱(nupharidine)等。

### （三）二萜类生物碱

二萜类生物碱主要为含有 19 个或 20 个碳原子的四环二萜或五环二萜型生物碱，分子中含有 $\beta$-氨基乙醇、甲胺或乙胺形成的杂环。主要存在于毛茛科乌头属和翠雀属植物中。如乌头碱(aconitine)、关附甲素、紫杉醇等。

### （四）三萜类生物碱

三萜类生物碱数目较少，结构中具有三萜或者降三萜骨架。主要存在于虎皮楠科虎皮楠属及黄杨科黄杨属植物中，如交让木科交让木属植物中含有的交让木碱(daphniphylline)。

几种来源于萜类的生物碱结构见图 11-20。

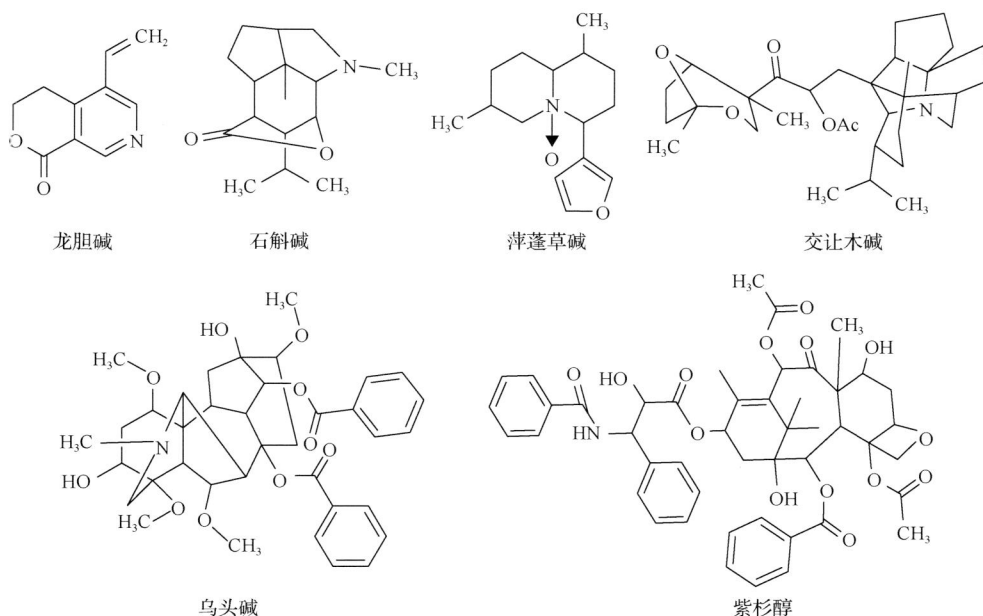

龙胆碱　　　　　石斛碱　　　　　萍蓬草碱　　　　　交让木碱

乌头碱　　　　　　　　紫杉醇

图 11-20　几种来源于萜类的生物碱结构

## 十、来源于甾体

### (一)孕甾烷类(C21)生物碱

该类生物碱具有孕甾烷的基本母核,主要指孕甾烷 C-3 或 C-20 位单氨基或双氨基的衍生物。主要存在于夹竹桃科植物中,如丰土明碱(funtumine),少数分布在黄杨木科植物中,如野扇花碱。

### (二)环孕甾烷(C24)生物碱

该类生物碱具有 19-环-4,4,14α-三甲基孕甾烷类型结构,一般母核具有 24 个碳原子。主要存在于黄杨木科植物中,如环氧黄杨木己素(cycloxobuxidine-F)等。

### (三)胆甾烷(C27)生物碱

胆甾烷生物碱是以天然甾醇为母体的氨基化衍生物,常以苷的形式存在,主要存在于茄科茄属和百合科植物中,如澳洲茄胺(solasodine)、龙葵胺(solanidine)。

### (四)异胆甾烷(C27)生物碱

异胆甾烷与胆甾烷类的主要区别在于五元环(C 环)和六元环(D 环)异位,母核由 1,2-苯芴和一个含氮杂环骈合而成。主要存在于百合科藜芦属和贝母属植物中,如藜芦胺、介藜芦胺等。

几种来源于甾体的生物碱结构见图 11-21。

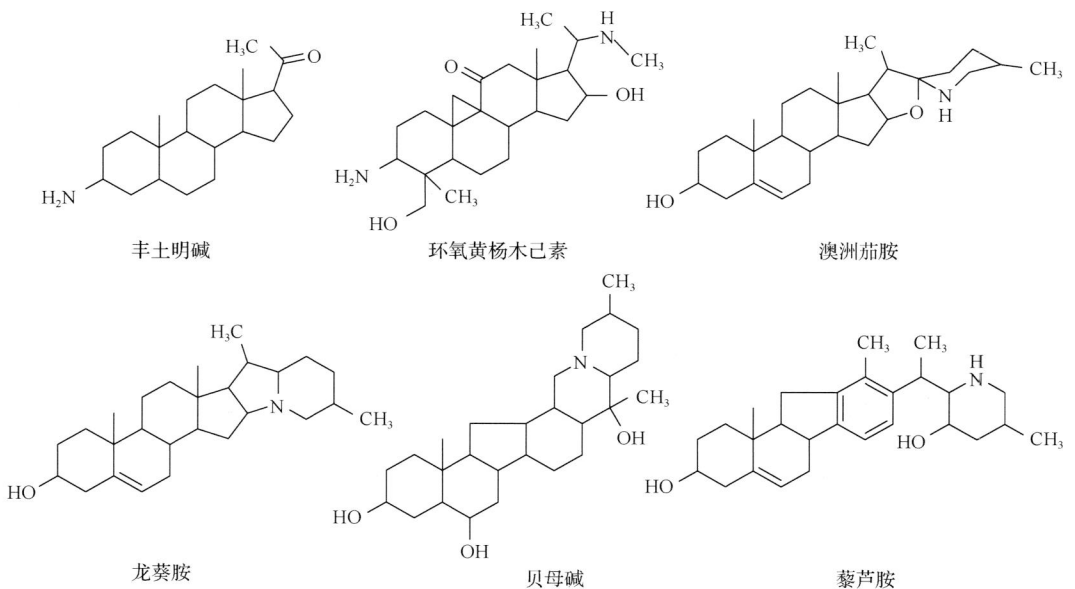

丰土明碱　　　　　　　环氧黄杨木己素　　　　　　澳洲茄胺

龙葵胺　　　　　　　　贝母碱　　　　　　　　　藜芦胺

图 11-21　几种来源于甾体的生物碱结构

## 十一、嘌呤及黄嘌呤类生物碱

这类生物碱含有嘌呤或黄嘌呤母核，如具有中枢兴奋作用的咖啡因(caffeine)，具有利尿、扩张冠状动脉作用的茶碱(theophylline)、可可碱(theobromine)等(图11-22)。

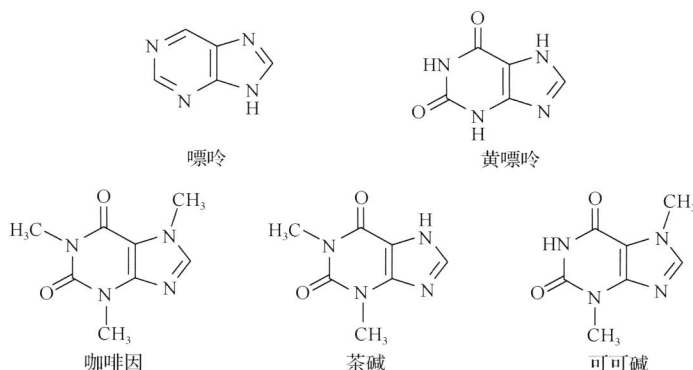

嘌呤　　　　　　　　　黄嘌呤

咖啡因　　　　　　　茶碱　　　　　　　可可碱

图 11-22　嘌呤、黄嘌呤及几种常见嘌呤及黄嘌呤类生物碱结构

# 第二节　生物碱的生物合成

生物碱的生源途径复杂多样，本节综述了研究较为深入的吲哚类生物碱(长春碱、长春新碱和喜树碱)及异喹啉类生物碱(那可丁)等生物合成及调控的研究进展。

## 一、萜类吲哚生物碱的生物合成

### (一)长春碱和长春新碱

长春花(*Catharanthus roseus*)为夹竹桃科长春花属多年生草本植物，体内含有130多种生物碱，大多数为萜类吲哚生物碱(terpenoid indole alkaloid，TIA)(Almagro et al.，2015)。长春花 TIA 生物合成途径分为上游途径和下游途径，上游途径包括生成裂环马钱子苷的环烯醚萜途径(iridoid pathway)和生成色胺的吲哚途径(indole pathway)，以及由裂环马钱子苷和色胺经缩合反应生成 $3\alpha(S)$-异胡豆苷的过程(Liu et al.，2005)。下游合成途径包括文多灵途径(vindoline pathway)、长春质碱途径、长春碱和长春新碱途径，是指以上游途径合成的终产物 $3\alpha(S)$-异胡豆苷为共同前体，在各自的酶促反应下经过多种不同的代谢途径最后生成各种 TIA 的代谢过程(Rohdich et al.，2001；Simkin et al.，2011；Wang et al.，2015)，如图 11-23 所示。目前已鉴定的长春花萜类吲哚生物碱合成途径中的关键酶已超过 30 个。

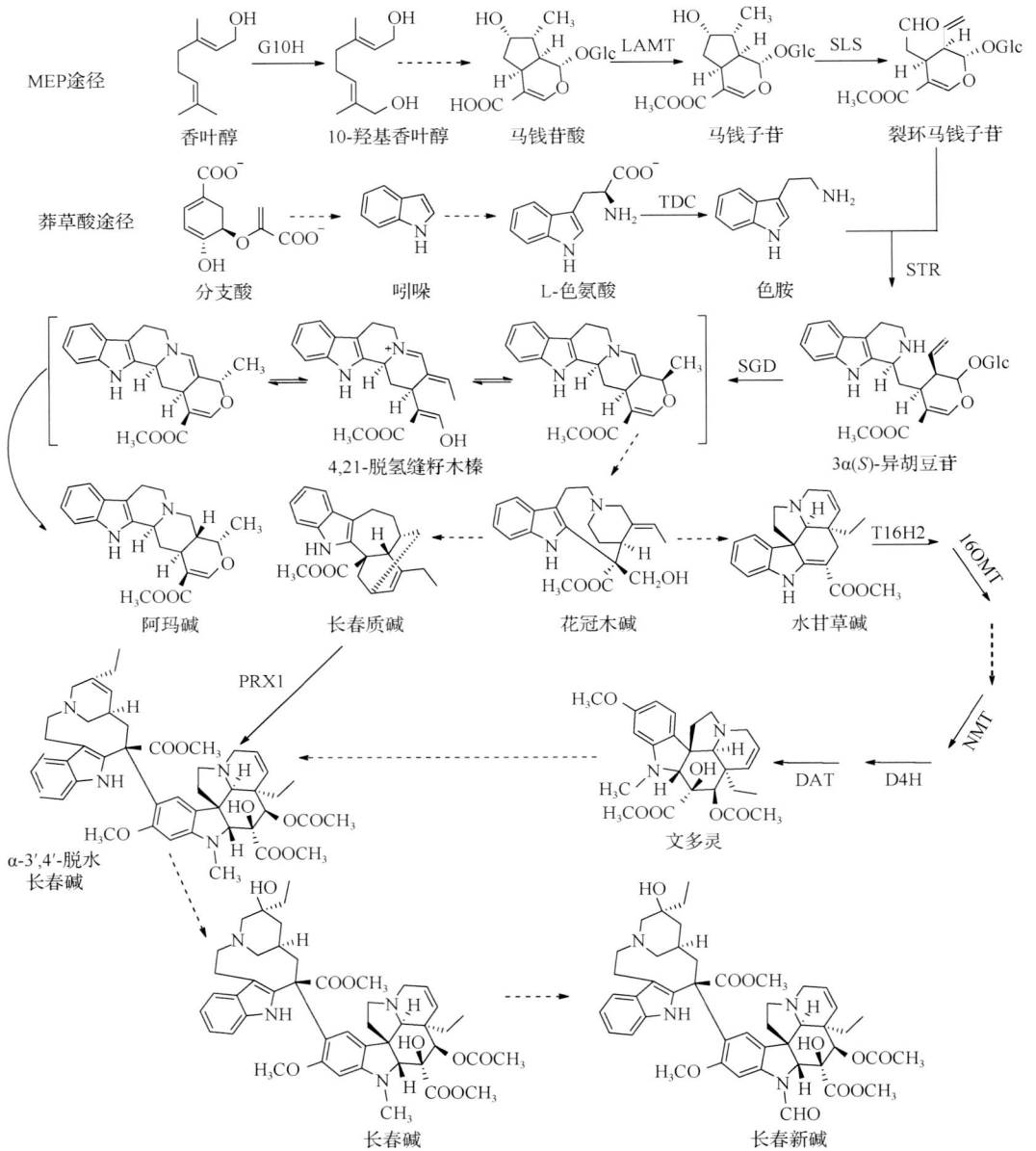

图 11-23　长春花萜类吲哚生物碱(TIA)合成途径示意图(改自 Zhu et al.，2015)
虚线表示没有被阐明的步骤

1. 环烯醚萜途径

植物中保守的萜类化合物前体合成途径，包括甲羟戊酸途径(MVA pathway)和甲基赤藓醇 4-磷酸途径(MEP pathway)。由 MVA 途径和 MEP 途径生成的 IPP 和 DMAPP 以头尾缩合的方式合成十碳化合物 GPP。GPP 在香叶醇合酶(geraniol synthase，GES)的催化作用下生成香叶醇(geraniol)(Simkin et al. 2011)。长春花中参与环烯醚萜途径的 IPP

的主要来源是 MEP 途径，MVA 途径在环烯醚萜合成中仅提供少量前体。

长春花体内环烯醚萜途径包括 8 个酶促反应催化香叶醇合成裂环马钱子苷，具体如下：①香叶醇-10-脱氢酶(geraniol 10-hydroxylase，G10H)催化香叶醇生成 10-羟基香叶醇(10-hydroxygeraniol)；②10-羟基香叶醇经 10-羟基香叶醇氧化还原酶(10-hydroxygeraniol oxidoreductase，10-HGO)氧化还原生成 10-氧香叶醇(10-oxogeranial)；③10-氧香叶醇由烯醚萜合酶(iridodial synthase，IRS)环化生成环烯醚萜(iridodial)，该烯醚萜合酶是 NADPH 依赖的 10-羟基香叶酮环化酶；④7-deoxyloganetic acid synthase(7-DLS)将环烯醚萜氧化为 7-deoxyloganetic acid；⑤7-deoxyloganetic acid glucosyltransferase(7-DLGT)再将其催化为 7-脱氧马钱苷酸(7-deoxyloganic acid)；⑥7-脱氧马钱苷酸-7-羟化酶(7-deoxyloganic acid 7-hydroxylase，DL7H)催化 7-脱氧马钱苷酸生成马钱苷酸(loganic acid)；⑦马钱苷酸进一步在马钱苷酸甲基转移酶(loganic acid methyltransferase，LAMT)的作用下生成马钱子苷；⑧马钱子苷在裂环马钱子苷合酶(secologanin synthase，SLS)的催化作用下裂环生成裂环马钱子苷(secologanin)，裂环马钱子苷合酶是一种与细胞膜相关的对氧气和 NADPH 依赖的细胞色素 P450 单加氧酶，在环烯醚萜途径中起着至关重要的调节作用。

2. 吲哚途径

长春花中的吲哚途径又称莽草酸途径，色胺的合成由 7 步连续的酶促反应催化完成 (Poulsen and Verpoorte，1991)。①分支酸在邻氨基苯甲酸合酶(anthranilate synthase α，ASα)的催化下生成邻氨基苯甲酸(anthranilate)；②磷酸核糖焦磷酸苯甲酸转移酶 (phosphoribosyl diphosphate anthranilate transferase)催化邻氨基苯甲酸生成磷酸核糖苯甲酸[N-(5-phosphoribosyl) anthranilate]；③苯甲酸异构酶(PR-anthranilate isomerase，PRAI)催化生成磷酸苯胺脱氧核酮糖[1-(O-carboxyphenylamino)-1-deoxyribulose phosphate]；④吲哚-3-甘油磷酸合酶(indole-3-glycerol phosphate synthase，IGPS)催化磷酸苯胺脱氧核酮糖形成 3-吲哚磷酸甘油(indole-3-glycerol phosphate)；⑤3-吲哚磷酸甘油在色氨酸合酶 α(tryptophan synthase α)的催化下生成吲哚(indole)；⑥在色氨酸合酶 β(tryptophan synthase β)的催化下形成 L-色氨酸；⑦L-色氨酸在色氨酸脱羧酶(tryptophan decarboxylase，TDC)的催化下合成色胺。其中参与第一步反应的 ASα 和参与最后一步反应的 TDC 是该途径的主要调节节点。AS 蛋白由两个大亚基和两个小亚基组成，α 大亚基与形成邻氨基苯甲酸有关，β 小亚基与形成氨基有关。1984 年，Noé 等完成了 TDC 的首次分离纯化，该酶存在于植物细胞的细胞质中，只在叶片的上表皮细胞中表达。

长春花下游合成途径以上游途径的终产物 3α(S)-异胡豆苷[3α(S)-strictosidine]为前体。3α(S)-异胡豆苷由来自环烯醚萜途径的裂环马钱子苷和来自吲哚途径的色胺(tryptamine)在异胡豆苷合酶(strictosidine synthase，STR)的催化作用下偶合生成。3α(S)-异胡豆苷是长春花形成多种 TIA 的关键前体物质，所以 STR 是长春花 TIA 整个代谢合成途径中最为重要的一个关键酶，该酶的活性还受到反应产物文多灵、长春质碱和阿玛碱等的反馈抑制。异胡豆苷 β-D 型葡萄糖苷酶(strictosidine β-D-glucosidase，SGD)能够将 3α(S)-异胡豆苷进一步水解。

3. 文多灵途径

文多灵途径被认为是产生双吲哚类生物碱的限速步骤，它的合成由水甘草碱(tabersonine)经过 6 步连续的酶促反应催化而成(Balsevich et al.，1986)。①水甘草碱在水甘草碱-16-羟化酶(tabersonine 16-hydroxylase 2，T16H2)的酶促作用下芳烃羟化，生成 16-羟基水甘草碱(16-hydroxytabersonine)；②16-羟基水甘草碱在甲基氧化酶(16-*O*-methyltransferase，16OMT)作用下生成 16-甲氧基水甘草碱(16-methoxytabersonine)；③16-甲氧基水甘草碱在水甘草碱 3-加氧酶(tabersonine 3-oxygenase，T3O)和水甘草碱 3-还原酶(tabersonine 3-reductase，T3R)的协同作用下转化为 16-甲氧基-2,3-二氢-3-羟基水甘草碱(16-methoxy-2,3-dihydro-3-hydroxytabersonine)；④*N*-甲基转移酶(*N*-methyltransferase，NMT)催化 16-甲氧基-2,3-二氢-3-羟基水甘草碱生成去乙酰氧基文多灵(desacetoxyvindoline)；⑤去乙酰氧基文多灵在去乙酰氧基文多灵-4-羟化酶(desacetoxyvindoline 4-hydroxylase，D4H)的作用下生成去乙酰文多灵(deacetyl vindoline)；⑥乙酰文多灵在去乙酰文多灵-4-*O*-乙酰转移酶(deacetylvindoline 4-*O*-acetyltransferase，DAT)的作用下进一步生成文多灵(vindoline)。文多灵途径中水甘草碱-16-羟化酶、去乙酰氧基文多灵-4-羟化酶和去乙酰文多灵-4-*O*-乙酰转移酶是该途径的关键酶。

4. 长春碱和长春新碱途径

单萜类生物碱长春质碱和文多灵在过氧化物酶 PRX1 的偶合作用下生成中间产物 α-3′,4′-脱水长春碱(α-3′,4′-anhydrovinblastine)(Rischer et al.，2006)，然后转化为长春碱，由长春碱再生成长春新碱。α-3′,4′-脱水长春碱到长春碱和长春新碱的催化机制仍不清楚。

(二)喜树碱

喜树碱的结构复杂，其化学合成难度巨大，而其半合成衍生物也依赖于喜树(*Camptotheca acuminata*)和青脆枝(*Nothapodytes nimmoniana*)树皮和种子的分离及提取(Lorence and Nessler，2004)。由于喜树碱在喜树中的含量较低，已无法满足日益增长的市场需求。合成生物学技术的兴起为喜树碱的体外合成提供了新的研究方向。

喜树碱的生物合成途径如图 11-24 所示。长春花碱合成途径解析的快速进展为喜树碱的合成生物学研究奠定了基础。作为吲哚生物碱，喜树碱的生物合成途径也可分为上游途径和下游途径两部分。上游途径主要为异胡豆苷的生物合成，包括吲哚途径和环烯醚萜途径。目前已成功克隆和鉴定了多种与喜树碱合成途径相关的酶，如 TSB、TDC、HMGR 和 HMGS 等。与长春花萜类吲哚生物碱合成途径不同的是：长春花通过环烯醚萜途径合成马钱子苷和裂环马钱子苷作为萜类吲哚生物碱的合成前体，而代谢组学研究证实，喜树中并没有马钱子苷和裂环马钱子苷，取而代之的是马钱子苷酸和裂环马钱子苷酸。G10H 在长春花裂环马钱子苷的形成过程中起关键催化作用，将长春花关键基因 *G10H* 及 *STR+G10H* 分别转到喜树毛状根中，结果显示前者对喜树碱的积累未产生影响，与对照组相比无显著差异，而后者则显著提高了喜树毛状根中喜树碱的量，推测 G10H 在喜树碱的生物合成中没有发挥作用，因此也证实喜树碱中不存在裂环马钱子苷的合成步骤。利用 RNAi 抑制 CYC1 的表达导致喜树中马钱子苷酸和裂环马钱子苷酸含量显著降低，同样证实喜树碱的生物合成途径中，中间代谢产物为马钱子苷酸和裂环马钱子苷酸。CYP76B6 催化香叶醇合成 8-羟基香叶醇，然后在 8-羟基香叶醇氧化还原酶的作用下合成琉蚁二醛，再在 CYP76A26 的催化下合成 7-deoxyloganetic acid，通过 7-DLGT 的糖基化和 CYP72A224 的羟基化合成马钱子苷酸，在甲基化和裂环马钱子苷酸合酶的作用下合成裂环马钱子苷酸。吲哚途径由莽草酸途径生成 L-色氨酸（L-tryptophan），随后 L-色氨酸在色氨酸脱羧酶（tryptophan decarboxylase 1，TDC1）的催化作用下生成色胺（tryptamine）。色胺与裂环马钱子苷酸在异胡豆苷酸合酶（strictosidine acid synthase，STRAS）的催化下生成异胡豆苷酸。喜树碱下游途径是以异胡豆苷酸为前体合成喜树碱，但是下游途径中相关的酶还没有得到充分的挖掘和鉴定。Sadre 等（2016）通过对喜树不同组织器官的代谢组学研究，推测从异胡豆苷酸到喜树碱的中间产物包括异长春花苷内酰胺（strictosamide）、异长春花苷内酰胺环氧化物（strictosamide epoxide）、异长春花苷内酰胺二醇（strictosamide diol）、异长春花苷乙酮醇内酰胺（strictosamideketolactam）、短小蛇根草苷（pumiloside）、脱氧短小蛇根草苷（deoxypumiloside）。其中，异长春花苷内酰胺环氧化物、异长春花苷内酰胺二醇、异长春花苷乙酮醇内酰胺在喜树所有组织中含量都较低，无法准确定量。此外，值得注意的是，这些中间产物在不同组织中的含量分布趋势并不一致。

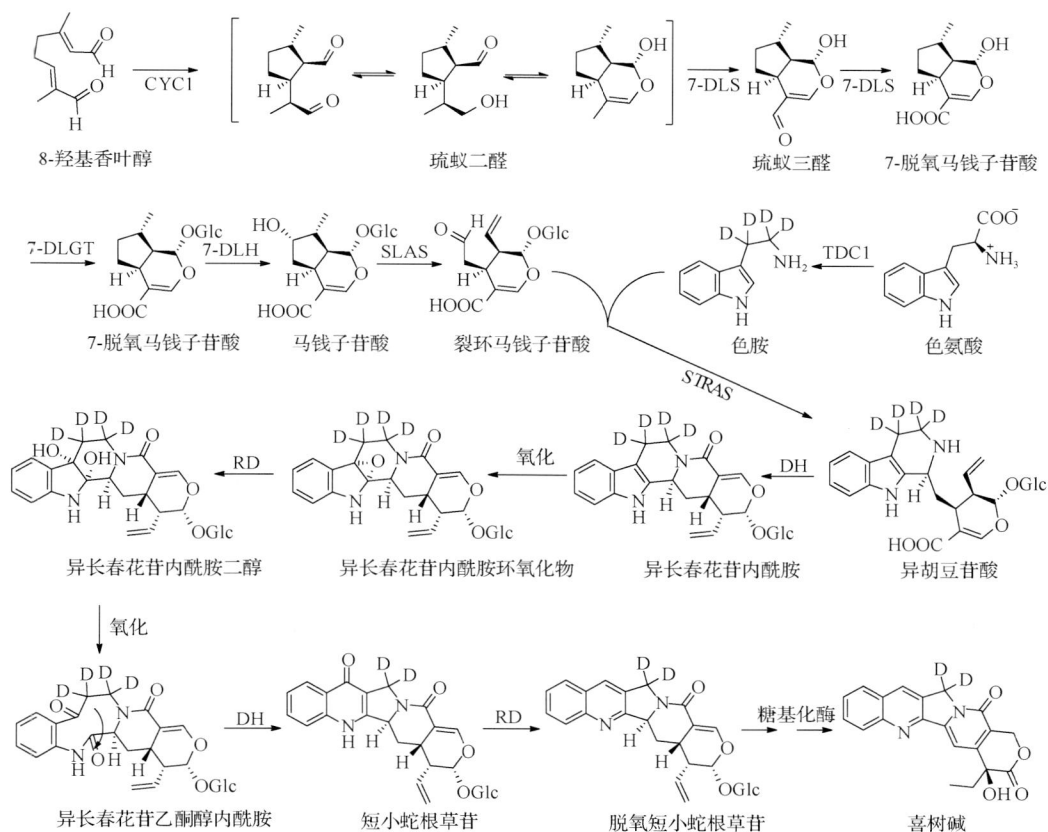

图 11-24　喜树碱的生物合成途径（改自 Sadre et al.，2016）

## 二、异喹啉类生物碱的生物合成

那可丁（noscapine）是由 Parisian Derosen 在 1804 年从罂粟属植物中提取得到的，其作为镇咳药已有一百多年的临床使用历史。那可丁镇咳作用与可待因相当，但是无镇痛、镇静作用，无欣快感、成瘾性和耐受性，不良反应小，临床应用非常广泛（Ke et al.，2000；Zhou et al.，2002；Rida et al.，2015）。此外，那可丁还是潜在的抗癌药，正处于临床实验前研究阶段，它可在人类细胞中结合微管蛋白，将细胞周期阻断在有丝分裂中期。阐明其生物合成途径将促进那可丁及其相关生物活性分子的工业化生产。

全去甲劳丹碱被认为是那可丁生物合成的中间骨架，经过一系列的甲基化、芳构化、分子内和分子间的氧化偶联作用产生异喹啉类生物碱。用同位素标记全去甲劳丹碱和牛心果碱进行示踪实验，发现那可丁、小檗碱、原阿片碱、原小檗碱衍生的生物碱碳骨架来自酪氨酸。酪氨酸衍生物多巴胺和 4-羟基-苯乙醛缩合成异喹啉类生物碱前体去甲乌药碱 [(S)-norcoclaurine]；去甲乌药碱通过 6-O-甲基化生成乌药碱 [(S)-coclaurine]；N-甲基转移酶催化乌药碱的 N-甲基化合成 N-甲基化乌药碱；N-甲基化乌药碱由 3′-羟基化酶氧化合成 3′-羟基-N-甲基化乌药碱；4′-O-甲基转移酶催化合成关键分叉点中间产物牛心果碱 [(S)-reticuline]；牛心果碱在小檗碱桥酶（BBE）的甲基化作用下形成斯氏紫堇碱 [(S)-scoulerine]。由于那可丁含有与四氢小檗碱相同的 2,3-甲二氧基-9,10-氧二甲基取代形式，推测斯氏紫堇碱到那可丁的初始步骤与小檗碱的生物合成途径相同，即斯氏紫堇碱在 9-O-甲基化的作用下合成四氢非洲防己碱 [(S)-tetrahydrocolumbamine]，然后在 CYP450 的氧化作用下形成甲二氧基桥，生成四氢小檗碱 [(S)-canadine]。四氢小檗碱在 N-甲基转移酶的作用下合成 N-甲基四氢小檗碱。近来，在罂粟（Papaver somniferum）中研究发现一个由 10 个基因组成的基因簇，这个基因簇是目前为止发现的最复杂的植物基因簇。采用基因沉默手段对基因簇的基因功能进行验证，证实其参与那可丁的生物合成。基于基因簇推测出了除 BBE 和 TNMT 之外的所有参与合成那可丁的编码基因（Winzer et al.，2012）。Winzer 等（2012）对高产吗啡 HM1、蒂巴因 HT1 和那可丁 HN1 的三个罂粟品种进行转录组分析，发现三个甲基化转移酶 PSMT1、PSMT2、PSMT3，4 个 CYP450，1 个乙酰基转移酶 PSAT1，1 个羧酸酯酶 PSCXE1，1 个短链脱氢酶 PSSDR1 的编码基因特异在罂粟品种 HN1 中共表达，在 HM1 和 HT1 中不表达。对 HN1 和 HM1 的 $F_2$ 代杂交群体进行分析表明，这 10 个基因在 HN1 中是紧密连锁的。构建细菌人工染色体 BAC 文库获得 401kb 的 DNA 片段，证实 10 个基因的基因簇跨越 221kb。通过 VIGS 技术分别对候选的 10 个基因的表达进行抑制，发现 PMST1、CYP719A21、CYP82X2、PSCXE1、PSSDR1、PSMT2 与那可丁的生物合成有关；PMST1 和 CYP719A21 分别顺式催化斯氏紫堇碱合成四氢非洲防己碱和四氢小檗碱；CYP82X2 羟基化 secoberbine 合成 3-OH-secoberbine；PSCXE1 和 PSSDR1 顺式催化 papaveroxine 合成那可丁。该研究证实了那可丁生物合成过程中若干催化步骤的催化顺序，并推测出一条更准确的那可丁生物合成途径，途径中未知的氧化及乙酰化步骤可能由 CYP82X1、CYP82Y1 及 PSAT1 催化完成，但仍需进一步验证（Dang and Facchini，2012，2014；Chen and Facchini，2014）。

# 第三节　生物碱合成的调控

对长春花萜类吲哚生物碱生物合成途径的解析较为深入，此外，由于长春花具备成熟的转基因体系，因此对该生物碱的体内调控研究也受广泛关注。转录因子与特异的元件结合并调控相应基因的表达是 TIA 生物合成调控的一种主要机制。本节对近年来长春花转录因子的挖掘及功能研究进行梳理总结。

AP2/ERF：对调控长春花活性成分合成机制的研究最为深入，不同转录因子 AP2/ERF 在不同培养体系下对关键酶基因的调控已被阐明（表 11-1）（季爱加等，2015）。1999 年，在长春花中用酵母单杂交方法分离出 ERF 亚家族成员 ORCA2，用其转化长春花悬浮细胞后，检测到生物碱合成途径关键酶基因 *STR* 启动子被 ORCA2 显著激活，这是首次将转录因子 AP2/ERF 的功能扩展到茉莉酸（jasmonic acid，JA）参与的植物活性成分合成途径中。2000 年，用 T-DNA 激活标签技术从长春花细胞中分离出 ORCA3 转录因子，转化悬浮细胞后发现，ORCA3 能够调控 TIA 代谢途径中的多步反应，*TDC*、*STR*、*CPR* 和 *D4H* 基因表达上调，说明 ORCA3 是 TIA 途径的核心调控因子（Fits and Memelink，2000）。ORCA3 能够与关键酶基因 *STR* 启动子 JERE 元件直接结合，激活 *STR* 的表达（Van and Memelink，2001）。过表达 ORCA3 增加了色氨酸和色胺的积累，但检测不到 TIA，说明萜类化合物的支路被抑制。这种抑制归因于一个编码细胞色素 P450 单加氧酶的基因 *G10H* 不受到 ORCA3 的调控作用。2010 年，Wang 等用 *G10H* 和 *ORCA3-G10H* 融合基因转化长春花毛状根，检测长春新碱产量最高为阴性对照的 6.5 倍。2012 年，Pan 等首次用 *ORCA3* 和 *G10H-ORCA3* 融合基因转化长春花植株，过表达 *ORCA3*，使 *ASα*、*TDC*、*STR* 和 *D4H* 转录水平提高，但是对 *CRMYC2* 和 *G10H* 无影响。当过表达 *G10H-ORCA3* 时，异胡豆苷、文多灵、长春质碱、阿玛碱产量显著增加，但限制了脱水长春碱和长春碱的产量。同时，代谢组学研究发现，转基因植株中单体吲哚生物碱的含量较高，说明过表达 *G10H-ORCA3* 会改变长春花其他代谢途径，进而促进单体吲哚生物碱的生物合成。

**表 11-1　不同培养体系下长春花转录因子 ERF 亚家族成员 *ORCA3* 对关键酶基因的调控作用**

| 基因 | 悬浮细胞（ORCA3） | 毛状根（ORCA3） | 植株（ORCA3） | 毛状根（ORCA3-G10H） | 植株（G10H-ORCA3） |
|---|---|---|---|---|---|
| *ASα* | + | + | + | + | + |
| *TDC* | + | 无变化 | + | + | + |
| *DXS* | + | + | 无变化 | 未报道 | 无变化 |
| *CPR* | + | 无变化 | 未报道 | + | 未报道 |
| *G10H* | 无变化 | 无变化 | 无变化 | +* | +* |
| *SLS* | 未报道 | + | 未报道 | + | 未报道 |
| *STR* | + | + | + | + | + |
| *SGD* | + | – | 未报道 | 未报道 | 未报道 |

注：“+”表示上调，“–”表示下调；“*”表示基因的表达变化由 *G10H* 本身过表达引起

MYC：CrMYC1 和 CrMYC2 是基本的螺旋-环-螺旋（helix-loop-helix）转录因子。JA

和 YE 可诱导 CrMYC1 和 *STR* 基因的 mRNA 水平升高，表明 CrMYC1 激活了 *STR* 基因的表达。CrMYC2 被认为作用于 ORCA2 和 ORCA3 上游的顺式作用元件并激活它们的转录。CrMYC1 和 CrMYC2 这两个转录因子都受到 JA 和 YE 的诱导，然而只有 CrMYC1 对真菌诱导子做出响应。ORCA2、ORCA3、CrBPF-1、CrMYC1 和 CrMYC2 对 TIA 生物合成基因都属于转录增强因子，除此之外，一些转录抑制因子也受到了关注。长春花中 Cys2/His2-type 锌指蛋白家族的三个成员 ZCT1、ZCT2 和 ZCT3 抑制 TDC 和 STR 启动子的活性，同时受到 ORCA2 和 ORCA3 的激活。此外，ZCT 蛋白还会抑制 ORCA 的 AP2/ERF 结构域的活性。除了 ZCT 蛋白，G-box 结合因子（GBF-1 和 GBF-2）也是 *STR* 基因表达的抑制因子。

　　WRKY：CrWRKY1 和 CrWRKY2 是 JA 应答的 WRKY 转录因子，可以激活 TIA 合成途径中若干基因的表达。长春花毛状根中过表达 CrWRKY1 使 *TDC* 表达水平上调，同时也使转录抑制因子 ZCT1、ZCT2 和 ZCT3 的表达水平上调，并下调了转录激活因子 ORCA2、ORCA3 和 CrMYC2 的表达水平。与此相反，长春花毛状根中过表达 CrWRKY2 使 *TDC*、*NMT*、*DAT* 和 *MAT* 的表达水平提高了，同时还提高了转录激活因子 ORCA2、ORCA3 和 CrMYC2 及转录抑制因子 ZCT1、ZCT2 和 ZCT3 的表达水平。

## 第四节　药用植物生物碱合成途径研究的前景

　　天然产物是药物研发的重要源泉，目前 1/3 以上的临床用药来源于天然产物及其衍生物，其中包括青蒿素、紫杉醇、长春碱和喜树碱等重要药物。天然产物生物合成途径解析是合成生物学研究的重要基石。尽管生物合成途径解析始终是中药和天然产物研究领域的焦点，但是对相关途径的解析进展非常缓慢，一些具有重大商业价值的天然药物，如紫杉醇、长春碱、喜树碱等的合成途径至今还未被完全解析。萜类、黄酮类等天然产物具有相同的结构骨架及上游生源途径，然而生物碱来源多样，导致生源途径差异明显，因此对其生源途径的解析难度更大。一直以来，遗传信息的匮乏、候选基因筛选和转基因技术不成熟是限制药用植物天然产物途径解析的主要瓶颈。随着本草基因组学等各种组学技术的综合运用，天然产物合成途径解析研究将进入一个快速发展的"黄金时期"。天然产物生物合成途径解析将为天然产物合成生物学研究提供丰富的元件，推动该学科的发展，为天然药物的生产和研发提供新的化合物来源；同时途径解析也将为中草药的分子育种研究提供"功能性分子标记"，加速优良品种的选育，推动中药农业的发展。

　　随着生物碱合成途径在原植物中的陆续鉴定，生物碱合成生物学的研究也取得重大的突破，如长春花碱、阿片类生物碱（Galanie et al.，2015；Nakagawa et al.，2016）、那可丁（Li and Smolke，2016）等生物碱在酵母中的成功合成。然而，生物碱的合成生物学仍面临巨大挑战，不同于青蒿素等萜类化合物，生物碱结构更加复杂，有的甚至需要数十个基因的共同作用来完成最终产物的合成，现如今酵母中合成生物碱的方法还远远达不到产业化生产的要求。例如，阿片类生物碱在酵母中的成功合成是合成生物学研究历史上最复杂的壮举之一，但酵母合成阿片类药物的产量远远达不到工业生产的条件，仍需要进一步改造提高产量。

# 参 考 文 献

国家药典委员会. 2015. 中华人民共和国药典: 2015 年版: 一部. 北京: 中国医药科技出版社.

季爱加, 罗红梅, 徐志超, 等. 2015. 药用植物转录因子 AP2/ERF 研究与展望. 科学通报, (14): 1272-1284.

文良志, 孙文静, 刘凯军, 等. 2017. 吡咯里西啶生物碱性肝损伤研究进展. 传染病信息, 30(4): 209-211.

徐任生. 2004. 天然产物化学. 2 版. 北京: 科学出版社: 132.

周贤春, 何春霞, 苏力坦·阿巴白克力. 2006. 生物碱的研究进展. 生物技术通讯, 17(3): 476-479.

Andreas L. 2009. Molecular, Clinical and Environmental Toxicology. Berlin: Springer: 20.

Almagro L, Fernández-Pérez F, Pedreño M A, et al. 2015. Indole alkaloids from *Catharanthus roseus*: bioproduction and their effect on human health. Molecules, 20(2): 2973-3000.

Balsevich J, Deluca V, Kurz W G W, et al. 1986. Altered alkaloid pattern in dark grown seedlings of *Catharanthus roseus*—the isolation and characterization of 4-desacetoxyvindoline: a novel indole alkaloid and proposed precursor of vindoline. Heterocycles, 24(9): 2415-2421.

Chen X, Facchini P J. 2014. Short-chain dehydrogenase/reductase catalyzing the final step of noscapine biosynthesis is localized to laticifers in opium poppy. Plant Journal, 77(2): 173-184.

Dang T T T, Facchini P J. 2012. Characterization of three *O*-methyltransferases involved in noscapine biosynthesis in opium poppy. Plant Physiology, 159(2): 618-631.

Dang T T T, Facchini P J. 2014. CYP82Y1 is *N*-methylcanadine 1-hydroxylase, a key noscapine biosynthetic enzyme in opium poppy. Journal of Biological Chemistry, 28(4): 2013-2026.

Dhiman M, Khanna A, Manju S. 2013. A new phenanthroindolizidine alkaloid from *Tylophora indica*. Chemical Papers, 67(2): 245-248.

Fits L V D, Memelink J. 2000. ORCA3, a jasmonate-responsive transcriptional regulator of plant primary and secondary metabolism. Science, 289(5477): 295-297.

Galanie S, Thodey K, Trenchard I J, et al. 2015. Complete biosynthesis of opioids in yeast. Science, 349(6252): 1095-1100.

Garraffo H M, Jain P, Spande T F, et al. 1997. Alkaloid 223A: the first trisubstituted indolizidine from dendrobatid frogs. Journal of Natural Products, 60(1): 2-5.

Kaur K, Jain M, Kaur T, et al. 2009. Antimalarials from nature. Bioorganic & Medicinal Chemistry, 17(9): 3229-3256.

Ke Y, Ye K, Grossniklaus H E, et al. 1998. Opium alkaloid noscapine is an antitumor agent that arrests metaphase and induces apoptosis in dividing cells. Proceedings of the National Academy of Sciences of the United States of America, 95(4): 1601-1606.

Ke Y, Ye K, Grossniklaus H E, et al. 2000. Noscapine inhibits tumor growth with little toxicity to normal tissues or inhibition of immune responses. Cancer Immunology Immunotherapy Cii, 49(4-5): 217-225.

Leith N J, Barrett R J. 1980. Effects of chronic amphetamine or reserpine on self-stimulation responding: animal model of depression? Psychopharmacology, 72(1): 9-15.

Li Y, Smolke C D. 2016. Engineering biosynthesis of the anticancer alkaloid noscapine in yeast. Nature Communications, 7: 12137.

Liu Y, Wang H, Ye H C, et al. 2005. Advances in the plant isoprenoid biosynthesispathway and its metabolic engineering. Journal of Integrative Plant Biology, 47(7): 769-782.

Lorence A, Nessler C L. 2004. Camptothecin, over four decades of surprising findings. Phytochemistry, 65(20): 2735-2749.

Ma Y, Wink M. 2008. Lobeline, a piperidine alkaloid from lobelia can reverse p-gp dependent multidrug resistance in tumor cells. Phytomedicine, 15(9): 754-758.

Mukherjee J, Menge M. 2000. Progress and prospects of ergot alkaloid research. Advances in Biochemical Engineering/biotechnology, 68(9): 1-20.

Murata J, De L V. 2005. Localization of tabersonine 16-hydroxylase and 16-OH tabersonine-16-O-methyltransferase to leaf epidermal cells defines them as a major site of precursor biosynthesis in the vindoline pathway in *Catharanthus roseus*. Plant Journal, 44(4): 581-594.

Nakagawa A, Matsumura E, Koyanagi T, et al. 2016. Total biosynthesis of opiates by stepwise fermentation using engineered *Escherichia coli*. Nature Communications, 7(9): 10390.

Pan Q, Wang Q, Yuan F, et al. 2012. Overexpression of *ORCA3* and *G10H* in *Catharanthus roseus* plants regulated alkaloid biosynthesis and metabolism revealed by NMR-metabolomics. PLoS ONE, 7(8): e43038.

Poulsen C, Verpoorte R. 1991. Roles of chorismate mutase, isochorismate synthase and anthranilate synthase in plants. Phytochemistry, 30(2): 377-386.

Qu Z, Cui J, Haratalee Y, et al. 2016. Identification of candidate anti-cancer molecular mechanisms of compound kushen injection using functional genomics. Oncotarget, 7(40): 66003.

Rida P C G, Livecche D, Ogden A, et al. 2015. The noscapine chronicle: a pharmaco-historic biography of the opiate alkaloid family and its clinical applications. Medicinal Research Reviews, 35(5): 1072-1096.

Rischer H, Orešič M, Seppänenlaakso T, et al. 2006. Gene-to-metabolite networks for terpenoid indole alkaloid biosynthesis in *Catharanthus roseus* cells. Proceedings of the National Academy of Sciences of the United States of America, 103(14): 5614-5619.

Rohdich F, Kis K, Bacher A, et al. 2001. The non-mevalonate pathway of isoprenoids: genes, enzymes and intermediates. Current Opinion in Chemical Biology, 5(5): 535-540.

Sadre R, Magallanes-Lundback M, Pradhan S, et al. 2016. Metabolite diversity in alkaloid biosynthesis: a multilane (diastereomer) highway for camptothecin synthesis in *Camptotheca acuminata*. Plant Cell, 28(8): 1926-1944.

Simkin A J, Guirimand G, Papon N, et al. 2011. Peroxisomal localisation of the final steps of the mevalonic acid pathway in planta. Plant Signaling & Behavior, 234(5): 903-914.

Simkin A J, Miettinen K, Claudel P, et al. 2013. Characterization of the plastidial geraniol synthase from *Madagascar periwinkle* which initiates the monoterpenoid branch of the alkaloid pathway in internal phloem associated parenchyma. Phytochemistry, 85(1): 36-43.

Van D F L, Memelink J. 2001. The jasmonate-inducible AP2/ERF-domain transcription factor ORCA3 activates gene expression via interaction with a jasmonate-responsive promoter element. Plant Journal for Cell & Molecular Biology, 25(1): 43-53.

Wang B, Liu L, Chen Y Y, et al. 2015. Monoterpenoid indole alkaloids from *Catharanthus roseus* cultivated in Yunnan. Natural Product Communications, 10(12): 2085-2086.

Wang C T, Liu H, Gao X S, et al. 2010. Overexpression of *G10H* and *ORCA3* in the hairy roots of *Catharanthus roseus* improves catharanthine production. Plant Cell Reports, 29(8): 887-894.

Winzer T, Gazda V, He Z, et al. 2012. A *Papaver somniferum* 10-gene cluster for synthesis of the anticancer alkaloid noscapine. Science, 336(6089): 1704-1708.

Zhou J, Gupta K, Yao J, et al. 2002. Paclitaxel-resistant human ovarian cancer cells undergo c-Jun $NH_2$-terminal kinase-mediated apoptosis in response to noscapine. Journal of Biological Chemistry, 277(42): 39777-39785.

Zhou X J, Rahmani R. 1992. Preclinical and clinical pharmacology of vinca alkaloids. Drugs, 44(4): 1-16.

Zhu J, Wang M, Wei W, et al. 2015. Biosynthesis and regulation of terpenoid indole alkaloids in *Catharanthus roseus*. Pharmacognosy Reviews, 9(17): 24-28.

# 第十二章　转录因子及其对药用植物品质形成的调控

转录因子也称反式作用因子，是能够与真核基因启动子区域中顺式作用元件发生特异性相互作用的 DNA 结合蛋白。通过它们之间及与其他相关蛋白之间的相互作用，激活或抑制转录。近年来，相继从高等植物中分离出一系列调控干旱、高盐、低温、激素、病原反应及发育等相关基因表达的转录因子。

从蛋白质结构分析，转录因子一般由 DNA 结合区(DNA-binding domain)、转录调控区(transcription regulation domain)(包括激活区或抑制区)、寡聚化位点(oligomerization site)及核定位信号(nuclear localization signal，NLS)区组成。这些功能区域决定了各个转录因子的具体功能。转录因子通过这些功能区域与启动子顺式元件作用或与其他转录因子的功能区域相互作用来调控基因的转录表达。典型的转录因子一般只有一个 DNA 结合区，但有的转录因子，如拟南芥和水稻的 GT-2、拟南芥的 AP2 等，含两个 DNA 结合区，少数转录因子不含 DNA 结合区或转录调控区，它们通过与含有上述功能域的转录因子相互作用对基因转录进行调控。

## 第一节　转录因子的结构

### 一、DNA 结合区

DNA 结合区是指转录因子识别 DNA 顺式作用元件并与之结合的一段氨基酸序列。相同类型转录因子 DNA 结合区的氨基酸序列较为保守。植物转录因子中比较典型的 DNA 结合区有 bZIP 结构域(Nantel and Quatrano，1996)、锌指结构域(Takatsuji，1998)、MADS 结构域(Rounsley et al.，1995)、MYC 结构域(Abe et al.，1997)、MYB 结构域(Martin and Paz-Ares，1997)、Homeo 结构域(Klinge et al.，1996)及 AP2/EREBP 结构域(Riechmann and Meyerowitz，1998)等(表 12-1)。植物转录因子的分类依据就是 DNA 结合区和寡聚化位点的保守区的差异。其中一些结构域可根据其特征区中保守氨基酸残基的数量和位置划分成几个亚类，如根据半胱氨酸(C)和组氨酸(H)残基的数目和位置，可将含锌指结构域的转录因子分为 $C_2H_2$、$C_3H$、$C_2C_2$、$C_2HC_5$ 亚类。近年来，在植物转录因子中又发现一些新的与 DNA 结合有关的结构域，如拟南芥 ARF1 转录因子的 ARF 结构域、玉米 VP1 及菜豆 PvALF 转录因子的 B3 结构域等(Liu et al.，1999)。转录因子 DNA 结合区的特定氨基酸序列决定它们与顺式作用元件识别及结合的特异性。

表 12-1　一些常见的植物转录因子 DNA 结合区的结构特征

| 转录因子 | DNA 结合区 | 结构特征 |
|---|---|---|
| O2(玉米)，PosF21(拟南芥)，HBP-1 (小麦、水稻) | 碱性区-亮氨酸拉链(basic region-leucine zipper，bZIP) | 由 60~80 个氨基酸残基组成，包括 1 个有 25 个氨基酸残基的富含碱性氨基酸的区域和 1 个亮氨酸拉链区 |
| WZF1(小麦)，EPF(矮牵牛)，PEI1(拟南芥) | 锌指结构(zinc finger) | 由 30 个氨基酸残基组成，含两个保守的半胱氨酸和/或两个组氨酸残基，它们在四级结构上与锌离子结合 |
| AG、AP1、CAL、AGLs、AP3、PI(拟南芥)，TM3(番茄)，ZEMa(玉米) | MADS | 由 56 个氨基酸残基组成，含有 1 个长 α 螺旋和两个 β 链 |
| Lc、B-Peru、R-S(玉米)，RAP-1(拟南芥) | 碱性-螺旋-环-螺旋(bHLH)、MYC | 含有两个相连的基本亚区，其中碱性氨基酸区与 DNA 结合有关，螺旋-环-螺旋区参与二聚体形成 |
| Kn1(玉米)，OSH1(水稻)，KNAT1 (拟南芥)，HvKnox3(大麦) | Homeo 结构域(HD) | 约 60 个氨基酸残基组成的折叠成球形的结构域，含有 3 或 4 个 α 螺旋 |
| DREB1、DREB2(拟南芥)，G115、ZMMHCF1(玉米)，EREBP1-3(烟草)，Pti4-6(番茄) | AP2/EREBP | 由约 60 个氨基酸残基组成，含有 3 个平行的 β 折叠和 1 个双亲性 α 螺旋 |
| C1、P、PL、Zm1、Zm38(玉米)，MybSt1(马铃薯)，Atmyb1(拟南芥) | MYB 结构域 | 含有 1~3 个由 51~53 个氨基酸组成的呈螺旋-转角-螺旋构象的不完全重复序列，每个重复都含 3 个保守的 Trp 残基 |
| SB16(大豆)，PF1(水稻) | AT-钩基序(AT-hook motif) | 含有 1 个 R(G/P)RGRP 共有核心序列，通过 RGR 区与富含 A/T 的 DNA 区域小沟结合 |
| GT-2(水稻、拟南芥) | 三螺旋(trihelix) | 富含碱性、酸性氨基酸与脯氨酸/谷氨酸，呈螺旋-环-螺旋-环-螺旋构象 |
| HMGa(玉米)，ATHMG(拟南芥) | HMG 盒 | 由 3 个 α 螺旋组成的"L"形区，两臂张开约呈 80° |
| VP1(玉米)，PvALF(菜豆) | B3 | VP1 和 ABI3AC 末端含由 120 个氨基酸残基组成的保守序列 |
| ARF1(拟南芥) | ARF 结构域 | 由 350 个氨基酸残基组成的类似 B3 的序列 |

## 二、转录调控区

　　转录调控区是转录因子的关键功能区域，决定转录因子功能的差异。同类转录因子的主要区别在于它们的转录调控区各不相同。转录调控区包括转录激活区和转录抑制区。这两个结构区共同决定各个转录因子的具体调控功能。它们一般包含 DNA 结合区以外的 30~100 个氨基酸残基。有时一个转录因子可含 1 个以上的转录激活区。典型的植物转录因子的转录激活区一般富含酸性氨基酸、脯氨酸或谷氨酰胺等，如 SP1 富含谷氨酰胺的结构域、CTF/NF-I 富含脯氨酸的结构域及 GAL4、VP16、GCN4 的酸性激活区。

　　近年来，高等植物转录因子的转录激活区被广泛深入研究。它们的 N 端酸性保守氨基酸序列都具有转录调控激活能力。转录因子的转录激活区之间的保守性较强。植物转录激活区与酵母转录因子 GCN4 及病毒转录因子 VP16 的酸性转录激活区也有同源性(Bobb et al.，1996)。GBF(G-box binding factor)转录因子都含有保守的 GCB 盒(GBF-conserved box)结构域(Schwechheimer and Bevan，1998)。对玉米 C1(Colourless-1)

转录因子激活区进行定点突变研究表明，某种氨基酸含量高并不一定代表它的作用重要，富含酸性氨基酸的 C1 转录激活区中仅第 262 位的天冬氨酸和第 253 位的亮氨酸在转录激活中起着关键作用(Sain et al.，1997)。

菜豆 PvALF 转录因子能激活子叶贮藏蛋白基因 DLEC2 的表达，而菜豆 bZIP 类的 ROM2 转录因子能与 DLEC2 增强子结合，抑制 PvALF 对转录的激活。一旦去除 ROM2 的 N 端 bZIP 结构域，ROM2 就失去对 PvALF 激活活性的抑制能力。将去除 N 端 bZIP 结构域的 ROM2 与 PvALF 激活区连接，嵌合蛋白能够激活 DLEC2 的表达。这表明，在去除的 ROM2 N 端区段中存在转录抑制区(Chern et al.，1996)。对抑制钝稃野大麦 α-淀粉酶基因表达 VP1 转录因子的研究表明，VP1 中也含有对转录起抑制作用的功能域(Kriz et al.，1990)。

虽然有许多实验结果显示转录因子中有转录抑制区的存在，但对其结构和作用机理了解不深。转录因子抑制区的作用方式可能有：①与启动子的功能位点结合可以阻止其他转录因子再次与该启动子结合，从而抑制下游基因的表达；②通过某种作用方式抑制其他的转录因子，从而阻止相关基因的转录；③通过某种方式改变 DNA 的高级结构(high-order structure)使转录不能进行。

## 三、核定位信号区

核定位信号区是转录因子中富含精氨酸和赖氨酸残基的核定位区域。转录因子在合成后需要转入细胞核内才能发挥其功能，而且转录因子有无功能就取决于核定位信号区。核定位信号区的氨基酸序列、组织特异性和数量因植物种类和类型而各不相同。在转录因子中它们呈现不规则的分布(Boulikas，1994)。目前已在水稻的 GT-2(Dehesh and Smith，1995)、番茄的 HSFA1-2(Lyck et al.，1997)、玉米的 O2(Varagona et al.，1992)及豌豆的 PS-IAA4 和 PS-IAA6(Abel et al.，1995)等多种转录因子中鉴定了 NLS 的序列。此外，不同转录因子中 NLS 的数目有所不同，一个转录因子可以含有一到数个 NLS 功能区，它们不规则地分布在转录因子中。有的 NLS，如 O2 转录因子的 NLS，还存在于其他功能区域内。

bZIP 型转录因子 O2 有 A 和 B 两个核定位信号区，分别位于氨基酸残基 101～135 和 223～254，其中 B 信号区与 DNA 结合区(228～247)位于同一区域。通过定点突变法丧矢 DNA 结合能力的 O2 蛋白仍能进入细胞核，只是不再激活靶基因的转录。这说明其核定位信号区并不等同于 DNA 结合区，而是各自独立地发挥作用。两个 NLS 在功能上也有所不同，位于 DNA 结合区的 B 信号区能更有效地将转录因子转入细胞核(Varagona and Raikhel，1994)。

## 四、寡聚化位点

转录因子之间能够相互聚合的功能结构域称为寡聚化位点。寡聚化位点影响着转录因子与顺式作用元件的结合、各转录因子的特异性、核定位特性。这个结构域有比较保守的氨基酸序列，且大多与 DNA 结合区相连，形成一个特定的空间构象。例如，bZIP

类转录因子的寡聚化位点包括 1 个拉链结构，b/HLH 型转录因子含有螺旋-环-螺旋结构，而 MADS 转录因子的寡聚化位点形成两个 α 螺旋和两个 β 折叠。

通过酵母双杂交系统鉴定发现，玉米 B-Peru 转录因子能作用于 C1 转录因子的 DNA 结合区。这种相互作用又能增强 C1 与 DNA 的结合能力（Goff et al.，1992）。遗传学研究和瞬时表达分析也表明，只有与 B-Peru 结合时，C1 转录因子才能发挥其转录激活作用。此外，B-Peru 中的螺旋-环-螺旋结构域对与 C1 结合并发挥转录激活作用至关重要（Goff et al.，1991）。因此，转录因子与寡聚化位点确实影响转录因子的激活作用。

# 第二节　转录因子的研究方法

随着拟南芥基因组测序工作的完成，大量的转录因子基因被发现，越来越多的转录因子的功能也相继被报道。目前主要通过生物信息学分析、瞬时转化分析和功能突变分析（突变分析包括超表达、反义抑制、基因敲除、基因诱捕和基因激活等）对转录因子的功能进行研究。

## 一、生物信息学分析

随着生物信息学的迅速发展，各种分子生物学数据库提供了大量核苷酸和氨基酸序列，对这些序列进行分析和计算，已成为发现新基因和序列蛋白质结构最快捷有效的方法。常用的生物数据库 NCBI、EBI 和 DDBJ 等都提供植物转录因子的相关数据。另外还有许多转录因子专用的数据库，如 TRANSFAC（http://gene-regulation.com/pub/databases.html）和 PlnTFDB（http://plntfdb.bio.uni-potsdam.de/v3.0/）等。TRANSFAC 是关于转录因子在基因启动子上结合位点的数据库（Matys et al.，2002），而 PlnTFDB 是系统收录植物转录因子的数据库（Riaño-Pachón et al.，2007；Pérez-Rodríguez et al.，2010）。模式植物通常有自己专属的转录因子数据库，如拟南芥转录因子数据库 RARTF（http://rarge.gsc.riken.jp/rartf/）、AGRIS（http://arabidopsis.med.ohio-state.edu/AtTFDB/）。每个数据库都有自己的分类方式，并对这些转录因子的功能结构和作用位点都进行了详细的描述（Mitsuda and Ohmetakagi，2009）。水稻也有自己专门的 PlnTFDB 转录因子数据库（http://plntfdb.bio.uni-potsdam.de/v3.0/index.php?sp_id=OSAI）。这些数据库对植物转录因子的研究有重要的指导作用。

### （一）转录因子保守结构域的分析

转录因子序列通常具有保守性。这些保守的结构域（conserved domain，CD）在进化过程中氨基酸序列变化很少。这就使得利用生物信息学方法预测转录因子的结构域成为可能。随着生物信息学技术的发展，目前已有很多转录因子保守结构域数据库及分析软件，比较常用的如欧洲生物信息研究院（EBI）提供的 InterProScan（http://www.ebi.ac.uk/Tools/interProScan/）。如果要在一系列蛋白质中寻找已知或未知的转录因子 CD，则可利用 MEME 数据库（http://meme.sdsc.edu/meme/intro.html）。SALAD（http://salad.dna.

affrc.go.jp/salad/en/）是专门针对植物蛋白质建立的数据库，包含了 MEME 中的 CD 数据，同时提供了各种分析软件和工具。除 CD 以外，在其他区域具有较高同源性的转录因子功能上冗余的可能性也相对较大，因此可利用 NCBI 数据库的 BLAST 对多个转录因子的 CD 及其他序列进行同源性分析，以便更准确地预测这些转录因子的功能。

例如，将 ANAC036 基因的核苷酸序列输入 NCBI 数据库中，进行在线 BLAST （http://blast.ncbi. nlm.nih.gov/Blast.cgi）（Kato et al.，2010），预测 ANAC036 氨基酸序列具有典型的 NAC 保守结构域，确定为 NAC 类转录因子。以 MYB 转录因子保守的结构域为标准，利用 NCBI 和 Pfam2.0 在丹参基因组中鉴定出 110 个 MYB 转录因子，发现它们含有 R2 和 R3 结构域，属于 R2R3-MYB 转录因子（Li and Lu，2014）。SbSNAC1 转录因子是从 PlnTFDB 数据库中提取出的编码 NAC 类的转录因子，具有典型的 NAC 结构域 （Lu et al.，2013）。以 DREB 转录因子保守的 AP2 结构域为筛选标准，从苹果基因组数据库（https://www.rosaceae.org/species/malus/all）中获得多个苹果中的 DREB 转录因子（Zhao et al.，2012）。利用水稻基因组数据库（http://rice.Plantbiology.msu.edu/），对分离出的 ONAC122 和 ONAC131 进行 BLASTn 和 BLASTp 比对，并对可读框（open reading frame，ORF）进行分析，结果显示，两基因 N 端都具有高度保守的、包含 5 个亚结构域的 NAC 结构域，而 C 端具有特异性，确定 ONAC122 和 ONAC131 属于 NAC 转录因子家族（Sun et al.，2012）。利用生物信息学分析辽宁碱蓬（Suaeda liaotungensis）中的一个 NAC 转录因子 SlNAC1，发现它具有 NAC 结构域，属于 NAC 家族中的 TIP 亚家族（Li et al.，2014）。至今，利用生物信息学方法分析丹参基因组，已鉴定出了丹参 MYB（Li and Lu，2014）、SPL（Zhang et al.，2014）、WRKY（Li et al.，2015）、bHLH（Zhang et al.，2015）和 AP2/ERF（Ji et al.，2016）等转录因子，为后续研究丹参转录因子家族调控丹参次生代谢物的生物合成奠定基础。目前，对转录因子结构域进行分析的方法比较有限，生物信息学分析是最常见也是最普遍的方法。

## （二）转录因子亚细胞定位的分析

真核生物转录过程主要发生在细胞核中，因而转录因子一般定位在细胞核中，但由于线粒体和叶绿体中也含有少量的 DNA 和 RNA，转录过程在线粒体、叶绿体中也有发生，因此转录因子也可能定位在线粒体或叶绿体中。生物信息技术是蛋白质亚细胞定位预测的常用方法。

蛋白质的 N 端或 C 端有一段指导蛋白质寻靶的氨基酸序列，称为信号序列，可以指导蛋白质的亚细胞定位，如核定位信号能指导蛋白质定位于细胞核中。因此根据蛋白质中的信号序列，利用生物信息学分析可以预测蛋白质的亚细胞定位。主要预测蛋白质亚细胞定位的软件有 WoLF-PSORT（https://wolfpsort.hgc.jp/）、Cell-PLoc（http://www.csbio.sjtu.edu.cn/bioinf/Cell-PLoc-2/）和 TargetP（http://www.cbs.dtu.dk/services/TargetP）等。例如，利用 WoLF-PSORT 预测发现 SiNAC 转录因子上存在核定位信号、C 端存在 α 折叠，预测 SiNAC 定位于细胞核和质膜上，经实验验证 SiNAC 转录因子确实同时存在于细胞核和质膜上（Puranik et al.，2011）。此外，SUBA3 数据库（http://suba.plantenergy.uwa.edu.au/）可提供大量蛋白质定位的实验数据，并通过 10 种不同的计算程序来计算和预测蛋白质的亚细胞定位。这些数据库和软件给植物转录因子亚细胞定位研究提供了极大的便利，但有时不同计算方法可能会得出不同的预测结果，最终的结论还必须通过实验来验证。

### (三)转录因子的表达与调控

转录因子对下游靶基因的表达起调控作用，而转录因子基因自身的表达也可能受到其他调节因子的调控。和其他基因一样，转录因子基因的编码区上游含有各种顺式调控元件来接受调控因子的作用。这些顺式作用元件的相关数据可通过 AGRIS AtcisDB (http://agris-knowledgebase.org/AtcisDB/) 和 PLACE (http://www.dna.affrc.go.jp/PLACE) 获得。

miRNA 是影响转录因子基因表达的重要因素。它是一种长 18～24nt 的非编码小RNA，可以在转录及转录后水平对基因的表达进行调节。研究表明，拟南芥已知 miRNA 的候选靶基因中 35%编码转录因子。除了 miRNA，其他形式的小 RNA 也参与转录因子的调控。拟南芥的 ASRP 数据库 (http://asrp.danforthcenter.org/) 提供包括 siRNA、ta-siRNA 及 miRNA 在内的所有小 RNA 信息，是研究转录因子自身表达调控的有力工具。

许多转录因子并不能独自行使功能。它们需要与其他蛋白形成复合体或被激酶磷酸化激活，如 MADS 家族和 MYB 家族通常会形成蛋白质复合体。EBI (http://www.ebi.ac.uk/) 提供了大量经过实验验证或者计算机预测的蛋白质-蛋白质间相互作用的数据。模式植物拟南芥蛋白质间相互作用的信息可从 TAIR (http://www.arabidopsis.org/) 和 AtPID (http://www.megabionet.org/atpid/webfile) 等数据库中获得。

## 二、瞬时转化分析

转录因子可通过激活或抑制实现对下游靶基因转录的调控，利用瞬时转化技术可对转录因子的调控特性进行分析 (Ohta et al.，2001)。具体方法是构建两种植物表达载体 (图 12-1)。一种是效应载体，可高水平表达待研究转录因子和一个外源 DBD 的融合基因，外源 DBD 可以采用来源于酵母的 GAL4DB。另一种是报告载体，有两种不同情况：一种是用于检测转录因子是否具有激活活性的报告载体 A (active)，载体包含一个特异性启动子和一个报告基因，该启动子必须含有可以与效应载体中的 DBD 特异性结合的顺式作用元件。当效应载体和报告载体同时转入植物细胞后，效应载体中的 DBD 与报告载体中的启动子特异性结合。如果报告基因表达量增加，说明该转录因子具有激活活性。另一种是用于检测转录因子是否具有抑制活性的报告载体 R (repress)，载体必须含有一个组成型强启动子，如花椰菜花叶病毒 (CaMV) 35S 启动子，以及一段与效应载体中的 DBD 特异性结合的顺式作用元件及报告基因。将其与效应载体同时转入植物细胞后，如果报告基因表达量降低，则说明该转录因子具有抑制活性。报告基因可以采用绿色荧光蛋白 (GFP)、$\beta$-葡萄糖苷酸酶 (GUS) 或萤光素酶 (LUC) 等的基因。瞬时转化可采用基因枪法、电转化法、PEG 处理法及农杆菌介导法，在几小时或几天后可观察到报告基因的表达情况。

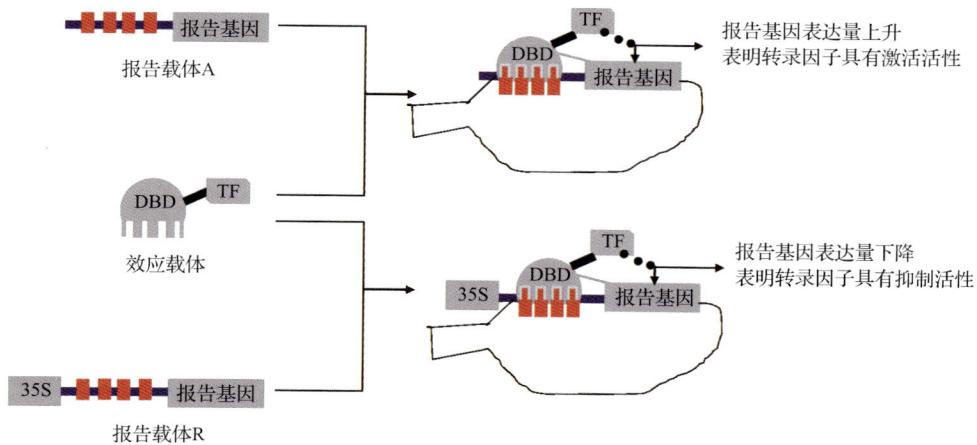

图 12-1　转录因子调控活性的鉴定

报告载体 A（active）用于验证转录因子是否具有激活活性，报告载体 R（repress）用于验证转录因子是否具有抑制活性；
DBD：DNA 结合区；TF：转录因子

例如，利用 pCAMBIA1302 载体分别构建 GFP-SiNAC 全长、缺失 C 端的 GFP-SiNACΔC$^{1-158}$ 表达载体，在 CaMV 35S 启动子作用下，以 GFP 为对照，采用基因枪法瞬时转化至洋葱表皮细胞，融合表达 48h，共聚焦显微镜下观察绿色荧光蛋白的位置，GFP-SiNAC 定位在细胞膜和细胞核中，GFP-SiNACΔC$^{1-158}$ 定位在细胞核中，确定 SiNAC 上存在核定位信号，C 端与膜定位密切联系（Puranik et al.，2011）。Liu 等（2011）构建 TaPIMP1-GFP 融合表达载体，采用基因枪法转化至洋葱表皮细胞，结果显示，TaPIMP1 蛋白质仅定位在细胞核中，属于核蛋白。构建 GFP-SlNAC1 融合表达载体，采用基因枪法转化至洋葱表皮细胞，结果显示，GFP-SlNAC1 定位在细胞核中（Li et al.，2014）。Yang 等（2014）构建 GFP-SlNAC2 融合表达载体，采用基因枪法转化至洋葱表皮细胞，GFP-SlNAC2 同样定位在细胞核中。

另外，瞬时转化分析也可用于验证转录因子与靶基因启动子之间的识别特性。在待测靶基因的启动子序列下游加上报告基因，和转录因子一起转入植物组织，观察报告基因的表达。如果报告基因的表达发生预期改变，则可确定两者之间存在特异性的识别。

## 三、突变体表型分析

鉴定转录因子生理功能最直接的方法是观察转录因子基因表达发生改变时植物的表型。通常利用基因过表达和基因功能缺失突变体，观察植物外部形态、生理代谢和对某些特殊外界环境的反应是否发生改变，分析该转录因子的功能。

### （一）基因超表达表型分析

基因功能增加通常采用过表达法，又称超表达法，是指在目的基因前加一个组成型的强启动子，如 CaMV 35S 启动子，转化植物，使转录因子在转基因植物中大量表达，从而促进下游基因的大量表达，改变转基因植物的性状，以此分析该转录因子的功能。

利用基因过表达的方法证明，*StDREB1* 基因的过表达能提高转基因马铃薯对盐胁迫的抵抗力，在盐胁迫下植株能健康生长（Bouaziz et al.，2013）。构建 *OsNAC5* 转录因子过表达载体，转化至野生型拟南芥中过表达，转基因拟南芥植株在 250mmol/L NaCl 溶液胁迫处理下，比野生型抵抗力更强，证明 *OsNAC5* 具有抵抗高盐胁迫的作用（Takasaki et al.，2010）。过表达 *OsMYB48-1* 基因的水稻增强了对干旱和高盐胁迫的响应（Xiong et al.，2014）。将鹰嘴豆 *CarNAC2* 基因过表达转入拟南芥，结果显示过表达转基因拟南芥抗旱能力更强（Yu et al.，2014）。

### （二）基因缺失表型分析

与基因功能增强相比，基因功能缺失的表型能更好地体现基因的生理功能。基因功能缺失突变体通常可通过插入法和反义 RNA 抑制法获得。插入法将一段 DNA 插入到目的基因中，使目的基因不表达，包括转座子插入法、T-DNA 插入法和同源重组插入法，其中最常使用的是 T-DNA 插入法。T-DNA 是质粒上一段容易转移到其他基因上的 DNA，插入到基因中使目的基因无法表达。利用 T-DNA 插入法破坏 *WRKY17* 基因，发现 *WRKY17* 突变体植株对农杆菌更敏感，表明 *WRKY17* 基因在抵抗农杆菌侵染中发挥积极的作用（Lacroix and Citovsky，2013）。Lu 等（2007）将 T-DNA 插入到 *ATAF1* 基因，破坏其结构，以标签基因 *COR47*、*ERD10*、*KIN1*、*RD22* 和 *RD29A* 的表达量变化检测 *ATAF1* 的功能，结果显示在干旱胁迫下 *ataf1-1* 突变体植株标签基因在 2h、3h 和 5h 相对表达量更高，证明 *ATAF1* 转录因子在抗干旱胁迫中发挥重要的作用。Paul 等（2012）检测到插入了 T-DNA 的 *OsTEF1* 水稻，其分蘖降低了 60%～80%，而且出现根部生长阻滞，对高盐更为敏感。

反义 RNA 抑制技术又称为 RNA 干扰（RNAi）技术，是将目的基因全部或部分反向序列转入植物中。反向序列转录后，与目的基因转录产物按照碱基互补配对原则形成杂交双链，阻止目的基因的表达，从而获得功能缺失突变体植株。利用 RNAi 技术将水稻中 *OsNAC5* 基因敲除检测 OsNAC5 转录因子对非生物胁迫的响应，与野生型水稻相对照，在干旱、高盐、冷等胁迫条件下，敲除 *OsNAC5* 的水稻植株对胁迫具有更强的抵抗能力（Song et al.，2011）。

另外一种基因缺失表型的分析方法称为人工 miRNA（artificial microRNA，amiRNA）技术。该技术产生的人工 miRNA 来源于一个短的 RNA 茎环，并且每个茎环只产生一个 miRNA。与 RNAi 相比，人工 miRNA 能更精准地抑制相关靶基因的表达。目前已有 Web microRNA designer（http://wmd3.weigelworld.org）和 the RNAi Web（http://www.rnaiweb.com）工具用于 amiRNA 的设计。

## 四、调控网络和组学分析

转录因子行使生理功能的过程十分复杂，涉及所调控的靶基因、相关下游基因及与其他转录因子的相互作用。转录调控网络的建立和组学研究的应用，能使转录因子研究更加深入和系统。

## （一）调控网络分析

在转录因子及其靶基因和相关的下游基因之间建立相互联系的网络系统，能更全面、清楚地了解转录因子的功能。传统的遗传学方法通过基因过表达或缺失突变体的异常表型来分析转录因子的功能，能够使这些异常表型得以全部或部分恢复的基因就是与该转录因子密切相关的下游基因。如拟南芥 *FUL* 基因编码 MADS-box 转录因子，*ful* 突变体会表现出充满种子的短角果性状。如果将这个突变体中的 *INDEHISCENT*（*IND*）、*SHATTERPROOF1*（*SHP1*）和 *SHP2* 基因敲除，突变体的异常表型会在很大程度上得以恢复。该恢复现象表明 *IND*、*SHP1* 和 *SHP2* 基因是 FUL 转录因子调控的下游基因，且 FUL 对三者的表达具有抑制调控作用（Liljegren et al.，2004）。

酵母杂交是一种高通量鉴定转录因子与靶基因之间关系的方法。根据转录因子与顺式作用元件结合调控报告基因表达的原理，以一系列待研究的启动子中的顺式作用元件为诱饵，筛选含有转录因子的 cDNA 文库。通过酵母杂交，在拟南芥中证实 *CCA1 HIKING EXPEDITION/TCP2* 可直接调控 *CIRCADIAN CLOCK ASSOCIATED1*（*CCA1*）的表达（Pruneda-Paz et al.，2009）。

免疫共沉淀是利用抗原-抗体之间特异性识别并结合的特点来研究体内蛋白质间相互作用的一种方法，是确定两种蛋白质在完整细胞内生理性相互作用的有效方法。利用免疫共沉淀鉴定发现 AtSRC2 与 AtRbohF 的 N 端相互作用（Kawarazaki et al.，2013）。利用染色质免疫共沉淀-DNA 基因芯片相结合的技术成功鉴定拟南芥和水稻中与 BZR1 转录因子直接作用的靶基因（Zhu et al.，2012）

## （二）组学分析

组学研究内容庞大，包括基因组学、转录组学、蛋白质组学、代谢组学和表型组学等。在植物中，有些转录因子是多种重要生理活动的关键调控因子，其编码基因的突变会引起靶基因以外的调控网络中大量基因的改变。通过对转录组、蛋白质组、代谢组及表型组的研究，可全面地揭示转录因子的生理功能。进一步将融合抑制子基因沉默技术（CRES-T）、染色质免疫沉淀（ChIP）、基因芯片等技术应用于组学研究，可为转录因子功能分析提供新的途径。

# 第三节　转录因子的生物学功能

在转录水平上与 DNA 发生相互作用的蛋白质分子中，最具多样性的就是转录因子。它们在高等植物的生长发育、形态建成，对生物与非生物胁迫等环境的反应，以及植物次生代谢产物合成中起着重要的调控作用。

## 一、参与植物生长发育与形态建成

高等植物的生长发育和形态建成是一个非常复杂的过程。在这个过程中，DNA 与蛋白质起着主要作用。通过它们之间的互作，实现对基因表达的调控。

近年来，人们已经从拟南芥、玉米、金鱼草、水稻、棉花等多种植物中鉴定了 MYB 类转录因子。MYB 转录因子家族以含有保守的 MYB 结构域为共同特征，广泛参与植物发育、代谢的调节和植物激素的信号转导。AtMYB21 等控制拟南芥花粉囊的发育和功能 (Cheng et al.，2009)。AtMYB125/DUO1 是一个控制雄性生殖细胞分裂和分化的花粉特异因子 (Mandaokar and Browse，2009)。AtMYB33 和 AtMYB65 共同作用于花药和花粉发育 (Lynette et al.，2009)。在幼苗中，AtMYB38 和 AtMYB18/LAF1 分别在对蓝光和远红外光的反应中调控下胚轴的伸长 (Lee et al.，2009)。AtMYB115 和 AtMYB118/PGA37 在胚胎发育中起作用 (Yang et al.，2009)。AtMYB59 通过控制根尖的细胞周期过程来调节根的发育 (Wang et al.，2009)。AtMYB77 通过调节生长素诱导的基因表达来调控晚期根的形成 (Mu et al.，2009)。AtMYB68 是一个根生长特异的调控子，能使整个植株在不利的条件下完成发育。与拟南芥的根毛伸长有关的植物特异 R2R3-MYB 家族成员 maMYB 蛋白与根毛的伸长有关 (Slabaugh et al.，2011)。此外，R2R3-MYB 成员还参与调控腋生中柱形成、花序发育、侧生器官分离和芽形态建成等过程。

研究表明，WRKY 转录因子参与了调控种子的萌发与休眠和开花期等一系列生命活动。其中，调控种子的萌发与休眠是 WRKY 转录因子的一项重要的生物学功能。水稻 OsWRKY51 和 OsWRKY71 可以互作来调控糊粉层细胞脱落酸 (ABA) 和 GA 的信号转导途径从而调节种子的萌发和休眠 (Zhang et al.，2004)。OsWRKY51 和 OsWRKY71 可以形成复合物，干扰 GAMYB 的正常功能 (Lu et al.，2002；Washio，2003)。拟南芥 AtWRKY57 通过直接调控脱落酸的合成来参与种子的萌发过程 (Jiang et al.，2012)。最近的一项研究表明，AtWRKY41 在拟南芥种子休眠过程中发挥着重要的调控作用。*ABSCISIC ACID INSENSITIVE3* (*ABI3*) 基因对种子的休眠具有异常重要的作用。AtWRKY41 通过结合 *ABI3* 启动子区 3 个相邻的 W-box 调节 *ABI3* 的表达，从而保证种子基本的休眠活动。深入的研究还发现，*AtWRKY41* 基因的表达还会受到高浓度脱落酸的负反馈调节。它们在拟南芥种子休眠的调控机制中发挥协同作用 (Ding et al.，2014)。

在 WRKY 转录因子与植物开花期调控方面，人们发现将野大豆 *GsWRKY20* 基因导入拟南芥并诱导其表达后，GsWRKY20 通过调节与开花期有关的基因促使植株开花期提前 (Luo et al.，2013)。南荻 *MlWRKY12* 基因是拟南芥 *AtWRKY12* 基因的同源基因，将 *MlWRKY12* 导入 *atwrky12* 背景的拟南芥突变体中，拟南芥转基因植株开花期提前 (Yu et al.，2013)。此外，将水稻 *OsWRKY72* 基因导入拟南芥，可以促进拟南芥植株表现出开花期提前的特征 (Song et al.，2010)。敲除水稻 *OsWRKY11* 基因，突变体水稻植株的开花期比野生型水稻早，说明 OsWRKY11 是调控水稻开花期延迟的转录因子 (Cai et al.，2014)。

除了参与种子的萌发与休眠和开花期的调控，WRKY 转录因子还在其他一些植物生理活动中发挥着重要的调控功能。例如，水稻 OsWRKY78 可以调节种子的大小。该基因的 RNA 干扰株系表现出种子籽粒长减小的性状。此外，它还参与调控植株的茎长 (Zhang et al.，2011a)。另两个拟南芥 *WRKY* 基因，*AtWRKY30* 和 *AtWRKY54*，参与叶片衰老机制的调控(Besseau et al.，2012)。最近几年又发现另外一些证据，表明 WRKY 转录因子与植物生长发育之间存在密切的联系。拟南芥 AtWRKY75 可通过结合下游 *CAPRICE* 基因的启动子抑制基因表达，从而影响植株根毛的生长发育(Rishmawi et al.，2014)。AtWRKY2 和 AtWRKY34 在被两个分裂素激活的蛋白激酶磷酸化后，参与调控花粉的形成和发育(Guan et al.，2014)。水稻 *OsWRKY11* 不仅参与调控水稻的开花期，还在水稻株高的调控机制中发挥着重要作用(Cai et al.，2014)。

## 二、转录因子在植物对生物及非生物胁迫响应过程中的调控作用

植物在生长期受到的胁迫主要包括生物和非生物胁迫。这些胁迫会严重影响植物的生长发育过程。转录因子在植物逆境信号转导中起关键的作用。在生物及非生物胁迫存在的情况下，植物不断合成转录因子，将信号传递并放大，以调控下游基因的表达，从而提高植物抗逆性能。

MYB 转录因子在植物响应抗逆胁迫中起到重要作用。*AtMYB30* 编码一个对病原菌侵入敏感的细胞程序死亡的激活子，通过调控超长脂肪酸合成起到抵御病原菌的作用。AtMYB60 和 AtMYB96 通过 ABA 信号级联调控气孔运动，参与对干旱胁迫和病原菌抗性的调控(Cominelli et al.，2005)。AtMYB15 参与对冷害抗性的调控(Agarwal et al.，2006)。此外，AtMYB2 诱导盐和脱水反应基因的表达，AtMYB62 参与磷酸饥饿反应，而 AtMYB102/AtMYB40 和 AtMYB41 参与对昆虫的抗性，且可能影响伤害和渗透胁迫后的脱水反应(Cominelli et al.，2008；Lippold et al.，2009)。

目前已发现的 WRKY 转录因子中，很大一部分参与了植物对胁迫的响应过程。从大麦中分离了一个新的 WRKY 转录因子 *Hv-WRKY38* 基因。该基因在干旱和冰冻处理时能持续表达(Marè et al.，2004)。拟南芥的 13 个Ⅲ型 WRKY 转录因子处在不同的植物防卫信号转导途径中，如病原体侵染、水杨酸(salicylic acid，SA)信号转导途径等(Kalde et al.，2003)。利用生物信息学方法从水稻中鉴定了 81 个 *OsWRKY* 转录因子基因，其中 *OsWRKY24*、*OsWRKY51*、*OsWRKY71* 和 *OsWRKY72* 均在水稻糊粉细胞中受 ABA 诱导表达(Xie et al.，2005)；*AtWRKY7* 编码的蛋白具有一个钙调蛋白结合域(calmodulin-binding domain，CaMBD)，能与钙调蛋白(calmodulin，CaM)结合，在 CaM 介导的 $Ca^{2+}$ 信号转导过程中起重要作用。AtWRKY7 转录因子所属的Ⅱd 类 WRKY 转录因子均具有保守的 CaMBD。该类 WRKY 转录因子在 CaM 介导的 $Ca^{2+}$ 信号转导过程中可能均有一定的作用(Park et al.，2005)。

## 三、转录因子在植物次生代谢产物合成中的调控作用

近年来，对植物次生代谢产物生物合成途径及其调控机制的解析已备受关注。许多参与次生代谢产物生物合成途径的酶基因相继被鉴定。相对于植物次生代谢产物生物合成途径中众多的酶基因而言，鉴定和克隆的转录因子基因为数较少。已有研究表明，次生代谢产物的生物合成受酶基因和转录因子共同影响。

### (一)MYB 转录因子调控植物次生代谢产物的生物合成

MYB 转录因子参与类黄酮代谢途径、酚酸及萜类的生物合成等多种次生代谢反应过程。苯丙烷代谢途径许多支路上的次生代谢产物,如黄酮类、木质素、绿原酸、花青素等,均受这类转录因子的调节。RNAi 瞬时表达沉默草莓 R2R3-MYB 转录因子基因 *FcMYB1* 可上调花青素合酶基因 *ANS* 和下调花青素还原酶基因 *ANR* 及无色花色素还原酶基因 *LAR* 的表达,促进基因转化果实中花色素的积累(Salvatierra et al.,2013)。将 *HlMYB3* 在啤酒花中过表达,可显著改变与黄酮类物质生源合成相关的结构基因和调控基因的表达,并提高转基因株系中合葎草酮和合蛇麻酮的含量(Gatica-Arias et al.,2012)。利用 RNAi 介导的基因沉默技术,抑制印度芥菜中 R2R3-MYB 转录因子基因 *BjMYB28* 的表达,结果显著抑制了与脂肪族芥子油苷合成相关基因的表达,降低了转基因植株叶子和种子中脂肪族芥子油苷的含量,提高了营养价值(Augustine et al.,2013)。把水稻 R2R3-MYB 转录因子 *Osmyb4* 分别在烟草和鼠尾草中进行异源表达,可显著提高烟草 T$_2$ 代纯合子中苯丙烷代谢途径上相关酶基因的表达量,并提高两种植物中迷迭香酸的积累量(Docimo et al.,2013)。此外,过表达 *PtMYB14* 可以提高冷杉的萜烯和花青素的含量(Bedon et al.,2010)。

### (二)WRKY 转录因子调控植物次生代谢产物的生物合成

WRKY 转录因子通过调节次生代谢合成途径上关键酶基因的表达参与萜类的合成。从亚洲棉中发现一个参与萜类合成调控的 WRKY 转录因子 GaWRKY1(Xu et al.,2004)。它可以与 *CAD1-A* 启动子上的 W-box 结合,调控棉子酚的生物合成。在番茄(*Solanum lycopersicum*)中,SlWRKY73 可激活 3 个单萜合成基因 *SlTPS5*、*SlTPS3*、*SlTPS7* 的表达,进而调控萜类的生物合成(Xu et al.,2004;Spyropoulou et al.,2014)。

### (三)bHLH 转录因子调控植物次生代谢产物的生物合成

bHLH(basic helix-loop-helix)转录因子是一种普遍存在于动植物中的转录因子家族,是最大的植物转录因子家族之一。研究表明,bHLH 转录因子参与调节植物次生代谢成分的合成。利用功能基因组学,在烟草中筛选到 *NbbHLH1* 和 *NbbHLH2* 两个参与正向调节尼古丁生物合成的 *bHLH* 基因。共转化实验发现,NbbHLH1 与 ORC1 共同作用,调节茉莉酸诱导的尼古丁生物合成(Todd et al.,2010;Boer et al.,2011)。

MYB 和 bHLH 两种转录因子的相互作用是类黄酮合成途径调控研究的最新热点(Chatel et al.,2003;Huang et al.,2013;Xu et al.,2015;Bulgakov et al.,2016;Wang et al.,2016)。葡萄 *VvMYC1* 调控果皮和种子中单宁和花青素的累积,但它自身不能激活类黄酮代谢途径的 *CHI*、*UFGT* 和 *ANR* 基因的启动子,需要与 MYB 转录因子共同作用(Hichri et al.,2010)。拟南芥 MYB 转录因子 AtTT8 通过调节 WD40 转录因子 TTG1 和 bHLH 转录因子 TT2,调控拟南芥种皮上单宁的累积(Baudry et al.,2004)。苹果 MYB、bHLH 和 WD40 蛋白质形成复合体,激活花青素生物合成相关基因的表达,参与花青素合成的调控(Li et al.,2007)。拟南芥 JA 通过 SCFCOI1 复合体降解 JAZ 蛋白,释放与之结合的 MYC2/3/4 和 FIL/YAB3 等转录因子，激活下游 WD-repeat/bHLH 转录因子，使其与 MYB75 形成复合体，促进花青素的合成(Fernández-Calvo et al.，2011；Boter et al.，2015)。

# 第四节　转录因子调控药用植物品质形成

尽管药用植物转录因子的研究起步较晚，研究不够深入，但药用植物基因组学、转录组学、生物信息学的快速发展加快了药用植物转录因子的研究进程。药用植物转录因子研究的初步结果表明，转录因子可调控药用植物生长发育，参与对生物和非生物胁迫的响应及调控药用活性成分的生物合成。

## 一、转录因子调控药用植物的生长发育

从丹参基因组中鉴定了 110 个丹参 R2R3-MYB 基因，通过组织特异性和同源基因功能分析，发现 SmMYB62、SmMYB78、SmMYB80、SmMYB99 主要在花中表达，可能参与调控丹参花的生长发育(Li and Lu，2014)。在丹参植物成熟过程中 SPL 的表达逐渐升高(Zhang et al.，2014)。这些 SPL 转录因子可进一步激活下游一系列与开花相关的转录因子，从而影响丹参从营养生长向生殖生长的转变，促进花器官的发育(Zhang et al.，2014)。

## 二、转录因子参与药用植物的胁迫响应

植物在整个生育期内不可避免地受到多种不良环境变化的影响，有时甚至遭受严酷的环境胁迫。在此过程中，许多转录因子参与了植物对胁迫的响应。丹参基因组中有 61 个 WRKY 基因，它们具有组织表达特异性并且多数参与对茉莉酸甲酯、酵母抽提物和银离子处理的响应(Li et al.，2015)。通过转录组分析，发现属于 46 个转录因子家族的 1341 条非重复序列基因(unigene)，其中包括 76 条 bHLH 转录因子的非重复序列基因。利用酵母提取物及银离子对丹参毛状根进行诱导，发现包括 40 个 bHLH 转录因子基因在内的 412 个转录因子基因的表达具有差异性(Zhang et al.，2015)。另外，长春花中至少有 22%的 WRKY 转录因子响应茉莉酸的诱导(Schluttenhofer et al.，2014)。这些结果充分说明转录因子参与了药用植物的胁迫响应。由于药用活性成分很多是在植物防御反应中起重要作用的次生代谢产物，转录因子参与药用植物胁迫响应的一种可能是通过调控这些成分的生物合成起作用。

## 三、转录因子调控药用活性成分生物合成

近年来，随着对中药成分研究的逐步深入，发现很多植物次生代谢产物是中药的有效成分，如青蒿中的青蒿素、紫草中的紫草素等。根据生物合成的起始分子不同，这些活性成分可分为生物碱类、萜类化合物、苯丙烷类及其衍生物等。近年来，转录因子调控药用植物活性成分生物合成的研究已成为转录因子研究的一个重要领域。研究结果表明，转录因子在药用植物活性成分的合成过程中发挥非常重要的调控作用。

## （一）转录因子在生物碱类活性成分合成中的调控作用

生物碱是一类含氮的碱性化合物。目前已经发现 100 多个科的植物含有生物碱，有些科还含有多种生物碱，如豆科、茄科、毛茛科、夹竹桃科、芸香科、防己科等。生物碱可分为吲哚生物碱（长春花碱、长春质碱等），异喹啉生物碱，甾体生物碱等（Hagel and Facchini，2013）。但是对生物碱合成途径上的相关酶、基因、调控机制尤其是转录因子的了解非常有限（Yamada and Sato，2013）。

Suttipanta 等（2011）和杨致荣等（2013）对长春花萜类吲哚乙酸生物碱（terpene indole alkaloid，TIA）生物合成途径上的关键酶基因进行研究，发现大多数基因启动子区存在 W-box。这表明 WRKY 转录因子可能参与多种 TIA 的生物合成。用茉莉酸、赤霉素、乙烯等植物激素处理长春花，发现 *CrWRKY1* 在根中表达量较高。在过表达 *CrWRKY1* 的毛状根中与 TIA 生物合成相关的关键酶基因 *TDC*、*ZCT1*、*ZCT2*、*ZCT3* 的表达量提高（Suttipanta et al.，2011）。此外，有研究表明，在 47 个 CrWRKY 转录因子中，16 个可能参与 TIA 的合成和逆境胁迫反应。比较分析长春花野生型毛状根、TDCi 转基因毛状根和 RebH/F 转基因毛状根中 *CrWRKY* 基因的表达谱，发现 *CrWRKY* 可能参与对毛状根中生物碱合成的前体物质变化的响应及下游某些生物碱合成积累的调控（杨致荣等，2013）。由于 *CrWRKY1* 启动子上存在与 bHLH、DOF、MYB、TGA 等转录因子相互作用的顺式作用元件（Suttipanta et al.，2011），WRKY 转录因子可能和其他转录因子一起调控生物碱的生物合成。

ORCA2 和 ORCA3 均属于 AP2/ERF 类转录因子。将 *ORCA2* 转入长春花悬浮细胞中，ORCA2 结合到 *STR* 基因启动子的 GCC-Box 元件，促进 *STR* 转录，在 JA 诱导的萜类吲哚生物碱的生物合成中发挥作用（Zhang et al.，2011b）。*ORCA3* 转录水平可作为长春碱积累的重要信号，过量表达 *ORCA3* 后，长春碱生物合成途径中的色氨酸脱羧酶（TDC）、STR、异胡豆苷-$\beta$-D-葡萄糖苷酶（SGD）、细胞色素 P450 还原酶（CPR）、去乙酰文多灵-4-脱羧酶（D4H）等关键酶的基因表达量均提高，色胺和色氨酸的量也有所提高（Zhang et al.，2011b）。

黄连异喹啉类生物碱（IQA）的合成受 CjbHLH1 的调节。染色质免疫沉淀实验表明，CjbHLH1 在胞内直接与 IQA 生物合成基因启动子序列结合行使调控功能（Yamada et al.，2011）。此外，长春花中 bHLH 转录因子 CrMYC2 可调控 *ORCA* 基因的表达（Zhang et al.，2011b）。

## （二）转录因子在萜类活性成分合成中的调控作用

在中药有效成分中，萜类化合物具有重要的药用功能。转录因子对萜类活性成分的调节是通过与合成基因启动子上相应的顺式作用元件结合来实现的。WRKY 蛋白能与 TTGAC 序列（又称 W-box）专一结合调节基因转录。从青蒿毛状体 cDNA 文库中筛选出了 *AaWRKY1* 基因，通过凝胶迁移实验、酵母单杂交等实验表明 *AaWRKY1* 能与 ADS 启动区两个反方向的 TTGACCW-box 顺式作用元件结合，从而调控其基因的表达，参与青蒿素的生物合成调控（Ma et al.，2009）。从青蒿中克隆 *AaWRKY1*，构建以毛状体特异表达启动子控制的过表达载体，遗传转化到青蒿中，青蒿素生物合成途径关键酶基因 *CYP71AV1* 的表达量显著提高，转基因青蒿植物中青蒿素的含量是野生型的 2 倍（Han et al.，2014）。红豆杉 TcWRKY1 可上调紫杉醇生物合成途径上的限速酶基因 *10-deacetylbaccatin III -10-β-O-acetyltransferase*（*DBAT*）的表达（Li et al.，2013）。分析 61 个丹参 *SmWRKY* 基因，发现 *SmWRKY3* 和 *SmWRKY9* 可能参与了丹参酮类化合物生物合成的调控（Li et al.，2015）。此外，红豆杉 bHLH 转录因子 TcJAMYC 可与紫杉醇通路相关基因启动子的 E-box 结合，进而激活启动子（Nims et al.，2015）。若将 *TcJAMYC* 基因与代谢工程相结合并应用于红豆杉悬浮细胞培养，将有利于提高紫杉醇的产量。

### （三）转录因子在苯丙烷类活性成分合成中的调控作用

苯丙烷类化合物及其衍生物参与调节植物的生长发育、繁殖和防御等多种生理活动，广泛存在于植物中。采用半定量 RT-PCR 技术分析苦荞黄酮合成途径中主要关键酶基因苯丙氨酸解氨酶基因（*PAL*）、查耳酮异构酶基因（*CHI*）、黄酮醇合酶基因（*FLS*）及 MYB 转录因子基因 *FtMyb1*、*FtMyb2* 和 *FtMrb3* 的表达，发现：在苦荞种子萌发过程中，子叶中黄酮的积累与 *FtMyb3* 的表达呈显著正相关，与 *FtMyb2* 的表达呈显著负相关，与 *FtMyb1* 的表达没有显著相关性；*CHI* 可能是 *FtMyb2* 和 *FtMyb3* 的激活或抑制转录的效应基因；参与苦荞黄酮合成的关键酶基因和 MYB 转录因子之间存在显著的相关性（赵海霞等，2012）。用苦荞的 *FtMyb1* 和 *FtMyb2* 转录因子转化烟草，发现 *FtMyb1* 和 *FtMyb2* 可显著增强黄酮类化合物代谢途径关键酶基因 *PAL*、*CHI* 的表达，完全抑制 *FLS* 基因的表达，说明 *FtMyb1* 和 *FtMyb2* 可能通过抑制黄酮醇支路，增强花青素苷的合成，从而提高总黄酮积累（虎萌，2012）。

伍翀（2012）从黄芩中鉴定出 18 个 SbMYB 转录因子。对 SbMYB 转录因子、拟南芥 MYB 转录因子及其他功能已知的植物 MYB 转录因子进行系统分析，发现部分 SbMYB 可能与黄酮类化合物代谢相关（伍翀，2012）。系统分析丹参 MYB 转录因子家族的序列特征、基因结构和基因表达，发现 110 个丹参 MYB 转录因子中部分可能参与了黄酮类活性成分生物合成的调控（Li and Lu，2014）。

水溶性酚酸类化合物是丹参的主要药用成分之一。在丹参中过表达拟南芥 *MYB75*，丹参 *PAL*、*C4H* 和 *RAS* 基因的转录水平提高，丹酚酸 B 和迷迭香酸的含量有所增加（Zhang et al.，2011c）。宋婕（2010）从丹参中克隆得到一条 *R2R3-MYB* 转录因子基因，推测其可能作为负调控因子调节 *C4H* 基因的表达。丹参 SmMYB39 作为负向调节因子，通过抑制关键酶基因 *C4H* 和 *TAT* 的表达，参与迷迭香酸途径的调节，最终抑制酚酸类物质的合成（Zhang et al.，2013）。系统分析丹参 SmMYB 家族，发现亚家族 S20 中的 SmMYB 可能参与萜类化合物生物合成的调控，S3、S6、S7、S13 和 S21 中的 SmMYB 可能参与丹酚酸类化合物生物合成的调控（Li et al.，2014）。

王浩如等（2013）利用农杆菌转化法，将特异性沉默 bHLH 类转录因子基因 *SmMYC* 的 amiRNA 导入丹参，发现阳性株系中 *SmMYC* 的 mRNA 表达水平呈现下降趋势，酚酸类代谢途径中相关酶基因的表达水平也表现出相应的下降趋势，说明 SmMYC 可能是丹参酚酸类活性成分生物合成的调控因子。刘芬（2011）将拟南芥 *PAP2* 转录因子基因在丹参中异源表达，发现它可有效激活苯丙烷类代谢途径，调节该途径终产物丹酚酸 B 的合成和积累。

随着一些药用植物基因组测序的完成，药用植物转录因子的研究必将取得更大进展。对药用植物基因的转录过程进行调节是最经济有效的调控药用活性成分生物合成的手段。近年来，对转录因子及其调控机制的研究已逐渐成为药用植物品质生物学的重点研究领域。利用基因工程技术改变转录因子基因的表达，从而控制受转录因子调节的一系列功能基因，可达到高效改良药用植物品质的目的。

# 参 考 文 献

虎萌. 2012. 苦荞转录因子 FtMYB1 和 FtMYB2 对烟草黄酮合成关键酶基因表达和黄酮积累的影响. 四川农业大学硕士学位论文.

刘芬. 2011. 转录因子 PAP2 对丹参酚酸类产物合成的影响. 陕西师范大学博士学位论文.

宋婕. 2010. 丹参迷迭香酸合成途径相关基因的功能研究. 陕西师范大学博士学位论文.

王浩如, 王健, 王仕英, 等. 2013. 丹参转录因子基因 *SmMYC* amiRNA 表达载体的构建及其对丹参的转化. 植物生理学报, 49: 1339-1346.

伍翀. 2012. 黄芩 MYB 转录因子功能初步研究. 武汉工业学院硕士学位论文.

杨致荣, 王兴春, 薛金爱, 等. 2013. 药用植物长春花 WRKY 转录因子的鉴定及表达谱分析. 生物工程学报, 29: 785-802.

赵海霞, 吴小峰, 白悦辰, 等. 2012. 苦荞芽期黄酮合成关键酶和 MYB 转录因子基因的表达分析. 农业生物技术学报, 20: 121-128.

Abe H, Yamaguchishinozaki K, Urao T, et al. 1997. Role of *Arabidopsis* MYC and MYB homologs in drought- and abscisic acid-regulated gene expression. Plant Cell, 9: 1859-1868.

Abel S, Nguyen M D, Theologis A. 1995. The PS-IAA4/5-like family of early auxin-inducible mRNAs in *Arabidopsis thaliana*. Journal of Molecular Biology, 251: 533-549.

Agarwal M, Hao Y, Kapoor A, et al. 2006. A R2R3 type MYB transcription factor is involved in the cold regulation of *CBF* genes and in acquired freezing tolerance. Journal of Biological Chemistry, 281: 37636-37645.

Augustine R, Mukhopadhyay A, Bisht N C. 2013. Targeted silencing of *BjMYB28* transcription factor gene directs development of low glucosinolate lines in oilseed *Brassica juncea*. Plant Biotechnology Journal, 11: 855-866.

Baudry A, Heim M A, Dubreucq B, et al. 2004. TT2, TT8, and TTG1 synergistically specify the expression of *BANYULS* and proanthocyanidin biosynthesiss in *Arabidopsis thaliana*. Plant Journal, 39: 366-380.

Bedon F, Bomal C, Caron S, et al. 2010. Subgroup 4 R2R3-MYBs in conifer trees: gene family expansion and contribution to the isoprenoid-and flavonoid-oriented responses. Journal of Experimental Botany, 61: 3847-3864.

Besseau S, Li J, Palva E T. 2012. WRKY54 and WRKY70 co-operate as negative regulators of leaf senescence in *Arabidopsis thaliana*. Journal of Experimental Botany, 63: 2667-2679.

Bobb A J, Eiben H G, Bustos M M. 1996. PvALF, an embryo-specific acidic transcriptional activator enhances gene expression from phaseolin and phytohemagglutinin promoters. Plant Journal, 8: 331-343.

Boer K, Tilleman S, Pauwels L, et al. 2011. Apetala2/ethylene response factor and basic helix-loop-helix tobacco transcription factors cooperatively mediate jasmonate-elicited nicotine biosynthesis. Plant Journal, 66: 1053-1065.

Boter M, Golz J F, Giménez-Ibañez S, et al. 2015. FILAMENTOUS FLOWER is a direct target of JAZ3 and modulates responses to jasmonate. Plant Cell, 27: 3160-3174.

Bouaziz D, Pirrello J, Charfeddine M, et al. 2013. Overexpression of StDREB1 transcription factor increases tolerance to salt in transgenic potato plants. Molecular Biotechnology, 54: 803-817.

Boulikas T. 1994. Putative nuclear localization signals（NLS）in protein transcription factors. Journal of Cellular Biochemisry, 55: 32-58.

Bulgakov V P, Veremeichik G N, Grigorchuk V P, et al. 2016. The *rolB* gene activates secondary metabolism in *Arabidopsis calli* via selective activation of genes encoding MYB and bHLH transcription factors. Plant Physiology Biochemistry, 102: 70-79.

Cai Y, Chen X, Xie K, et al. 2014. Dlf1, a WRKY transcription factor, is involved in the control of flowering time and plant height in rice. PLoS ONE, 9: e102529.

Chatel G, Montiel G, Pré M, et al. 2003. CrMYC1, a *Catharanthus roseus* elicitor- and jasmonate-responsive bHLH transcription factor that binds the G-box element of the strictosidine synthase gene promoter. Journal of Experimental Botany, 54: 2587-2588.

Cheng H, Song S, Xiao L, et al. 2009. Gibberellin acts through jasmonate to control the expression of MYB21, MYB24, and MYB57 to promote stamen filament growth in *Arabidopsis*. PLoS Genetics, 5: e1000440.

Chern M S, Bobb A J, Bustos M M. 1996. The regulator of MAT2（ROM2）protein binds to early maturation promoters and repressors PvALF activated transcription. Plant Cell, 8: 305-321.

Cominelli E, Galbiati M, Vavasseur A, et al. 2005. A guard-cell-specific MYB transcription factor regulates stomatal movements and plant drought tolerance. Current Biology, 15: 1196-1200.

Cominelli E, Sala T, Calvi D, et al. 2008. Over-expression of the *Arabidopsis AtMYB41* gene alters cell expansion and leaf surface permeability. Plant Journal, 53: 53-64.

Dehesh K, Smith L G, Tepperman J M, et al. 1995. Twin autonomous bipartite nuclear localization signals direct nuclear import of GT-2. Plant Journal, 8: 25-36.

Ding Z J, Yan J Y, Li G X, et al. 2014. WRKY41 controls *Arabidopsis* seed dormancy via direct regulation of *ABI3* transcript levels not downstream of ABA. Plant Journal, 79: 810-823.

Decimo T, Mattana M, Fasano R, et al. 2013. Ectopic expression of the *Osmyb4* rice gene enhances synthesis of hydroxycinnamic acid derivatives in tobacco and clary sage. Biologia Plantarum, 57: 179-183.

Fernández-Calvo P, Chini A, Fernández-Barbero G, et al. 2011. The *Arabidopsis* bHLH transcription factors MYC3 and MYC4 are targets of JAZ repressors and act additively with MYC2 in the activation of jasmonate responses. Plant Cell, 23: 701-715.

Gatica-Arias A, Farag M A, Stanke M, et al. 2012. Flavonoid production in transgenic hop（*Humulus lupulus* L.）altered by PAP1/MYB75 from *Arabidopsis thaliana* L. Plant Cell Reports, 31: 111-119.

Goff S A, Cone K C, Chandler V L. 1992. Functional analysis of the transcriptional activator encoded by the maize B gene: evidence for a direct functional interaction between two classes of regulatory proteins. Genes & Development, 6: 864-875.

Goff S A, Cone K C, Fromm M E. 1991. Identification of functional domains in the maize transcriptional activator C1: comparison of wild-type and dominant inhibitor proteins. Genes & Development, 5: 298-309.

Guan Y, Meng X, Khanna R, et al. 2014. Phosphorylation of a WRKY transcription factor by MAPKs is required for pollen development and function in *Arabidopsis*. PLoS Genetics, 10: e1004384.

Hagel J M, Facchini P J. 2013. Benzylisoquinoline alkaloid metabolism: a century of discovery and a brave new world. Plant & Cell Physiology, 54: 647-672.

Han J L, Wang H Z, Lundgren A, et al. 2014. Effects of *overexpression* of AaWRKY1 on artemisinin biosynthesis in transgenic *Artemisia annua* plants. Phytochemistry, 102: 89-96.

Hichri I, Heppel S C, Pillet J, et al. 2010. The basic helix-loop-helix transcription factor MYC1 is involved in the regulation of the flavonoid biosynthesis pathway in grapevine. Molecular Plant, 3: 509-523.

Huang X S, Wang W, Zhang Q, et al. 2013. A basic helix-loop-helix transcription factor, PtrbHLH, of *Poncirus trifoliata* confers cold tolerance and modulates peroxidase-mediated scavenging of hydrogen peroxide. Plant Physiology, 162: 1178-1194.

Ji A J, Luo H M, Xu Z C, et al. 2016. Genome-wide identification of the *AP2/ERF* gene family involved in active constituent biosynthesis in *Salvia mitiorrhiza*. Plant Genome, 9（2）: 1-11.

Jiang Y, Liang G, Yu D. 2012. Activated expression of *WRKY57* confers drought tolerance in *Arabidopsis*. Molecular Plant, 5: 1375-1388.

Kalde M, Barth M, Somssich I E, et al. 2003. Members of the *Arabidopsis* WRKY group III transcription factors are part of different plant defense signaling pathways. Molecular Plant-Microbe Interactions, 16: 295-305.

Kato H, Motomura T, Komeda Y, et al. 2010. Overexpression of the NAC transcription factor family gene *ANAC036* results in a dwarf phenotype in *Arabidopsis thaliana*. Journal of Plant Physiology, 167: 571-577.

Kawarazaki T, Kimura S, Iizuka A, et al. 2013. A low temperature-inducible protein AtSRC2 enhances the ROS-producing activity of NADPH oxidase AtRbohF. Biochim Biophys Acta, 1833: 2775-2780.

Klinge B, Uberlacker B, Korfhage C, et al. 1996. ZmHox: a noval class of maize homeobox genes. Plant Molecular Biology, 30: 439-453.

Kriz A L, Wallace M S, Paiva R. 1990. Globulin gene expression in embryos of maize viviparous mutants. Plant Physiology, 92: 5538-5542.

Lacroix B, Citovsky V. 2013. A mutation in negative regulator of basal resistance WRKY17 of *Arabidopsis* increases susceptibility to *Agrobacterium*-mediated genetic transformation. F1000Research, 2: 33-33.

Lee D K, Geisler M, Springer P S. 2009. LATERAL ORGAN FUSION1 and LATERAL ORGAN FUSION2 function in lateral organ separation and axillary meristem formation in *Arabidopsis*. Development, 136: 2423-2432.

Li C, Li D, Shao F, et al. 2015. Molecular cloning and expression analysis of WRKY transcription factor genes in *Salvia miltiorrhiza*. BMC Genomics, 16: 200.

Li C, Lu S. 2014. Genome-wide characterization and comparative analysis of R2R3-MYB transcription factors shows the complexity of MYB-associated regulatory networks in *Salvia miltiorrhiza*. BMC Genomics, 15: 277.

Li H, Flachowsky H, Fischer T C, et al. 2007. Maize Lc transcription factor enhances biosynthesis of anthocyanins, distinct proanthocyanidins and phenylpropanoids in apple（*Malus domestica* Borkh.）. Planta, 226: 1243-1254.

Li S, Zhang P, Zhang M, et al. 2013. Functional analysis of a WRKY transcription factor involved in transcriptional activation of the DBAT gene in *Taxus chinensis*. Plant Biology, 15: 19-26.

Li X L, Yang X, Hu Y X, et al. 2014. A novel NAC transcription factor from *Suaeda liaotungensis* K. enhanced transgenic *Arabidopsis* drought, salt, and cold stress tolerance. Plant Cell Reports, 33: 767-778.

Liljegren S J, Roeder A H K, Kempin S A, et al. 2004. Control of fruit patterning in *Arabidopsis*, by INDEHISCENT. Cell, 116: 843-853.

Lippold F, Sanchez D H, Musialak M, et al. 2009. AtMyb41 regulates transcriptional and metabolic responses to osmotic stress in *Arabidopsis*. Plant Physiology, 149: 1761-1772.

Liu H X, Zhou X Y, Dong N, et al. 2011. Expression of a wheat *MYB* gene in transgenic tobacco enhances resistance to *Ralstonia solanacearum*, and to drought and salt stresses. Functional & Integrative Genomics, 11: 431-443.

Liu L, White M J, MacRae T H. 1999. Transcription factors and their genes in higher plants. European Journal of Biochemistry, 262: 247-257.

Lu C A，Ho T D, Ho S L, et al. 2002. Three novel MYB proteins with one DNA binding repeat mediate sugar and hormone regulation of α-amylase gene expression. Plant Cell, 14: 1963-1980.

Lu M, Zhang D F, Shi Y S, et al. 2013. Expression of *SbSNAC1*, a NAC transcription factor from sorghum, confers drought tolerance to transgenic *Arabidopsis*. Plant Cell, Tissue and Organ Culture, 115: 443-455.

Lu P L, Chen N Z, An R, et al. 2007. A novel drought-inducible gene, *ATAF1*, encodes a NAC family protein that negatively regulates the expression of stress-responsive genes in *Arabidopsis*. Plant Molecular Biology, 63: 289-305.

Luo X, Sun X, Liu B, et al. 2013. Ectopic expression of a WRKY homolog from *Glycine soja* alters flowering time in *Arabidopsis*. PLoS ONE, 8: e73295.

Lyck R, Harmening U, Hohfeld I, et al. 1997. Intracellular distribution and identification of the nuclear localization signals of two plant heat-stress transcription factors. Planta, 202: 117-125.

Lynette B, Said H, Michael B, et al. 2009. A plant germline-specific integrator of sperm specification and cell cycle progression. PLoS Genetics, 5: e1000430.

Ma D, Pu G, Lei C, et al. 2009. Isolation and Characterization of AaWRKY1, an *Artemisia annua* transcription factor that regulates the amorpha-4,11-diene synthase gene, a key gene of artemisinin biosynthesis. Plant & Cell Physiology, 50: 2146-2161.

Mandaokar A, Browse J. 2009. MYB108 acts together with MYB24 to regulate jasmonate-mediated stamen maturation in *Arabidopsis*. Plant Physiology, 149: 851-862.

Marè C, Mazzucotelli E, Crosatti C, et al. 2004. Hv-WRKY38: a new transcription factor involved in cold- and drought-response in barley. Plant Molecular Biology, 55: 399-416.

Martin C, Paz-Ares J. 1997. MYB transcription factors in plants. Trends in Genetics, 13: 67-73.

Matys V, Fricke E, Geffers R, et al. 2002. TRANSFAC®: transcriptional regulation, from patterns to profiles. Nucleic Acids Research, 31: 374.

Mitsuda N, Ohme-takagi M. 2009. Functional analysis of transcription factors in *Arabidopsis*. Plant & Cell Physiology, 50: 1232-1248.

Mu R L, Cao Y R, Liu Y F, et al. 2009. An R2R3-type transcription factor gene *AtMYB59* regulates root growth and cell cycle progression in *Arabidopsis*. Cell Research, 19: 1291-1304.

Nantel A, Quatrano R S. 1996. Characterization of three rice basic/leucine zipper factors, including two inhibitors of EmBP-1 DNA binding activity. Journal of Biological Chemistry, 271: 31296-31305.

Nims E, Vongpaseuth K, Roberts S C, et al. 2015. TcJAMYC: a bHLH transcription factor that activates paclitaxel biosynthetic pathway genes in yew. Journal of Biological Chemistry, 290: 20104.

Ohta M, Matsui K, Hiratsu K, et al. 2001. Repression domains of class II ERF transcriptional repressors share an essential motif for active repression. Plant Cell, 13: 1959-1968.

Park C Y, Lee J H, Yoo J H, et al. 2005. WRKY group IId transcription factors interact with calmodulin. FEBS Letters, 579: 1545-1550.

Paul P, Awasthi A, Rai A K, et al. 2012. Reduced tillering in Basmati rice T-DNA insertional mutant *OsTEF1* associates with differential expression of stress related genes and transcription factors. Functional & Integrative Genomics, 12: 291-304.

Pérez-Rodríguez P, Riaño-Pachón D M, Corrêa L G, et al. 2010. PlnTFDB: updated content and new features of the plant transcription factor database. Nucleic Acids Research, 38 (Database issue): 822-827.

Pruneda-Paz J L, Breton G, Para A, et al. 2009. A functional genomics approach reveals CHE as a component of the *Arabidopsis* circadian clock. Science, 323: 1481-1485.

Puranik S, Bahadur R P, Srivastava P S, et al. 2011. Molecular cloning and characterization of a membrane associated *NAC* family gene, SiNAC from foxtail mill [*Setaria italic* (L.) P. Beauv]. Molecular Biotechnology, 49: 138-150.

Riaño-Pachón D M, Ruzicic S, Dreyer I, et al. 2007. PlnTFDB: an integrative plant transcription factor database. BMC Bioinformatics, 8: 42.

Riechmann J L, Meyerowitz E M. 1998. The AP2/EREBP family of plant transcription factors. Biological Chemistry, 379: 633-646.

Rishmawi L, Pesch M, Juengst C, et al. 2014. Non-cell-autonomous regulation of root hair patterning genes by WRKY75 in *Arabidopsis*. Plant Physiology, 165: 186-195.

Rounsley S D, Ditta G S, Yanofsky M F. 1995. Diverse roles for MADS box genes in *Arabidopsis* development. Plant Cell, 7: 1259-1269.

Sainz M B, Goff S A, Chandler V L. 1997. Extensive mutagenesis of a transcriptional activation domain identifies single hydrophobic and acidic amino acids important for activation *in vivo*. Molecular and Cellular Biology, 17: 115-122.

Salvatierra A, Pimentel P, Moya-Leon M A, et al. 2013. Increased accumulation of anthocyanins in *Fragaria chiloensis* fruits by transient suppression of *FcMYB1* gene. Phytochemistry, 90: 25-36.

Schluttenhofer C, Pattanaik S, Patra B, et al. 2014. Analyses of *Catharanthus roseus* and *Arabidopsis thaliana* WRKY transcription factors reveal involvement in jasmonate signaling. BMC Genomics, 15: 502.

Schwechheimer C, Bevan M. 1998. The regulation of transcription factor activity in plants. Trends in Plant Science, 3: 278-283.

Slabaugh E, Held M, Brandizzi F. 2011. Control of root hair development in *Arabidopsis thaliana* by an endoplasmic reticulum anchored member of the R2R3-MYB transcription factor family. Plant Journal, 67: 395-405.

Song S Y, Chen Y, Chen J, et al. 2011. Physiological mechanisms underlying OsNAC5-dependent tolerance of rice plants to abiotic stress. Planta, 234: 331-345.

Song Y, Chen L, Zhang L, et al. 2010. Overexpression of *OsWRKY72* gene interferes in the abscisic acid signal and auxin transport pathway of *Arabidopsis*. Journal of Biosciences, 35: 459-471.

Spyropoulou E A, Haring M A, Schuurink R C. 2014. RNA sequencing on *Solanum lycopersicum* trichomes identifies transcription factors that activate terpene synthase promoters. BMC Genomics, 15: 402.

Sun L, Zhang H, Li D, et al. 2012. Functions of rice NAC transcriptional factors, ONAC122 and ONAC131, in defense responses against *Magnaporthe grisea*. Plant Molecular Biology, 81: 41-56.

Suttipanta N, Pattanaik S, Kulshrestha M, et al. 2011. The transcription factor CrWRKY1 positively regulates the terpenoid indole alkaloid biosynthesis in *Catharanthus roseus*. Plant Physiology, 157: 2081-2093.

Takasaki H, Maruyama K, Kidokoro S, et al. 2010. The abiotic stress responsive NAC-type transcription factor OsNAC5 regulates stress inducible genes and stress tolerance in rice. Molecular Genetics and Genomics, 284: 173-183.

Takatsuji H. 1998. Zinc-finger transcription factors in plant. Cellular and Molecular Life Sciences, 54: 582-596.

Todd A T, Liu E W, Polvi S L, et al. 2010. A functional genomics screen identifies diverse transcription factors that regulate alkaloid biosynthesis in *Nicotiana benthamiana*. Plant Journal, 62: 589-600.

Varagona M J, Raikhel N V. 1994. The basic domain in the bZIP regulatory protein Opaque-2 serves two independent function: DNA binding and nuclear localization. Plant Journal, 5: 207-214.

Varagona M J, Schmidt R J, Raikhel N V. 1992. Nuclear localization signal (s) required for nuclear targeting of the maize regulatory protein Opaque-2. Plant Cell, 4: 1213-1227.

Wang F, Zhu H, Chen D, et al. 2016. A grape bHLH transcription factor gene, *VvbHLH1*, increases the accumulation of flavonoids and enhances salt and drought tolerance in transgenic *Arabidopsis thaliana*. Plant Cell, Tissue and Organ Culture, 125: 387-398.

Wang H, Han J, Kanagarajan S, et al. 2013. Trichome-specific expression of the amorpha-4,11-diene 12-hydroxylase (*cyp71av1*) gene, encoding a key enzyme of artemisinin biosynthesis in *Artemisia annua*, as reported by a promoter-GUS fusion. Plant Molecular Biology, 81: 119-138.

Wang X, Niu Q W, Teng C, et al. 2009. Overexpression of *PGA37/MYB118* and *MYB115* promotes vegetative-to-embryonic transition in *Arabidopsis*. Cell Research, 19: 224-235.

Washio K. 2003. Functional dissections between GAMYB and Dof transcription factors suggest a role for protein-protein associations in the gibberellin-mediated expression of the *RAmy1A* gene in the rice aleurone. Plant Physiology, 133: 850-863.

Xie Z, Zhang Z L, Zou X, et al. 2005. Annotations and functional analyses of the rice *WRKY* gene superfamily reveal positive and negative regulators of abscisic acid signaling in aleurone cells. Plant Physiology, 137: 176-189.

Xiong H, Li J, Liu P, et al. 2014. Overexpression of *OsMYB48-1*, a novel MYB-related transcription factor, enhances drought and salinity tolerance in rice. PLoS ONE, 9: e92913.

Xu W, Dubos C, Lepiniec L. 2015. Transcriptional control of flavonoid biosynthesis by MYB-bHLH-WDR complexes. Trends in Plant Science, 20: 176-185.

Xu Y H, Wang J W, Wang S, et al. 2004. Characterization of GaWRKY1, a cotton transcription factor that regulates the sesquiterpene synthase gene (+)-$\delta$-cadinene synthase-A. Plant Physiology, 135: 507-515.

Yamada Y, Kokabu Y, Chaki K, et al. 2011. Isoquinoline alkaloid biosynthesis is regulated by a unique bHLH-type transcription factor in *Coptis japonica*. Plant & Cell Physiology, 52: 1131-1141.

Yamada Y, Sato F. 2013. Transcription factors in alkaloid biosynthesis. International Review of Cell and Molecular Biology, 305: 339-382.

Yang S W, Jang I C, Henriques R, et al. 2009. FAR-RED ELONGATED HYPOCOTYL1 and FHY1-LIKE associate with the *Arabidopsis* transcription factors LAF1 and HFR1 to transmit phytochrome a signals for inhibition of hypocotyl elongation. Plant Cell, 21: 1341-1359.

Yang X, Hu Y X, Li X L, et al. 2014. Molecular characterization and function analysis of *SlNAC2* in *Suaeda liaotungensis* K. Gene, 543: 190-197.

Yu X W, Peng H, Liu Y M, et al. 2014. CarNAC2, a novel NAC transcription factor in chickpea (*Cicer arietinum* L.), is associated with drought-response and various developmental processes in transgenic *Arabidopsis*. Plant Biology, 57: 55-66.

Yu Y, Hu R, Wang H, et al. 2013. MlWRKY12, a novel *Miscanthus* transcription factor, participates in pith secondary cell wall formation and promotes flowering. Plant Science, 212: 1-9.

Zhang C Q, Xu Y, Lu Y, et al. 2011a. The WRKY transcription factor OsWRKY78 regulates stem elongation and seed development in rice. Planta, 234: 541-554.

Zhang H, Hedhili S, Montiel G, et al. 2011b. The basic helix-loop-helix transcription factor CrMYC2 controls the jasmonate responsive expression of the ORCA genes regulating alkaloid biosynthesis in *Catharanthus roseus*. Plant Journal, 67: 61-71.

Zhang L, Wu B, Zhao D, et al. 2014. Genome-wide analysis and molecular dissection of the *SPL* gene family in *Salvia miltiorrhiza*. Journal of Integrative Plant Biology, 56: 38-50.

Zhang S, Ma P, Yang D, et al. 2013. Cloning and characterization of a putative R2R3 MYB transcriptional repressor of the rosmarinic acid biosynthetic pathway from *Salvia miltiorrhiza*. PLoS ONE, 8: e73259.

Zhang X, Luo H, Xu Z, et al. 2015. Genome-wide characterisation and analysis of bHLH transcription factors related to tanshinone biosynthesis in *Salvia miltiorrhiza*. Scientific Reports, 5: 11244.

Zhang Y, Yan Y P, Wang Z Z. 2011c. The *Arabidopsis* PAP1 transcription factor plays an important role in the enrichment of phenolic acids in *Salvia miltiorrhiza*. Journal of Agricultural and Food Chemistry, 58: 12168-12175.

Zhang Z L, Xie Z, Zou X, et al. 2004. A rice *WRKY* gene encodes a transcriptional repressor of the gibberellin signaling pathway in aleurone cells. Plant Physiology, 134: 1500-1513.

Zhao T, Liang D, Wang P, et al. 2012. Genome-wide analysis and expression profiling of the *DREB* transcription factor gene family in *Malus* under abiotic stress. Molecular Genetics and Genomics, 287: 423-436.

Zhu J Y, Sun Y, Wang Z Y. 2012. Genome-wide identification of transcription factor-binding sites in plants using chromatin immunoprecipitation followed by microarray (ChIP-chip) or sequencing (ChIP-seq). Methods in Molecular Biology, 876: 173-188.

# 第十三章　非编码 RNA 及其对药用植物品质形成的调控

生物体内,基因的转录产物可分为蛋白质编码 RNA(protein-coding RNA)和非蛋白质编码 RNA(non-protein-coding RNA,npcRNA)两类。前者指能够编码蛋白质的 RNA,即信使 RNA(messenger RNA,mRNA)。后者也称非编码 RNA(non-coding RNA,ncRNA),指不编码蛋白质的 RNA。非编码 RNA 没有明确的可读框(ORF),不翻译成蛋白质,因此在研究的早期,人们普遍认为非编码 RNA 不具有生物学功能,仅仅是"转录噪音或垃圾",但是随着研究的深入,人们逐渐发现,有很多非编码 RNA 可在 RNA 水平精细调节基因的表达,参与植物的生长、发育、胁迫应答等生物学过程(Chen,2005;Jones-Rhoades et al.,2006;Mallory and Vaucheret,2006;Voinnet,2009)。这些研究结果获得科学界的极大关注,2001~2004 年小分子非编码 RNA 的相关研究连续荣登 *Science* 杂志评选的"十大科学突破"榜,更是在 2002 年荣膺"十大科学突破"之首(Couzin,2002)。非编码 RNA 的研究成果,对经典的遗传信息传递"中心法则"(central dogma)作了重要补充(图 13-1)。

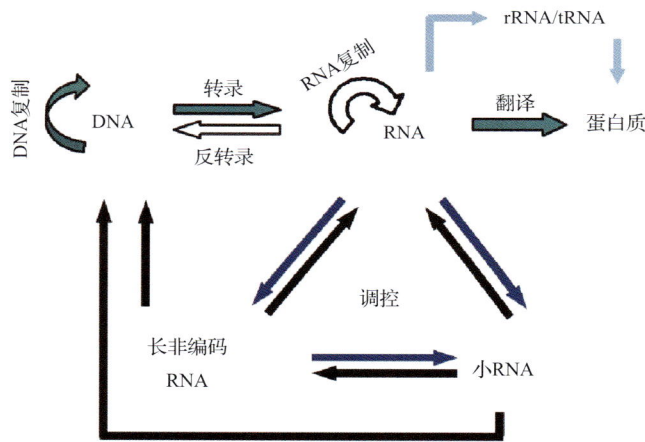

图 13-1　补充后的遗传信息传递"中心法则"

经典的"中心法则"指遗传信息通过 DNA 复制从 DNA 传递给 DNA,或通过转录从 DNA 传递给 RNA,再从 RNA 通过翻译传递给蛋白质。核糖体 RNA(rRNA)和转运 RNA(tRNA)参与信使 RNA(mRNA)翻译成蛋白质。此外,在某些病毒中,RNA 可自我复制,或以 RNA 为模板反转录成 DNA。近年来的研究表明,生物体内还有一类能调控 RNA 或 DNA 的非编码 RNA。根据长度,这些非编码 RNA 可分为长非编码 RNA 和小 RNA

近年来,药用植物非编码 RNA 的研究逐渐加强。初步研究表明,非编码 RNA 在药用植物品质形成过程中发挥重要调控作用。下面从非编码 RNA 的种类、miRNA 的发现历史和产生途径、siRNA 的发现历史和产生途径、非编码 RNA 的生物学功能、非编码 RNA 与药用植物品质形成等方面对现有研究成果作简单介绍。

# 第一节　非编码 RNA 的种类

非编码 RNA 的种类非常丰富（图 13-2），有组成型表达的看家非编码 RNA（housekeeping npcRNA），也有在生物体的发育、分化、胁迫响应等过程中特异表达并且发挥调控作用的非编码 RNA（regulatory npcRNA）（Storz，2002；Griffiths-Jones，2007；Wirth and Crespi，2009）。看家非编码 RNA 可分为转运 RNA（tRNA）、核糖体 RNA（rRNA）、核小 RNA（snRNA）和核仁小 RNA（snoRNA）等（Wirth and Crespi，2009），其中转运 RNA 负责携带并转运氨基酸，核糖体 RNA 参与蛋白质肽链的形成，核小 RNA 参与 mRNA 前体的加工，而核仁小 RNA 在转运 RNA、核糖体 RNA 和核小 RNA 的化学修饰中发挥重要作用。根据长度的不同，起调控作用的非编码 RNA 可进一步分为小 RNA（short regulatory npcRNA/small RNA，sRNA）和长非编码 RNA（large regulatory npcRNA/long npcRNA，lncRNA）。小 RNA 主要有 miRNA（microRNA，微 RNA）和 siRNA（small interfering RNA，干扰小 RNA）。根据来源的不同，siRNA 又可进一步分为自然反义转录本 siRNA（natural antisense transcript-siRNA，nat-siRNA）、反式作用 siRNA（trans-acting siRNA，ta-siRNA）、异染色质 siRNA（heterochromatic-siRNA，hc-siRNA）和重复相关 siRNA（repeat-associated siRNA，ra-siRNA）（Baulcombe，2004；Allen et al.，2005；Borsani et al.，2005；Kasschau et al.，2007；Chen，2009，2010）。长非编码 RNA 来源于自然反义转录本（natural antisense transcript lncRNA）、基因间区（long intergenic ncRNA，lincRNA）和内含子（intronic lncRNA），有保守的（conserved lncRNA）和非保守的（non-conserved lncRNA）之分，后者在长非编码 RNA 中占绝大多数。

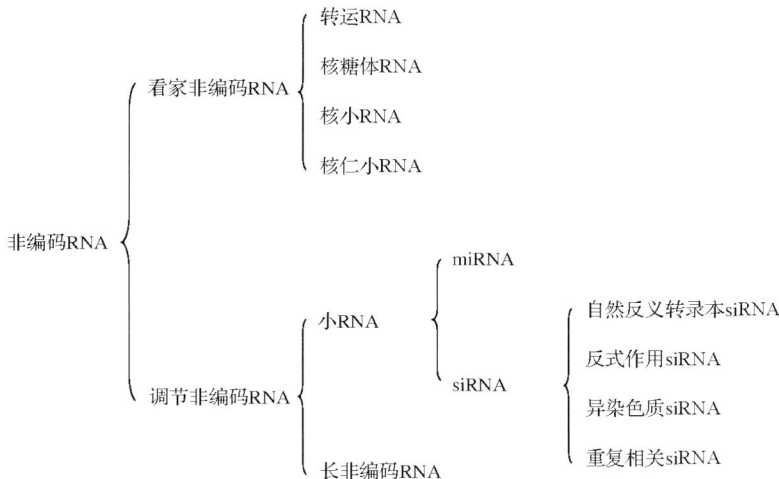

图 13-2　非编码 RNA 的分类

# 一、miRNA

miRNA 主要存在于真核生物和病毒中，是一类内源性的、长约 21 个核苷酸、具有调控功能的单链非编码 RNA（图 13-3）。成熟 miRNA 的 5′端带磷酸基团，3′端为羟基，由呈发夹结构的前体剪切加工而成，具有自身的转录调控机制，表达具有组织特异性和时空特异性。miRNA 基因主要位于基因的间隔区，以单拷贝、多拷贝或基因簇等多种形式存在于基因组中，有些 miRNA 在不同的物种中高度保守，有些具有谱系（lineage）或物种（species）特异性（Jones-Rhoades et al.，2006；Voinnet，2009；Rogersa and Chen，2013）。miRNA 自身不含可读框，不具编码蛋白质的能力，主要在基因转录后水平，以完全互补或几乎完全互补的方式与靶 RNA 上的特定位点发生碱基配对，引导形成 RNA 诱导沉默复合体（RISC），通过直接切割靶 RNA 并使之降解或通过阻碍靶基因翻译成蛋白质等方式，在植物生长发育和逆境响应等生物学过程中发挥重要调控作用。此外，一些 miRNA 能够指导 DNA 甲基化，在转录水平抑制基因表达（Bartel，2004；Jones-Rhoades et al.，2006；Voinnet，2009；Sun，2012）。

秀丽隐杆线虫lin-4　　　5′-uccugagaccucaaguguga-3′

秀丽隐杆线虫let-7　　　5′-ugagguaguaggguuguauaguu-3′

拟南芥miR156a　　　5′-ugacagaagagagugagcaca-3′

拟南芥miR828　　　5′-ucuugcuuaaaugaguauucca-3′

毛果杨miR397a　　　5′-ucauugagugcagcguugaug-3′

毛果杨miR1444a　　　5′-uccacauucggucaauguucc-3′

图 13-3　几条来自秀丽隐杆线虫、拟南芥和毛果杨的 miRNA 的序列

## 二、siRNA

siRNA 是一类来源和产生途径与 miRNA 不同、介导 RNA 干扰（RNA interfering，RNAi）、长约 21 个核苷酸的非编码 RNA（Zamore and Haley，2005）。它可参与转录基因沉默（transcriptional gene silencing，TGS）、转录后基因沉默（post-transcriptional gene silencing，PTGS）、RNA 干扰、病毒诱导的基因沉默（virus-induced gene silencing，VIGS）及 DNA 和组蛋白甲基化等过程（Hamilton et al.，2002；Baulcombe，2004；Allen et al.，2005；Borsani et al.，2005；Kasschau et al.，2007；Chen，2009，2010），其中 RNAi 是生物体内一种由双链 RNA 诱发的基因沉默现象（Fire et al.，1998；Blair and Olson，2015）。siRNA 的来源广泛。外源病毒 RNA、转基因的转录本、人工双链 RNA、内源的自然反义转录本、反式作用 siRNA 位点产生的转录本及来源于异染色质或基因组重复序列区的转录本等都可产生 siRNA。其中，自然反义转录本 siRNA 来源于双链 RNA 前体，由正反向转录本的重合区加工而成（Lippman and Martienssen，2004；Borsani et al.，2005）。反式作用 siRNA 是植物体内由 miRNA 介导产生的、长为 21 个核苷酸的内源非编码 RNA，它的作用方式与 miRNA 类似，通过反式剪切靶基因的转录本，干扰基因表达或引发下一轮 siRNA 的产生（Hamilton et al.，2002；Allen et al.，2005）。异染色质 siRNA 或重复相关 siRNA 来自基因间区或基因组重复序列区，如转座子、逆转座子、着丝粒重复区和核糖体 DNA 等，可在靶 DNA 位点抑制染色质修饰（Kasschau et al.，2007）。

## 三、长非编码 RNA

长非编码 RNA 是一类长度超过 40 个核苷酸(也有人认为超过 200 个核苷酸)的非编码 RNA(Rymarquis et al.，2008；Zhang and Chen，2013)。它一般不具备蛋白编码能力，但有些可编码短肽(Ruiz-Orera et al.，2014)。长非编码 RNA 具有类型多、数量多和作用模式多的"三多"特点，可根据其与蛋白编码基因的位置关系、对 DNA 序列的影响、功能机制、靶向机制及保守性等 5 个方面进行分类(Ponting et al.，2009；Heo and Sung，2011；Ma et al.，2013)。

按长非编码 RNA 与蛋白编码基因的位置关系，可以将其分为 5 类：①同义长非编码 RNA，即与同一链上另一转录物的一个或多个外显子重叠的长非编码 RNA；②反义长非编码 RNA，即与反义链上转录物的外显子重叠的长非编码 RNA；③双向长非编码 RNA，即表达起始位点与其互补链上相邻编码转录物的表达起始位点十分靠近的长非编码 RNA；④内含子长非编码 RNA，即来源于另一个转录物内含子的长非编码 RNA；⑤基因间长非编码 RNA，即来源于两个基因间的间隔区的长非编码 RNA。

按长非编码 RNA 对 DNA 序列的影响，可以将其分为两类：①顺式作用长非编码 RNA(cis-lncRNA)，指调节基因组中邻近基因表达的长非编码 RNA；②反式作用长非编码 RNA(trans-lncRNA)，指调节基因组中较远距离基因表达的长非编码 RNA。

按长非编码 RNA 的功能机制，可以将其分为三类：①转录调节的长非编码 RNA，即在基因转录过程中发挥调节作用的长非编码 RNA；②转录后调节的长非编码 RNA，即在基因转录后发挥调节作用的长非编码 RNA；③具有其他功能的长非编码 RNA，即在上述过程之外的其他过程中发挥调节作用的长非编码 RNA。

按长非编码 RNA 的靶向机制，可将其分为四类：①信号机制的长非编码 RNA(signal)。它们往往呈现细胞类型特异的表达并响应多种外界刺激。②诱饵机制的长非编码 RNA(decoy)。它们可在不应用其他功能的前提下，结合并滴定掉(titrate away)目标蛋白。③指导机制的长非编码 RNA(guide)。它们与蛋白质结合，指导将形成的核糖核蛋白复合物转移到特定的靶标处。④骨架机制的长非编码 RNA(scaffold)。它们作为中央平台，将多个蛋白质聚集在一起，形成核糖核蛋白复合物。

按长非编码 RNA 的保守性，可将其分为保守的长非编码 RNA 和非保守的长非编码 RNA。此外，mlncRNA(mRNA-like ncRNA)指的是一类类似于 mRNA，具有 5′帽子和 3′多聚腺苷酸尾结构的长非编码 RNA(Rymarquis et al.，2008)。

# 第二节　miRNA 的发现历史和产生途径

## 一、miRNA 的发现历史

miRNA(microRNA，微 RNA)是 Lee 等(1993)在研究秀丽隐杆线虫(*Caenorhabditis elegans*)*lin-4* 突变体时首先发现的。第一个被发现的 miRNA 分子为 lin-4。在发现 lin-4 之前，Lee 等(2004)只是对 *lin-4* 突变体感兴趣，没意识到它是非编码 RNA，随后的一系列发现都是令人意想不到的。*lin-4*突变体是2002年诺贝尔生理学与医学奖获得者Brenner领导的实验室于20世纪70年代分离得到的。后来，2002年诺贝尔生理学与医学奖获得者Horvitz和Sulston(1980)，以及Chalfie等(1981)对该突变体的表型进行了分析，发现它有多种发育缺陷，许多细胞在幼虫阶段反复分裂，发育过程经历额外的幼虫阶段，成虫细长且有幼虫一样的表皮。随后，Horvitz的学生Ferguson发现了另一个突变体*lin-14*(Ferguson et al.，1987)。该突变体的突变发生在一个被称为*lin-14*的基因上，表现型与*lin-4*的正好相反。1989年Horvitz的博士后Ambros和Ruvkun成功克隆了*lin-14*基因，序列分析发现，*lin-14*突变体中*lin-14*基因的3′非翻译区部分缺失。与此同时，Lee等开展了*lin-4*基因的克隆工作。他们首先对*lin-4*基因进行了定位，接着将含有该位点的一段长约700bp的DNA片段转入*lin-4*突变体中。结果发现转入该DNA片段后，突变体表型消失，虫体发育正常。该DNA片段没有可读框，不编码蛋白质，这样经过约3年的努力，到1991年年底，基本确定了*lin-4*是非编码RNA，在RNA水平发挥作用。在此基础上，进一步研究发现，*lin-4* RNA上含有一个约60个核苷酸的片段。它可形成发卡结构并进一步产生长度为21个核苷酸的RNA，从而发现了首个miRNA。*lin-4*与*lin-14*中鉴定出的3′非翻译区互补，通过互补配对形成双链，抑制*lin-14*的翻译，因此*lin-4*是*lin-14*的负调控因子(Lee et al.，1993；Wightman et al.，1993)。

　　由于当时人们认为这是线虫特有的现象，lin-4被发现后，没有立即受到重视。2000年，Reinhart等在秀丽隐杆线虫中发现了另一个可调控线虫发育进程的miRNA——let-7，这才掀起了miRNA的研究热潮。2001年，在线虫、果蝇等动物中发现近百个miRNA。2002年，Reinhart等在拟南芥中鉴定了第一批植物miRNA。随后，在水稻(Wang et al.，2004；Sunkar et al.，2005)、杨树(Lu et al.，2005)、小麦(Yao et al.，2007)等植物中发现大量的miRNA。采用生物信息学预测和实验验证的方法，至今已经从100多种植物中鉴定了成千上万的miRNA(Yi et al.，2015)。2014年6月发布的miRBase数据库(release 21，http://www.mirbase.org/)收录了来自植物、动物、病毒等223个物种共计28 645条miRNA，其中来自植物的有73个物种，6992条(Kozomara and Griffiths-Jones，2014)。

## 二、miRNA 的产生途径

　　成熟的植物miRNA一般从基因组上的MIR位点，在多种酶的参与下，经过一系列的反应后形成(图13-4)(Chen，2005；Jones-Rhoades et al.，2006；Mallory and Vaucheret，2006；Voinnet，2009；Rogersa and Chen，2013)。植物miRNA产生过程中，先在RNA聚合酶Ⅱ的作用下，从MIR位点转录产生初级miRNA(primary microRNA，简称pri-miRNA)转录本。这些初级转录本可通过内部碱基互补配对，形成含有茎环的二级结构。接着，初级转录本被DCL1和HYL1酶经两步切割加工，先成为miRNA前体(microRNA precursor，简称pre-miRNA)，再成为miRNA/miRNA*双联体(duplex)。这个切割加工过程同时得到HYL1及其他因子的协助。形成的双联体的5′端有磷酸基团，3′端有2个核苷酸的悬突(overhang)。然后，可能在细胞核中，一种依赖Mg离子的甲基转移酶HEN1在miRNA/miRNA*双联体的3′端添加甲基修饰，使双联体稳定。在HST及其他辅助因子的帮助下，双联体被转运到细胞质。随后，双联体解链，产生成熟、末端甲基化的 miRNA，而 miRNA*被降解。

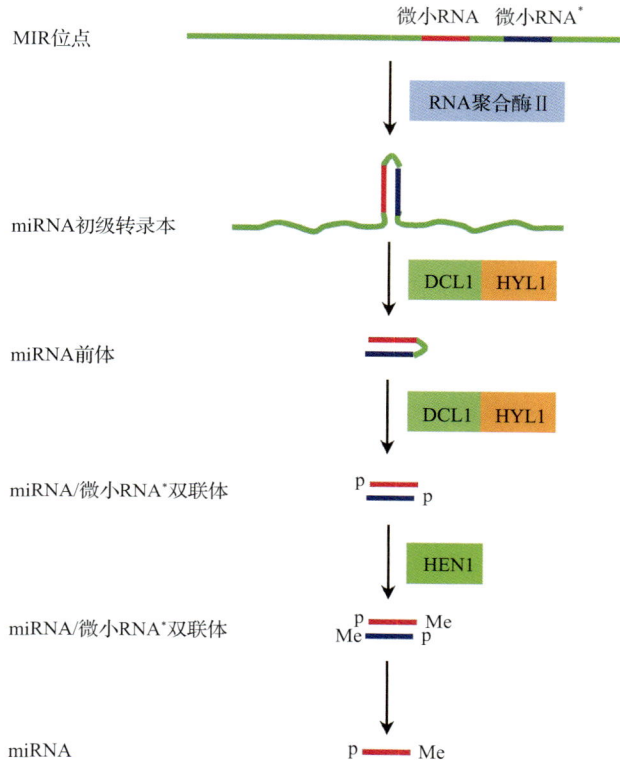

图 13-4 miRNA 的产生途径

在 RNA 聚合酶Ⅱ的催化下，从基因组上 MIR 位点转录产生 miRNA 初级转录本，再在 DCL1 和 HYL1 等酶的作用下，先后生成 miRNA 前体和 5'端带磷酸基团(p)的 miRNA/miRNA*双联体，然后 HEN1 酶在双联体的 3'端添加甲基修饰(Me)，最后双联体解链，产生成熟的 miRNA

# 第三节 siRNA 的发现历史和产生途径

## 一、siRNA 的发现历史

与 miRNA 的发现一样，siRNA 的发现也经历了较长的一段时间(Chen，2010)。早在 20 世纪 80 年代后期，人们就发现，在植物细胞中表达一个基因的反义序列，可引起该基因沉默(Ecker and Davis，1986)。这种现象被称为反义 RNA 抑制(antisense RNA inhibition)。根据这一原理，开发出了反义 RNA 技术(Ecker and Davis，1986)，即人工合成反义 RNA 基因，将其转入植物细胞中并转录成反义 RNA，从而下调特定内源基因的转录本。利用该技术人们进行了许多植物基因功能的研究，并初步探讨了反义 RNA 抑制现象的分子机制(van der Krol et al.，1988；Baulcombe and English，1996)，但令人遗憾的是，其内在的分子机制一直没有被真正揭示。20 世纪 90 年代初期，在进行基因过表达研究时，人们发现在矮牵牛中转入查耳酮合酶(CHS)和二氢黄酮醇还原酶(DFR)基因或在番茄中转入多聚半乳糖醛酸酶(PG)基因后，部分转基因植株中上述基因的表达不仅没有提高，反而降低了，从而发现了 RNA 共抑制现象(co-suppression)(Napoli et al., 1990；Smith et al., 1990；van der Krol et al., 1990)。

几乎与此同期，人们发现携带植物病毒外壳蛋白的转基因植物具有病毒抗性(Abel et al., 1986)。即使将病毒外壳蛋白基因的起始密码子去除，转基因植物还能获得抗性，说明导致植物产生抗性的物质是 RNA，而不是蛋白质(van der Vlugt et al., 1992)。随后的研究表明，上述病毒诱导基因沉默现象的发生是因为病毒外壳蛋白转基因触发了转录后基因沉默(Lindbo et al., 1993；Smith et al., 1994；Swaney et al., 1995)。在此之后，人们在秀丽隐杆线虫发现了 RNA 干扰，即外源双链 RNA 引起内源的同源基因沉默的现象(Fire et al., 1998)。紧接着，在植物中也发现，双链 RNA 比单链 RNA 能更有效地激发转录后基因沉默(Waterhouse et al., 1998)。除了转录后基因沉默，Wassenegger 等于 1994年发现 RNA 还可引起染色体上与其序列相同的 DNA 区段发生甲基化，使基因沉默。这种现象被称为 RNA 指导的 DNA 甲基化(RNA-directed DNA methylation，RdDM)。RdDM的发生也是由双链 RNA 导致的(Mette et al., 2000)。

尽管发现 RNA 可通过多种方式使基因沉默，但是其中的分子机制一直困扰着人们。直到 1999 年，Hamilton 和 Baulcombe 发现，植物发生转录后基因沉默过程中，产生了一些与发生沉默的基因序列反向互补的序列特异小 RNA。随后，Elbashir 等(2001)发现合成的小 RNA 可诱导哺乳动物体内发生 RNA 干扰。进一步的研究表明，病毒诱导的基因沉默和 RNA 指导的 DNA 甲基化皆由 siRNA 介导(Chen，2010)。在此之后的研究中，人们又逐渐发现植物体内含有一些内源的 siRNA 种类，包括自然反义转录本siRNA(Borsani et al., 2005；Katiyar-Agarwal et al., 2006)、反式作用 siRNA(Allen et al., 2005；Yoshikawa et al., 2005；Adenot et al., 2006；Axtell et al., 2006)、异染色质 siRNA(重复相关 siRNA)等(Kasschau et al., 2007；Law and Jacobsen，2010)。

## 二、siRNA 的产生途径

siRNA 的种类多种多样，来源与产生途径各不相同。如前所述，反义 RNA、正义RNA、病毒 RNA 和人工双链 RNA 等外源 RNA，都是先形成长的双链，再切割成短的siRNA。此外，内源 siRNA 的产生过程中也形成双链 RNA，但产生途径和参与的酶随siRNA 来源的不同而不同。

反式作用 siRNA 产生于 *TAS* 基因(图 13-5a)。该基因在 RNA 聚合酶 II 的作用下转录，产生含有特定 miRNA 靶位点的反式作用 siRNA 初级转录本。在长为 22 个核苷酸的miRNA 与 AGO1 或 AGO7 蛋白等形成的沉默复合体的作用下，反式作用 siRNA 前体被切割成单链 RNA 片段。随后，在 RDR6 和 SGS3 的作用下形成双链 RNA。双链 RNA 进一步在 DCL4 的作用下，从 miRNA 剪切位点处开始，以 21 个碱基对为步长剪切，形成一系列在 3′端具有 2 个悬突碱基的双联体。解链后，成熟的单链反式作用 siRNA 与 AGO1

蛋白形成复合物，介导靶基因转录本的切割（Allen et al.，2005；Yoshikawa et al.，2005；Adenot et al.，2006；Axtell et al.，2006）。

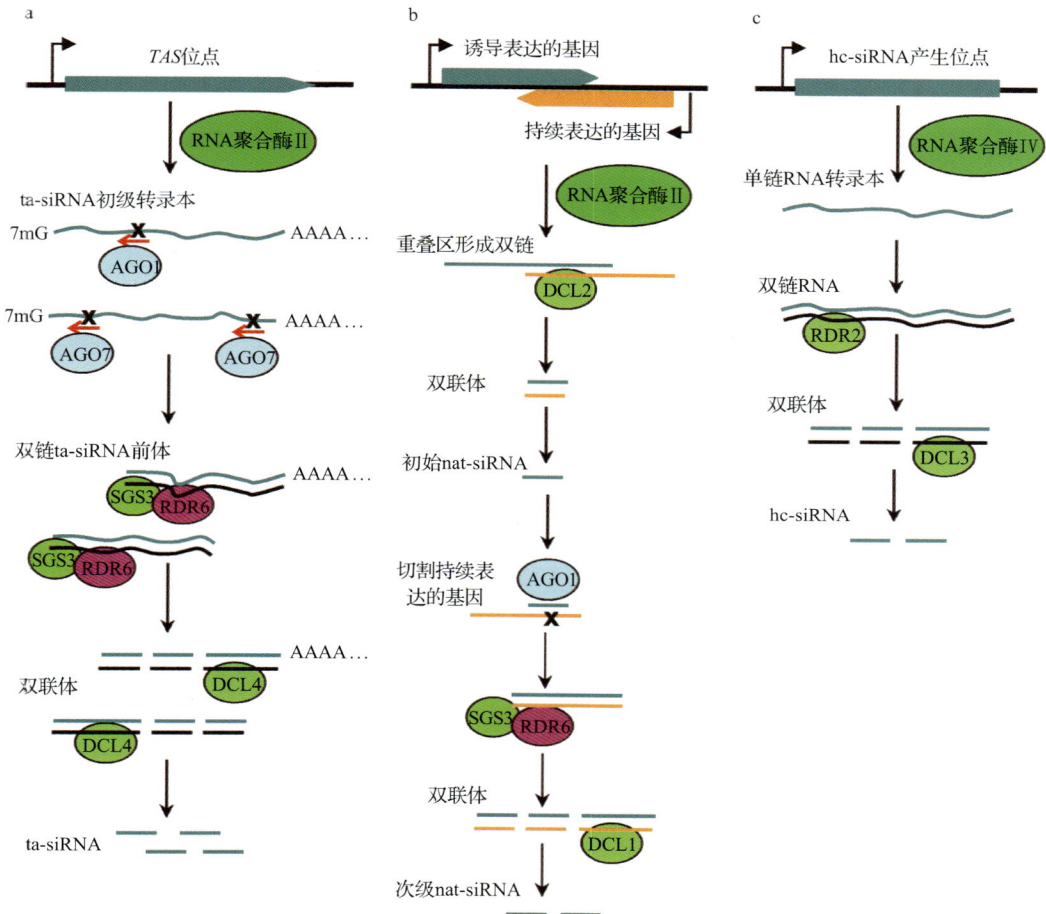

图 13-5　siRNA 的产生途径

a. 反式作用 siRNA(ta-siRNA)产生途径。*TAS* 基因在 RNA 聚合酶Ⅱ的作用下产生带 5′帽结构(7mG)和 3′多聚腺苷酸尾的 ta-siRNA 初级转录本。有的初级转录本含有 1 个 miRNA 的结合位点，有的有 2 个。这些转录本先被 miRNA(红色箭头)和 AGO1 或 AGO7 等形成的沉默复合体切割，再在 RDR6 和 SGS3 的作用下形成双链 RNA，最后在 DCL4 的作用下剪切产生双联体。解链后形成成熟的单链 ta-siRNA。b. 自然反义转录本 siRNA(nat-siRNA)的产生途径。诱导表达和持续表达的两个基因转录本的反向重叠区配对，形成双链 RNA，经 DCL2 切割，产生初始 nat-siRNA。它们切割持续表达基因的转录本，切割产物在 RDR6 和 SGS3 的作用下形成双链 RNA。在 DCL1 的作用下，双链 RNA 被剪切成双联体。这些双联体解链后，产生次级 nat-siRNA。c. 异染色质 siRNA(hc-siRNA)的产生途径。先在 RNA 聚合酶Ⅳ作用下产生单链 RNA 转录本，再在 RDR2 的作用下形成双链 RNA，最后经 DCL3 作用并解链产生成熟的 siRNA

自然反义转录本 siRNA 的产生过程可分为起始阶段和加强阶段(图 13-5b)。在起始阶段，具有重叠区的两个基因，一个持续表达，另一个诱导表达。当两个基因都表达时，重叠区产生双链 RNA。该双链 RNA 由 DCL2 切割，产生长为 24 个核苷酸的初始自然反义转录本 siRNA。在加强阶段，初始自然反义转录本 siRNA 切割持续表达基因的转录本。

切割产物在 RDR6 和 SGS3 的作用下形成双链 RNA，然后在 DCL1 的作用下，以 21bp 为步长，剪切成一系列 3′端有 2 个悬突碱基的双联体。它们解链后，产生长为 21 个核苷酸的次级自然反义转录本 siRNA。这些 siRNA 可进一步切割持续表达基因的转录本（Borsani et al.，2005）。

异染色质 siRNA 是一些长度为 24 个核苷酸的小 RNA。它们主要来源于转座子和基因组重复序列区，因此有时也称重复相关 siRNA。产生过程中，先在 RNA 聚合酶Ⅳ的作用下产生单链 RNA 转录本，然后在 RDR2 的作用下形成双链 RNA。双链 RNA 经 DCL3 的作用，切割成 siRNA（图 13-5c）（Law and Jacobsen，2010）。这些都在核仁中完成。异染色质 siRNA 与 AGO4 一起，指导 DNA 和组蛋白的甲基化，通过沉默重复序列和转座子元件来维持基因组的稳定性（Chan et al.，2004；Zilberman et al.，2004；Onodera et al.，2005）。

# 第四节　非编码 RNA 的生物学功能

## 一、植物小 RNA 的生物学功能

具有生物学功能的、成熟的小 RNA 产生后，可通过抑制转录、抑制翻译、促进异染色质化和促进 RNA 降解等方式，在转录和转录后水平负向调控功能蛋白、转录因子或非蛋白质编码基因等靶基因的表达，参与根、茎、叶和花的发育、植物的胁迫响应、营养元素的同化作用及次生代谢产物的生物合成等。其中，植物小 RNA 最主要的作用方式是：与 AGO1 等蛋白形成 RNA 诱导沉默复合体（RISC），靶向反向互补序列，切割靶 RNA，促进 RNA 降解，从而抑制靶基因表达。对植物小 RNA 的生物学功能已有大量研究，也有很多文章综述了这方面的研究结果（Chen，2005；Jones-Rhoades et al.，2006；Mallory and Vaucheret，2006；Voinnet，2009；Rogersa and Chen，2013）。由于篇幅所限，下面对此仅作简单介绍。

植物小 RNA 调控植物根、茎、叶、花、果实等器官的发育。很多植物小 RNA 的靶基因是转录因子或植物发育相关的调控蛋白，参与根、茎、叶、花、果实等器官的发育调控（Chen，2009）。例如：①miR156 的靶基因是转录因子 SPL，其参与调控开花时间。过表达 miR156 会产生开花延迟等表型（Wang et al.，2009）。②miR159 的靶基因是 MYB 转录因子。miR159 过表达时会特异降低 *MYB33* 和 *MYB65* 的 mRNA 水平，最终导致雄性不育（Achard et al.，2004）。③生长素响应因子（ARF）是植物根发育过程中的关键调控者。miR390（Yoon et al.，2010）和 miR160（Mallory et al.，2005）通过靶向 ARF 调控根的发育。④miR319 过表达可降低 5 个 *TCP* 类转录因子基因 mRNA 的水平，导致拟南芥叶片发育异常，开花时间延长，而抗 miR319 的 *TCP4* 过表达，则导致幼苗的不正常生长，如子叶融合、不能形成顶端分生组织等（Palatnik et al.，2003）。

植物小 RNA 参与植物的胁迫响应，与植物的抗病抗逆性有关（Sunkar et al.，2012）。在机械胁迫条件下，毛果杨 miR156、miR159、miR160、miR164、miR408、miR827、 miR1444 等大量 miRNA 的表达受显著影响(Lu et al.，2005，2007)。干旱或盐胁迫下，拟南芥 miR393、miR160 和 miR167 的表达上调(Zhang，2015)。在细菌病原侵染的拟南芥叶片中，miR393、miR319、miR158、miR159、miR160、miR165、miR166 和 miR167 的表达升高，miR390、miR408 和 miR398 的表达下降(Zhang et al.，2011)。在火炬松受特有梭状柱锈菌侵染引发瘿形成的过程中，miR156、miR159、miR160、miR319 等 miRNA 的表达受到抑制(Lu et al.，2008)。

植物小 RNA 参与营养元素的同化作用,在植物大量元素和微量元素的动态平衡中发挥重要作用。其中，miR397、miR398、miR408、miR857 和 miR1444 参与调控 Cu 元素的动态平衡。拟南芥 miR398 的靶基因是超氧化物歧化酶基因 *CSD1* 和 *CSD2*，miR398 过表达时，*CSD1* 和 *CSD2* mRNA 减少，而抗 miR398 的 *CSD2* 过表达时，植物抗氧化能力显著提高，植物对强光、重金属等逆境的抗性增强(Sunkar et al.，2006)。毛果杨中，Cu 离子抑制 miR397、miR398、miR408 和 miR1444 的表达，促进它们的靶基因 *PtLAC*、*PtCSD*、*PtPCL* 和 *PtPPO* 的表达(Lu et al.，2011)，而 Zn 离子促进 miR1444 的表达，抑制它的靶基因 *PtPPO* 的表达(崔秀娜等，2012)。miR399 参与植物对磷胁迫的响应，在植物体内磷的动态平衡中起关键作用(Fujii et al.，2005；Chiou et al.，2006)。

## 二、植物长非编码 RNA 的生物学功能

长非编码 RNA 的功能多种多样，包括：①作用于蛋白质编码基因的启动子，抑制基因转录；②介导染色质重塑和组蛋白修饰；③与编码蛋白基因的转录本形成互补双链，调节 mRNA 可变剪切体的形成，或在 DCL 酶的作用下产生 siRNA；④与特定蛋白结合，调控蛋白的活性，改变蛋白的定位等；⑤作为 miRNA 和反式作用 siRNA 等小 RNA 的前体(Wilusz et al.，2009)。与小 RNA 相比，植物长非编码 RNA 的功能和调控机制研究不多，至今只有少数长非编码 RNA 的功能得到阐明。

*COLDAIR* 来源于开花抑制子 *FLC* 基因的正义链，是 *FLC* 基因的内含子。它含有 5′帽子，但缺少多聚腺苷酸尾。*COLDAIR* 在春化处理后诱导表达并结合到 *FLC* 基因的抑制复合体 PRC2 上，将 PRC2 转移至 *FLC* 位点，促进 *FLC* 发生 H3K27me3 甲基化，抑制 *FLC* 的表达，促进开花(Heo and Sung，2011)。除了 *COLDAIR*，另一条来源于 *FLC* 基因启动子的长非编码 RNA *COLDWRAP* 也可与 PRC2 结合，通过促进 *FLC* 基因甲基化，在植物的春化作用中发挥调控作用(Kim and Sung，2017)。

*COOLAIR* 是受低温诱导的 *FLC* 基因的天然反向转录本。这个长非编码 RNA 有长约 400 个核苷酸和 750 个核苷酸的两种可变剪切体。它们具有进化上的保守性，与植物春化作用关系密切(Li et al.，2015b；Hawkes et al.，2016)。低温条件下 *COOLAIR* 的累积与 *FLC* 正义转录本的表达呈负相关。诱导表达以后，*COOLAIR* 可改变染色质的状态，促进开花抑制子基因 *FLC* 甲基化，从而下调 *FLC* 的表达(Swiezewski et al.，2009；Liu et al.，2010；Csorba et al.，2014)。

*LDMAR* 是水稻长日照特异的雄性不育相关长非编码 RNA。它调节雄性植株对光周

期的敏感性。在长日照条件下，水稻中 *LDMAR* 转录本含量显著升高。*LDMAR* 自发突变后，引起 *LDMAR* 二级结构的改变，由 *LDMAR* 启动子区域衍生的 Psi-LDMAR，通过 RNA 指导的 DNA 甲基化（RdDM）作用，使 *LDMAR* 启动子 DNA 甲基化，从而降低了长日照条件下 *LDMAR* 的特异转录，导致花药发育过程中发生程序性细胞死亡，引起光敏雄性不育（PSMS）（Ding et al.，2012）。

　　*P/TMS12-1* 是另一条与水稻雄性不育相关的长非编码 RNA。它可产生长为 21 个核苷酸的小 RNA，osa-smR5864。当 *P/TMS12-1* 上 osa-smR5864 位点发生突变时，产生的小 RNA 失去功能，引起水稻光敏和温敏雄性不育（Zhou et al.，2012）。

　　*ELENA1* 是一条与植物抗病性有关的长非编码 RNA（Seo et al.，2017）。它与 MED19a 作用，促进 MED19a 结合到致病相关基因 *PR1* 的启动子上，增强 *PR1* 基因的表达。过表达 *ELENA1* 的植物，*PR1* 的表达水平提高，抗性增强。相反，下调 *ELENA1* 的表达后，*PR1* 的表达下降，植物对病原敏感（Seo et al.，2017）。

　　除此之外，已知功能的长非编码 RNA 还有拟南芥 *IPS1*（Franco-Zorrilla et al.，2007）、苜蓿 *Mt4*（Burleigh and Harrison，1999）和水稻 *PMS1T*（Fan et al.，2016）等。其中，*IPS1* 上有 miR399 的模拟靶序列，可富集并隔离 miR399，从而在植物对磷饥饿的响应及磷同化作用的精细调控中发挥作用（Franco-Zorrilla et al.，2007）。苜蓿 *Mt4* 也是一条磷饥饿诱导的长非编码 RNA，参与无机磷从根到芽的移动（Burleigh and Harrison，1999）。水稻 *PMS1T* 是一条受 miR2118 靶向切割的长非编码 RNA。它通过产生具有相位排列的 siRNA 调控水稻光敏雄性不育（Fan et al.，2016）。

# 第五节　非编码 RNA 与药用植物品质形成

## 一、药用植物非编码 RNA 的鉴定

　　药用植物非编码 RNA 的研究主要集中在 miRNA 和长非编码 RNA 方面。对药用植物 miRNA，周芳名等（2013）曾进行了综述。在此之后，又有大量研究论文发表，至今已通过小 RNA 高通量测序、miRNA 微阵列（microarray）、EST 序列比对、转录组数据比对和基因组序列比对等对近 40 种药用植物的 miRNA 进行了鉴定，极大地丰富了药用植物 miRNA 的数量（表 13-1）。需要指出的是，尽管对这近 40 种药用植物进行了分析，但并没有鉴定出其中所有 miRNA 种类。这些药用植物及其他未开展过这方面研究的药用植物中的 miRNA 都还需要进一步鉴定。此外，很多已报道的药用植物 miRNA 可能不是真的 miRNA，这是基于以下依据：①其中很多 miRNA 前体的发卡结构不符合已有标准（Meyers et al.，2008）；②转录组高通量测序及后续计算机的拼接常常会发生错误，基于这些数据预测出的 miRNA 有些不是真的；③大量已发表的药用植物 miRNA 中得到 miRBase 认可并正式命名的很少（Kozomara and Griffiths-Jones，2014）。除了 miRNA，人们还鉴定出了大量毛地黄、人参和丹参长非编码 RNA（表 13-1）（Wu et al.，2012a；Li et al.，2015a；Wang et al.，2015），为进一步分析它们的功能奠定了良好基础。

## 表 13-1　已报道的药用植物非编码 RNA 一览表

| 药用植物中文和拉丁文名称 | 分析方法 | 种类及数量 | 参考文献 |
| --- | --- | --- | --- |
| 白木香 *Aquilaria sinensis* | 小 RNA 高通量测序 | 105 条 miRNA | Gao et al.，2012 |
| | 小 RNA 高通量测序 | 457 条 miRNA | Gao et al.，2014 |
| 黄花蒿 *Artemisia annua* | EST 序列比对 | 6 条 miRNA | Pani et al.，2011 |
| | EST 序列比对 | 16 条 miRNA | Barozai，2013 |
| 红花 *Carthamus tinctorius* | 小 RNA 高通量测序 | 249 条 miRNA | Li et al.，2011 |
| 长春花 *Catharanthus roseus* | EST 序列比对 | 2 条 miRNA | Pani and Mahapatra，2013 |
| | 小 RNA 高通量测序 | 95 条 miRNA | Prakash et al.，2015 |
| 闭鞘姜属植物 *Costus pictus* | 转录组数据比对 | 42 条 miRNA | Das et al.，2016 |
| 铁皮石斛 *Dendrobium officinale* | 小 RNA 高通量测序 | 1047 条 miRNA | Meng et al.，2016 |
| 毛地黄 *Digitalis purpurea* | 转录组数据比对 | 2660 条长非编码 RNA，13 条 miRNA | Wu et al.，2012a |
| 银杏 *Ginkgo biloba* | 小 RNA 高通量测序 | 135 条 miRNA | Zhang et al.，2015 |
| 啤酒花 *Humulus lupulus* | EST 序列比对 | 22 条 miRNA | Mishra et al.，2015 |
| | 小 RNA 高通量测序 | 116 条 miRNA | Mishra et al.，2016 |
| 贯叶连翘 *Hypericum perforatum* | 转录组数据比对 | 7 条 miRNA | Galla et al.，2013 |
| 麻疯树 *Jatropha curcas* | 转录组和基因组数据比对 | 24 条 miRNA | Vishwakarma and Jadeja，2013 |
| 金银花 *Lonicera japonica* | 小 RNA 高通量测序 | 256 条 miRNA | Xia et al.，2016 |
| 枸杞 *Lycium chinense* | 小 RNA 高通量测序 | 90 条 miRNA | Khaldun et al.，2015 |
| 薄荷属 *Mentha* spp. | 转录组数据比对 | 11 个 miRNA 家族 | Singh et al.，2016b |
| 苦瓜 *Momordica charantia* | EST 序列比对 | 27 条 miRNA | Thirugnanasambantham et al.，2015 |
| 辣木 *Moringa oleifera* | 小 RNA 高通量测序 | 96 条 miRNA | Pirrò et al.，2016 |
| 罗勒 *Ocimum basilicum* | EST 序列比对 | 9 条 miRNA | Singh and Sharma，2014 |
| 水芹 *Oenanthe javanica* | 转录组数据比对 | 69 条 miRNA | Jiang et al.，2015 |
| 人参 *Panax ginseng* | 小 RNA 高通量测序 | 101 条 miRNA | Wu et al.，2012b |
| | 转录组数据比对 | 14 条 miRNA | Li et al.，2013 |
| | EST 序列比对 | 69 条 miRNA | Mathiyalagan et al.，2013 |
| | EST 序列比对和小 RNA 高通量测序数据比对 | 3688 条长非编码 RNA，11 条 miRNA | Wang et al.，2015 |
| 三七 *Panax notoginseng* | 小 RNA 高通量测序 | 368 条 miRNA | Wei et al.，2015 |
| 罂粟 *Papaver somniferum* | EST 序列比对 | 20 条 miRNA | Unver et al.，2010 |
| | 小 RNA 高通量测序 | 327 条 miRNA | Boke et al.，2015 |
| 胡黄连 *Picrorhiza kurroa* | 转录组数据比对 | 18 条 miRNA | Vashisht et al.，2015 |
| 掌叶半夏 *Pinellia pedatisecta* | miRNA microarray | 99 条 miRNA | Wang et al.，2012 |
| 半夏 *Pinellia ternata* | miRNA microarray | 54 条 miRNA | Xu et al.，2012 |
| 桃儿七 *Sinopodophyllum hexandrum* | 转录组数据比对 | 8 条 miRNA | Hazra et al.，2017 |

续表

| 药用植物中文和拉丁文名称 | 分析方法 | 种类及数量 | 参考文献 |
|---|---|---|---|
| | 小 RNA 高通量测序 | 66 条 miRNA | Biswas et al.，2016 |
| 蛇根木 *Rauvolfia serpentina* | 转录组数据比对 | 15 条 miRNA | Prakash et al.，2016 |
| 地黄 *Rehmannia glutinosa* | 小 RNA 高通量测序 | 96 条 miRNA | Yang et al.，2011 |
| 蓖麻 *Ricinus communis* | 基因组序列比对 | 85 条 miRNA | Zeng et al.，2010 |
| | 小 RNA 高通量测序 | 86 条 miRNA | Xu et al.，2013 |
| | 小 RNA 高通量测序 | 10 条 miRNA | Xia et al.，2014 |
| 丹参 *Salvia miltiorrhiza* | 基因组序列比对 | 24 条 miRNA | Shao and Lu，2013 |
| | 小 RNA 高通量测序 | 492 条 miRNA | Xu et al.，2014 |
| | 转录组数据比对 | 5446 条长非编码 RNA | Li et al.，2015a |
| | 小 RNA 高通量测序 | 41 条 miRNA | Zhang et al.，2016 |
| | 基因组序列比对 | miR12112 | Li et al.，2017 |
| 南欧丹参 *Salvia sclarea* | 转录组数据比对 | 18 条 miRNA | Legrand et al.，2010 |
| 欧洲千里光 *Senecio vulgaris* | EST 序列比对 | 10 条 miRNA | Sahu et al.，2011 |
| 红豆杉 *Taxus chinensis* | 小 RNA 高通量测序 | 58 条 miRNA | Qiu et al.，2009 |
| 南方红豆杉 *Taxus mairei* | 小 RNA 高通量测序 | 908 条 miRNA | Hao et al.，2012 |
| 老鸦瓣 *Tulipa edulis* | 小 RNA 高通量测序 | 158 条 miRNA | Zhu et al.，2016 |
| 苍耳 *Xanthium strumarium* | 小 RNA 高通量测序 | 1222 条 miRNA | Fan et al.，2015 |
| 姜 *Zingiber officinale* | EST 序列比对 | 16 条 miRNA | Singh et al.，2016a |
| 枣 *Ziziphus jujuba* | 小 RNA 高通量测序 | 109 条 miRNA | Shao et al.，2016 |

## 二、非编码 RNA 调控药用植物品质形成

尽管药用植物非编码 RNA 的研究起步较晚，研究不够深入，但其他植物非编码 RNA 的研究结果及药用植物非编码 RNA 的初步结果表明，非编码 RNA 可通过调控生长发育、参与对生物和非生物胁迫的响应及调控次生代谢等多种方式影响药用植物品质的形成。

### (一)非编码 RNA 调控药用植物生长发育

植物含有一些非常保守的 miRNA。它们不仅存在于模式植物中，也普遍存在于药用植物体内。这些保守的 miRNA 往往通过靶向转录因子基因调控植物生长发育，如丹参 miR156/157。它通过靶向切割 SPL 转录因子基因的转录本，影响丹参从营养生长向生殖生长的转变(Zhang et al.，2014)。在丹参植物成熟过程中，miR156/157 的表达逐渐降低，与此对应，它们的靶基因 *SPL* 的表达逐渐升高(Zhang et al.，2014)。这些 SPL 转录因子可进一步激活下游一系列与开花相关的转录因子，促进花器官的发育。此外，SPL 还可促进 miR172 的产生，进而抑制开花抑制子 AP2 转录因子基因的表达，最终促进花器官的发育。在丹参植物的成熟过程中，miR172 的表达与 miR156/157 的表达呈负相关(Zhang et al.，2014)。因此，丹参花器官的发育受 miR156/157 和 miR172 的双重调控。在丹参的生产上，提倡摘除花蕾。如果人们通过调控 miRNA 的表达，促进营养生长，抑制生殖生长，有可能达到提高丹参药材品质和产量的目的。

### (二)非编码 RNA 参与药用植物胁迫响应

RNA 依赖的 RNA 聚合酶(RDR)是植物 siRNA 产生过程中一个非常重要的酶。丹参基因组中有 5 个 RDR 的基因。它们具有组织表达特异性，对茉莉酸甲酯和黄瓜花叶病毒处理均可做出响应(Shao and Lu，2014)，说明很多 siRNA 可能参与药用植物对生物和非生物的胁迫响应。分析人参小 RNA 的表达，Wu 等(2012b)发现了 5 条干旱胁迫响应和 10 条热激胁迫响应的 miRNA。毛地黄是一种重要的兼具观赏性和药用价值的植物。将 454 高通量测序结果进行拼接，筛选得到 2660 条长非编码 RNA。它们中的大部分具有物种特异性，呈现组织特异性表达，对寒冷和干旱胁迫能够做出应答(Wu et al.，2012a)。与此类似，在已发现的 5446 条丹参长非编码 RNA 中，多数参与对茉莉酸甲酯、酵母抽提物和银离子处理的响应(Li et al.，2015a)。这些结果充分说明 siRNA、miRNA 和长非编码 RNA 都参与了药用植物的胁迫响应。由于药用活性成分很多是在植物防御反应中起重要作用的次生代谢产物，非编码 RNA 参与药用植物胁迫响应的一种可能是通过调控这些成分的生物合成起作用。

### (三)非编码 RNA 调控植物次生代谢

近年来，非编码 RNA，特别是 miRNA，调控植物次生代谢研究已成为非编码 RNA 研究的一个重要领域。研究结果表明，miRNA、siRNA 和长非编码 RNA 等非编码 RNA 在植物次生代谢产物的合成过程中发挥非常重要的调控作用(Gupta et al.，2017)。例如，miR397 通过靶向漆酶基因，参与调控细胞壁主要成分之一木质素的合成(Lu et al.，2013)。miR397 过表达后，漆酶活性降低约 40%，木质素的含量下降 12%～22%(Lu et al.，2013)。miR156 靶向 SPL9 基因，增强花青素苷生物合成分支通路中 F3'H 和 DFR 等基因的表达，促进花青素苷的合成(Gou et al.，2011；Cui et al.，2014)。miR159、miR828 和 miR858 等 miRNA 及 TAS4-siR81(−)等 siRNA 通过调控 MYB 基因的表达，影响多种酚类化合物的生物合成(Lin et al.，2012；Luo et al.，2012；Xia et al.，2012；Li and Lu，2014)。来自于查耳酮合酶基因 CHS 反义转录本的大豆内源 siRNA 通过沉默 CHS，影响黄酮类物质的生物合成(Tuteja et al.，2009)。丹参 miR12112 可能通过靶向多酚氧化酶基因 PPO 在酚类化合物的生物合成中发挥作用(Li et al.，2017)。此外，mlncR8 和 mlncR31 等毛地黄长非编码 RNA 与萜类生物合成途径中的 HDS 和 SPS 基因的部分正向或反向序列同源，可能参与调控萜类化合物的合成(Wu et al.，2012a)。

## 三、应用非编码 RNA 技术提高药用植物品质

非编码 RNA 在植物体内发挥重要的调控作用。依据非编码 RNA 的工作原理，人们开发出了多种调控基因表达的技术。例如：①miRNA 过表达技术，该技术通过构建 miRNA

过表达载体,应用农杆菌介导的遗传转化方法,获得 miRNA 过表达的转基因植株(Lu et al.,2013);②人工 miRNA 技术,该技术是为了在生物体内控制单个或多个基因的表达,根据天然 miRNA 的结构特点和作用机制,通过人工设计构建等一系列基因工程手段,在生物体内产生人工 miRNA,从而调控靶基因表达的一项具有高效、精确、可控等优点的技术(Ossowski et al.,2008;Schwab et al.,2010;Shi et al.,2010);③siRNA 技术,该技术通过引入外源性的 siRNA,诱导靶基因 mRNA 特异性降解,进而引起不同水平的基因沉默(Lu et al.,2004)。虽然这些技术还没有在药用植物中真正应用,但预计它们既可用于提高药用植物的产量,增强其抵御干旱、严寒、病虫害侵染等胁迫的能力,又可用于提高药效活性成分的含量,在药用植物中的应用前景将十分广阔。

# 参 考 文 献

崔秀娜, 袁丽钗, 苏晓娟, 等. 2012. miR1444a 参与毛果杨对锌胁迫的响应. 中国科学: 生命科学, 42: 850-860.

周芳名, 白志川, 卢善发. 2013. 药用植物 miRNA. 中草药, 44: 232-233.

Abel P P, Nelson R S, De B, et al. 1986. Delay of disease development in transgenic plants that express the tobacco mosaic virus coat protein gene. Science, 232: 738-743.

Achard P, Herr A, Baulcombe D C, et al. 2004. Modulation of floral development by a gibberellin-regulated microRNA. Development, 131: 3357-3365.

Adenot X, Elmayan T, Lauressergues D, et al. 2006. DRB4-dependent *TAS3 trans*-acting siRNAs control leaf morphology through AGO7. Current Biology, 16: 927-932.

Allen E, Xie Z, Gustafson A M, et al. 2005. microRNA-directed phasing during *trans*-acting siRNA biogenesis in plants. Cell, 121: 207-221.

Axtell M J, Jan C, Rajagopalan R, et al. 2006. A two-hit trigger for siRNA biogenesis in plants. Cell, 127: 565-577.

Barozai M Y K. 2013. Identification of microRNAs and their targets in *Artemisia annua* L. Pakistan Journal of Botany, 45: 461-465.

Bartel D P. 2004. MicroRNAs: Genomics, biogenesis, mechanism, and function. Cell, 116: 281-297.

Baulcombe D. 2004. RNA silencing in plants. Nature, 431: 356-363.

Baulcombe D C, English J J. 1996. Ectopic pairing of homologous DNA and post-transcriptional gene silencing in transgenic plants. Current Opinion in Biotechnology, 7: 173-180.

Biswas S, Hazra S, Chattopadhyay S. 2016. Identification of conserved miRNAs and their putative target genes in *Podophyllum hexandrum*(Himalayan mayapple). Plant Gene, 6: 82-89.

Blair C D, Olson K E. 2015. The role of RNA interference(RNAi)in arbovirus-vector interactions. Viruses, 7: 820-843.

Boke H, Ozhuner E, Turktas M, et al. 2015. Regulation of the alkaloid biosynthesis by miRNA in opium poppy. Plant Biotechnology Journal, 13: 409-420.

Borsani O, Zhu J, Verslues P E, et al. 2005. Endogenous siRNAs derived from a pair of natural *cis*-antisense transcripts regulate salt tolerance in *Arabidopsis*. Cell, 123: 1279-1291.

Burleigh S H, Harrison M J. 1999. The down-regulation of Mt4-like genes by phosphate fertilization occurs systemically and involves phosphate translocation to the shoots. Plant Physiology, 119: 241-248.

Chalfie M, Horvitz H R, Sulston J E. 1981. Mutations that lead to reiterations in the cell lineages of *C. elegans*. Cell, 24: 59-69.

Chan S W, Zilberman D, Xie Z, et al. 2004. RNA silencing genes control *de novo* DNA methylation. Science, 303: 1336.

Chen X. 2005. MicroRNA biogenesis and function in plants. FEBS Letter, 579: 5923-5931.

Chen X. 2009. Small RNAs and their roles in plant development. Annual Review of Cell and Developmental Biology, 25: 21-44.

Chen X. 2010. Small RNAs-secrets and surprise of the genome. Plant Journal, 61: 941-958.

Chiou T J, Aung K, Lin S I, et al. 2006. Regulation of phosphate homeostasis by microRNA in *Arabidopsis*. Plant Cell, 18: 412-421.

Couzin J. 2002. Breakthrough of the year. Small RNAs make big splash. Science, 298: 2296-2297.

Csorba T, Questa J I, Sun Q, et al. 2014. Antisense *COOLAIR* mediates the coordinated switching of chromatin states at *FLC* during vernalization. Proceedings of the National Academy of Sciences of the United States of America, 111: 16160-16165.

Cui L G, Shan J X, Shi M, et al. 2014. The miR156-SPL9-DFR pathway coordinates the relationship between development and abiotic stress tolerance in plants. Plant Journal, 80: 1108-1117.

Das A, Das P, Kalita M C, et al. 2016. Computational identification, target prediction, and validation of conserved miRNAs in insulin plant（*Costus pictus* D. Don）. Applied Biochemistry and Biotechnology, 178: 513-526.

Ding J, Lu Q, Ouyang Y, et al. 2012. A long noncoding RNA regulates photoperiod-sensitive male sterility, an essential component of hybrid rice. Proceedings of the National Academy of Sciences of the United States of America, 109: 2654-2659.

Ecker J R, Davis R W. 1986. Inhibition of gene expression in plant cells by expression of antisense RNA. Proceedings of the National Academy of Sciences of the United States of America, 83: 5372-5376.

Elbashir S M, Harborth J, Lendeckel W, et al. 2001. Duplexes of 21-nucleotide RNAs mediate RNA interference in cultured mammalian cells. Nature, 411: 494-498.

Fan R, Li Y, Li C, et al. 2015. Differential microRNA analysis of glandular trichomes and young leaves in *Xanthium strumarium* L. reveals their putative roles in regulating terpenoid biosynthesis. PLoS ONE, 10: e0139002.

Fan Y, Yang J, Mathioni S M, et al. 2016. *PMS1T*, producing phased small-interfering RNAs, regulates photoperiod-sensitive male sterility in rice. Proceedings of the National Academy of Sciences of the United States of America, 113: 15144-15149.

Ferguson E L, Stemberg P W, Horvitz H R. 1987. A genetic pathway for the specification of the vulval cell lineages of *Caenorhabditis elegans*. Nature, 326: 259-267.

Fire A, Xu S Q, Montgomery M K, et al. 1998. Potent and specific genetic interference by double-stranded RNA in *Caenorhabditis elegans*. Nature, 391: 806-811.

Franco-Zorrilla J M, Valli A, Todesco M, et al. 2007. Target mimicry provides a new mechanism for regulation of microRNA activity. Nature Genetics, 39: 1033-1037.

Fujii H, Chiou T J, Lin S I, et al. 2005. A miRNA involved in phosphate-starvation response in *Arabidopsis*. Current Biology, 15: 2038-2043.

Galla G, Volpato M, Sharbel T F, et al. 2013. Computational identification of conserved microRNAs and their putative targets in the *Hypericum perforatum* L. flower transcriptome. Plant Reproduction, 26: 209-229.

Gao Z H, Wei J H, Yang Y, et al. 2012. Identification of conserved and novel microRNAs in *Aquilaria sinensis* based on small RNA sequencing and transcriptome sequence data. Gene, 505: 167-175.

Gao Z H, Yang Y, Zhang Z, et al. 2014. Profiling of microRNAs under wound treatment in *Aquilaria sinensis* to identify possible microRNAs involved in agarwood formation. International Journal Biological Sciences, 10: 500-510.

Gou J Y, Felippes F F, Liu C J, et al. 2011. Negative regulation of anthocyanin biosynthesis in *Arabidopsis* by a miR156-targeted SPL transcription factor. Plant Cell, 23: 1512-1522.

Griffiths-Jones S. 2007. Annotating noncoding RNA genes. Annual Review of Genomics and Human Genetics, 8: 279-298.

Gupta O P, Karkute S G, Banerjee S, et al. 2017. Contemporary understanding of miRNA-based regulation of secondary metabolites biosynthesis in plants. Frontiers in Plant Science, 8: 374.

Hamilton A J, Baulcombe D C. 1999. A species of small antisense RNA in posttranscriptional gene silencing in plants. Science, 286: 950-952.

Hamilton A, Voinnet O, Chappell L, et al. 2002. Two classes of short interfering RNA in RNA silencing. EMBO Journal, 21: 4671-4679.

Hao D C, Yang L, Xiao P G, et al. 2012. Identification of *Taxus* microRNAs and their targets with high-throughput sequencing and degradome analysis. Physiologia Plantarum, 146: 388-403.

Hawkes E J, Hennelly S P, Novikova I V, et al. 2016. COOLAIR antisense RNAs form evolutionarily conserved elaborate secondary structures. Cell Reports, 16: 3087-3096.

Hazra S, Bhattacharyya D, Chattopadhyay S. 2017. Methyl jasmonate regulates podophyllotoxin accumulation in *Podophyllum hexandrum* by altering the ROS-responsive podophyllotoxin pathway gene expression additionally through the down regulation of few interfering miRNAs. Frontiers in Plant Science, 8: 164.

Heo J B, Sung S. 2011. Vernalization-mediated epigenetic silencing by a long intronic noncoding RNA. Science, 331: 76-79.

Horvitz H R, Sulston J E. 1980. Isolation and genetic characterization of cell-lineage mutants of the nematode *Caenorhabditis elegans*. Genetics, 96: 435-454.

Jiang Q, Wang F, Tan H W, et al. 2015. *De novo* transcriptome assembly, gene annotation, marker development, and miRNA potential target genes validation under abiotic stresses in *Oenanthe javanica*. Molecular Genetics and Genomics, 290: 671-683.

Jones-Rhoades M W, Bartel D P, Bartel B. 2006. MicroRNAs and their regulatory roles in plants. Annual Review of Plant Biology, 57: 19-53.

Kasschau K D, Fahlgren N, Chapman E J, et al. 2007. Genome-wide profiling and analysis of *Arabidopsis* siRNAs. PLoS Biology, 5: e57.

Katiyar-Agarwal S, Morgan R, Dahlbeck D, et al. 2006. A pathogen-inducible endogenous siRNA in plant immunity. Proceedings of the National Academy of Sciences of the United States of America, 103: 18002-18007.

Khaldun A B, Huang W, Liao S, et al. 2015. Identification of microRNAs and target genes in the fruit and shoot tip of *Lycium chinense*: a traditional Chinese medicinal plant. PLoS ONE, 10: e0116334.

Kim D H, Sung S. 2017. Vernalization-triggered intragenic chromatin loop formation by long noncoding RNAs. Developmental Cell, 40: 302-312.e4.

Kozomara A, Griffiths-Jones S. 2014. miRBase: annotating high confidence microRNAs using deep sequencing data. Nucleic Acids Research, 42 (Database issue): D68-73.

Law J A, Jacobsen S E. 2010. Establishing, maintaining and modifying DNA methylation patterns in plants and animals. Nature Review Genetics, 11: 204-220.

Lee R, Feinbaum R, Ambros V. 2004. A short history of a short RNA. Cell, S116: S89-S92.

Lee R C, Feinbaum R L, Ambros V. 1993. The *C. elegans* heterochronic gene *lin-4* encodes small RNAs with antisense complementarity to lin-14. Cell, 75: 843-854.

Legrand S, Valot N, Nicolé F, et al. 2010. One-step identification of conserved miRNAs, their targets, potential transcription factors and effector genes of complete secondary metabolism pathways after 454 pyrosequencing of calyx cDNAs from the Labiate *Salvia sclarea* L. Gene, 450: 55-62.

Li C, Li D, Li J, et al. 2017. Characterization of the polyphenol oxidase gene family reveals a novel microRNA involved in *posttranscriptional* regulation of *PPOs* in *Salvia miltiorrhiza*. Scientific Reports, 7: 44622.

Li C, Lu S. 2014. Genome-wide characterization and comparative analysis of R2R3-MYB transcription factors shows the complexity of MYB-associated regulatory networks in *Salvia miltiorrhiza*. BMC Genomics, 15: 277.

Li C, Zhu Y, Guo X, et al. 2013. Transcriptome analysis reveals ginsenosides biosynthetic genes, microRNAs and simple sequence repeats in *Panax ginseng* C. A. Meyer. BMC Genomics, 14: 245.

Li D, Shao F, Lu S. 2015a. Identification and characterization of mRNA-like noncoding RNAs in *Salvia miltiorrhiza*. Planta, 241: 1131-1143.

Li H, Dong Y, Sun Y, et al. 2011. Investigation of the microRNAs in safflower seed, leaf, and petal by high-throughput sequencing. Planta, 233: 611-619.

Li P, Tao Z, Dean C. 2015b. Phenotypic evolution through variation in splicing of the noncoding RNA COOLAIR. Genes & Development, 29: 696-701.

Lin J S, Lin C C, Lin H H, et al. 2012. MicroR828 regulates lignin and $H_2O_2$ accumulation in sweet potato on wounding. New Phytologist, 196: 427-440.

Lindbo J A, Silva-Rosales L, Proebsting W M, et al. 1993. Induction of a highly specific antiviral state in transgenic plants: implications for regulation of gene expression and virus resistance. Plant Cell, 5: 1749-1759.

Lippman Z, Martienssen R. 2004. The role of RNA interference in heterochromatic silencing. Nature, 431: 364-370.

Liu F, Marquardt S, Lister C, et al. 2010. Targeted 3′ processing of antisense transcripts triggers *Arabidopsis FLC* chromatin silencing. Science, 327: 94-97.

Lu S, Li Q, Wei H, et al. 2013. Ptr-miR397a is a negative regulator of laccase genes affecting lignin content in *Populus trichocarpa*. Proceedings of the National Academy of Sciences of the United States of America, 110: 10848-10853.

Lu S, Shi R, Tsao C C, et al. 2004. RNA silencing in plants by the expression of siRNA duplexes. Nucleic Acids Research, 32: e171.

Lu S, Sun Y H, Amerson H, et al. 2007. MicroRNAs in loblolly pine (*Pinus taeda* L.) and their association with fusiform rust gall development. Plant Journal, 51: 1077-1098.

Lu S, Sun Y H, Chiang V L. 2008. Stress-responsive microRNAs in *Populus*. Plant Journal, 55: 131-151.

Lu S, Sun Y H, Shi R, et al. 2005. Novel and mechanical stress-responsive microRNA in *Populus trichocarpa* that are absent from *Arabidopsis*. Plant Cell, 17: 2186-2203.

Lu S, Yang C, Chiang V L. 2011. Conservation and diversity of microRNA-associated copper-regulatory networks in *Populus trichocarpa*. Journal of Integrative Plant Biology, 53: 879-891.

Luo Q J, Mittal A, Jia F, et al. 2012. An autoregulatory feedback loop involving *PAP1* and *TAS4* in response to sugars in *Arabidopsis*. Plant Molecular Biology, 80: 117-129.

Ma L, Bajic V B, Zhang Z. 2013. On the classification of long non-coding RNAs. RNA Biology, 10: 925-933.

Mallory A C, Bartel D P, Bartel B. 2005. MicroRNA-directed regulation of *Arabidopsis* AUXIN RESPONSE FACTOR17 is essential for proper development and modulates expression of early auxin response genes. Plant Cell, 17: 1360-1375.

Mallory A C, Vaucheret H. 2006. Functions of microRNAs and related small RNAs in plants. Nature Genetics, 38 (Suppl): S31-36.

Mathiyalagan R, Subramaniyam S, Natarajan S, et al. 2013. Insilico profiling of microRNAs in Korean ginseng (*Panax ginseng* Meyer). Journal of Ginseng Research, 37: 227-247.

Meng Y, Yu D, Xue J, et al. 2016. A transcriptome-wide, organ-specific regulatory map of *Dendrobium officinale*, an important traditional Chinese orchid herb. Scientific Reports, 6: 18864.

Mette M F, Aufsatz W, van der Winden J, et al. 2000. Transcriptional silencing and promoter methylation triggered by double-stranded RNA. EMBO Journal, 19: 5194-5201.

Meyers B C, Axtell M J, Bartel B, et al. 2008. Criteria for annotation of plant microRNAs. Plant Cell, 20: 3186-3190.

Mishra A K, Duraisamy G S, Matoušek J, 2016. Identification and characterization of microRNAs in *Humulus lupulus* using high-throughput sequencing and their response to *Citrus* bark cracking viroid (CBCVd) infection. BMC Genomics, 17: 919.

Mishra A K, Duraisamy G S, Týcová A, et al. 2015. Computational exploration of microRNAs from expressed sequence tags of *Humulus lupulus*, target predictions and expression analysis. Computational Biology and Chemistry, 59 (Pt A): 131-141.

Napoli C, Lemieux C, Jorgensen R. 1990. Introduction of a chimeric chalcone synthase gene into *Petunia* results in reversible co-suppression of homologous genes in *trans*. Plant Cell, 2: 279-289.

Onodera Y, Haag J R, Ream T, et al. 2005. Plant nuclear RNA polymerase IV mediates siRNA and DNA methylation-dependent heterochromatin formation. Cell, 120: 613-622.

Ossowski S, Schwab R, Weigel D. 2008. Gene silencing in plants using artificial microRNAs and other small RNAs. Plant Journal, 53: 674-690.

Palatnik J F, Allen E, Wu X, et al. 2003. Control of leaf morphogenesis by microRNAs. Nature, 425: 257-263.

Pani A, Mahapatra R K. 2013. Computational identification of microRNAs and their targets in *Catharanthus roseus* expressed sequence tags. Genomics Data, 1: 2-6.

Pani A, Mahapatra R K, Behera N, et al. 2011. Computational identification of sweet wormwood (*Artemisia annua*) microRNA and their mRNA targets. Genomics Proteomics Bioinformatics, 9: 200-210.

Pirrò S, Zanella L, Kenzo M, et al. 2016. MicroRNA from *Moringa oleifera*: identification by high throughput sequencing and their potential contribution to plant medicinal value. PLoS ONE, 11: e0149495.

Ponting C P, Oliver P L, Reik W. 2009. Evolution and functions of long noncoding RNAs. Cell, 136: 629-641.

Prakash P, Ghosliya D, Gupta V. 2015. Identification of conserved and novel microRNAs in *Catharanthus roseus* by deep sequencing and computational prediction of their potential targets. Gene, 554: 181-195.

Prakash P, Rajakani R, Gupta V. 2016. Transcriptome-wide identification of *Rauvolfia serpentina* microRNAs and prediction of their potential targets. Computational Biology and Chemistry, 61: 62-74.

Qiu D, Pan X, Wilson I W, et al. 2009. High throughput sequencing technology reveals that the taxoid elicitor methyl jasmonate regulates microRNA expression in Chinese yew（*Taxus chinensis*）. Gene, 436: 37-44.

Reinhart B J, Slack F J, Basson M, et al. 2000. The 21-nucleotide let-7 RNA regulates developmental timing in *Caenorhabditis elegans*. Nature, 403: 901-906.

Reinhart B J, Weinstein E G, Rhoades M W, et al. 2002. MicroRNAs in plants. Genes & Development, 16: 1616-1626.

Rogersa K, Chen X. 2013. Biogenesis, turnover, and mode of action of plant microRNAs. Plant Cell, 25: 2383-2399.

Ruiz-Orera J, Messeguer X, Subirana J A, et al. 2014. Long non-coding RNAs as a source of new peptides. Elife, 3: e03523.

Rymarquis L A, Kastenmayer J P, Hüttenhofer A G, et al. 2008. Diamonds in the rough: mRNA-like non-coding RNAs. Trends in Plant Science, 13: 329-334.

Sahu S, Khushwaha A, Dixit R. 2011. Computational identification of miRNAs in medicinal plant *Senecio vulgaris*（groundsel）. Bioinformation, 7: 375-378.

Schwab R., Ossowski S, Warthmann N, et al. 2010. Directed gene silencing with artificial microRNAs. Methods in Molecular Biology, 592: 71-88.

Seo J S, Sun H X, Park B S, et al. 2017. ELF18-INDUCED LONG-NONCODING RNA associates with mediator to enhance expression of innate immune response genes in *Arabidopsis*. Plant Cell, 29: 1024-1038.

Shao F, Lu S. 2013. Genome-wide identification, molecular cloning, expression profiling and posttranscriptional regulation analysis of the *Argonaute* gene family in *Salvia miltiorrhiza*, an emerging model medicinal plant. BMC Genomics, 14: 512.

Shao F, Lu S. 2014. Identification, molecular cloning and expression analysis of five RNA-dependent RNA polymerase genes in *Salvia miltiorrhiza*. PLoS ONE, 9: e95117.

Shao F, Zhang Q, Liu H, et al. 2016. Genome-wide identification and analysis of microRNAs involved in witches'-broom phytoplasma response in *Ziziphus jujuba*. PLoS ONE, 11: e0166099.

Shi R, Yang C, Lu S, et al. 2010. Specific down-regulation of *PAL* genes by artificial microRNAs in *Populus trichocarpa*. Planta, 232: 1281-1288.

Singh N, Sharma A. 2014. *In silico* identification of miRNAs and their regulating target functions in *Ocimum basilicum*. Gene, 552: 277-282.

Singh N, Srivastava S, Sharma A. 2016a. Identification and analysis of miRNAs and their targets in ginger using bioinformatics approach. Gene, 575（2 Pt 2）: 570-576.

Singh N, Srivastava S, Shasany A K, et al. 2016b. Identification of miRNAs and their targets involved in the secondary metabolic pathways of *Mentha* spp. Computational Biology and Chemistry, 64: 154-162.

Smith C J, Watson C F, Bird C R, et al. 1990. Expression of a truncated tomato polygalacturonase gene inhibits expression of the endogenous gene in transgenic plants. Molecular & General Genetics, 224: 477-481.

Smith H A, Swaney S L, Parks T D, et al. 1994. Transgenic plant virus resistance mediated by untranslatable sense RNAs: expression, regulation, and fate of nonessential RNAs. Plant Cell, 6: 1441-1453.

Storz G. 2002. An expanding universe of noncoding RNAs. Science, 296: 1260-1263.

Sun G. 2012. MicroRNAs and their diverse functions in plants. Plant Molecular Biology, 80: 17-36.

Sunkar R, Girke T, Jain P K, et al. 2005. Cloning and characterization of microRNAs from rice. Plant Cell, 17: 1397-1411.

Sunkar R, Kapoor A, Zhu J K. 2006. Posttranscriptional induction of two Cu/Zn superoxide dismutase genes in *Arabidopsis* is mediated by downregulation of miR398 and important for oxidative stress tolerance. Plant Cell, 18: 2051-2065.

Sunkar R, Li Y F, Jagadeeswaran G. 2012. Functions of microRNAs in plant stress responses. Trends in Plant Science, 17: 196-203.

Swaney S, Powers H, Goodwin J, et al. 1995. RNA-mediated resistance with nonstructural genes from the tobacco etch virus genome. Molecular Plant-Microbe Interactions, 8: 1004-1011.

Swiezewski S, Liu F, Magusin A, et al. 2009. Cold-induced silencing by long antisense transcripts of an *Arabidopsis* polycomb target. Nature, 462: 799-802.

Thirugnanasambantham K, Saravanan S, Karikalan K, et al. 2015. Identification of evolutionarily conserved *Momordica charantia* microRNAs using computational approach and its utility in phylogeny analysis. Computational Biology and Chemistry, 58: 25-39.

Tuteja J H, Zabala G, Varala K, et al. 2009. Endogenous, tissue-specific short interfering RNAs silence the chalcone synthase gene family in glycine max seed coats. Plant cell, 21: 3063-3077.

Unver T, Parmaksız I, Dündar E. 2010. Identification of conserved micro-RNAs and their target transcripts in opium poppy (*Papaver somniferum* L.). Plant Cell Reports, 29: 757-769.

van der Krol A R, Mur L A, Beld M, et al. 1990. Flavonoid genes in petunia: addition of a limited number of gene copies may lead to a suppression of gene expression. Plant Cell, 2: 291-299.

van der Krol A R, Mol J N, Stuitje A R. 1988. Antisense genes in plants: an overview. Gene, 72: 45-50.

van der Vlugt R A, Ruiter R K, Goldbach R. 1992. Evidence for sense RNA-mediated protection to PVYN in tobacco plants transformed with the viral coat protein cistron. Plant Molecular Biology, 20: 631-639.

Vashisht I, Mishra P, Pal T, et al. 2015. Mining NGS transcriptomes for miRNAs and dissecting their role in regulating growth, development, and secondary metabolites production in different organs of a medicinal herb, *Picrorhiza kurroa*. Planta, 241: 1255-1268.

Vishwakarma N P, Jadeja V J. 2013. Identification of miRNA encoded by *Jatropha curcas* from EST and GSS. Plant Signalling & Behavior, 8: e23152.

Voinnet O. 2009. Origin, biogenesis, and activity of plant microRNAs. Cell, 136: 669-687.

Wang B, Dong M, Chen W D, et al. 2012. Microarray-based identification of conserved microRNAs in *Pinellia pedatisecta*. Gene, 498: 36-40.

Wang J F, Zhou H, Chen Y Q, et al. 2004. Identification of 20 microRNAs from *Oryza sativa*. Nucleic Acids Research, 32: 1688-1695.

Wang J W, Czech B, Weigel D. 2009. miR156-regulated SPL transcription factors define an endogenous flowering pathway in *Arabidopsis thaliana*. Cell, 138: 738-749.

Wang M, Wu B, Chen C, et al. 2015. Identification of mRNA-like non-coding RNAs and validation of a mighty one named MAR in *Panax ginseng*. Journal of Integrative Plant Biology, 57: 256-270.

Wassenegger M, Heimes S, Riedel L, et al. 1994. RNA-directed *de novo* methylation of genomic sequences in plants. Cell, 76: 567-576.

Waterhouse P M, Graham M W, Wang M B. 1998. Virus resistance and gene silencing in plants can be induced by simultaneous expression of sense and antisense RNA. Proceedings of the National Academy of Sciences of the United States of America, 95: 13959-13964.

Wei R, Qiu D, Wilson I W, et al. 2015. Identification of novel and conserved microRNAs in *Panax notoginseng* roots by high-throughput sequencing. BMC Genomics, 16: 835.

Wightman B, Ha I, Ruvkun G. 1993. Posttranscriptional regulation of the heterochronic gene *lin-14* by *lin-4* mediates temporal pattern formation in *C. elegans*. Cell, 75: 855-862.

Wilusz J E, Sunwoo H, Spector D L. 2009. Long noncoding RNAs: functional surprises from the RNA world. Genes & Development, 23: 1494-1504.

Wirth S, Crespi M. 2009. Non-protein-coding RNAs, a diverse class of gene regulators, and their action in plants. RNA Biology, 6: 161-164.

Wu B, Li Y, Yan H, et al. 2012a. Comprehensive transcriptome analysis reveals novel genes involved in cardiac glycoside biosynthesis and mlncRNAs associated with secondary metabolism and stress response in *Digitalis purpurea*. BMC Genomics, 13: 15.

Wu B, Wang M, Ma Y, et al. 2012b. High-throughput sequencing and characterization of the small RNA transcriptome reveal features of novel and conserved microRNAs in *Panax ginseng*. PLoS ONE, 7: e44385.

Xia H, Zhang L, Wu G, et al. 2016. Genome-wide identification and characterization of microRNAs and target genes in *Lonicera japonica*. PLoS ONE, 11: e0164140.

Xia J, Zeng C, Chen Z, et al. 2014. Endogenous small-noncoding RNAs and their roles in chilling response and stress acclimation in *Cassava*. BMC Genomics, 15: 634.

Xia R, Zhu H, An Y Q, et al. 2012. Apple miRNAs and tasiRNAs with novel regulatory networks. Genome Biology, 13: R47.

Xu T, Wang B, Liu X, et al. 2012. Microarray-based identification of conserved microRNAs from *Pinellia ternate*. Gene, 493: 267-272.

Xu W, Cui Q, Li F, et al. 2013. Transcriptome-wide identification and characterization of microRNAs from castor bean（*Ricinus communis* L.）. PLoS ONE, 8: e69995.

Xu X, Jiang Q, Ma X, et al. 2014. Deep sequencing identifies tissue-specific microRNAs and their target genes involving in the biosynthesis of tanshinones in *Salvia miltiorrhiza*. PLoS ONE, 9: e111679.

Yang Y, Chen X, Chen J, et al. 2011. Identification of novel and conserved microRNAs in *Rehmannia glutinosa* L. by Solexa sequencing. Plant Molecular Biology Reporter, 29: 986-996.

Yao Y, Guo G, Ni Z, et al. 2007. Cloning and characterization of microRNAs from wheat（*Triticum cestivum* L.）. Genome Biology, 8: R96.

Yi X, Zhang Z, Ling Y, et al. 2015. PNRD: a plant non-coding RNA database. Nucleic Acids Research, 43（Database issue）: D982-989.

Yoon E K, Yang J H, Lim J, et al. 2010. Auxin regulation of the microRNA390-dependent transacting small interfering RNA pathway in *Arabidopsis* lateral root development. Nucleic Acids Research, 38: 1382-1391.

Yoshikawa M, Peragine A, Park M Y, et al. 2005. A pathway for the biogenesis of *trans*-acting siRNAs in *Arabidopsis*. Genes & Development, 19: 2164-2175.

Zamore P D, Haley B. 2005. Ribo-genome: the big world of small RNAs. Science, 309: 1519-1524.

Zeng C, Wang W, Zheng Y, et al. 2010. Conservation and divergence of microRNAs and their functions in Euphorbiaceous plants. Nucleic Acids Research, 38: 981-995.

Zhang B. 2015. MicroRNA: a new target for improving plant tolerance to abiotic stress. Journal of Experimental Botany, 66: 1749-1761.

Zhang H, Jin W, Zhu X, et al. 2016. Identification and characterization of *Salvia miltiorrhizain* miRNAs in response to replanting disease. PLoS ONE, 11: e0159905.

Zhang L, Wu B, Zhao D, et al. 2014. Genome-wide analysis and molecular dissection of the *SPL* gene family in *Salvia miltiorrhiza*. Journal of Integrative Plant Biology, 56: 38-50.

Zhang Q, Li J, Sang Y, et al. 2015. Identification and characterization of microRNAs in *Ginkgo biloba* var. *epiphylla* Mak. PLoS ONE, 10: e0127184.

Zhang W, Gao S, Zhou X, et al. 2011. Bacteria-responsive microRNAs regulate plant innate immunity by modulating plant hormone networks. Plant Molecular Biology, 75: 93-105.

Zhang Y C, Chen Y Q. 2013. Long noncoding RNAs: new regulators in plant development. Biochemical and Biophysical Research Communications, 436: 111-114.

Zhou H, Liu Q, Li J, et al. 2012. Photoperiod- and thermo-sensitive genic male sterility in rice are caused by a point mutation in a novel noncoding RNA that produces a small RNA. Cell Research, 22: 649-660.

Zhu Z, Miao Y, Guo Q, et al. 2016. Identification of miRNAs involved in stolon formation in *Tulipa edulis* by high-throughput sequencing. Frontiers in Plant Science, 7: 852.

Zilberman D, Cao X, Johansen L K, et al. 2004. Role of *Arabidopsis* ARGONAUTE4 in RNA-directed DNA methylation triggered by inverted repeats. Current Biology, 14: 1214-1220.

# 第十四章　DNA 甲基化及其对药用植物品质形成的调控

表观遗传学(epigenetics)最早由英国科学家 Waddington(1942)提出，是指在 DNA 序列不发生改变的情况下，基因的表达与功能发生改变，最终产生可遗传的表型。表观遗传学的主要调控机制包括 DNA 甲基化、组蛋白修饰及非编码 RNA 等。DNA 甲基化作为表观遗传学研究的重要内容之一，是指在 DNA 甲基转移酶的催化下，以 *S*-腺苷甲硫氨酸为甲基供体，将甲基转移到胞嘧啶 5′-C 位上的过程。DNA 甲基化涉及生物体内的多种分子机制，参与植物的基因印记、生长发育、胁迫应答、次生代谢等生物学过程，DNA 甲基化的变化对植物的生命活动有至关重要的影响。

由于 DNA 甲基化研究在模式植物和作物中取得的重要进展，科研人员逐渐意识到药材道地性和药用植物品质的形成可能也受到 DNA 甲基化的调控。下面从植物 DNA 甲基化的特征、调控、分析技术、生物学功能，以及 DNA 甲基化与药用植物品质形成等方面进行介绍。

## 第一节　植物 DNA 甲基化特征

DNA 甲基化是指将一个甲基基团添加到胞嘧啶碱基上形成 5-甲基胞嘧啶(5mC)。它通常存在于三种序列背景中，即 CG、CHG 和 CHH(H 代表除胞嘧啶以外的任意一种碱基)(Law and Jacobsen，2010)。CG 和 CHG 位点的甲基化在 DNA 双链上通常是对称存在的。不同序列背景的 DNA 甲基化水平存在显著的差异。拟南芥中 CG、CHG 和 CHH 背景的甲基化水平分别为 24%、7% 和 2%(Cokus et al.，2008)。植物基因组的转座子和重复序列区通常存在高密度的 DNA 甲基化，而基因区的 DNA 甲基化水平处于中下水平(Zhang et al.，2006)。

随着测序技术的发展，大量植物的全基因组甲基化图谱被解析(Zemach et al.，2010b；Gent et al.，2013；Zhong et al.，2013)。研究者发现，植物 DNA 甲基化存在组织特异性、发育时期特异性和种间特异性等特征，同一植物不同组织通常存在不同的甲基化模式。种子发育一直是表观遗传学关注的热点。目前，拟南芥、水稻、玉米和蓖麻等植物的种子的 DNA 甲基化模式已经得到广泛的研究(Gehring et al.，2009；Zemach et al.，2010a；Lu et al.，2015；Xu et al.，2016)。研究发现，胚乳与胚相比表现出整体的低甲基化。发育过程中同一组织会经历广泛的从头甲基化和去甲基化。西红柿果实的发育过程中 DNA 甲基化是动态变化的，而且基因 5′端的甲基化水平逐渐下降(Zhong et al.，2013)。拟南芥花发育过程中，在分生组织到早花期这个阶段，大量的胞嘧啶经历了从头甲基化，早花期到晚花期许多位点又经历了去甲基化(Yang et al.，2015)。不仅同一植物的不同组织、同一组织的不同发育时期 DNA 甲基化存在特异性，不同植物种间 DNA 甲基化更是存在广泛的变异。Niederhuth 等(2016)分析了 34 个被子植物叶片的全基因组甲基化，发现被子植物的基因转录区、常染色质重复序列和异染色质转座子的 DNA 甲基化存在广泛变异；十字花科植物基因组上，CG 甲基化水平低于其他科，同时 CHG 背景甲基化水平也出现下降；在禾本科植物中，CHH 甲基化主要存在于基因区，异染色质 CHH 甲基化显著减少或根本就不存在。

# 第二节　DNA 甲基化的调控

## 一、DNA 甲基化的建立

植物 DNA 甲基化的建立主要是通过 RNA 介导的方式实现的，即 RNA 指导的 DNA 甲基化（RdDM）通路（Law and Jacobsen，2010）。RdDM 主要包括两个过程，即 RNA 聚合酶Ⅳ（PolⅣ）依赖的 siRNA 的生成和 RNA 聚合酶Ⅴ（PolⅤ）介导的从头甲基化。

RdDM 由 24nt siRNA 介导，而 PolⅣ转录了 90%以上的 siRNA 前体（Zhang et al.，2007；Mosher et al.，2008）。siRNA 产生过程中，PolⅣ互作蛋白 SAWADEE HOMEODOMAIN HOMOLOGUE 1（SHH1）首先结合到组蛋白 H3 第 9 位甲基化的赖氨酸（H3K9me）和第 4 位未甲基化的赖氨酸（H3K4）上（Law et al.，2013），然后招募 PolⅣ到特定的基因组位点。PolⅣ行使转录功能，转录出单链 RNA。RNA 依赖的 RNA 聚合酶（RDR2）以之为模板合成双链 RNA（Law et al.，2011；Haag et al.，2012）。生成的双链 RNA 被 DICER 样蛋白 3（DCL3）切割成 24nt siRNA，接着 HUA ENHANCER1（HEN1）甲基化 siRNA 的 3′-OH 端来稳定 siRNA（Ji and Chen，2012）。加工成熟的 siRNA 与 Argonaute 蛋白 4（AGO4）结合（图 14-1）。

在 PolⅤ介导的从头甲基化过程中，SU（VAR）3-9 组蛋白甲基转移酶家族成员 SUVH2 和 SUVH9 招募 PolⅤ到目标位点（Johnson et al.，2008，2014；Kuhlmann and Mette，2012；Liu et al.，2014），同时 DEFECTIVE IN RNA-DIRECTED DNA METHYLATION 1 （DRD1）、DEFECTIVE IN MERISTEM SILENCING 3（DMS3）和 RNA-DIRECTED DNA METHYLATION 1（RDM1）形成的 DDR 复合物促进 PolⅤ的转录和 PolⅤ与染色质的互作 （Law et al.，2010；Zhong et al.，2012）。PolⅤ通过与 KOW DOMAIN-CONTAINING TRANSCRIPTION FACTOR 1（KTF1）互作来招募 AGO4（Huang et al.，2009）。PolⅤ转录过程中，AGO4 结合的 siRNA 与初生的 PolⅤ转录本进行碱基互补配对，招募域重排甲基转移酶 DRM2 进行从头甲基化（图 14-1）。此外，RDM1 在 DRM2 的招募过程中可能也起着重要作用（Gao et al.，2010）。

最近研究发现，植物中还存在一些非常规的 RdDM，包括 miRNA 和反式作用干扰小 RNA（ta-siRNA）诱导的 DNA 甲基化，RNA 依赖的 RNA 聚合酶 6（RDR6）依赖的 RdDM，以及由 RNA 聚合酶Ⅱ（PolⅡ）转录的 scaffold RNA 参与的 RdDM。一般来讲，miRNA 来源于 DICER 样蛋白 1（DCL1）切割的 PolⅡ转录的发夹 RNA 前体，之后与 AGO1 相结合来降解或抑制目标 mRNA。然而，水稻中 DCL3 也能切割发夹 RNA，产生 24nt miRNA。产生的 miRNA 继而与 AGO4 结合来指导 DNA 甲基化（Wu et al.，2010）。ta-siRNA 来源于陆生植物。它的产生和作用过程包括：PolⅡ指导 TAS RNA 转录；miRNA 在 AGO1

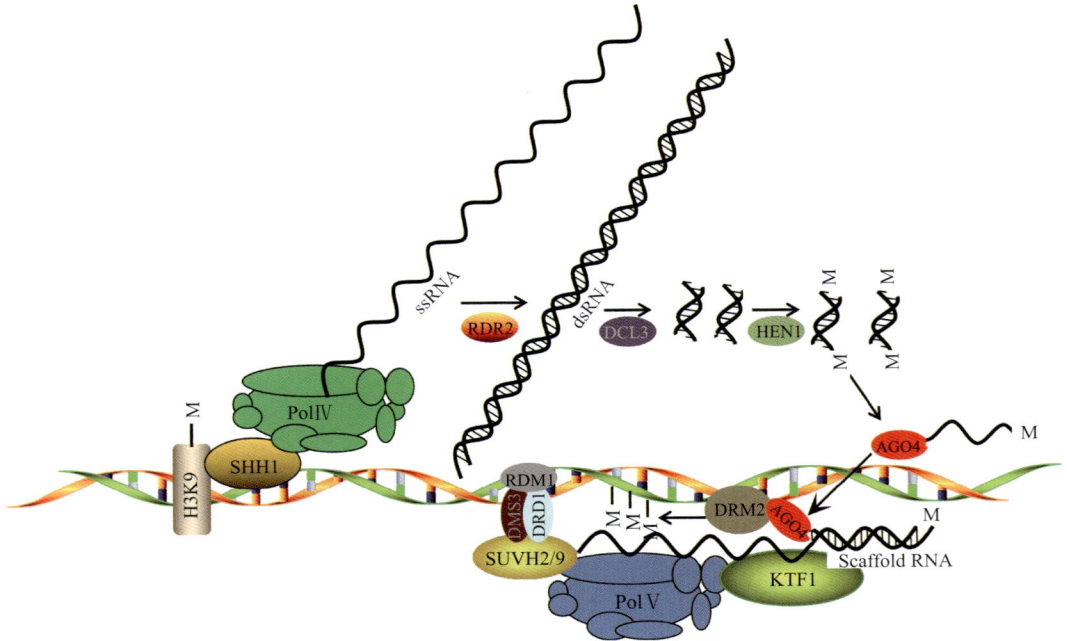

图 14-1　RNA 介导的 DNA 甲基化通路

Pol IV 转录的单链 RNA 被 RDR2 加工成双链 RNA。DCL3 切割双链 RNA 形成 24nt siRNA。HEN1 甲基化 3'端来稳定这些
siRNA。之后 24nt siRNA 与 AGO4 结合。形成的复合物通过 24nt siRNA 与 Pol V 转录的脚手架 RNA(scaffold RNA)互补
配对，招募 DNA 甲基转移酶 DRM2 执行 DNA 序列的甲基化

的作用下切割 TAS 转录本；RDR6 以切割产生的 RNA 片段为模板合成双链 RNA；DCL4
切割双链 RNA 形成 21nt ta-siRNA；ta-siRNA 与 AGO1 结合并靶向目标 mRNA。最近发
现，来源于 *TAS* 的双链 RNA 也可以被 DCL1 切割产生 21nt ta-siRNA。它们与 AGO4 或
AGO6 结合，参与 *TAS* 位点由 Pol V 介导的 RdDM(Wu et al.，2012)。另外，也有部分
RdDM 通路中双链 RNA 是通过 RDR6 加工形成的。Pol II 转录的转座子转录本被 RDR6
加工成双链 RNA。产生的双链 RNA 随后被 DCL2 和 DCL4 加工成 21～22nt siRNA，进
而结合 AGO1 介导转座子 mRNA 的转录后基因沉默。这些 siRNA 也能与 AGO2 结合，
开启低水平的从头甲基化(Nuthikattu et al.，2013)。RDR6 依赖的 RdDM 产生的低水平甲
基化能够激活常规的 RdDM 反应(Marí-Ordóñez et al.，2013)。在一些不产生 siRNA 的基
因组位点，Pol II 转录的转录本可作为 scaffold RNA，招募 AGO4-siRNA，进而介导 DNA
甲基化(Zheng et al.，2009；You et al.，2013)。

## 二、DNA 甲基化的维持

　　DNA 甲基化建立后，植物在 DNA 复制过程中会根据序列背景的不同采取不同的机
制来维持 DNA 甲基化。METHYLTRANSFERASE1(MET1)维持 CG 背景的 DNA 甲基化；
CHROMOMETHYLASE2/3(CMT2 和 CMT3)负责 CHG 背景的 DNA 甲基化；CHH 甲基
化的维持会根据目标位点的不同，分别由 CMT2 或者 RdDM 通路来完成(Matzke and
Mosher，2014；Du et al.，2015)。

DNA 复制后 CG 背景处于半甲基化状态，被 VARIANT IN METHYLATION（VIM）蛋白所识别，进而招募 MET1 到半甲基化位点催化新合成的 DNA 链 CG 位点的甲基化（Law and Jacobsen，2010）（图 14-2）。

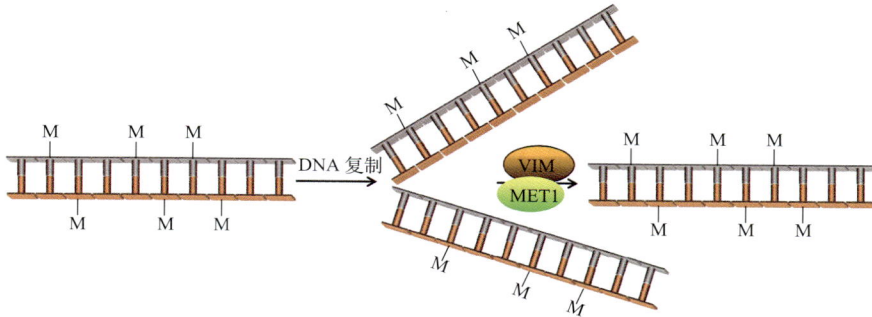

图 14-2　CG 背景 DNA 甲基化的维持

DNA 复制后，VIM 识别半甲基化状态的 CG 位点，进而招募甲基转移酶 MET1 来催化新合成链的 CG 位点的甲基化

植物中近着丝粒的异染色质区域的 CHG 背景的甲基化需要 DNA 甲基化和组蛋白甲基化形成的一个增强回路来共同维持（Du et al.，2015）。组蛋白甲基转移酶 SUVH4/5/6 通过 SRA 结构域识别 CHG 甲基化，催化形成 H3K9 的甲基化，而 H3K9me2 又反过来被 DNA 甲基转移酶 CMT2 和 CMT3 的染色质域所识别，进而维持 CHG 位点的甲基化（图 14-3）。其他区域的 CHG 位点通常缺少 H3K9me2，这些位点 CHG 甲基化的维持由 CMT3 来完成（Zemach et al.，2013）。CHH 背景的甲基化不能被维持，只能够通过 RdDM 通路从头建立。

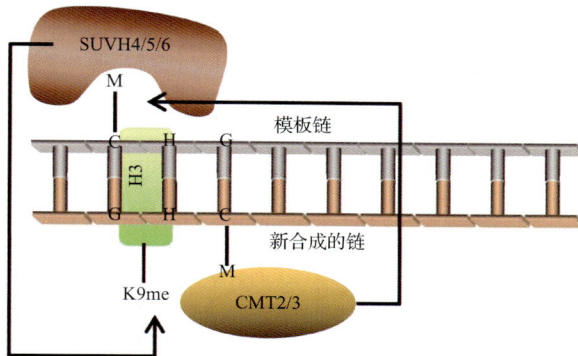

图 14-3　CHG 背景 DNA 甲基化的维持

组蛋白甲基化和 DNA 甲基化形成的加强回路维持 CHG 背景的 DNA 甲基化。组蛋白甲基转移酶识别甲基化的 CHG，催化形成 H3K9me2。DNA 甲基转移酶 CMT2/3 识别 H3K9me2，催化新合成链 CHG 背景的甲基化

## 三、DNA 甲基化的去除

植物 DNA 甲基化模式和水平的动态调控不仅涉及 DNA 甲基化的建立与维持，也涉及 DNA 甲基化的去除。DNA 去甲基化分为被动去甲基化和主动去甲基化。被动去甲基化出现于甲基化维持通路功能紊乱或者甲基供体不足的情况，而主动去甲基化由 DNA 糖基化酶的 DME/ROS1（DNA 去甲基化酶）家族通过碱基切除修复（BER）通路来实现。拟

南芥编码的4个DNA去甲基化酶为：REPRESSOR OF SILENCING 1（ROS1）（Gong et al.，2002）、DEMETER（DME）（Choi et al.，2002）、DME-LIKE2（DML2）和 DML3（Ortega-Galisteo et al.，2008）。它们同时拥有糖基化酶活性和裂解酶活性（Gehring et al.，2006；Penterman et al.，2007）。糖基化酶活性用来水解 DNA 主链和碱基之间的糖苷键，脱去甲基化胞嘧啶。裂解酶活性用来切割脱碱基位点，在 DNA 链上留下两种不同类型的缺口。当产生的缺口 3′端为 3′-磷酸-$\alpha,\beta$-不饱和醛（3′-PUA）时，称为 $\beta$ 消除反应（Agius et al.，2006）。当产生的缺口 3′端为 3′-磷酸时，称为 $\delta$ 消除反应（McCullough et al.，1999）。这两种类型的 3′端都不能被 DNA 聚合酶所识别，所以 BER 通路的其他酶需要将 DNA 缺口的 3′端转变为 3′-OH。这样 DNA 聚合酶和 DNA 连接酶才能分别完成接下来的非甲基化胞嘧啶脱氧核苷酸的聚合和 DNA 链的连接。

拟南芥编码 3 个脱碱基位点核酸内切酶，其中 APE1L 和 ARP 都能够催化 3′-PUA 形成 3′-OH（Lee et al.，2014）。然而，3′-磷酸转化为 3′-OH 时，需要锌指 DNA3′-磷酸酶（ZDP）的催化，而且它也参与了 ROS1 起始的 DNA 去甲基化（Martínez-Macías et al.，2012）（图 14-4）。此外，另一个 BER 蛋白 XRCC1 也参与了 DNA 的去甲基化，通过与 ROS1 和 ZDP 互作来促进 5mC 切除、3′端催化和 DNA 连接（Martínez-Macías et al.，2013）。

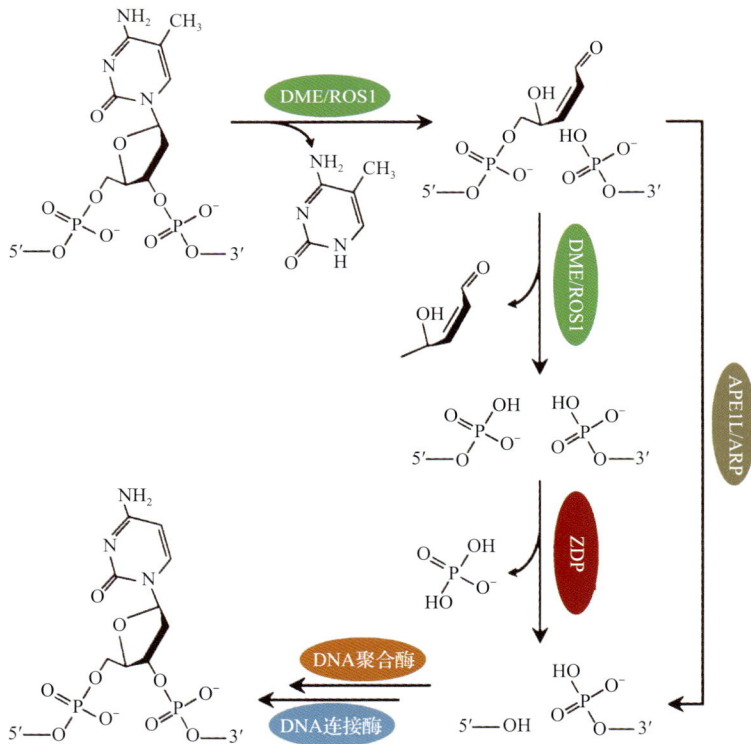

图 14-4  DNA 去甲基化

DNA 链上含有 5-甲基胞嘧啶的脱氧胞苷，在 DME/ROS1 的催化下，通过 $\beta$ 消除反应脱去 5-甲基胞嘧啶，产生 3′-磷酸-$\alpha,\beta$-不饱和醛（3′-PUA）和 5′-磷酸。3′-PUA 可在 APE1L 或 ARP 的催化下直接转化为 3′-OH，也可先在 DME/ROS1 的催化下通过 $\delta$ 消除反应产生 3′-磷酸，再在 ZDP 的催化下将 3′-磷酸转化为 3′-OH。最后，DNA 聚合酶和 DNA 连接酶进行 DNA 损伤修复，引入正常的脱氧胞苷。图中"5′—"和"—3′"分别表示 DNA 链的 5′端和 3′端

# 第三节　DNA甲基化的分析技术

大部分DNA甲基化分析的第一步都是将DNA进行亚硫酸氢盐转化。DNA序列在经亚硫酸氢盐处理后，未甲基化的胞嘧啶转变为尿嘧啶，甲基化的胞嘧啶维持不变（Rother et al.，1995）。这样DNA甲基化的差异就转变为序列上的差异，后续就可以通过DNA序列的检测来反映甲基化状态。DNA甲基化的检测主要有两种诉求，分别是特定位点甲基化检测和基因组范围的甲基化检测。

## 一、特定位点的甲基化检测技术

特定位点甲基化的检测方法主要是在PCR的基础上建立起来的（Hernandez et al.，2013）。基于PCR检测特定位点甲基化的方法主要有两种：甲基化特异性PCR（MSP）和亚硫酸氢盐测序PCR（BSP）。

MSP技术是将亚硫酸氢盐转化和PCR相结合来检测特定的位点的甲基化的技术。该技术由Herman（1996）提出。这个技术目前主要用于动物DNA甲基化位点的研究，在植物中应用较少。MSP的技术要点在于需要设计两对引物，其中一对可以PCR扩增亚硫酸氢盐处理后的甲基化的DNA链，另一对可以PCR扩增处理后的非甲基化的DNA链（Fraga and Esteller，2002）。PCR结束后通过电泳检测是否存在DNA片段的扩增。如果甲基化的DNA链被扩增出来，表明检测的位点存在高甲基化；如果非甲基化链被扩增出来，表明检测位点不存在甲基化；如果两对引物都能扩增出条带，说明检测位点处于部分甲基化状态。MSP方法操作简便、灵敏度高、成本较低。其局限性是只能定性检测特定位点的甲基化，引物设计难度较高，结果准确性不高。

BSP是将亚硫酸氢盐转化、PCR和测序相结合来检测每一个胞嘧啶位点的甲基化状态的技术（Clark et al.，1994）。BSP需要设计BSP引物来扩增亚硫酸氢盐处理后的DNA，然后对PCR产物进行测序就可以判定每个胞嘧啶位点的甲基化模式。BSP是目前应用最广泛的检测特定位点甲基化的技术。这个方法精确度高，可以检测片段中每个胞嘧啶的甲基化状态。局限在于操作较为烦琐，需要克隆测序，成本较高。

## 二、基因组范围的甲基化检测技术

基因组范围的甲基化检测技术是在新一代测序基础上发展起来的，主要包括全基因组范围的甲基化测序（WGBS）、简约亚硫酸氢盐测序（RRBS）、甲基化DNA免疫沉淀（MeDIP）测序和限制性酶切测序，此外，还有一种无须测序的甲基化敏感扩增多态性技术（MSAP）也广泛用于植物基因组范围甲基化的分析（表14-1）。

WGBS的技术流程主要包括基因组DNA的纯化和片段化，DNA片段末端修复，DNA片段3'端添加腺嘌呤碱基，连接甲基化接头，亚硫酸氢盐处理，PCR扩增和文库构建测序（Gu et al.，2011；Urich et al.，2015）。WGBS的主要优势是能够评估每一个胞嘧啶的甲基化状态。植物第一个全基因组甲基化测序在 2008 年被报道，研究者获得了拟南芥单碱基分辨率的基因组范围的甲基化图谱(Cokus et al.，2008)。

**表 14-1　基因组范围甲基化检测技术的比较**

| 实验技术 | 原理 | 优势 | 劣势 | 分辨率 | 价格 |
|---|---|---|---|---|---|
| WGBS | 亚硫酸氢盐处理结合高通量测序 | 评估每一个胞嘧啶的甲基化状态 | 费用高，数据量大，分析负担重，不能区分甲基化胞嘧啶和羟甲基胞嘧啶 | 单碱基 | 高 |
| RRBS | 基因组采用 *Msp* I 酶切消化、亚硫酸氢盐处理和高通量测序 | 基因组覆盖度高，灵敏度高，与 WGBS 相比价格较低 | 限于酶切位点附近的 DNA 序列的甲基化分析；不能区分甲基化胞嘧啶和羟甲基胞嘧啶 | 单碱基 | 较低 |
| MeDIP | 5mC 抗体特异富集高甲基化的 DNA 区域，进行高通量测序 | 显著富集甲基化区域；数据量少，数据分析相对容易 | 鉴定不到单个的甲基化位点；分辨率低，不能获得绝对的甲基化水平 | 100bp | 较低 |
| 限制性酶切测序 | 用 DNA 甲基化敏感的内切酶酶切后进行高通量测序 | 能够评估相对的甲基化水平 | 较低的基因组覆盖度 | | 较低 |
| MSAP | 用 DNA 甲基化敏感内切酶酶切，PCR 扩增，电泳分析 | 无须了解 DNA 序列信息，操作简单 | 不能检测非 CCGG 位点的甲基化 | | 较低 |
| 三代测序 | 根据 DNA 聚合酶的动力学变化来检测碱基的修饰 | 无须亚硫酸氢盐转化，免 PCR 扩增，更长的测序读段 | 错误率较高，通量较低 | 单碱基 | 高 |

RRBS 整合了 *Msp* I 限制性酶切、亚硫酸氢盐转换和下一代测序来分析基因组范围的甲基化模式(Meissner et al.，2008；Gu et al.，2011)。RRBS 最早是针对动物开发，获得的主要是 CG 富集区域的甲基化模式，所以 RRBS 技术可以通过较少的测序量覆盖尽可能多的基因组区域。RRBS 相较于 WGBS 价格较低，适合大规模样本分析。对于植物的甲基化模式分析，RRBS 技术并不能够获得所有 DNA 区域的甲基化状态。目前有一部分植物采用这种方法进行了甲基化分析，如橡胶(Platt et al.，2015)和芜菁(Xun et al.，2015)。

MeDIP 利用抗甲基化胞嘧啶抗体来免疫沉淀含有甲基化的 CpG 位点的 DNA 序列(Zhao et al.，2014)。获得的 DNA 序列用于后续的高通量测序。这个方法相较于单碱基分辨率的全基因组甲基化测序价格便宜，也适合于大样本量分析，但是分辨率低，而且不能区分甲基化序列背景(Clark et al.，2012)。

限制性酶切测序是利用一对同裂酶具有相同的目标切割序列，但是甲基化敏感度不同的特点。甲基化敏感限制性酶只切割未甲基化的位点，对甲基化位点不起作用。酶切消化之后选择大小合适的 DNA 片段进行测序。这样我们就获得了酶识别位点内未甲基化的 CG 位点(Li et al.，2015)。利用这个方法可以评估相对的 DNA 甲基化水平，但是通常存在基因组覆盖度低的问题。

MSAP 技术于 1997 年被首次报道，是在扩增片段长度多态性(AFLP)技术基础上发展起来的(Reyna et al.，1997)。它主要是通过两组对甲基化敏感度不同的限制性内切酶，分别对提取的基因组 DNA 进行双酶切。酶切后的基因组 DNA 进行接头连接，采用接头序列设计引物进行 PCR 扩增，然后进行凝胶电泳检测扩增片段的大小。最常用的两组限

制性内切酶是 *Eco*R Ⅰ/*Hpa*Ⅱ 和 *Eco*R Ⅰ/*Msp*Ⅰ。利用它们对甲基化敏感度不同的特点，可以从基因组的相同位点获得不同大小的片段。*Hpa*Ⅱ 和 *Msp*Ⅰ 都识别 CCGG 位点，但是 *Hpa*Ⅱ 只能切割单链 DNA 上甲基化的位点，而 *Msp*Ⅰ 能够切割单链和双链 CCGG 位点内侧甲基化的胞嘧啶。基因组 DNA 通过 MSAP 分析后，来自于 *Eco*R Ⅰ/*Hpa*Ⅱ 消化的基因组存在 PCR 产物，而 *Eco*R Ⅰ/*Msp*Ⅰ 的没有，表明 CCGG 位点的外侧胞嘧啶存在单链甲基化；如果 *Eco*R Ⅰ/*Hpa*Ⅱ 消化的 DNA 不存在 PCR 产物，而 *Eco*R Ⅰ/*Msp*Ⅰ 的存在，那么表明 CCGG 位点内侧胞嘧啶发生了双链甲基化；如果两者都能 PCR 扩增，表明 CCGG 位点没有甲基化的存在。然而，这两组酶不能区分 CCGG 位点内侧和外侧在双链上都发生甲基化的情况，也不能检测非 CCGG 位点的甲基化。

目前新兴的三代测序也开始应用于 DNA 修饰的检测(Laszlo et al.，2013；Wu et al.，2016)。它的主要优势在于不需要亚硫酸氢盐转化，免 PCR 扩增，更长的测序读段(read)，而且能够检测 DNA 上不同的表观修饰(Nakano et al.，2017)。相较于二代测序，三代更高的错误率和价格及更低的通量限制了它的广泛应用。随着这些问题的解决，相信三代测序将在包括 DNA 甲基化修饰在内的表观标记的检测方面大放异彩。

## 第四节　DNA 甲基化的生物学功能

植物 DNA 甲基化通常导致内源基因转录沉默，而 DNA 去甲基化可以作为反沉默因子来促进基因的表达。通过这个特性，植物 DNA 甲基化参与基因组稳定、基因印记、生长发育、胁迫响应及次生代谢产物的生物合成调控等。DNA 甲基化的生物学功能近年来受到了广泛关注。

DNA 甲基化对基因组的完整性和稳定性具有至关重要的意义。植物基因组包含大量的重复序列和转座子，重复序列和转座子的活跃会对基因组的稳定和完整性造成很大的损伤。这些序列的沉默通常需要 DNA 甲基化的修饰(Cao et al.，2003)。DNA 甲基化相关基因突变会导致转座元件和重复序列的转录激活。拟南芥 *ddm1* 突变体与野生型相比，存在几个 LTR 反转录转座子的激活和转座(Andreuzza et al.，2010)。

基因印记是指来源于不同亲本等位基因差异表达的现象，主要受 DNA 甲基化调控。植物基因印记现象主要发生在胚乳中，大部分鉴定的印记基因特异性表达来自母本的等位基因，而沉默父本等位基因(Gehring et al.，2006，2009；Jullien et al.，2006)。拟南芥中，这些印记基因的功能依赖于 DNA 去甲基化酶基因 *DME*。*DME* 主要在中央细胞中表达，特异地对胚乳的母本基因组进行去甲基化，导致相关印记基因表达(Gehring et al.，2006，2009；Jullien et al.，2006)。

植物 DNA 甲基化参与植物生长发育的调控。拟南芥 DNA 低甲基化突变体的根外植体拥有更高的芽再生能力(Shemer et al.，2015)。DNA 甲基化涉及水稻胚乳的细胞化调控(Xing et al.，2015)。DNA 甲基化在玉米叶片发育过程中参与了发育相关基因和细胞从分裂进入生长阶段转变的调控(Candaele et al.，2014)。另外，苜蓿 DNA 甲基化重编程对根瘤的发育有至关重要的影响(Satgé et al., 2016)。通过 RNAi 下调苜蓿 *MtDME* 表达,可导致 400 个基因的高甲基化和表达下调,其中的大部分基因与根瘤分化相关。DNA 甲基化还参与了植物春化作用的调控。经历低温或者 DNA 去甲基化试剂处理,拟南芥基因组 DNA 甲基化水平降低,开花提前(Burn et al., 1993)。表达 *AtMET1* 反义基因的拟南芥和 DNA 甲基化突变体 *ddm1* 都展现早花表型,而且促进开花的程度与反义 *MET1* 转基因株系中甲基化的降低程度成比例(Finnegan et al., 1998)。DNA 甲基化也在西红柿果实成熟的过程中扮演至关重要的角色。DNA 甲基化酶抑制剂处理促进西红柿提前成熟(Zhong et al., 2013),而去甲基化酶基因 *SlDML2* 的功能缺失推迟西红柿果实的成熟(Lang et al., 2017)。

DNA 甲基化参与植物生物和非生物胁迫响应的调控。拟南芥中 DNA 甲基化抑制根癌农杆菌引起的冠瘿瘤的发育(Gohlke et al., 2013)。水稻的一个 R 基因 *Xa21G* 的去甲基化可提升水稻白叶枯病的抗性(Akimoto et al., 2007)。烟草花叶病毒感染导致 DNA 低甲基化和烟草花叶病毒抗性基因 *NtAlix1* 的高表达(Wada et al., 2004)。在重金属胁迫时,水稻基因组 DNA 甲基化水平下降(Ou et al., 2012)。拟南芥在热胁迫的情况下,*DRM2*、*NRPD1* 和 *NRPE1* 表达上调,基因组甲基化水平上调(Naydenov et al., 2015)。

DNA 甲基化参与植物次生代谢的调控。过表达拟南芥 *ROS1* 基因的烟草转基因植物显著提高了黄酮代谢和抗氧化通路基因的表达,从而提高了转基因烟草的耐盐性(Bharti et al., 2015)。过表达栗子去甲基化酶基因的转基因杂交杨中,黄酮生物合成酶的表达受到促进,同时黄酮在顶端分生组织的积累、鳞芽和顶芽的成熟也受到促进(Conde et al., 2017)。

## 第五节　DNA 甲基化与药用植物品质形成

### 一、药用植物 DNA 甲基化的研究

至今,药用植物 DNA 甲基化研究相对较少,但是随着道地药材研究的深入,越来越多的研究者认为,包括 DNA 甲基化在内的表观遗传在药材道地性和品质形成中发挥了重要作用(袁媛等,2015)。

陈力等(2007)采用甲基化敏感扩增多态性方法分析了三倍体丹参及其二倍体、四倍体亲本根部的 DNA 甲基化水平与药材产量的相关性,发现三倍体丹参的甲基化水平低于两个亲本,表明 DNA 甲基化参与了三倍体的优势调控,此外 DNA 甲基化水平随根部药材产量的提高而降低。李俊仁(2016)采用 LC-MS/MS 和 MSAP 法,分析了穿心莲连作过程中 DNA 甲基化的变化,发现 DNA 甲基化水平随连作年限的增加逐渐降低。陈菲菲(2016)研究了产地和 DNA 甲基化酶抑制剂 5-氮杂胞苷(5-azaC)处理对地黄形态结构、梓醇含量、基因组甲基化水平程度及模式的影响,发现 5-azaC 抑制地黄株高和叶片生长,降低地黄块根和叶片梓醇含量。HPLC 和 MSAP 分析发现,不同产地地黄基因组 DNA 甲基化程度存在差异,而且地黄叶片的甲基化程度高于块根,成熟组织甲基化程度高于幼嫩组织。文静(2016)采用 MSAP 法分析了川牛膝的 DNA 甲基化,发现 DNA 甲基化对川牛膝的道地性有一定的影响。四倍体和二倍体长春花 MSAP 分析发现,四倍体在营养

生长和生殖生长阶段的DNA甲基化水平均高于二倍体植株(朱恒星,2009)。人参的DNA甲基化分析表明,人参的驯化使得DNA甲基化水平和模式受到了较大影响(Ngezahayo,2009)。MSAP分析表明,阔叶山麦冬和短葶山麦冬的DNA甲基化水平存在一定差异,不过该差异不能将两者区分开(徐护朝,2014)。倪竹君等(2014)发现5-azaC处理可显著提高石斛苗生物量和生物活性物质含量。

## 二、应用DNA甲基化调控药用植物品质

作为重要的表观遗传标记,DNA甲基化导致的表观变化在各种生物学过程中发挥着重要作用。各种发表的植物基因组序列、提升的实验技术和分析方法都极大地拓展了我们对甲基化修饰机制和甲基化生物学功能的理解。随着测序技术的发展,越来越多植物的单碱基分辨率水平的甲基化图谱将会被解析出来。未来对DNA甲基化的研究将会极大地推动我们对表观遗传学的理解,也会推动DNA甲基化等表观遗传信息在包括药用植物在内的植物育种方面的应用。虽然DNA甲基化对药用植物道地性和品质的调控目前还未真正得到解析,但在药用植物中的初步研究结果表明,通过DNA甲基化的调控,既可提高药用植物的生物量,也可提高药用植物的活性成分含量。相信在未来,随着DNA甲基化调控在药用植物道地性和品质中作用的逐步解析,将推动利用DNA甲基化来调控药用植物的品质。

## 参 考 文 献

陈菲菲. 2016. 怀地黄的基因组DNA甲基化修饰与梓醇积累关系研究. 河南师范大学硕士学位论文.

陈力, 李秀兰, 赵磊, 等. 2007. 药用植物丹参的遗传改良与种质创新研究Ⅳ、三倍体丹参优势与DNA甲基化分析. 中国植物学会七十五周年年会论文摘要汇编.

李俊仁. 2016. 连作穿心莲转录组特征及DNA甲基化分析. 广州中医药大学硕士学位论文.

倪竹君, 殷丽丽, 应奇才, 等. 2014. 5-氮杂胞苷对石斛生物活性成分的影响. 浙江农业科学, (7): 1018-1020.

文静. 2016. 川牛膝道地性形成的表观遗传机制的初步研究. 成都中医药大学硕士学位论文.

徐护朝. 2014. 麦冬类植物遗传变异的分子标记研究和表观遗传初探. 硕士学位论文.

袁媛, 魏渊, 于军, 等. 2015. 表观遗传与药材道地性研究探讨. 中国中药杂志, 40: 14.

朱恒星. 2009. 四倍体长春花生物学特性研究及DNA甲基化分析. 西南大学硕士学位论文.

Agius F, Kapoor A, Zhu J. 2006. Role of the *Arabidopsis* DNA glycosylase/lyase ROS1 in active DNA demethylation. Proceedings of the National Academy of Sciences of the United States of America, 103: 11796-11801.

Akimoto K, Katakami H, Kim H J, et al. 2007. Epigenetic inheritance in rice plants. Annals of Botany, 100: 205-217.

Andreuzza S, Li J, Guitton A E, et al. 2010. DNA LIGASE I exerts a maternal effect on seed development in *Arabidopsis thaliana*. Development, 137: 73-81.

Bharti P, Mahajan M, Vishwakarma A K, et al. 2015. *AtROS1* overexpression provides evidence for epigenetic regulation of genes encoding enzymes of flavonoid biosynthesis and antioxidant pathways during salt stress in transgenic tobacco. Journal of Experimental Botany, 66: 5959-5969.

Burn J E, Bagnall D J, Metzger J D, et al. 1993. DNA methylation, vernalization, and the initiation of flowering. Proceedings of the National Academy of Sciences of the United States of America, 90: 287-291.

Candaele J, Demuynck K, Mosoti D, et al. 2014. Differential methylation during maize leaf growth targets developmentally regulated genes. Plant Physiology, 164: 1350-1364.

Cao X, Aufsatz W, Zilberman D, et al. 2003. Role of the DRM and CMT3 methyltransferases in RNA-Directed DNA Methylation. Current Biology, 13: 2212-2217.

Choi Y, Gehring M, Johnson L, et al. 2002. DEMETER, a DNA glycosylase domain protein, is required for endosperm gene imprinting and seed viability in *Arabidopsis*. Cell, 110: 33-42.

Clark C, Palta P, Joyce C J, et al. 2012. A comparison of the whole genome approach of MeDIP-seq to the targeted approach of the Infinium HumanMethylation450 BeadChip(®) for methylome profiling. PLoS ONE, 7: e50233.

Clark S J, Harrison J, Paul C L, et al. 1994. High sensitivity mapping of methylated cytosines. Nucleic Acids Research, 22: 2990.

Cokus S J, Feng S, Zhang X, et al. 2008. Shotgun bisulfite sequencing of the *Arabidopsis* genome reveals DNA methylation patterning. Nature, 452: 215-219.

Conde D, Moreno-Cortes A, Dervinis C, et al. 2017. Overexpression of DEMETER, a DNA demethylase, promotes early apical bud maturation in poplar. Plant Cell & Environment, 40: 2806-2819.

Du J, Johnson L M, Jacobsen S E, et al. 2015. DNA methylation pathways and their crosstalk with histone methylation. Nature Reviews Molecular Cell Biology, 16: 519-532.

Finnegan E J, Genger R K, Kovac K, et al. 1998. DNA methylation and the promotion of flowering by vernalization. Proceedings of the National Academy of Sciences of the United States of America, 95: 5824-5829.

Fraga M F, Esteller M. 2002. DNA methylation: a profile of methods and applications. Biotechniques, 33: 636-649.

Gao Z H, Liu H L, Daxinger L, et al. 2010. An RNA polymerase II- and AGO4-associated protein acts in RNA-directed DNA methylation. Nature, 465: 106-109.

Gehring M, Bubb K L, Henikoff S. 2009. Extensive demethylation of repetitive elements during seed development underlies gene imprinting. Science, 324: 1447-1451.

Gehring M, Jin H H, Hsieh T F, et al. 2006. DEMETER DNA glycosylase establishes MEDEA polycomb gene self-imprinting by allele-specific demethylation. Cell, 124: 495-506.

Gent J I, Ellis N A, Guo L, et al. 2013. CHH islands: *de novo* DNA methylation in near-gene chromatin regulation in maize. Genome Research, 23: 628-637.

Gohlke J, Scholz C J, Kneitz S, et al. 2013. DNA methylation mediated control of gene expression is critical for development of crown gall tumors. PLoS Genetics, 9: e1003267.

Gong Z, Morales-Ruiz T, Ariza R R, et al. 2002. ROS1, a repressor of transcriptional gene silencing in *Arabidopsis*, encodes a DNA glycosylase/lyase. Cell, 111: 803-814.

Gu H, Smith Z D, Bock C, et al. 2011. Preparation of reduced representation bisulfite sequencing libraries for genome-scale DNA methylation profiling. Nature Protocols, 6: 468-481.

Haag J R, Ream T S, Marasco M, et al. 2012. *In vitro* transcription activities of Pol IV, Pol V, and RDR2 reveal coupling of Pol IV and RDR2 for dsRNA synthesis in plant RNA silencing. Molecular Cell, 48: 811-818.

Herman J G, Graff J R, Myöhänen S, et al. 1996. Methylation-specific PCR: a novel PCR assay for methylation status of CpG islands. Proceedings of the National Academy of Sciences of the United States of America, 93: 9821-9826.

Hernandez H G, Tse M Y, Pang S C, et al. 2013. Optimizing methodologies for PCR-based DNA methylation analysis. Biotechniques, 55: 181-197.

Huang L F, Jones A M E, Searle I, et al. 2009. An atypical RNA polymerase involved in RNA silencing shares small subunits with RNA polymerase II. Nature Structural & Molecular Biology, 16: 91-93.

Ji L, Chen X. 2012. Regulation of small RNA stability: methylation and beyond. Cell Research, 22: 624-636.

Johnson L M, Du J, Hale C J, et al. 2014. SRA-and SET-domain-containing proteins link RNA polymerase V occupancy to DNA methylation. Nature, 507: 124-128.

Johnson L M, Law J A, Khattar A, et al. 2008. SRA-domain proteins required for DRM2-mediated *de novo* DNA methylation. PLoS Genetics, 4: e1000280.

Jullien P E, Katz A, Oliva M, et al. 2006. Polycomb group complexes self-regulate imprinting of the polycomb group gene MEDEA in *Arabidopsis*. Current Biology, 16: 486-492.

Kuhlmann M, Mette M F. 2012. Developmentally non-redundant SET domain proteins SUVH2 and SUVH9 are required for transcriptional gene silencing in *Arabidopsis thaliana*. Plant Molecular Biology, 79: 623-633.

Lang Z, Wang Y, Tang K, et al. 2017. Critical roles of DNA demethylation in the activation of ripening-induced genes and inhibition of ripening-repressed genes in tomato fruit. Proceedings of the National Academy of Sciences of the United States of America, 114: E4511-E4519.

Laszlo A H, Derrington I M, Brinkerhoff, H, et al. 2013. Detection and mapping of 5-methylcytosine and 5-hydroxymethylcytosine with nanopore MspA. Proceedings of the National Academy of Sciences of the United States of America, 110: 18904-18909.

Law J A, Ausin I, Johnson L M, et al. 2010. A protein complex required for polymerase Ⅴ transcripts and RNA-directed DNA methylation in plants. Current Biology, 20: 951-956.

Law J A, Du J, Hale C J, et al. 2013. Polymerase Ⅳ occupancy at RNA-directed DNA methylation sites requires SHH1. Nature, 498: 385-389.

Law J A, Jacobsen S E. 2010. Establishing, maintaining and modifying DNA methylation patterns in plants and animals. Nature Review Genetics, 11: 204-220.

Law J A, Vashisht A A, Wohlschlegel J A, et al. 2011. SHH1, a homeodomain protein required for DNA methylation, as well as RDR2, RDM4, and chromatin remodeling factors, associate with RNA polymerase Ⅳ. PLoS Genetics, 7: e1002195.

Lee J, Jang H, Shin H, et al. 2014. AP endonucleases process 5-methylcytosine excision intermediates during active DNA demethylation in *Arabidopsis*. Nucleic Acids Research, 42: 11408-11418.

Li D, Zhang B, Xing X, et al. 2015. Combining MeDIP-seq and MRE-seq to investigate genome-wide CpG methylation. Methods, 72: 29-40.

Liu Z W, Shao C R, Zhang C J, et al. 2014. The SETdomain proteins SUVH2 and SUVH9 are required for Pol V occupancy at RNA-directed DNA methylation loci. PLoS Genetics, 10: e1003948.

Lu X, Wang W, Ren W, et al. 2015. Genome-wide epigenetic regulation of gene transcription in maize seeds. PLoS ONE, 10: e0139582.

Marí-Ordóñez A, Marchais A, Etcheverry M, et al. 2013. Reconstructing *de novo* silencing of an active plant retrotransposon. Nature Genetics, 45: 1029-1039.

Martínezmacías M I, Córdobacañero D, Ariza R, et al. 2013. The DNA repair protein XRCC1 functions in the plant DNA demethylation pathway by stimulating cytosine methylation (5-meC) excision, gap tailoring, and DNA ligation. Journal of Biological Chemistry, 288: 5496-5505.

Martínezmacías M I, Qian W, Miki D, et al. 2012. A DNA 3′ phosphatase functions in active DNA demethylation in *Arabidopsis*. Molecular Cell, 45: 357-370.

Matzke M A, Mosher R A. 2014. RNA-directed DNA methylation: an epigenetic pathway of increasing complexity. Nature Reviews Genetics, 15: 394-408.

McCullough A, Dodson M, Lloyd R. 1999. Initiation of base excision repair: glycosylase mechanisms and structures. Annual Review of Biochemistry, 68: 255-285.

Meissner A, Mikkelsen T S, Gu H, et al. 2008. Genome-scale DNA methylation maps of pluripotent and differentiated cells. Nature, 454: 766-770.

Mosher R A, Schwach F, Studholme D, et al. 2008. PolⅣb influences RNA-directed DNA methylation independently of its role in siRNA biogenesis. Proceedings of the National Academy of Sciences of the United States of America, 105: 3145-3150.

Nakano K, Shiroma A, Shimoji M, et al. 2017. Advantages of genome sequencing by long-read sequencer using SMRT technology in medical area. Human Cell, 30: 149-161.

Naydenov M, Baev V, Apostolova E, et al. 2015. High-temperature effect on genes engaged in DNA methylation and affected by DNA methylation in *Arabidopsis*. Plant Physiology & Biochemistry, 87: 102-108.

Ngezahayo F. 2009. 中国人参(*Panax ginseng* C. A. Meyer)野生和栽培类型的遗传多样性和 DNA 甲基化多态性研究. 东北师范大学博士学位论文.

Niederhuth C E, Bewick A J, Ji L, et al. 2016. Widespread natural variation of DNA methylation within angiosperms. Genome Biology, 17: 194.

Nuthikattu S, Mccue A D, Panda K, et al. 2013. The initiation of epigenetic silencing of active transposable elements is triggered by RDR6 and 21-22 nucleotide small interfering RNAs. Plant Physiology, 162: 116-131.

Ortega-Galisteo A P, Morales-Ruiz T, Ariza R R, et al. 2008. *Arabidopsis* DEMETER-LIKE proteins DML2 and DML3 are required for appropriate distribution of DNA methylation marks. Plant Molecular Biology, 67: 671-681.

Ou X, Zhang Y, Xu C, et al. 2012. Transgenerational inheritance of modified DNA methylation patterns and enhanced tolerance induced by heavy metal stress in rice（*Oryza sativa* L.）. PLoS ONE, 7: e41143.

Penterman J, Zilberman D, Jin H H, et al. 2007. DNA demethylation in the *Arabidopsis* genome. Proceedings of the National Academy of Sciences of the United States of America, 104: 6752-6757.

Platt A, Gugger P F, Pellegrini M, et al. 2015. Genome-wide signature of local adaptation linked to variable CpG methylation in oak populations. Molecular Ecology, 24: 3823-3830.

Reyna-Lopez G E, Simpson J, Ruiz-Herrera J. 1997. Differences in DNA methylation patterns are detectable during thedimorphic transition of fungi by amplification of restriction polymorphism. Molecular & General Genetics, 253: 703-710.

Rother K I, Silke J, Georgiev O, et al. 1995. Influence of DNA sequence and methylation status on bisulfite conversion of cytosine residues. Analytical Biochemistry, 231: 263-265.

Satgé C, Moreau S, Sallet E, et al. 2016. Reprogramming of DNA methylation is critical for nodule development in *Medicago truncatula*. Nature Plants, 2: 16166.

Shemer O, Landau U, Candela H, et al. 2015. Competency for shoot regeneration from *Arabidopsis* root explants is regulated by DNA methylation. Plant Science, 238: 251-261.

Urich M A, Nery J R, Lister R, et al. 2015. MethylC-seq library preparation for base-resolution whole-genome bisulfite sequencing. Nature Protocols, 10: 475-483.

Wada Y, Miyamoto K, Kusano T, et al. 2004. Association between up-regulation of stress-responsive genes and hypomethylation of genomic DNA in tobacco plants. Molecular Genetics & Genomics, 271: 658-666.

Waddington C H. 1942. Canalization of development and the inheritance of acquired characters. Nature, 150: 91-97.

Wu L, Mao L, Qi Y. 2012. Roles of DICER-LIKE and ARGONAUTE proteins in *TAS*-derived small interfering RNA-triggered DNA methylation. Plant Physiology, 160: 990-999.

Wu L, Zhou H, Zhang Q, et al. 2010. DNA methylation mediated by a microRNA pathway. Molecular Cell, 38: 465.

Wu T P, Wang T, Seetin M G, et al. 2016. DNA methylation on N（6）-adenine in mammalian embryonic stem cells. Nature, 532: 329-333.

Xing M Q, Zhang Y J, Zhou S R, et al. 2015. Global analysis reveals the crucial roles of DNA methylation during rice seed development. Plant Physiology, 168: 1417-1432.

Xu W, Yang T, Dong X, et al. 2016. Genomic DNA methylation analyses reveal the distinct profiles in castor bean seeds with persistent endosperms. Plant Physiology, 171: 1242-1258.

Xun C, Ge X, Jing W, et al. 2015. Genome-wide DNA methylation profiling by modified reduced representation bisulfite sequencing in *Brassica rapa* suggests that epigenetic modifications play a key role in polyploid genome evolution. Frontiers in Plant Science, 6: 836.

Yang H, Chang F, You C, et al. 2015. Whole-genome DNA methylation patterns and complex associations with gene structure and expression during flower development in *Arabidopsis*. Plant Journal, 81: 268-281.

You W, Lorkovic Z J, Matzke A J M, et al. 2013. Interplay among RNA polymerases II, IV and V in RNA-directed DNA methylation at a low copy transgene locus in *Arabidopsis thaliana*. Plant Molecular Biology, 82: 85-96.

Zemach A, Kim M Y, Hsieh P H, et al. 2013. The *Arabidopsis* nucleosome remodeler DDM1 allows DNA methyltransferases to access H1-containing heterochromatin. Cell, 153: 193-205.

Zemach A, Kim M Y, Silva P, et al. 2010a. Local DNA hypomethylation activates genes in rice endosperm. Proceedings of the National Academy of Sciences of the United States of America, 107: 18729-18734.

Zemach A, Mc Daniel I E, Silva P, et al. 2010b. Genome-wide evolutionary analysis of eukaryotic DNA methylation. Science, 328: 916-919.

Zhang X, Henderson I R, Lu C, et al. 2007. Role of RNA polymerase IV in plant small RNA metabolism. Proceedings of the National Academy of Sciences of the United States of America, 104: 4536-4541.

Zhang X, Yazaki J, Sundaresan A, et al. 2006. Genome-wide high-resolution mapping and functional analysis of DNA methylation in *Arabidopsis*. Cell, 126: 1189-1201.

Zhao M T, Whyte J J, Hopkins G M, et al. 2014. Methylated DNA immunoprecipitation and high-throughput sequencing (MeDIP-seq) using low amounts of genomic DNA. Cell Reprogram, 16: 175-184.

Zheng B, Wang Z, Li S, et al. 2009. Intergenic transcription by RNA polymerase II coordinates Pol IV and Pol V in siRNA-directed transcriptional gene silencing in *Arabidopsis*. Genes & Development, 23: 2850-2860.

Zhong S, Fei Z, Chen Y R, et al. 2013. Single-base resolution methylomes of tomato fruit development reveal epigenome modifications associated with ripening. Nature Biotechnology, 31: 154-159.

Zhong X, Hale C J, Law J A, et al. 2012. DDR complex facilitates global association of RNA polymerase V to promoters and evolutionarily young transposons. Nature Structural & Molecular Biology, 19: 870.

# 第十五章　药用活性成分分析技术及其在药用植物品质生物学研究中的应用

在中国，药用植物用来预防和治疗人类疾病已有数千年的历史，在维护人类健康方面发挥着重要作用。然而，由于药用植物来源广泛、产地繁多、成分复杂，以及加工方法、采收时节等诸多因素的影响，其品质良莠不齐，严重影响了药用植物的疗效。因此，药用植物品质控制一直是研究的热点和难点。

随着现代分析技术和信息技术的发展，药用植物的品质研究，已经从简单的外观经验控制到显微、理化鉴别，再发展到以光谱和色谱为主的专属性鉴别和含量测定，以及基于药用植物多成分、多靶点协同作用的特点，发展了用于药用植物整体品质控制的化学指纹图谱。

目前，用于药用植物品质研究的技术，主要有色谱法（chromatography）、光谱法（spectrometry）及色谱-光谱联用等技术。色谱法主要包括气相色谱法（gas chromatography，GC）、液相色谱法（liquid chromatography，LC）、薄层色谱（thin layer chromatography，TLC）及毛细管电泳（capillary electrophoresis，CE）等；光谱法主要包括紫外光谱法（ultraviolet spectrometry）、红外光谱法（infrared spectrometry）及原子吸收光谱（atomic absorption spectrometry）等。色谱-光谱联用是近年来发展较快的技术，主要包括气相色谱-质谱（GC mass spectrometry，GC-MS）、液相色谱-质谱（LC-MS）、毛细管电泳-质谱（CE-MS）等技术。在众多的分析技术中，气相色谱、高效液相色谱（high performance liquid chromatography，HPLC）技术，以分离效能高、选择性高、分析速度快等优势，加上操作简单、重复性好、稳定可靠，已成为药用植物活性成分分析和品质研究领域中的主流技术。同时，GC-MS 和 LC-MS 在药用植物活性成分的定性定量分析中取得了长足的发展，成为实验室的重要仪器之一。毛细管电泳虽然用于药用植物研究才刚刚起步，但其具有柱效高（比 HPLC 高 1～2 个数量级）、分离速度快、样品用量少、分析成本低、样品一般不进行前处理等特点，已显现出强大的优势和良好的发展前景。

本章分四节，对色谱法的基本原理及其联用技术，以及药用植物活性成分分析的主流技术，如气相色谱及气相色谱-质谱、液相色谱及液相色谱-质谱、毛细管电泳及毛细管电泳-质谱等进行介绍。

## 第一节　色谱法的基本原理及其联用技术

### 一、色谱法的基本原理和分类

色谱法是利用组分在固定相与流动相间分配系数的差异而进行分离/分析的方法，是一种物理或物理化学的分离/分析方法。1906 年，俄国植物学家 Tsweet 将碳酸钙装在竖立的玻璃柱中，从顶端倒入植物色素的石油醚浸出液，并且用石油醚冲洗，在柱的不同部位形成色带，因而将其命名为色谱。管内填充物称为固定相，冲洗剂称为流动相。典型的色谱法是利用物质在流动相与固定相两相间的分配系数差异而进行分离。当两相相对运动时，样品中的各组分将在两相中多次分配，分配系数大的组分迁移速率小，分配系数小的组分迁移速率大，因迁移速率不同而分离。色谱理论主要可分为热力学理论和动力学理论。热力学理论从相平衡的观点来研究分配过程，以塔板理论(plate theory)为代表；动力学理论从动力学观点来研究各种动力学因素对峰展宽的影响，以速率理论(rate theory)为代表(孙毓庆和王延宗，2005)。

从不同的角度，色谱法可被分为不同类别。按流动相不同分类，色谱法可分为气相色谱法、液相色谱法和超临界流体色谱法(supercritical fluid chromatography，SFC)；按固定相的分子聚集状态分类，色谱法的固定相可分为液体和固体，因此，气相色谱法又可以分为气-液色谱法(gas-liquid chromatography，GLC)和气-固色谱法(gas-solid chromatography，GSC)；液相色谱法又可以分为液-液色谱法(liquid-liquid chromatography，LLC)和液-固色谱法(liquid-solid chromatography，LSC)；按操作形式分类，色谱法可分为柱色谱法(column chromatography)、平面色谱法(plane chromatography)、逆流分配法(countercurrent distribution)及毛细管色谱法等；按色谱过程的分离机制分类，色谱法可分为吸附色谱法、分配色谱法、化学键合相色谱法、空间排阻色谱法、离子交换色谱法、亲和色谱法、手性色谱法、毛细管电泳法和毛细管电色谱法等(孙毓庆和王延宗，2005)。

## 二、色谱联用技术

色谱联用技术分为两大类：色谱-色谱联用技术及色谱-光谱联用技术。

### (一)色谱-色谱联用技术

色谱-色谱联用技术也称为多维色谱法，联用的主要目的是提高色谱系统的分辨能力与增加色谱峰容量等。常见的色谱-色谱联用技术有二维薄层色谱法(2D-TLC)、气相色谱-气相色谱联用(GC-GC)、高效液相色谱-高效液相色谱联用(HPLC-HPLC)、高相液相色谱-气相色谱联用(HPLC-GC)、气相色谱-薄层色谱联用(GC-TLC)等。GC-GC 和HPLC-HPLC 在药用植物复杂成分的分析中应用较多。

GC-GC 可分为两类：两种色谱柱的柱切换技术和全二维气相色谱法。全二维气相色谱法是 20 世纪 90 年代初才发展起来的一种新技术。它是将两根气相色谱柱通过调制器(modulator)以串联方式结合而成的多维气相色谱技术。该技术不仅提高了色谱系统的分辨率，而且其峰容量是两根色谱柱峰容量的乘积(GC×GC)。全二维气相色谱法特别适合用于具有一定挥发性的复杂成分样品的分离分析，如石油化工样品、药用植物样品等(吴剑威等，2010)。

HPLC-HPLC 是将分离机制不同而又相互独立的两支色谱柱串联起来构成的分离系统，通过柱切换技术实现样品在一维和二维色谱柱之间的流动，其目的是改善分离效果、富集被测组分，主要用于药用植物成分的分离和富集(黄竞怡等，2015)。

### (二)色谱-光谱联用技术

色谱与光谱、质谱或核磁共振波谱联用的技术，统称为色谱-光谱联用技术。在色谱-光谱联用技术中，色谱作为分离手段，光谱充当鉴定工具，两者取长补短，已成为当今分析领域中，复杂成分样品分析最重要的分离分析方法。自 20 世纪 60 年代出现第一台气相色谱-质谱联用仪(GC-MS)，相继出现了气相色谱-傅里叶变换红外光谱联用(GC-FTIR)、液相色谱-紫外吸收光谱联用(LC-UV)、液相色谱-质谱联用(LC-MS)、高效液相色谱-核磁共振波谱联用(HPLC-NMR)及毛细管电泳-质谱联用(CE-MS)等。下面对 GC-FTIR、LC-UV 和 HPLC-NMR 进行简要介绍(李发美等，2012)，而 GC-MS、LC-MS 及 CE-MS 将在本章后文介绍。

#### 1. 气相色谱-傅里叶变换红外光谱联用(GC-FTIR)

由于一般光栅红外分光光度计的扫描速率较小，跟不上气相色谱的出峰速率，而 FTIR 的全波数扫描，扫描速率可以小于 0.1s，因此出现了 GC-FTIR 联用仪。该联用仪能给出每个气相色谱峰的红外吸收光谱，弥补了气相色谱定性难的缺点。

#### 2. 液相色谱-紫外吸收光谱联用(LC-UV)

LC-UV 是最简单的联用技术，也是应用最多的联用技术。20 世纪 80 年代，出现了二极管阵列检测器(DAD)，它能给出每个峰的 HPLC-UV 三维紫外吸收谱，并可同时获得色谱峰是否是单一组分及定量分析的最佳波长选择等信息。LC-UV 或 LC-DAD 是药用植物活性成分分析应用最广的联用技术。

#### 3. 高效液相色谱-核磁共振波谱联用(HPLC-NMR)

虽然 NMR 是定性分析的最重要手段，而且 NMR 谱的重复性及再现性好，但由于 NMR 的扫描速率跟不上高效液相色谱的出峰速率，因此，目前的 LC-NMR 联用仪多通过"回路采样"方式实现联用。事实上，LC-NMR 是"准在线"联用，其灵敏度不如质谱。目前此类商品仍不够成熟。

## 第二节　气相色谱法、气相色谱-质谱联用技术及其在药用植物品质生物学研究中的应用

### 一、气相色谱法

#### (一)气相色谱法原理与分类(孙经传，1985)

以气体为流动相的色谱法，称为气相色谱法(GC)，主要用于分离分析药用植物中易挥发的物质。GC 的分析原理是使混合物各组分在两相间进行分配，其中一相是不动的固定床，称为固定相；另一相则是推动混合物流过此固定相的流体，称为流动相。当流动相中所含的物质经过固定相时，就会与固定相发生相互作用，由于各组分性质和结构

上的不同，相互作用的大小、强弱有差异，因此在同一推动力作用下，不同组分在固定相中的滞留时间有长有短，从而按移动速度的不同先后从固定相中流出，然后经检测器将流出物以色谱峰形式记录在记录仪上。

气相色谱的固定相由固定液(stationary liquid)和载体(support)组成。固定液是涂渍在载体上的高沸点物质。常用的固定液有角鲨烷、甲基硅油和邻苯二甲酸二壬酯。载体又称担体，是一种惰性固体颗粒，用作支持物，它为固定液提供一个惰性表面，使其能铺展成薄而均匀的液膜。载体可分为硅藻土载体和非硅藻土载体。气相色谱的载气(carrier gas)，主要有氦气、氢气、氮气和氩气，其中应用最多的是氢气和氮气。

气相色谱法按固定相的状态可分为气-固色谱法和气-液色谱法，按柱径粗细可分为填充柱气相色谱法和毛细管柱气相色谱法，按分离机制可分为吸附色谱法和分配色谱法。

### (二)气相色谱仪组成

气相色谱仪包括气路系统(gas supply system)、进样系统(sample injection system)、色谱柱系统(column system)、检测和记录系统(detection and data system)及控制系统(control system)，气相色谱仪示意图如图15-1所示。气路系统包括载气和检测器所需气体的气源、气体净化、气体流速控制装置。气体从气瓶或气体发生器经减压阀、净化管、流量控制器和压力调节阀，然后通过色谱柱，由检测器排出，整个系统保持密封，不得有气体泄漏。进样系统包括进样器、气化室及加热系统。色谱柱系统包括色谱柱和柱温箱，是气相色谱仪的心脏部分。检测和记录系统包括检测器、放大器、数据处理装置。检测器是将流出色谱柱载气中被分离组分浓度(或物质的量)的变化，转换为电信号(电压或电流)变化的装置。控制系统控制整台仪器的运行，包括进样器、柱温箱、检测器的温度控制、进样控制、气体流速控制和各种信号控制等(孙毓庆和王延宗，2005)。

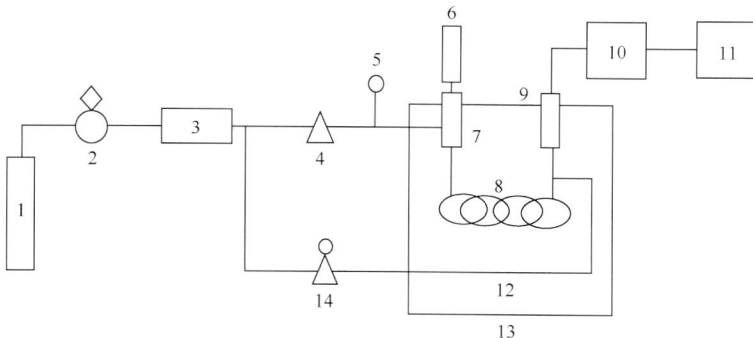

图15-1　气相色谱仪示意图(李发美等，2012)

1. 载气钢瓶；2. 减压阀；3. 净化管；4. 稳压阀；5. 压力表；6. 进样器；7. 气化室；8. 色谱柱；
9. 检测器；10. 放大器；11. 数据处理系统；12. 尾吹气；13. 柱温箱；14. 针形阀

### (三)气相色谱检测器(孙毓庆和王延宗，2005)

按检测原理，气相色谱常见检测器有三类：热导检测器、氢焰离子化检测器和电子捕获检测器。

热导检测器：利用被测组分与载气之间热导率差异来检测组分的浓度变化，具有结构简单、不破坏样品、通用性强等优点，但灵敏度较低。

氢焰离子化检测器：利用有机物在氢火焰的作用下化学电离而形成离子流，借测定离子强度进行检测。其主要特点是灵敏度高、响应快、噪声小及线性范围宽，但检测时样品被破坏，且一般只能测定含碳化合物。

电子捕获检测器：是一种高选择性、高灵敏度的检测器。它只对含有强电负性元素的物质，如含有卤素、硝基、羰基和氰基等的化合物有响应，元素的电负性越强，检测灵敏度越高，其检测下限可达到 $10\sim14$g/ml。

### (四)气相色谱法分析方法(汪正范，2006)

**1. 定性分析方法**

气相色谱定性方法主要有对照品对照法、相对保留值定性法和保留指数定性法三种方法。

对照品对照法：根据同一种物质在相同色谱条件下保留时间相同的原理进行定性。在相同的操作条件下，分别测出对照品和未知试样中各组分的保留值，在未知试样色谱图中对应于对照品保留值的位置上若有峰出现，则判断试样可能含有与对照品相同的组分，否则就不含有这种组分。

相对保留值定性法：对一些组成比较简单的已知范围的混合物，或在无对照品的情况下，可用此法定性，将所得各组分的相对保留时间与色谱手册数据进行对照定性。保留时间数值大小取决于分配系数之比，即与组分的性质、固定液的性质及柱温有关，与固定液的用量、柱长、流速及填充情况等无关。利用此法时，先查手册，根据手册的实验条件及所用的标准物进行实验。取所规定的标准物加入被测样品中，混匀，进样，求出保留时间，再与手册数据对比进行定性。

保留指数定性法：许多手册上都载有各种化合物的克瓦兹保留指数，只要固定液和柱温相同，就可以用手册数据对物质进行定性。保留指数定性法的重复性及准确性均较好(相对误差<1%)，是定性的重要方法。

**2. 定量分析方法**

气相色谱定量法主要包括归一化法、外标法和内标法。

归一化法：组分 $i$ 的质量分数等于它的色谱峰面积在总面积中所占的百分比。考虑到检测器对不同物质的响应不同，峰面积需要经校正，故组分 $i$ 的质量分数可按下式计算：$W_i(\%)=[A_if_i/(A_1f_1+A_2f_2+\cdots+A_nf_n)]\times100\%$。归一化的优点是简便，定量结果与进样量无关，操作条件变化时对结果影响较小。缺点是所有组分必须在一个分析周期内都能流出色谱柱，而且检测器对它们都产生信号。该法不能用于微量杂质的含量测定。

外标法：分为工作曲线法和外标一点法。在一定操作条件下，用对照品配成不同浓度的对照液，定量进样，用峰面积或峰高对对照品的量(或浓度)绘制工作曲线，求回归方程，而后在相同条件下分析试样，计算被测组分质量分数，这种方法称为工作曲线法。工作曲线的截距近似为零，若截距较大，说明存在一定的系统误差。若工作曲线线性关系好，截距近似为零，可用外标一点法(比较法)定量。

内标法：气相色谱法由于进样量小，不易以准确体积进样，在药物分析中多用内标法定量，该法适用于试样组分不能全部流出色谱柱，或检测器不能对每个组分都有响应，或只需测定试样中某几个组分质量分数时的情况。

### (五)气相色谱法在药用植物品质生物学研究中的应用

气相色谱法由于具有分析速度快、分离效果好、检测灵敏度高等优点，广泛应用于药用植物挥发油的含量测定、指纹图谱研究，以及农药残留等外源污染物的检测。

GC 用于药用植物挥发油的含量测定通常有三种方法，对于有对照品的，可采用外标法定量，没有对照品的，可采用内标法或面积归一法定量。隋添爽等(2011)利用 GC 采用外标法，对不同产地的鱼腥草挥发油中 $\alpha$-蒎烯、$\beta$-蒎烯、乙酸龙脑酯和甲基正壬酮同时进行含量测定，并根据含量水平对鱼腥草药材进行聚类分析，根据结果将所分析的鱼腥草药材大致划分为两类。于游等(2015)采用内标法对华细辛中的 $\alpha$-蒎烯、莰烯和甲基丁香酚 3 种成分进行定量分析，结果表明该方法准确可靠，可用作华细辛的质量评价依据。

GC 用于药用植物挥发油指纹图谱的研究已有很多报道。李嘉等(2015)利用 GC 法对陈皮挥发油指纹图谱进行研究，结果表明，10 批陈皮挥发油相似度均大于 0.9，可用于陈皮挥发油的鉴别。李秋怡等(2008)采用 GC 法进行的川芎油气相色谱指纹图谱研究结果表明，该方法精密度、重现性和稳定性均很好，所建立的指纹图谱可作为川芎挥发油的质量控制指标。

GC 除了用于挥发油成分的定性和定量分析，还广泛用于药用植物外源污染物的检测，如有机磷类农药(向增旭等，2006；万益群等，2007)、有机氯农药(张潇潇等，2006)、氨基甲酸酯类农药(万益群等，2007)等残留的检测。

## 二、气相色谱-质谱联用技术

### (一)气相色谱-质谱联用的工作原理

气相色谱(GC)是一种快速、高效的分离技术，特别适合于复杂混合物的分离，但对分离出来的每个组分不能做出明确鉴定。而质谱法(MS)是一种重要的定性鉴定和结构分析方法，对复杂的有机化合物具有很高的鉴别能力，是一种高灵敏度、高效的定性分析工具，但没有分离能力，不能直接分析混合物。二者结合起来，将色谱仪作为质谱仪的进样和分离系统，质谱仪作为色谱仪的检测器，即能充分发挥色谱和质谱各自的优点。计算机系统交互式控制气相色谱仪和质谱仪，进行数据采集和处理，同时获得色谱和质谱数据，对复杂试样中的组分进行定性和定量分析。GC-MS 技术已经相当成熟，成功解决了许多复杂混合物，尤其是挥发性成分的分离和结构鉴定问题，已成为药用植物分析必不可少的重要工具(孙毓庆和王延宗，2005)。

## (二)气相色谱-质谱联用仪的组成

GC-MS 联用仪由气相色谱单元、接口、质谱单元等组成，GC-MS 联用仪示意图如图 15-2 所示。各个单元主要功能介绍如下(孙毓庆和王延宗，2005)。

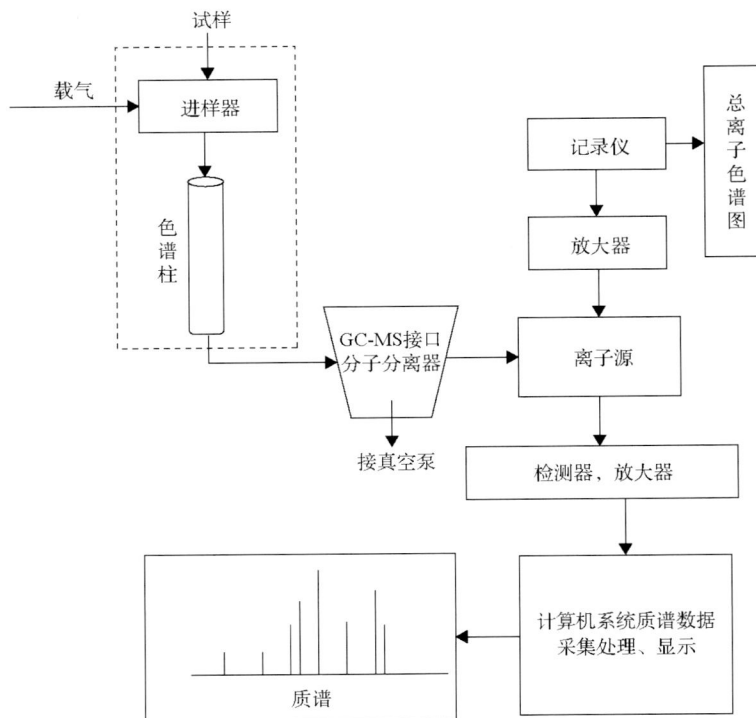

图 15-2　GC-MS 的工作原理示意图

### 1. 质谱单元

质谱单元包括离子源、质量分析器、离子检测器和真空系统。离子源是质谱仪中使被分析的物质电离成为离子的部分，只有用于气相分子电离的离子化方式，如电子轰击(electron impact，EI)、化学电离(chemical ionization，CI)和场致电离(field ionization，FI)才适合 GC-MS。GC-MS 配置的离子源通常是电子轰击(EI)离子源。质量分析器是质谱仪器的核心部分，它的性能直接影响质谱仪的分辨率、质量范围、扫描速度等指标。质量分析器是将来自离子源的离子束按其荷质比($m/z$)的大小进行分离的装置。样品分子在电离源离子化后，经加速、聚焦被送入质量分析器，各种离子在质量分析器中按 $m/z$ 大小被分离，依次进入检测器。用于 GC-MS 的质量分析器一般包括四极杆质量分析器(quadrupole mass analyzer)、离子阱(ion trap)质量分析器、飞行时间(time of flying，TOF)质量分析器等(有关质量分析器的介绍见 LC-MS 相关内容)。四极杆质量分析器是 GC-MS 中使用最多的。离子检测器用于检测各种质荷比离子的强度，最常用的离子检测器是二次电子倍增器。电子倍增器的检测灵敏度非常高，可检测到 $10^{-19}\sim10^{-18}$A 的微弱电流。

真空系统为离子源和质量分析器提供所需的真空条件，保证质谱仪的正常工作。

2. 接口

接口或称连接器，是气相色谱-质谱联用系统的关键技术。色谱必须在高气压下工作，质谱必须在负压下工作。因此，GC-MS 联用的关键问题是色谱和质谱必须通过一个接口——载气分离器(或称分子分离器)才能连接起来。连接器的作用在于消除载气，将 GC 载气的气压降低 8 个数量级，浓缩样品和减压，并把样品送到 MS 离子源，从而使正压操作的色谱和负压操作的质谱能连接起来。GC-MS 常用的接口技术有：不用分子分离器的连接器、使用分子分离器的连接器和毛细管直接接入离子源。

3. 气相色谱单元

用于 GC-MS 的气相色谱仪没有特殊的要求。由 GC-MS 得到的总离子流色谱图与一般色谱仪得到的色谱图基本上是一样的。只要色谱柱相同，样品出峰顺序就相同。其差别在于 GC-MS 总离子流图所用的检测器是质谱仪，而一般色谱所用的是氢火焰、热导等检测器。

### (三)气相色谱-质谱在药用植物品质生物学研究中的应用

GC-MS 结合了色谱、质谱两者的优点，使样品的分离、定性及定量成为连续的过程。与传统检测器相比，质谱检测器具有更高的灵敏度，样品用量少，只需 $10^{-12} \sim 10^{-9}$g。GC-MS 在药用植物挥发油及脂肪油成分结构分析、药用植物的品质鉴别及道地性研究，以及药用植物农药残留检测中得到了广泛的应用。

1. GC-MS 在药用植物挥发油成分鉴定中的应用

药用植物挥发油是一类与水不相混溶的挥发性油状成分的总称，是许多药用植物的药效物质；挥发油因其沸点低、易挥发等特点，特别适宜于采用 GC-MS 法进行分析。

不同植物的挥发油 GC-MS 分析成分是完全不一样的。Yu 等(2004)对半枝莲挥发油分析结果表明，主要成分为薄荷醇(7.7%)、芳樟醇(6.7%)、蓝桉醇(4.2%)等单萜和倍半萜类化合物。Kobaisy 等(2002)对日本紫珠的挥发油分析结果表明，主要成分为匙叶桉油烯醇(18.1%)、吉玛烯 B(13.0%)、双环大牻牛儿烯(11.0%)、蓝桉醇(3.3%)等成分。

同一植物不同产地的挥发油主成分含量存在差异，可用于药用植物的道地性鉴别。南苍术的道地产区是江苏茅山地区，又称茅苍术。郭兰萍等(2002)对湖北、江苏等 6 个产区的南苍术挥发油进行 GC-MS 分析，并对含量较高的 6 种成分榄香醇、茅术醇、$\beta$-桉叶醇、苍术酮、苍术素、苍术烯内酯甲进行主成分和聚类分析，结果表明茅苍术挥发油主要组分的含量明显不同于非道地南苍术。

同一植物不同部位挥发油成分也不一定相同。刘云召等(2012)采用水蒸气蒸馏法分别提取糙叶败酱 3 个不同部位的挥发油，采用 GC-MS 技术分析，结果发现糙叶败酱的根及根茎、茎、叶中的挥发性成分在化合物组成及含量上均有一定差别。

同一部位不同干燥程度挥发油主要成分也不一样。金晓玲等(2005)对新鲜佛手和干佛手的挥发油进行分析，发现新鲜佛手和干佛手挥发油主要成分是不一样的，新鲜佛手主要成分为丁二醇、乙酸、1-甲基-4-(1-甲基乙烯基)-1,2-环己二醇、8-羟基里哪醇、$\alpha$-异松油烯醇和 1-甲基-4-(1-甲基乙烯基)-2-环己烯-1-顺-醇等，而干佛手挥发油主要成分为 5,7-二甲氧基香豆素、α-异松油烯醇、顺-柠檬醛、8-羟基里哪醇和 6,7-二甲氧基香豆素等。

2. GC-MS 对中药脂肪油类成分的分析

亚麻酸酯类、亚油酸酯类等不饱和脂肪酸可以降低血清胆固醇及甘油三酯含量，减少血小板黏附性，从而起到防治动脉硬化高血压病的作用，是值得开发的药用新资源。对酸枣仁、明党参、牵牛子、韭子等植物的脂肪油分析表明，不同植物脂肪油的成分不一样(陈振德等，2001；吴志平等，2002；李澎灏和陈振德，2003；Hu et al.，2005)。

3. GC-MS 对药用植物农药残留的检测

通常所说的气相色谱法，其所用的检测器主要包括电子捕获检测器(ECD)、火焰亮度检测器(FPD)等，这些检测器选择性好，但无法同时检测多类农药及提供所测定农药的结构信息。GC-MS 所用的质谱检测器具有很强的定性定量能力，其中化合物的质谱图可提供更多的结构信息，优于色谱的保留时间定性，特别是应用于农药代谢物、降解物的检测和多残留检测等具有突出优点，结合色谱保留时间和质谱数据对化合物进行分析，大大提高了分析的可靠性。GC-MS 技术已成为药用植物农药残留分析中的常用方法，特别适用于挥发和半挥发性有机杀虫剂、除草剂等农药的多残留分析。金红宇等(2012)采用 GC-MS 法对金银花中 192 种农药进行了检测，董金斌和王金花(2009)利用 GC-EI-MS 同时分析测定了茶叶中的 32 种农药残留量(17 种有机磷、8 种有机氯、4 种拟除虫菊酯、乙草胺、三唑酮和多效唑)，均证明 GC-MS 灵敏度高、准确、可靠，可用于药用植物的农药多残留测定。

# 第三节　高效液相色谱法、液相色谱-质谱联用技术及其在药用植物品质生物学研究中的应用

## 一、高效液相色谱法

### (一)高效液相色谱法的原理

经典的液相色谱法是采用普通的固定相及常压输送流动相的，由于柱效低、分离周期长，一般作为分离手段使用。高效液相色谱法(HPLC)是以高压输送流动相，采用高效固定相及高灵敏度检测器，发展而成的现代液相色谱分析方法，具有在线检测等特点。高效液相色谱仪由输液泵、进样器、色谱柱、检测器及工作站等部件组成，其中输液泵、检测器及工作站是仪器最基本的部件，高效液相色谱仪工作示意图详见图 15-3。

### (二)高效液相色谱法分离机制(孙毓庆和王廷宗，2005)

高效液相色谱法按不同分离机制可以分为吸附色谱法、分配色谱法、离子交换色谱法及分子排阻色谱法四种基本类型，其他还有化学键合相色谱法、亲和色谱法及胶束色谱法等类别。下面将对广泛使用的几种色谱法的分离机制进行介绍。

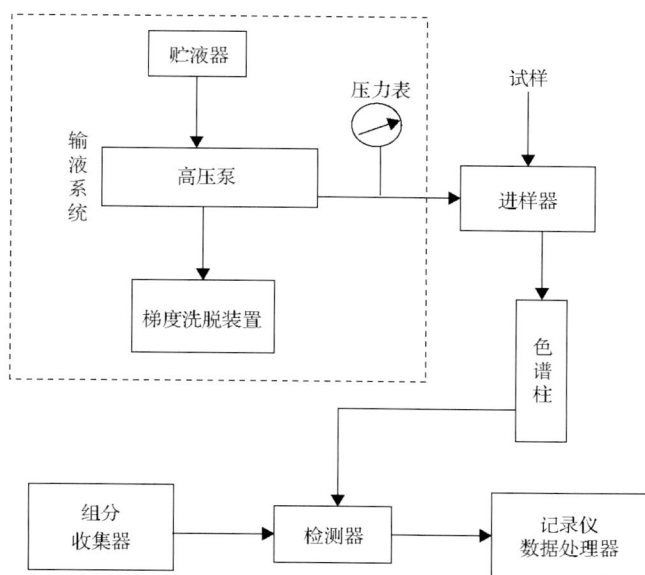

图 15-3　高效液相色谱仪工作示意图

液-固吸附色谱法：流动相为液体，固定相是固体吸附剂的色谱法。被分离的组分分子(溶质分子)与流动相分子争夺吸附剂表面活性中心，靠溶质分子的吸附系数的差别而分离。

液-液分配色谱法：流动相与固定相都是液体的色谱法。根据样品组分溶入固定相与流动相达到平衡后分配系数的差别而分离。根据固定相和流动相的极性差别，液-液分配色谱法可分为正相(normal phase，NP)和反相(reversed phase，RP)色谱法两类。

离子交换色谱法：以离子交换剂为固定相，以缓冲液为流动相，借助于试样中电离组分对离子交换剂亲和力的不同，以达到分离离子型或可离子化的化合物的目的。其分离机制是基于样品离子与流动相离子竞争占领离子交换剂上带相反电荷的位置。

分子排阻色谱法：以多孔凝胶为固定相，靠凝胶空隙的孔径大小与高分子样品的分子体积(线团尺寸)间的相对关系而分离的色谱法，又称为立体排斥色谱法或凝胶色谱法(gel chromatography)。当流动相为有机溶剂时，称为凝胶渗透色谱；当流动相为水溶液时，称为凝胶过滤色谱。凝胶色谱分离机制是靠被分离组分分子体积与凝胶的孔径大小之间的相对关系而分离，流动相并不影响分配系数。

化学键合相色谱法(chemically bonded-phase chromatography，BPC)：将固定液的官能团键合在载体表面，而构成化学键合相。以化学键合相为固定相的色谱法称为化学键合相色谱法，简称键合相色谱法，既有分配作用又有吸附性能(封尾键合相除外)。键合相色谱法是应用最广的色谱法，已广泛应用于正相与反相色谱法、离子对色谱法、离子抑制色谱法、离子交换色谱法及毛细管电色谱法等色谱中。

胶束色谱法(micellar chromatography，MC)：以胶束水溶液为流动相的色谱法。因为在流动相中又增加了一相(胶束相)，故又称为假相色谱。该系统具有固定相-流动相-胶束-固定相，3 个界面，3 个分配系数，因此有较好的选择性。由于胶束溶液是多相分散体系，因此溶质的保留行为受固定相-水、胶束-固定相和胶束-水 3 个分配系数所左右，有较好的选择性，但目前应用还不够广泛。

亲和色谱法(affinity chromatography，AC)：亲和色谱法是一种利用生物大分子，如酶与底物、酶与辅酶及抗体与抗原等相互之间存在专一的特殊亲和力，进行分离分析和纯化的液相色谱技术。其分离机制是基于样品中各种物质与固定在载体上的配基之间的亲和作用的差别而实现分离的。亲和色谱的过程是待分离物质与配基间的亲和复合物形成及解离的过程。

其他色谱法，如离子对色谱法(paired ion chromatography，PIC)、离子抑制色谱(ionsuppression chromatography，ISC)、手性色谱法(chiral chromatography，CC)、环糊精色谱法(cyclodextrin chromatography，CDC)等也可用于药用植物的成分分析。

### (三) 高效液相色谱仪的检测器(孙毓庆和王延宗，2005)

高效液相色谱仪的检测器是检测色谱过程中组分的浓度随时间变化的部件，具有灵敏度高、噪声低、线性范围宽、重复性好和适用化合物的种类广等性能。目前应用最多的是紫外检测器(UVD)，其次是蒸发光散射检测器(ELSD)、荧光检测器(FD)、电化学检测器(ECD)等。

紫外检测器(UVD)：检测原理是检测样品组分经过流通池时对特定波长紫外线的吸收，引起透过光强度的变化，而获得浓度-时间曲线。UVD 属于浓度型检测器，只要被检测化合物具有紫外吸收都可使用。UVD 具有灵敏度高、噪声低、不破坏样品、对温度及流动相波动不敏感的特点，可用于制备和梯度洗脱，也可与其他检测器串联。UVD 可分为固定波长型、可变波长型及二极管阵列三种类型。固定波长检测器由于波长不能调节，不能选择在被测组分的最佳吸收波长下检测，基本被淘汰。可变波长 UVD 和二极管阵列检测器(DAD)是 HPLC 和 UPLC 应用最普遍、最成熟的检测技术。

蒸发光散射检测器(evaporative light scattering detector，ELSD)：ELSD 的检测原理是将流出色谱柱的流动相及组分引入已通气体(通常为高纯氮，但有时用空气)的蒸发室，加热，使流动相蒸发而除去。样品组分在蒸发室内形成溶胶，而后进入检测室。用强光或激光照射气溶胶而产生光散射(丁铎尔效应)，测定散射光强度而获得组分的浓度信号。ELSD 是 20 世纪 90 年代出现的最新型的泛用检测器，是示差检测器的理想替代品。理论上可用于挥发性低于流动相的任何样品组分，但由于它对具有紫外吸收的样品组分的检测灵敏度较低，主要用于糖类、脂肪酸、氨基酸、维生素及皂苷等没有紫外吸收的化合物。

荧光检测器(fluorophotometric detector，FD)：FD 只适用于能产生荧光或其衍生物能发荧光的物质，主要用于氨基酸、多环芳烃、维生素、甾体化合物等的检测。FD 比紫外检测器的灵敏度高，检测限可达 $1 \times 10^{-10}$g/ml。目前使用的荧光检测器多是具有流通池的荧光分光光度计。

安培检测器(ampere detector，AD)：AD 是电化学检测器(ECD)的一种。电化学检测器包括电导检测器、安培检测器和极谱检测器等。电导检测器主要用于离子色谱，安培检测器和极谱检测器可用于可氧化、还原的物质检测，其中 AD 应用最广。安培检测器原理是利用组分的氧化还原反应产生电流的变化，而进行检测。检测器相当于一个微型电解池，当被分析组分通过电极表面，在两电极间施加超过该组分氧化(或还原)电位的恒定电压时，组分会被电解，而产生电流。该电流服从法拉第第三定律。AD 灵敏度很高，检测限可达 $1×10^{-12}$ g/ml。

其他检测器：化学反应检测器是近年来发展的将被测物质进行某种化学反应(衍生化、酶反应等)后，再进行高灵敏度的某种检测器检测的化学反应检测器；示差折光检测器(RID)由于对多数物质灵敏度较低，受环境温度影响较大，已经被蒸发光散射检测器取代；红外检测器由于怕水，很少应用。质谱检测器广泛用于与 HPLC 联用，将在 LC-MS 联用技术部分重点介绍。

### (四)高效液相色谱的分析方法

#### 1. 定性分析

高效液相色谱法定性分析方法与气相色谱法有很多相似之处，主要包括色谱鉴定法和化学鉴定法。色谱鉴定法是利用组分的纯物质和样品中该组分的保留时间或相对保留时间对照确认的定性鉴别方法，是 HPLC 最常用的一种定性鉴别方法。化学鉴定法利用专属性化学反应对分离后收集的组分定性。由于用 HPLC 收集组分比 GC 容易，因此该法是比较实用的方法之一。

#### 2. 定量分析

高效液相色谱的定量方法与气相色谱的定量方法有很多相同之处，由于很难查到在相同条件下各组分的定量校正因子，因此较少使用校正归一化法，常用外标法及内标对比法等进行定量分析。具体参见气相色谱法定量分析相关内容。

### (五)高效液相色谱法在药用植物品质生物学研究中的应用

高效液相色谱法(HPLC)不受分析对象挥发性和热稳定性的限制，弥补了气相色谱法的不足，具有分离效能好、灵敏度高、分析速度快、适用范围广、重复性好和操作方便等优点，已成为实验室不可缺少的分析方法之一。

#### 1. HPLC 在药用植物活性成分的含量测定中的应用

HPLC 已广泛应用于药用植物中生物碱、黄酮、皂苷、有机酸、香豆素等多种活性成分的含量测定。生物碱类由于碱性强弱不同，存在形式不同(既有游离型又有与酸结合成盐的状态)，因此用 HPLC 法测定生物碱成分时，常加入表面活性剂、磷酸缓冲液及季铵盐，以达到满意的分离效果及保留时间,同时加入三乙胺可抑制色谱峰拖尾。徐皓(2015)采用 HPLC 法成功测定了不同产地元胡药材中延胡索乙素、紫堇碱、原阿片碱、四氢小檗碱和脱氢海罂粟碱五种生物碱含量，结果证明该方法可以作为元胡药材质量评价的方法。中药醌类化合物在紫外光和可见光下均有强吸收，利用 HPLC-UV 测定，具有灵敏、准确、简便等特点。王淑红等(2015)采用 HPLC 测定决明子中橙黄决明素、大黄酸、决明蒽醌、大黄素、大黄酚和大黄素甲醚六种游离蒽醌含量，结果表明该方法可用于决明子中游离蒽醌类成分的含量测定和质量评价。黄酮类化合物在植物体内大部分与糖结合成苷，多数黄酮结构中存在桂皮酰基与苯甲酰基组成的交叉共轭体系，在 200～400nm 区域有强烈的紫外吸收，用 HPLC 法检测时灵敏度甚高。梁丽娟等（2010）利用 HPLC-DAD 同时测定黄芪中毛蕊异黄酮葡萄糖苷、芒柄花苷、毛蕊异黄酮和芒柄花素四个黄酮的含量，试验结果与黄芪本草考证、道地沿革的文献基本相符。三萜类化合物结构复杂，大多无明显的紫外吸收或仅在 200nm 波长附近有末端吸收，检测难度大，故常选用蒸发光散射检测器（ELSD）进行测定。黄锐等（2015）利用 HPLC-ELSD 成功测定了不同产地黄芪中黄芪甲苷的含量，为临床使用黄芪提供了参考。香豆素类化合物检测方法较多，但以 HPLC 测定最为常见。李义敏等（2015）采用 HPLC 法测定蛇床子中蛇床子素、欧芹属素乙、佛手柑内酯三种香豆素类成分的含量，该方法简便可行、重复性好，可用于蛇床子中香豆素类成分的含量测定和质量评价。传统化学法测定有机酸含量误差大，且每次只能测一种有机酸，薄层色谱法定量精度差，气相色谱法往往需要衍生化，不仅烦琐，而且影响分析结果，HPLC 法简便，特别是对于芳香族有机酸和多元酸的分析，已被广泛用于药用植物中有机酸的测定。Wen 等（2016）用 HPLC 法测定半夏中草酸、苹果酸、柠檬酸、甲酸、乙酸和琥珀酸六个有机酸的含量，证明该方法可用于半夏的质量评价。

2. HPLC 在药用植物指纹图谱研究中的应用

长期以来，药用植物（中药）质量控制方法主要是针对一些有效成分或特征性成分进行定性及定量分析，然而中药特有的多成分、多靶点作用模式决定了其药效并非是某几个"指标成分"或"主要成分"在起作用，而是多种成分共同作用的结果。药物植物（中药）指纹图谱是一种综合的、宏观的和可量化的鉴别手段，用以对药物植物真伪、原料药材的均一性和稳定性进行鉴别。有关药用植物 HPLC 指纹图谱的研究已有大量的报道（王丽霞和万素君，2003；孙波和孙涛，2006）。

近年来，随着超高效液相色谱（ultra performance liquid chromatography，UPLC）的兴起，其在药用植物指纹图谱研究中显示出独特的优势。与 HPLC 相比，UPLC 具有较高的柱效，以及超高的速度、分离度、灵敏度，而且洗脱条件比 HPLC 的更简单，色谱峰的漂移时间较短，在指纹图谱软件中色谱峰易于匹配。同时，UPLC 还是质谱分析很好的入口，与质谱联用技术也备受重视。UPLC 已广泛应用于药用植物指纹图谱的研究（范旭航等，2011；沈旭等，2011；张琦等，2011；邓少东等，2012）。

## 二、液相色谱-质谱联用技术

### （一）液相色谱-质谱工作原理及仪器组成（王宇歆等，2011）

液相色谱与质谱联用技术（liquid chromatography-mass spectrometry，LC-MS）是以高效液相色谱为分离手段，以质谱为鉴定工具的分离分析方法，其仪器称为液相色谱-质谱联用仪，具有高分离能力、高灵敏度及高选择性等特点。LC-MS 是在 GC-MS 基础上发展起来的联用技术，弥补了 GC-MS 应用的局限性，适用于不挥发、极性较大或热不稳定化合物的分析测试。加之 LC-MS 接口技术的成熟，使得该技术有了飞速发展。

LC-MS 主要由液相色谱系统、接口/离子源（LC 和 MS 之间的连接装置）、质量分析器、真空系统和计算机数据处理系统组成。样品通过液相色谱系统进样，由色谱柱进行分离，而后进入接口。在接口中，样品由液相中的离子或分子转变成气相中的离子，其后被聚焦于质量分析器中，根据质荷比而分离。最后离子信号被转变为电信号，由电子倍增器检测，检测信号被放大后传输至计算机数据处理系统。真空系统能够保证质谱仪在高真空状态下工作，减少本底的干扰，避免发生不必要的离子-分子反应。计算机控制仪器的所有功能，并完成数据处理任务。LC-MS 联用仪工作示意图如图 15-4 所示。

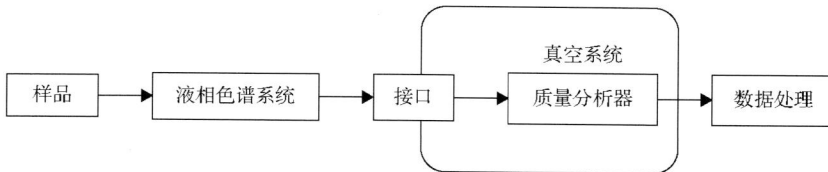

图 15-4　LC-MS 联用仪工作示意图

### (二)液相色谱系统

色谱系统包括高效液相色谱(HPLC)和超高效液相色谱(UPLC)。与 HPLC 相比，UPLC 采用小粒径填料(1.7μm)，更高的柱压。在不影响解析度的前提下，小粒度能提供更高的分析速度，使峰宽变得更窄，提高检测灵敏度。

### (三)质谱系统(孙毓庆和王延宗，2005；王宇歆等，2011；聂平等，2013)

质谱系统主要包括接口/离子源、质量分析器两部分。

1. 接口/离子源

液相色谱-质谱联用技术已经发展出数十种离子源/接口，但目前以大气压电离和表面离子化技术较为成熟和常见。

大气压电离(API)：同电子轰击源(EI)等以往在真空下电离有着本质的不同，大气压电离是一种常压电离技术，不依赖真空环境，便于连接液相。设备简单，使用方便，是近年来应用最广泛的离子化系统。

大气压化学离子化(atmospheric pressure chemical ionization，APCI)：该技术是 20 世纪 90 年代较为常见的液质联用接口技术之一。在高温和辅助气流作用下，溶剂快速气化蒸发，样品蒸汽在放电作用下，化学电离，形成气态离子。与电喷雾离子化相比，大气压化学离子化对于流动相的种类、流速依赖性小，与高效液相有着更好的匹配度，适用于分析易挥发、热稳定差的低极性和半极性小分子化合物。

电喷雾离子化(electrospray ionization，ESI)：在电场及辅助气流的作用下，样品溶液形成雾状带电液滴，脱溶剂液滴碎裂，离子蒸发形成气态离子。电喷雾离子化中，没有直接的外界能量作用于分子，分子结构破坏少，是一种软电离方式，主要给出准分子离子峰。对于生物大分子如核酸、多肽、蛋白质等能产生大量多电荷离子，大大扩大了检测范围，广泛应用于极性化合物、热不稳定化合物和生物大分子的研究。

基质辅助激光解吸电离(matrix assisted laser desorption ionization，MALDI)：该技术

是利用激光照射样品与基质形成的结晶薄膜，基质从激光中吸收能量传递给生物分子，而电离过程中将质子转移到生物分子或从生物分子得到质子，而使生物分子电离的过程。也是一种软电离过程，配合飞行时间质谱，广泛适用于生物大分子，在生命科学的研究中得到应用。

2. 质量分析器

质量分析器是质谱仪的重要组成部件，其按照不同的方式，将离子源中生成的离子按照质荷比($m/z$)的不同而分离。按照分离的原理不同，分为磁质量分析器、四极杆质量分析器、离子阱质量分析器、飞行时间质量分析器等。下面对 LC-MS 常用的质量分析器进行介绍。

单四极杆质量分析器(quadrupole mass analyzer)：由 4 根平行的圆柱金属杆组成，通过加载在四根电极杆上的直流电压和射频电压对离子产生选择性。单四极杆质量分析器具有简单、紧凑、小型化、扫描速度快(有利于与色谱的连接)、通用性离子源、应用范围广等优点，但分辨率低、质量范围窄。

三重四极杆质量分析器(triple-quadrupole mass analyzer)：将 3 个四极杆分析器串联使用，属于空间串联的多级质谱。其中，第一个四极杆(Q1)根据设定的质荷比范围扫描和选择所需的离子；第二个四极杆(Q2)，也称碰撞池，用于聚集和传送离子，在所选择离子的飞行途中，引入碰撞气体，如氮气、氩气等，离子发生碰撞诱导解离(CID)；第三个四极杆(Q3)用于分析在碰撞池中产生的碎片离子。三重四极杆质量分析器有着最优的灵敏度和定量重现性。

飞行时间质量分析器(time-of-flight mass analyzer，TOF)：TOF 是一种高分辨率质量分析器，其核心部件为离子漂移管、离子反射透镜等。其分离原理是具有不同质量、相同动能的离子有着不同的飞行速度，质量小的飞行速度快，首先达到检测器。TOF 具有分辨率高、质量检测范围宽、检测速度快等优点，可以得到高分辨谱图，广泛应用于药用植物研究中。

四极串联飞行时间质量分析器(Q-TOF mass analyzer)：可以看作将三重四极杆质量分析器的 Q3 换为飞行时间质量分析器的空间串联质谱。分辨率和质量精度明显优于三重四极杆质量分析器，同时兼具了较优的灵敏度、定量重现性和高分辨率等特点。

离子阱质量分析器(ion trap mass analyzer)：由环电极和端盖电极组成，结构简单。离子阱质谱可以实现阱内多级串联($MS^n$)，理论上可以实现 10 级质谱串联，有助于对复杂化学结构的解析。

四极串联线性离子阱(Q-trap mass analyzer)：集合了线性离子阱全扫描等优点，可以得到三级质谱及串联四极杆多种扫描模式，同时具备多反应同时检测扫描(MRM)、选择反应扫描(SRM)、中性丢失和多级串联功能，非常适合于未知样品的结构解析。

### (四)液相色谱-质谱在药用植物品质生物学研究中的应用

LC-MS 将色谱的分离能力与高分辨质谱的结构表征能力相结合，不仅具有色谱的高效、准确、灵敏度高、重复性好、操作方便、使用范围广等优点，同时也具有定性、定量能力强的特点，非常适合活性成分复杂、含量低的药用植物研究，为药用植物活性成分定性、定量研究提供了强有力的手段。

1. LC-MS 对药用植物化学成分的快速鉴别

LC-MS 对已知化合物的快速鉴别：在有对照品的情况下，将样品组分的保留时间、分子量信息与已知的对照品比较，从而快速鉴别化合物的结构；在无现成对照品的情况下，可以根据样品组分的分子量信息，特别是由串联质谱得到的特征碎片离子或中性丢失等结构信息，结合紫外光谱特征及相关文献资料，对化合物进行快速鉴定（Zhang et al.，2009；Jiang et al.，2010；Li et al.，2010）。

LC-MS 对未知化合物的快速鉴别：药用植物一般含一类或几类同类型化合物，由于同类型化合物结构相似，可以对数个已知成分进行质谱裂解规律研究，找出结构上的细微差异所引起裂解行为的不同，再结合文献报道总结出该类化合物的质谱裂解规律。然后利用这个规律，根据未知成分的质谱裂解特征直接推断其化学结构（Grayer et al.，2001；Petsalo et al.，2006；Han et al.，2010）。

2. LC-MS 在药用植物指纹图谱和含量测定研究中的应用

HPLC-MS 或 UPLC-MS 技术分析样品不需要进行烦琐和复杂的前处理，同时得到化合物的保留时间、相对分子质量及特征结构碎片等丰富的信息，具有高效、快速和高灵敏度的特点，尤其适用于药用植物中含量低、无特征紫外吸收或紫外响应值低的化合物的分析检测（聂平等，2013）。Song 等（2010）利用 HPLC-MS$^n$ 技术，建立了银杏叶提取物的多维指纹图谱和多成分含量测定方法，可同时得到各个成分的保留时间、紫外光谱图、一级质谱图（各个成分的相对分子质量）和二级质谱图（某成分的特征碎片）等多种信息，实现银杏叶提取物中两类有效成分——黄酮和内酯类化合物的含量同时测定。此外，利用指纹图谱相似度计算软件，考察了 15 个产地的银杏叶提取物与正品银杏提取物的相似度，结果表明，该方法快速、准确、重复性好。

## 第四节　毛细管电泳、毛细管电泳-质谱联用技术及其在药用植物品质生物学研究中的应用

### 一、毛细管电泳

#### （一）毛细管电泳原理及分离机制（朱晓伟等，2015）

毛细管电泳（CE）又称高效毛细管电泳（high performance capillary electrophoresis，HPCE），是 20 世纪 80 年代初发展起来的一种新的分离技术。HPCE 是以毛细管作为分离通道，以高压电场为驱动力，根据样品中各组分之间离子大小、电荷符号与数量及双电层电位高低的差异，实现各组分迁移速率不同的电泳分离行为。

根据分离机制不同，毛细管电泳可分为毛细管区带电泳（capillary zone electrophoresis，CZE）、胶束电动毛细管色谱法（micellar electrokinetic capillary chromatography，MECC 或 MEKC）、毛细管凝胶电泳（capillary gel electrophoresis，CGE）、毛细管电色谱（capillary electrochromatography，CEC）、毛细管等电聚焦电泳（capillary isoelectric focusing，CIEF）、毛细管等速电泳（capillary isotachophoresis，CITP）等。

毛细管区带电泳（CZE）：在充满电解质溶液的毛细管中，荷质比（组分的电荷数与质量或体积之比）不同的组分在电场作用下根据电泳淌度不同而被分离，荷质比大的离子电泳淌度大，先到达检测窗口；反之，则后到达检测窗口。

胶束电动毛细管色谱法（MECC）：在 MECC 中存在着类似于色谱的两相：一相是流动相，另一相是起固定相作用的胶束相。试样中的组分由于在胶束相和流动相分子中不同的分配能力而产生差速迁移达到分离，试样组分与胶束作用力强，则在流动相中溶解力差，保留时间长；反之，则较早流出毛细管柱。

毛细管凝胶电泳（CGE）：在以凝胶或线性高分子溶液为介质的毛细管中进行的电泳。它利用毛细管电泳和凝胶色谱对被测组分进行分离。凝胶色谱是基于凝胶的筛分作用及渗透系数差别而分离；毛细管电泳主要靠被测组分的荷质比和分子体积差别进行分离。因此，CGE 中电泳行为起迁移作用，凝胶介质增加选择性作用。

毛细管等电聚焦电泳（CIEF）：基于两性化合物等电点的不同，在 pH 梯度毛细管凝胶电泳中分离的技术。当两性化合物达到等电点时，停止迁移，谓之聚焦。毛细管等电聚焦电泳具有极高的分辨率，可以分离等电点差异小于 0.01pH 单位的相邻蛋白质。

### （二）毛细管电泳仪组成及检测器

毛细管电泳仪包括进样系统、毛细管柱系统、高压电源系统、检测系统和工作站。毛细管是毛细管电泳的核心部件，可分为开口毛细管柱、凝胶毛细管柱和电色谱柱等类别。毛细管电泳工作示意图详见图 15-5。

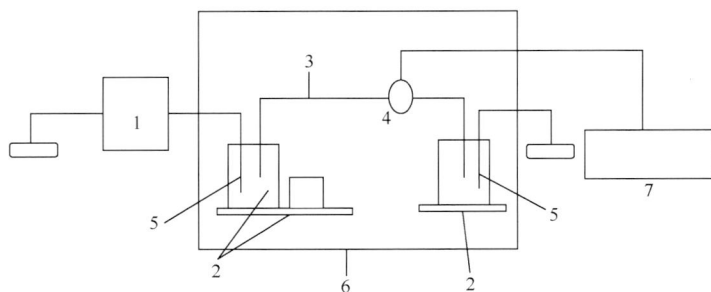

图 15-5　毛细管电泳系统示意图（李发美等，2012）

1. 高压电源；2. 电解液槽和进样系统；3. 毛细管；4. 检测器；5. 铂电极；6. 恒温系统；7. 记录和数据处理系统

毛细管电泳的检测器主要有紫外检测器、荧光检测器和电化学检测器，其中紫外检测器和荧光检测器使用最广泛。紫外检测器通用性较好，但灵敏度较低；荧光检测器灵敏度很高，但对大多数样品需要衍生，操作比较麻烦。

### （三）毛细管电泳定性与定量分析

毛细管电泳的定性分析主要根据被测样品与对照品迁移值比对法、紫外吸收光谱特征比对法及毛细管电泳-质谱联用法（CE-MS）等进行定性；毛细管电泳的定量分析主要采用内标法和叠加对比法进行定量。

### (四)毛细管电泳在药用植物活性成分分析中的应用

与其他色谱技术相比，HPCE 分离速度更快，可在几秒至几十秒内实现分离分析的全过程；所需的样品量更少，微量体积可以小至 1μl；应用范围更广，不仅能分析中小分子化合物，而且能分析 HPLC 不易分析的大分子化合物；成本更低，不需价格昂贵的色谱溶剂，仅需少量的缓冲液。目前，HPCE 虽然已应用于药用植物中生物碱类、黄酮类、酚酸类、蒽醌类及多糖类等各类活性成分的分析，但远不如高效液相色谱法和气相色谱法普及。

生物碱是一类含氮的有机化合物，有类似碱的性质，在低 pH 下带正电，所以生物碱常常能在 pH＜7 的缓冲溶液中得到分离分析，多采用 CZE 模式。黄端华等(2011)采用 HPCE 同时分离及定量分析白鲜皮中葫芦巴碱、白鲜碱和胆碱三种生物碱，此法操作简便、快速、分离效率高，回收率及重现性好。黄酮类化合物含有邻羟基，与硼砂结合形成带电粒子，可用 CZE 模式分离。孟美佳等(2010)利用 CZE 分离测定不同产地罗布麻叶中的山柰酚、白麻苷、山柰酚-3-O-β-D-葡萄糖苷、异槲皮苷、槲皮素五种黄酮类成分，在 15min 内得到了良好的分离。酚酸类化合物在高 pH 下，不但酚酸上的羧基能离解，而且酚羟基也能部分离解，可在电场的作用下实现分离，用 CZE 和 MECC 两种模式均可进行分析。周胜男等(2010)用高效毛细管电泳同时分离测定芦丁、槲皮素、绿原酸、咖啡酸、没食子酸和原儿茶酸六种酚类物质，在 12min 内得到完全分离，且各组分质量浓度与峰面积呈良好的线性关系。苷类化合物不带电荷，一般采用 MECC 模式分离。刘峻等(2002)采用胶束电动毛细管电泳法对不同来源的黄花倒水莲提取物中 tenuifilin 皂苷的含量进行了测定，在 10min 内完成样品中皂苷的含量测定，取得了较好的结果。Emara 等(2001)采用毛细管区带电泳分离并测定了埃及车轴草(*Trifolium alexandrinum*)种子中的两对三萜皂苷，结果良好。蒽醌类是具有多羟基和羧基结构的化合物，在碱性缓冲溶液中可带电荷，适合 HPCE 分析。王德先等(2000)建立了非水相毛细管电泳分离蒽醌类化合物实验方法，结果表明该方法快速、灵敏、重复性好。单糖在水溶液中解离能力较差，但在强碱条件下可带电，加入硼砂缓冲溶液使单糖在较低的 pH 溶液中带负电。孙志伟等(2010)采用 HPCE 对瑞香狼毒多糖中 9 种单糖衍生物进行分离，确定 1-(2-萘基)-3-甲基-5-吡唑酮(NMP)衍生化 CZE 法作为瑞香狼毒多糖中单糖组成的分析方法，衍生剂为 PMP 和 NMP，柱前标记试剂为 NMP，为今后进一步研究瑞香狼毒多糖提供参考。有机酸成分解离后带负电，采用 CZE 模式分析比较好。邢凤琴等(2001)采用 CZE、二极管阵列检测器，在 209nm、254nm 和 308nm 波长处对党参中 4 种有机酸类成分进行了含量测定，得到了良好的准确性和重现性，可作为党参的质量控制新方法。

## 二、毛细管电泳-质谱联用技术

### (一)毛细管电泳-质谱原理

将毛细管电泳与质谱联用的分离分析方法，称为毛细管电泳-质谱联用技术 (CE-MS)。CE-MS 是 20 世纪 90 年代末期发展起来的新联用技术，是利用毛细管电泳的高分辨率与质谱的高灵敏度相结合的仪器，是一种强-强联合的仪器，具有高柱效、高分辨率、高灵敏度及分析速率快等特点，现已成为倍受药用植物研究工作者关注的新型微量分析技术。

### （二）毛细管电泳-质谱仪器组成

CE-MS 主要由离子源(接口)、CE、MS 三部分组成，工作示意图详见图 15-6。任何一种类型质谱仪诸如飞行时间质谱、离子陷阱质谱和三重四极杆质谱等均可与 CE 联用，但四极杆质谱与 CE 联用最常见。在各种 CE 与质谱联用中，毛细管区带电泳(CZE)最常用。其他如毛细管等电聚焦电泳、胶束电动毛细管色谱、毛细管凝胶电泳、毛细管等速电泳等应用较少。电喷雾离子化(ESI)是质谱首选的离子源，可用于检测多种高质量的带电分子(孙毓庆和王延宗，2005；孙国祥等，2008)。

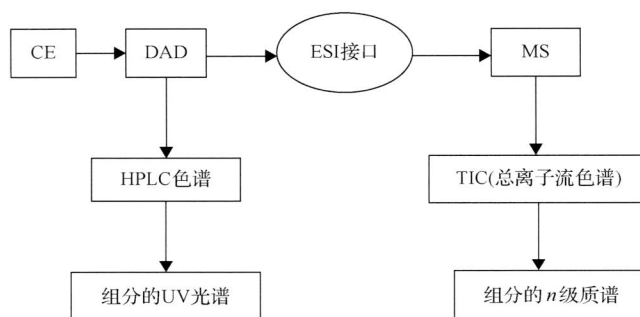

图 15-6　CE-MS 联用仪工作示意图

### （三）毛细管电泳-质谱联用接口技术

与 LC-MS 相比，CE 的背景电解质的流量(nl/min～μl/min)远小于 HPLC 流动相的流量(ml/min)，因此 CE-MS 的接口与 LC-MS 有较大差别。一般情况下，能用于 LC-MS 的质谱仪，只要能改变接口，就也可用于 CE-MS。CE 末端接口是影响整个检测的一个关键因素，所有 CE/ESI-MS 接口的目标都是获得稳定的雾流(spray-current)和高效的离子化。由于 CE 需要较高离子强度、挥发性低的缓冲液，而 ESI 需要相对较低的盐浓度才能获得好的雾化及离子化，因此接口技术非常重要，应使其尽可能提供好的电子接触，同时尽量减少对 CE 分离效率的影响。CE/ESI-MS 接口共有三种类型：同轴液体鞘流(coaxial liquid sheath flow)、无鞘接口、液体连接，每一种接口应选择相应的缓冲液(孙毓庆和王延宗，2005；孙国祥等，2008)。

### （四）毛细管电泳-质谱在药用植物品质生物学研究中的应用

毛细管电泳具有快速、高效、分辨率高、重复性好、易于自动化等优点。质谱分析技术是通过对样品离子的质量和强度的测定进行定量和结构分析的一种分析方法，具有分析灵敏度高、速度快等优点。这两种技术的联用(CE-MS)，在一次分析中可以得到迁移时间、相对分子质量和碎片特征等多种信息，为复杂样品的定性、定量分析提供了一种强有力的手段。CE-MS 已广泛应用于对生物大分子、蛋白质和肽的分析，应用于中药分析的报道相对较少，且多为生物碱类化合物(徐远金等，2006；孙毓庆等，2008)。

柳仁民等(2004)以非水毛细管电泳对粉防己的甲醇提取物中的生物碱进行分离，并利用在线电喷雾离子阱质谱得到的准分子离子及碎片信息对其进行结构鉴定。李奕等(2001)建立了一种 CE-ESI-MS 分析粉防己碱和防己诺林碱含量的方法，并比较了熔融石英毛细管和 PVA 涂层毛细管在定量分析中的性质差异。Unger 等(1997)用 CE-MS 分离分析了单萜吲哚生物碱、氢化小檗碱类生物碱、$\beta$-咔啉生物碱和异喹啉生物碱四种类型的生物碱，并讨论了生物碱结构对电泳淌度的影响。

虽然毛细管电泳有着广泛的应用，但人们常常认为毛细管电泳具有重复性不好、定量准确性差、结构定性困难等不利因素。因此，毛细管电泳的应用远没有高效液相色谱和气相色谱的普及率高。不过，随着 CE-MS 的出现，CE 峰的定性分析变得容易起来，相信 CE 分析的应用将会越来越广。

## 三、药用活性成分分析技术在药用植物品质生物学研究中的应用现状及发展趋势

药用植物在我国用于防病治病已有 2000 多年的历史，随着各种现代分析仪器在药用植物研究中的应用，其药效物质基础及质量控制的研究已取得了巨大的发展。但目前对药用植物品质生物学的研究，主要还是集中在生物碱、黄酮、皂苷及挥发油等次生代谢产物的研究，而对多糖、蛋白质等大分子研究很少。对于次生代谢产物中的挥发性成分分析，以气相色谱和气相色谱-质谱为主要的方法；对于非挥发性成分的分析，以高效液相色谱和高效液相色谱-质谱为主要的分析方法。毛细管电泳具有速度快、所需样品少、成本低、应用范围广等优点，但在药用植物品质生物学研究中远没有 HPLC 和 GC 普及。毛细管电泳目前主要用于蛋白质、多肽等大分子的研究。随着研究的深入，已发现药用植物的多糖、蛋白质及多肽等大分子也具有很好的疗效。因此，毛细管电泳及毛细管电泳-质谱在药用植物品质生物学研究中会有广阔的前途。

另外，LC-MS、CE-MS 等联用技术虽然在药用植物品质生物学研究中具有很大的潜力，但其普遍性远不及 HPLC 或 GC-MS。一方面，由于 LC-MS 和 CE-MS 价格昂贵，仪器普及率低；另一方面，质谱图的解析对专业人员的技术要求比较高，也是阻碍 LC-MS 和 CE-MS 广泛应用的主要因素。由于挥发油成分相对简单，结构类型较少，商品化谱图库易于研发，依靠计算机搜索即可初步判断化合物的结构类型，因此，GC-MS 在药用植物挥发性成分的分析中得到了广泛的应用。毋庸置疑，各种联用技术为药用植物活性成分的定性定量研究提供了新的平台，可以相信，在不久的将来，这些联用技术将对药用植物品质生物学研究产生巨大的推动作用。

## 参 考 文 献

陈振德, 许重远, 谢立. 2001. 超临界流体 $CO_2$ 萃取酸枣仁脂肪油化学成分的研究. 中草药, 32(11): 976-977.

邓少东, 肖凤霞, 林励, 等. 2012. 不同产地土茯苓药材 UPLC 及 HPLC 指纹图谱的构建研究. 中药新药与临床药理, 23(3): 308-311.

董金斌, 王金花. 2009. 气相色谱-质谱法测定茶叶中 32 种残留农药. 食品科学, 30(12): 230-232.

范旭航, 王振中, 李清, 等. 2011. 牡丹皮药材 UPLC 特征指纹图谱研究. 中国中药杂志, 36(6): 715-717.

冯海燕, 李向军, 王惠, 等. 2012. 毛细管电泳法测定中药萹蓄中山柰素、槲皮素和咖啡酸. 理化检验: 化学分册, 48(10): 1187-1189.

郭兰萍, 刘俊英, 吉力, 等. 2002. 茅苍术道地药材的挥发油组成特征分析. 中国中药杂志, 27(11): 814-819.

黄端华, 童萍, 何聿, 等. 2011. 毛细管电泳用于中药白鲜皮中生物碱的分析. 分析测试技术与仪器, 17(1): 23-28.

黄竞怡, 佟玲, 丁黎. 2015. 二维液相色谱在中药分析的应用. 药学进展, 39(5): 357-363.

黄锐, 蒲清荣, 赵剑, 等. 2015. HPLC-ELSD 测定不同主产地黄芪饮片中黄芪甲苷的含量. 云南中医中药杂志, 36(10): 71-73.

金红宇, 王莹, 兰钧, 等. 2012. 气相色谱-质谱联用法测定金银花中 192 种农药多残留. 中国药学杂志, 47(8): 613-619.

金晓玲, 何新霞, 杜红岩, 等. 2005. 超临界流体萃取佛手挥发油的气相色谱/质谱分析. 浙江师范大学学报(自然科学版), 28(1): 61-65.

李发美, 赵怀清, 柴逸峰. 2012. 分析化学. 7 版. 北京: 人民卫生出版社.

李嘉, 张赟赟, 姜平川. 2015. 陈皮挥发油的气相色谱指纹图谱研究. 中南药学, 13(3): 231-233.

李澎灏, 陈振德. 2003. 牵牛子脂肪油超临界 $CO_2$ 萃取及气相色谱-质谱测定. 中国药房, 14(7): 431-432.

李秋怡, 宋恬, 干国平, 等. 2008. 川芎油的气相色谱指纹图谱研究. 中草药, 39(2): 206-208.

李义敏, 张巧艳, 秦路平, 等. 2015. HPLC 法测定蛇床子中 3 种香豆素类成分的含量. 中药材, 38(7): 1441-1443.

李奕, 黎艳, 刘虎威. 2001. 毛细管电泳-质谱联用技术及其在中草药分析中的应用. 现代仪器, (1): 18-20.

梁丽娟, 赵奎君, 屠鹏飞, 等. 2010. HPLC 法同时测定黄芪中 4 种黄酮类成分的含量. 中国药房, 21(15): 1385-1387.

刘峻, 徐宏江, 朱丹妮. 2002. 黄花倒水莲中 Tenuifilin 的毛细管电泳分析. 中国药科大学学报, 33(5): 412.

刘云召, 石晋丽, 刘勇, 等. 2012. GC-MS 分析糙叶败酱不同部位的挥发油成分. 华西药学杂志, 27(1): 56-60.

柳仁民, 何凤云, 孙爱玲. 2004. 毛细管电泳-电喷雾-质谱-质谱分离鉴定粉防己生物碱. 药学学报, 39(5): 363-366.

孟美佳, 曾海松, 李静, 等. 2010. 毛细管电泳法测定不同产地罗布麻叶中的五种黄酮类化合物药. 药物分析杂志, 30(3): 405-408.

聂平, 肖炳燚, 罗晖明, 等. 2013. 超高效液相色谱-质谱联用技术在中药指纹图谱中的应用. 中南药学, 11(7): 524-527.

沈旭, 李清, 王振中, 等. 2011. 桃仁药材 UPLC 特征指纹图谱研究. 中国中药杂志, 36(6): 718-720.

隋添爽, 李清, 刘然, 等. 2011. 毛细管气相色谱法测定鱼腥草中 4 种挥发油的含量. 沈阳药科大学学报, 28(2): 128-133.

孙波, 孙涛. 2006. 高效液相色谱法在中药指纹图谱中的应用现状及分析. 时珍国医国药, 17(1): 109-110.

孙国祥, 宋文璟, 宋杨, 等. 2008. 中药的毛细管电泳指纹图谱的研究方法. 中南药学, 6(6): 452-457.

孙国祥, 孙毓庆, 马欣. 2003. 中药毛细管电泳法指纹图谱研究. 色谱, 21(4): 303-306.

孙国祥, 杨宏涛, 邓湘昱, 等. 2007. 金银花的毛细管电泳指纹图谱研究. 色谱, 25(1): 853-856.

孙经传. 1985. 气相色谱分析原理与技术. 北京: 化学工业出版社.

孙毓庆, 孙国祥, 金郁. 2008. 毛细管电泳指纹图谱及毛细管电泳-质谱联用在中药质量控制中的作用. 色谱, 26(2): 160-165.

孙毓庆, 王延宗. 2005. 现代色谱法及其在药物分析中的应用. 北京: 科学出版社.

孙志伟, 王延宝, 白新伟, 等. 2010. 瑞香狼毒多糖中单糖组成的毛细管区带电泳分析. 分析试验室, 29(6): 6-10.

万益群, 李申杰, 鄢爱平. 2007. 白术中有机磷及氨基甲酸酯类农药残留量的测定. 分析科学学报, 23(3): 299-302.

汪正范. 2006. 色谱定性与定量. 2 版. 北京: 化学工业出版社.

王德先, 杨更亮, Engelhardt H, 等. 2000. 非水相毛细管电泳分离蒽醌类化合物. 中国药科大学学报, 32(5): 361-364.

王丽霞, 万素君. 2003. 指纹图谱在中药研究中的应用. 中国中医药现代远程教育, 8: 35-37.

王淑红, 杨春娟, 刘璐, 等. 2015. HPLC 测定决明子中 6 种游离蒽醌含量. 哈尔滨医科大学学报, 49(1): 22-26.

王宇歆, 刘洪斌, 李东华. 2011. 液相色谱质谱联用技术在中药研究中的应用进展. 中国中西医结合外科杂志, 17(4): 444-446.

吴剑威, 匡莹, 赵润怀, 等. 2010. 多维气相色谱及其在中药领域中的研究进展. 中国农学通报, 26(15): 319-322.

吴志平, 李祥, 陈建伟. 2002. 明党参果实脂肪油成分 GC/MSD 分析. 南京中医药大学学报(自然科学版), 18(5): 293-294.

向增旭, 赵维佳, 郭巧生. 2006. 金银花中 18 种有机磷农药残留量分析方法的研究. 中国中药杂志, 31(16): 1321-1323.

邢凤琴, 朱恩圆, 詹慧清. 2001. 党参中有机酸的高效毛细管电泳法分析. 同济大学学报(医学版), 22(5): 15-17, 32.

徐皓. 2015. HPLC 法测定不同产地元胡药材中 5 种生物碱含量. 药物分析杂志, 35(8): 1403-1407.

徐远金, 许桂苹, 魏远安. 2006. 毛细管电泳-质谱联用法测定性保健品中的脱水吗啡和西地那非. 分析测试学报, 25(2): 35-38.

阎正, 宛若瑶, 王春云, 等. 2009. 人参 HPLC 指纹图谱的研究. 河北大学学报(自然科学版), 29(3): 278-283.

杨丰庆, 张雪梅, 葛莉亚, 等. 2011. 毛细管电泳-质谱联用法测定灵芝药材中核苷类成分. 中国药科大学学报, 42(4): 337-341.

于游, 马海英, 牛思佳, 等. 2015. 华细辛气相色谱指纹图谱及药材含量测定研究. 中南药学, 13(2): 116-118.

张琦, 王振中, 萧伟, 等. 2011. 白芍药材 UPLC 特征指纹图谱研究. 中国中药杂志, 36(6): 712-714.

张潇潇, 陈晓辉, 王晓东, 等. 2006. 固相萃取-毛细管气相色谱法测定莪术中 15 种有机氯农药的残留量. 西北药学杂志, 21(5): 195-198.

赵朕雄, 冯茹, 符洁, 等. 2015. GC-MS 联用法分析不同产地白芍和赤芍挥发油成分. 药物分析杂志, (4): 627-634.

周胜男, 檀华蓉, 李慧, 等. 2010. 高效毛细管电泳同时分离多种酚类物质. 中国粮油学报, (6): 1-3.

朱晓伟, 陈建平, 郭妍妍, 等. 2015. 高效毛细管电泳在中药分析中的应用. 世界科学技术—中医药现代化, 17(1): 214-218.

Emara S, Mohamed K M, Masujima T, et al. 2001. Separation of naturally occurring triter-penoidal saponins by capillary zone electrophoresis. Biomedical Chromatography, 15(4): 252-256.

Grayer R J, Veitch N C, Kite G C, et al. 2001. Distribution of 8-oxygenated leaf-surface flavones in the genus *Ocimum*. Phytochemistry, 26(6): 559-567.

Han Z, Liu X, Ren Y, et al. 2010. A rapid method with ultra-high-performanceliquid chromatography-tandem mass spectrometry for simultaneous determination of five type B trichothecenes in traditional Chinese medicines. Journal of Separation Science, 33(13): 1923-1932.

Hu G, Lu Y, Wei D. 2005. Fatty acid composition of the seed oil of *Allium tuberosum*. Bioresource Technology, 96(11): 1630-1632.

Jiang Y, David B, Tu P, et al. 2010. Recent analytical approaches inquality control of traditional Chinese medicines—a review. Analytica Chimica Acta, 657(1): 9-18.

Kobaisy M, Tellez M R, Dayan F E, et al. 2002. Phytotoxicityand volatile constituents from leaves of *Callicarpa japonica* Thunb. Phytochemistry, 61(5): 37-40.

Li Y, Zhang T, Zhang X, et al. 2010. Chemical fingerprint analysis of *Phellodendri amurensis* Cortex by ultra performance LC/Q-TOF-MS methods combined with chemometrics. Journal of Separation Science, 33(21): 3347-3353.

Petsalo A, Jalonen J, Tolonen A. 2006. Identification of flavonoids of *Rhodiola rosea* by liquid chromatography-tandem mass spectrometry. Journal of Chromatography A, 1112(1-2): 224-231.

Song J, Fang G, Zhang Y, et al. 2010. Fingerprint analysisof *Ginkgo biloba* leaves and related health foods by high-performance liquid chromatography/electrospray ionization-mass spectrometry. Journal of AOAC International, 93(6): 1798-1805.

Unger M, Stockigt D, Belder D, et al. 1997. General approach for the analysis of various alkaloid classesusing capillary electrophoresis and capillary electrophoresis-mass spectrometry. Journal of Chromatography A, 767(1-2): 263-276.

Wen Q F, Zhang Y F, Zhang J Q, et al. 2016. Simultaneous determination of 6 organic acids, 3 nucleosides, and ephedrine in *Pinellia ternata* by HPLC. Journal of Chinese Pharmaceutical Sciences, 25(12): 906-913.

Yu J, Lei J, Yu H, et al. 2004. Chemical composition and antimicrobial activity of the essential oil of *Scutellaria barbata*. Phytochemistry, 65(12): 881-884.

Zhang H, Gong C, Lv L, et al. 2009. Rapid separation and identificationof furocoumarins in *Angelica dahurica* by high-performance liquid chromatography with diode-array detection, time-of-flight mass spectrometry and quadrupole ion trap mass spectrometry. Rapid Communications in Mass Spectrometry, 23(14): 2167-2175.

# 第十六章　基因组和转录组分析技术及其在药用植物品质生物学研究中的应用

　　DNA 测序技术是分子生物学研究中最常用的技术，它的出现极大地推动了生物学的发展。继 1944 年 Avery 通过肺炎双球菌转化实验证明 DNA 是遗传信息的载体及 1953 年沃森和克里克发现了 DNA 的双螺旋结构后，20 世纪 70 年代中期，成熟的 DNA 测序技术开始出现。此后，人们一直致力于 DNA 结构与功能研究，使得 DNA 测序技术应运而生（Meselson and Stahl，1958；Sanger and Coulson，1975；Maxam and Gilbert，1977；Sanger et al.，1977）。该技术对探索生命奥秘、治疗疾病，以及整个生命科学、农学、药学及医学的发展起到了巨大的推动作用，并依然具备广阔的应用前景。本章将从 DNA 测序技术的进展、全基因组测序、转录组分析、药用植物 DNA 和 RNA 提取方法等几个方面介绍 DNA 测序技术在药用植物品质生物学研究中的应用。

## 第一节　DNA 测序技术的进展

### 一、测序技术的发展历程

　　迄今为止，测序技术的发展经历了从需要 PCR 扩增的第一代 Sanger 测序法和第二代合成测序法，到不需要 PCR 扩增的第三代单分子测序等多个阶段（图 16-1）。其中，第一代测序技术已经规模化，具有测序读长较长、测序准确率高等特点，但是由于其运行时间长、成本高、通量低等缺点而无法满足高通量测序的需求。第二代测序、第三代测序技术具有低成本、单次数据量大、运行时间短等特点，故又被称为高通量测序（Hamilton and Robin，2012），这几种平台的详细比较参见表 16-1。

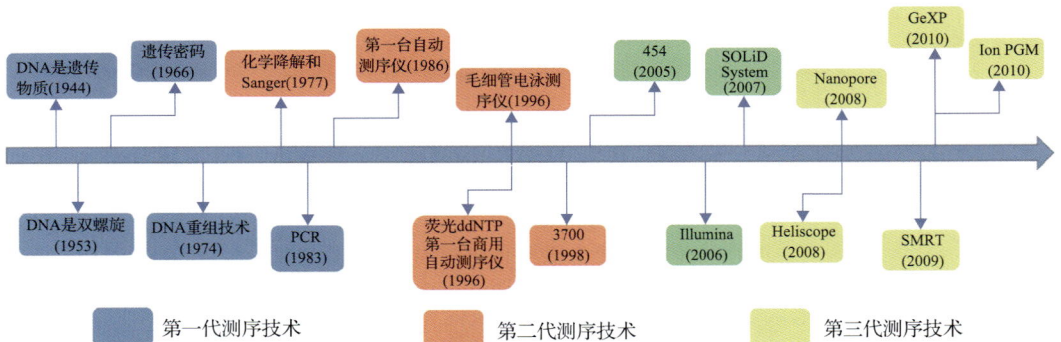

图 16-1　测序技术的发展简史

横轴代表时间线，括号中年份代表生物定理发现、技术手段产生或仪器上市使用时间

### 表 16-1　基因测序技术发展历史

| 测序技术 | 原理 | 测序通量 | 测序时间 | 准确率 | 读长 | 优缺点 |
|---|---|---|---|---|---|---|
| 第一代 | Sanger 双脱氧法 | 0.2Mb | 1.6 个月 | >99% | 400~900 | 高读长、高精确、一次性达标率高；成本相对高、通量相对低 |
| 第二代 | 边合成边测序,可逆终止法 | 400Mb~1.8Tb | 2h~3d | >99% | 50~300 | 高通量、低成本,但存在模板扩展和序列读长方面的缺陷 |
| 第三代 | 单分子合成测序 | 0.2~30Gb | 2h | <90% | >1000 | 高通量、高读长、低成本,但准确性不高 |
|  | 纳米孔外切酶测序 | 5~50Gb | 1.2~2h | >90% | >1000 | 高通量、高读长、低成本、小型化 |

第二代测序技术(Metzker,2010)又称下一代测序(next generation sequencing,NGS),其主要代表有 2005 年 Roche 公司应用焦磷酸测序原理推出的 454 测序技术及在 454 基础上的 GS FLX、GS Junior 等测序平台,2006 年 Illumina 公司应用合成测序的原理推出的 HiSeq2000、HiSeq1000、Genome Analyzer IIx 等测序平台,2007 年 ABI 公司通过使用连接酶技术而开发的 SOLiD 3 和 SOLiD 4 等测序平台。第三代测序技术(Harris et al.,2008)以 Helicos 公司的 Heliscope 单分子测序仪、Pacific Biosciences 公司的 SMRT 技术和 Oxoford Nanopore Technologies 公司研究的纳米孔单分子技术(Jain et al.,2016)为代表。

对于高通量测序仪的使用情况,剑桥大学的 James Hadfield 利用 Google 地图 API 制作了一个高通量测序仪世界分布图,非常直观地展示了高通量测序仪的数量及其在各个国家和地区的分布情况。该分布图显示,测序仪器和测序中心主要集中在北美、东亚和欧洲地区。其中美国、中国和英国拥有的测序仪的数量遥遥领先于其他国家和地区。美国有 781 台高通量测序仪,分布于 240 个机构。而到目前为止,中国内地有 200 台,但仅分布于 12 个机构,其中排名前七的机构分别是华大基因、浙江大学、苏州生物医药创新中心、上海康成生物、上海生物芯片有限公司、北京贝瑞和康生物技术有限公司、中国科学院北京基因研究所。与美国相比,中国的测序仪分布过于集中。在所有的测序平台中,Illumina Genome Analyzer Ⅱx 和 Illumina HiSeq2000 占了大多数,而 ABI SOLiD 和 Roche 454 数量相当但略低于前两种平台。

随着测序技术的发展和测序成本的降低,越来越多的植物基因组测序项目得以开展。第一个模式高等植物——拟南芥的全基因组序列在 2000 年被发表出来(The Arabidopsis Genome Initiative,2000),揭开了植物全基因组研究的序幕,随后在 2002 年,谷物类的第一个植物基因组——水稻基因组全测序完成(Goff et al.,2002),这为其他植物注释基因的探究和直系同源基因的研究提供了一定的基础,并从基因组水平上对物种的生长、发育、进化、起源等重大问题进行分析,这不仅加深了我们对物种的认识,还加快了新基因的发现和物种改良的速度。在此后的十几年间,包括杨树、葡萄、高粱、玉米、黄瓜、大豆、蓖麻、苹果、草莓、可可树、白菜、土豆、西瓜、大麻、梅花、谷子、小麦、大麦、番木瓜、木薯等在内的 124 余种植物基因组被陆续发表出来。各种测序技术的发展和应用,不仅缩短了全基因组测序所需的时间,节约了成本,明确了研究的方向,并加快了实验设计的进程,也使植物生长发育过程中对各种生理生化机制的探究上升到基因分子水平,为我们从分子水平理解基因的结构、组成、功能、基因调控和物种进化提供了一个全新的视野。

## 二、第一代测序技术

1975 年由 Sanger 和 Coulson 开创的链终止法测序技术标志着人类第一代 DNA 测序技术的诞生。之后又出现了 Maxam 和 Gilbert(1977)发明的化学降解法。传统的化学降解法、双脱氧链终止法及在它们的基础上发展来的各种 DNA 测序技术统称为第一代 DNA 测序技术。Sanger 法测序的原理是在反应体系中加入一定比例的 2,3-双脱氧核苷酸(ddNTP)，由于双脱氧核苷酸没有 3'-OH，且 DNA 聚合酶不能区分 dNTP 与 ddNTP，因此当双脱氧核苷酸被聚合到链的末端，DNA 链就停止延长。Sanger 法操作简单，后来的 DNA 测序技术大部分都是在此基础上发展起来的。化学降解法的原理是，先对 DNA 末端进行放射性标记，再使用特殊的化学试剂进行降解，这些化学试剂均能使一个或者两个碱基发生专一性断裂，最后通过聚丙烯酰胺凝胶电泳、放射性自显影技术读取待测的 DNA 片段。化学降解法程序复杂，后来逐渐被 Sanger 法代替。这两种方法都需要放射性同位素标记，操作烦琐，不能自动化，不能满足大规模测序的要求。

到了 20 世纪 80 年代末，研究人员逐渐利用荧光标记代替同位素标记测序，产物经过平板电泳分离，荧光分子在激光的激发下可以发射出不同波长的荧光，根据荧光信号可以确定 DNA 序列。1985 年，Smith 等利用激光激发标记荧光，测序速度比常规方法提高了数倍。但是这种技术依然使用平板凝胶电泳，还是比较费时费力。后来，毛细管电泳技术及微阵列毛细管电泳技术被应用于 DNA 测序(Huang et al.，1992)，从而大大提高了 DNA 测序的速度和准确性。

利用第一代测序技术，1977 年第一个基因组被成功测序，这个基因组来自于噬菌体 X174，全长 5375 个碱基。应用此技术，1990 年人类基因组计划正式启动；1995 年第一个活的生物——流感嗜血细菌的基因组测序完成；1996 年第一个真核生物——酿酒酵母基因组测序完成；1998 年第一个多细胞真核生物——线虫基因组测序完成；2000 年第一个植物——拟南芥基因组测序完成；2001 年人类基因组序列草图公布；2004 年人类基因组的常染色质序列完成。

第一代测序法的优势是准确率高和读长较长，适合对新物种进行基因组长距离的框架构建及测序长度为 kb～Mb 级别的小规模项目。随着科学技术的进步，在大批量测序任务处理中，第一代测序法易受成本高、速度慢、通量低等因素的限制，因此越来越无法满足科学研究和生产应用中高通量测序的需要。

## 三、第二代测序技术

第二代测序技术又称下一代测序技术(NGS)，属于循环阵列合成测序，采用大规模矩阵结构的微阵列分析技术，利用 DNA 聚合酶或连接酶及引物对模板进行一系列的延伸，通过显微技术观察记录连续测序循环中的光学信号来实现测序，可以同时并行分析阵列上的 DNA 样本。主要包括 Illumina 公司的 Solexa 测序技术、罗氏公司的 454 测序技术和 ABI 公司的 SOLiD 测序技术(解增言等，2010；Metzker，2010；Eisenstein，2012)。

## （一）Solexa 测序技术

Solexa 测序是 Illumina 公司应用合成测序原理的测序技术，Solexa 测序的核心技术是 DNA 簇（DNA cluster）的生成和可逆性末端终结技术（reversible terminator）（Bentley et al.，2008），测序原理是边合成边测序。测序的基本流程（解增言等，2010；刘岩和吴秉铨，2011）见图 16-2：①构建测序文库。提取基因组 DNA，随机打断成 100～200bp 片段，末端加上接头（图 16-2a），然后将加上接头的 DNA 片段连接到流通池（flow cell）表面上。②桥式扩增。解链后的单链 DNA 片段两端被分别固定于芯片上，形成桥状结构，进行桥式 PCR 扩增。经过 PCR 扩增，产生数百万条待测的 DNA 片段，随后被线性化（图 16-2b）。③测序。将荧光标记的 dNTP、聚合酶、引物加入测序通道启动测序循环。DNA 合成时，伴随着碱基的加入会有焦磷酸被释放，从而发出荧光，不同碱基用不同荧光标记，读取到核苷酸发出的荧光后，将 3′羟基末端切割，随后加入第 2 个核苷酸，重复第一个核苷酸的步骤，直到模板序列全部被合成双链 DNA（图 16-2c）。

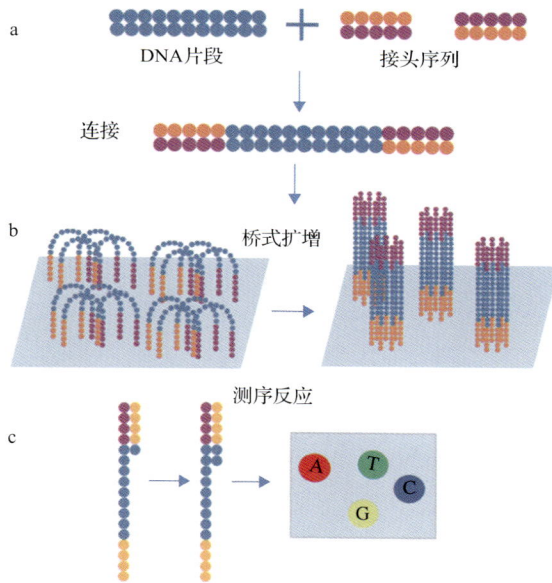

图 16-2　Solexa 测序流程
a. 构建测序文库；b. 桥式扩增；c. 测序反应过程

## （二）454 测序技术

454 测序是 Roche 公司应用焦磷酸测序原理的测序技术，突出优点是读长长，但是准确率低（Mardis，2008a），成本高。测序时，将放置在 4 个单独的试剂瓶里的 4 种碱基 T、A、C、G，按顺序依次循环进入 PTP（pico titer plate）板，当碱基配对，就会释放一个焦磷酸。这个焦磷酸在 4 种酶（DNA 聚合酶、ATP 硫酸化酶、萤光素酶和双磷酸酶）的协同作用下，经过一系列反应，萤光素被氧化成氧化萤光素，并释放出光信号，信号的产生和碱基配对是相对应的，就可以准确地确定待测模板的碱基序列。454 测序技术测序具体步骤：①构建测序文库。将基因组 DNA 打碎成 300~800 个碱基的片段后，在两端加上锚定接头。②乳液 PCR 扩增。每个含有接头的 DNA 片段被固定在特定的磁珠上，进行乳液 PCR 扩增。多个循环后，磁珠表面被打破，扩增产生的成千上万个拷贝仍然在磁珠表面。③焦磷酸测序。将磁珠转移到 PTP 板上，每个 PTP 板上的小孔只能容下 1 个磁珠。放置在 4 个单独试剂瓶里的 4 种碱基，依照 T、A、C、G 的顺序依次循环进入 PTP 板。每次只进 1 个碱基，如果发生配对，就会释放 1 个焦磷酸，释放出的荧光信号会被 CCD 捕获到。每个碱基反应都会捕获一个荧光信号，根据荧光信号，获得模板的碱基序列。

### （三）SOLiD 测序技术

　　SOLiD 测序是 ABI 公司的测序技术，其独特之处是其边合成边测序过程中以连接反应取代聚合反应。原理为连接反应的底物是八碱基单链荧光探针混合物。连接反应中，这些探针按照碱基互补规则与单链 DNA 模板链配对。这样经过 5 轮测序反应后便可以得到所有的碱基序列。具体测序流程为：①文库制备。将基因组 DNA 打断，在其两头加上接头，构建成文库。②乳液 PCR/磁珠富集。此过程与 454 测序技术类似，不过 SOLiD 的微珠只有 1μm。③微珠沉积。④连接测序。混合的八碱基单链荧光探针为连接反应的底物，探针的 5′端用四色荧光标记，3′端第 1、2 位碱基对应 5′端荧光信号的颜色。因为只有四色荧光，而两个碱基却有 16 个组合情况，故 4 种碱基对应一种颜色的荧光。单次测序由 5 轮测序反应组成，反应后得到的为原始颜色序列。⑤数据分析。测序错误经 SOLiD 序列分析软件自动校正，最后生成原始序列。

## 四、第三代测序技术

　　第三代测序技术（Harris et al.，2008），也被称为"下下一代测序（next-next-generation sequencing）"，因其采用单分子读取技术，有着更快的数据读取速度和巨大的应用潜能。它不再需要 PCR 扩增步骤，进一步降低了测序的成本。第三代测序技术（刘岩和吴秉铨，2011）的代表有生物科学公司（BioScience Corporation）的 Heliscope 单分子测序技术、太平洋生物科学公司（PacBio）的 SMRT 技术和 Oxford Nanopore Technologies 公司的纳米孔单分子测序技术。Heliscope 单分子测序技术也是基于边合成边测序的思想，但是不需要 PCR 扩增，所以更能反映样本的真实情况，通量也更高。SMRT 测序的核心是 SMRT 芯片，为一种多 ZMW 孔的厚度为 100nm 的金属片。如图 16-3a 所示为一个 ZMW 孔中的反应，将 DNA 聚合酶、不同荧光标记的 dNTP、待测序列加入 ZMW 孔的底部，荧光标记为磷酸基团，一个 dNTP 加入到合成链上和进入 ZMW 孔同步进行，被激光束激发，依据荧光的种类判断 dNTP 的种类。图 16-3b 展示了具体的反应过程，在合成 DNA 链时加入一个 dNTP，荧光标记被激光束激发后发出荧光，后用氟聚物切割、释放荧光基团，离开信号检测区，继续下一步循环反应，加入新的 dNTP。图 16-3c 展示了测序过程中采集到的荧光信号信息，横坐标代表时间，纵坐标代表信号强度，随着测序反应进行，采集到了加入的 dNTP 为 C。

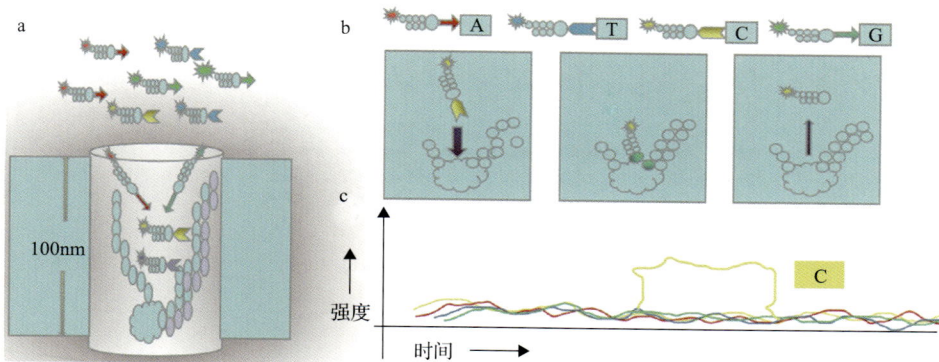

图 16-3　PacBio SMRT 测序原理

a.一个 ZMW 孔内的反应过程，红、绿、蓝、黄四种颜色的小球分别代表四种 dNTP，孔底有待测序列和激发光源；b.测序过程，同样红、绿、蓝、黄四种颜色小球代表四种不同的 dNTP，双链 DNA 为待测序列；c.信号采集，横轴为测序反应时间，纵轴为信号强度，黄色信号代表 C 碱基

　　单细胞组学分析是向生物体精细化和细胞生物学本质化研究迈出的重要一步，而迅猛发展的高通量测序技术又为单细胞测序的出现和兴起创造了条件。虽然目前单细胞测序技术尚不成熟，全基因组的扩增偏倚性和拼接软件的匮乏可能是目前面临的主要挑战，但是随着扩增方法的不断优化和生物信息学领域的快速发展，这些问题的解决指日可待。单细胞测序技术在生物多样性研究和细胞群体遗传异质性研究方面具有强大优势，必将引起组学领域的再一次变革。

　　纳米孔测序技术(Jain et al.，2016)作为实时测序的新一代测序方法，其特点是不需要对 DNA 进行生物或化学处理，而是基于物理原理进行测序。牛津纳米孔公司(Oxford Nanopore Technologies)已经开发了小型的商业用途的迷你测序仪。其简要原理是将经过提取的 DNA 的一端与一种特殊的蛋白相互连接，该蛋白主要起到与测序纳米孔的连接及控制序列进入速度的作用，同时将 DNA 的另一端连接，这样 DNA 的正义链和反义链可以依次通过纳米孔。通过纳米孔的 DNA 单链可以产生微弱的电流变化，感应器感受电信号并导出。通过对随时间变化的电信号进行解析，可以识别基因中碱基对的排列顺序。如图 16-4 所示，特殊蛋白结合在纳米孔上(图 16-4a)，经过提取的 DNA 链一端与纳米孔上的特殊蛋白结合，同时 DNA 另一端连接在一起(图 16-4b)，然后 DNA 依次从正义链开始到反义链通过纳米孔(图 16-4c)，直到整条序列完全通过，测序结束(图 16-4d)。在测序过程中，电流感受器采集到电信号变化峰图。纳米孔测序技术是真正实现单分子检测和电子传导检测相结合的测序方法，完全摆脱了洗脱过程、PCR 扩增过程。

　　用于 DNA 测序的纳米孔可大致分为两类：生物纳米孔和固态纳米孔。生物纳米孔，也称作跨膜蛋白通道，其中 $\alpha$-溶血素($\alpha$-HL)是第一种也是运用最多的纳米孔，$\alpha$-溶血素是金黄色球菌分泌的一种外毒素，是一个蘑菇状的七聚体跨膜通道，能够快速将自己插入到平面双层膜中，在最窄处形成一个 1.4nm 宽的纳米通道，内直径与单链 DNA 的直径(约 1.3nm)相近，因此，单链 DNA 可以通过。而且，此纳米孔结构可以耐受将近 100℃ 的

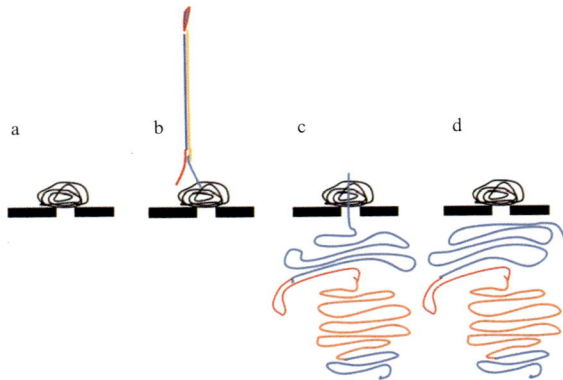

图 16-4　纳米孔测序技术

图片表示测序反应过程，黑色带孔线段代表纳米孔，弯曲线条代表待测 DNA 序列

高温和宽范围 pH（Cherf et al.，2012）。但是，α-溶血素的 β 桶结构限制了它直接检测长链 DNA 分子。耻垢分枝杆菌孔蛋白 A 也是常用于生物纳米孔的一种蛋白，最近的一项研究发现，该蛋白能够形成大电导机械敏感离子通道（mechanosensitive channel of large conductance，MSCL）。最近的研究表明，在合适的电压范围内，本来处于关闭状态的 MSCL 蛋白会为单链 DNA 打开。MSCL 蛋白通道对四种核苷酸的膜张力不同，而且四种不同的核酸通过时会产生不同的点电信号和机械信号，这提高了信噪比，在 DNA 测序方面是一个很有吸引力的蛋白孔（Feng et al.，2015）。

　　由于微细加工技术的发展，固态纳米孔也逐渐得到关注，其在化学、热、机械稳定性、大小可调性和整合性方面都优于生物纳米孔。而且，固态纳米孔可以在多种实验条件下工作并且可以通过传统的半导体工艺大规模生产。当前，生物纳米孔和固态纳米孔是该领域的研究热点。

　　总之，近十几年，基因测序技术迅猛发展。虽然第一代测序技术仍然活跃在各个检测平台，但第二代、第三代测序仪已相继问世，并日趋完善。第一代到第三代测序技术都有各自的优势与不足：①第一代测序技术 Sanger 测序成本高、通量低、读长较长，有较高的准确率，对于较少样本测序仍是最佳选择。②第二代测序技术已发展成熟，高通量、低成本的特点使其在大规模测序工作中广泛应用，但是测序读长相对较短是第二代测序技术的主要缺陷。③第三代测序技术以 SMRT 测序技术、纳米孔测序技术为代表，不仅提高了读长，而且可以直接检测 RNA 序列和甲基化序列。第三代测序技术仍然在不断开发中，SMRT 测序技术的有效反应孔数目不足，原始测序数据准确率不高；纳米孔测序技术在成本和速度方面都得到大幅提升，仪器也更加小型化。

　　基因测序技术作为人类探索生命奥秘的重要手段之一，对生命科学和生物医学等领域的发展起到了巨大的推动作用，将有力地推动基因组学及其分支乃至其他密切相关学科如比较基因组学、生物信息学、系统生物学及合成生物学的创立与发展。与此同时，继传统的望闻问切、影像学评价及病理检验报告之后，基因组信息即将成为最海量却也是最微观的个人健康档案，其为疾病易感性、治疗敏感性及疾病预后推断提供更加完整和精确的研究材料，是个体化医学赖以实现的技术基础。

# 第二节 基因组 *de novo* 测序技术及其应用

## 一、基因组 *de novo* 测序技术

基因组 *de novo* 测序,即从头测序,是指在不依赖参考基因组的情况下,利用生物信息学的分析方法对测序序列进行拼接、组装,获得该物种的基因组序列图谱。基因组序列包含生物的起源、进化、发育、生理及与遗传性状有关的一切信息,是从分子水平上全面解析各种生命现象的前提和基础。基因组序列信息为后续研究物种起源进化及特定环境适应性奠定基础,为后续的基因挖掘、功能验证提供 DNA 序列信息。

我国药用植物有 10 000 多种,约占中药材资源总数的 87%。2000 年完成了第一个高等植物——拟南芥(Arabidopsis Genome Initiative,2000)的全基因组序列,随后水稻(International Rice Genome Sequencing,2005)、高粱(Paterson et al.,2009)、大豆(Schmutz et al.,2010)、紫芝(Zhu et al.,2015)和丹参(Chen et al.,2012)等植物的基因组序列相继公开。近年来,药用植物的基因组学研究已经取得了长足的进步,但是与模式植物和重要农作物相比,药用植物的基因组学研究还处于起步阶段。高通量测序技术的出现大大降低了测序成本,缩短了测序时间,推动了基因组研究领域的发展。然而目前的测序技术无法跨越复杂的重复区域,玉米(Schnable et al.,2009)、薏仁(International Barley Genome Sequencing et al.,2012)、小麦(International Wheat Genome Sequencing,2014)等基因组结果高度片段化。为了开展比较基因组学、功能基因组学等研究,更多高质量的基因组图谱至关重要。

基因组 *de novo* 测序过程一般包括物种选择、DNA 提取、建库、DNA 测序、组装注释及功能分析等方面(图 16-5),下面就从这几方面系统阐述基因组 *de novo* 测序的研究策略和发展现状。

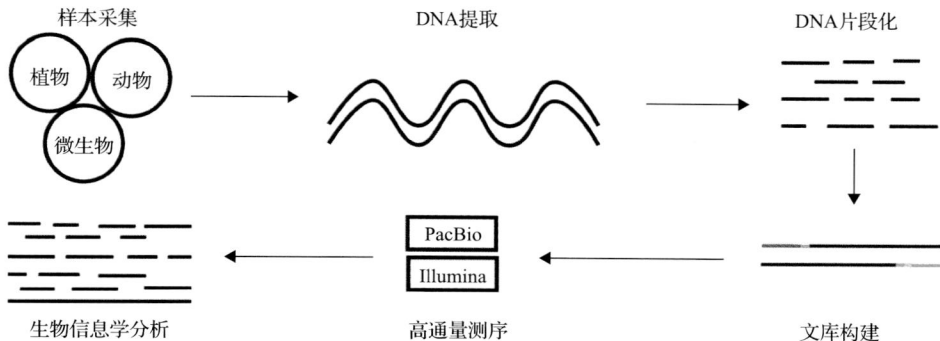

图 16-5 基因组 *de novo* 测序技术流程图

根据实验需求选择合适的样本(土壤、叶片、昆虫等);随后根据样品类型选择适当的方法进行 DNA 提取;提取得到的 DNA 样品运用酶切或物理方法打断用于下一步文库构建;构建文库,文库包括小片段文库和大片段文库,小片段文库插入片段长度一般为 250bp、350bp、450bp;大片段文库插入片段长度一般为 2kb、5kb、10kb;构建好的文库进行基因组测序,可采用第二代测序平台 Illumina 或第三代测序平台 PacBio;测序得到的数据进行组装、注释后,进行进一步分析

## 二、物种选择

我国药用植物资源丰富，种类繁多，因此药用植物全基因组测序物种的选择应该综合考虑物种的经济价值和科学意义，如优先考虑名贵大宗中药材的基源植物，或重要化学药物的来源植物，药效成分比较清晰、具有典型的次生代谢途径的代表植物，含药用植物较多的植物分类单元中的代表植物。同时由于药用植物基因组大小变化范围大，存在多倍体现象、重复序列比较高、杂合度高等特点，在选择研究对象时应该考虑物种基因组的大小和复杂程度。k-mer 分析、流式细胞术分析是有效评估基因组大小和复杂程度的方法，2017 年发表的茶树基因组(Xia et al.，2017)采用这两种方法对该基因组大小进行预估。有效的评估可以全面了解该物种基因组的特征，可以为后续测序深度和组装策略的选择提供依据。

以茶树基因组为例，展示 k-mer 分析预估基因组大小的方法(图 16-6)。首先构建一个小片段文库，插入片段小于 500bp，利用 Jellyfish(version 2.1.3) (Marcais and Kingsford，2011)产生长度为 17bp 的 17-mer。然后通过以下公式预估基因组的大小：

$$G = \frac{N \times (L - K + 1)}{L \times D}$$

式中，$G$ 代表基因组大小；$N$ 代表读段(read)数；$L$ 代表读段的平均长度；$K$ 为 k-mer 长度，在这里设为 17；$D$ 代表测序深度。k-mer 分析也可以评估基因组的杂合度和重复率，一般有 4 种常见的情况：①只有一个主峰的，可初步判断该物种基因组为简单基因组

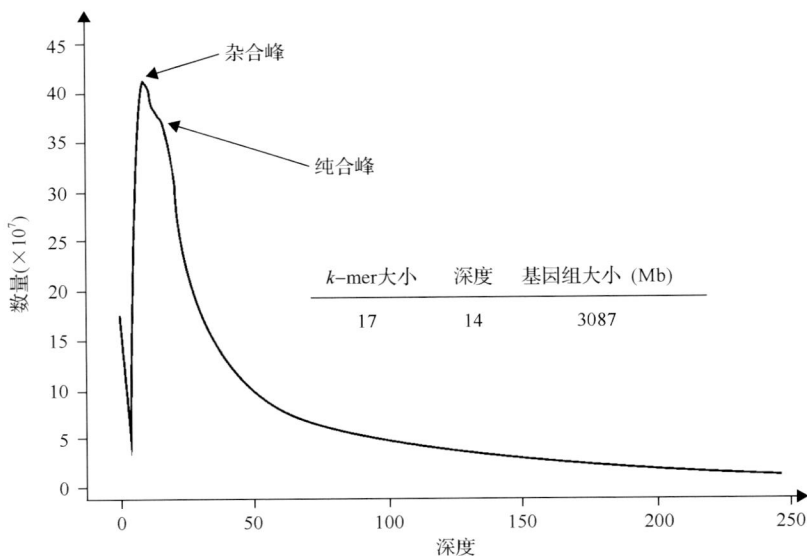

图 16-6　茶树基因组读段的 17-mer 分布图

图中每个 k-mer 长度为 17，横坐标表示 k-mer 出现的次数，纵坐标表示出现这么多次的片段总数。基于茶树短插入片段(插入片段大小≤500bp)的测序数据，使用 Jellyfish(2.1.3)计算出 17-mer 的出现。基因组大小估计约为 3087Mb。值得注意的是，左侧的尖峰是由高水平的基因组杂合性引起的。根据 Xia 等(2017)修改得到，已获得授权

（图 16-7a）；②在 $x=a$ 处出现主峰，$x=2a$ 处有一个次峰，说明一部分片段出现的期望是大部分的 2 倍，这些片段为重复片段，次峰为重复峰，可初步判断该物种基因组为高重复基因组（图 16-7b）；③在 $x=a$ 处出现主峰，$x=0.5a$ 处有一个次峰，说明部分片段出现的期望值是大部分的 1/2，当序列有杂合时，包含杂合位点的 $k$-mer 因为分成了两部分，所以出现频率变为一半，次峰为杂合峰，可初步判断该物种基因组为高杂合基因组（图 16-7c）；④出现两个主峰，峰高相差不大，两峰横坐标又是 2 倍关系，可初步判断该物种基因组为高杂合或高重复（图 16-7d）。

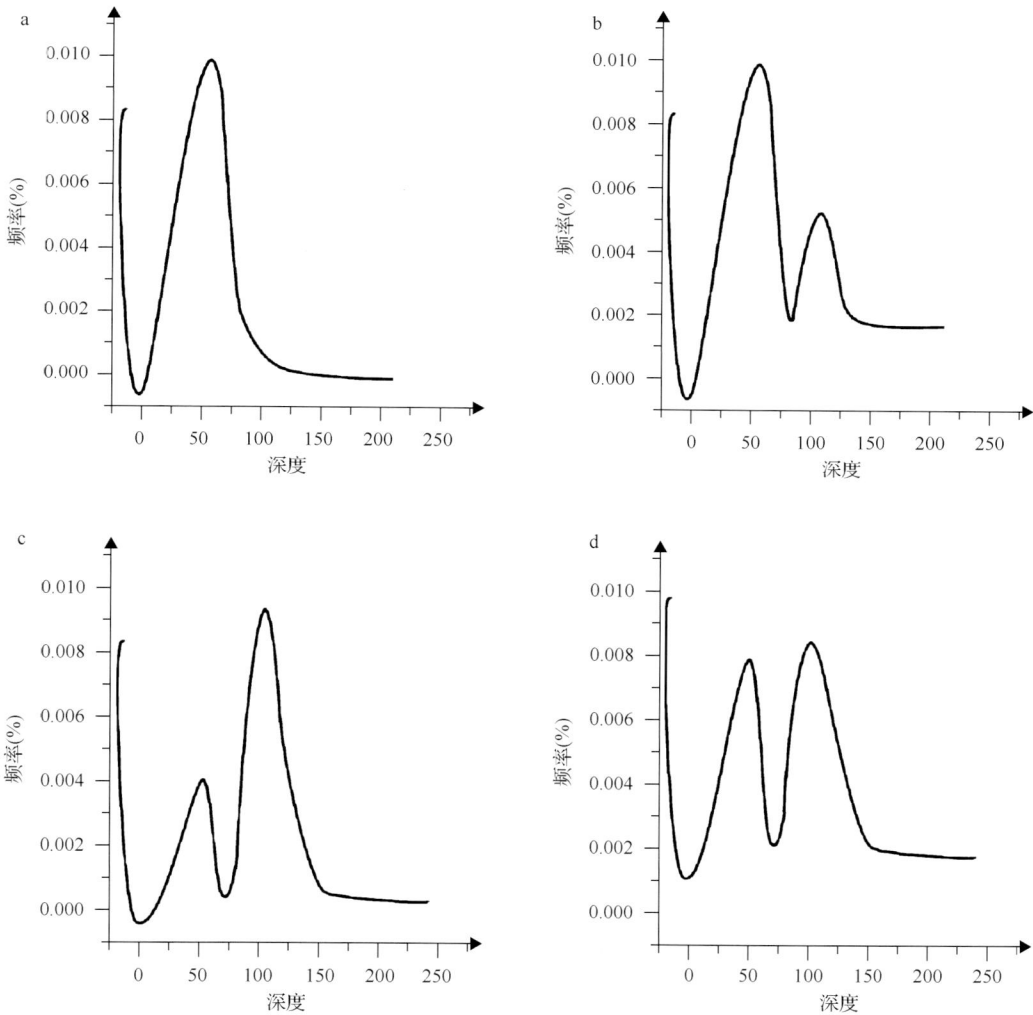

图 16-7　$k$-mer 分析评估基因组的杂合度和重复率

得到测序深度为 $m$ 的基因组的所有 $k$-mer 片段，每个 $k$-mer 长度为 $k$，然后统计各 $k$-mer 及其出现的次数，以出现次数（frequence）为横坐标，以出现这么多次的片段占总片段数的百分比为纵坐标作图流式细胞术也是预估基因组大小的常用方法。利用特殊的荧光染料(PI、EB、AO 等)与细胞内 DNA 碱基结合，被荧光染料染色的细胞在激光照射下发射出荧光，荧光强度与 DNA 含量成正比。流式细胞仪通过测定细胞的荧光强度推算出细胞的 DNA 含量。以茶树基因组为例，展示流式细胞术预估基因组大小的方法(图 16-8)，取 40～50mg 新鲜叶片，以 Otto's lysis buffer 为细胞核悬液(Loureiro et al.，2006)，随后采用 BD FACSCalibur(USA)流式细胞仪及其自带的 Cellquest software(version 5.1)对流式细胞仪产生的数据进行收取和分析。采用栽培稻粳稻'日本晴'基因组作内标(Hribova et al.，2010)。该基因组大小估计为 389Mb，并基于 2C 峰的线性关系估计茶树的基因组大小。流式细胞仪计算测量 DNA 含量实际上是对细胞周期的测量，由于细胞核 $G_1$ 期的 DNA 含量反映这个细胞的倍性，因此，运用流式细胞仪测定植物核 DNA 含量可以间接获取细胞的倍性。

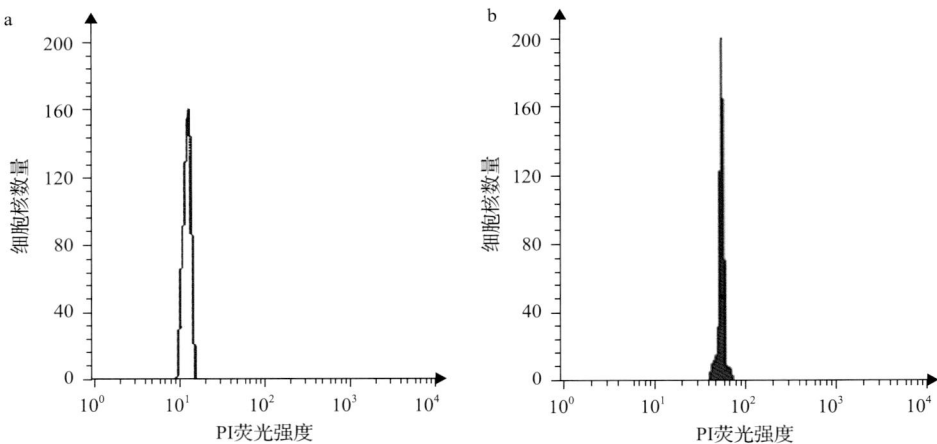

图 16-8　茶树基因组流式细胞术结果图

在图中，横坐标表示 P I 荧光信号相对强度的值，纵坐标是相对细胞核数量。经 DNA 特异性染料(如 PI)染色的细胞群体，通过流式细胞仪测量区受激光照射后发出特异性荧光。在一定条件下，荧光强度与细胞内的 DNA 含量成正比，DNA 含量高的细胞发射的荧光强，反之则弱。DNA 含量与细胞数目的关系，即 2N(2 倍体)代表 $G_0/G_1$ 期细胞，4N(4 倍体)代表 $G_2/M$ 期细胞，两者中间代表 S 期细胞。通过上述信息可得到所测细胞群中增殖细胞的数量。a.栽培茶树大叶茶种'云抗 10 号'；b.内标栽培稻粳稻'日本晴'。该图根据 Xia 等(2017)修改得到，已获得授权

## 三、建库与测序

由于药用植物丰富的多样性，不同物种的基因组大小和复杂程度可能千差万别，因此药用植物的全基因组测序可以根据基因组预测分析结果，灵活选择不同的测序平台或平台组合。对于基因组较小的物种，可以选择 Illumina GA 或 GS FLX 测序平台。对于基因组较大、高复杂度的物种，可以选择两种或两种以上的测序平台进行。当基因组序列中含有复杂、杂合序列时，较长长度的重叠群(contig)难以获得，导致后续的组装困难，这时不仅要构建小片段文库，还需要构建大片段文库，提升基因组的组装效果。小片段文库是指插入片段小于 1kb 的文库，小片段文库产生的读段主要用于拼接成重叠群，通

常构建的小片段文库包括 200bp、350bp、500bp 等；大片段文库是指插入片段大于 1kb 的文库，大片段文库主要用于将重叠群进一步组装成 Scaffold，文库类型通常有 2kb、5kb、10kb、15kb 及 20kb 等。此外需要根据基因组大小预测分析结果决定测序数据量。

不同的测序平台各具特色，根据基因组特点灵活选择。第一代 Sanger 测序运用双脱氧链末端终止法直接测序，具有高度的准确性但测序通量低。第二代测序相比第一代测序大幅降低了成本，保持了较高准确性，并且大幅降低了测序时间，且通量高，但在序列读长方面比起第一代测序技术则要短很多，而且具有扩增偏好性。第三代基因测序读长较长，可以减少拼接成本，节省内存和计算时间，作用原理上避免了 PCR 扩增引入错误；缺点是单读长的错误率偏高，需重复测序以纠错，且成本较高(Eid et al.，2009)。

## 四、组装与注释

### (一)基因组组装算法

基因组组装即将测序得到的短片段，通过序列之间的信息拼接成为长片段，最终得到这个物种的全基因组图谱。1970 年第一个组装程序诞生，随后组装程序经历了快速密集的发展。一般来说可以分为三类：overlap-layout-consensus(OLC)算法、德布鲁因图(de Bruijn graph，DBG)算法和贪心(greedy)算法。

1. Overlap-layout-consensus(OLC)算法

运用该算法组装主要分为三步，第一步(图 16-9a)，汇编程序首先识别所有重叠得很好的序列对。第二步(图 16-9b)，将这些重叠信息组织成图形，包括每条序列的节点和任意一对序列之间相互重叠的边缘信息；图中每一个片段看作一个节点，$n_1$(TGC)与 $n_2$(TGC)相同，因此这两个节点可以直接连接。第三步(图 16-9c)，在重叠群中寻找一条质量最重的序列路径，并获得与路径对应的序列；根据可递规则，$n_1$ 与 $n_3$ 之间的连接将会被删除，这样获得一个简化图；然后寻找一条质量最重的序列路径，获得序列 GAATGCTTACC。这种图形结构允许开发复杂的装配算法，可以考虑序列之间的全局关系。OLC 算法最初成功地用于 Sanger 法测序数据的组装。Celera Assembler、Phrap、Newbler 等均采用该算法进行拼接组装。

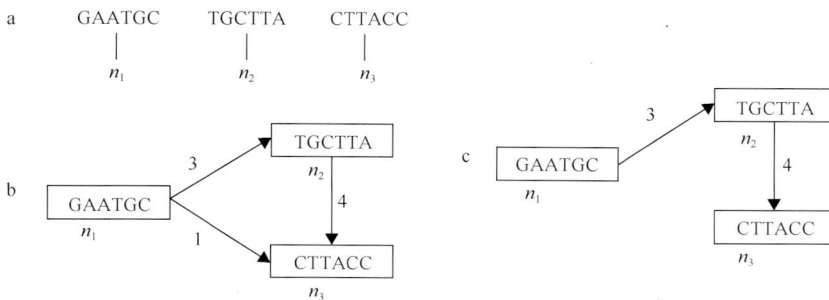

图 16-9 OLC 算法原理图

a. $n_1$、$n_2$、$n_3$ 为三个 DNA 片段；b.构建一个重叠：图中每一个片段看作一个节点；c.布局步骤：$n_1$ 到 $n_2$，$n_2$ 到 $n_3$，$n_1$ 到 $n_3$，根据可递规则寻找一条质量最重的序列路径。根据 Chen 等(2017)修改得到，已获得授权

## 2. 德布鲁因图（DBG）算法

该算法首先将输入的序列打断成长度为 $k$ 的片段，即 $k$-mer；相邻的 $k$-mer 正好重叠 $k-1$ 个字母，例如，图 16-10b 中 6-mer GAACTC 和 AACTCC 正好共享 5 个字母。与 OLC 方法类似，每一个 $k$-mer 都构成图的节点，再利用 $k$-mer 间的 overlap 关系构建连接，如图 16-10c 中，$n_1$ 和 $n_2$ 有 5 个碱基相同，因此这两个节点可以直接连接到一起。连接到一起的两个节点组成图 16-10d 中的 $n_1$。该算法适用于读长比较短的第二代测序数据，缺点是难以对重复序列区域进行分析。Velvet20、SOAPdenovo22 和 ALLPATHS30 等都是应用该算法开发的组装软件。

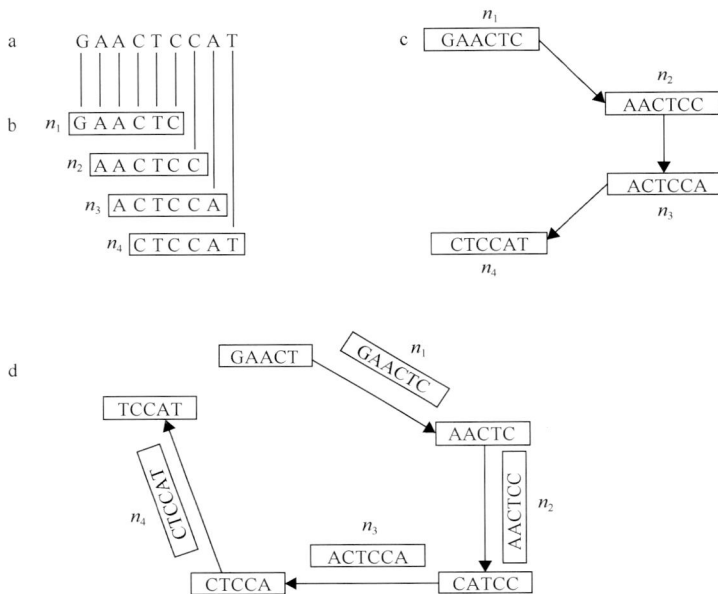

图 16-10 DBG 算法原理图

a.一条 DNA 序列。b.序列拆分为 4 个连续重叠的子序列，每个子序列由一个核苷酸转移形成。这些子序列也称为 6-mer。c.构建 DBG：子序列 $n_1$ 的后 5-mer 等于子序列 $n_2$ 的前 5-mer，因此这些节点直接连接。d.构建 DBG 的欧几里得路径：子序列 $n_1$ 是有向连接，开始节点是 $n_1$ 的前 5-mer，后来的节点是 $n_1$ 的后 5-mer。根据 Chen 等(2017)修改得到，已获得授权

## 3. 贪心算法

在该算法中以最大的直接利益作出选择。即给定任何序列或重叠群，汇编程序在每个阶段总是加入重叠最好的序列，只要它们与已经构建的汇编不矛盾即可，直到没有更多的操作成为可能。每个操作应用下一个最高得分重叠以进行下一个连接。其通过只考虑高得分边缘来简化图形。该算法所做的选择本质上是局部的，并没有考虑到序列之间的全局关系。早期的组装工具如 phrap 和 TIGR Assembler95 采用的是贪心算法。

## （二）基因组组装工具

随着第二代测序技术的快速发展，用于短序列拼接的生物信息学软件大量涌现，常用软件包括 SSAKE(v3.7)(Warren et al.，2007)、VCAKE(vcakec_2.0)(Jeck et al.，2007)、

Euler-sr(v1.1.2)(Chaisson and Pevzner，2008)、Edena(2.1.1)(Hernandez et al.，2008)、Velvet(v1.0.18)(Zerbino and Birney，2008)、ABySS(v1.2.6)(Simpson et al.，2009)和SOAPdenovo(v1.05 for 64bit Linux)(Li et al.，2010)等。前人专门对上述7种软件进行比较分析(Lin et al.，2011)，在分析这些工具时，更高的性能表现为更高的N50值、更高的序列覆盖率、更低的组装错误率和更低的计算资源消耗。不同工具的组装性能在一定程度上取决于测试条件。该研究提出了以下工具选择指南(表16-2)：SSAKE、Edena和Euler-sr(约50×)能产生更高的N50长度，但与Velvet、ABySS和SOAPdenovo(约30×)相比需要更高的覆盖度；SOAPdenovo是所有工具中最快的，而ABySS几乎是消耗内存空间最少的。拼接软件要根据实验设计和可用的计算资源选择最合适的组装工具。

**表16-2　不同情况下 *de novo* 组装工具选择指南**

| 测序方式 | 文库特征 | | 小基因组 | | | 大基因组 | | |
|---|---|---|---|---|---|---|---|---|
| | GC含量 | 读长 | 高N50 | 高覆盖度 | 低组装误差率 | 高N50 | 高覆盖度 | 低组装误差率 |
| 单端测序 | 低 | 短 | Eu, SS | SS | Ed, AB,Ve | Eu, SO, Ed | SO, Ed, AB, Ve | Ed, AB,Ve |
| | | 长 | SS, SO | SS | AB, Ve | SO | SO, Ed, AB, Ve | AB, Ve |
| | 高 | 短 | Eu, SO | SS, SO | AB, Ve, Ed | SO, Eu | SO | AB,Ve, Ed |
| | | 长 | SO, Ed, AB, Ve | SS, SO | AB, Ve | SO, Ed | SO | AB, Ve |
| 双端测序 | 低 | 短 | SO, SS, AB, Ve | AB, SS, Ve, SO | AB, Ve, SO | SO, AB,Ve | AB, SO, Ve | AB,Ve, SO |
| | | 长 | SO, SS | AB, SS, SO, Ve | AB, Ve, SO | SO, AB,Ve | AB, SO, Ve | AB,Ve, SO |
| | 高 | 短 | SO | AB | AB, Ve, SO | SO | AB | AB,Ve, SO |
| | | 长 | SO, AB, Ve | AB | AB, Ve, SO | SO, AB,Ve | AB | AB,Ve, SO |

注：Eu代表Euler-sr软件；SS代表SSAKE软件；SO代表SOAPdenovo软件；Ed代表Edena软件；AB代表ABySS软件；Ve代表Velvet软件

### (三)基因组组装质量评估

拼装结果还需要进行质量评估，以ContigN50和ScaffoldN50为主要指标。ContigN50是指将拼接得到的重叠群从长到短进行排列，排列成一条线，当长度达到总长度一半的时候，此时该重叠群的长度即为ContigN50；ScaffoldN50是将组装得到的Scaffold从长到短进行排列，当长度达到总长度一半的时候，此时该条Scaffold的长度即ScaffoldN50。一般来说ContigN50和ScaffoldN50的长度越长，基因组组装的质量也就越好。但是ContigN50和ScaffoldN50也不是唯一评估标准，还需要对基因组进行序列一致性评估、序列完整性评估、准确性评估、Cegma保守性评估等。

### (四)基因组注释

基因组注释是利用生物信息学方法和工具，对基因组所有基因的生物学功能进行高通量注释。基因组草图组装完成后，可利用生物信息学方法对基因组进行注释，基因组注释主要包括4个研究方向：重复序列的识别、非编码RNA的预测、基因结构预测和基因功能注释。

1. 重复序列的识别

重复序列是指在基因组中重复出现的 DNA 序列，根据其在基因组中重复频率特点又可分为串联重复序列和分散重复序列。其中，串联重复序列包括微卫星序列、小卫星序列等，在基因表达、调控和遗传等方面起着十分重要的作用；散在重复序列又称转座子元件，包括以 DNA-DNA 方式转座的 DNA 转座子和反转录转座子。然而，由于重复序列的存在，在搜索数据库时可能得到许多同样的结果，因而重复序列会给 DNA 序列分析带来许多问题。所以，在进行基因组注释时一般先寻找并屏蔽重复的和低复杂性的序列。目前，识别重复序列和转座子的方法为序列比对和从头预测两类。序列比对方法一般采用 Repeatmasker 软件；从头预测的方法有 Recon、Piler、Repeatscout、LTR-finder、ReAS 等。

2. 非编码 RNA 的预测

非编码 RNA（non-coding RNA）是指不编码蛋白质的 RNA。其中包括 rRNA、tRNA、snRNA、snoRNA 和 microRNA 等多种已知功能的 RNA，还包括未知功能的 RNA。非编码 RNA 在人类基因转录本数目中占比很高，研究表明，它们能在许多关键的生物学过程中发挥重要作用。由于非编码 RNA 种类繁多，特征各异，缺少编码蛋白质的基因所具有的典型特征，现有的非编码 RNA 预测软件一般专注于搜索单一种类的非编码 RNA，如 tRNAScan-SE 搜索 tRNA、snoScan 搜索带 C/D 盒的 snoRNA、SnoGps 搜索带 H/ACA 盒的 snoRNA、mirScan 搜索 microRNA、CopraRNA/IntaRNA 软件主要应用于预测细菌 sRNA 等。

3. 基因结构预测

基因结构预测对于发现新基因、了解基因组结构规律具有重要作用，是各类基因组计划的重要内容。基因结构预测包括预测基因组中的基因位点、可读框（ORF）、CpG 岛、转录终止信号、启动子/转录起始位点、密码子偏好性、mRNA 剪切位点及选择性剪切等。应用 Genefinder、Genehunter、FGeneSH 等软件寻找基因的可读框，外显子和内含子剪切位点的分析软件有 Spidey、Sim4、BLAST 等，较为流行的选择性剪切分析工具是 ProSplicer。

4. 基因功能注释

获得基因结构信息后，我们希望能够进一步获得基因的功能信息。基因功能注释方向包括预测基因中的模序和结构域、蛋白质的功能和所在的生物学通路等。获得蛋白质功能信息的方法有三类：序列内在信息、同源性搜索和基因邻近序列的分析方法。序列内在信息的方法是基于对序列本身的分析，而不涉及数据库中储存的其他序列；该方法包括跨膜区段的检测、低复杂性区域的检测、卷曲螺旋的检测、细胞分选信号的确定等。同源性搜索方法是基于同源蛋白质的概念，将未知蛋白质与数据库中储存的蛋白质进行比对，以便发现同源蛋白质，希望储存蛋白质具有可转移到该未知蛋白质的注释。该方法可获得蛋白质功能最详细的信息。

# 第三节　转录组测序技术及其应用

## 一、转录组测序技术

### (一)转录组简介

转录组即代表细胞、组织内的所有 RNA 转录本(RNA transcript)，反映着不同的生命发育阶段、不同环境条件、不同生理状态下表达的基因。通过对转录组的研究，可从整体水平上反映出细胞中基因的表达情况及其调控规律(Ozsolak and Milos，2011)。转录组，广义上指细胞特定时期或特定条件下所有基因的转录水平，包括编码蛋白的 mRNA 和不能编码蛋白的 RNA(ncRNA，如 rRNA、tRNA、microRNA 等)；狭义上仅指编码蛋白的 RNA(Costa et al.，2010)。

### (二)转录组研究方法

应用于转录组研究的方法主要有以下几种(Velculescu et al.，1995)。①以杂交技术为基础的方法，如寡聚核苷酸芯片、cDNA-AFLP、基因芯片(gene-chip)。②以测序技术作为基础的方法，如基因表达序列分析(serial analysis of gene expression，SAGE)、大规模平行签名测序(massively parallel signature sequencing，MPSS)、全长 cDNA 文库和表达序列标签(expressed sequence tag，EST)测序分析等。③以第二代测序技术为基础的方法，如 RNA-Seq，其具有以下优点：通量高，转录组测序可达到覆盖全部转录组；分辨率高，转录组测序技术可以分辨出单个碱基，并且准确度高；灵敏度高，该测序技术可检测细胞中少至几个拷贝的稀有转录本；不受限制性，转录组测序技术可对物种的全转录组进行分析(Marioni et al.，2008)。

随着高通量测序技术的高速发展，第二代测序技术以其更低成本、更高通量、更精确数据信息的绝对优势，不但成为研究 mRNA 的主流技术，而且成为科研中重要的技术手段，在转录组学研究中占有重要地位，被视为在转录水平上更为精确的测定分析方法(祁云霞等，2011)，转录组测序技术与常用的微阵列芯片方法比较如表 16-3 所示(Morozova et al.，2009；Wang et al.，2009；Ozsolak and Milos，2011；Mcgettigan，2013)。

表 16-3　转录组测序技术与微阵列芯片技术比较

| 方法 | 转录组 | 微阵列芯片 |
| --- | --- | --- |
| 通量 | 高 | 高 |
| 所需 RNA 量 | 仅需约 1ng 总 RNA | 需约 1μg mRNA |
| 建库灵敏度 | 高 | 低 |
| 是否需要参考基因组 | 不需要 | 需要 |
| 定量准确性 | 约 90% | >90% |
| 序列分辨率 | 可以检测 SNP 和可变剪切转录本 | 仅专用芯片可检测可变剪切转录本 |
| 测序敏感度 | $10^{-6}$ | $10^{-3}$ |
| 动态范围 | >$10^5$ | $10^3$~$10^4$ |
| 技术再现性 | 99% | >99% |

### (三)转录组测序研究流程

转录组测序采用数字化信号,将细胞中所有转录产物反转录为 cDNA 文库,然后将 cDNA 文库中的 DNA 随机剪切成小片段,在 cDNA 两端加上接头并利用高通量测序仪测序,以获得足够的序列,所得的序列通过比对到基因组或者从头组装拼接,形成全基因组范围的转录谱(祁云霞等,2011)。根据是否有参考基因组信息,可分为真核有参转录组和真核无参转录组测序。

### (四)转录组研究目的

通过转录组测序可以解决各种生物学问题,对不同研究目的进行分类总结,主要包括以下几种(Auer and Doerge,2010):①寻找研究对象重要性状、表型的生物标记物(biomarker)、关键调控基因。②寻找不同处理条件下与差异性状或表型相关联的主要功能基因。③寻找研究对象时序性变化、空间特异性变化的主控因素。④在转录水平进行性状定位、进化生物学研究。

## 二、样本选取

样本选取需根据具体的研究目的决定,对于不同处理条件、不同时间点的样本,一般选择能直接反映生物学问题的组织部位。为了消除组内误差、降低背景差异、检测异常样本,一般建议进行 3 个以上生物学重复。

此外,应结合对物种的研究目的有针对性地选取样本。如长非编码 RNA(lncRNA)具有物种特异性和组织特异性,因此研究组织特异性,建议选取 5 个以上不同组织的样品,且个体具有相同的遗传背景;研究植物的抗旱特性,以根为研究对象,至少选取 3 个生物学重复样品,并且要注意防止外源污染;对于药理研究,取处理、对照的同一部位,至少 3 个生物学重复样品,但需注意时间点的选择,如选择差异较明显的时间点;而针对胚胎研究,需取不同时期的胚胎组织,至少 3 个生物学重复样品,需注意所选取的样品具有相同的遗传背景。

## 三、建库准备

一般根据研究转录本的不同目的,采取对应的建库策略。研究物种内编码蛋白的转录本,采取如下建库策略(图 16-11),由于真核生物 mRNA 在 3′端具有 poly(A)尾结构特点,根据碱基 A 与 T 互补配对原理,即可通过 Oligo(dT)磁珠富集出特定组织或细胞在某个特定时空条件下转录出来的所有 mRNA。小 RNA 是生物体内重要的调控因子,属于调控类 RNA,包括 miRNA、siRNA、snoRNA、piRNA 等(Ponting et al.,2009)。

小 RNA 通过 mRNA 降解、翻译抑制、异染色质形成及 DNA 表观修饰去除等途径调控生物体的生长发育(Berezikov et al.,2005)。通过高通量测序研究小 RNA,其建库策略如下:以总 RNA 为起始样品,利用小 RNA 的 3′端及 5′端特殊结构(5′端具有完整的磷酸基团,3′端具有羟基基团),直接将小 RNA 两端加上接头,然后反转录合成 cDNA,

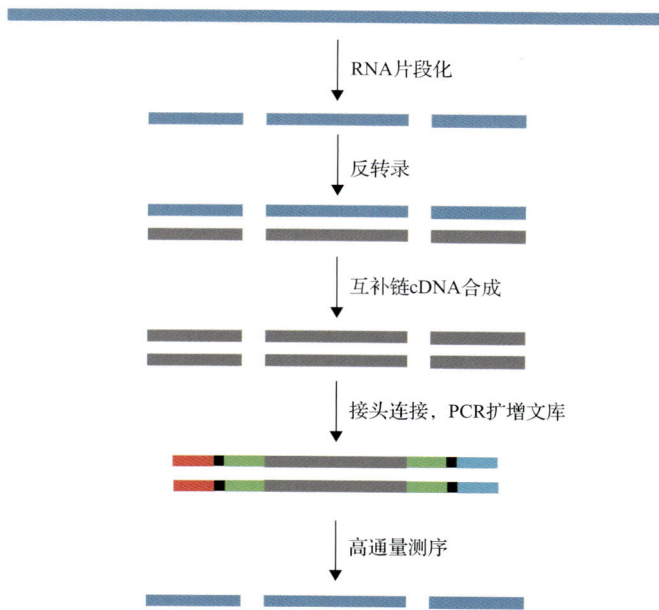

图 16-11　RNA-Seq 建库策略

再经过 PCR 扩增，PAGE 胶电泳分离目标 DNA 片段，切胶回收得到的即为 cDNA 文库。长非编码 RNA（lncRNA）具有广泛的调节机制，在染色体、DNA、RNA 及蛋白水平均参与通路的调节，调节生物生理活动（Guttman and Rinn，2012；Batista and Chang，2013；Clark and Blackshaw，2014）。

运用高通量测序技术可有效获得生物体内已知与未知 lncRNA 表达情况及其对应的靶基因功能信息，对其采取构建 lncRNA 文库策略，即提取总 RNA，去除核糖体 RNA，构建链特异性文库，大致如下：提取总 RNA 后，将 RNA 打断成短片段，以短片段 RNA 为模板，用随机引物合成一链 cDNA，然后加入缓冲液、dNTP（dUTP、dATP、dGTP 和 dCTP）。和 DNA polymerase Ⅰ 合成二链 cDNA，随后利用 AMPure XP bead 纯化双链 cDNA。纯化的双链 cDNA 再进行末端修复、加 A 尾并连接测序接头，然后用 AMPure XP bead 进行片段大小选择，之后用 USER 酶降解含有 U 的 cDNA 第二链，最后进行 PCR 富集即可得到链特异性 cDNA 文库。与上述研究编码蛋白的转录本文库构建策略不同，lncRNA 文库不需根据 poly（A）对 mRNA 进行富集。

环状 RNA（circular RNA，circRNA）由于其 5′端和 3′端共价结合形成闭合环状的非编码 RNA，结构特殊，具有物种保守性和组织特异性，在生物体的生命活动中发挥重要的调控作用，如充当 miRNA 分子海绵，调控基因转录，与 RNA 结合蛋白相互作用，翻译蛋白质（Burd et al.，2010；Faust et al.，2012；Zhang et al.，2013；Jens，2014）。其文库构建主要有以下两种方法：lncRNA 文库构建（如上所述）；circRNA 文库构建，即提取总 RNA 后，去除 rRNA，接着用 RNase R 去除线性 RNA，富集 circRNA，按照与 lncRNA 相同的文库构建流程，构建链特异性文库。研究表明，lncRNA 文库构建分析筛选得到的 circRNA 占 circRNA 文库构建 circRNA 的 30%左右。

## 四、转录组重建和差异表达分析

转录组研究的一个目的就是快速地发现来自于某一时间和某一特定条件下的所有转录本的类型。根据是否有参考基因组，转录本的发现可以分为有参转录本和无参转录本的发现。下面以软件 Tuxedo(Trapnell et al.，2012)软件为例，介绍有参转录组分析的基本流程。

### (一)为基因组序列构建索引

这里用的软件为 bowtie2-build，"genome.fa"是基因组序列，"genome"则是产生的一系列索引文件的前缀。

bowtie2-build genome.fa genome

### (二)将测序产生的读段用 tophat 软件比对到基因组上

在以下的例子中，将所有产生的序列(以 fq 结尾，表示该序列的格式为 fastq 格式)重新进行命名，这里"C"表示"condition"，即条件；"R"表示"replicate"，即重复。"C1"表示 condition1，R1 表示 replicate1，依次类推。由于采用 pair-end 方法进行测序，得到的两端的序列分别命名为"1.fq"和"2.fq"。输出的文件名为 C1_R1_thout。这里 genes.gtf 表示的是带有注释信息的文件。在以下的例子中所有的数据来源于两个不同的条件，每个条件有两个重复。具体运行的命令如下：

tophat -G genes.gtf -o C1_R1_thout genome 4k_READS_sample/C1_R1_1.fq 4k_READS_sample/C1_R1_2.fq

tophat -G genes.gtf -o C1_R2_thout genome 4k_READS_sample/C1_R2_1.fq 4k_READS_sample/C1_R2_2.fq

tophat -G genes.gtf -o C2_R1_thout genome 4k_READS_sample/C2_R1_1.fq 4k_READS_sample/C2_R1_2.fq

tophat -G genes.gtf -o C2_R2_thout genome 4k_READS_sample/C2_R2_1.fq 4k_READS_sample/C2_R2_2.fq

### (三)用 cufflinks 软件将比对到基因组上的读段进行组装，获得相应的转录本

在以上步骤中产生的 mapping 文件为"bam"格式，在这一步，用 cufflinks 处理 bam 文件，将组装成的文件放到相应的"clout"文件夹中：

cufflinks -o C1_R1_clout C1_R1_thout/accepted_hits.bam
cufflinks -o C1_R2_clout C1_R2_thout/accepted_hits.bam
cufflinks -o C2_R1_clout C2_R1_thout/accepted_hits.bam
cufflinks -o C2_R2_clout C2_R2_thout/accepted_hits.bam

### （四）生成的转录本用 gtf 格式表示

下面做一个所有 gtf 格式文件的列表。列表文件的名字为"assemblies.txt"。具体命令如下：

```
echo "./C1_R1_clout/transcripts.gtf" >> assemblies.txt
echo "./C1_R2_clout/transcripts.gtf" >> assemblies.txt
echo "./C2_R1_clout/transcripts.gtf" >> assemblies.txt
echo "./C2_R2_clout/transcripts.gtf" >> assemblies.txt
```

### （五）整合从每个样品中获得的转录组成为一个转录组

整合从每个样品中获得的转录组成为一个转录组，结果文件这里没有显示。名字应该是 merged.gtf。

```
cuffmerge -g genes.gtf -s genome.fa assemblies.txt
```

### （六）对转录本进行定量并对转录本在不同条件下的表达量进行差异表达分析

这里 diff_out 是输出文件目录的名称，其中有所有的文件。genome.fa 是基因组序列，-L 后面显示的是两个不同的条件 C1 和 C2。-u 后面显示的是组装的转录本。Cuffdiff 接受所有比对的结果进行分析。

```
cuffdiff -o diff_out -b genome.fa -L C1,C2 -u merged_asm/merged.gtf./C1_R1_thout/
accepted_hits.bam,./C1_R2_thout/accepted_hits.bam./C2_R1_thout/accepted_hits.bam,./C2_R
2_thout/accepted_hits.bam
```

由于篇幅限制，以上我们直接用命令行来描述了有参转录组的分析过程。对于无参转录组数据的分析，主要的差别是先对获得的读段进行基于德布鲁因图的组装，组装之后，就可以按照有参转录组的分析方法进行分析。对于有兴趣的读者，可以仔细学习 Trinity (Haas et al., 2013) 软件的原理及使用说明。

## 五、生物信息学分析及其在药用植物品质生物学研究中的应用

转录组实验产生庞大的数据，通过生物信息学分析手段可从这些数据中提炼出有价值的数据信息，挖掘出与药用植物生长发育、次生代谢等密切相关的关键基因信息、通路信息等，为以后的基因功能验证做好铺垫，与药用植物品质生物学研究相关的生物信息涉及以下几方面：转录组分析主要涉及基因表达量 RPKM (reads per kilobase of exon model per million mapped reads) (Trapnell et al., 2012) 的计算，基因在不同条件之间的差异表达情况的计算和统计分析，以及最终显著差异表达分析基因的筛选。在差异基因的筛选过程中，以 $|\log_2(\mathrm{FC})| > 1$，$q$-value $\leqslant 0.05$ 作为筛选的条件，这里 FC 代表"fold change"，即同一基因在不同的条件下 RPKM 值直接的比例。而 $q$-value 代表的是 False Discover Rate (FDR)。根据这个条件可以获得显著差异表达基因的列表。然后对列表中的基因进

行功能分析以获得感兴趣的基因。

对基因功能进行分析主要涉及以下几方面：①GO，即基因本体(gene ontology)。GO实际是描述基因功能的一套标准，包括概念及其之间的关系。GO 把基因的功能分为分子功能(molecular function)、生物过程(biological process)和细胞组成(cellular component)三部分。所要搜寻的蛋白质或者基因可以通过序列比对注释、蛋白或基因 ID 对应的方法找到其对应的 GO 号，并通过 GO 号对应到 Term，即功能类别、细胞定位。功能富集分析需要通过对参考数据集进行分析，并在此基础上找出在统计上显著富集的 GO Term。②除了 GO 功能富集分析，京都基因与基因组百科全书(kyoto encyclopedia of genes and genome，KEGG)代谢通路分析也尤为重要，不同的基因在生物体内相互协调进行生物学功能，对差异基因的通路注释分析有助于进一步解读基因的功能，明确基因所参与的代谢通路。在对代谢通路进行分析的基础之上，进行代谢通路富集分析，利用富集因子(enrichment factor)分析通路的富集程度，并利用 Fisher 精确检验方法计算富集显著性，以 $q$-value≤0.05 作为常用的显著性富集的标准(Quevillon et al.，2005；Conesa et al.，2005)。

由以上转录组分析结果挖掘差异基因，并结合功能注释富集分析、代谢通路富集分析等结果，筛选到与药用植物生长发育、次生代谢产物通路密切相关的基因列表，为更深入的基因功能验证提供基因列表参考信息。

## 六、差异表达基因验证

### (一)差异表达基因的筛选

获取样本间的差异基因为转录组测序的主要目的之一，而获取差异基因的数量多少取决于对样本的处理。如果处理组与对照组在表型上有较大差异，则得到差异基因的数目较多。随后，采用 RPKM 值标准化处理基因的表达水平，RPKM≥2 即认为基因表达；基因在不同样本间的表达量的倍数变化$|\log_2 \text{fold change}|>2$ 且 $P$ 值($P$-value)≤0.05，则认为该基因在不同样本间的表达量具有统计学显著性差异。

### (二)差异表达基因的实验验证

按照常规的转录组建库方法，对差异基因的表达验证可借助于常规的实时荧光定量PCR(qRT-PCR)，即所选取的样本与样品转录组建库、测序的样本一致，提取样本总 RNA，之后反转录成 cDNA，以 cDNA 为模板，借助实时荧光定量 PCR 技术手段，对样本中差异基因的表达情况进行验证，并统计经转录组测序平台获取基因的表达量与经荧光定量PCR 平台获取基因的表达量之间的 Pearson 相关系数、$P$-value，一般 Pearson≥0.9，$P$-value≤0.05 认为显著相关，通常也被作为评价 RNA-Seq 数据质量是否可靠的标准。若样本转录组的建库方式采取链特异性建库，差异基因的表达验证采取链特异性荧光定量 PCR 方法(Kawakami et al.，2011)。其原理(图 16-12)：反转录反应时，加入特定基因的单条引物，经过反转录获得相应基因的正义链或反义链的 cDNA。随后加入双引物，再通过荧光定量 PCR 技术手段，检测基因正义链或反义链的表达水平。

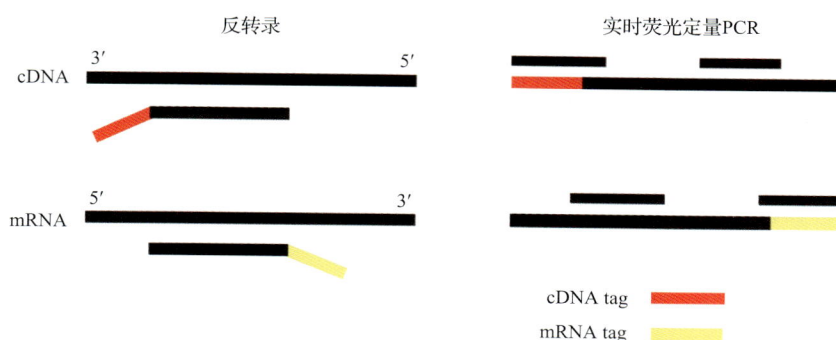

图 16-12　链特异性荧光定量 PCR 方法

## 七、基因功能验证

通过发现差异表达基因并对其进行功能富集分析，可以获得一系列候选基因。对于候选基因的功能的验证，涉及所研究物种的生物学特性及各式各样的研究方法，由于篇幅限制，无法详细描述。以下，仅对常用的方法进行简要的介绍。

### (一)通过蛋白质相互作用研究基因功能

基因是相对静态的，而基因编码的蛋白具有时空性和可调节性，是生物功能的主要体现者和执行者。而蛋白通常是以与其他蛋白质的相互作用来执行生物学功能的，蛋白质的相互作用存在于有机体每个细胞的生命活动当中：生物对环境的应答反应、信号转导过程、细胞的增殖、基因表达和各种代谢过程均受到蛋白质之间相互作用的调节。蛋白质之间相互作用的研究方法主要有双杂交技术、免疫共沉淀技术等方法。在一些转录因子中发现的 DNA 结合结构域和转录结构域为双杂交技术的基础，一个转录激活结构域联合一个 DNA 结合结构域有可能在 TATA 框位置启动 RNA 聚合酶Ⅱ复合体的装配，引发转录过程。双杂交主要包括酵母双杂交体系、酵母反向双杂交体系、单杂交体系及三杂交体系等。其中酵母双杂交体系主要用于搜寻与已知蛋白具有相互作用的未知蛋白，而酵母反向双杂交使用特殊的报道基因，以鉴别不同突变对蛋白质之间相互作用的影响。单杂交体系主要用于研究 DNA 与蛋白质之间的相互作用关系，可用于分离与 DNA 序列结合的蛋白质基因。三杂交体系用于研究 RNA 与蛋白质之间的相互作用关系及小分子与蛋白质之间的相互作用关系。

免疫共沉淀(co-immunoprecipitation，CO-IP)是分析细胞内两种蛋白质是否存在相互作用的方法，其原理是利用标签抗体与融合蛋白携带的标签之间的高亲和力特性纯化和检测溶液的靶分子，也是确定生理条件下细胞内蛋白质相互作用的有效手段。免疫共沉淀实验主要取决于抗原的丰度，以及抗体对抗原的亲和力，因此，应尽可能确保抗体的特异性与亲和性。

### (二)通过定点突变技术研究基因功能

定点突变技术(site-specific mutagenesis)也称为寡核苷酸介导的诱变技术，是在 DNA

水平改变特定碱基序列研究蛋白功能的一种方法。该技术利用酶学方法和化学方法剪切、合成 DNA，将突变技术导入基因位点，不但可以研究蛋白结构和功能，而且可分析蛋白质相互作用位点的结构。其中，PCR 是应用最为广泛的定点突变技术，PCR 定点突变技术具有简单快速、不需要制备单链模板的特点，只需设计带有突变碱基的引物即可。

### （三）RNA 干扰研究基因功能

RNA 干扰（RNA interference，RNAi）是一种序列特异性的转录后基因沉默（post-transcriptional gene silencing，PTGS）过程，通过双链 RNA 分子引起具有相同序列的 mRNA 发生降解沉默基因表达活性。RNA 干扰技术是一种通过导入双链 RNA 表达载体抑制基因表达的方法。通过 RNA 干扰不仅可抑制特定基因的表达，还可从个体的表型变化确定基因的功能。RNAi 具有高特异性、高效性、高稳定性、浓度时间依赖性、可转播性、可遗传性及对靶基因位点的高选择性（Mann et al.，2008；Lin et al.，2009；Moore et al.，2010），其广泛应用于基因功能的研究。RNAi 作用机制：dsRNA 的形成、短干扰 RNA（short-interfering RNA，siRNA）的产生和靶 RNA 的降解。RNAi 还可应用于基因治疗、鉴定药物靶位和筛选药物方面（Makimura et al.，2002）。

# 第四节　药用植物 DNA 和 RNA 的提取纯化

## 一、药用植物 DNA 提取纯化

### （一）用于第二代测序高质量基因组 DNA 提取纯化

高质量基因组 DNA 提取是进行分子生物学实验的基础，是进行分子标记、基因组图谱、基因定位研究、基因文库构建、DNA 重组、基因克隆、转基因等研究的实验前提。药用植物各种器官（如根、茎、叶、花、果实等）富含多糖、酚、单宁、色素及其他次生代谢物质。这些物质会大大减小 DNA 的提取获得率，并降低 DNA 的提取质量，从而影响后续实验的开展。

大多数核酸分离与纯化的方法一般都包括细胞裂解、酶处理、核酸与其他生物大分子物质分离、核酸纯化等几个主要步骤。每一步骤又可由多种不同的方法单独或联合实现。

1. 细胞裂解

核酸必须从细胞或其他生物物质中释放出来。细胞裂解可通过机械作用、化学作用、酶作用等方法实现。

机械作用：包括低渗裂解、超声裂解、微波裂解、冻融裂解和颗粒破碎等物理裂解方法。这些方法用机械力使细胞破碎，但机械力也可引起核酸链的断裂，因而不适用于高分子量长链核酸的分离。

化学作用：在一定的 pH 环境和变性条件下，细胞破裂，蛋白质变性沉淀，核酸被释放到水相。上述变性条件可通过加热、加入表面活性剂（SDS、Triton X-100、Tween 20、NP-40、CTAB、sar-cosyl、Chelex-100 等）或强离子剂（异硫氰酸胍、盐酸胍、肌酸胍）而获得。而 pH 环境则由加入的强碱(NaOH)或缓冲液(TE、STE 等)提供。在一定的 pH 环境下，表面活性剂或强离子剂可使细胞裂解，蛋白质和多糖沉淀，缓冲液中的一些金属离子螯合剂(EDTA 等)可螯合核酸酶活性所必需的金属离子 $Mg^{2+}$、$Ca^{2+}$，从而抑制核酸酶的活性，保护核酸不被降解。

杨维泽等(2014)采用经典 CTAB 法、改良 CTAB 法、高盐低 pH 法和 SDS 法对药用植物珠子参总 DNA 提取方法进行比较研究，用紫外分光光度法和琼脂糖凝胶电泳检测 DNA 质量。结果表明，4 种方法中 DNA 产量最高的为经典 CTAB 法，DNA 纯度最高的为改良 CTAB 法，而改良 CTAB 法和 SDS 法扩增效果最佳。

史仁玖等(2009)探讨不同 DNA 提取方法对泰山四叶参 DNA 质量的影响。对提取的 DNA 进行紫外光谱分析、总 DNA 电泳及 RAPD 分析。结果表明，改良 CTAB 法和改良 SDS 法较好。

庞玉新等(2009)以药用植物艾纳香为研究对象，采用 SDS 法、CTAB 法、SDS-CTAB 法和改良 CTAB 法四种不同的基因组 DNA 提取方法进行了对比试验。结果表明，改良 CTAB 法是艾纳香基因组 DNA 提取较适宜的方法。

冯图和黎云祥(2011)采用改良 2×CTAB 法和改良 SDS 法提取富含多糖和次生代谢物质的几种药用植物不同器官基因组 DNA，并用紫外分光光度计进行分析，用凝胶电泳和 PCR 扩增进行鉴定。结果表明：改良 2×CTAB 法和改良 SDS 法均能有效去除不同药用植物材料中的蛋白质、多糖、酚类及其他次生代谢物质，获得较高质量基因组 DNA。但与改良 SDS 法相比，改良 2×CTAB 法提取的基因组 DNA 质量更好。

酶作用：主要是通过加入溶菌酶或蛋白酶(蛋白酶 K、植物蛋白酶或链酶蛋白酶)以使细胞破裂，核酸释放。蛋白酶还能降解与核酸结合的蛋白质，促进核酸的分离。其中溶菌酶能催化细菌细胞壁的蛋白多糖 N-乙酰葡糖胺和 N-乙酰胞壁酸残基间的 $\beta$-(1,4)键水解。蛋白酶 K 能催化水解多种多肽键，其在 65℃ 及有 EDTA、尿素(1~4mol/L)和去污剂(0.5%SDS 或 1%Triton X-100)存在时仍保留酶活性，这有利于提高对高分子量核酸的提取效率。在实际工作中，酶作用、机械作用、化学作用经常联合使用。具体选择哪种或哪几种方法可根据细胞类型、待分离的核酸类型及后续实验目的来确定。

2. 酶处理

RNase 也用于去除不需要的 RNA。

3. 核酸的分离与纯化

核酸的高电荷磷酸骨架使其比蛋白质、多糖、脂肪等其他生物大分子物质更具亲水性，根据它们理化性质的差异，用选择性沉淀、层析、密度梯度离心等方法可将核酸分离、纯化。

酚/氯仿抽提法：核酸分离的一个经典方法是酚/氯仿抽提法。细胞裂解后离心分离含核酸的水相，加入等体积的酚：氯仿：异戊醇(25:24:1，体积比)混合液。疏水性的蛋白质被分配至有机相，核酸则被留在上层水相。氯仿可去除脂肪，使更多蛋白质变性，从而提高提取效率。异戊醇则可减少操作过程中产生的气泡。核酸盐可被一些有机溶剂沉淀，通过沉淀可浓缩核酸，改变核酸溶解缓冲液的种类及去除某些杂质分子。典型的

例子是在酚、氯仿抽提后用乙醇沉淀，在含核酸的水相中加入 pH5.0～5.5、终浓度为
0.3mol/L 的 NaAc 或 KAc 后，钠离子会中和核酸磷酸骨架上的负电荷，在酸性环境中促
进核酸的疏水复性。然后加入 2～2.5 倍体积的乙醇，经一定时间的孵育，可使核酸有效
地沉淀。其他的一些有机溶剂(异丙醇、聚乙二醇等)和盐类(10.0mol/L 乙酸铵、8.0mol/L
的氯化锂、氯化镁和低浓度的氯化锌等)也用于核酸的沉淀。不同的离子对一些酶有抑制
作用或可影响核酸的沉淀和溶解，在实际使用时应予以选择。经离心收集，核酸沉淀用
70%的乙醇漂洗以除去多余的盐分，即可获得纯化的核酸。该方法的缺点是由于使用了
苯酚、氯仿等试剂，毒性较大，长时间操作对人员健康有较大影响，而且核酸的回收率
较低，损失量较大，由于操作体系大，不同实验人员操作重复性差，不利于保护 RNA，
很难进行微量化的操作。优点是采用了实验室常见的试剂和药品，操作成本比较低廉。
缺点是需要较多的样本，耗材多。

　　层析法：层析法是利用不同物质某些理化性质的差异而建立的分离分析方法，包括
吸附层析、亲和层析、离子交换层析等方法。因分离和纯化同步进行，并且有商品试剂
盒供应，而被广泛应用于核酸的纯化。在一定的离子环境下，核酸可被选择性地吸附到
硅土、硅胶或玻璃表面而与其他生物分子分离。它的优点是比传统的酚/氯仿抽提法提取
的纯度高。

　　磁珠法：另外一些选择性吸附方法以经修饰或包被的磁珠作为固相载体，磁珠可通
过磁场分离而无须离心，结合至固相载体的核酸可用低盐缓冲液或水洗脱。该法分离纯
化核酸，具有质量好、产量高、成本低、快速、简便、节省人力及易于实现自动化等优
点。Elkin 等(2001)使用羧化磁珠分离纯化质粒 DNA。该法在细胞裂解后，离心分离含
质粒的水相，再加入羧化的磁粒，然后用 PEG/NaCl 沉淀，使目的 DNA 吸附至磁珠，最
后磁场分离被吸附的 DNA，经乙醇洗涤，用水洗脱，可获得高产量的适用于毛细管测序
的模板 DNA。磁珠法的优点：①操作简单、用时短，整个提取流程只有裂解、结合、洗
涤、洗脱四步，短时间内即可完成；②安全无毒，不使用传统方法中的苯、氯仿等有毒
试剂，对实验操作人员的伤害少，保护了实验人员的身体健康；③磁珠与核酸的特异性
结合使得提取的核酸纯度高、浓度大；④灵敏度高，适合法医样本等痕量 DNA 提取。

## (二)高分子量植物 DNA 提取与纯化

　　目前，建立高质量的参考基因组序列是复杂基因组从头测序的主要挑战。目前对基
因组的从头组装策略大多基于短序列，组装产生大量的片段化的基因组序列，影响了组
装的质量。第三代测序技术测序读长＞10kb，将大大促进复杂基因组的组装，但需要高
分子量基因组 DNA(gDNA)，而用于提取短序列的 gDNA 提取方案将不适用于第三代测
序技术。利用细菌人造染色体制备 gDNA 的方法(BAC)库可以获得高分子量的 gDNA，
但这些方法比较耗时且费用昂贵。Mayjonade 等(2016)在 SDS 缓冲液的基础上建立了一
个用于提取细菌、植物和动物高分子量 gDNA 的快速、便宜的提取方法(图 16-13)，并
对向日葵叶样品利用第三代测序技术进行验证，产生平均读取长度为 12.6kb，最大读取
长度为 80kb。

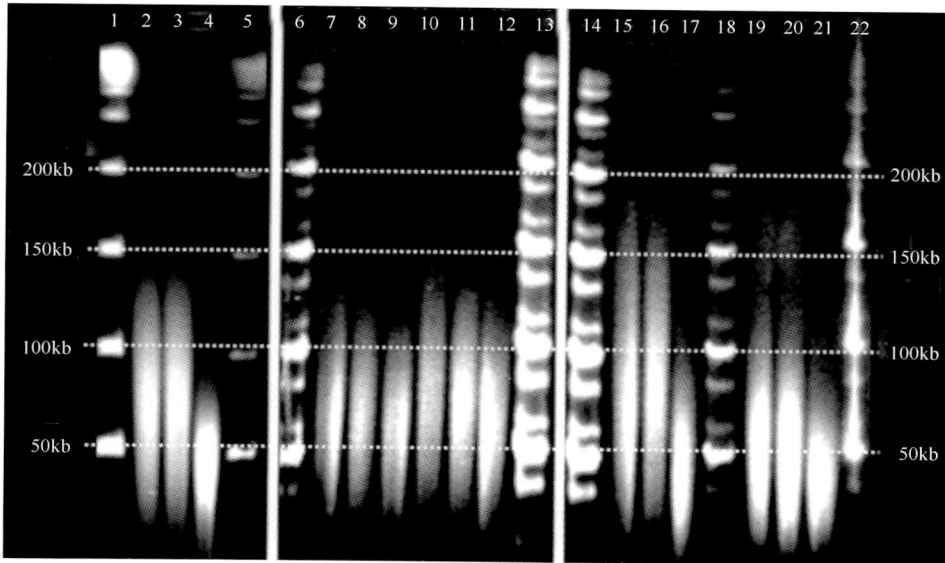

图 16-13 脉冲电泳检测基因组（gDNA）

通过脉冲电泳对不同方法提取的 gDNA 的完整性进行评估。泳道 1 和 5：lambda PFG ladder。泳道 6、13、14、18 和 22：MidRange I PFG marker。泳道 2～4：用 QIAGEN Genomic Tips 提取的向日葵 gDNA。泳道 7～9：用 Mayjonade 等（2016）的方法提取的向日葵 gDNA（两次乙醇洗涤而磁珠不悬浮）。泳道 10～12：用 Mayjonade 等（2016）的方法提取的向日葵 gDNA（两次乙醇洗涤，磁珠再悬浮）。泳道 15～17：用 Mayjonade 等（2016）方法提取的人 HEK293 细胞的 gDNA。泳道 19～21：用 Mayjonade 等（2016）的方法提取的 NEB 5-$\alpha$ 感受态大肠杆菌 gDNA。图片来自于 Mayjonade 等（2016），已获得使用授权

## 二、药用植物 RNA 提取纯化

### （一）总 RNA 提取纯化

从植物组织中提取纯度高、完整性好的 RNA 是利用高通量测序技术顺利进行植物转录组研究的关键所在。RNA 提取原理是通过变性剂破碎细胞或者组织，然后经过氯仿等有机溶剂抽提 RNA，再经过沉淀、洗涤、晾干，最后溶解。所有 RNA 的提取过程中都有五个关键点，即：样品细胞或组织的有效破碎；有效地使核蛋白复合体变性；对内源 RNA 酶的有效抑制；有效地将 RNA 从 DNA 和蛋白混合物中分离；对于多糖含量高的样品还涉及多糖杂质的有效除去。其中最关键的是抑制 RNA 酶活性。植物组织总 RNA 提取的常用方法如下。

#### 1. 强变性剂法

通常采用异硫氰酸胍法（Levin et al.，1987）或盐酸胍法（Logemann et al.，1987）提取植物总 RNA，其中的异硫氰酸胍和盐酸胍都是强烈的蛋白变性剂，它们不仅能强烈抑制 RNase 的活性，还能有效地解离核蛋白与核酸的复合体，与加入的巯基乙醇和 N-月桂酰肌氨酸钠（sarkosyl）共同对 RNase 产生强烈的抑制作用，这样能破裂细胞并迅速释放核酸，然后通过 CsCl 梯度密度离心或酸酚法等方法去除 DNA，有效地得到总 RNA。这种方法的优点是，由于有强烈的蛋白变性剂，因此能强烈抑制植物材料及提取液中的 RNase

的活性，特别适用于大量植物材料的 RNA 提取（Jordon-Thaden et al.，2015）。

TRIZOL 试剂中的主要成分为异硫氰酸胍和苯酚，其中异硫氰酸胍可裂解细胞，促使核蛋白体解离，使 RNA 与蛋白质分离，并将 RNA 释放到溶液中。当加入氯仿时，它可抽提酸性的苯酚，而酸性苯酚可促使 RNA 进入水相，离心后可形成水相层和有机层，这样 RNA 与仍留在有机相中的蛋白质和 DNA 分离开。水相层（无色）主要为 RNA，有机层（黄色）主要为 DNA 和蛋白质。

**2. LiCl-尿素法**

用高浓度的尿素，抑制 RNase 并分离核蛋白与核酸，用 LiCl 选择性地沉淀，该方法简单、试剂低廉，但有时会存在 DNA 污染、丢失一些小分子量的 RNA（如 5S RNA）及 $Li^+$ 和 $Cl^-$ 的残留等问题，所以有可能会干扰 mRNA 的反转录和体外翻译。

**3. CTAB 法（王杰等，2015）**

利用较高浓度的 CTAB 不仅能对植物细胞有较好的裂解作用，而且能有效地分离核蛋白与核酸的复合物，同时和巯基乙醇共同作用使蛋白变性、抑制 RNase 的活性，使用无水乙醇或异丙醇沉淀总核酸，然后再选择性地分离出 RNA。

**4. 热硼酸法（Wan and Wilkins，1994）**

该技术将硼酸缓冲体系、蛋白酶 K 消化蛋白和氯化锂选择性沉淀 RNA 等步骤偶联在一起，硼酸可与酚类化合物依靠氢键形成复合物，以二硫苏糖醇（DTT）作为还原剂，聚乙烯吡咯烷酮（PVP）可与多酚化合物形成复合体，它们都可以抑制植物组织中酚类物质的氧化及其与 RNA 的结合，通过 $Li^+$ 沉淀剩余的酚类物质，从而与 RNA 分开。因此，该技术非常适合于富含酚类物质的植物组织中总 RNA 的提取。

影响植物 RNA 提取的另一个问题是，水溶性的细胞代谢物如酚、多糖等易与 RNA 结合成胶冻状的不溶物或有色的复合物，它们能影响 RNA 的质量及产量。人们采用了多种处理方法来解决这个问题，如对组织提取液进行高速离心去除多糖；采用低 pH 的提取缓冲液抑制酚的解离及氧化；或用 β-巯基乙醇、PVP 来抑制酚类的干扰等。

## （二）mRNA 的分离

从总 RNA 中分离 mRNA 主要是利用亲和层析的原理。植物 mRNA 的 3′端具有 poly（A）结构，可用 oligo（dT）-纤维素[寡聚（dT）-纤维素]或 Poly（U）-Sepharose[多聚（U）-琼脂糖]亲和层析技术来纯化 mRNA。总 RNA 在流经寡聚（dT）-纤维素层析柱时，在高盐缓冲液作用下，mRNA 3′端多聚（A）残基与连接在纤维素柱上的寡聚（dT）残基间配对，形成氢键，使 mRNA 被吸附在柱上。不具 poly（A）结构的 RNA，不能发生特异性结合而从柱中流出。结合在柱上的 mRNA 可以用低盐缓冲液或蒸馏水洗脱。因为在高盐溶液中碱基间的氢键稳定，在低盐状态下易解离，水打破 poly（A）与（dT）间的氢键，使 mRNA 洗脱。

另外，NEB 的 mRNA 磁性分离试剂盒可用于从细胞或组织中分离完整的 poly（A）+ RNA。该技术的原理是将 Oligo d（T）25 与 1μm 顺磁性磁珠耦联后，以此为固相支持物直接结合 poly（A）+RNA。Oligo d（T）25 磁珠可再生 3 次，实验者可选择将分离到的 mRNA 洗脱下来或直接以结合于 mRNA 上的 dT DNA 为引物来进行 cDNA 第一链合成。

## （三）采用 rRNA 去除方法富集 RNA

在总 RNA 样本中，核糖体 RNA（rRNA）的丰度最高，占到总 RNA 的 80%以上。这些 rRNA 所含的转录组信息很少，浪费了宝贵的测序资源，也让特定类型 RNA 的检测变得困难。如果只对转录组 RNA 信息感兴趣的话，就要事先去除这部分 rRNA，从而最大程度地保留有效的转录组 RNA 信息，提高测序的数据质量。

与传统的 poly（A）方法捕获总 RNA 样本中的 mRNA 方法相比，rRNA 去除方法可以同时保留带 poly（A）尾和不带 poly（A）尾的 RNA，最大限度地保留转录组的数据，而且对于有降解的 RNA 样本，也会最大限度地保留全部转录组 RNA 的信息。

DNA 测序技术是近 30 年来发展最为迅速的实验技术之一。以 DNA 测序技术为核心，全基因组测序、转录组测序（RNA-seq）、小 RNA 组测序、降解组测序等近百种不同的研究方法得以建立，用于解决各式各样的生物学问题。由于篇幅有限，本章只是重点描述了全基因组测序和转录组测序在药用植物品质生物学研究中的应用。我们相信，伴随着千种药用植物基因组研究计划的启动，药用植物基因参考数据库将会在不久的将来成功建立，开启药用植物生物学研究的新纪元。

## 参 考 文 献

冯图, 黎云祥. 2011. 几种药用植物基因组 DNA 提取方法研究. 贵州工程应用技术学院学报, 29（8）: 98-101.

刘岩, 吴秉铨. 2011. 第三代测序技术: 单分子即时测序. 中华病理学杂志, 40（10）: 718-720.

庞玉新, 王文全, 张影波, 等. 2009. 药用植物艾纳香基因组 DNA 提取方法研究. 广西植物, 29（6）: 763-767.

祁云霞, 刘永斌, 荣威恒. 2011. 转录组研究新技术: RNA-Seq 及其应用. 遗传, 33（11）: 1191-1202.

史仁玖, 王桂龙, 宫元伟, 等. 2009. 药用植物泰山四叶参 DNA 提取方法的研究. 时珍国医国药, 20（6）: 1414-1415.

王杰, 三全, 田娜, 等. 2015. 不同植物组织 RNA 提取方法的比较分析. 北京农学院学报, 30（1）: 76-80.

解增言, 林俊华, 谭军, 等. 2010. DNA 测序技术的发展历史与最新进展. 生物技术通报, （8）: 64-70.

杨维泽, 史云东, 许宗亮, 等. 2014. 药用植物珠子参新鲜块根 DNA 提取方法研究. 云南中医学院学报, 37（4）: 25-28.

Auer P L, Doerge R W. 2010. Statistical design and analysis of RNA sequencing data. Genetics, 185（2）: 405-416.

Batista P J, Chang H Y. 2013. Long noncoding RNAs: cellular address codes in development and disease. Cell, 152（6）: 1298-1307.

Bentley D R, Balasubramanian S, Swerdlow H P, et al. 2008. Accurate whole human genome sequencing using reversible terminator chemistry. Nature, 456（7218）: 53-59.

Berezikov E, Guryev V, Belt J V D, et al. 2005. Phylogenetic shadowing and computational identification of human microRNA genes. Cell, 120（1）: 21-24.

Burd C E, Jeck W R, Liu Y, et al. 2010. Expression of linear and novel circular forms of an INK4/ARF-associated non-coding RNA correlates with atherosclerosis risk. PLoS Genetics, 6（12）: e1001233.

Chaisson M J, Pevzner P A. 2008. Short read fragment assembly of bacterial genomes. Genome Research, 18（2）: 324-330.

Chen Q, Lan C, Zhao L , et al. 2017. Recent advances in sequence assembly: principles and applications. Briefings in Functional Genomics, 16（6）: 361-378.

Chen S, X u J, Liu C, et al. 2012. Genome sequence of the model medicinal mushroom *Ganoderma lucidum*. Nature Communications, 3: 913.

Cherf G M, Lieberman K R, Rashid H, et al. 2012. Automated forward and reverse ratcheting of DNA in a nanopore at 5-A precision. Nature Biotechnology, 30（4）: 344-348.

Clark B S, Blackshaw S. 2014. Long non-coding RNA-dependent transcriptional regulation in neuronal development and disease. Frontiers in Genetics, 5: 164.

Conesa A, Terol J, Robles M. 2005. Blast2GO: a universal tool for annotation, visualization and analysis in functional genomics research. Bioinformatics, 21 (18): 3674-3676.

Costa V, Angelini C, Feis I D, et al. 2010. Uncovering the complexity of transcriptomes with RNA-Seq. Journal of Biomedicine & Biotechnology, (5757): 853916.

Eid J, Fehr A, Gray J, et al. 2009. Real-time DNA sequencing from single polymerase molecules. Science, 323 (5910): 133-138.

Eisenstein M. 2012. The battle for sequencing supremacy. Nature Biotechnology, 30 (11): 1023-1026.

Elkin C J, Richardson P M, Fourcade H M, et al. 2001. High-throughput plasmid purification for capillary sequencing. Genome Research, 11 (7): 1269-1274.

Ozsolak F, Milos P M. 2011. RNA sequencing: advances, challenges and opportunities. Nature Reviews Genetics, 12 (2): 87-98.

Faust T, Frankel A, D'Orso I. 2012. Transcription control by long non-coding RNAs. Transcription, 3 (2): 78-86.

Feng Y, Zhang Y, Ying C, et al. 2015. Nanopore-based fourth-generation DNA sequencing technology. Genomics, Proteomics & Bioinformatics, 13 (3): 4-16.

Goff S A, Ricke D, Lan T H, et al. 2002. A draft sequence of the rice genome (Oryza sativa L. ssp. japonica). Science, 296 (5565): 79-92.

Guttman M, Rinn J L. 2012. Modular regulatory principles of large non-coding RNAs. Nature, 482 (7385): 339.

Haas B J, Papanicolaou A, Yassour M, et al. 2013. De novo transcript sequence reconstruction from RNA-seq using the Trinity platform for reference generation and analysis. Nature Protocol, 8 (8): 1494-1512.

Hamilton J P, Robin B C. 2012. Advances in plant genome sequencing. Plant Journal for Cell & Molecular Biology, 70 (1): 177-190.

Harris T D, Buzby P R, Babcock H, et al. 2008. Single-molecule DNA sequencing of a viral genome. Science, 320 (5872): 106-109.

Hernandez D, Francois P, Farinelli L, et al. 2008. De novo bacterial genome sequencing: millions of very short reads assembled on a desktop computer. Genome Research, 18 (5): 802-809.

Hribova E, Neumann P, Matsumoto T, et al. 2010. Repetitive part of the banana (Musa acuminata) genome investigated by low-depth 454 sequencing. BMC Plant Biology, 10: 204.

Huang X C, Quesada M A, Mathies R A. 1992. DNA sequencing using capillary array electrophoresis. Analytical Chemistry, 64 (18): 2149-2154.

International Barley Genome Sequencing Consortium, Mayer K F, Waugh R, et al. 2012. A physical, genetic and functional sequence assembly of the barley genome. Nature, 491 (7426): 711-716.

International Rice Genome Sequencing Project. 2005. The map-based sequence of the rice genome. Nature, 436 (7052): 793-800.

International Wheat Genome Sequencing Consortium. 2014. A chromosome-based draft sequence of the hexaploid bread wheat (Triticum aestivum) genome. Science, 345 (6194): 1251788.

Jain M, Olsen H E, Paten B, et al. 2016. The Oxford Nanopore MinION: delivery of nanopore sequencing to the genomics community. Genome Biology, 17 (1): 239.

Jeck W R, Reinhardt J A, Baltrus D A, et al. 2007. Extending assembly of short DNA sequences to handle error. Bioinformatics, 23 (21): 2942-2944.

Jens M. 2014. Circular RNAs are a large class of animal RNAs with regulatory potency. In: Jens M. Dissecting regulatory interactions of RNA and protein. Cham: Springer International Publishing AG: 333.

Jordon-Thaden I E, Chanderbali A S, Gitzendanner M A, et al. 2015. Modified CTAB and TRIzol protocols improve RNA extraction from chemically complex Embryophyta. Applications in Plant Sciences, 3 (5): 1400105.

Kawakami E, Watanabe T, Fujii K, et al. 2011. Strand-specific real-time RT-PCR for distinguishing influenza vRNA, cRNA, and mRNA. Journal of Virological Methods, 173 (1): 1-6.

Levin J R, Krummel B, Chamberlin M J. 1987. Isolation and properties of transcribing ternary complexes of Escherichia coli RNA polymerase positioned at a single template base. Journal of Molecular Biology, 196 (1): 85-100.

Li R, Zhu H, Ruan J, et al. 2010. *De novo* assembly of human genomes with massively parallel short read sequencing. Genome Research, 20(2): 265-272.

Lin W, Zhang J, Zhang J, et al. 2009. RNAi-mediated inhibition of MSP58 decreases tumour growth, migration and invasion in a human glioma cell line. Journal of Cellular & Molecular Medicine, 13(11-12): 4608-4622.

Lin Y, Li J, Shen H, et al. 2011. Comparative studies of *de novo* assembly tools for next-generation sequencing technologies. Bioinformatics, 27(15): 2031-2037.

Logemann J, Schell J, Willmitzer L. 1987. Improved method for the isolation of RNA from plant tissues. Analytical Biochemistry, 163(1): 16-20.

Loureiro J, Rodriguez E, Dolezel J, et al. 2006. Comparison of four nuclear isolation buffers for plant DNA flow cytometry. Annals of Botany, 98(3): 679-689.

Makimura H, Mizuno T M, Mastaitis J W, et al. 2002. Reducing hypothalamic AGRP by RNA interference increases metabolic rate and decreases body weight without influencing food intake. BMC Neuroscience, 3(1): 18.

Mann D G J, Mcknight T E, Mcpherson J T, et al. 2008. Inducible RNA interference-mediated gene silencing using nanostructuredgene delivery arrays. ACS Nano, 2(1): 69-76.

Marcais G, Kingsford C. 2011. A fast, lock-free approach for efficient parallel counting of occurrences of *k*-mers. Bioinformatics, 27(6): 764-770.

Mardis E R. 2008a. The impact of next-generation sequencing technology on genetics. Trends in Genetics, 24(3): 133-141.

Mardis E R. 2008b. Next-generation DNA sequencing methods. Annual Review Genomics and Human Genetics, 9: 387-402.

Marioni J C, Mason C E, Mane S M, et al. 2008. RNA-seq: An assessment of technical reproducibility and comparison with gene expression arrays. Genome Research, 18(9): 1509-1517.

Maxam A M, Gilbert W. 1977. A new method for sequencing DNA. Proceedings of the National Academy of Sciences of the United States of America, 74(2): 560-564.

Mayjonade B, Gouzy J, Donnadieu C, et al. 2016. Extraction of high-molecular-weight genomic DNA for long-read sequencing of single molecules. Biotechniques, 61(4): 203-205.

Mcgettigan P A. 2013. Transcriptomics in the RNA-seq era. Current Opinion in Chemical Biology, 17(1): 4-11.

Meselson M, Stahl F W. 1958. The replication of DNA. Cold Spring Harbor Symposia on Quantitative Biology, 23(7): 9-12.

Metzker M L. 2010. Sequencing technologies—the next generation. Nature Reviews Genetics, 11(1): 31-46.

Moore C B, Guthrie E H, Huang M T, et al. 2010. Short hairpin RNA (shRNA): design, delivery, and assessment of gene knockdown. Methods in Molecular Biology, 629(6): 141-158.

Morozova O, Hirst M, Marra M A. 2009. Applications of new sequencing technologies for transcriptome analysis. Annual Review Genomics and Human Genetics, 10(10): 135-151.

Paterson A H, Bowers J E, Bruggmann R, et al. 2009. The *Sorghum bicolor* genome and the diversification of grasses. Nature, 457(7229): 551-556.

Ponting C P, Oliver P L, Reik W. 2009. Evolution and functions of long noncoding RNAs. Cell, 136(4): 629-641.

Quevillon E, Silventoinen V, Pillai S, et al. 2005. InterProScan: protein domains identifier. Nucleic Acids Research, 33(Web Server issue): 116-120.

Sanger F, Coulson A R. 1975. A rapid method for determining sequences in DNA by primed synthesis with DNA polymerase. Journal of Molecular Biology, 94(3): 441-446.

Sanger F, Nicklen S, Coulson A R. 1977. DNA sequencing with chain-terminating inhibitors. Proceedings of the National Academy of Sciences of the United States of America, 74(12): 104-108.

Schmutz J, Cannon S B, Schlueter J, et al. 2010. Genome sequence of the palaeopolyploid soybean. Nature, 463(7278): 178-183.

Schnable P S, Ware D, Fulton R S, et al. 2009. The B73 maize genome: complexity, diversity, and dynamics. Science, 326(5956): 1112-1115.

Simpson J T, Wong K, Jackman S D, et al. 2009. ABySS: a parallel assembler for short read sequence data. Genome Research, 19(6): 1117-1123.

Smith L M, Fung S, Hunkapiller M W, et al. 1985. The synthesis of oligonucleotides containing an aliphatic amino group at the 5′ terminus: synthesis of fluorescent DNA primers for use in DNA sequence analysis. Nucleic Acids Research, 13(7): 2399-2412.

The Arabidopsis Genome Initiative. 2000. Analysis of the genome sequence of the flowering plant *Arabidopsis thaliana*. Nature, 408(6814): 796-815.

Trapnell C, Roberts A, Goff L, et al. 2012. Differential gene and transcript expression analysis of RNA-seq experiments with TopHat and Cufflinks. Nature Protocol, 7(3): 562-578.

Velculescu V E, Zhang L, Vogelstein B, et al. 1995. Serial analysis of gene expression. Science, 270(5235): 484-487.

Wan C Y, Wilkins T A. 1994. A modified hot borate method significantly enhances the yield of high-quality RNA from cotton (*Gossypium hirsutum* L.). Analytic Biochemistry, 223(1): 7-12.

Wang Z, Gerstein M, Snyder M. 2009. RNA-Seq: a revolutionary tool for transcriptomics. Nature Reviews Genetics, 10(1): 57-63.

Warren R L, Sutton G G, Jones S J, et al. 2007. Assembling millions of short DNA sequences using SSAKE. Bioinformatics, 23(4): 500-501.

Xia E H, Zhang H B, Sheng J, et al. 2017. The tea tree genome provides insights into tea flavor and independent evolution of caffeine biosynthesis. Molecular Plant, 10(6): 866-877.

Zerbino D R, Birney E. 2008. Velvet: algorithms for *de novo* short read assembly using de Bruijn graphs. Genome Research, 18(5): 821-829.

Zhang Y, Zhang X O, Chen T, et al. 2013. Circularintronic long noncoding RNAs. Molecular Cell, 51(6): 792-806.

Zhu Y, Xu J, Sun C, et al. 2015. Chromosome-level genome map provides insights into diverse defense mechanisms in the medicinal fungus *Ganoderma sinense*. Scientific Reports, 5: 11087.

# 第十七章　植物 miRNA 分析技术及其在药用植物品质生物学研究中的应用前景

自 2002 年发现第一批植物 miRNA 至今，人们已经从 100 多种植物中鉴定出 miRNA（Reinhart et al.，2002；Kozomara and Griffiths-Jones，2014；Yi et al.，2015），分析技术在其中的作用功不可没。虽然 miRNA 最初是通过分析突变体发现的，但是真正通过突变体发现的 miRNA 很少。这主要是因为从传统突变体库中难以筛选出 miRNA 突变体，突变体的鉴定也费时费力，更为重要的是，突变体库只限于少数模式生物，多数植物没有突变体库。近年来，随着高通量测序技术及小 RNA 相关的生物信息学技术的不断进步，miRNA 的分析技术不断完善，水平不断提高，现在人们已经可以从组学水平开展研究，极大地加快了 miRNA 的发现和鉴定进程。下面对小 RNA 分离和序列测定、小 RNA 种类鉴定、miRNA 表达和定位分析、miRNA 靶基因的预测与实验验证、miRNA 转基因研究等方面的实验技术逐一简单介绍。

## 第一节　小 RNA 分离和序列测定

### 一、小 RNA 分离与纯化

要分离纯化小 RNA，首先要抽提植物总 RNA。抽提植物总 RNA 的方法很多，如 CTAB 法和 TRIzol 法及一些公司推出的试剂盒，可根据植物的种类、植物组织的不同或所需总 RNA 的量来确定抽提方法。需要注意的是，氯化锂无法有效沉淀小 RNA。如果采用的方法含有氯化锂沉淀 RNA 的步骤，则抽提出的总 RNA 中小 RNA 的含量往往较低。

现在有的试剂公司推出了小 RNA 分离纯化试剂盒，可以有效富集小 RNA，去除大分子 RNA。如果要分离纯化特定大小的小 RNA 分子，则可采用切胶纯化的办法：准备一块变性的聚丙烯酰胺凝胶，通过电泳分离 RNA 分子，然后切下含有所需小 RNA 的胶块，用氯化钠溶液将小 RNA 洗脱出来，加入糖原，用乙醇沉淀，冲洗，干燥，最后用 DEPC 处理的水溶解即可。

### 二、小 RNA 克隆与测序

小 RNA 是单链 RNA 分子，序列很短，不能用克隆 DNA 的常规办法进行克隆，需要采用特殊的方法（Elbashir et al.，2001；Lau et al.，2001；Lagos-Quintana et al.，2002；Lu et al.，2005），包括加 3′端接头、加 5′端接头、反转录 PCR 等步骤。具体实验流程参见图 17-1。实验的详细步骤可参见文献 Lu（2014）。从胶中纯化出来的小 RNA 要先用碱性磷酸酶处理，去除 5′端的磷酸基团，目的是避免下一步用 RNA 连接酶连接时，发生小 RNA 互连。3′端接头的 5′端含有磷酸基团且 3′端经过修饰，目的是保证它能与小 RNA

通过头对尾的方式连接，接头间不会发生互接。接头上的 *Ban* I 酶切位点是后续实验中将小 RNA 连成串用的。如果不连成串，则不需引入该位点。构建成的小 RNA cDNA 文库，可用 Solexa 等二代测序技术直接进行高通量测序。如果采用传统的 Sanger 法测序，为了提高效率，可用 *Ban* I 酶切小 RNA 的双链 cDNA，再用 T4 DNA 连接酶将它们连成串，最后克隆到 TA 载体上。近几年，随着测序技术的发展，高通量测序成本不断下降，人们普遍采用高通量测序法，已经很少用 Sanger 法进行小 RNA 的测序了。

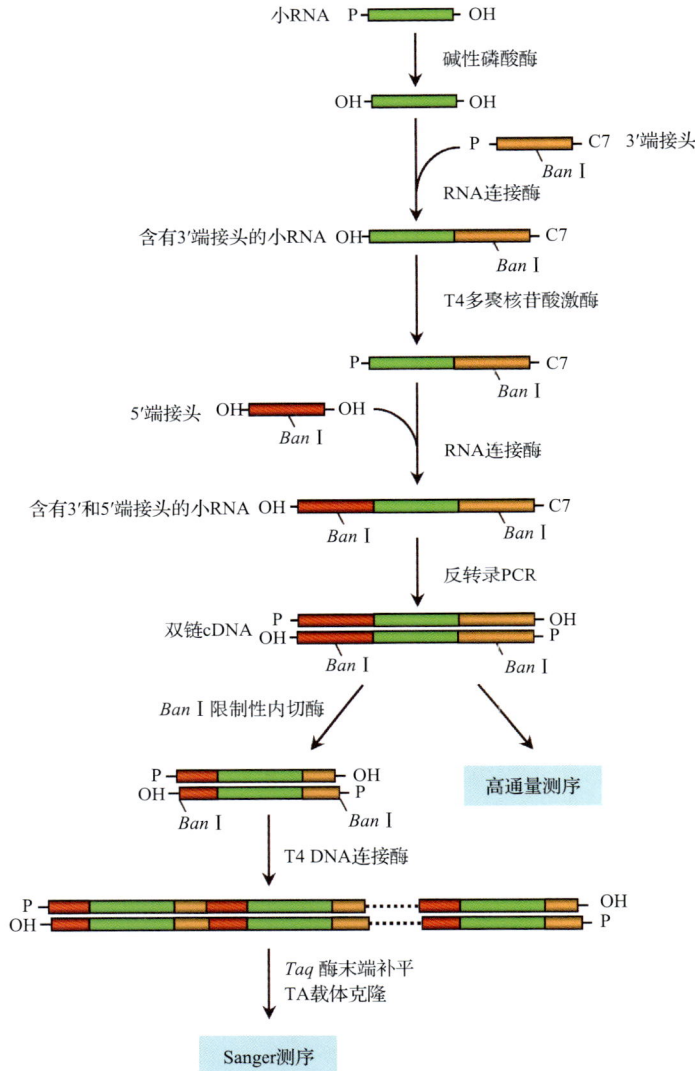

图 17-1　小 RNA 克隆的实验流程图

总 RNA 经聚丙烯酰胺凝胶电泳，从胶中纯化出特定大小的小 RNA 分子，用碱性磷酸酶去除 5′端的磷酸基团，再接上经过修饰的 3′端接头，再次切胶纯化。纯化的含有 3′端接头的小 RNA，用 T4 多聚核苷酸激酶在 5′端加磷酸基团，接上 5′端接头，再次切胶纯化。含 5′和 3′端接头的小 RNA，经过反转录 PCR，建成小 RNA cDNA 文库。该文库可直接进行高通量测序。如果后续采用 Sanger 法测序技术，可用 *Ban* I 酶切 cDNA，再用 T4 DNA 连接酶将它们连成串，然后用 *Taq* 酶补平 cDNA 片段的末端并加 A，以便克隆到 TA 载体上。挑选单克隆，分离质粒 DNA，最后进行 Sanger 法测序

## 第二节　小 RNA 种类鉴定

小 RNA 测序完成后，需要去除载体、接头和低质量的序列。对于 Sanger 法测序的结果，由于序列不多，可以采用人工的方法去除。去除时注意将接头序列去干净，以免影响后续分析，导致出现错误。对于高通量测序结果，可以使用 PHRED(Ewing and Green，1998；Ewing et al.，1998)和 CROSS_MATCH 等软件去除低质量序列和接头序列。

有了高质量的小 RNA 序列之后，为了进一步鉴定这些小 RNA 的来源，需要将这些序列定位到基因组、转录组或 EST 序列上。如果序列很少，可在办公软件中直接搜索，否则就要借助 PatScan、SOAP2 和 BLAST 等计算机软件(Altschul et al.，1997；Dsouza et al.，1997；Li et al.，2009)，通过分析相应的基因组、转录组或 EST 序列来确定这些小 RNA 的来源，进而将小 RNA 分为来源于核糖体 RNA(rRNA)的小 RNA，来源于转运 RNA(tRNA)的小 RNA，来源于蛋白质编码基因的小 RNA，来源于核仁小 RNA(snoRNA)的小 RNA，来源于核小 RNA(snRNA)的小 RNA，来源于重复序列的小 RNA，来源于自然反义转录本产生的小 RNA，来源于基因间区的小 RNA 等。此外，也可借助在线的分析平台，如 UEA 小 RNA 工具盒(UEA sRNA toolkit)(Stocks et al.，2012)和基因库 BLAST 分析软件(http://www.ncbi.nlm.nih.gov/BLAST)(Altschul et al.，1997)等，对小 RNA 进行分析。

如果要鉴定 miRNA，可从 miRNA 数据库下载成熟的 miRNA 序列或 miRNA 成熟体序列，然后将要分析的小 RNA 序列与下载的序列进行比对，从而鉴定出已知的 miRNA。目前，已经建立的小 RNA 数据库有两个，分别为 miRBase(http://www.mirbase.org/)(Kozomara and Griffiths-Jones，2014)和 PNRD(http://structuralbiology.cau.edu.cn/PNRD/index.php)(Yi et al.，2015)。此外，在去除来源于 rRNA、tRNA、snoRNA 和 snRNA 等看家非编码 RNA 的小 RNA 后，将剩余小 RNA 定位到基因组、转录组或 EST 序列上，然后用 mfold 软件(Zuker，2003)预测小 RNA 位点及附近序列的二级结构，或应用 miRDeep2、miREvo、miRPlant、MIREAP 等软件进行分析(Friedländer et al.，2012；Wen et al.，2012；An et al.，2014)。如果能形成好的发卡结构，则对应的小 RNA 为候选的 miRNA。

那么，什么是好的发卡结构呢？Meyers 等(2008)总结出了一些标准，其中主要包括：错配的 miRNA 核苷酸不多于 4 个；在 miRNA 与 miRNA* 形成的双链上，不对称的凸起不超过 2 个；发卡结构的自由能(dG)小于−30kcal/mol(1cal=4.184J)；最小的折叠自由能指数(MFEI)为 0.85(Zhang et al.，2006)；最好克隆得到了 miRNA* 序列等。

## 第三节　miRNA 表达和定位分析

克隆分析得到 miRNA 之后，分析它们的表达模式和组织细胞定位对初步了解这些

miRNA 的功能具有非常重要的意义。miRNA 形成过程中，先从基因组上的 MIR 位点转录产生 pri-miRNA，再剪切成 pre-miRNA，最后剪切加工成成熟的 miRNA。因此，分析 miRNA 的表达模式和组织细胞定位，既可通过分析 pri-miRNA 或 pre-miRNA 完成，又可通过分析 miRNA 完成。由于 pri-miRNA 和 pre-miRNA 的片段较大，分析它们的表达模式和组织细胞定位时，采用分析一般基因的方法即可。不过，由于细胞内 pri-miRNA 和 pre-miRNA 产生后，很快进行下一步加工，细胞内 pri-miRNA 和 pre-miRNA 的含量往往很低，pri-miRNA 和 pre-miRNA 的含量变化及组织细胞定位情况与 miRNA 的不是很一致，因此最好直接分析 miRNA。miRNA 的大小只有约 21 个核苷酸，分子太小，无法使用普通基因的分析方法来分析它们的表达模式和组织细胞定位。经过十几年的摸索，人们已经发明了 miRNA Northern 杂交技术、miRNA 实时定量 PCR 技术、miRNA microarray 技术和 miRNA 组织定位技术等多种能够有效分析 miRNA 的表达模式和组织定位情况的实验技术。

## 一、miRNA Northern 杂交技术

　　miRNA Northern 杂交技术可用于半定量分析 miRNA 的表达（Hutvágner et al.，2001；Lu et al.，2005，2007，2008）。该技术主要包括如下几个步骤：①抽提总 RNA，溶解在 50%甲酰胺溶液中；②用 17%变性聚丙烯酰胺凝胶电泳分离 RNA；③将 RNA 分子转移到尼龙膜上；④合成与 miRNA 反向互补的探针序列，用[$\gamma$-$^{32}$P]ATP，在 T4 多聚核苷酸激酶的作用下，进行探针的末端同位素标记；⑤37℃下杂交过夜，使标记的探针分子与 miRNA 分子杂交；⑥37℃下洗去未杂交的探针分子后，含有 miRNA 分子的尼龙膜通过放射自显影在-80℃条件下曝光到 X 光片，以便肉眼观察或利用仪器进行半定量分析。实验详细步骤参见 Lu 等（2014）。miRNA Northern 杂交技术适用于样品数和 miRNA 条数皆较少时的 miRNA 半定量。实验过程中用到放射性同位素，要在专门的实验室完成，实验人员要特别注意防护。

## 二、miRNA 实时定量 PCR 技术

　　miRNA 实时定量 PCR 技术是目前 miRNA 表达分析中最常用的方法，具有敏感性高、操作容易、费时少等特点。该技术适用于定量分析少量样品中特定 miRNA 的含量。实验过程中，虽然都使用荧光定量 PCR 进行分析，但根据测定原理不同，又可分为茎环 RT-PCR 法（stem-loop RT-PCR method）、引物延伸 RT-PCR 法（primer extension RT-PCR method）、多聚胸苷酸接头 RT-PCR 法[poly（T）adaptor RT-PCR method]和 miQPCR 法等（图 17-2）（Chen et al.，2005；Raymond et al.，2005；Shi and Chiang，2005；Varkonyi-Gasic et al.，2007；Benes and Castoldi，2010；Benes et al.，2015；Varkonyi-Gasic，2017）。其中，茎环 RT-PCR 法和多聚胸苷酸接头 RT-PCR 法使用较多。

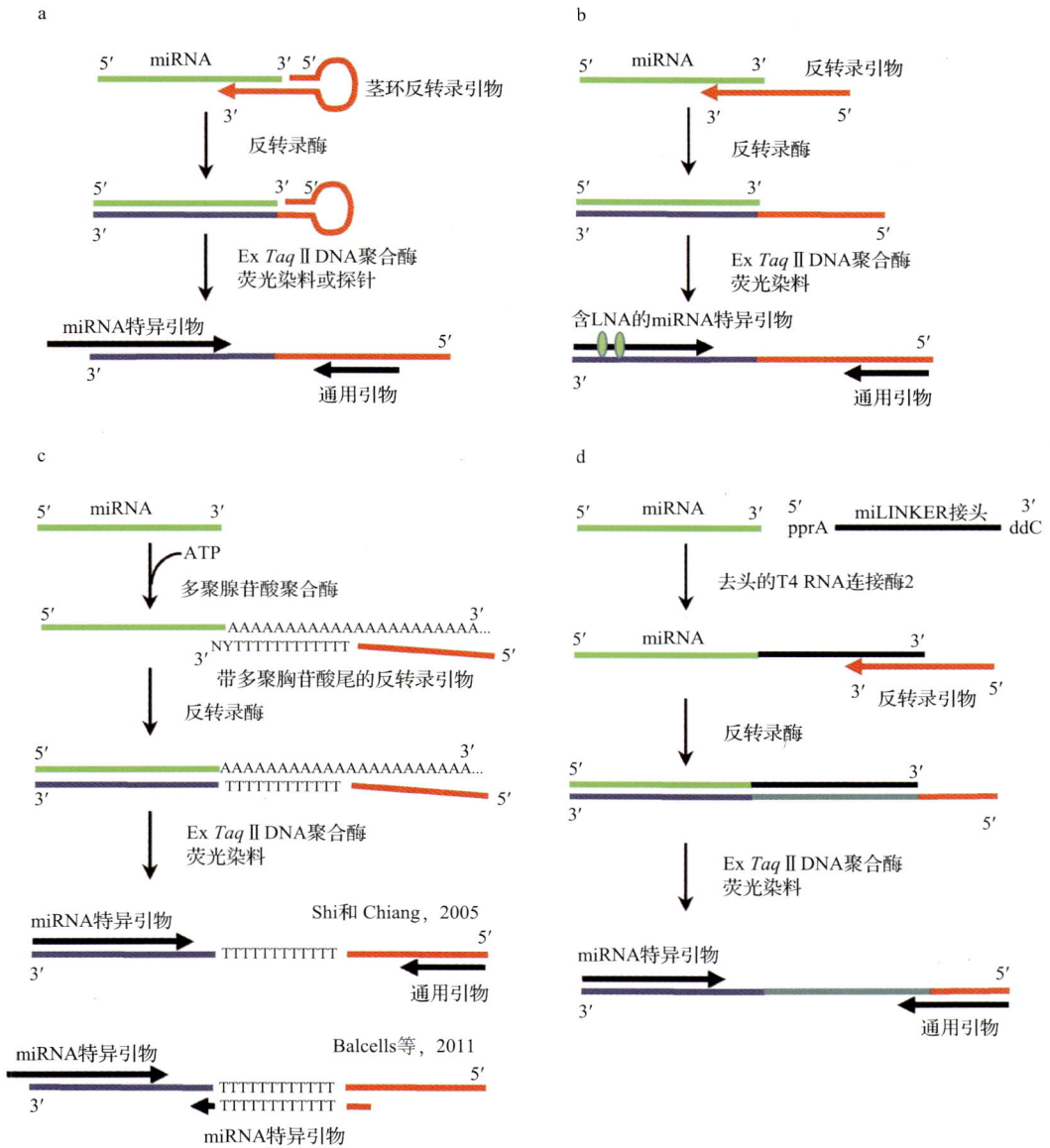

图 17-2　miRNA 实时定量 PCR 技术

包括茎环 RT-PCR 法(a)、引物延伸 RT-PCR 法(b)、多聚胸苷酸接头 RT-PCR 法(c)和 miQPCR 法(d)等。茎环 RT-PCR 法使用可形成茎环结构的反转录引物,在反转录酶的作用下,以 miRNA 为模板,合成 cDNA,然后以 cDNA 为模板,在 DNA聚合酶的作用下,利用 miRNA 特异引物和通用引物进行 PCR 扩增(Chen et al.,2005;Varkonyi-Gasic et al.,2007;Yang et al.,2009;Varkonyi-Gasic,2017)。引物延伸 RT-PCR 法采用线性的反转录引物将 miRNA 反转录成 cDNA,然后使用一条含有 LNA 碱基的 miRNA 特异引物与一条通用引物进行 PCR 扩增(Raymond et al.,2005)。多聚胸苷酸接头 RT-PCR 法中,miRNA 先在多聚腺苷酸聚合酶和三磷酸腺苷(ATP)的作用下加上一条多聚腺苷酸尾巴,然后使用带有多聚胸苷酸尾的反转录引物将 miRNA 反转录成 cDNA,最后利用 miRNA 特异引物和通用引物进行 PCR 扩增(Shi and Chiang,2005)。Balcells等(2011)对此进行了改进,最后一步使用含有部分 miRNA 序列的特异引物。miQPCR 法用去头的 T4 RNA 连接酶 2,将 5′端含有腺嘌呤基团(pprA)并且 3′端含有双脱氧胞嘧啶核苷(ddC)的 miLINKER 接头与 miRNA 的 3′端连接,再用通用反转录引物在反转录酶的作用下反转录成 cDNA,最后用 miRNA 特异引物和通用引物进行 PCR 扩增

　　茎环 RT-PCR 法的最大特点是使用可形成茎环结构的引物进行反转录(图 17-2a)(Chen et al.，2005；Varkonyi-Gasic et al.，2007；Yang et al.，2009；Varkonyi-Gasic，2017)。该引物内部可形成茎环结构，3′端有一段与 miRNA 的 3′端反向互补的序列。在反转录酶的作用下，以 miRNA 为模板，引物的 3′端向前延伸，将 miRNA 反转录成 cDNA。然后再利用 miRNA 特异的引物和通用引物，以 cDNA 为模板，在 DNA 聚合酶的作用下，进行 PCR 并借助荧光定量 PCR 仪实时监测。为了方便监测，实验过程中可使用 TaqMan 荧光探针(Chen et al.，2005；Yang et al.，2009)或 UPL 荧光探针(Varkonyi-Gasic et al.，2007)，也可使用 SYBR 绿色荧光染料(Varkonyi-Gasic et al.，2007)。详细的实验步骤可参阅 Varkonyi-Gasic 等(2007)、Yang 等(2009)、Hurley 等(2012)和 Varkonyi-Gasic(2017)。该方法已在植物 miRNA 表达分析中广泛使用，需要注意的是，茎环结构引物没有通用性，分析不同的 miRNA 时，所使用的茎环结构引物序列不同。

　　引物延伸 RT-PCR 法中使用的反转录引物与茎环 RT-PCR 法中的不同，是线性的，不能形成茎环结构(图 17-2b)。miRNA 反转录成 cDNA 以后，使用一条含有锁核酸(locked nucleic acid，LNA)碱基的 miRNA 特异引物与一条通用引物进行荧光定量 PCR 分析(Raymond et al.，2005)。由于使用的是线性反转录引物，有时会以 pri-miRNA 和 pre-miRNA 为模板进行扩增。另外，含有 LNA 碱基的引物的特异性和扩增效率都不如不含 LNA 碱基的引物。这些因素影响了该方法的应用。

　　多聚胸苷酸接头 RT-PCR 法是 Shi 和 Chiang(2005)建立的一个有效的 miRNA 表达分析方法(图 17-2c)。实验过程中，miRNA 先在多聚腺苷酸聚合酶(PAP)和三磷酸腺苷(ATP)的作用下加上一条多聚腺苷酸尾巴，然后使用一条带有多聚胸苷酸的反转录引物将 miRNA 反转录成 cDNA，最后利用 miRNA 特异引物和通用引物进行实时荧光定量 PCR 分析。该方法简单，反转录引物及 PCR 引物中的一条都具有通用性，可有效节约实验成本。目前，该方法已在植物和动物 miRNA 分析中广泛使用。此外，Balcells 等(2011)为了增加反应的特异性，将实时荧光定量 PCR 中使用的通用引物换成了含有部分 miRNA 序列的特异引物(图 17-2c)。针对不同的 miRNA 分子，这些特异引物需要根据 miRNA 序列分别设计和合成。

　　用 miQPCR 法进行 miRNA 实时定量 PCR 分析时，先用 5′端去头的 T4 RNA 连接酶 2(Rnl2tr)，在没有 ATP 的情况下，将一个称为 miLINKER 的接头与 miRNA 的 3′端连接，再用线性通用反转录引物在反转录酶的作用下反转录成 cDNA，最后用 miRNA 特异引物和通用引物进行实时荧光定量 PCR 扩增(图 17-2d)。miLINKER 的长度为 26 个核苷酸。它的 5′端含有一个 5′,5′-腺嘌呤基团(pprA)，3′端含有一个双脱氧胞嘧啶核苷(ddC)，可在没有 ATP 的情况下与 miRNA 的 3′端相连并且接头间不会自连。该方法已成功用于动物 miRNA 的分析(Benes and Castoldi，2010；Benes et al.，2015)，但是当用于植物 miRNA 分析时，很多 miRNA 扩增不出来(Mou et al.，2013)。

## 三、miRNA microarray 和小 RNA-seq 技术

　　与实时定量 PCR 技术只能分析少量 miRNA 的表达不同，miRNA microarray 和

sRNA-seq 技术为高通量分析技术，可以在组学水平同时分析大量 miRNA 的表达。

miRNA microarray 实验一般包括如下几个步骤：①从组织或细胞中抽提总 RNA，然后从总 RNA 中富集小 RNA 或直接分离小 RNA；②对小 RNA 进行 3′端荧光标记；③对 miRNA 芯片进行预处理，然后将标记的小 RNA 与芯片杂交；④洗去未杂交的小 RNA 后，对芯片上的荧光信号强度进行扫描；⑤最后，用 microarray 分析软件对信号进行分析。详细的实验流程可参见 Thomson 等(2004)、Shingara 等(2005)和 Lu 等(2008)发表的文章。分析已发表的 miRNA，相关的芯片可以从 microarray 专业公司中购买。如果要分析新发现的 miRNA，需要研究人员自己设计探针序列，然后由专业公司根据设计的序列制作芯片。用 miRNA microarray 技术分析 miRNA 的表达，费用较高，特别是自己设计制作芯片的情况，费用更高。此外，实验的敏感性和特异性较差，对表达量低的 miRNA 的检测较为困难，难以区分同一个 miRNA 家族中序列相近的不同成员间的表达。

小 RNA-seq，也称小 RNA 组高通量测序。它先采用 454、Solexa 等二代测序技术对样品中的小 RNA 进行高通量测序(Lu et al.，2009；Wu et al.，2012)，对不同样品中小 RNA 的测序深度进行均一化处理，然后对目标 miRNA 分子的表达模式进行分析，获得同一组织中不同 miRNA 或同一 miRNA 在不同组织中的相对表达量，最后通过差异显著性分析鉴定出不同样品间差异表达的 miRNA，通过表达模式聚类分析鉴定出表达模式相似的 miRNA。随着 DNA 测序技术的不断提高，测序费用的下降，sRNA-seq 已经在 miRNA 表达分析中广泛应用。

## 四、miRNA 组织定位技术

要了解基因在组织内的表达情况，一个重要的手段是将该基因的启动子与报告基因如 β-葡萄糖苷酸酶基因(*GUS*)或绿色荧光蛋白基因(*GFP*)相连，构建到双元表达载体上，再通过转基因，使其在组织中瞬时或永久表达，最后通过 GUS 染色或荧光观察，间接揭示基因产物在组织内的定位情况。这一办法同样适用于 miRNA(Lu et al.，2011)，只是它涉及转基因等一系列步骤，需要较长时间。此外，这种方法只能用于观测基因表达的水平，无法准确了解 miRNA 的累积程度。如果要在组织内直接定位 miRNA，就需要采用其他方法，如基于荧光蛋白的传感器(fluorescent-protein-based sensor)和原位杂交(*in situ* hybridization)等。

基于荧光蛋白的传感器技术通过分析荧光的消减来确定 miRNA 在植物体内的表达位置，不过它也需要进行转基因(Parizotto et al.，2004；Nodine and Bartel，2010)。实验过程中，先构建 GFP 载体。正常情况下，*GFP* 基因转入植物体后，基因表达产生 GFP 蛋白，产生绿色荧光。如果在载体中紧邻 *GFP* 基因的位置引入特定 miRNA 的靶位点，载体转入植物体后，就会产生含有 miRNA 靶位点的 *GFP* 转录本。在没有该 miRNA 的细胞中，转录本正常翻译成 GFP 蛋白，产生绿色荧光。如果细胞中含有该 miRNA，miRNA 就会切割含有 miRNA 靶位点的 *GFP* 转录本，从而抑制 GFP 蛋白的合成，不再发出绿色荧光。因此，与转入正常 *GFP* 基因的对照相比，荧光强度下降或荧光消失的位置，即是该 miRNA 产生的位置。

植物 miRNA 原位杂交的基本方法与传统的原位杂交方法类似，主要区别在于实验中使用了 LNA 寡核苷酸探针（Javelle and Timmermans，2012）。先将植物样品切成小块，再用甲醛固定，经过脱水、包埋、切片、脱蜡等步骤后，先预杂交，再与地高辛标记的 LNA 寡核苷酸探针杂交，最后进行杂交后处理，显色和显微镜观察。实验过程中要特别注意去除 RNA 酶，控制好各步骤中溶液的浓度、处理的时间和温度（Javelle and Timmermans，2012）。如果实验中不使用 LNA 寡核苷酸探针，而用普通寡核苷酸探针，实验过程需要适当调整（Hernández-Castellano et al.，2017）。

## 第四节　miRNA 靶基因预测与实验验证

### 一、miRNA 靶基因预测

植物 miRNA 对靶基因的调控，主要发生在转录后水平。它与转录本上的靶位点完全或接近完全反向互补配对，然后在 AGO1 等酶的帮助下，将转录本切断，促使转录本降解，从而实现对靶基因的负向调控。基于 miRNA 与靶位点完全或接近完全反向互补配对这一基本原理，科研人员编写了多个可用于查找 miRNA 靶位点的计算机程序（Allen et al.，2005；Lu et al.，2005；Zhang，2005；Dai and Zhao，2011；Sun et al.，2011）。这些程序都采用罚分的办法考察 miRNA 和靶序列间的反向互补配对情况（Jones-Rhoades and Bartel，2004）。各程序赋予配对情况的分值略有不同，但大体情况差不多：A 与 U 或 G 与 C 配对赋值 0 分，G 与 U 错配赋值 0.5 分，非 G 与 U 错配赋值 1.0 分，不配对的突起中每个核苷酸赋值 2 分。另外，有些程序对一些关键位置的错配或突起还有额外的赋值。分值低，表示配对情况好，更可能是真实的靶位点。程序运行时，一般将阈值设为 3.0。

### 二、改进的 5′ RLM-RACE 法验证靶基因

通过计算机程序预测出来的靶基因，需要用实验的办法加以验证。改进的 5′ RLM-RACE（modified RNA ligation-mediated rapid amplification of 5′cDNA ends）是验证靶基因的方法中较常用的一种。miRNA 与靶位点反向互补配对后，会在 miRNA 从 5′端开始的第 10 到第 11 位对应的位置将靶序列切成两段。改进的 5′RLM-RACE 法就是通过克隆 miRNA 切割产物中后半部分的 5′端序列，来确认靶基因是否真的被 miRNA 切割（Vazquez et al.，2004；Lu et al.，2005）。实验流程如图 17-3a 所示，主要包括：①从植物组织中抽提总 RNA；②从总 RNA 中纯化出带有多聚腺苷酸尾的 RNA，这是因为 miRNA 的靶基因往往带有多聚腺苷酸尾；③RNA 直接与 5′端单链接头连接。因为连接前没有去除 5′m7G-P-P-P 帽和进行 5′磷酸化处理，所以只有那些 5′端带磷酸基团的 RNA 片段可与接头连接，带有 5′m7G-P-P-P 帽的全长 RNA 和 5′端带羟基的 RNA 不能连接，而 miRNA 切割产物中后半部分的 5′端正好带磷酸基团；④将连上接头的 RNA 反转录成 cDNA；⑤用对应于 5′接头的引物和基因特异的引物进行巢式 PCR；⑥克隆并分析 PCR 产物序列；⑦将获得的序列比对到预测的靶序列上，检查序列的 5′端是否正好对应于

miRNA 的切割位置。如果是，则该序列很可能是 miRNA 的切割产物，不过不能排除随机降解产物的情况。如果克隆多条序列的结果都是这样，则非常可能是 miRNA 特异切割的产物，从而证明该序列对应的基因是 miRNA 的靶基因。改进的 5'RLM-RACE 是一种简单又很有效的验证 miRNA 靶基因的方法，不过它一次只能验证一条或少数靶基因，不适合靶基因的大规模验证。

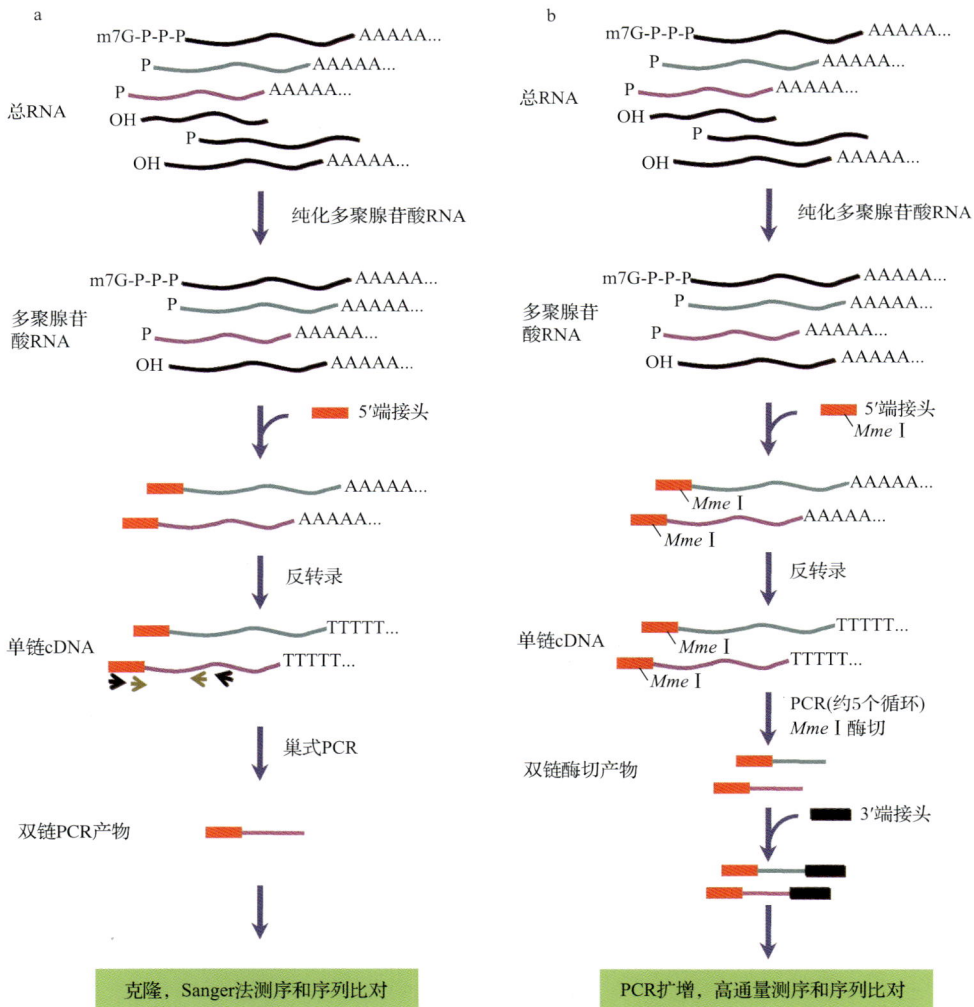

图 17-3　miRNA 靶基因实验验证技术

a.改进的 5'RLM-RACE 法的实验流程图（Vazquez et al.，2004；Lu et al.，2005）。首先，从植物组织中抽提总 RNA。它包括带有 5'm7G-P-P-P 帽和 3'多聚腺苷酸尾的全长 RNA，有 5'磷酸基团及有或没有 3'多聚腺苷酸尾的 RNA 片段，有 5'羟基及有或没有 3'多聚腺苷酸尾的 RNA 片段等多种类型。接着，纯化出带有多聚腺苷酸尾的 RNA。在含有 5'磷酸基团的 RNA（用紫色和深绿色表示）的 5'端连上接头后，反转录成单链 cDNA，再以 cDNA 为模板，进行巢式 PCR 扩增（引物用箭头表示）。最后，克隆并分析 PCR 产物的序列，验证它是否是特定 miRNA 特异切割的产物（用粉色表示）。b.降解组高通量测序法的实验流程图（German et al.，2009）。包括抽提总 RNA、纯化多聚腺苷酸 RNA、连 5'端接头、反转录等与改进的 5'RLM-RACE 法类似的步骤。5'端接头含有 Mme I 限制性内切酶的识别位点。单链 cDNA 用 PCR 转化成双链后，用 Mme I 酶切，再连上 3'端接头，最后经 PCR 扩增，高通量测序，进行序列比对分析，从组学水平鉴定出 miRNA 特异切割的产物

### 三、降解组高通量测序法验证靶基因

降解组(degradome)高通量测序法简称 PARE 法(parallel analysis of RNA ends)。它利用高通量测序技术,对 miRNA 介导的剪切降解片段进行测序,从组学水平高效地验证 miRNA 的靶基因。实验流程如图 17-3b 所示。前几步与改进的 5′RLM-RACE 法类似,包括抽提总 RNA、纯化多聚腺苷酸 RNA、连 5′端接头、反转录成单链 cDNA 等,不同的是 5′端接头必须含有 *Mme* I 限制性内切酶的识别位点。*Mme* I 是一种识别位点与酶切位点分离的内切酶,酶切位点在识别位点之后 20 个碱基对处。单链 cDNA 用大约 5 个循环的 PCR 转化成双链。然后,双链 cDNA 用 *Mme* I 酶切。酶切片段经聚丙烯酰胺凝胶电泳分离纯化,连上 3′端接头,再经聚丙烯酰胺凝胶电泳分离纯化,接着进行大约 21 个循环的 PCR 扩增,并再次进行聚丙烯酰胺凝胶电泳分离纯化。纯化的 PCR 产物,用 Solexa 高通量测序等进行测序。获得的序列用生物信息学技术进行比对分析,从组学水平找出来源于预测的靶基因且 5′端在 miRNA 反向互补区内的 cDNA 片段,进而根据这些片段及其他 5′端不在反向互补区内的片段的丰度,判断预测的靶基因是否是真正的靶基因。

## 第五节　miRNA 转基因研究技术

植物 miRNA 的转基因分析可利用功能获得(gain-of-function)的手段,也可利用功能丧失(loss-of-function)的方法。miRNA 功能获得方面的技术包括激活标签突变(activation tagging mutagenesis)、miRNA 基因过表达(microRNA gene overexpression)和人工 miRNA(artificial microRNA)等,而抑制 miRNA 活性的技术有基于 T-DNA 或转座子的插入突变(T-DNA or transposon tagged insertional mutagenesis)、RNA 干扰(RNA interference, RNAi)、miRNA 抗性靶基因(microRNA-resistent target gene)、miRNA 海绵体(sponge)、靶序列模拟(target mimicry)和短串联靶序列模拟(short tandem target mimic,STTM)等。此外,人工 miRNA 技术也可用于 miRNA 功能丧失研究。

### 一、miRNA 功能获得

激活标签突变技术是在植物基因组中插入多个拷贝的增强子序列,通过增强子激活邻近上下游基因的表达,从而产生激活标签突变的一种技术。该技术已广泛应用于植物基因克隆和基因功能研究。通过筛选拟南芥激活标签突变体库,科研人员鉴定出 miR166(Kim et al.,2005;Williams et al.,2005)、miR172(Aukerman and Sakai,2003)和 miR319/JAW(Palatnik et al.,2003)等多个 miRNA 的激活标签突变体。在这些突变体中,相应的 miRNA 在增强子的作用下过量表达,产生表现型。

miRNA 基因过表达是目前最为常用的上调 miRNA 水平的方法。该方法先克隆 miRNA 的初级转录本或前体序列,然后将其构建到表达载体上(图 17-4a)。通过植物的遗传转化,将其转入植物基因组中,进而实现 miRNA 的过量表达。

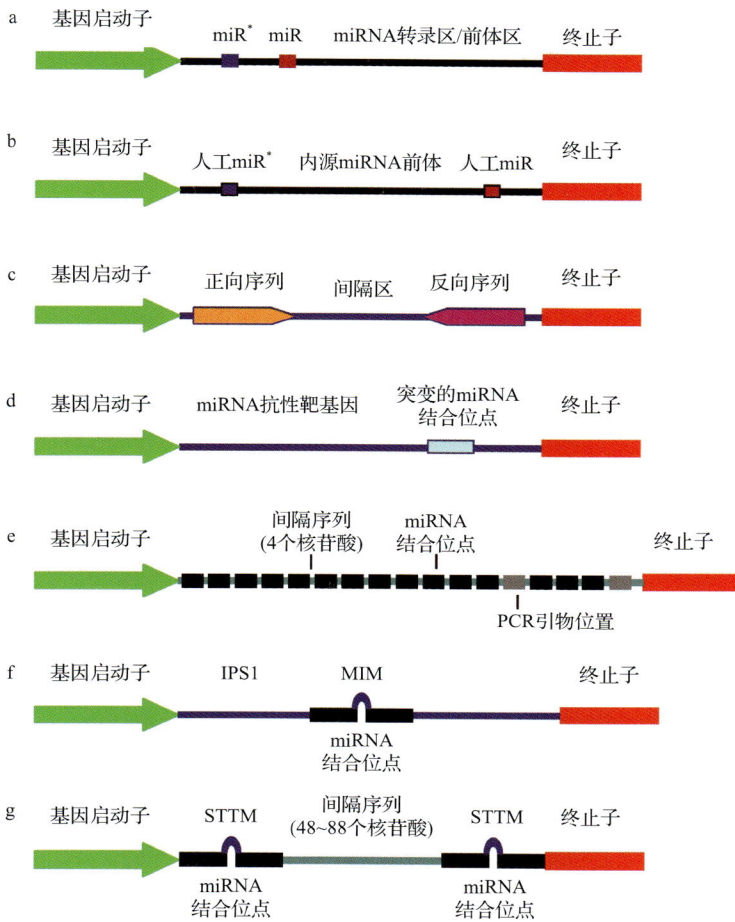

图 17-4　部分 miRNA 转基因研究技术示意图

a. miRNA 基因过表达技术：含有 miRNA(miR)和 miRNA*(miR*)位点的初级转录本或前体序列直接插入表达载体上的启动子和终止子之间。b. 人工 miRNA 技术：将 miRNA 前体上的 miR 和 miR*序列分别替换成人工 miR 和人工 miR*序列后，再插入表达载体。c. RNA 干扰技术：先将一段成熟 miRNA 上游序列的正反向序列分别插入间隔序列的两端，再将其插入表达载体(Vaistij et al.，2010)。d. miRNA 抗性靶基因技术：先利用 PCR 技术突变 miRNA 靶基因的结合位点，再使其在植物体为过表达(Palatnik et al.，2003；Baker et al.，2005；Mallory et al.，2005)。e. miRNA 海绵体技术：多达 15 个特定 miRNA 结合位点的序列成串排列，中间有 4 个核苷酸的间隔序列，另外还有两个用于后续分析的 PCR 引物序列(Reichel et al.，2015)。f. 靶序列模拟技术：将 IPS1 上 miR399 的结合位点替换成其他 miRNA 的模拟靶序列(MIM)(Franco-Zorrilla et al.，2007)。MIM 中蓝色表示 miRNA 与 MIM 结合时形成的凸起。g. 短串联靶序列模拟：将 2 个短的 miRNA 模拟靶序列通过一段长 48～88 个核苷酸的间隔序列串联起来，再构建到表达载体上(Yan et al.，2012)

　　人工 miRNA 技术是主要基于上述 miRNA 基因过表达原理开发出来的一项技术(Parizotto et al.，2004)。该技术选用拟南芥 miR164b(Alvarez et al.，2006)、miR172a、miR319a(Schwab et al.，2006)或杨树 miR408(Shi et al.，2010)等 miRNA 的前体序列，通过 PCR 将前体上的 miRNA 成熟体和 miRNA*序列分别替换成其他内源 micRNA 成熟体和 miRNA*序列，或替换成人工 miRNA 和人工 miRNA*序列(图 17-4b)，然后将其构建在表达载体上，转入植物体内。人工 miRNA 前体转录后，会与正常 miRNA 前体一样，形成发卡结构，在 DCL1 等酶的作用下，产生成熟的人工 miRNA。这些人工 miRNA 会与靶基因上的靶位点结合，靶向切割靶基因，下调靶基因的表达。人们可以根据要研究的靶基因序列，设计人工 miRNA 序列(Hauser et al.，2013)。

## 二、miRNA 功能丧失

基于 T-DNA 或转座子的插入突变是用于植物基因功能研究的传统技术。它也可用于植物 miRNA 的功能丧失研究。利用这种技术，科研人员已获得并鉴定了 miR159(Allen et al.，2007)和 miR164(Guo et al.，2005；Nikovics et al.，2006；Sieber et al.，2007)等几个拟南芥 miRNA 的插入突变体。不过，用插入突变下调基因表达的方法在 miRNA 中不是很适用，主要是因为它太小，难以获得突变体，另外 miRNA 基因经常是家族基因，不同 miRNA 成员间具有功能的冗余性，突变其中一个成员所产生的表型往往不明显。

RNAi，即 RNA 干扰，是另一种经常用于植物基因功能研究的技术。Vaistij 等(2010)发现它也可用于下调 miRNA 的表达。实验时，先扩增一段成熟 miRNA 的上游序列，再扩增出这段序列的反向序列，将正反向序列分别插入间隔序列的两端，再将含有正反向序列及间隔序列的片段插入基因的启动子和终止子之间(图 17-4c)，构建表达载体，完成植物的遗传转化。在植物体内，基因启动子指导含有 miRNA 上游正反向序列及间隔序列的转录本表达。产生的转录本可形成茎环结构，双链部分经加工产生 siRNA。一般来说，siRNA 通过切割靶基因的转录本起作用，但在 Vaistij 等(2010)的实验中，所产生的 siRNA 通过 RNA 指导的 DNA 甲基化途径，激发 miRNA 基因发生甲基化反应，最终抑制 miRNA 基因的表达。

人工 miRNA 技术除了用于 miRNA 功能获得，也可用于 miRNA 的功能丧失(图 17-4b)。当用于功能丧失时，人工 miRNA 成熟体靶向 miRNA 基因转录本上产生内源 miRNA 的位置，与其不完全反向互补，进而切割基因转录本，下调 miRNA 的含量(Eamens et al.，2011)。由于同一家族的 miRNA 基因中，所产生的 miRNA 序列高度相似，因此这样的人工 miRNA 可下调同一 miRNA 家族中所有成员的表达。另外，也可设计靶向 miRNA 前体中其他部位的人工 miRNA。当产生的人工 miRNA 靶向前体其他部位时，由于序列的特异性，它只下调特定 miRNA 的表达(Eamens et al.，2011)。

另一种使 miRNA 功能丧失的方法是在植物中转入 miRNA 抗性靶基因(图 17-4d)(Palatnik et al.，2003；Baker et al.，2005；Mallory et al.，2005)。它是一种使 miRNA 功能间接丧失的方法。实验过程中，先利用 PCR 技术，在不改变氨基酸序列的前提下，突变 miRNA 靶基因的靶位点，使 miRNA 无法靶向切割，再实现该 miRNA 抗性靶基因在植物体内过表达。虽然 miRNA 在植物体内正常表达，但由于靶基因的转录本不受其调控，造成 miRNA 功能间接丧失。

miRNA 海绵体技术是一种在动物研究中广泛应用于下调 miRNA 的技术(Ebert et al.，2007)，但最近有研究表明，它也可用于植物 miRNA(Reichel et al.，2015)。海绵体是一段人工设计的含有多达 15 个特定 miRNA 结合位点的序列(图 17-4e)。在细胞内，它像海绵一样，与内源的靶序列竞争结合 miRNA，从而干扰正常 miRNA 和内源靶序列间的相互作用，达到抑制 miRNA 功能的目的。在结合位点中间，对应于 miRNA 第 10 位和第 11 位，即 miRNA 切割的地方，引入与 miRNA 错配的碱基，可增强海绵体的抑制效果(Reichel et al.，2015)。

靶序列模拟技术是基于拟南芥 IPS1 对 miR399 活性调控的原理开发出来的一项下调 miRNA 的技术(Franco-Zorrilla et al.，2007)。miR399 参与植物体内磷的同化。它在磷饥饿时诱导表达，靶向泛素结合酶 E2 基因 *PHO2*，激活特异的磷转运蛋白，从而增强磷的吸收利用。为了达到精细调控的目的，磷饥饿也诱导长非编码基因 *IPS1* 表达。IPS1 转录本上有一个 miR399 的结合位点。不过，该位点的中间，本来是 miR399 靶向切割的地方，多出了 3 个核苷酸。miR399 与 *IPS1* 结合时，这 3 个核苷酸形成凸起，使得 miR399 无法切割 IPS1 转录本。尽管 IPS1 转录本不受 miR399 调控，但它可通过富集并隔离 miR399，使其无法切割 *PHO2*，从而参与植物对磷饥饿的响应及磷同化作用的精细调控(Franco-Zorrilla et al.，2007)。在此基础上，研究人员将 IPS1 上 miR399 的结合位点改成其他 miRNA 的模拟靶序列(图 17-4f)，从而开发出了靶序列模拟技术。在植物体内，这些模拟靶序列可富集并隔离特定的 miRNA，如 miR156、miR172、miR319 等(Franco-Zorrilla et al.，2007；Wu et al.，2009；Todesco et al.，2010)。

短串联靶序列模拟(short tandem target mimic，STTM)技术是 Yan 等(2012)在靶序列模拟技术的基础上发明的一项下调 miRNA 的技术。该技术将两个短的 miRNA 模拟靶序列通过一段长 48~88 个核苷酸的间隔序列串联起来，插入基因的启动子和终止子之间(图 17-4g)，构建到双元载体上，再转入植物中(Tang et al.，2012)。基因的启动子可选用双花椰菜花叶病毒 35S 启动子。两个模拟靶序列可以针对同一个 miRNA，也可以针对一个 miRNA 家族的两个成员。模拟靶序列的长度为 24 个核苷酸，其中除了 miRNA 的反向互补序列，在中部对应于 miRNA 第 10 到第 11 位的地方额外加入 3 个核苷酸。加入这 3 个核苷酸后，miRNA 可以与模拟靶序列反向配对，但由于中间部位形成凸起，miRNA 无法切割模拟靶序列。该技术中产生的模拟靶序列可结合特定 miRNA，使其隔离而无法行使正常的功能，还可激发 SDN 等核酸内切酶特异地降解该 miRNA，具有特异、高效等优点，已成功应用于 miR156/miR157、miR160、miR165/miR166、miR396 和 miR858 等植物 miRNA 的功能研究(Yan et al.，2012；Jia et al.，2015a，2015b；Nizampatnam et al.，2015；Cao et al.，2016)。

# 第六节　植物 miRNA 分析技术在药用植物品质生物学研究中的应用前景

近年来植物 miRNA 方法学研究已经取得了长足进步，在小 RNA 分离和序列测定、小 RNA 种类鉴定、miRNA 表达和定位分析、miRNA 靶基因的预测与实验验证及 miRNA 转基因研究等方面已建立许多分析方法，但也还存在一些不足，如植物活细胞内 miRNA 的动态规律还无法分析，基因编辑技术还没有成功应用于植物 miRNA 研究的报道，简单实用的同时调控多个植物 miRNA 的方法还有待建立。此外，已建立的技术方法有各自的优缺点和使用范围，实验过程中应根据实验对象和实验目的选用。为了增加结果的可靠性，有时需要多个技术方法联合应用，如高通量测序与实时定量 PCR 法联合分析 miRNA 的表达，降解组测序与 RLM-RACE 实验联合验证靶基因，miRNA 功能获得和功能丧失联合应用于转基因分析等。

　　植物 miRNA 研究的早期，人们主要针对拟南芥、水稻、杨树等模式植物开展研究。随着植物 miRNA 研究方法的不断建立，在药用植物等非模式物种中也开展了大量研究。进行药用植物 miRNA 研究时，往往采用高通量测序法测定小 RNA 的序列，然后采用生物信息技术鉴定小 RNA 的种类，最后用定量 PCR 法进一步分析一些重要 miRNA 的表达。对有全基因组序列的物种，则对全基因组进行小 RNA 种类鉴定和靶基因预测。如果没有全基因组序列，则在转录组水平进行分析(Gao et al.，2012，2014；Hao et al.，2012；Wu et al.，2012；Xu et al.，2014；Khaldun et al.，2015；Prakash et al.，2015；Vashisht et al.，2015；Wei et al.，2015；Xia et al.，2016；Zhang et al.，2016)。不过很遗憾的是，药用植物 miRNA 中还缺少转基因分析的报道。这主要是由于多数药用植物的遗传转化体系还没有建立。因此，药用植物 miRNA 的研究还有很大的提升空间，前景广阔。

## 参 考 文 献

Allen E, Xie Z, Gustafson A M, et al. 2005. microRNA-directed phasing during trans-acting siRNA biogenesis in plants. Cell, 121: 207-221.

Allen R S, Li J, Stahle M I, et al. 2007. Genetic analysis reveals functional redundancy and the major target genes of the *Arabidopsis* miR159 family. Proceedings of the National Academy of Sciences of the United States of America, 104: 16371-16376.

Altschul S F, Madden T L, Schäffer A A, et al. 1997. Gapped BLAST and PSI-BLAST: a new generation of protein database search programs. Nucleic Acids Research, 25: 3389-3402.

Alvarez J P, Pekker I, Goldshmidt A, et al. 2006. Endogenous and synthetic microRNAs stimulate simultaneous, efficient, and localized regulation of multiple targets in diverse species. Plant Cell, 18: 1134-1151.

An J, Lai J, Sajjanhar A, et al. 2014. miRPlant: an integrated tool for identification of plant miRNA from RNA sequencing data. BMC Bioinformatics, 15: 275.

Aukerman M J, Sakai H. 2003. Regulation of flowering time and floral organ identity by a MicroRNA and its APETALA2-like target genes. Plant Cell, 15: 2730-2741.

Baker C C, Sieber P, Wellmer F, et al. 2005. The early extra petals1 mutant uncovers a role for microRNA miR164c in regulating petal number in *Arabidopsis*. Current Biology, 15: 303-315.

Balcells I, Cirera S, Busk P K. 2011. Specific and sensitive quantitative RT-PCR of miRNAs with DNA primers. BMC Biotechnology, 11: 70.

Benes V, Castoldi M. 2010. Expression profiling of microRNA using real-time quantitative PCR, how to use it and what is available. Methods, 50: 244-249.

Benes V, Collier P, Kordes C, et al. 2015. Identification of cytokine-induced modulation of microRNA expression and secretion as measured by a novel microRNA specific qPCR assay. Scientific Reports, 5: 11590.

Cao D, Wang J, Ju Z, et al. 2016. Regulations on growth and development in tomato cotyledon, flower and fruit via destruction of miR396 with short tandem target mimic. Plant Science, 247: 1-12.

Chen C, Ridzon D A, Broomer A J, et al. 2005. Real-time quantification of microRNAs by stem-loop RT-PCR. Nucleic Acids Research, 33: e179.

Dai X, Zhao P X. 2011. psRNATarget: a plant small RNA target analysis server. Nucleic Acids Research, 39(Web Server issue): W155-159.

Dsouza M, Larsen N, Overbeek R. 1997. Searching for patterns in genomic data. Trends in Genetics, 13: 497-498.

Eamens A L, Agius C, Smith N A, et al. 2011. Efficient silencing of endogenous microRNAs using artificial miRNAs in *Arabidopsis thaliana*. Molecular Plant, 4: 157-170.

Ebert M S, Neilson J R, Sharp P A. 2007. MicroRNA sponges: competitive inhibitors of small RNAs in mammalian cells. Nature Methods, 4: 721-726.

Elbashir S M, Lendeckel W, Tuschl T. 2001. RNA interference is mediated by 21-and 22-nucleotide RNAs. Genes & Development, 15: 188-200.

Ewing B, Green P. 1998. Base-calling of automated sequencer traces using phred. II. Error probabilities. Genome Research, 8: 186-194.

Ewing B, Hillier L, Wendl M C, et al. 1998. Base-calling of automated sequencer traces using phred. I. Accuracy assessment. Genome Research, 8: 175-185.

Franco-Zorrilla J M, Valli A, Todesco M, et al. 2007. Target mimicry provides a new mechanism for regulation of microRNA activity. Nature Genetics, 39: 1033-1037.

Friedländer M R, Mackowiak S D, Li N, et al. 2012. miRDeep2 accurately identifies known and hundreds of novel microRNA genes in seven animal clades. Nucleic Acids Research, 40: 37-52.

Gao Z H, Wei J H, Yang Y, et al. 2012. Identification of conserved and novel microRNAs in *Aquilaria sinensis* based on small RNA sequencing and transcriptome sequence data. Gene, 505: 167-175.

Gao Z H, Yang Y, Zhang Z, et al. 2014. Profiling of microRNAs under wound treatment in *Aquilaria sinensis* to identify possible microRNAs involved in agarwood formation. International Journal Biological Sciences, 10: 500-510.

German M A, Luo S, Schroth G, et al. 2009. Construction of Parallel Analysis of RNA Ends(PARE)libraries for the study of cleaved miRNA targets and the RNA degradome. Nature Protocol, 4: 356-362.

Guo H S, Xie Q, Fei J F, et al. 2005. MicroRNA directs mRNA cleavage of the transcription factor NAC1 to downregulate auxin signals for *Arabidopsis* lateral root formation. Plant Cell, 17: 1376-1386.

Hao D C, Yang L, Xiao P G, et al. 2012. Identification of *Taxus* microRNAs and their targets with high-throughput sequencing and degradome analysis. Physiologia Plantarum, 146: 388-403.

Hauser F, Chen W, Deinlein U, et al. 2013. A genomic-scale artificial microRNA library as a tool to investigate the functionally redundant gene space in *Arabidopsis*. Plant Cell, 25: 2848-2863.

Hernández-Castellano S, Nic-Can G I, De-la-Peña C. 2017. Localization of miRNAs by *in situ* hybridization in plants using conventional oligonucleotide probes. Methods in Molecular Biology, 1456: 51-62.

Hurley J, Roberts D, Bond A, et al. 2012. Stem-loop RT-qPCR for microRNA expression profiling. Methods in Molecular Biology, 822: 33-52.

Hutvágner G, McLachlan J, Pasquinelli A E, et al. 2001. A cellular function for the RNA-interference enzyme Dicer in the maturation of the let-7 small temporal RNA. Science, 293: 834-838.

Javelle M, Timmermans M C P. 2012. *In situ* localization of small RNAs in plants by using LNA probes. Nature Protocol, 7: 533-541.

Jia X, Ding N, Fan W, et al. 2015a. Functional plasticity of miR165/166 in plant development revealed by small tandem target mimic. Plant Science, 233: 11-21.

Jia X, Shen J, Liu H, et al. 2015b. Small tandem target mimic-mediated blockage of microRNA858 induces anthocyanin accumulation in tomato. Planta, 242: 283-293.

Jones-Rhoades M W, Bartel D P. 2004. Computational identification of plant microRNAs and their targets, including a stress-induced miRNA. Molecular Cell, 14: 787-799.

Khaldun A B, Huang W, Liao S, et al. 2015. Identification of microRNAs and target genes in the fruit and shoot tip of *Lycium chinense*: a traditional Chinese medicinal plant. PLoS ONE, 10: e0116334.

Kim J, Jung J H, Reyes J L, et al. 2005. MicroRNA-directed cleavage of ATHB15 mRNA regulates vascular development in *Arabidopsis* inflorescence stems. Plant Journal, 42: 84-94.

Kozomara A, Griffiths-Jones S. 2014. miRBase: annotating high confidence microRNAs using deep sequencing data. Nucleic Acids Research, 42 (Database issue): D68-73.

Lagos-Quintana M, Rauhut R, Yalcin A, et al. 2002. Identification of tissue-specific microRNAs from mouse. Current Biology, 12: 735-739.

Lau N C, Lim L P, Weinstein E G, et al. 2001. An abundant class of tiny RNAs with probable regulatory roles in *Caenorhabditis elegans*. Science, 294: 858-862.

Li R, Yu C, Li Y, et al. 2009. SOAP2: an improved ultrafast tool for short read alignment. Bioinformatics, 25: 1966-1967.

Lu S. 2014. Small RNAs. *In*: Hostettmann K. Handbook of Chemical and Biological Plant Analytical Methods. West Sussex, UK: John Wiley & Sons: 875-884.

Lu S, Sun Y H, Amerson H, et al. 2007. MicroRNAs in loblolly pine (*Pinus taeda* L.) and their association with fusiform rust gall development. Plant Journal, 51: 1077-1098.

Lu S, Sun Y H, Chiang V L. 2008. Stress-responsive microRNAs in *Populus*. Plant Journal, 55: 131-151.

Lu S, Sun Y H, Chiang V L. 2009. Adenylation of plant miRNAs. Nucleic Acids Research, 37: 1878-1885.

Lu S, Sun Y H, Shi R, et al. 2005. Novel and mechanical stress-responsive microRNA in *Populus trichocarpa* that are absent from *Arabidopsis*. Plant Cell, 17: 2186-2203.

Lu S, Yang C, Chiang V L. 2011. Conservation and diversity of microRNA-associated copper-regulatory networks in *Populus trichocarpa*. Journal of Integrative Plant Biology, 53: 879-891.

Mallory A C, Bartel D P, Bartel B. 2005. MicroRNA-directed regulation of *Arabidopsis* AUXIN RESPONSE FACTOR17 is essential for proper development and modulates expression of early auxin response genes. Plant Cell, 17: 1360-1375.

Mallory A C, Vaucheret H. 2006. Functions of microRNAs and related small RNAs in plants. Nature Genetics, 38: S31-S36.

Meyers B C, Axtell M J, Bartel B, et al. 2008. Criteria for annotation of plant microRNAs. Plant Cell, 20: 3186-3190.

Mou G, Wang K, Xu D, et al. 2013. Evaluation of three RT-qPCR-based miRNA detection methods using seven rice miRNAs. Bioscience, Biotechnology, and Biochemistry, 77: 1349-1353.

Nikovics K, Blein T, Peaucelle A, et al. 2006. The balance between the *MIR164A* and *CUC2* genes controls leaf margin serration in *Arabidopsis*. Plant Cell, 18: 2929-2945.

Nizampatnam N R, Schreier S J, Damodaran S, et al. 2015. microRNA160 dictates stage-specific auxin and cytokinin sensitivities and directs soybean nodule development. Plant Journal, 84: 140-153.

Nodine M D, Bartel D P. 2010. MicroRNAs prevent precocious gene expression and enable pattern formation during plant embryogenesis. Genes & Development, 24: 2678-2692.

Palatnik J F, Allen E, Wu X, et al. 2003. Control of leaf morphogenesis by microRNAs. Nature, 425: 257-263.

Parizotto E A, Dunoyer P, Rahm N, et al. 2004. *In vivo* investigation of the transcription, processing, endonucleolytic activity, and functional relevance of the spatial distribution of a plant miRNA. Genes & Development, 18: 2237-2242.

Prakash P, Ghosliya D, Gupta V. 2015. Identification of conserved and novel microRNAs in *Catharanthus roseus* by deep sequencing and computational prediction of their potential targets. Gene, 554: 181-195.

Raymond C K, Roberts B S, Garrett-Engele P, et al. 2005. Simple, quantitative primer-extension PCR assay for direct monitoring of microRNAs and short-interfering RNAs. RNA, 11: 1737-1744.

Reichel M, Li Y, Li J, et al. 2015. Inhibiting plant microRNA activity: molecular SPONGEs, target MIMICs and STTMs all display variable efficacies against target microRNAs. Plant Biotechnollgy Journal, 13: 915-926.

Reinhart B J, Weinstein E G, Rhoades M W, et al. 2002. MicroRNAs in plants. Genes & Development, 16: 1616-1626.

Schwab R, Ossowski S, Riester M, et al. 2006. Highly specific gene silencing by artificial microRNAs in *Arabidopsis*. Plant Cell, 18: 1121-1133.

Shi R, Chiang V L. 2005. Facile means for quantifying microRNA expression by real time PCR. Biotechniques, 39: 519-525.

Shi R, Yang C, Lu S, et al. 2010. Specific down-regulation of *PAL* genes by artificial microRNAs in *Populus trichocarpa*. Planta, 232: 1281-1288.

Shingara J, Keiger K, Shelton J, et al. 2005. An optimized isolation and labeling platform for accurate microRNA expression profiling. RNA, 11: 1461-1470.

Sieber P, Wellmer F, Gheyselinck J, et al. 2007. Redundancy and specialization among plant microRNAs: role of the *MIR164* family in developmental robustness. Development, 134: 1051-1060.

Stocks M B, Moxon S, Mapleson D, et al. 2012. The UEA sRNA workbench: a suite of tools for analysing and visualizing next generation sequencing microRNA and small RNA datasets. Bioinformatics, 28: 2059-2061.

Sun Y H, Lu S, Shi R, et al. 2011. Computational prediction of plant miRNA targets. Methods in Molecular Biology, 744: 175-186.

Tang G, Yan J, Gu Y, et al. 2012. Construction of short tandem target mimic (STTM) to block the functions of plant and animal microRNAs. Methods, 58: 118-125.

Thomson J M, Parker J, Perou C M, et al. 2004. A custom microarray platform for analysis of microRNA gene expression. Nature Methods, 1: 47-53.

Todesco M, Rubio-Somoza I, Paz-Ares J, et al. 2010. A collection of target mimics for comprehensive analysis of microRNA function in *Arabidopsis thaliana*. PLoS Genetics, 6: e1001031.

Vaistij F E, Elias L, George G L, et al. 2010. Suppression of microRNA accumulation via RNA interference in *Arabidopsis thaliana*. Plant Molecular Biology, 73: 391-397.

Varkonyi-Gasic E. 2017. Stem-loop qRT-PCR for the detection of plant microRNAs. Methods in Molecular Biology, 1456: 163-175.

Varkonyi-Gasic E, Wu R, Wood M, et al. 2007. Protocol: a highly sensitive RT-PCR method for detection and quantification of microRNAs. Plant Methods, 3: 12.

Vashisht I, Mishra P, Pal T, et al. 2015. Mining NGS transcriptomes for miRNAs and dissecting their role in regulating growth, development, and secondary metabolites production in different organs of a medicinal herb, *Picrorhiza kurroa*. Planta, 241: 1255-1268.

Vazquez F, Gasciolli V, Crété P, et al. 2004. The nuclear dsRNA binding protein HYL1 is required for microRNA accumulation and plant development, but not posttranscriptional transgene silencing. Current Biology, 14: 346-351.

Wei R, Qiu D, Wilson I W, et al. 2015. Identification of novel and conserved microRNAs in *Panax notoginseng* roots by high-throughput sequencing. BMC Genomics, 16: 835.

Wen M, Shen Y, Shi S, et al. 2012. miREvo: an integrative microRNA evolutionary analysis platform for next-generation sequencing experiments. BMC Bioinformatics, 13: 140.

Williams L, Grigg S P, Xie M, et al. 2005. Regulation of *Arabidopsis* shoot apical meristem and lateral organ formation by microRNA miR166g and its AtHD-ZIP target genes. Development, 132: 3657-3668.

Wu B, Wang M, Ma Y, et al. 2012. High-throughput sequencing and characterization of the small RNA transcriptome reveal features of novel and conserved microRNAs in *Panax ginseng*. PLoS ONE, 7: e44385.

Wu G, Park M Y, Conway S R, et al. 2009. The sequential action of miR156 and miR172 regulates developmental timing in *Arabidopsis*. Cell, 138: 750-759.

Xia H, Zhang L, Wu G, et al. 2016. Genome-wide identification and characterization of microRNAs and target genes in *Lonicera japonica*. PLoS ONE, 11: e0164140.

Xu X, Jiang Q, Ma X, et al. 2014. Deep sequencing identifies tissue-specific microRNAs and their target genes involving in the biosynthesis of tanshinones in *Salvia miltiorrhiza*. PLoS ONE, 9: e111679.

Yan J, Gu Y, Jia X, et al. 2012. Effective small RNA destruction by the expression of a short tandem target mimic in *Arabidopsis*. Plant Cell, 24: 415-427.

Yang H, Schmuke J J, Flagg L M, et al. 2009. A novel real-time polymerase chain reaction method for high throughput quantification of small regulatory RNAs. Plant Biotechnol Journal, 7: 621-630.

Yi X, Zhang Z, Ling Y, et al. 2015. PNRD: a plant non-coding RNA database. Nucleic Acids Research, 43(Database issue): D982-989.

Zhang B H, Pan X P, Cox S B, et al. 2006. Evidence that miRNAs are different from other RNAs. Cellular and Molecular Life Sciences, 63: 246-254.

Zhang H, Jin W, Zhu X, et al. 2016. Identification and characterization of *Salvia miltiorrhizain* miRNAs in response to replanting disease. PLoS ONE, 11: e0159905.

Zhang Y. 2005. miRU: an automated plant miRNA target prediction server. Nucleic Acids Research, 33(Web Server issue): W701-704.

Zuker M. 2003. Mfold web server for nucleic acid folding and hybridization prediction. Nucleic Acids Research, 31: 3406-3415.

# 第十八章　代谢组分析技术及其在药用植物品质生物学研究中的应用

植物中含有大量小分子代谢物，不仅包括维持植物生命活动和生长发育所必需的初生代谢物，还包括与植物抗病和抗逆密切相关的次生代谢物。并且药用植物的次生代谢物往往是其发挥药效的物质基础，也是发现新药的重要来源之一。近年来，代谢组学作为系统生物学的一个重要分支发展迅速。它通过研究生物体、组织或单细胞中全部小分子代谢物的组成及其变化，在全局水平上解析代谢网络与调控。目前，代谢组学技术已经广泛应用于药用植物的研究领域，包括药用植物的鉴别和质量评价，药用植物品种选育及抗病抗逆研究，初生、次生代谢途径解析，代谢工程研究，合成生物学研究等，为药用植物品质研究、创新药物研发和药物质量安全性评价做出了重要贡献。本章将分四节分别对代谢组学和药用植物代谢组学的基本概念、代谢组学分析技术、代谢组学分析策略、代谢组学在药用植物品质生物学研究中的应用等方面逐一介绍。

## 第一节　代谢组学简介

### 一、代谢组与代谢组学

近年来生命科学发展迅速，随着对拟南芥和水稻等植物的基因组测序成功，科学家逐渐将目光从基因测序转移到了基因功能研究上(尹恒等，2005)。因此继基因组学、转录组学及蛋白质组学之后，研究小分子代谢物的代谢组学方兴未艾。

代谢组学的概念来源于代谢组。代谢组(metabolome)是指某一生物、组织或细胞在特定的生理或病理状态下所有的低分子量代谢物。而代谢组学(metabolomics 或 metabonomics)则是对所有这些低分子量代谢物同时进行定性和定量分析研究的一门学科(Goodacre，2004)。特点是以组群指标分析为基础，以高通量样本分析和大规模数据处理为手段，以信息建模与系统整合为目标，是系统生物学的一个重要分支。代谢组学根据研究策略可以分为靶向代谢组学和非靶向代谢组学；根据研究目的和研究对象可以分为疾病代谢组学、药物代谢组学、细胞代谢组学、动物代谢组学、植物代谢组学、微生物代谢组学等。最初，metabolomics 多用于植物和微生物领域的代谢组学研究，metabonomics 多用于以人体或动物体液或组织为研究对象的药物和疾病代谢组学研究，现在，对这两个名词的区分越来越少，基本等同使用。

### 二、药用植物代谢组学

植物代谢活动可以分为初生代谢(primary metabolism)和次生代谢(secondary metabolism)。初生代谢在植物整个生命过程中始终都在发生，它提供维持植物生命活动和生长发育所必需的物质和能量，包括光合作用、三羧酸循环，以及糖类、氨基酸类、脂类和核酸类等物质的合成与分解代谢等，同时也为次生代谢提供能量和原料。因此这些对植物生存必需的化合物就称为初生代谢产物。次生代谢往往发生在植物生命过程中的某一阶段，与植物的抗病和抗逆作用密切相关，如莽草酸途径、甲羟戊酸途径、丙二酸途径等。药用植物含有的生物碱类、萜类、黄酮类、醌类、皂苷类、强心苷类等活性成分绝大多数属于次生代谢产物(焦旭雯和赵树进，2007)。

在 2000 年，Fiehn 等以拟南芥(*Arabidopsis thaliana*)为模式植物研究其生理代谢网络时，提出了植物代谢组学的概念。植物代谢组学(plant metabolomics)就是全面地定性定量研究植物体内源性代谢产物(包括初生和次生代谢产物)变化规律的学科(段礼新等，2016)。由于药用植物中结构多变、活性多样的次生代谢产物往往是其发挥药效作用的物质基础，研究次生代谢产物在药用植物体内的合成积累机制及其影响因素，对提高活性物质含量、保证药材品质、稳定临床疗效等具有重要意义，因此以中草药为研究对象的药用植物代谢组学(medicinal plant metabolomics)更多关注次生代谢网络和次生代谢物的变化。

# 第二节　代谢组学分析技术

代谢组学分析方法的建立对于开展代谢组学研究十分重要。首先，代谢组学的分析对象一般为生物样本，如体液、动植物组织、细胞等，这些生物样本不管是来自于动物还是植物，样本的基质都比较复杂，对目标化合物的检测分析存在干扰。其次，机体代谢网络具有关联性，内在或外在条件的变化可能引发一系列已知和未知的代谢扰动，因此所建立的分析方法需要覆盖尽可能多的内源性代谢物和代谢通路。最后，内源性代谢物的性质和在机体内的丰度的差异较大，很难通过单一的分析方法准确定量所有类别的代谢物。例如，氨基酸和脂质都是体内重要的代谢物，但是二者在性质上差异很大：氨基酸极性较大，前处理往往采用直接沉淀蛋白再浓缩的方式，同时其在普通的反相色谱柱上保留很弱，往往采用耐水的反相柱用高比例的水相洗脱；而脂质代谢物极性较小，前处理采用氯仿等有机溶剂提取，并且需要在保留性能较弱的 $C_8$ 色谱柱上采用异丙醇等洗脱能力较强的流动相洗脱。由此可见，针对不同的样本和目标化合物选择合适的代谢组学分析技术并建立及优化分析方法是顺利开展代谢组学研究的重要一环，本节将从样本前处理技术、色谱分离技术、质谱及其联用技术、核磁共振技术、化学计量学、代谢途径和代谢网络分析、代谢流组学和质谱成像组学分析技术等几个方面介绍代谢组学常用的分析技术及其进展。

## 一、样品前处理技术

样品前处理的目的是通过在线或离线分离富集待测样品中的目标化合物，去除基质干扰，它是整个分析过程的关键步骤之一。在代谢组学这种复杂体系分析中样品前处理十分重要，它直接关系到分析方法的优劣，并最终影响结果的可靠性、准确性和分析通量。

为了获得稳定可靠的实验结果，在建立样本前处理方法时，需要充分考虑样本的生长或获得、采样时间和地点、采样量及样本采收方法等问题，并根据目标化合物的理化性质和丰度对提取和分离的方法进行选择和优化。相对于微生物和动物而言，植物代谢组学的研究在人工栽培方面需要考虑更多的问题，如药用植物在不同年龄、不同发育阶段、不同部位，以及光照、水肥、耕作等环境因素对植物生理状态的影响，这些因素能否被有效控制直接关系到植物代谢组学研究结果的重复性和稳定性。通过无土栽培及可定时更换栽培位置的大容量植物培养箱等技术可以对样本的稳定性和均一性进行有效控制。例如，Fukusaki 等(2003)利用无土栽培技术将水肥直接引入植物根部，并精准控制供给量，大大提高实验的重复性。

药用植物及其制剂常用的前处理方法主要包括回流提取法、水蒸气蒸馏法、索氏提取法、超声提取法等(杭太俊，2011)。其他生物样本，如体液、组织、细胞等常用的样本前处理方法主要包括沉淀蛋白、液液萃取、固相萃取等(杭太俊，2011)。一般根据目标化合物性质的不同选择不同的前处理技术。例如，分析样本中的脂质化合物时，由于脂质化合物本身极性较小，因此通常采用同样极性较小的甲基叔丁基醚、氯仿、甲醇等溶剂进行液液萃取(Li et al.，2014)，不仅可以有效分离富集目标脂质，还可以去除生物样本中的蛋白和一些极性较大的化合物，达到降低基质干扰的目的。相反，在分析生物样本中极性较大的化合物，如氨基酸、核苷酸、有机酸等时，可以采用沉淀蛋白方法，然后富集后进行分析(Bruce et al.，2009)。在采用软电离技术进行样本分析时，需要考虑克服基质效应，磷脂是产生基质效应的主要化合物，为了有效减小基质效应，可以在样品前处理过程中采用去磷脂固相萃取小柱，去除磷脂干扰(Wang et al.，2016)。

在样品前处理过程中还应充分关注细节，例如，鞘脂化合物比较容易吸附在普通玻璃表面，因此在前处理过程中应该使用经过硅烷化处理的特殊玻璃离心管和玻璃内插管。有些化合物，如半胱氨酸，性质十分不稳定，易发生氧化，因此在样本采集后应立即加入抗氧化剂，保护目标化合物的稳定性(Boyacı et al.，2015)。

样本前处理简单快速、试剂消耗少、使用装置小、重复性好，对目标化合物的选择性和回收率高，是现代样品制备技术的发展趋势，下面简单介绍一些这方面的发展方向——固相微萃取(solid phase micro extraction，SPME)和液相微萃取(liquid-liquid micro extraction，LLME)。

样品前处理过程中使用的有机溶剂不仅对人体健康有损害，还会污染环境，因此需要尽量减少有机溶剂的用量。固相微萃取技术将高分子涂层或吸附剂涂敷在纤维上作为固定相，通过吸附或吸收机制对目标化合物进行萃取和浓缩。它是一种集采样、富集、进样于一体的新型萃取技术，具有操作简单、快速高效、无溶剂、抗基质干扰能力强、易于自动化和可与其他技术在线联用等优点(Vuckovic et al.，2008)。该技术在代谢组学(Vuckovic and Pawliszyn，2011)领域中有很多应用。

液相微萃取技术是在液液萃取的基础上发展起来的，该技术集采样、萃取和浓缩于一体，灵敏度高，操作简单省时，所需萃取剂非常少，仅需几至几十微升，大大降低了有机溶剂的用量。主要包括单滴液液微萃取、分散液液微萃取和中空纤维液液微萃取技术等。该技术广泛应用于生物样本的分析中，如中草药中微量成分的体外分析和体内分析(Yan et al.，2014)、体液中内源性物质的分析(Konieczna et al.，2016)。

## (一)微波辅助萃取和超声辅助萃取

对于复杂样品中的微量目标化合物，需要提高其从基质中提取出来的效率。微波辅助萃取(micro wave assisted extraction，MAE)技术是在微波能的作用下，将样品中的目标化合物选择性地萃取出来。与传统加热方式相比，微波能更大程度地提高加热和萃取的速度和程度。该技术在药用植物有效成分的提取中有广泛的应用(Delazar et al.，2012)，而且可与固相微萃取、液相微萃取等其他样品前处理技术联用(Huang et al.，2016)。

超声辅助萃取(ultrasound-assisted extraction，UAE)是借助于超声加速目标化合物摆脱固体基质的束缚，使其快速扩散到提取溶剂中的一种液固萃取方式。超声波能够产生空穴，在局部形成高温高压，使样品中的目标化合物加速释放，从而提高提取效率(Castro and Priego-Capote，2007)。它也是药用植物有效成分提取常用的方法(Orozco-Solano et al.，2010)。

## (二)分子印迹固相萃取和免疫亲和固相萃取

采用合适的固相萃取剂从样品的复杂基质中特异性地与目标化合物结合，并将其分离出来一直是研究热点。分子印迹技术(molecular imprinting technology，MIT)是将待分离的目标分子作为模板与功能单体在适当条件下可逆结合形成复合物，加入交联剂进行聚合后形成将目标分子包埋在内的固体颗粒介质，然后通过物理或化学方法将模板分子从聚合物中洗脱，从而获得具有识别功能并与之相匹配的三维空穴。分子印迹聚合物作为固相萃取剂具有特异的选择性和亲和性(Vasapollo et al.，2011)。免疫亲和吸附剂(immunoaffinity adsorbent)是利用抗原-抗体相互作用可以特异性识别与自身结构相似组分的原理，从而达到目标化合物与基质分离的目的(Whiteaker and Paulovich，2011)。免疫亲和吸附剂可以从液体、固体等不同基质中选择性地萃取、富集一种或一类化合物，多用于蛋白质、多肽类物质的分离和富集。

## (三)样本前处理中的新材料

传统样品前处理过程中经常大量使用有机溶剂，如甲基叔丁基醚、丙酮、甲醇、乙腈、乙酸乙酯、二氯甲烷等，这些挥发性有机溶剂对环境和人体健康都会造成不良影响，因此很多新型绿色溶剂和功能化材料应运而生。

表面活性剂作为一种优良溶剂逐渐应用到样品前处理中。通过控制表面活性剂浓度、温度等条件，其水溶液在一定条件下会出现混浊，分成表面活性剂相和水相，溶液中的疏水性物质会与表面活性剂的疏水基团结合，被萃取进表面活性剂相，亲水性物质则留在水相。利用表面活性剂的该特点发展出了浊点萃取(cloud point extraction，CPE)技术(Giebułtowicz et al.，2015)。

超临界流体(supercritical fluid)是指温度和压力均在临界点以上的流体。该流体的密度和溶解力接近液体，而表面张力为零，黏度和渗透力接近气体，溶质的二元扩散系数在超临界流体中比在液体系统中高很多，有较强的传质能力。这些特性使其成为一种优良的萃取剂，并发展出超临界流体萃取技术。该技术快速高效、选择性好、后处理简单，能满足样品复杂性和稳定性及痕量目标化合物的分析要求，且无毒无污染。

离子液体(ionic liquid，IL)是由离子组成，在室温或室温附近的很大温度范围内呈液态的盐类。这类液体中只有阴、阳离子，没有中性分子。它对无机和有机物质具有选择性的溶解能力，可以提供非水的极性可调的两相体系，使其可以作为优良的萃取溶剂，广泛应用于液相微萃取技术(Shi et al.，2015)。

磁性纳米颗粒(magnetic nanoparticle)具有比表面积大、磁性强、易于分离、表面易于修饰等特点，目前已将其应用于样品前处理技术中，特别是对大体积样品中的微量至痕量目标化合物的分离和富集具有较好的效果。

### (四)样本前处理自动化

在需要分析大批量样品时，快速、准确、重复性好的样品前处理过程十分重要。自动化样本前处理方式不但可以提高工作效率，而且能够减少人为操作造成的误差。例如，固相萃取的自动化研究经过十几年的发展已日趋成熟，应用广泛，包括96孔固相萃取板(96-well solid-phase extraction)、在线固相萃取(online solid-phase extraction)等。这些技术联合液相色谱或液质联用技术，可以大大减小样本前处理所用的人力和时间，已在代谢组学生物样本分析中有所应用(Rogeberg et al.，2014)。

## 二、色谱分离技术

色谱分离技术在代谢组学分析中发挥着重要的作用。虽然随着色谱-质谱联用技术的发展，样品已经不需要在色谱系统上达到组分之间的"完全分离"，但是由于质谱扫描速率和扫描质量、基质效应等因素，样品尤其是复杂的生物样品在进入质谱或其他检测器前需要进行分离，一方面，将目标化合物与可能产生基质效应的其他组分分离，达到准确测定目标化合物的目的；另一方面，复杂的生物样品经过色谱分离后以单一成分或少数几个成分进入质谱或其他检测器检测，可以有效提高质谱扫描数据或其他检测数据的质量，大大简化对复杂样品中目标化合物的解析，尤其是对未知目标化合物的解析。因此，目前代谢组学分析普遍采用高效液相色谱作为分离模式。此外，对于易挥发或极性较小的目标化合物，还可以采用气相色谱作为分离手段。下面将介绍几种目前在代谢组学分析中采用的色谱分离技术。

### (一)超高效液相色谱

超高效液相色谱(ultra performance liquid chromatography，UPLC)技术的色谱柱采用1.7μm粒径的色谱柱填料，可以获得更高柱效，并在更宽的线速度范围内保持柱效恒定，有利于提高流动相流速，缩短分析时间，提高分析通量。通过这种性能优越的色谱柱，结合精确梯度控制的超高压液相色谱泵，低扩散、低交叉污染的自动进样系统及高速检测器，使超高效液相色谱的峰容量、分析效率、灵敏度较常规高效液相色谱有了很大的提高，是代谢组学分析的理想分析技术(Wang et al.，2011；Zhao et al.，2014)。

## （二）二维液相色谱

二维液相色谱（two-dimensional liquid chromatography，2D-LC）是将分离机制不同并且相互独立的两支色谱柱串联起来构成的分离系统。样品经过第一维色谱柱进入接口，通过浓缩、捕集或切割后被切换进入第二维色谱柱及检测器中。该技术利用样品中目标化合物的不同特性，如亲水性、电荷、分子尺寸等，采用两种不同的分离机制把复杂混合物分成单一组分，使在一维色谱中不能实现完全分离的组分，可以在二维色谱中得到更好的分离（Guiochon et al.，2008）。二维液相色谱可分成离线（offline）与在线（online）两种类型。离线型是将一维色谱柱分离出的组分依次收集后浓缩或直接进样进行二维分离。其操作比较简单，峰容量较高，但分析时间长，难于自动化，重现性比较差。在线型的一维与二维两支色谱柱通过阀或接口相连，可以在短时间内获得高峰容量，自动化程度高。在线二维色谱又可以分为中心切割（heart-cutting LC-LC）和全二维（comprehensive LC-LC）两种方式。中心切割是从一维色谱洗脱出来的组分，只有含有目标组分的部分被转移到二维色谱柱上继续分离，会损失部分样品信息。全二维是所有一维色谱柱流出的组分都被转移进入二维色谱柱进行分离，可在较短时间内实现较高峰容量，是二维液相色谱分析中发展最快、最受关注的分离手段（Stoll et al.，2007）。与一维色谱分离技术相比，二维液相色谱具有更高的分离能力、分辨率和快速自动化等特点，已成为复杂样品分析的重要工具，有着广阔的应用前景（安蓉和肖尧，2014）。Qu 等（2015）采用全二维液相色谱技术结合四极杆飞行时间质谱建立了分离、鉴定并相对定量雷公藤（Tripterygium wilfordii）多苷片中所含成分的分析方法。第一维色谱采用 $C_8$ 柱，第二维色谱采用 $C_{18}$ 柱，采用不同的梯度洗脱程序，从两种厂家生产的雷公藤多苷片中分别发现了 92 种、132 种成分。

## （三）亲水相互作用色谱

亲水相互作用色谱（hydrophilic interaction chromatography，HILIC）是以极性固定相及含高比例极性有机溶剂和低比例水溶液为流动相的一种色谱分离模式。虽然样品在亲水相互作用色谱柱上的流出顺序和正相色谱相同，即化合物极性越小保留越弱，极性越大保留越强，但是它的流动相是有机溶剂及水相缓冲液，其中水溶液作为强洗脱剂，而且化合物的保留是基于分配机制，而不是正相色谱的表面吸附机制。在亲水相互作用色谱中固定相是强亲水性的极性吸附剂，如硅胶键合相、极性聚合物填料或离子交换吸附剂等。亲水相互作用色谱不使用离子对试剂，与质谱具有良好的兼容性。同时亲水相互作用模式使用的梯度和反相模式相反，初始条件使用高比例有机相，逐步降低到水相，又被称为反反相色谱，这样的流动相组成有利于提高电喷雾离子化质谱的灵敏度。亲水相互作用色谱在强极性化合物的分离分析中有着独特的优势（Hemström and Irgum，2006），近年来在代谢组学（Spagou et al.，2010）领域有着诸多应用。如 Magiera 和 Baranowski（2015）采用微萃取技术结合亲水相互作用超高效液相色谱质谱联用技术建立了人尿中肉碱和 7 种酰基肉碱的准确定量方法。

## (四)高效毛细管电泳

电泳是指带电粒子在电场作用下以不同速度向电荷相反方向迁移的现象。电渗是毛细管内壁所带表面电荷引起的管内液体的整体流动。高效毛细管电泳(high performance capillary electrophoresis, HPCE)技术就是离子或带电粒子以毛细管为分离通道,以高压直流电场为驱动力,利用电泳与电渗两种作用力,依据样品中各组分之间分配行为与迁移速度上的差异而实现分离的分析技术。毛细管电泳技术分离模式多,主要有毛细管区带电泳、等电聚焦毛细管电泳、胶束电动毛细管色谱和毛细管电色谱等,并且分析时间较短,分离效率高、柱效好,溶剂消耗极小,对环境污染少。被广泛应用于各种酸性、碱性及中性小分子、核酸、氨基酸、多肽及蛋白质大分子生物样品和中药等复杂微量体系的分离分析(Brunner et al., 1995; Wei et al., 1997)。

## 三、质谱及其联用技术

在代谢组学分析中,质谱技术(mass spectrometry, MS),尤其是液相色谱-质谱联用技术(liquid chromatography coupled with mass spectrometry, LC-MS)是最有力的分析工具,目前应用也最为广泛。液质联用技术相对于其他分析技术,能够为目标化合物提供更好的选择性、更高的灵敏度和更丰富的结构信息,已成为现代分析实验室一种快速、准确、可靠的分析工具。该技术具有以下优点:①适用范围广,在适当的离子化条件下,大部分化合物都能够被质谱检测;②分离能力强,即使待测物在色谱上没有完全分离,通过特征离子提取也能够得到每个化合物的色谱图进行分析;③灵敏度高,可以达到 ng 级、pg 级甚至更低;④定性分析可靠,可以同时给出每种化合物的分子量和结构相关信息;⑤分析速度快,液质联用技术使用的液相色谱柱柱长短、内径窄,缩短了分析时间;⑥自动化程度高,具备高度自动化的样本进样、分析和数据处理程序。此外,气相色谱-质谱联用技术(gas chromatography coupled with mass spectrometry, GC-MS)在挥发性化合物的分析检测方面也有广泛的应用。

质谱按照其分辨率的大小可以分为高分辨质谱和低分辨质谱。高分辨质谱指的是分辨率大于 10 000 的质谱,常见的高分辨质谱有飞行时间质谱(TOF)、傅里叶变换离子回旋共振质谱(FTICRMS)、静电轨道阱质谱(orbitrap)等,低分辨质谱主要包括四极杆质谱(Q)、离子阱质谱(ion trap)等(Johnson and Carlson, 2015)。

串联质谱(tandem mass spectrometry)是指两级质谱($MS^2$)或更多级质谱($MS^n$)的串联系统。它包括通过多个质量分析器实现的空间上的串联质谱,如多个四极杆、飞行时间质量分析器的串联质谱,以及只需要一个具备贮存离子功能,实现离子的选择、裂解和分析都在一个质量分析器中完成的时间上串联的质谱,如离子阱质谱及傅里叶变换离子回旋共振质谱等。此外,解离技术是实现串联质谱的关键。目前最常用的是碰撞诱导解离(collision induced dissociation, CID)技术。它采用具有一定能量的中性惰性气体分子(如 He、Ar)碰撞目标化合物离子,部分动能转化为离子自身内能,导致离子裂解,使其产生碎片离子。串联质谱具有分离和结构分析同时完成的特点,具备高度的选择性和可靠性，其检测限可以达到 pg 级或更低，并且提供了更多的结构信息，已成为使用的主要质谱技术。

在代谢组学研究的目标化合物定性分析方面，高分辨质谱结合串联质谱技术，如四极杆-飞行时间质谱(Q-TOF)、线性离子阱-傅里叶变换离子回旋共振质谱(LTQ/FTICRMS)、线性离子阱-静电轨道阱质谱(LTQ-orbitrap)等，不仅能够提供目标化合物的高分辨质量数(误差小于 10ppm[①])，从而获得精确分子量和分子式，而且能够获得目标化合物的多级碎片离子。依据这些丰富信息，不仅可以通过与文献比对实现不需要对照品就能准确鉴别和确证样本中的已知目标化合物，还可以快速实现对样本中的未知目标化合物的结构解析。该技术在非靶向代谢组学(Alonso et al., 2015)、中药及其组方的成分分析(Wu et al., 2012)方面有着广泛应用。

在代谢组学研究的目标化合物定量分析方面，串联质谱，尤其是三重四极杆质谱技术是主要的分析手段。通过对目标化合物母离子和经过碰撞诱导解离得到的子离子进行多反应监测(MRM)扫描，不仅可以有效排除复杂基质的干扰，还可以同时实现多个痕量目标成分的准确定量。该技术在靶向代谢组学(Dudley et al., 2010)方面有着非常广泛的应用。

除了上述常用的质谱技术，近年来离子淌度质谱(ion mobility mass spectrometry, IMMS)也逐渐应用到复杂体系的分析中。离子淌度质谱是离子淌度分离与质谱联用的一种新型二维质谱分析技术。离子淌度分离的原理是基于离子在漂移管中与缓冲气体碰撞时的碰撞截面不同，离子可按大小和形状进行分离。因此离子淌度质谱可以被看作一种三维分析手段：混合体系首先依据其物理化学性质在第一维色谱进行初步的分离，然后进入离子漂移管中依据离子的大小和形状进行第二维的分离，最后进入质谱，根据其各自的质荷比进行第三维的分离和分析。通过该技术进一步增强了对复杂生物样本的分离分析能力(May and McLean, 2015)，其正在发展成为一种新型的重要分析工具。

## 四、核磁共振技术

核磁共振技术(nuclear magnetic resonance，NMR)因其简便性、无损伤性、连续性、高分辨性和多目标性，可用于对整体生物系统进行体内代谢组学(Leenders et al., 2015)的研究。特别是由于生物样本取样量受限，并且样品具有不可重复性，核磁共振技术对样本无损性的特点具有独特的优势。

核磁共振技术的另外一大优势是具有强大的结构解析功能，特别是结合多种二维核磁共振技术能够提供目标化合物大量的结构信息。因此在代谢组学分析领域可用于未知代谢物的结构解析，如新发现的天然产物、内源性代谢物等(McKenzie et al., 2011)。

在药用植物代谢组学方面，核磁共振技术由于重现性好、特征性强，可以作为指纹图谱(Bilia et al., 2002)进行药用植物的有效成分分析、鉴别药物真伪、分析药物产地、研究栽培和野生药物成分差别及药物质量控制等方面的研究。

此外，核磁共振技术对同分异构体独特的识别能力是许多分析技术(如色谱和质谱)

---

① 1ppm=10⁻⁶

所不能比拟的(Colombo et al.，2015)。这也是它在代谢组学分析中的独特优势。随着近年来一些新的核磁技术，如扩散排序核磁共振法、二维和三维核磁共振谱、液相色谱-核磁共振联用技术(McKenzie et al.，2011)等的发展，核磁共振技术在代谢组学分析方面会有更加多的应用。

## 五、化学计量学

现代分析仪器与方法具有在较短时间内提供大量原始分析数据的能力，能够连续提供在时间和空间上具有高分辨率的多维分析数据，为代谢组学的分析提供了前提条件，但同时也带来了挑战。如何处理和分析所得的原始数据，以最优方式从中获取有用信息，就需要化学计量学发挥作用。化学计量学(chemometrics)以数学、统计学及计算机科学为工具，建立科学的分析采样理论、校正理论等各种理论与方法，设计并优化试验，检测、分辨、分析测量信号，将原始分析数据转化为有用的信息，为研究人员解决实际问题提供依据(El-Gindy and Hadad，2012)。

化学计量学在代谢组学的整个分析过程中都有着非常紧密的联系与重要的作用。从采样、实验条件优化、数据采集、数据分析到最终决策的各个阶段，都需要化学计量学的参与。例如，代谢组学的分析对象是非常复杂的多组分体系，含有种类繁多、性质各异、含量极微的各种代谢物，通过联用分析仪器获得的高维多元复杂数据，需要借助化学计量学和生物信息学平台进行数据的处理与分析，对代谢物进行定性定量，描绘特征代谢物或代谢物的整体变化规律，解读数据中蕴藏的生物学意义。此外，代谢组学的多个样本的数据集合在一起形成一个庞大复杂的数据集，其中隐含有大量多维信息。多元模式识别是对这种类型的数据进行分析的主要手段。在代谢组学研究中，样本具有不同特征或属于不同类别，如基因突变前后、是否受到外界刺激、是否患病、不同表型等，需要通过分析所得数据对这些样本的类别进行区分与识别(Madsen et al.，2010)。常用的模式识别(pattern recognition)方法可分为两大类：有监督式(supervised)模式识别和无监督式(unsupervised)模式识别。无监督式模式识别不需要任何有关样本类别的信息，直接从已有数据中获得样本的类别归属，常用的有主成分分析(principal component analysis，PCA)、分层聚类分析(hierarchical cluster analysis，HCA)和模糊聚类分析(fuzzy cluster analysis，FCA)等。有监督式模式识别包括软独立建模分类法(soft independent modeling of class and analogies，SIMCA)、偏最小二乘法判别式分析法(partial least squares discriminant analysis，PLS-DA)、K-最近邻法(K-nearest neighbour，KNN)和人工神经网络(artificial neural network，ANN)等(Bujak et al.，2015)。此外，多元回归分析(multiple regression analysis)也是常用的一种数据处理手段，包括主成分回归分析(principal component regression)(Keithley et al.，2009)、偏最小二乘回归分析(partial least squares regression，PLSR)(Wold et al.，2001)等在各种代谢组学数据分析中也有广泛应用。

## 六、代谢途径和代谢网络分析

代谢途径和代谢网络分析对于代谢组学研究十分重要：一方面，在开展代谢组学，尤其是靶向代谢组学研究前，需要根据研究对象的代谢网络确定分析目标化合物的范围；另一方面，研究获得的显著性差异代谢物或者潜在生物标志物需要通过代谢网络分析寻找它们之间的联系及发生机制，进一步可获得小分子生物标志物与酶、蛋白质、核酸等大分子物质之间的联系；此外，根据生物标志物上下游之间的关系，还能够进一步优化建立生物标志物组合，例如，如果两个生物标志物具有上下游关系，不同的生理或病理状态下，一种显著升高，而另外一种显著降低，那么将二者的比值作为生物标志物组合，就可以实现在不需要对照品进行绝对定量的前提下，区分不同的生理或病理状态的目的。

　　由于生物体内的生化反应繁复多样，代谢网络错综复杂，因此开展代谢途径和代谢网络的分析并不是一件容易的工作。目前有一些商业化软件、网络公共数据处理平台和数据库可供代谢组学研究者使用。这些数据平台包含丰富的代谢物信息，包括代谢物的中英文名称、理化性质、分子式、分子结构、高分辨质量数、二级质谱数据、在代谢网络中的上下游关系、相关代谢酶、与一些疾病的相关性及相应的文献链接等，大大方便了研究工作的开展。下面介绍一些代谢组学常用的公共数据平台。

　　人类代谢组数据库(human metabolome database，HMDB，网址 http://www.hmdb.ca)由加拿大代谢组学创新中心创立，主要收录人体内源性代谢产物信息，包括化合物简介、化学式、分子量、化学分类、化学性质、代谢通路、部分代谢产物的浓度，部分 MS/MS 图谱等。

　　京都基因与基因组百科全书(Kyoto Encyclopedia of Genes and Genomes，KEGG，网址 http://www.genome.jp/kegg)是一个整合了基因组、化学和系统功能的综合生物信息数据库。其中的 KEGGPATHWAY 数据库包含了新陈代谢、细胞、疾病、药物开发等几方面的分子间相互作用和反应网络(Li et al.，2014)。

　　Metlin 数据库(网址 http://enigma.lbl.gov/metlin)是由美国 Scripps 研究院 Gary J. Patti 和 Gary Siuzdak 开发出的数据库，主要侧重用于非靶向代谢组学代谢产物的鉴定。该网站具有大量代谢产物的 MS/MS 图谱，而且每个化合物都有不同的碰撞能图谱，可以清晰地找到代谢产物的碎片离子。

　　MetaCyc 数据库(网址 https://metacyc.org)是以微生物为主的多个物种的酶和代谢途径数据库，它描述了代谢途径、代谢反应、酶和底物化合物等信息，有些途径包含大量注释和文献引用。

　　PlantCyc 数据库(网址 http://www.plantcyc.org)提供了来源于文献报道的超过 350 种植物共有或特有的代谢通路信息，包含代谢通路、催化酶和基因，以及各种植物代谢物。PlantCyc 还整合了各种植物代谢通路数据库，包括 MetaCyc 数据库中所有的植物代谢通路，是植物代谢组学研究常用的数据平台。

　　中草药成分数据库(traditional Chinese medicine integrated database，TCMID，网址 http://www.megabionet.org/tcmid 收集了大量药用植物中成分的信息，包括分子式、结构式、相关代谢酶、相关植物、文献链接和药物疾病相互关系等。

## 七、代谢流组学和质谱成像组学分析技术

随着代谢组学的快速发展，多种分析技术与代谢组学巧妙结合，更加深入地阐释相关问题。

很多内源性代谢物都会参与到多条代谢通路中，传统代谢组学观察到的往往是代谢物在多条代谢通路叠加后的变化趋势，有些代谢物在代谢途径上可能发生了显著改变，但是其丰度变化可能并不显著，因此在缺少动态信息的情况下，对代谢组学数据的解读通常十分复杂。代谢流分析技术可以揭示代谢物在通路中的形成过程、参与的路径、流动方向和速度，以及不同代谢通路的相互切换。可以更加深入精准地呈现机体的代谢变化过程。近年来该技术与代谢组学结合建立的代谢流组学(fluxomics)分析技术已经解答了很多生物学研究的疑难问题(Jiang et al., 2016; Xia et al., 2015)。Szecowka 等(2013)利用代谢流组学平台分析了拟南芥(*Arabidopsis thaliana*)莲座叶 40 种代谢物在 $^{13}CO_2$ 生长条件下的 $^{13}C$ 随时间变化的富集情况，建立了莲座叶光合作用的动态代谢流模型，这为研究者加深对光合作用代谢调控的认识，进而通过工程改造提高植物的光合作用效率奠定了坚实基础。

传统的代谢组学分析通常是在均一化的样品或提取物中进行的，但是，动植物的各种细胞分化后具有不同的功能，特定的细胞和组织在不同部位具有不同的代谢物特征。质谱成像代谢组学(mass spectrometry imaging metabolomics)分析技术采用成像方式的离子扫描技术，原位分析代谢物在不同细胞或组织中的时间和空间的变化。该技术可同时对多种分子进行原位可视化分析，从而将代谢物与组织形态学高度关联(罗志刚等，2014)。Yamamoto 等(2016)通过整合质谱成像技术和单细胞质谱代谢组学技术，研究长春花(*Catharanthus roseus*)茎的纵切面的质谱成像图，解析了萜类生物碱合成的细胞特异性。

# 第三节　代谢组学分析策略

由于代谢组学的研究对象是生物样本，具有基质复杂、目标化合物种类多、性质和丰度差异大的特点，因此在研究过程中面临的问题包括：①如何尽可能覆盖不同种类和不同丰度的代谢物；②生物体内代谢物多达数万种，如何在生物样本中快速准确地鉴别已知代谢物，并且发现未知代谢物；③在目前无法获得每一种代谢物对照品的情况下，如何准确定量目标化合物。虽然现代分析技术发展迅速，有很多功能强大、性能卓越的分析仪器供分析工作者使用，但是由于生物样本的自身特点，在代谢组学实际样本分析中仍面临着从众多干扰信号中识别目标分析物的问题，以及获得有效结构信息和避免干扰准确定量的问题。为了解决这些实际研究面临的具体问题，研究者充分运用现代分析技术和分析仪器的功能和特点，针对不同的分析对象和研究目的，建立了很多解决代谢组学分析中多目标化合物定性和定量问题的分析策略。下面就介绍这些分析策略。

## 一、多种不同功能特点仪器联用

在代谢组学研究中，液质联用是最主要的分析技术，由于仪器的性能特点不同，其

在代谢组学中的应用策略也不相同。高分辨质谱技术，如 Q-TOF、LTQ/FTICR、Orbitrap 等，能够测定的代谢物种类多，覆盖面广，主要用于非靶向代谢组学的研究，但是其灵敏度和线性不如 QQQ、Q-Trap 等串联质谱技术，一些低丰度的代谢物检测不到。QQQ、Q-Trap 等串联质谱技术具有较高的灵敏度和较好的线性，能够测定较低丰度的代谢物，并且定量准确可靠，主要用于靶向代谢组学的研究，但是覆盖的目标化合物数量和种类却有限。因此研究人员将这两大类功能特点不同的仪器联合使用，发挥各自的优势，建立一系列分析策略，主要包括纵向联用和横向联用两种策略。

## (一)纵向仪器联用策略

纵向联用策略的基本思路如图 18-1a 所示，首先样本经过前处理后采用高分辨质谱技术尽可能采集样本中所有化合物信号，通过色谱峰识别、保留时间校正等计算获得所有化合物的一级和二级高分辨质谱数据，将这些数据通过多元统计分析，获得潜在生物标志物信息，然后结合网络公共数据平台识别和鉴定这些潜在生物标志物，这是利用非靶向代谢组学的方式全面寻找潜在生物标志物；第二步，为了进一步确证发现的潜在生物标志物，准确定量并运用到实际应用中，采用串联质谱技术有针对性地定量这些发现的生物标志物(Yamamoto et al.，2016；Gika et al.，2014)。

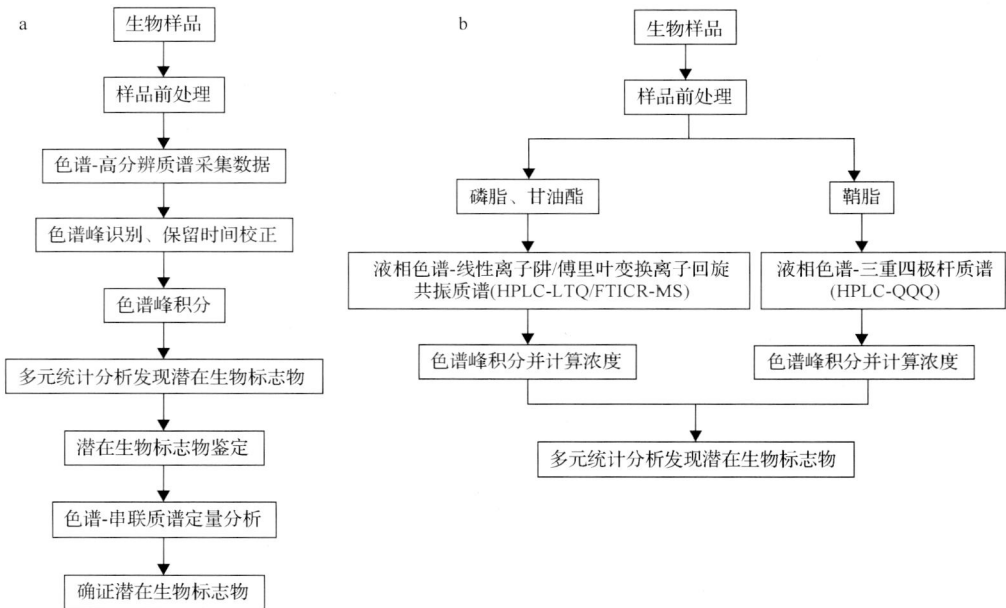

图 18-1 基于纵向仪器联用策略的代谢组学分析流程(a)和基于横向
仪器联用策略的脂质组学分析平台(b)

## (二)横向仪器联用策略

横向仪器联用策略是由于内源性代谢物种类、性质、丰度差异都比较大，一种分析方法难以覆盖所有内源性代谢物，因此利用具有不同特点的分析仪器分别分析及覆盖不同性质和种类的目标代谢物。例如，人血浆中脂质代谢物的种类繁多，丰度差异很大，磷脂(包括磷脂酰甘油酯、鞘磷脂)和甘油酯丰度比较高，而鞘脂(包括神经酰胺、鞘氨醇等)丰度比较低，很难通过一次进样分析全面覆盖所有种类的脂质代谢物，因此 Qu 等(2014)利用液相色谱-线性离子阱/傅里叶变换离子回旋共振质谱(HPLC-LTQ/FTICR-MS)和液相色谱-三重四极杆质谱(HPLC-QQQ)建立全面表征人血浆中脂质代谢物的靶向代谢组学分析平台，如图 18-1b 所示，其中 HPLC-LTQ/FTICR-MS 分辨率高、覆盖面广，但是灵敏度不如 HPLC-QQQ，用于丰度较高的磷脂和甘油酯的测定，HPLC-QQQ 灵敏度高，用于丰度较低的鞘脂的测定。

此外，有研究者尝试将液相色谱质谱联用技术(HPLC-MS)、气相色谱质谱联用技术(GC-MS)、毛细管电泳质谱联用技术(CE-MS)联合，测定不同性质的内源性化合物，实现一份样本一次前处理可以同时测定不同种类代谢物的集成代谢组学分析方法。结果发现，虽然不同的分析技术测定的代谢物种类有交叉，但是每种分析技术都能够测定大量其他分析技术不能覆盖的代谢物，这也充分说明同时使用多种不同功能仪器的必要性(Naz et al.，2013)。

## 二、基于保留时间与结构关系建立的未知化合物定性策略

在代谢组学分析中经常需要对未知代谢物进行定性分析和结构鉴定。色谱行为是目标化合物分析的重要性质。化合物在色谱上的保留性质，如保留时间、保留指数，与化合物的结构特点和色谱柱的保留机制有关。例如，化合物在反相键合相色谱柱上的保留性质和化合物的极性有关，化合物极性越大，保留时间越短，化合物极性越小，保留时间越长，所以利用化合物保留时间和其结构之间的关系可以建立对生物样本中未知化合物的定性策略。特别是代谢物存在同分异构体的现象十分普遍。但是对异构体的区分是一件很棘手的事，尤其是在缺乏对照品的情况下。虽然某些位置异构体可以根据碎片离子的种类和丰度进行判断，但是对于立体异构体，会产生几乎完全相同的碎片离子信息，在没有对照品的前提下对其进行区分是极其困难的。定量结构保留关系(quantitative structure-retention relationship，QSRR)技术将化合物的分子结构信息和在色谱上的保留特性建立联系，可以有效地对未知化合物，特别是同分异构体进行结构鉴定(Meyer and Maurer，2012)。

该技术的基本原理是化合物的结构可以通过软件计算出对应的分子描述符。在一个特定的色谱分析系统中，化合物的保留时间可以通过其特征的分子描述符量化和预测。选择有代表性的一组化合物，经过色谱分析后，用得到的保留时间数据和这些化合物的分子描述符构建 QSRR 模型，未知化合物在相同的色谱条件下分析后通过其保留时间数据就可以预测其结构，该策略可以有效区分具有相同碎片离子但能实现色谱分离的立体异构体。

Wu 等(2013)采用该技术建立了发现中药中未知结构类似物的分析策略，采用该策略在脉络宁和金银花(*Lonicera japonica*)注射液中共发现 45 种有机酸，在参麦注射液中共发现 46 种人参皂苷，并且证明该技术可以有效区分异构体。Creek 等(2011)在亲水相互作用色谱-质谱联用技术的基础上利用 QSRR 技术建立了通过保留时间预测生物样本中未知代

谢物结构的方法，并在布氏锥虫(*Trypanosoma brucei*)提取物中鉴定了 690 种代谢物。

## 三、基于多级特征质谱碎片建立的未知化合物发现与定性策略

多级质谱数据为生物样本中未知化合物的结构鉴定提供了丰富的信息，但是一般情况下，很难对未知物的多级质谱图中每一个碎片离子进行完全的解析，需要和已知结构化合物的多级特征质谱数据进行比对，进而结合其结构进行推测。此外，基于结构类似物的质谱裂解碎片相似的原理，还可以在生物样本中发现和模板已知化合物结构类似的未知化合物。因此，研究者建立了多个利用多级特征质谱碎片匹配的策略，用于在生物样本中发现和鉴定未知化合物。包括基于碎片离子诊断扩展策略、诊断离子引导的分类和桥联网络及质谱树状图相似度过滤技术等。下面以质谱树状图相似度过滤技术为例介绍这类策略的研究思路。

质谱树状图相似度过滤技术(mass spectral trees similarity filter，MTSF)是一种在复杂体系中发现和鉴别目标化合物的搜索技术。该技术的基本原理是：化合物通过质谱采集得到的质谱数据可以形成质谱树状图，其中一级高分辨质谱数据形成化合物质谱树的树干，多级质谱数据形成质谱树的树枝；结构类似的化合物质谱树状图是相似的。Jin 等(2013)利用该技术建立了在复杂基质生物样本中发现并鉴定代谢物的策略，如图 18-2 所

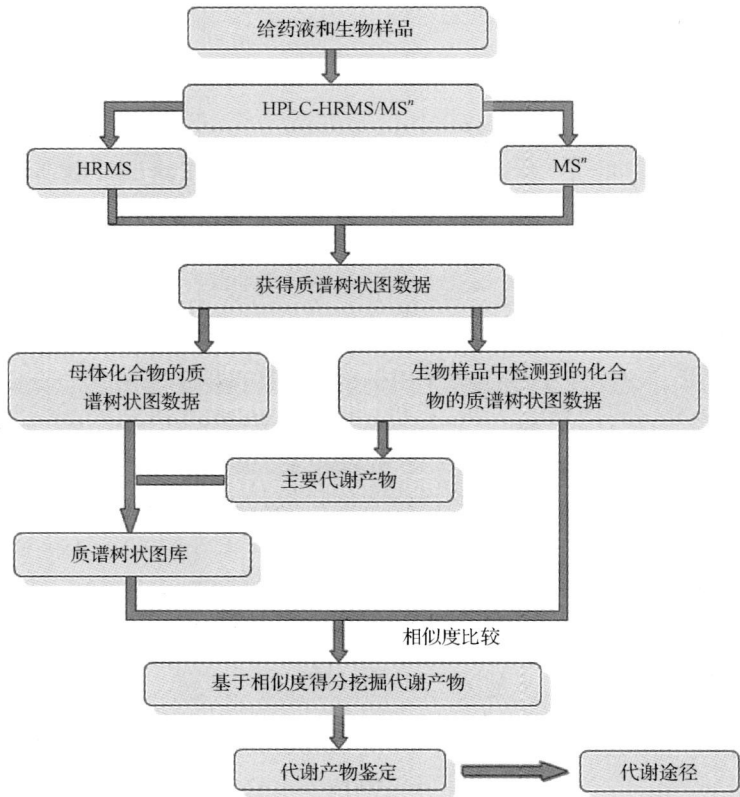

图 18-2　运用高效液相色谱-高分辨质谱联用技术和质谱树相似度
过滤技术发现并鉴定代谢物策略流程图

示。采用该策略共在灌胃给予巫山淫羊藿(*Epimedium wushanense*)大鼠体内发现了朝藿定 A、朝藿定 B、朝藿定 C、淫羊藿苷和宝藿苷等 115 种代谢物,有效去除 80%的基质干扰,与传统的代谢物寻找方法,如中性丢失过滤(NLF)、产物离子过滤(PIF)和质量亏损过滤(MDF)相比,该技术显示出更好的选择性和高效性。

## 四、无对照品的多目标化合物定量策略

液相色谱串联三重四极杆质谱凭借其高灵敏度、高重现性,是定量分析的主流仪器。特别是多反应监测模式(MRM)可以一次同时进行多个化合物的定量分析。但是与少量目标化合物定量相比,随着检测化合物数目的大量增加,仪器的灵敏度下降,动态范围缩短。为了增加其在代谢组学定量方面的应用,Jia 等(2016)采用了动态选择反应检测技术,成功测定了皮肤样本中的 500 多种鞘脂。该方法是利用仪器自带的动态选择反应监测模式,根据多目标化合物的保留性质在不同的时间段内进行监测。这种方法和常规方法比较,具有更高的灵敏度和更大的检测通量。

除此之外,对照品缺乏也是代谢组学定量分析面临的重要问题。由于很多化合物,如一些内源性代谢物、中草药中的微量组分等,本身在样本中就很微量,生物合成和化学制备都很困难,对于如何解决在没有对照品的情况下对目标化合物进行准确定量这个问题,很多研究者提出了不同的策略。

### (一)半定量和相对定量策略

有研究者采用一系列结构相似的化合物进行半定量分析(Sulyok et al.,2007;Cavaliere et al.,2005)。以葡萄(*Vitis vinifera*)中的多酚为例(Cavaliere et al.,2008),有对照品的化合物可以被准确定量,没有对照品的化合物,其浓度可以用结构最相似的对照品溶液进行定量,并用分子量进行校正。该方法简便易行,但是无法保证准确度,而且定量结果与所选择的对照品有关。

另外一种相对定量方式是采用定量校正因子用于同系物之间的定量分析(Zhou et al.,2008)。首先从若干个对照品中选出一个常见并且易于购买的化合物的对照品作为参考对照品,然后定量校正因子是参考化合物对照品和其他化合物对照品在高、中、低三个不同浓度的响应的比值。在实际样本分析时,除了参考化合物采用对照品定量,其他化合物均采用定量校正因子定量。该方法比半定量法更加稳定可靠,尤其是在不同的色谱和质谱条件下。

### (二)标准提取物校正策略

尽管中草药组分的对照品难以获得,但标准提取物还比较容易得到。在很多情况下,不需要对化合物进行绝对定量。因此,Liang 等(2010)提出了标准提取物校正策略,并将其用于木脂素类化合物的测定。首先将一系列稀释的药材标准提取物加入到大鼠血浆中,同时也使用 5 个木脂素对照品以验证方法的可行性,所有需要定量的木脂素化合物的相对标准曲线都是用稀释后的标准提取物制备的。实际样品中木脂素的相对浓度由相应的

回归方程计算得到。这个方法的优势是在化合物未知的情况下也能测定其相对浓度。

### (三) 多反应监测非靶向定量策略

液相色谱串联三重四极杆质谱结合多反应监测模式(MRM)主要用于已知目标化合物的定量。一般需要获得待测物对照品，通过对照品找到待测物的定量离子对，并优化质谱条件。但是在代谢组学研究中，获得所有目标化合物对照品是难以实现的，并且样本中还存在大量未知化合物，这些未知化合物也是需要准确定量的。Tie 等(2014)利用液相色谱串联三重四极杆质谱结合多反应监测模式建立了血浆中游离脂肪酸的多反应监测非靶向定量策略。其原理是生物样本中的脂肪酸经衍生化后在三重四极杆质谱中经过碰撞诱导解离(CID)，产生相同的碎片离子，即衍生化试剂的碎片离子，因此该系列脂肪酸的定量子离子就是该衍生化碎片离子，而母离子可以根据脂肪酸的碳链长度和不饱和度推测，该策略不仅可以利用液相色谱三重四极杆质谱联用技术作为一个非靶向代谢组学的研究工具发现未知的化合物，还可以对这些未知化合物进行定量测定。

## 五、轮廓表征策略

对生物样本中目标化合物的表征有时候没有必要对每一个成分做到定性和定量，根据研究的需要，对样本中的成分进行轮廓性描述也能在一定程度上表征样本的性质和特点。

指纹图谱技术就是基于对样本轮廓表征的目的建立起来的。中药指纹图谱指的是中药，包括中药材及其炮制品、制剂、有效部位或中间体，经适当处理后采用一定的光谱或色谱分析手段得到的能够标示该中药特性的共有峰的图谱，是中药物质基础理化信息的可视化表征。中草药成分复杂，要通过对其中每一个成分都定性定量来评价其质量是很难实现的，但是对其组分轮廓进行表征，通过该轮廓的比对，既能反映"共性"，即不同产地、不同采收时期的同种药材(或不同批号的同一成药)共同具有的某些特征；又能反映"个性"，即因产地和采收期不同而造成的差异。可以用来评价药材质量，区别药材来源(李强等，2013)。

随着代谢组学技术的发展，轮廓表征策略也被用来描述生物体内的代谢轮廓，但并不是仅仅得到内源性代谢物的一张色谱图或质谱图，而是采用代谢组学技术全面表征代谢网络中相关的代谢物，进而描述机体在受到扰动(如疾病、给药等)后代谢轮廓的变化，是一个整体观的概念。Nielsen 等(2011)就综述了缺血性心脏病患者体内与苹果酸穿梭作用相关的代谢指纹图谱。Oakman 等(2011)综述了乳腺癌患者的代谢指纹图谱。

## 六、代谢组学分析方法的验证和数据质量保证

目前，对代谢组学分析方法的验证还没有一个统一的标准，大多数研究人员参考以药物代谢动力学为研究目的的生物样本分析方法验证标准。主要内容包括：选择性、标准曲线、定量下限、准确度、精密度、提取回收率、基质效应、残留、稳定性等(国家药典委员会，2015)。但是代谢组学与药动学研究存在不同之处，体现在：首先，代谢组学研究的是内源性物质，因此难以获得空白基质。针对这一问题有的研究人员通过寻找替

代基质解决，如在做鞘脂组学研究时，采用牛血清白蛋白溶液作为空白基质，模拟血浆基质中的蛋白成分(Qu et al.，2012)；而有的研究人员想办法去除基质中的目标化合物，得到空白基质，如在分析头发中的激素时，采用活性炭吸附并去除头发中含有的内源性激素，获得空白基质(Dong et al.，2017)；此外，由于在代谢组学研究中，通常会通过比较两组数据获得差异代谢物或生物标志物，如健康组和疾病组、野生型和突变型等，因此，有的研究人员直接使用不含空白基质的标准溶液进行方法验证，认为校准曲线就像是一把"尺子"，只要两组数据都采用同一把"尺子"衡量就可以(Fauland et al.，2011)。其次，与药动力学研究相比，代谢组学分析的目标化合物数量更多，性质差异更大，在方法验证的内容和标准上应当根据研究目的和研究对象的不同，在保证分析结果稳定性和可靠性的前提下，合理选择验证内容并适当放宽接受标准(Lowes and Ackermann，2016)。

　　在代谢组学研究中需要关注的另外一个重要问题是数据质量的保证。由于代谢组学研究的样本量通常很大，需要多个分析批次才能完成，因此需要保证批次内和批次间数据的稳定性和可比性。目前有两种方法：一是在每一个分析批次中加入一定比例(不少于待测样本数量的 5%)的统一的 QC 样本，QC 样本一般采用待测样本的混合样本(pool QC sample)，这种 pool QC 样本与待测样本具有一致的基质，能够较好地反映样本分析情况，也有研究人员采用基质加标样本(spiked QC sample)或标准溶液样本(standard QC sample)作为 QC 样本。二是将研究中不同组别待测样本的分析顺序打乱进样，可以消除分析过程中仪器响应波动造成的偏差(Lowes and Ackermann，2016)。

## 第四节　代谢组学在药用植物品质生物学研究中的应用

　　药用植物的药效作用物质基础来自于其含有的成分，尤其是次生代谢产物，因此，药用植物的品质是由其有效成分的组成和含量决定的。代谢组学可以全面系统地定性和定量分析药用植物中的这些代谢产物，成为评价和衡量药用植物品质优劣的有力工具；同时，代谢组学还能够与植物基因组学、转录组学和蛋白组学等的研究结果进行衔接和联系，为药用植物品质形成机制的研究提供重要线索。因此，近年来代谢组学技术在该领域中有着越来越多的应用。本节就影响药用植物品质相关的几个重要因素，包括遗传因素、环境因素、栽培和采收加工、农药等，介绍代谢组学在该领域应用的例子。

### 一、应用代谢组学技术研究遗传因素对药用植物品质形成的影响

　　药用植物丹参(Salvia miltiorrhiza)含具有药理活性的丹参酮类二萜化合物，具有在缺血再灌注损伤中舒张血管和抗心律失常等作用。Cui 等(2015)对丹参基因组序列中的 7 个二萜合酶基因进行了系统的功能鉴定，综合利用基因表达谱、RNA 干扰，阐明 SmCPS1 控制着根部丹参酮类化合物的生物合成。研究人员通过基于 LC-MS 和 GC-MS 的代谢组学分析技术比较转基因 RNA 干扰植株与野生型植株的代谢轮廓，通过主成分分析非常清楚地区分了这两组植株。通过 LC-MS 代谢组学分析并通过比对丹参次生代谢物自建数据库、高分辨一

级质谱数据、二级质谱数据、对照品，一共发现并鉴定了 39 个差异代谢物。通过 GC-MS 代谢组学分析并通过在 NIST 数据库检索和对照品比对，共发现并鉴定了 23 个差异代谢物。进一步研究发现 *SmCPS1* 受到抑制后积累大量二萜类化合物的底物。通过代谢组学和 RNA 干扰技术，研究人员不仅发现了丹参中丹参酮类化合物的生物合成途径是一个复杂的网络结构，而非简单的直线型模式；而且发现并鉴定出大量未知的二萜类化合物。

采用传统的分子生物学手段克隆并验证代谢功能基因是一项具有挑战的工作，而基于连锁-关联分析的代谢组学技术成为大规模、高效率定位代谢物合成基因的新手段。全基因组关联分析(genome-wide association study，GWAS)就是在全基因组范围筛选不同遗传差异个体分子标记的基础上，分析与表型相关联的分子标记位点。目前广泛用于植物复杂性状遗传基础的解析。GWAS 结合代谢组学技术(metabolic GWAS，mGWAS)可用于解析代谢物合成的遗传机制，即发现代谢物合成及调控的基因位点。葫芦素是一类具有苦味的高度氧化的三萜类化合物，存在于葫芦科植物中，如黄瓜(*Cucumis sativus*)、西瓜(*Citrullus lanatus*)、南瓜(*Cucurbita moschata*)等。这类化合物具有抵抗大多数害虫的功能，同时也被证明具有抗肿瘤性质。Shang 等(2014)通过 GWAS 分析了 115 份黄瓜种子样本，发现了与黄瓜叶片苦味紧密连锁的 SNP(单核苷酸多态性，single nucleotide polymorphism)位点，并鉴定了黄瓜中葫芦素 C 合成的关键酶——三萜环化酶。进一步通过共表达分析，鉴定了一个存在于黄瓜基因组中的基因簇组合表达三萜环化酶和下游的 P450 氧化还原酶；通过靶向代谢组学分析，鉴定了 2 个 P450 酶和 1 个酰基转移酶的生化功能，解析了 2 个分别在黄瓜叶和果实中特异性调控葫芦素 C 合成的转录因子。

## 二、应用代谢组学技术研究环境条件对药用植物品质形成的影响

代谢组学分析技术可以用于比较和控制不同产地的药用植物的质量。Wang 等(2004)采用基于 ${}^1$H NMR 的代谢组学技术对来源于不同地理区域，包括埃及、匈牙利和斯洛伐克的甘菊(*Chrysanthemum lavandulifolium*)进行了分析，通过采用 600MHz ${}^1$H NMR 分析得到的甘菊提取物图谱，可以发现其中含有的初生代谢物氨基酸、糖，以及次生代谢物绿原酸等，对分析数据进行主成分分析，发现产地和制备方法对甘菊整体质量有显著的影响。

植物代谢组学分析对于了解植物系统对渗透胁迫的反应也十分有用。Dai 等(2010)采用 NMR 和 LC-DAD-MS 技术研究了水分流失导致的逆境胁迫对丹参根中代谢产物的影响，同时以冻干为参照，比较了阴干和晒干两种水分流失方式的影响。采用 NMR 分析方法检测到丹参提取物中 29 种初生代谢物，包括糖、有机酸和氨基酸，以及 8 种次级代谢产物，包括多酚酸类和二萜类化合物。用 LC-DAD-MS 方法检测到 44 种次级代谢物，其中 5 种多酚酸、京尼平、伞形酮和委陵菜酸为首次在丹参中被发现。通过多元统计分析发现，水分流失胁迫导致了丹参中代谢物轮廓发生显著的变化，阴干和晒干均显著提高了丹参酮含量，而阴干提高了多酚酸类成分的含量，晒干降低了该类成分的含量。进一步研究发现，风干和晒干主要通过增强丹参酮和谷氨酸盐介导的脯氨酸生物合成过程，并改变糖和氨基酸代谢显著影响丹参的初生代谢和次生代谢。而莽草酸介导的多酚酸生物合成过程可以被风干过程促进，被晒干过程抑制。

### 三、应用代谢组学技术研究栽培和采收加工对药用植物品质形成的影响

人参(*Panax ginseng*)是世界范围内重要的药用植物资源,而人参栽培年龄的掺假和伪造一直是人参贸易市场的一个严重问题。Yang 等(2012)采用基于 NMR 技术的代谢组学方法对在 GAP 标准下培养的 2~6 年的人参进行了研究。首先,研究人员采用 50%甲醇提取人参根样品,并用 $D_2O$ 作为溶剂进行 NMR 分析,通过 PLS-DA(偏最小二乘判别)分析可以显著区分 2 年龄、3 年龄、4 年龄和 5~6 年龄的人参根样品。但是,对 5 年龄和 6 年龄的人参根样品未能区分。研究人员进一步对 5~6 年龄的人参根采用 100%甲醇-$d_4$ 直接提取并进行 NMR 分析。在使用该数据建立的 PLS 模型中,能够清楚地区分 5 年龄和 6 年龄的人参根,同时使用内部和外部数据集验证了该模型,说明建立的 PLS 模型具有很强的预测性,可以区分 5 年龄和 6 年龄的人参根。因此,本研究建立的代谢组学分析方法作为鉴别和预测人参根样本年龄很好的方法,用于对人参品质的控制。

三七(*Panax notoginseng*)是一种主产于我国云南地区的重要药用植物,其所含成分具有预防和治疗心脑血管疾病、免疫调节、肝保护和抗癌等生物活性。三七不同部位的皂苷,包括根、根状茎和花蕾,单独使用或组合使用均具有不同的治疗效果。因此,了解这些次生代谢物在三七不同部位的生物分布对于研究其药理药效具有重要意义。Dan 等(2008)采用超高效液相色谱-电喷雾离子化质谱(UPLC-ESI-MS)和多变量统计分析方法,对三七不同部位的代谢物进行了分析研究。分析数据经主成分分析(PCA)显示三七的花蕾、根和根状茎中的代谢物组成能够被清晰地区分,发现了多个能够区分这些不同部位的皂苷,并通过采用超高效液相色谱-四极杆飞行时间质谱仪(UPLC-Q/TOF-MS)采集这些皂苷的一级高分辨质谱数据、二级高分辨质谱数据和保留时间进行进一步验证。研究人员所建立的基于 UPLC-ESI-MS 与多变量统计分析相结合的代谢组学分析方法可以有效用于评估药用植物不同采收部位的化学成分,控制药用植物品质。

### 四、应用代谢组学技术研究农药对药用植物品质的影响

许多毒性化合物作用于植物的初生和次生代谢网络,这些生物活性信息对开发新的活性化合物(除草剂、杀虫剂、杀菌剂、生长调节剂等)至关重要,代谢组学在揭示外界化学物质对植物复杂生理过程的隐性影响中发挥了重要作用,可以用来研究外界化学物质对于药用植物品质的影响。

Aliferis 和 Chrysayitokousbalides(2006)建立了基于多元统计分析和 $^1H$ NMR 技术的野燕麦(*Avena fatua*)代谢组学分析方法,并用来研究专性寄生野燕麦的致病型燕麦德氏霉(*Drechslera avenae*)分泌的毒性物质(5S,8R,13S,16R)-(−)-核球壳醇和常用除草剂敌草隆、草甘膦、甲基磺草酮、诺氟拉松、噁草酮及百草枯对于野燕麦代谢网络的影响,并发现核球壳醇的毒性作用机制。研究发现没有一种除草剂与核球壳醇对野燕麦代谢轮廓的影响匹配。这表明该植物毒素具有新的生物作用模式,它能够抑制 5-烯醇丙酮酸莽草酸-3-磷酸合酶、4-羟基苯基-丙酮酸双加氧酶、八氢番茄红素去饱和酶、原卟啉原氧化酶,光系统Ⅰ和光系统Ⅱ等。通过该研究发现,代谢组学技术可以有效用于筛选植物毒性物质的代谢效应,同时还能够有效研究外界物质,尤其是植物毒素,对药用植物品质的影响。

# 参 考 文 献

安蓉, 肖尧. 2014. 在线二维液相色谱技术及其在中药质量控制中的应用与展望. 世界科学技术——中医药现代化, 16: 549-553.

段礼新, 代云桃, 孙超, 等. 2016. 药用植物代谢组学研究. 中国中药杂志, 41(22): 4090-4095.

国家药典委员会. 2015. 中华人民共和国药典: 2015年版: 一部. 北京: 中国医药科技出版社.

杭太俊. 2011. 药物分析. 7版. 北京: 人民卫生出版社.

焦旭雯, 赵树进. 2007. 药用植物代谢组学的研究进展. 广东药学院学报, 23(2): 228-230.

李强, 杜思邈, 张忠亮, 等. 2013. 中药指纹图谱技术进展及未来发展方向展望. 中草药, 44: 3095-3104.

罗志刚, 贺玖明, 刘月英, 等. 2014. 质谱成像分析技术、方法与应用进展. 中国科学: 化学, 44(5): 795.

尹恒, 李曙光, 白雪芳, 等. 2005. 植物代谢组学的研究方法及其应用. 植物学报, 22(5): 532-540.

Aliferis K A, Chrysayitokousbalides M. 2006. Metabonomic strategy for the investigation of the mode of action of the phytotoxin (5S, 8R, 13S, 16R)-(−)-pyrenophorol using ¹H nuclear magnetic resonance fingerprinting. Journal of Agricultural & Food Chemistry, 54(5): 1687-1692.

Alonso A, Marsal S, Julià A. 2015. Analytical methods in untargeted metabolomics: state of the art in 2015. Frontiers in Bioengineering and Biotechnology, 3: 23.

Benton H P, Ivanisevic J, Mahieu N G, et al. 2015. Autonomous metabolomics for rapid metabolite identification in global profiling. Analytical Chemistry, 87: 884-891.

Bilia A R, Bergonzi M C, Lazari D, et al. 2002. Characterization of commercial kava-kava herbal drug and herbal drug preparations by means of nuclear magnetic resonance spectroscopy. Journal of Agricultural and Food Chemistry, 50: 5016-5025.

Boyacı E, Rodríguez-Lafuente Á, Gorynski K, et al. 2015. Sample preparation with solid phase microextraction and exhaustive extraction approaches: comparison for challenging cases. Analytica Chimica Acta, 873: 14-30.

Bruce S J, Tavazzi I, Parisod V, et al. 2009. Investigation of human blood plasma sample preparation for performing metabolomics using ultrahigh performance liquid chromatography/mass spectrometry. Analytical Chemistry, 81: 3285-3296.

Brunner L J, DiPiro J T, Feldman S. 1995. High-performance capillary electrophoresis in the pharmaceutical sciences. Pharmacotherapy, 15: 1-22.

Bujak R, Struck-Lewicka W, Markuszewski M J, et al. 2015. Metabolomics for laboratory diagnostics. Journal of Pharmaceutical and Biomedical Analysis, 113: 108-120.

Castro M D L D, Priego-Capote F. 2007. Lesser known ultrasound-assisted heterogeneous sample-preparation procedures. TrAC Trends in Analytical Chemistry, 26: 154-162.

Cavaliere C, Foglia P, Gubbiotti R, et al. 2008. Rapid-resolution liquid chromatography/mass spectrometry for determination and quantitation of polyphenols in grape berries. Rapid Communications in Mass Spectrometry, 22: 3089-3099.

Cavaliere C, Foglia P, Pastorini E, et al. 2005. Identification and mass spectrometric characterization of glycosylated flavonoids in *Triticum durum* plants by high-performance liquid chromatography with tandem mass spectrometry. Rapid Communications in Mass Spectrometry, 19: 3143-3158.

Colombo C, Aupic C, Lewis A R, et al. 2015. *In situ* determination of fructose isomer concentrations in wine using ¹³C quantitative nuclear magnetic resonance spectroscopy. Journal of Agricultural and Food Chemistry, 63: 8551-8559.

Creek D J, Jankevics A, Breitling R, et al. 2011. Toward global metabolomics analysis with hydrophilic interaction liquid chromatography mass spectrometry: improved metabolite identification by retention time prediction. Analytical Chemistry, 83: 8703-8710.

Cui G, Duan L, Jin B, et al. 2015. Functional divergence of diterpene synthases in the medicinal plant *Salvia miltiorrhiza*. Plant Physiology, 169(3): 1607-1618.

Dai H, Xiao C, Liu H, et al. 2010. Combined NMR and LC-MS analysis reveals the metabonomic changes in *Salvia miltiorrhiza* Bunge induced by water depletion. Journal of Proteome Research, 9(3): 1460-1475.

Dan M, Su M, Gao X, et al. 2008. Metabolite profiling of *Panax notoginseng* using UPLC-ESI-MS. Phytochemistry, 69(11): 2237-2244.

Delazar A, Nahar L, Hamedeyazdan S, et al. 2012. Microwave-assisted extraction in natural products isolation. Methods in Molecular Biology, 864: 89-115.

Dong Z, Wang C, Zhang J, et al. 2017. A UHPLC-MS/MS method for profiling multifunctional steroids in human hair. Analytical & Bioanalytical Chemistry, 409(20): 4751-4769.

Dudley E, Yousef M, Wang Y, et al. 2010. Targeted metabolomics and mass spectrometry. Advances in Protein Chemistry and Structural Biology, 80: 45-83.

El-Gindy A, Hadad G M. 2012. Chemometrics in pharmaceutical analysis: an introduction, review, and future perspectives. Journal of AOAC International, 95: 609-623.

Fauland A, Köfeler H, Trötzmüller M, et al. 2011. A comprehensive method for lipid profiling by liquid chromatography-ion cyclotron resonance mass spectrometry. Journal of Lipid Research, 52(12): 2314-2322.

Fiehn O, Kopka J, Dörmann P, et al. 2000. Metabolite profiling for plant functional genomics. Nature Biotechnology, 18(11): 1157.

Fukusaki E, Ikeda T, Suzumura D, et al. 2003. A facile transformation of *Arabidopsis thaliana* using ceramic supported propagation system. Journal of Bioscience & Bioengineering, 96(5): 503.

Giebułtowicz J, Kojro G, Buś-Kwaśnik K, et al. 2015. Cloud-point extraction is compatible with liquid chromatography coupled to electrospray ionization mass spectrometry for the determination of bisoprolol in human plasma. Journal of Chromatogram A, 1423: 39-46.

Gika H G, Theodoridis G A, Plumb R S, et al. 2014. Current practice of liquid chromatography-mass spectrometry in metabolomics and metabonomics. Journal of Pharmaceutical and Biomedical Analysis, 87: 12-25.

Goodacre R. 2004. Metabolic profiling: pathways in discovery. Drug Discovery Today, 9: 260-261.

Guiochon G, Marchetti N, Mriziq K, et al. 2008. Implementations of two-dimensional liquid chromatography. Journal of Chromatogram A, 1189: 109-168.

Hemström P, Irgum K. 2006. Hydrophilic interaction chromatography. Journal of Separation Science, 29: 1784-1821.

Huang P, Zhao P, Dai X, et al. 2016. Trace determination of antibacterial pharmaceuticals in fishes by microwave-assisted extraction and solid-phase purification combined with dispersive liquid-liquid microextraction followed by ultra-high performance liquid chromatography-tandem mass spectrometry. Journal of Chromatography B: Biomedical Sciences and Applications, 1011: 136-144.

Jia Z X, Zhang J L, Shen C P, et al. 2016. Profile and quantification of human stratum corneum ceramides by normal-phase liquid chromatography coupled with dynamic multiple reaction monitoring of mass spectrometry: development of targeted lipidomic method and application to human stratum corneum of different age groups. Analytical and Bioanalytical Chemistry, 408(24): 6623-6636.

Jiang L, Shestov A A, Swain P, et al. 2016. Reductive carboxylation supports redox homeostasis during anchorage-independent growth. Nature, 532(7598): 255-258.

Jin Y, Wu C S, Zhang J L, et al. 2013. A new strategy for the discovery of epimedium metabolites using high-performance liquid chromatography with high resolution mass spectrometry. Analytica Chimica Acta, 768: 111-117.

Johnson A R, Carlson E E. 2015. Collision-induced dissociation mass spectrometry: a powerful tool for natural product structure elucidation. Analytical Chemistry, 87: 10668-10678.

Keithley R B, Heien M L, Wightman R M. 2009. Multivariate concentration determination using principal component regression with residual analysis. TrAC Trends in Analytical Chemistry, 28: 1127-1136.

Konieczna L, Roszkowska A, Niedźwiecki M, et al. 2016. Hydrophilic interaction chromatography combined with dispersive liquid-liquid microextraction as a preconcentration tool for the simultaneous determination of the panel of underivatized neurotransmitters in human urine samples. Journal of Chromatography A, 1431: 111-121.

Leenders J, Frédérich M, de Tullio P. 2015. Nuclear magnetic resonance: a key metabolomics platform in the drug discovery process. Drug Discovery Today: Technologies, 13: 39-46.

Li M, Yang L, Bai Y, et al. 2014. Analytical methods in lipidomics and their applications. Analytical Chemistry, 86: 161-175.

Liang Y, Hao H, Kang A, et al. 2010. Qualitative and quantitative determination of complicated herbal components by liquid chromatography hybrid ion trap time-of-flight mass spectrometry and a relative exposure approach to herbal pharmacokinetics independent of standards. Journal of Chromatogram A, 1217: 4971-4979.

Lowes S, Ackermann B L. 2016. AAPS and US FDA Crystal City VI workshop on bioanalytical method validation for biomarkers. Bioanalysis, 8 (3): 163-167.

Madsen R, Lundstedt T, Trygg J. 2010. Chemometrics in metabolomics—a review in human disease diagnosis. Analytica Chimica Acta, 659: 23-33.

Magiera S, Baranowski J. 2015. Determination of carnitine and acylcarnitines in human urine by means of microextraction in packed sorbent and hydrophilic interaction chromatography-ultra-high-performance liquid chromatography-tandem mass spectrometry. Journal of Pharmaceutical and Biomedical Analysis, 109: 171-176.

May J C, McLean J A. 2015. Ion mobility-mass spectrometry: time-dispersive instrumentation. Analytical Chemistry, 87: 1422-1436.

McKenzie J S, Donarski J A, Wilson J C, et al. 2011. Analysis of complex mixtures using high-resolution nuclear magnetic resonance spectroscopy and chemometrics. Progress in Nuclear Magnetic Resonance Spectroscopy, 59: 336-359.

Meyer M R, Maurer H H. 2012. Current applications of high-resolution mass spectrometry in drug metabolism studies. Analytical and Bioanalytical Chemistry, 403: 1221-1231.

Naz S, García A, Barbas C. 2013. Multiplatform analytical methodology for metabolic fingerprinting of lung tissue. Analytical Chemistry, 85: 10941-10948.

Nielsen T T, Støttrup N B, Løfgren B, et al. 2011. Metabolic fingerprint of ischaemic cardioprotection: importance of the malate-aspartate shuttle. Cardiovascular Research, 91: 382-391.

Oakman C, Tenori L, Biganzoli L, et al. 2011. Uncovering the metabolomic fingerprint of breast cancer. The International Journal of Biochemistry & Cell Biology, 43: 1010-1020.

Orozco-Solano M, Ruiz-Jiménez J, Luque de Castro M D. 2010. Ultrasound-assisted extraction and derivatization of sterols and fatty alcohols from olive leaves and drupes prior to determination by gas chromatography-tandem mass spectrometry. Journal of Chromatography A, 1217: 1227-1235.

Qu F, Wu C S, Hou J F, et al. 2012. Sphingolipids as new biomarkers for assessment of delayed-type hypersensitivity and response to triptolide. PLoS ONE, 7 (12): 5806-5819.

Qu F, Zheng S J, Wu C S, et al. 2014. Lipidomic profiling of plasma in patients with chronic hepatitis C infection. Analytical and Bioanalytical Chemistry, 406: 555-564.

Qu L, Xiao Y, Jia Z X, et al. 2015. Comprehensive two-dimensional liquid chromatography coupled with quadrupole time-of-flight mass spectrometry for chemical constituents analysis of tripterygium glycosides tablets. Journal of Chromatography A, 1400: 65-73.

Rogeberg M, Malerod H, Roberg-Larsen H, et al. 2014. On-line solid phase extraction-liquid chromatography, with emphasis on modern bioanalysis and miniaturized systems. Journal of Pharmaceutical and Biomedical Analysis, 87: 120-129.

Shang Y, Ma Y, Zhou Y, et al. 2014. Biosynthesis, regulation, and domestication of bitterness in cucumber. Science, 346 (6213): 1084-1088.

Shi X, Qiao L, Xu G. 2015. Recent development of ionic liquid stationary phases for liquid chromatography. Journal of Chromatogram A, 1420: 1-15.

Spagou K, Tsoukali H, Raikos N, et al. 2010. Hydrophilic interaction chromatography coupled to MS for metabonomic/metabolomic studies. Journal of Separation Science, 33: 716-727.

Stoll D R, Li X, Wang X, et al. 2007. Fast, comprehensive two-dimensional liquid chromatography. Journal of Chromatogram A, 1168: 3-43.

Sulyok M, Krska R, Schuhmacher R. 2007. A liquid chromatography/tandem mass spectrometric multi-mycotoxin method for the quantification of 87 analytes and its application to semiquantitative screening of moldy food samples. Analytical and Bioanalytical Chemistry, 389: 1505-1523.

Szecowka M, Heise R, Tohge T, et al. 2013. Metabolic fluxes in an illuminated *Arabidopsis* rosette. Plant Cell, 25 (2): 694-714.

Tie C, Hu T, Zhang X X, et al. 2014. HPLC-MRM relative quantification analysis of fatty acids based on a novel derivatization strategy. Analyst, 139: 6154-6159.

Vasapollo G, Sole R D, Mergola L, et al. 2011. Molecularly imprinted polymers: present and future prospective. International Journal of Molecular Sciences, 12: 5908-5945.

Vuckovic D, Cudjoe E, Hein D, et al. 2008. Automation of solid-phase microextraction in high-throughput format and applications to drug analysis. Analytical Chemistry, 80: 6870-6880.

Vuckovic D, Pawliszyn J. 2011. Systematic evaluation of solid-phase microextraction coatings for untargeted metabolomic profiling of biological fluids by liquid chromatography-mass spectrometry. Analytical Chemistry, 83: 1944-1954.

Wang C H, Jia Z X, Wang Z, et al. 2016. Pharmacokinetics of 21 active components in focal cerebral ischemic rats after oral administration of the active fraction of Xiao-Xu-Ming decoction. Journal of Pharmaceutical and Biomedical Analysis, 122: 110-117.

Wang X, Sun H, Zhang A, et al. 2011. Ultra-performance liquid chromatography coupled to mass spectrometry as a sensitive and powerful technology for metabolomic studies. Journal of Separation Science, 34: 3451-3459.

Wang Y, Tang H J, Hylands P J, et al. 2004. Metabolomic strategy for the classification and quality control of phytomedicine: a case study of chamomile flower (*Matricaria recutita* L.). Planta Medica, 70 (3): 250.

Wei W, Wang Y M, Luo G A. 1997. Applications of high performance capillary electrophoresis in constituents analysis of Chinese traditional medicine. Yao Xue Xue Bao, 32 (6): 476-480.

Whiteaker J R, Paulovich A G. 2011. Peptide immunoaffinity enrichment coupled with mass spectrometry for peptide and protein quantification. Journal of Laboratory and Clinical Medicine, 31: 385-396.

Wold S, Sjostrom M, Eriksson L. 2001. PLS-regression: a basic tool of chemometrics. Chemometrics and Intelligent Laboratory System, 58: 109-130.

Wu L, Gong P, Wu Y, et al. 2013. An integral strategy toward the rapid identification of analogous nontarget compounds from complex mixtures. Journal of Chromatogram A, 1303: 39-47.

Wu L, Hao H P, Wang G J. 2012. LC/MS based tools and strategies on qualitative and quantitative analysis of herbal components in complex matrixes. Current Drug Metabolism, 13: 1251-1265.

Xia H, Najafov A, Geng J, et al. 2015. Degradation of HK2 by chaperone-mediated autophagy promotes metabolic catastrophe and cell death. Journal of Cell Biology, 210 (5): 705-716.

Yamamoto K, Takahashi K, Mizuno H, et al. 2016. Cell-specific localization of alkaloids in *Catharanthus roseus* stem tissue measured with Imaging MS and Single-cell MS. Proceedings of the National Academy of Sciences of the United States of America, 113 (14): 3891.

Yan Y Y, Chen X, Hu S, et al. 2014. Applications of liquid-phase microextraction techniques in natural product analysis: a review. Journal of Chromatography A, 1368: 1-17.

Yang S O, Shin Y S, Hyun S H, et al. 2012. NMR-based metabolic profiling and differentiation of *ginseng* roots according to cultivation ages. Journal of Pharmaceutical & Biomedical Analysis, 58 (1): 19-26.

Zhao Y Y, Wu S P, Liu S, et al. 2014. Ultra-performance liquid chromatography-mass spectrometry as a sensitive and powerful technology in lipidomic applications. Chemico-Biological Interactions, 220: 181-192.

Zhou J L, Li P, Li H J, et al. 2008. Development and validation of a liquid chromatography/electrospray ionization time-of-flight mass spectrometry method for relative and absolute quantification of steroidal alkaloids in *Fritillaria* species. Journal of Chromatogram A, 1177: 126-137.

# 第十九章　DNA 条形码技术及其在药用植物品质生物学研究中的应用

　　中药在中国已经沿用了几千年，是中华民族的宝贵财富，也是中华文化的重要组成部分，至今仍然是国民防病治病的主要手段之一。近年来，随着国际交流的增多，中药材在国外的应用也越来越广泛。虽然中药相对于西药的毒副作用较小，但是中药的质量控制和安全用药也不容忽视。由于历史沿革和地理因素的影响，中药材掺杂、掺假、造假现象普遍，严重威胁人民的健康，甚至危及生命。影响中药安全用药的主要因素是有毒中药材的误用和混用。含马兜铃酸的关木通、广防己、青木香引发马兜铃酸肾病事件；将有毒土三七误当三七使用引起肝损害；亚香棒虫草混入冬虫夏草会引起头晕、呕吐、心悸等；有剧毒的东莨菪根混入苍术中制造了"苍术造假"事件；有研究表明，在发展中国家约 10%的药品是假冒伪劣的，网络出售假药现象突出，通过互联网购买的药品约50%是假药(Fotiou et al.，2009；Garuba et al.，2009)。在东亚，约 50%的青蒿酯类药片是假的(Dondorp et al.，2004)；在新加坡，有毒中药洋金花被误用作杜鹃花而导致中毒(Phua et al.，2008)；在日本，63 人在误服用含有莽草的茶叶后出现中毒反应(Johanns et al.，2002)；发生在中国香港的十起乌头中毒事件中，有四起是标签上未写明含有乌头的假药(Chen et al.，2012)；利用 Meta-barcoding 分析六味地黄丸组分结果表明，在一些六味地黄丸样品中检测到其他非标签成分，如番泻叶、南瓜、芍药等(Cheng et al.，2014)，所有这些给中药安全提出严重警告。

　　作为中药主要来源的药用植物种类繁多，采用形态鉴定、显微鉴定、理化鉴定等传统方法进行区分发挥了重要作用，但传统方法要求鉴定人员具备很强的分类学专业知识，急需研究物种鉴定和分类的新方法。尽管利用 DNA 序列(rDNA ITS 序列、*matK* 基因序列、RAPD、AFLP 等)应用于药用植物的鉴定已有相关研究，但是这些研究通常针对特定种类选择特定的序列，因此，结果在不同物种之间缺乏通用性，不具有可比性。采用 DNA 条形码(DNA Barcoding)技术可以有效地解决上述问题。条形码技术在零售业的发展过程中起到了举足轻重的作用，它大大节省了交易时间，提高了销售效率。类似地，在分类学上，根据对同一目标基因 DNA 序列的分析，来完成物种鉴定的过程被称为 DNA Barcoding 编码过程，DNA Barcoding 是国际上近年来发展起来的物种鉴定新技术。利用 DNA Barcoding 技术得到的研究结果在不同物种之间具有可比性，而且它操作的简便性和高效性将以我们无法想象的速度加快物种鉴定和进化历史研究的步伐。本章将从六个方面对 DNA Barcoding 在药用植物、中药材、中成药鉴定方面的应用、产地溯源及 DNA 条形码的优缺点进行介绍。

# 第一节　DNA 条形码技术

DNA 条形码技术指利用基因组中一段公认标准的、相对较短的 DNA 片段作为物种标记而建立的一种新的生物鉴定方法，加拿大生物学家 Paul Hebert 首先倡导将 DNA 条形码编码技术应用到比零售业更复杂的生物物种鉴定之中（Hebert et al.，2003a）。2003 年 3 月，20 多位分类专家、分子生物学家和生物信息学家会聚美国冷泉港，召开了题为"Taxonomy and DNA"的会议，提出对全球所有生物种的某个特定基因进行大规模测序，以期实现物种鉴定的目标，进而推进生物进化历史的研究。9 月，在冷泉港再次召开题为"Taxonomy，DNA and the Barcode of Life"的会议，对 DNA 条形编码所有真核生物的科学性、社会利益有了更深入的讨论和确定，还提出了组织策略及国际生物条形码计划（International Barcode of Life Project）的发展蓝图。由于依靠形态学手段进行物种鉴定本身的复杂性和低效性，传统分类学家即使持续不断地工作也很难在几个世纪之内把整个地球上的生物完全鉴定出来，可见物种鉴定是一项很艰巨的任务。常规形态学鉴定方法尚有 4 个很大的缺陷：①表型可塑性（phenotypic plasticity）和遗传可变性（genetic variability）容易导致不正确的鉴定；②形态学方法无法鉴定许多群体中普遍存在的隐存分类单元；③形态学鉴定受生物性别和发育阶段的限制，因此很多生物无法被鉴定；④虽然现代交互式鉴定系统是一个很大的进步，但它要求很高的专业技术，一旦操作不正确则很容易导致错误的鉴定。形态学鉴定的局限性和不断缩减的分类学家队伍，使分类学的发展面临巨大的挑战，急需一种快捷方便的物种鉴定方法（Hebert et al.，2003a，2003b），而充分利用现有分子生物学和因特网技术的 DNA Barcoding 技术能够较好地解决形态学鉴定所面临的问题。

DNA 条形码技术已经摆脱了传统形态鉴定方法依赖长期经验的障碍，通过建立鉴定数据库、数字化的 DNA 条形码，推动中药鉴定方法学从形态鉴定走向分子鉴定（Chen et al.，2014）。国际上有很多专门进行 DNA 条形码研究的项目，例如，国际生命条形码计划（iBOL）（http://ibol.org/），该计划于 2011 年启动，包括中国、美国、加拿大和欧盟四个中心节点；专门针对 DNA 条形码研究的组织也在不断涌现并且发展迅速，如生物条形码协会［The Consortium for the Barcode of Life（CBOL）］，该协会建立于 2004 年，包括来自 50 多个国家的 200 多个成员机构。这项技术越来越得到了国际社会的认可，还作为国家标准进入了 2015 年版的《中华人民共和国药典》（国家药典委员会，2015）。

DNA 分子鉴定方法研究基于标准序列和通用引物，具有广泛适用性。不同物种间通过序列比对即可进行鉴定，尤其适用于非鉴定专家执行物种鉴定。DNA 条形码技术直接以 DNA 序列作为鉴定依据，不受取材部位、时间和环境的影响。通过对 DNA 序列的分析，能准确判定物种信息。Chen 等（2010）首次把 ITS2 作为植物药鉴定的 DNA 条形码，建立了以 ITS2 为主，*psbA-trnH* 为辅的植物药 DNA 条形码鉴定系统。该系统在蔷薇科、菊科等多个科属均有较好鉴定能力（Gao et al.，2010a，2010b；Han et al.，2010，2012，2013；Luo et al.，2010；Pang et al.，2010，2011）。Yao 等（2010）还建立了以 COI 为主，ITS2 为辅的动物类药材 DNA 条形码快速鉴定系统。中国医学科学院药用植物研究所陈士林课题组已完成中药材标准 DNA 条形码序列数据库构建和快速鉴定体系(http://www.tcmbarcode.cn/en/)。该系统可以实现对中药材原植物、饮片、粉末及细胞、组织等的准确快速鉴定。该系统可以通过分类学家添加新的数据来进行数据的永久保存和数据库扩充。依据该系统,陈士林等为多家企业定制了中药材 DNA 条形码鉴定软件,满足了企业快速鉴定中药材的需求。该项研究结果也为筛选整个陆地植物鉴定的通用条形码提出了新视角,引起了国内外同行的广泛关注和讨论(Wolf et al.,2013)。

DNA 条形码在物种的鉴定、保护生物学及生物多样性研究方面将会发挥至关重要的作用。其主要作用包括可以完成物种的区别和鉴定,发现新种和隐存种,重建物种和高级阶元的演化关系。它将完成一些传统形态学鉴定手段无法完成的工作,例如,可以鉴定生物的卵和幼体、动物或植物的寄生物,还能很快鉴定新种,并有可能解决形态学手段难以攻克的隐存种问题。这一系列优势对药用植物品质生物学和生物多样性研究具有重大意义。

## 第二节　DNA 条形码在药用植物及中药材鉴定中的应用

### 一、DNA 条形码在种子/种苗鉴定中的应用

种子/种苗是中药材的源头,保证中药材种子/种苗物种正确性是中药材溯源系统构建的首要任务。某些药用植物的种子形态极其相似或个体极小难以辨认,加之种子来源非常复杂、名称混乱,鉴定困难极大。DNA 条形码技术不依赖于种子形态特征变化,具有取样量少、准确性高、操作简便快捷等特点,非常适合于中药材种子/种苗的鉴定。同时 DNA 条形码数据易读取和比对,中国医学科学院药用植物研究所陈士林课题组已经完成了 20 000 余种植物/动物的 DNA 条形码数据提取工作,建立了包含 80 000 余条序列的数据库(http://www.tcmbarcode.cn/),可以满足绝大部分药用植物和中药材的鉴定需求。基于此数据库,可以对中药材种子/种苗进行快速准确鉴定。物种鉴定正确的种子/种苗可以用于生产,同时将种子/种苗 DNA 条形码信息录入数据库,并一直跟随中药材的种植、加工、销售流程,可以在中药材生产的各个环节中检测并追溯中药材种子/种苗来源及 DNA 条形码序列等信息,从而从源头确保了中药材质量和安全。方海兰等(2016)以重楼为例,探讨了 DNA 条形码在重楼种子/种苗鉴定中的应用,为中药材种子/种苗基源物种植物鉴定提供了技术参考;DNA 条形码在常山种苗(张娜娜,2016)、北沙参种子(张改霞等,2016a)、羌活种子(张改霞等,2016b)、王不留行种子(马双姣等,2016)、泽泻种子(张娜娜等,2016)鉴定中均有很好的应用。

### 二、DNA 条形码在药用植物鉴定中的应用

2009 年国际植物条形码工作组(The Plant Working Group of the Consortium for the Barcode of Life)在研究 907 个样本 550 个物种后推荐将 *rbcL+matK* 复合序列作为植物 DNA 条形码序列,同时其也承认研究结果有待进一步改进。在此背景下,Chen 等(2010)选取 7 条热点候选序列(*psbA-trnH*、*matK*、*rbcL*、*rpoC1*、*ycf5*、ITS2 和 ITS)针对常用药

用植物对比其 PCR 扩增效率；分析候选序列种间、种内变异情况的 6 个"阈值"、种间和种内变异的"barcoding gap"及"BLAST 1 法"和"最近距离法"测得的种、属水平的鉴定成功率，发现 ITS2 各项考核指标优于其他候选序列，同时扩大考察范围到超过 6600 个样本 4800 个物种 753 个属后，显示 ITS2 物种水平鉴定效率为 92.7%，远高于 CBOL 研究中 *rbcL+matK* 复合序列的 72%（表 19-1）。通过比较 ITS2、*rbcL*、*matK*、*rpoC1* 等条形码序列在蔷薇科植物的应用情况，得出 ITS2 最适合于蔷薇科条形码研究（Pang et al.，2011）。*psbA-trnH* 序列能很好地鉴定 2005 年版《中华人民共和国药典》收载的 7 个蓼科植物（Song et al.，2009），以及 17 种石斛属物种及其混伪品（Yao et al.，2009）。另外，DNA 条形码在大戟科（Pang et al.，2010）、芸香科（罗焜等，2010）、鼠尾草（Han et al.，2010）、豆科（Gao et al.，2011，2010a）、重楼属（朱英杰等，2010）、景天属（李妮等，2010）等中也得到了很好的应用。

**表 19-1　DNA 条形码 ITS2 和 *psbA-trnH* 依照不同鉴定方法对于物种的鉴定效率**（Chen et al.，2010）

| 序列名称 | 鉴定方法 | 鉴定水平 | 正确鉴定比例(%) | 错误鉴定比例(%) | 模糊鉴定比例(%) |
|---|---|---|---|---|---|
| ITS2 | BLAST | 种 | 92.7 | 0.0 | 7.3 |
|  |  | 属 | 99.8 | 0.0 | 0.2 |
|  | Distance | 种 | 90.3 | 0.0 | 9.7 |
|  |  | 属 | 99.7 | 0.0 | 0.3 |
| *psbA-trnH* | BLAST | 种 | 67.6 | 0.0 | 32.4 |
|  |  | 属 | 95.4 | 0.0 | 4.6 |
|  | Distance | 种 | 72.8 | 0.0 | 27.2 |
|  |  | 属 | 96.5 | 0.0 | 3.5 |

## 三、DNA 条形码在中药材鉴定中的应用

### （一）基于 ITS2 的七大药材市场真伪调查

对七大主要药材市场的药材进行了 DNA 条形码鉴定，共收集 295 个药用物种，共计 1436 份药材，获得 1260 条 ITS2 序列，扩增成功率达到 87.7%（Han et al.，2016）。经 BLAST 分析结果表明，4.2% 的样品为伪品。存在混伪品的物种主要集中在人参、茅莓、降香、石菖蒲、旋复花、金银花、五加皮和柴胡等。七大药材市场除四川荷花池药材市场没有检测出混伪品外，均存在不同程度的混伪。混伪率最高的药材市场为广东清平药材市场。另外不同入药部位的药材扩增成功率有所不同。应用 DNA 条形码技术对中国药材市场进行大规模多批次鉴定的首次尝试，客观分析了 DNA 条形码技术在针对市场上流通的药材鉴定过程中的优势与局限性，提出建立基于 DNA 条形码技术的中草药溯源平台的设想，并对 DNA 条形码技术的应用前景进行了展望。

## （二）DNA 条形码对药典灵芝拉丁名正名

Liao 等（2015）利用 ITS2 序列对灵芝基源及其伪品进行鉴定，选择英国原种赤芝 *Ganoderma lucidum*、中国药用灵芝（赤芝、紫芝）及其近缘种树舌灵芝（*G. applanatum*）、重伞灵芝（*G. multipileum*）、无柄灵芝（*G. resinaceum*）、四川灵芝（*G. sichuanense*）、韦伯灵芝（*G. weberianum*）、密纹薄灵芝（*G. tenue*）、热带灵芝（*G. tropicum*）、拱状灵芝（*G. fornicatum*）等进行研究。建立了基于 ITS2 序列的系统发育树，结果显示亚洲栽培的赤芝（*G. lucidum*）聚为一支（Group Ⅰ），欧洲的原种赤芝（*G. lucidum*）聚为一支（Group Ⅲ），紫芝（*G. sinense*）聚为一支（GroupⅥ），且每支均具有较高支持率。亚洲栽培的赤芝与欧洲原种赤芝之间亲缘关系较远，此分子证据支持两者为不同种。GroupⅥ中 7 条命名为 *G. sinense*，2 条命名为 *G. japonicum*，且具有极高的支持率（MP/NJ=100/100），通过 DNA 条形码鉴定的研究认为二者应为同物异名（Liao et al.，2015）。

## 四、DNA 条形码在粉末鉴定中的应用

粉末的鉴别以显微鉴定和理化鉴定为主，但应用超微粉碎技术，药粉直径常常不足 10μm，无法使用光学显微技术对其进行鉴定。

### （一）人参和西洋参粉末 SNP 快速鉴定

人参（*Panax ginseng*）和西洋参（*Panax quinquefolius*）分别为五加科人参属植物的干燥根，皆系名贵中药材，因补虚治病效果显著，临床应用日趋广泛。二者的性状非常相似，颜色基本一致，用传统方法很难将其区别。试验采集了不同产地及北京、上海和香港药店人参及西洋参样本共计 77 份，实验获取 ITS2 序列，同时从 GenBank 中下载所有人参和西洋参 ITS2 序列，比对结果表明，人参与西洋参 ITS2 序列存在两个稳定的 SNP，分别为第 32、43 位点。所有人参样品的 ITS2 序列的第 32 位为 C，第 43 位为 T，而所有西洋参样品的 ITS2 序列的第 32 位为 T，第 43 位为 C。表明这两个 SNP 位点可特异性地用于鉴定人参和西洋参。同时，将二者粉末按特定比例混合后，在上述两 SNP 处 ITS2 序列峰图出现明显的套峰，且峰高与混合比例趋于一致（图 19-1）。结果表明，该方法同时可用于人参和西洋参混合粉末的鉴定（Chen et al.，2013）。

### （二）金银花和山银花粉末 SNP 快速鉴定

金银花一个基源植物（*Lonicera japonica* Thunb.）和山银花 4 个基源植物［*L. marantha*（syn. *L. fulvotomentosa*）、*L. confuse*（Sweet）DC.、*L. hypoglauca* Miq.、*L. macranthoides* Hand-. Mazz.］同属，形态鉴定困难。Gao 等（2017）提出用双峰法对金银花和山银花混合粉末进行鉴定，找到了稳定存在于金银花和山银花 4 个基源植物之间的两个 SNP 位点（图 19-2），人工混合二者粉末，在 SNP 处会有双峰（图 19-3），根据峰的高度可大致判断掺杂的比例，此方法可用于金银花中成药和提取物中掺山银花的鉴定。

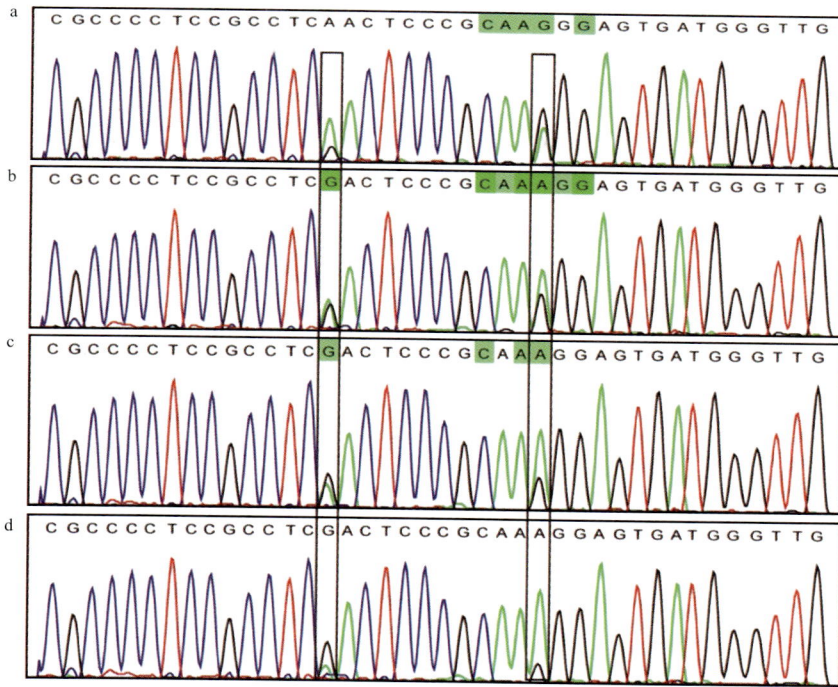

图 19-1 不同比例的人参、西洋参混合粉末峰图(Chen et al.，2013)

a. 人参：西洋参=13∶7；b. 人参：西洋参=10∶10；c. 人参：西洋参=6∶14；d. 人参：西洋参=1∶19

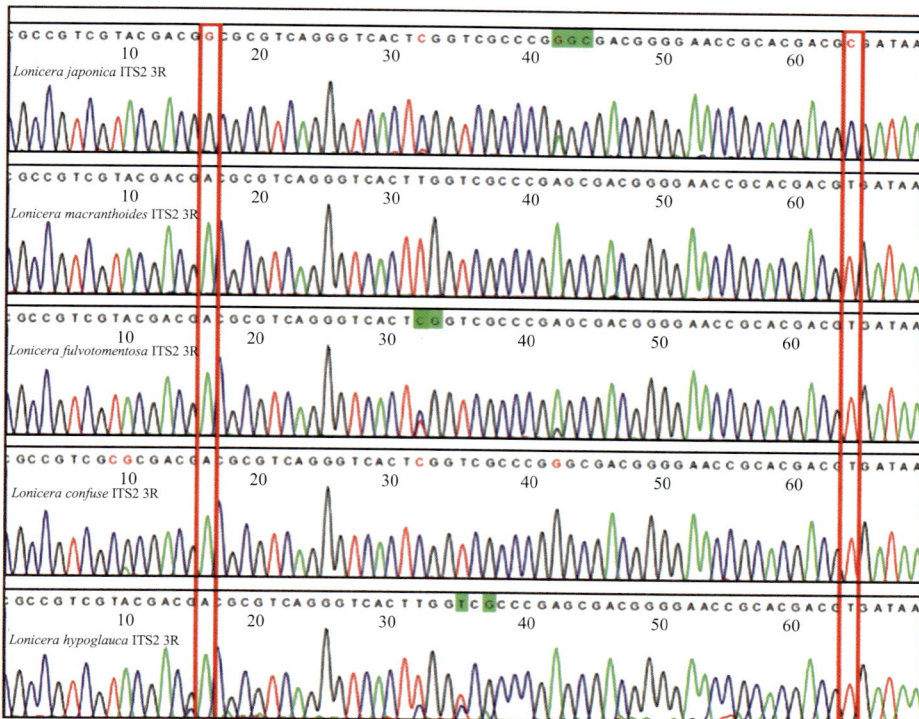

图 19-2 金银花和山银花 4 个基源植物间 SNP 位点(Gao et al.，2017)

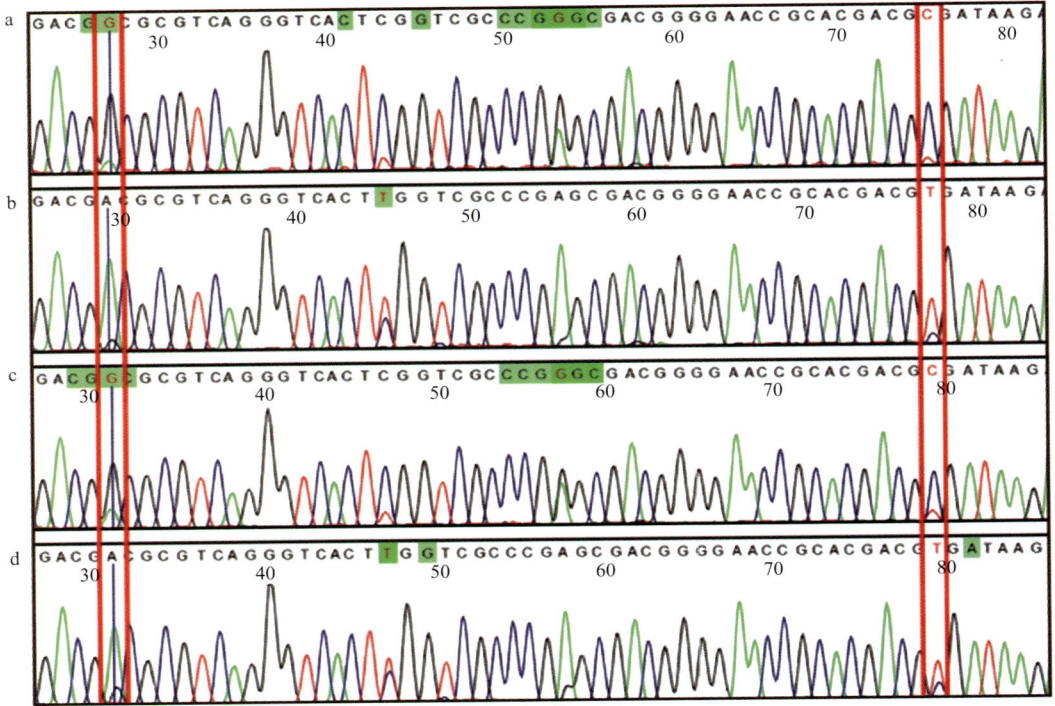

图 19-3　金银花和山银花混合粉末双峰图（Gao et al.，2017）

a.金银花：山银花=15：1；b. 金银花：山银花=1：15；c. 金银花：山银花=4：1；d. 金银花：山银花=1：4。
可以通过 SNP 位点的双峰高度大致判断金银花、山银花含量比例

## 五、叶绿体超级条形码

　　叶绿体全基因组具有更高的分辨率和更好的通用性，在近缘种分析和药材道地性研究上都有明显的优势，可以作为传统 DNA 条形码的重要的补充。

　　随着测序技术的进步，近年来的条形码鉴定研究把重点寄希望于采用叶绿体全基因组序列开展物种鉴定。叶绿体基因组测序可以提供具有充分变异的"超级条形码"用于物种的准确鉴定，中国医学科学院药用植物研究所陈士林课题组在叶绿体基因组测序的基础上筛选"特异条形码"，该条形码在开展物种鉴定时结合了单位点条形码鉴定速度快和超级条形码变异位点多的优势，实验证实可有效应用于种及种下分类等级的植物鉴定（Li et al.，2015）。

　　Li　等（2014）提出了一个利用单分子测序技术的环状一致测序策略快速准确获得高准确度叶绿体基因组的方法，并对种群中的低频度变异进行了精确的检测。实验中从富集的叶绿体中提取叶绿体 DNA，构建短片段插入文库，应用 PacBio 平台进行单分子测序，通过 CCS 策略提高测序准确度，并进行自动拼接。全流程不受 PCR 的序列偏好

性干扰，针对每一个样本，只需要一个文库和一枚测序芯片产生的数据即可完成组装，无须参考基因组序列。通过与 Sanger 的验证序列进行比较，准确度接近 100%，且群落中低至 15% 的变异均可被检测。该方法准确完整的拼接效率和对 SNP 的高精度检测，在基于叶绿体基因组序列的进化生物学和基因组研究方面有着巨大的应用前景，为叶绿体全基因组作为超级条形码提供了可靠的研究方法。此外，叶绿体基因组测序还可以为中药材的道地性研究提供基因水平的技术支撑和借鉴。通过对凹叶厚朴叶绿体基因组分析研究发现，不同产地的凹叶厚朴的基因序列在系统进化树上各自单独聚为一支(李西文等，2012)。

## 第三节　DNA 条形码在中成药鉴定中的应用

中药原料药的掺假给中成药生产带来极大隐患，但由于中成药剂型种类繁多，给其原料鉴定工作带来了许多困难。中成药的定性鉴别通常是利用其原料药的形态、组织学特征、化学成分的物理和化学性质等进行鉴别，常用的方法包括性状鉴别、显微鉴别、色谱法、化学定性法、物理常数测定法、升华法、光谱法等。薄层色谱法是中成药鉴别的常用方法，《中华人民共和国药典》收录的一些中成药大部分采用该方法进行定性鉴别(国家药典委员会，2015)。然而薄层色谱法根据特征性化学成分对中成药中原料药材进行鉴别，不够客观、准确，如对中成药中的金银花进行鉴别，一般都是通过检测药材中的绿原酸来判断，而金银花的伪品山银花中也含有绿原酸，因此通过化学方法无法判断投放的原料药材是金银花还是山银花(范蕾等，2013)。人参和西洋参都含有人参皂苷类成分，应用显微和化学方法很难从中成药中确定其来源，更无法准确确定掺假的种类。另外，近红外光谱技术是一种近年来被应用的新型分析检测技术，但是该方法主要用于化学成分差别较大的药材正品与混伪品的鉴别研究(张路等，2013)。

部分中成药以提取物入药，提取物造假越来越严重，市场形象越来越差。为了增加绿原酸的含量，用杜仲叶提取绿原酸冒充金银花绿原酸；用山银花茎叶提取物充当金银花提取物；在山银花提取物中添加杜仲叶提取物，冒充金银花提取物；总黄酮中加芦丁或者槐花提取物以提高含量。凡是用紫外分光光度法测定含量的提取物，80% 都可能造假，实际流通的紫外检测法测定含量的提取物产品中造假的也达到了 50% 左右。一个中成药处方多数不是由单味药组成。如凭一个中成药处方只做一至数个标识物的鉴别，根本不能全面鉴别出所有组成诸药，含量测定只测定一至数个标识物的含量，不能全面测出各味药的含量。

## 一、Meta-barcode 在中药材和中成药鉴定中的应用

随着测序成本的降低和对海量数据处理能力的不断提高，高通量测序将成为一项常规的实验手段，近来，高通量测序技术也被应用到了中成药鉴定中，澳大利亚 Bunce

研究团队通过高通量测序对包括片剂、胶囊、粉末和药茶等形式的，包括动物药、植物药在内的中成药进行了条形码鉴定研究，提出 Meta-barcode 技术可以作为中药产品的真伪和海关检验的有效工具(Coghlan et al.，2012)。对牙痛一粒丸等 15 种中成药进行 DNA 条形码鉴定，扩增 16S rRNA 和 *trnL* 两个 DNA 片段并进行高通量测序后发现了其中含有有毒的麻黄属、细辛属物种，以及濒危物种和标签上未标明的成分，并且验证了高通量测序鉴定中成药药材组成的可行性。对 26 种不同剂型的中成药进行分析，除了 4 份样品未得到合格的 DNA，其他的 22 份样品均进行了高通量测序，并且发现50%的样品含有标签未注明的动植物物种，甚至包括濒危物种雪豹(Coghlan et al.，2015)。应用 Meta-barcode 分析了六味地黄丸的组分，结果表明在一些六味地黄丸样品中检测到其他类物质，如番泻叶、南瓜、芍药等(Cheng et al.，2014)。高通量测序具有通量大、价格实惠、灵敏度高的优点，而中成药成分复杂、DNA 降解严重，运用高通量测序可以高覆盖度地测得中成药的药材组分，因此高通量测序在中成药成分检测上的应用越来越广泛。

## 二、分子身份证及其在中成药鉴定中的应用

以往的研究多数以大蜜丸等非深加工品为研究对象，针对标本和深加工的材料(如提取物)而言，DNA 降解严重，扩增长序列存在一定的困难。Lo 等(2015)的研究结果表明，人参在煎煮两小时后只能扩增获得 88bp 的短片段，而无法获得 121bp 及更长的片段。Meusnier 等(2008)将 CO1 序列切成了不同长度的片段，分别计算了鉴定效率。当全长的650bp CO1 序列可以鉴定97%的物种时，250bp 和 100bp 序列的鉴定效率分别可以达到95%和 90%，研究结果表明，短序列适用于标本等已降解材料的鉴定。韩建萍等在对中草药DNA 条形码数据库海量数据分析的基础上，提出应用20～50bp 的"分子身份证"鉴定药材的方法，通过设计特异引物从中成药中扩增获取含有此分子身份证的 Mini-barcode序列，并在西洋参、当归、杜仲、三七、锁阳中成功应用(陈士林等，2015；Wang et al.，2016，2018；Gao et al.，2017)。廖保生等(2015)依据三七的 SNP 位点，开发了一段三七所特有的分子身份证序列，5′-AACCCATCATTCCCTCGCGGGA-GTCGATGCGGAGG-3′，如果未知物种扩增产物中含有此段特异序列，就可以判断该物种是三七，否则鉴定为其他物种。

在对西洋参 ITS2 序列内 SNP 位点进行分析的基础上，找到了一段极短的特异的西洋参的分子身份证序列，并针对该序列设计了特异性引物，可实现人参中成药的成功鉴定。对 24 个批次标有人参成分的中成药的鉴定结果显示，5 个批次的人参中成药使用的原料是西洋参，2 个批次则掺有西洋参。中草药分子身份证技术结合 SNP 位点双峰检测法，可作为一种人参中成药及产品的快检技术，可同时粗略判断人参产品中掺假比例(Liu et al.，2016)。收集当归及其混伪品样本 265 份，扩增其 ITS2 序列，同时从 GenBank 下载当归属 69 个物种的 429 条 ITS2 序列，通过 SNP 位点分析，获得一段当归种内保守、种间特异的分子身份证序列，该分子身份证长37bp，在当归种内没有

变异位点，但与同属其他物种之间存在 1～5 个变异位点。同时，应用 Primer premier 5.0 对该段短序列设计特异性引物（DG01F/DG01R），并对网上购买的 15 份当归片、粉末、提取物及北京、广州不同药店和医院购买的 28 份含当归的中成药进行扩增。通过查找分子身份证，发现 7 份当归粉末被独活替代。26 份中成药扩增得到条带，7 份中成药中发现藁本、羌活、紫花前胡及朝鲜当归等当归混伪品。当归分子身份证可以准确地将当归与伪品区分开，且适用性更广，可检测所有能够提取出 DNA 的当归产品（Wang et al.，2016）。

基于杜仲科属特性，开发了一段 34bp 杜仲分子身份证，BLAST 结果表明（图 19-4），此段分子身份证为杜仲特有，在扩增序列中找到此分子身份证，则认为样品中掺有杜仲，该方法可成功检测金银花提取物中掺杂杜仲的情况。应用药典的方法无法判断中成药的掺假情况，以金银花提取物为例，检测指标为绿原酸，含量为 5%～95%不等，应用化学方法可能判断测到的都是正品，但用分子身份证的方法，18 份提取物中仅一份是以金银花为原料（图 19-5），其余的都存在不同程度掺山银花和杜仲的情况。45 份中成药中有 8 批次所用原料完全是山银花，另有 24 批次存在掺杂，仅 9 批次使用的原料是金银花，在 4 份以山银花入药的中成药中，也存在不同程度的掺金银花的现象（Gao et al.，2017）。

Alignments　Download　GenBank　Graphics　Distance tree of results

| Description | Max score | Total score | Query cover | E value | Ident | Accession |
|---|---|---|---|---|---|---|
| Eucommia ulmoides voucher YC0091MT10 internal transcribed spacer 2, partial sequence | 62.6 | 62.6 | 100% | 7e-08 | 100% | KT898287.1 |
| Eucommia ulmoides 5.8S ribosomal RNA gene, partial sequence; internal transcribed spacer | 62.6 | 62.6 | 100% | 7e-08 | 100% | KC999842.1 |
| Eucommia ulmoides 5.8S ribosomal RNA gene, partial sequence; internal transcribed spacer | 62.6 | 62.6 | 100% | 7e-08 | 100% | KC904097.1 |
| Eucommia ulmoides voucher Z975 18S ribosomal RNA gene, partial sequence; internal trans | 62.6 | 62.6 | 100% | 7e-08 | 100% | JF976307.1 |
| Eucommia ulmoides voucher Z977 18S ribosomal RNA gene, partial sequence; internal trans | 62.6 | 62.6 | 100% | 7e-08 | 100% | JF976306.1 |
| Eucommia ulmoides voucher PS0331MT03 internal transcribed spacer 2, complete sequence | 62.6 | 62.6 | 100% | 7e-08 | 100% | JF755927.1 |
| Eucommia ulmoides voucher PS0331MT02 internal transcribed spacer 2, complete sequence | 62.6 | 62.6 | 100% | 7e-08 | 100% | JF755926.1 |
| Eucommia ulmoides isolate Y2 18S ribosomal RNA gene, partial sequence; internal transcribe | 62.6 | 62.6 | 100% | 7e-08 | 100% | AY650006.1 |
| Eucommia ulmoides isolate X11 18S ribosomal RNA gene, partial sequence; internal transcrib | 62.6 | 62.6 | 100% | 7e-08 | 100% | AY650004.1 |
| Eucommia ulmoides isolate L33 18S ribosomal RNA gene, partial sequence; internal transcrib | 62.6 | 62.6 | 100% | 7e-08 | 100% | AY649999.1 |
| Eucommia ulmoides isolate L27 18S ribosomal RNA gene, partial sequence; internal transcrib | 62.6 | 62.6 | 100% | 7e-08 | 100% | AY649998.1 |
| Eucommia ulmoides isolate L23 18S ribosomal RNA gene, partial sequence; internal transcrib | 62.6 | 62.6 | 100% | 7e-08 | 100% | AY649997.1 |
| Eucommia ulmoides isolate L11 18S ribosomal RNA gene, partial sequence; internal transcrib | 62.6 | 62.6 | 100% | 7e-08 | 100% | AY649996.1 |
| Eucommia ulmoides isolate L9 18S ribosomal RNA gene, partial sequence; internal transcribe | 62.6 | 62.6 | 100% | 7e-08 | 100% | AY649995.1 |
| Eucommia ulmoides isolate G3 18S ribosomal RNA gene, partial sequence; internal transcribe | 62.6 | 62.6 | 100% | 7e-08 | 100% | AY649994.1 |
| Eucommia ulmoides isolate G1 18S ribosomal RNA gene, partial sequence; internal transcribe | 62.6 | 62.6 | 100% | 7e-08 | 100% | AY649992.1 |
| Rhodococcus opacus strain R7 sequence | 35.6 | 35.6 | 55% | 9.3 | 100% | CP008947.1 |
| Ajellomyces dermatitidis SLH14081 conserved hypothetical protein, mRNA | 35.6 | 35.6 | 64% | 9.3 | 95% | XM_002625815.1 |

图 19-4　杜仲分子身份证比对结果（Gao et al.，2017）

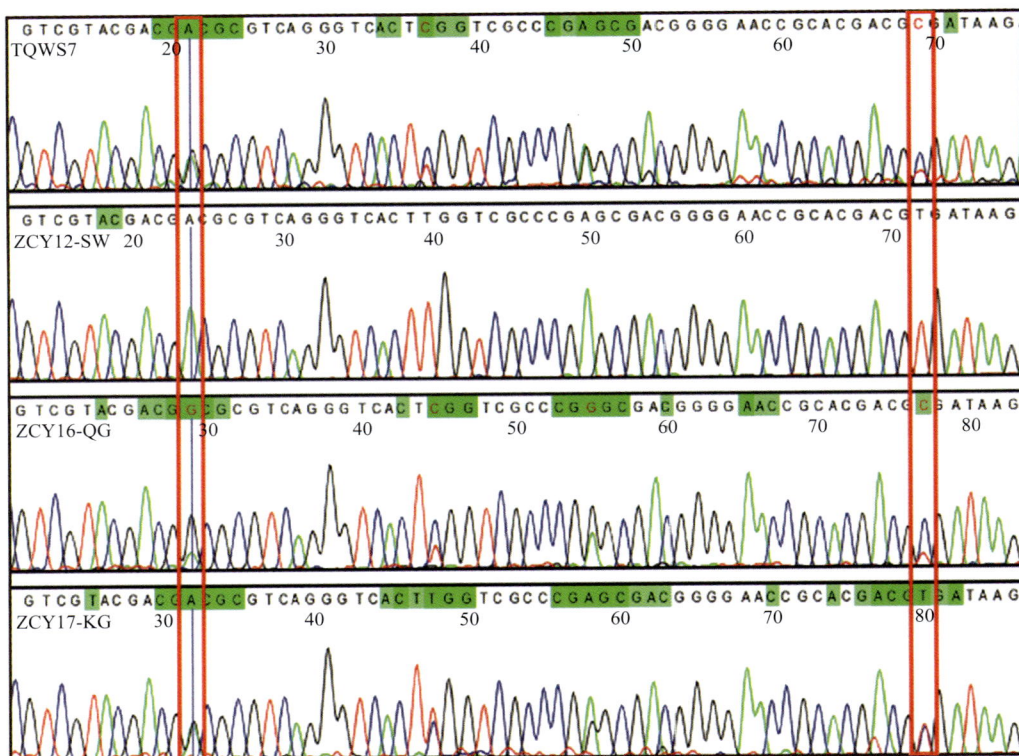

图 19-5 双峰法鉴定金银花提取物和中成药(Gao et al.，2017)

TQWS7 为金银花提取物；ZCY12-SW、ZCY16-QG 和 ZCY17-KG 均为配方中含有金银花的中成药。根据分析 SNP 位点可以看出 TQWS7、ZCY16-QG 和 ZCY17-KG 混有山银花，而在 ZCY12-SW 中未检测到金银花

## 第四节　基于 SNP 的快速检测方法在中药材和中成药鉴定中的应用

　　DNA 条形码所检对象无组织材料特异性，通过建立 DNA 条码数据库，利用网络传输、试剂盒、基层单位简单的实验室等，可一次快速鉴定大量样本。数据库一旦建立起来，将成为永久性资料。分类学家新的研究成果将不断地加入数据库，使数据库趋于完善。利用 DNA 条形码信息，快速检测整个物种的鉴定过程仅需要 4h，可以满足不同行业对中药快速鉴定的要求。基于 SNP 位点的快速检测技术主要有管盖芯片、纳米金和恒温扩增核酸试纸条法等。

### 一、管盖芯片

　　管盖芯片是一种将核酸探针固定在特制的 EP 管管盖内表面的新型基因芯片技术(刘全俊等，2006)。与常规的玻片基因芯片技术相比，其基因探针的微列阵是通过琼脂糖薄膜固定在塑料基片表面。EP 管内同时还有杂交贮液池。扩增完成后，反转 EP 管，即可进行无污染杂交反应(陆祖宏等，2004)。刘全俊等(2006)运用管盖基因芯片成功检测了 HIV-1 耐药性基因序列的单碱基突变，并制备了 SARS 冠状病毒、甲型流感病毒、乙型流感病毒和肠病毒核酸检测试剂盒，运用管盖基因芯片系统进行具有相似临床症状的呼吸道病毒的检测。从一般的呼吸道病毒感染中区分 SARS 冠状病毒。与传统的检测方法相比，其主要优点是同时进行多病毒的检测并消除交叉污染。Liu 等（2007）证明，相较于传统的玻片，管盖芯片所使用的琼脂糖薄膜作为固定探针的基质检测单核苷酸多态性变异位点，在淬火效率、单碱基错配的判别比和检测时间上都有明显的优势。此外 Liu 等（2007）运用管盖基因芯片结合 RT-PCR 进行多重病毒感染检测，检测了 4 种呼吸道病毒，病毒的检测灵敏度可达 $10^2$ 拷贝/$\mu l$。

管盖基因芯片作为一种快速、省力的基因芯片技术已经实现了对 SNP 位点的检测，因此运用管盖基因芯片检测存在于中药材中的 SNP 位点具有一定的可行性。

## 二、纳米金法

纳米金是一种基于颜色反应检测 SNP 的方法，工作原理是单、双链 DNA 与纳米金颗粒间的不同静电作用。纳米金的突变检测及 SNP 分析技术以 DNA 碱基严格互补、配对杂交形成双链的特性为基础，以纳米金是否发生聚集或颜色改变为信号，来判定所检测的靶基因序列是否存在突变（Qin and Yung，2007）。纳米金颗粒独特的理化性质，可以大大提高生物检测的准确性和稳定性。

近年来，运用纳米金进行基因突变检测及单核苷酸多态性分析逐渐兴起并迅速发展，成为一个新的研究领域。许多国内外学者对纳米金技术检测基因突变及 SNP 的方法进行了优化和创新（Elghanian，1997；Bao et al.，2005；Li et al.，2005；Pang et al.，2006；Charrier et al.，2007；Zhao et al.，2007；Mao et al.，2009；Xia et al.，2010）。利用双链 DNA 解链的动力学设计了一种方法，使其在 5min 内检测到小于 100fmol 的靶 DNA，并且探针不需做巯基修饰，PCR 产物也不需纯化，更加简化了检测步骤、减少了成本（Li and Rothberg，2004）。包华等（2009）构建了 3 种纳米金探针：寡核苷酸纳米金探针、碱性磷酸酶纳米金探针和荧光纳米金探针，并通过研究表明，运用纳米金探针结合基因芯片技术凝出的 3 种核酸检测方法具有操作简单、时间短、特异性好、灵敏度高等特点。运用纳米金技术可以方便快捷地进行基因突变检测与 SNP 位点鉴定分析。

纳米金易于制备和保存，并且检测灵敏度高，易于观察。运用该技术，可以根据 SNP 位点设计药材的特异检测探针、互补靶序列及带有单碱基突变序列的寡核苷酸 DNA。室温下，检测探针分别与互补序列、单碱基突变序列在缓冲液中进行杂交，再分别加入 NaCl 溶液，便可以直接观察到两种不同的杂交溶液中产生的明显不同的颜色变化，从而快速、有效、稳定地对药材的真伪进行鉴定。纳米金粒子不需要荧光染料等特殊标记物，不需要昂贵的仪器设备，可实现低成本、高通量、高灵敏度、高自动化的检测。纳米金用于中药材 SNP 的检测具有广阔的前景。

## 三、试纸条法

恒温扩增是在某一特定温度下，扩增目的片段长度或者增加片段数的扩增方法。与普通 PCR 相比，该过程在一个温度下进行，因此降低了对设备的要求。因此，可以用金属浴、水浴锅等简单的设备作为温度控制系统。杭州优思达生物技术有限公司开发了一种 SNP 快速检测方法。该方法包括一步 PCR 和一个核酸检测试纸条，可以用于检测特异扩增产物。在这个技术中，包含 SNP 的区域首先被非特异性扩增，然后 SNP 位点区进行等位基因特异性 PCR 扩增。最终，扩增产物用核酸试纸条进行检测（胡林等，2012）。汪琳等（2011）利用 *Crylab/ac* 基因为转 Bt 基因的作物设计了特异性扩增引物，用于 LAMP 检测转基因作物。因为该方法的可信度高、特异性强、稳定性好，可以用于转 Bt 基因作物的核苷酸位点快速检测。秦强等建立了运用 CPA-核酸试纸条快速稳定、高特异性地检测霍乱弧菌的方法（秦强，2013；秦强和朱金玲，2013）。王宏莹等（2006）运用单核苷酸多态性核酸试纸条检测 mtDNA G1178A 突变位点，并且通过验证发现，试纸条的检测结果与 DNA 测序的检测结果是一致的。张建立等（2013）运用恒温扩增试纸条检测痰标本中的结核分枝杆菌，并且验证表明这个方法用时短、灵敏度高、易于操作（并不需要昂贵的仪器）。张裕君等（2013a，2013b）建立了核酸试纸条快速检测松材线虫和转基因黑曲霉，并且可以用于进出口检验检疫。在其他生物领域，核酸试纸条也有应用（Fang et al.，2009；Wu et al.，2010；Zhang et al.，2011）。

## 第五节　DNA 条形码溯源技术及其在中药材流通中的应用

溯源技术是探寻样品来源地的一种方法，最早是 1997 年欧盟为应对"疯牛病"问题而逐步建立并完善起来的食品安全管理制度。中药材产品溯源是记录和追溯从中药材源头到各流通环节信息，保证中药材安全的一种高效措施。建立中药材溯源技术体系不仅能保障药材物种来源正确，而且在每个流通过程中可以实现对药材种子、种植、生产及销售过程的溯源查询，实现中药材统一规范的信息管理。应用此技术可以追踪各环节关键信息，在此体系下一旦有假冒伪劣药材出现，可快速追溯存在问题的环节，满足消费者的知情权和选择权，尽可能避免中药材安全事故。

### 一、溯源技术研究方法及进展

溯源技术在中药材上的应用研究日益增多，药材溯源技术中的传统方法如性状分析、化学成分薄层色谱法（thin layer chromatography，TLC）及高效液相色谱法（HPLC）分析等对研究中药材产地起到了重要作用，但面对种类繁多的中药材，迫切需要更加准确快捷的溯源手段追溯其产地及其他流通关键信息。近来已经相继提出许多方法用于中药材溯源研究，如 DNA 鉴定技术、中药指纹图谱技术、同位素示踪技术、无线射频识别（radio frequency identification，RFID）技术及条形码技术等。

#### （一）基于分子生物学技术的溯源研究

遗传背景是道地药材形成的一个内部因素，近年来有很多遗传信息与产地相关性的研究。很多基于分子生物学技术的溯源研究主要针对中药材产地进行溯源。刘玉萍等（2002）对广藿香叶绿体基因及核基因组基因片段的研究表明，广藿香的基因序列与产地具有良好的相关性。张君毅等(2006)通过扩增半夏 rDNA 基因片段发现半夏 rDNA 变异与其地理分布相关。韩建萍等(2006)通过 AFLP 方法发现，地理位置相近的栀子种群聚为一类。Chen 等(2010)通过 ISSR 分析发现，唐古特大黄(*Rheum tanguticum*)的基因距离与地理距离存在显著的相关性。也有研究表明，某些物种的 DNA 序列与其产地并不都存在良好的相关性(宋君等，2014)。分子生物学手段可以从一定程度上表明药材道地性与产地的相关性，大大促进了道地药材的深入研究。基于 DNA 分子的溯源技术常用于生物制品或污染源的鉴定。例如，中药材的基源物种鉴定，以及通过常规方法鉴定困难的材料(如粉末)，均可通过 DNA 条形码鉴定技术简便、高效、准确地进行鉴定(Chen et al.，2010；辛天怡等，2012；陈士林等，2013)，通过 SNP 快速鉴定中药材物种(Chen et al.，2013)、肉类产品(张小波等，2011)，检验检疫对未知生物个体的检定(吴炳耀，2013；马思杰和胡群，2014)及追溯致腐微生物(陈晓等，2013)等。药用植物的产地和遗传信息的相关性需根据自身特点做相应的研究，因此，依靠分子生物学技术很难实现中药材的实时溯源需求。

## (二)基于中药指纹图谱技术的溯源研究

中药化学(成分)指纹图谱系指采用光谱、色谱和其他分析方法建立的用以表征中药化学成分特征的指纹图谱，最常用的光谱方法有红外光谱(IR)、近红外光谱(NIR)，最常用的色谱方法有薄层色谱(TLC)、气相色谱(GC)、高效液相色谱(HPLC)和毛细管电泳(CE)，其他方法包括波谱[质谱(MS)和核磁共振谱(NMR)]及联用技术等。蔡敏(2007)通过高效液相色谱法对佛手参样品进行研究发现，腺嘌呤核苷和对羟基苯甲醇的含量与产地相关。谭秋生等(2014)对渝产白芷进行高效液相色谱分析，发现渝产白芷的指纹图谱相似性受产地、种植土壤和采收加工方式影响最大。童逸夫和黄春毅(2011)依据获得的 HPLC 指纹图谱数据，应用主成分聚类分析方法建立了川芎样品产地预测模型。吴婧(2008)通过红外光谱结合 SIMCA 方法对 7 个产地丹参药材进行分类，预测正确率可达86.7%。张瑞芳等(2006)研究发现，使用红外光谱技术可快速鉴定 3 种不同产地的佛手药材。金向军等(2006)利用红外光谱技术分析了朝鲜淫羊藿品质与产地的关系，结果表明红外光谱随产地等因素呈现规律性的变化。雷建刚(2013)基于近红外植物图谱对不同产地的枸杞溯源模型进行了优化，样品识别率可达 95%。指纹图谱技术对不同产地药材的区分能力较强，但需对 10 批次以上不同产地药材进行分析，根据相似度判定产地。红外光谱溯源技术首先需要建立产地与光谱特征的预测模型，且需要操作人员具有一定的红外光谱技术知识，所以难以满足道地药材实时溯源的需求。

## (三)基于同位素示踪技术的溯源研究

同位素示踪技术已广泛应用于生物体内各种成分的代谢和转变的研究，同位素示踪技术用于农副产品产地溯源的研究较多(Kelly et al.，2005；Luykx et al.，2008；白红武等，2013a)，例如，牛羊肉(郭波莉，2007；Heaton et al.，2008；郭波莉等，2009；孙淑敏等，2011；刘晓玲，2012)、谷物(Suzuki et al.，2008；Goitom Asfaha et al.，2011；赵海燕，2013)、茶叶(袁玉伟等，2013)、酒(Capron et al.，2007；Rodrigues et al.，2011)、

蜂蜜(Schellenberg et al.，2010)、咖啡(Rodrigues et al.，2009)、柑橘(黄岛平等，2013)。相对于同位素示踪方法在农产品上的应用，其在药材产地溯源上的应用则较少。黄志勇等(2003)建立了用微柱流动注射与电感耦合等离子体质谱联用的铅同位素比值测量方法，利用铅与5-磺基-8-羟基喹啉的螯合反应，在线分离测定了丹参样品中的铅同位素比值，并利用铅同位素比值的分布进行中药丹参产地来源的研究。但是由于同位素示踪技术相对成本较高，加之药材种类繁多，因此该技术在药材产地溯源应用上具有很大局限性。

### (四)基于无线射频识别技术的溯源研究

无线射频识别(RFID)溯源技术就是通过在原材料上加贴 RFID 电子标签，结合传感器、GPS、GIS 等技术对原材料在种植或养殖、生产加工、运输、仓储等环节进行跟踪和记录，实现在各个环节可追溯。RFID 技术在农副产业中已有许多的应用案例，如猪肉、酒等(赵金燕等，2008；曹志勇等，2010；费亚利，2012；龚平，2013；杨晶，2013)，在药材产地溯源上的应用还较少(田金琴和丁红胜，2011；于合龙等，2013)。当前应用 RFID 进行农产品追溯仍有一些不足，例如，溯源只局限于"源头"而没有注重中间其他环节，对于非大型个体的农产品，如蔬菜、鸡蛋，RFID 溯源系统的应用成本相对较高且难以普及(陆兔林等，2014)。推广 RFID 在食品安全跟踪和追溯中的应用、消除成本障碍，需要有一个部门进行有力的统筹，以及国家相关配套政策的推动。单纯利用 RFID 作为数据载体的应用还较少，很多应用常与条形码技术结合(边吉荣和曾建华，2010；田金琴和丁红胜，2011；王梦思，2012；白红武等，2013b；杨彦，2013；赵丽，2013)。

### (五)基于条形码技术的溯源研究

条形码可以分为一维条形码和二维条形码，是按照一定的编码规则排列，用以表达一组信息的图形标识符。其特点是每种码制有其特定的字符集，每个字符占有一定的宽度，具有一定的校验功能等(盛利民和魏雪涛，2013)。二维码相对于一维码存储的数据量更大，且二维码不仅可以编码数字，还可编码字母及汉字，因此二维码在很多领域应用更加广泛。二维码在我国应用的时间不长，但已成为媒体传播、防伪溯源、名片社交、企业营销及电子支付等领域的信息载体(金可，2013；王杨，2013)。我国已有不少将二维码技术应用于食品溯源上的研究(陆昌华等，2009；范伟超，2012；盛利民和魏雪涛，2013；施连敏等，2013)。二维码技术不仅应用于追溯食品或药材的生产源头，还可用于追踪整个生产过程(谢梦，2013)。在中药领域中，二维码技术也有部分应用。颜鲁合等(2014)将二维码技术应用于中药材 GAP 生产流程，形成了基于二维码技术的中药材 GAP 生产模式。金樑等(2013)将二维码技术应用于小包装中药饮片药库物流管理中，为医院饮片入库验收提供一种新的工作方式。Chen 等(2014)开启了中草药从形态学鉴定到 DNA 条形码的"文艺复兴"。Liu 等(2012)将 DNA 条形码序列转成二维码，实现了 DNA 条形码序列在实践过程中的可应用性。Cai 等(2015)将中药材化学指纹图谱数据转换为二维码图片，转换后可用于中药材质量信息的追溯和质量控制。中国医学科学院药用植物研究所陈士林课题组已实现将 DNA 序列自动转成彩色条形码及二维码的应用，用户可使用手机等移动终端方便地扫描得到 DNA 条形码序列信息，并提交至全球最大的中药材 DNA 条形码数据库(http://www.tcmbarcode.cn/)进行分析，此项研究案例通过二维码作信息载体，将 DNA 条形码序列与中药材 DNA 条形码数据库有机连接，获得的信息量更大。条形码溯源技术通常是与数据库、网络相结合，条形码作为信息传递的载体，网络作为信息流通的桥梁，数据库则是溯源信息存储的仓库，各个流通环节通过网络将信息存储于数据库并生成二维码，同时也可以通过二维码及网络访问数据库得到溯源信息。这样的组合既方便信息的录入和管理，又可实现信息的传递和快速查询，而现今智能手机的流行使二维码溯源技术不再需要依赖特定的条形码识读软件，使得其应用更加广泛。

药材市场巨大的流通量及交易的快速性，不能仅依靠 DNA 分子鉴定、中药指纹图谱、(近)红外光谱、同位素示踪等实验层面溯源技术，而 RFID 技术成本高，更适合于大型个体溯源。基于数据库的二维码溯源技术可以覆盖药材流通的各个环节，在各个环节快速获取产地等源头信息。中药材的溯源需求不仅是在研究中可行，而且要在市场流通环节可用。基于数据库的二维码识别溯源技术，成本低、使用方便，可将各环节沟通起来，适合于药材的生产、销售特征(如道地性、种类多、分布广、大部分以饮片形式销售、不是单独个体等)。智能手机的普及使得二维码溯源技术得以广泛应用，基于二维码技术的溯源系统不需要专门设计识读溯源信息的仪器，更利于溯源系统的普及和大众参与药材市场监管。从二维码溯源技术的优势(表 19-2)可以看出，其在中药材溯源上将会有巨大潜力。基于二维条形码的溯源技术，其溯源信息可靠性依赖于信息提供者所提供的原始信息是否准确，因此需要增强企业及个人的诚信和溯源系统对于录入错误的排除功能。

**表 19-2　不同溯源技术的比较**(廖保生，2015)

| 技术类型 | 溯源可靠性 | 技术重复性 | 信息的读取 | 信息的传递 | 成本 | 信息量 | 安全性 |
| --- | --- | --- | --- | --- | --- | --- | --- |
| 分子生物学技术 | 大部分只能阐明药材基因与产地的相关性，准确性不高 | 重复性一般 | 需要专业知识及技能人工解读，时间较长 | 需要详细报告，传递效率低 | 需要专门的仪器设备，成本高 | 只包含基因与产地可能的相关性 | 只有专业人员或专业机构可以获得此信息，安全性高 |
| 指纹图谱技术 | 通过药材成分等信息与产地的相关性溯源，准确性不高 | 重复性一般 | 需要专业知识及技能人工解读，时间较长 | 需要详细报告，传递效率低 | 需要专门的仪器设备，成本高 | 只包含特征图谱与产地的相关性 | 只有专业人员或专业机构可以获得此信息，安全性高 |
| 同位素示踪 | 可以通过特征元素准确判断产地 | 重复性高 | 需要专业知识及技能人工解读，时间较长 | 需要详细报告，传递效率低 | 需要专门的仪器设备，成本高 | 只包含特征元素与产地的相关性 | 只有专业人员或专业机构可以获得此信息，安全性高 |
| RFID技术 | 依赖信息提供者所提供的原始信息准确性 | 方法及流程确定后持续可用，RFID芯片可重复利用 | 操作简单、方便，可实时自动读取 | 以 RFID 卡作载体，传递效率高 | 需要有 RFID 识读仪器、RFID 芯片制作等，成本较高 | 通常只包含源头信息，不包括各流程中的信息 | 具有唯一识别码并可加密，安全性高 |
| 条形码技术 | 依赖信息提供者所提供的原始信息准确性 | 方法及流程确定后持续可用 | 通过手机实时识读，操作简单、方便 | 以一维码或二维码作载体，传递效率高 | 无须增加其他设备，成本低廉 | 可包含所有或者大部分环节的信息 | 可增加未加密信息和加密信息，既可保证安全性又保证了灵活性 |

## 二、中药材流通过程的关键信息

中药材的流通，种子/种苗→种植基地栽培→生产加工→经销→消费者的整个过程中包含多个关键信息，如种子/种苗的物种信息、栽培过程施用的化肥和农药信息、加工生产方式信息及销售运输信息等。

(1)种子/种苗真实性

种子是中药材的源头，其真伪直接关系到种植户的经济利益及中药材的真实性，种子/种苗的质量对最终中药材品质有直接影响。但药材种子/种苗市场中普遍存在伪劣问题，越是贵重的品种，越容易出现伪冒。某些中药材种子/种苗因形态相近或形态特征的多样性鉴定困难，导致经常混淆(张存龙和王润芳，2004)，尤其是在近缘物种的鉴定上。Chen等(2013)曾购买100株人参种苗后经DNA条形码方法鉴定为西洋参。此外，中药材在不同地区有不同用药习惯，导致中药材中"同物异名""同名异物"的现象非常普遍，这也影响种子/种苗的错误使用(单成钢等，2011)。仅对少数药用植物的种子鉴定规程进行过较为系统的研究，难以制定出有效的种子质量鉴定标准(魏建和等，2006)。种子千粒重、种子成熟度、发芽率、寿命、种源退化等因素会直接导致产量下降。成熟度不够则造成种子空瘪率高、发芽率低，继而影响中药材终产量，如用成熟度不同的种子种植的桔梗产量相差1.6倍(吴鸿雁和孟祥才，2008)。种源的退化将使得中药材产量和质量波动大，抗逆性减弱(邵长勇等，2013)。除了种子自身因素，由于中药材种子市场的混乱现状，种源常存在混杂情况，同一种药材的种子有多个产地来源，品种甚至物种不同，难以保证中药材药效(邵长勇等，2013)。

(2)产地因素

产地是影响中药材质量的一个重要因素，产地不同的同一种中药材品质也会有所不同(何文涛，2012；芮雯等，2012；宋战锋，2012；刘文杰等，2013；吴雪松等，2013；黄伟，2014)。我国历代医家十分重视中药材产地，《神农本草经》中记载"土地所出，真伪新陈，并各有法"，陶弘景在《本草经集注》所写"诸药所生，皆有境界"，李时珍在《本草纲目》也有说明"动植形生，因地舛性……离其本土，则质同而效异"。我国历代医家在总结药性变迁与地域环境关系的基础上，提出了"道地药材"之说。道地药材是极具中医药特色的一个整体性概念，也是中医临床长期实践中公认的品质优、疗效佳的中药材(胡世林，1989)，道地药材与其特有的遗传背景、生态环境、文化背景及中医药理论有关(张艺等，2009)。道地药材极具中医药特色，是公认的品质优良的药材。药材由于土壤、气候、温度、光照等生态因子的不同，而导致品质上的差异(陈士林，1988)。道地药材盲目引种将导致药材质量下降。因此，产地是中药材溯源系统的一个重要因素。

(3)栽培、种植方式

在种植过程中，中药材质量受土壤类型、所使用肥料农药、种植时间和时长的影响。为了在提高栽培中药材产量的同时保证药材质量和生态平衡，已有较多研究人员对中药材的野生抚育、仿野生栽培、人工驯化等方面进行研究(陈士林等，2003，2004；魏建和等，2006；李西文和陈士林，2007；陈赤等，2008；林如辉，2009；杨少华等，2009；郑军，2009；胡明勋等，2012；段宝忠等，2013；李凤娟，2013；戴琴等，2014；李莉等，2014；王满莲等，2014；张博华等，2014)，但不同栽培方式可能对药材品质有影响。同时，中药材产业中农药残留(盛静，2007；王均，2013)、重金属污染(韩小丽等，2008；陈晋红等，2009)等问题也极大地影响着中药材质量，因此需要加强种植过程的管理和监控，使经销商和消费者可以通过追溯系统的网址和追溯码查到中药材生产基地的注册信息、生产资质等，以及农药、肥料等的使用情况。

(4)加工方式

中药材的传统加工方式，也称为产地加工，有拣选、切片、蒸、煮、硫熏蒸、晾晒、阴干、烘干等，其中干燥的过程不仅能减少水分，方便运输、利于贮藏，更为重要的是，产地加工也是中药材药性形成的重要过程(赵润怀等，2013)。随着现代工业技术的发展，热风干燥、太阳能干燥、微波干燥等方法也被应用于中药材的干燥(陆兔林等，2014)。不同的来源、不同的入药部位及不同的加工方式将产生不同的中药材商品规格和价格(段金廒等，2009)。某些药材因含糖量或含水量过高等原因难以长时间贮存，为了防腐、防虫、杀菌，会进行相应的人工处理，如硫磺熏蒸(毛春芹等，2014)。适当加工有利于贮存，但加工过度或以有毒化学品加工则会损害药材质量甚至影响消费者身体健康(陆兔林等，2014)。中药材市场利润巨大，某些名贵药材更是价格高、资源少，因此对中药材进行某些人工加工，如增重、染色、药渣再加工成新药等问题时有发生。据报道，河南禹州市场部分商户当街对栀子进行染色，河北安国市场红参掺糖增重、沉香喷油掺杂，山西省食品药品监督管理局检查发现，部分中药渣晾晒后重返中药材市场(廖保生，2015)。由于缺乏监管手段，此类问题仍然屡禁不止。除产地加工外，中药材产品有进行配伍混合包装的药包，经过粉碎、提取等深加工的中成药，这类中药材或中成药的加工方式更加复杂且对中药材质量影响较大。因此，加工过程中的关键信息从一定程度上可以反映药材质量，对加工信息的记录有利于对加工过程的监管及保护消费者权益。

(5)中药材市场监管

中药材类型多种多样，主要有根茎类、茎枝类、叶类、花类、果实种子类、真菌类及树脂、提取物等。由于大部分药材已经损失基源物种基本形态特征，从形态上难以鉴别其真伪。仍有部分形态特征的药材鉴定对专业的鉴定知识有极高的要求。某些药材与其近缘物种或伪品形态极其相近，鉴定难度极大，如人参和西洋参(Chen et al.，2013)、秦艽与西藏黑秦艽等混伪品(罗焜等，2012)、合欢花(皮)与山合欢等混伪品(赵莎等，2014)。由于鉴定困难的漏洞，加之暴利的驱使，中药材掺假掺伪问题层出不穷，原国家食品药品监督管理总局查处的问题就有：安徽亳州市场销售假蒲黄、假海金沙，湖南廉桥市场以理枣仁冒充酸枣仁、土大黄冒充大黄，还有制药企业用亚香棒虫草替代冬虫夏草(廖保生，2015)。中药材掺假掺伪问题严重损害了消费者利益，并危害消费者身体健康。因此，市场监管也是溯源系统的一个重要环节。

实时记录影响中药材质量的这些关键信息十分重要，在中药材市场中，经常发生有意或无意掩盖中药材流通信息或提供虚假信息的现象。并且，由于没有信息记录，当发生农残过高、药材质量低劣等危害公众身体健康或损害消费者利益的问题时，难以依法追究相关人员责任。中药材安全事故频发不仅影响中药材出口到海外市场，更威胁到中医临床用药的安全性。因此，中药材流通信息必须紧随商品的流动而更新，才能实现全程可追溯。

## 三、溯源技术在中药材中的应用现状及发展趋势

中药材流通信息的记录和追溯的重要性已受到各研究单位、中药材产业人员、国家监督管理机构的重视。李敏等(2012)结合中药材自身特点，对不同类型和品质的药材进行分类并编码，为中药材商品溯源编码提供了参考。何菊等(2015)对中药材溯源系统中的称重传感器节点进行了设计，此称重传感器不仅精度高，而且包含 RFID 标签读取功能，适合应用于中药材溯源系统。李文鹏(2014)针对中药材种植过程设计了基于数据库的溯源系统。自 2011 年起，成都作为中药溯源体系的试点城市，其中药材流通追溯体系试点已基本完成(唐玎，2013)，其运行模式得到广泛认可(李霞，2012)。商务部从 2012 年即开始推动中药材流通溯源系统的建设工作，已在多个城市开展试点工作(张辰露等，2015)。由我国商务部推动建设的国家中药材流通追溯体系(http://www.zyczs.gov.cn/front/listIndex.do?nodeid=91)实现了中药材来源可追溯、去向可查证、责任可追究，基于 CPC 编码标准构建了中药材信息流通的二维码载体，已经分三批共 18 省市实施试点工作。部分中药企业也建立了自己的中药溯源系统。中药材溯源技术的应用，可以满足监督管理机构对中药材质量监控的需求、为企业提升企业信誉和形象、保护消费者权益，但面对如此庞大的中药材产业，构建的溯源体系仍不能完全满足需求。

中药材种子/种苗作为中药材产业的源头，其重要性不言而喻。控制中药材质量的方法首先是要从中药材源头入手，确保种植的中药材种子/种苗的物种正确性。种子质量管理的目的是保证种子的质量，保护生产者的利益，通常从三个方面进行管理：种子鉴定、种子检验和种子立法(王彦荣，1996a)。由此可见，种子鉴定在保证种子质量上具有重要作用。种子鉴定主要的工作是鉴定种子所属品种、种或属，以及优良品种在世代繁殖过程中品种的真实性和品种纯度检验。物种或品种鉴定是种子鉴定的首要步骤。在农业应用上，已经有很多农作物相应的种子质量检测技术规范(王彦荣，1996b；魏建和等，2006；李隆云等，2010；单成钢等，2011)，但关于药用植物种子的规范仍然较少。

中药材市场作为中药材流通过程的末端，对中药材的销售、质量安全也同样具有非常重要的作用。中药材常以药用植物的部分组织(如根茎、叶片或花等部位)进行销售，或者进行切片、粉碎等处理。由于损失了大部分形态辨认特征，加之中药材混伪品众多且形态相近，中药材的鉴定难度极大。因此，中药材市场中的药材鉴定也是保证中药材质量及安全的一个重要方面。

# 第六节　　DNA 条形码技术在药用植物品质生物学研究中的优缺点

DNA 条形码技术不依赖于专业的技术，操作和设备都很简单，有很强的普及性，日渐受到推崇。并且 DNA 条形码技术的鉴定成功率很高，基本可以实现对任何能够获得合格 DNA 的样品的鉴定，包括有形态的原植物叶片、花、种子、标本等和无形态的粉末等。随着二代测序技术的发展，DNA 条形码结合二代测序技术已经实现了对中成药成分的鉴定。

尽管如此，DNA 条形码技术仍存在一定的缺陷。首先，尚缺乏完善的数据库作为支

撑。包括 GenBank 和 BOLD 在内的数据库网站，仍然还在不断完善中，要包含所有的中药材物种尚有一些困难。GenBank 是全球最大的序列数据库之一，也是物种鉴定最常用的数据库之一。一条未知物种的 DNA 序列，通过在 GenBank 数据库中进行序列比对（BLAST）就可以进行物种鉴定（Boratyn et al., 2013）。然而，许多中药材物种的序列并未包含在 GenBank 数据库中，因此依据序列的相似度鉴定物种的时候，只能鉴定到属的水平，无法定种，直接影响到 DNA 条形码的鉴定效率。因此，建立一个完善的专门针对中药材的数据库至关重要。中国医学科学院药用植物研究所陈士林课题组已经建立了全球最大的中药材 DNA 条形码数据库，其中包含了来自中国、欧洲、印度、日本、韩国和美国药典中几乎全部中药材样品序列，共 23 262 种中药材及其近缘种混伪品（http://tcmbarcode.cn/china/index.php?optionid=185）。该数据库的建立极大地完善了中药材物种鉴定相关资料。

除数据库以外，高质量的 DNA 是鉴定的基础。对一些深度加工或者不含 DNA 的人造混伪品，几乎无法获得合格的 DNA。例如，有些中药材（如宁夏枸杞、淮山药等）为了贮藏方便、防止虫蛀霉变，或者是为了经济利益，都会用硫磺熏制，这会大大降低 PCR 的扩增效率。另外，中草药所含的次级代谢产物，如多糖、色素等，即使用核分离液洗涤多次，仍然很难去除，也会导致 DNA 提取效率下降。

另外，采用 DNA 条形码技术虽然可以高效地进行物种鉴定和混伪品检测，但是只能对中药材的真伪进行鉴定，还无法进行定量检测，也就无法用于判断中药材或者中成药的指标性成分是否符合药典标准。

基于以上，DNA 条形码技术与理化鉴定相结合，逐渐成为中药材和中成药质量控制的主要趋势。理化鉴定可以用于定量分析不同产地中药材的质量，DNA 条形码则可以在种内和种间进行中药材及其混伪品的鉴定。两者互相补充、相辅相成。利用 DNA 条形码结合理化方法来鉴定中药材和中成药变得越来越普遍。Li 等（2010）运用 DNA 条形码结合薄层色谱（thin-layer chromatography，TLC）和 HPLC 来鉴别市售的 7 份白花蛇舌草（*Hedyotis diffusa*）及同属近缘种伞房花耳草（*Hedyotis corymbosa*）等，基于 UPGMA 构建的系统发育树表明，有 4 份市售白花蛇舌草与伞房花耳草聚为一支，并且 ITS 区域的相似度高达 99.6%，并且根据薄层色谱数据和高效液相色谱数据，发现了用于白花蛇舌草鉴定的化学指标成分——6-*O*-(E)-对香豆酰鸡屎藤苷甲基酯 [6-*O*-(E)-*p*-coumaroyl scandoside methyl ester] 和 10-(*S*)-羟基脱镁叶绿素 [10-(*S*)-hydroxypheophytin]。Coghlan 等（2015）除了运用高通量测序技术分析了 26 种中成药的药材组分，还结合 MS 技术对其中的重金属进行检测，发现了 As、Cd 等重金属元素，并且其中一份中成药样品中 As 的含量高出控制值 10 倍之多。Han 等（2010）利用 DNA 条形码和化学指纹图谱对丹参属物种进行鉴定分析，并对两种技术进行相关性分析，结果表明，两种方法均能对丹参属物种进行鉴定，并且发现两者的系统发育树有一定的相似性。

对中药材和中成药质量控制技术来说，任何单一技术鉴定中药材和中成药都有一定的片面性，需要多种技术相结合，例如，将已有的 DNA 分子鉴定与理化鉴定相结合进行定性和定量分析。另外，在其他领域运用的新技术、新方法可被借鉴到中药材和中成药的质量控制上来，例如，食品与中药材和中成药类似，都是天然动植物的加工品。因此，在质量控制技术上，它们之间也可以互相借鉴。例如，运用于食品品质评价的电子鼻技术，在中药材金银花的质量评价(Xiong et al.，2014)和当归道地性分析(Zheng et al.，2015)上，亦有成功的应用。

# 参 考 文 献

白红武, 孙爱东, 陈军, 等. 2013b. 基于物联网的农产品质量安全溯源系统. 江苏农业学报, 29(2): 415-420.

白红武, 孙传恒, 丁维荣, 等. 2013a. 农产品溯源系统研究进展. 江苏农业科学, 41(4): 1-4.

包华, 贾春平, 周忠良, 等. 2009. 基于纳米金探针和基因芯片的 DNA 检测新方法. 化学学报, 67(18): 2144-2148.

边吉荣, 曾建华. 2010. 基于 RFID 与二维码技术的畜产品可追溯系统设计. 电脑知识与技术, 6(19): 5342-5345.

蔡敏. 2007. 几种中药材的化学成分及其定性定量检测方法研究. 中国科学院研究生院(成都生物研究所)博士学位论文.

曹志勇, 周铝, 李晓斌, 等. 2010. 基于溯源技术的养殖厂管理系统设计. 广东农业科学, 37(6): 237-239.

陈赤, 何开家, 刘布鸣, 等. 2008. 野生与野生抚育猫爪草药材的分析比较研究. 广西科学, 15(1): 70-74.

陈晋红, 刘大伟, 汤毅珊, 等. 2009. 中药材重金属和农药残留的研究进展. 中药新药与临床药理, 20(2): 187-190.

陈士林. 1988. 地道药材与生态型的相关性. 中草药, 10(8): 2.

陈士林, 韩建萍, 王晓玥, 等. 2015. 一种三七分子身份证及鉴定方法: 中华人民共和国, CN104830969A.

陈士林, 贾敏如, 王瑀, 等. 2003. 川贝母野生抚育之群落生态研究. 中国中药杂志, 28(5): 18-22.

陈士林, 魏建和, 黄林芳, 等. 2004. 中药材野生抚育的理论与实践探讨. 中国中药杂志, 29(12): 5-8.

陈士林, 姚辉, 韩建萍, 等. 2013. 中药材 DNA 条形码分子鉴定指导原则. 中国中药杂志, 38(2): 141-148.

陈晓, 高晓平, 李苗云, 等. 2013. 肉制品致腐微生物溯源技术构建. 食品科学, 34(14): 178-181.

戴琴, 王晓霞, 黄勤春, 等. 2014. 毛竹林下多花黄精仿野生栽培技术. 中国现代中药, 16(3): 205-207.

段志忠, 黄林芳, 尚飞能, 等. 2013. 云南野生抚育粗茎秦艽药材的品质评价. 中国实验方剂学杂志, 19(21): 82-86.

段金廒, 肖小河, 宿树兰, 等. 2009. 中药材商品规格形成模式的探讨——以当归为例. 中国现代中药, 11(6): 14-17.

范蕾, 蓝云龙, 余乐, 等. 2013. 不同产地金银花中绿原酸及木犀草苷的含量测定. 中华中医药学刊, 31(1): 172-175.

范伟超. 2012. 奶产品溯源系统中的信息标识应用研究. 南京大学硕士学位论文.

方海兰, 夏从龙, 段宝忠, 等. 2016. 基于 DNA 条形码的中药材种子种苗鉴定研究——以重楼为例. 中药材, 39(5): 986-990.

费亚利. 2012. 政府强制性猪肉质量安全可追溯体系研究. 四川农业大学博士学位论文.

龚平. 2013. RFID 开启名酒溯源时代. 华夏酒报, 2013-06-04: A13.

郭波莉. 2007. 牛肉产地同位素与矿物元素指纹溯源技术研究. 中国农业科学院博士学位论文.

郭波莉, 魏益民, Kelly D S, 等. 2009. 稳定性氢同位素分析在牛肉产地溯源中的应用. 分析化学, 37(9): 1333-1336.

国家药典委员会. 2015. 中华人民共和国药典: 2015 年版: 一部. 北京: 中国医药科技出版社.

韩建萍, 陈士林, 张文生, 等. 2006. 栀子道地性的分子生态学. 应用生态学报, 17(12): 2385-2388.

韩小丽, 张小波, 郭兰萍, 等. 2008. 中药材重金属污染现状的统计分析. 中国中药杂志, 33(18): 2041-2048.

何菊, 陆明洲, 王珍, 等. 2015. 中药材溯源系统中的高精度称重传感器节点设计. 传感器与微系统, 34(3): 123-125,133.

何文涛. 2012. 老鹳草不同产地的红外光谱分析与鉴定. 哈尔滨商业大学硕士学位论文.

胡林, 徐高连, 尤其敏, 等. 2012. 一种快速单核苷酸多态性的检测方法及试剂盒: 中华人民共和国, CN102618626A.

胡明勋, 郭宝林, 周然, 等. 2012. 山西浑源仿野生栽培蒙古黄芪的质量研究. 中草药, 43(9): 1829-1834.

胡世林. 1989. 中国道地药材. 黑龙江: 黑龙江科学技术出版社.

胡杏. 2013. 基于 RFID 酒类防伪溯源体系研究与实现. 上海交通大学硕士学位论文.

黄岛平, 陈秋虹, 林葵, 等. 2013. 稳定碳氢同位素在柑橘产地溯源中应用初探. 科技与企业, 17: 256-257.

黄伟. 2014. 杜仲不同产地遗传差异及化学组分分析. 中国林业科学研究院博士学位论文.

黄志勇, 杨妙峰, 庄峙厦, 等. 2003. 利用铅同位素比值判断丹参不同产地来源. 分析化学, 31(9): 1036-1039.

金可. 2013. 二维码消费者使用行为研究. 上海师范大学硕士学位论文.

金樑, 张健, 沈烽, 等. 2013. 电子化药品物流平台在小包装中药饮片药库物流管理中的应用. 中国药房, (3): 271-272.

金自军, 李晓萍, 刘志强, 等. 2006. 傅里叶变换红外光谱用于朝鲜淫羊藿的品质分析. 光谱学与光谱分析, 26(4): 614-616.

雷建刚. 2013. 枸杞近红外溯源模型的优化研究. 宁夏大学硕士学位论文.

李彪, 蒋平安, 孟亚宾, 等. 2013. 农产品溯源技术在新疆的应用现状分析. 天津农业科学, 19(11): 37-40.

李凤娟. 2013. 野生抚育菝葜有效成分含量的动态变化及药材质量标准的研究. 湖南中医药大学硕士学位论文.

李莉, 魏胜利, 王文全, 等. 2014. 甘草野生抚育技术研究 I——灌溉和地下茎长度对成活率、药材产量及质量的影响. 中国中药杂志, 39(15): 2863-2867.

李隆云, 彭锐, 李红莉, 等. 2010. 中药材种子种苗的发展策略. 中国中药杂志, 35(2): 247-252.

李敏, 卢道会, 赵文吉, 等. 2012. 中药材商品溯源编码初探. 中药与临床, 3(4): 4-6.

李妮, 陈科力, 刘震, 等. 2010. 景天属药用植物 DNA 条形码研究. 世界科学技术—中医药现代化, 12(3): 463-467.

李文鹏. 2014. 中药种植过程溯源系统研究与实现. 北方工业大学硕士学位论文.

李西文, 陈士林. 2007. 药用植物野生抚育生理生态学研究概论. 中国中药杂志, 32(14): 1388-1392.

李西文, 胡志刚, 林小涵, 等. 2012. 基于 454FLX 高通量技术的厚朴叶绿体全基因组测序及应用研究. 药学学报, 47(1): 124-130.

李霞. 2012. 中药溯源"成都模式"或将全国推广. 成都日报, 2012-03-23: 002.

廖保生. 2015. 基于 DNA 条形码技术的中药材溯源系统研究. 北京协和医学院硕士学位论文.

廖保生, 王丽丽, 王晓玥, 等. 2015. 基于分子身份证的三七药材快速鉴定方法. 中国药学杂志, 50(22): 1954-1959.

林如辉. 2009. 蛇足石杉引种驯化及其品质的初步研究. 福建农林大学硕士学位论文.

刘金欣, 潘敏, 张改霞, 等. 2016. 基于 ITS2 序列的中药材桔梗种子 DNA 条形码鉴定. 世界科学技术—中医药现代化, 18(2): 174-178.

刘全俊. 2006. 三类新型集成化的基因芯片及其相关仪器的研制. 东南大学博士学位论文.

刘全俊, 周庆, 白云飞, 等. 2006. 用于管盖基因芯片荧光图像信息的采集及数据分析系统. 科学通报, (3): 272-277.

刘文杰, 孙志蓉, 杜远, 等. 2013. 不同产地铁皮石斛主要化学成分及指纹图谱研究. 北京中医药大学学报, (2): 117-120.

刘晓玲. 2012. 牛尾毛稳定同位素分析在牛肉产地溯源中的应用研究. 西北农林科技大学硕士学位论文.

刘三萍, 罗集鹏, 冯毅凡, 等. 2002. 广藿香的基因序列与挥发油化学型的相关性分析. 药学学报, (4): 304-308.

陆昌华, 王立方, 胡肆农, 等. 2009. 动物及动物产品标识与可追溯体系的研究进展. 江苏农业学报, 25(1): 197-202.

陆兔林, 单鑫, 李林, 等. 2014. 中药材硫磺熏蒸及其现代加工技术研究进展. 中国中药杂志, 39(15): 2791-2795.

陆祖宏, 刘全俊, 王宏. 2004. 可直接检测基因的免冲洗 PCR 扩增管: 中华人民共和国, CN2615141.

罗焜, 陈士林, 陈科力, 等. 2010. 基于芸香科的植物通用 DNA 条形码研究. 中国科学: 生命科学, 40(4): 342-358.

罗焜, 马培, 姚辉, 等. 2012. 多基原药材秦艽 ITS2 条形码鉴定研究. 药学学报, 12: 1710-1717.

马双姣, 周建国, 金钺, 等. 2016. 王不留行种子的 ITS2 序列分子鉴定研究. 世界科学技术—中医药现代化, 18(1): 29-34.

马忌杰, 胡群. 2014. 生物信息学新技术——DNA 条形码. 中国国门时报, 2014-02-19: 004.

毛春芹, 季琳, 陆兔林, 等. 2014. 中药材硫磺熏蒸后有害物质及其危害研究进展. 中国中药杂志, 39(15): 2801-2806.

秦强. 2013. CPA-核酸试纸条快速检测霍乱弧菌方法的建立与优化. 佳木斯大学硕士学位论文.

秦强, 朱金玲. 2013. CPA-核酸试纸条快速检测霍乱弧菌方法的建立与优化. 生物技术通报, (7): 167-171.

芮雯, 冯毅凡, 石忠峰, 等. 2012. 不同产地黄芪药材的 UPLC/Q-TOF-MS 指纹图谱研究. 药物分析杂志, (4): 607-611, 642.

单成钢, 张教洪, 朱京斌, 等. 2011. 我国药用植物种子生产研究现状与发展对策. 现代中药研究与实践, 25(4): 14-15.

邵长勇, 尤泳, 王光辉, 等. 2013. 安国中药材种子种苗产业发展中的现代物理技术应用. 种子, 32(12): 70-72, 75.

盛静. 2007. 中药杭白菊的农药残留研究. 浙江大学硕士学位论文.

盛利民, 魏雪涛. 2013. 二维码在农产品溯源中的应用. 现代农业科技, 18: 330, 332.

施连敏, 郭翠珍, 盖之华, 等. 2013. 基于二维码的绿色食品溯源系统的设计与实现. 制造业自动化, 16: 144-146.

宋若, 王东, 郭灵安, 等. 2014. 利用 DNA 条码对农产品产地溯源研究——黑木耳产地分子溯源. 分析试验室, 33(3): 292-295.

宋战锋. 2012. 中药黄芩活性成分分析方法研究及不同产地药材差异甄别. 湖南师范大学硕士学位论文.

孙淑敏, 郭波莉, 魏益民, 等. 2011. 稳定性氢同位素在羊肉产地溯源中的应用. 中国农业科学, 44(24): 5050-5057.

谭秋生, 章文伟, 李玲, 等. 2014. 渝产白芷高效液相色谱指纹图谱研究. 中国农学通报, 30(1): 178-184.

唐玎. 2013. 成都中药材流通追溯体系试点基本完成. 中国医药报, 2013-12-10: 001.

田金琴, 丁红胜. 2011. 无公害枸杞果产品质量溯源系统的设计. 安徽农业科学, 39(20): 12590-12592.

童逸夫, 黄春毅. 2011. 多维多息特征数据挖掘方法研究——以中药指纹图谱数据为例. 现代图书情报技术, 27(12): 69-73.

汪琳, 赵胤泽, 罗英, 等. 2011. 转 Bt 基因作物恒温扩增快速检测技术. 检验检疫学刊, 21(1): 11-15.

王宏莹, 胡林, 尤其敏, 等. 2006. 单核苷酸多态性核酸试纸快速检测线粒体 DNAG11778A 位点突变. 眼视光学杂志, (6): 356-359, 366.

王均. 2013. 进出口中药材中多种农药残留的分析与测定. 重庆医科大学硕士学位论文.

王满莲, 韦霄, 史艳财, 等. 2014. 仿野生栽培下块根紫金牛的生长与光合特性研究. 中药材, 37(10): 1721-1724.

王梦思. 2012. 鹿茸产品可追溯系统关键技术的研究. 东北农业大学硕士学位论文.

王彦荣. 1996a. 论种子鉴定与种子质量管理的关系. 种子, 2: 1-2.

王彦荣. 1996b. 丹麦种子质量管理体系. 国外畜牧学(草原与牧草), 1(1): 47-49.

王杨. 2013. 二维码传播信息的应用及分析. 山西大学硕士学位论文.

魏建和, 陈士林, 程惠珍, 等. 2006. 中药材种子种苗标准化工程. 世界科学技术—中医药现代化, 7(6): 104-108.

吴炳耀. 2013. 我国口岸常见蚊类 rDNA-ITS 和 COI 基因数据库建立与分析. 安徽理工大学硕士学位论文.

吴鸿雁, 孟祥才. 2008. 中药材种子与中药材生产. 种子, 27(7): 118-120.

吴婧. 2008. 丹参白芍的红外光谱研究. 清华大学硕士学位论文.

吴雪松, 叶正良, 郭巧生, 等. 2013. 东北不同产地人参及其加工品人参皂苷类成分的比较分析. 中草药, 44(24): 3551-3556.

谢梦. 2013. 基于 Android 系统的葡萄生产过程溯源系统研究. 浙江大学硕士学位论文.

辛天怡, 姚辉, 罗焜, 等. 2012. 羌活药材 ITS/ITS2 条形码鉴定及其稳定性与准确性研究. 药学学报, 47(8): 1098-1105.

颜鲁合, 罗中华, 杨敬宇. 2014. 基于二维码技术的中药材 GAP 生产模式的应用研究. 中国中医药科技, 21(3): 286-287, 294.

杨晶. 2013. 种植类农产品全程安全生产信息化体系建设. 华中农业大学硕士学位论文.

杨少华, 袁理春, 郭承刚, 等. 2009. 重要濒危药材胡黄连驯化栽培技术. 云南中医学院学报, 32(1): 49-51,64.

杨彦. 2013. 基于 RFID 和二维码技术的农产品溯源商务平台建设的探讨. 浙江农业科学, 1(9): 1218-1222.

于合龙, 温长吉, 苏恒强. 2013. 人参质量安全可追溯管理信息平台. 中草药, 44(24): 3566-3574.

袁玉伟, 胡桂仙, 邵圣枝, 等. 2013. 茶叶产地溯源与鉴别检测技术研究进展. 核农学报, 27(4): 452-457.

张博华, 刘威, 赵致, 等. 2014. 贵州仿野生栽培红天麻的生活史及物候期研究. 中国中药杂志, 39(22): 4311-4316.

张辰露, 梁宗锁, 冯自立, 等. 2015. 我国中药材溯源体系建设进展与启示. 中国药房, (16): 2295-2298.

张存龙, 王润芳. 2004. 易混淆中药材种子的形态鉴别. 中国中医药报, 2004-06-16.

张改霞, 金钺, 贾静, 等. 2016a. 中药材北沙参种子 DNA 条形码鉴定研究. 世界科学技术—中医药现代化, 18(2): 179-183.

张改霞, 金钺, 贾静, 等. 2016b. 药用植物羌活种子 DNA 条形码鉴定研究. 中国中药杂志, 41(3): 390-395.

张建立, 李国刚, 董彬, 等. 2013. 恒温扩增试纸条法快速检测痰标本中结核分枝杆菌. 医学动物防制, 29(10): 1093-1094.

张君毅, 郭巧生, 吴丽伟, 等. 2006. 我国不同地区半夏 rDNA 序列分析. 中国中药杂志, 31(21): 1768-1772.

张路, 冯明建, 朱海芳, 等. 2013. 近红外光谱技术在中成药质量控制中的应用进展. 中国药物评价, 30(4): 204-206, 213.

张娜娜. 2016. 药用植物种子种苗 DNA 条形码鉴定与应用. 北京协和医学院硕士学位论文.

张娜娜, 辛天怡, 金钺, 等. 2016. 基于中药材 DNA 条形码系统的泽泻种子鉴别研究. 世界科学技术—中医药现代化, 18(1): 18-23.

张瑞芳, 高幼衡, 崔红花. 2006. 三种不同产地佛手的傅立叶变换红外光谱鉴别. 广州中医药大学学报, 23(1): 48-51.

张小波, 何慧, 吴潇, 等. 2011. 基于 SNP 标记的肉类溯源技术. 肉类研究, 25(5): 40-45.

张艺, 范刚, 耿志鹏, 等. 2009. 道地药材品质评价现状及整体性研究思路. 世界科学技术—中医药现代化, 11(5): 660-664.

张裕君, 贺艳, 赵卫东, 等. 2013a. PCR 核酸试纸条法检测转基因黑曲霉. 食品研究与开发, 34(20): 62-64, 111.

张裕君, 王金成, 魏亚东. 2013b. 可视化核酸试纸条法快速检测松材线虫. 植物保护, 39(4): 94-98.

赵海燕. 2013. 小麦产地矿物元素指纹信息特征研究. 中国农业科学院博士学位论文.

赵金燕, 陶琳丽, 高士争, 等. 2008. 基于 RFID 技术的动物食品安全可溯源系统研究. 云南农业大学学报, 23(4): 528-531.

赵丽. 2013. 莱芜猪产业链质量安全溯源系统研究. 山东农业大学硕士学位论文.

赵润怀, 段金廒, 高振江, 等. 2013. 中药材产地加工过程传统与现代干燥技术方法的分析评价. 中国现代中药, 15(12): 1026-1035.

赵莎, 庞晓慧, 宋经元, 等. 2014. 应用 ITS2 条形码鉴定中药材合欢皮、合欢花及其混伪品. 中国中药杂志, 39(12): 2164-2168.

郑军. 2009. 人工栽培濒危药用植物川贝母鳞茎质量研究. 四川农业大学硕士学位论文.

朱英杰, 陈士林, 姚辉, 等. 2010. 重楼属药用植物 DNA 条形码鉴定研究. 药学学报, 45(3): 376-382.

Bao Y P, Huber M, Wei T F, et al. 2005. SNP identification in unamplified human genomic DNA with gold nanoparticle probes. Nucleic Acids Research, 33: e15.

Boratyn G M, Camacho C, Cooper P S, et al. 2013. BLAST: a more efficient report with usability improvements. Nucleic Acids Research, 41: W29-33.

Cai Y, Li X, Li M, et al. 2015. Traceability and quality control in traditional Chinese medicine: from chemical fingerprint to two-dimensional barcode. Evidence-Based Complementary and Alternative Medicine, 2015: 1-6.

Capron X, Smeyers-Verbeke J, Massart D. 2007. Multivariate determination of the geographical origin of wines from four different countries. Food Chemistry, 101: 1585-1597.

Charrier A, Candoni N, Liachenko N, et al. 2007. 2D aggregation and selective desorption of nanoparticle probes: a new method to probe DNA mismatches and damages. Biosensors & Bioelectronics, 22: 1881-1886.

Chen S, Pang X, Song J, et al. 2014. A renaissance in herbal medicine identification: from morphology to DNA. Biotechnology Advances, 32: 1237-1244.

Chen S, Ng S W, Poon W T, et al. 2012. Aconite poisoning over 5 years: a case series in Hong Kong and lessons towards herbal safety. Drug Safety, 35: 575-587.

Chen S, Yao H, Han J, et al. 2010. Validation of the ITS2 region as a novel DNA barcode for identifying medicinal plant species. PLoS ONE, 5: e8613.

Chen X, Liao B, Song J, et al. 2013. A fast SNP identification and analysis of intraspecific variation in the medicinal *Panax* species based on DNA barcoding. Gene, 530: 39-43.

Cheng X, Su X, Chen X, et al. 2014. Biological ingredient analysis of traditional Chinese medicine preparation based on high-throughput sequencing: the story for Liuwei Dihuang Wan. Scientific Reports, 4: 5147.

Coghlan M L, Haile J, Houston J, et al. 2012. Deep sequencing of plant and animal DNA contained within traditional Chinese medicines reveals legality issues and health safety concerns. PLoS Genetics, 8: e1002657.

Coghlan M L, Maker G, Crighton E, et al. 2015. Combined DNA, toxicological and heavy metal analyses provides an auditing toolkit to improve pharmacovigilance of traditional Chinese medicine(TCM). Scientific Reports, 5: 17475.

Dondorp A M, Newton P N, Mayxay M, et al. 2004. Fake antimalarials in Southeast Asia are a major impediment to malaria control: multinational cross-sectional survey on the prevalence of fake antimalarials. Tropical Medicine & International Health: TM & IH, 9: 1241-1246.

Elghanian R. 1997. Selective colorimetric detection of polynucleotides based on the distance-dependent optical properties of gold nanoparticles. Science, 277: 1078-1081.

Fang R, Li X, Hu L, et al. 2009. Cross-priming amplification for rapid detection of *Mycobacterium tuberculosis* in sputum specimens. Journal of Clinical Microbiology, 47: 845-847.

Fotiou F, Aravind S, Wang P P, et al. 2009. Impact of illegal trade on the quality of epoetin alfa in Thailand. Clinical Therapeutics, 31: 336-346.

Gao T, Sun Z, Yao H, et al. 2011. Identification of Fabaceae plants using the DNA barcode *matK*. Planta Medica, 77: 92-94.

Gao T, Yao H, Song J, et al. 2010a. Identification of medicinal plants in the family Fabaceae using a potential DNA barcode ITS2. Journal of Ethnopharmacology, 130: 116-121.

Gao T, Yao H, Song J, et al. 2010b. Evaluating the feasibility of using candidate DNA barcodes in discriminating species of the large Asteraceae family. BMC Evolutionary Biology, 10: 324.

Gao Z, Liu Y, Wang X, et al. 2017. Derivative technology of DNA barcoding(nucleotide signature and SNP double peak methods) detects adulterants and substitution in Chinese patent medicines. Scientific Reports, 7: 5858.

Garuba H A, Kohler J C, Huisman A M. 2009. Transparency in Nigeria's public pharmaceutical sector: perceptions from policy makers. Globalization and Health, 5: 14.

Goitom Asfaha D, Quétel C R, Thomas F, et al. 2011. Combining isotopic signatures of n(87Sr)/n(86Sr)and light stable elements (C, N, O, S) with multi-elemental profiling for the authentication of provenance of European cereal samples. Journal of Cereal Science, 53: 170-177.

Han J, Pang X, Liao B, et al. 2016. An authenticity survey of herbal medicines from markets in China using DNA barcoding. Scientific Reports, 6: 18723.

Han J, Shi L, Chen X, et al. 2012. Comparison of four DNA barcodes in identifying certain medicinal plants of Lamiaceae. Journal of Systematics and Evolution, 50: 227-234.

Han J, Shi L, Li M, et al. 2010. Relationship between DNA barcoding and chemical classification of *Salvia* L. medicinal herbs. Planta Medica, 75(4): P-11.

Han J, Zhu Y, Chen X, et al. 2013. The short ITS2 sequence serves as an efficient taxonomic sequence tag in comparison with the full-length ITS. Biomed Research International, 2013: 741476.

Heaton K, Kelly S D, Hoogewerff J, et al. 2008. Verifying the geographical origin of beef: the application of multi-element isotope and trace element analysis. Food Chemistry, 107: 506-515.

Hebert P D, Cywinska A, Ball S L, et al. 2003a. Biological identifications through DNA barcodes. Proceedings of the Royal Society B: Biological Sciences, 270: 313-321.

Hebert P D, Ratnasingham S, de Waard J R. 2003b. Barcoding animal life: cytochrome c oxidase subunit 1 divergences among closely related species. Proceedings of the Royal Society B: Biological Sciences, 270(Suppl 1): S96-99.

Johanns E S, van der Kolk L E, van Gemert H M, et al. 2002. An epidemic of epileptic seizures after consumption of herbal tea. Nederlands Tijdschrift Voor Geneeskunde, 146: 813-816.

Kelly S, Heaton K, Hoogewerff J. 2005. Tracing the geographical origin of food: the application of multi-element and multi-isotope analysis. Trends in Food Science & Technology, 16: 555-567.

Li H, Rothberg L. 2004. Colorimetric detection of DNA sequences based on electrostatic interactions with unmodified gold nanopartides. Proceedings of the National Academy of Sciences of the United States of America, 101(39): 14036-14039.

Li J, Chu X, Liu Y, et al. 2005. A colorimetric method for point mutation detection using high-fidelity DNA ligase. Nucleic Acids Research, 33: e168.

Li M, Jiang R, Hon P, et al. 2010. Authentication of the anti-tumor herb Baihuasheshecao with bioactive marker compounds and molecular sequences. Food Chemistry, 119: 1239-1245.

Li Q, Li Y, Song J, et al. 2014. High-accuracy *de novo* assembly and SNP detection of chloroplast genomes using a SMRT circular consensus sequencing strategy. New Phytologist, 204: 1041-1049.

Li X, Yang Y, Henry R J, et al. 2015. Plant DNA barcoding: from gene to genome. Biological Reviews of the Cambridge Philosophical Society, 90: 157-166.

Liao B, Chen X, Han J, et al. 2015. Identification of commercial *Ganoderma* (Lingzhi)species by ITS2 sequences. Chinese Medicine, 10: 22.

Liu C, Shi L, Xu X, et al. 2012. DNA barcode goes two-dimensions: DNA QR code web server. PLoS ONE, 7: e35146.

Liu Q, Bai Y, Ge Q, et al. 2007. Microarray-in-a-tube for detection of multiple viruses. Clinical Chemistry, 53: 188-194.

Liu Y, Wang X, Wang L, et al. 2016. A nucleotide signature for the identification of American ginseng and its products. Frontiers in Plant Science, 7: 319.

Lo Y T, Li M, Shaw P C. 2015. Identification of constituent herbs in ginseng decoctions by DNA markers. Chinese Medicine, 10: 1.

Luo K, Chen S, Chen K, et al. 2010. Assessment of candidate plant DNA barcodes using the Rutaceae family. Science China. Life Sciences, 53: 701-708.

Luykx D M, Van Ruth S M. 2008. An overview of analytical methods for determining the geographical origin of food products. Food Chemistry, 107: 897-911.

Mao X, Xu H, Zeng Q, et al. 2009. Molecular beacon-functionalized gold nanoparticles as probes in dry-reagent strip biosensor for DNA analysis. Chemical Communications, 21 (21): 3065-3067.

Meusnier I, Singer G A, Landry J F, et al. 2008. A universal DNA mini-barcode for biodiversity analysis. BMC Genomics, 9: 214.

Pang L, Li J, Jiang J, et al. 2006. DNA point mutation detection based on DNA ligase reaction and nano-Au amplification: a piezoelectric approach. Analytical Biochemistry, 358: 99-103.

Pang X, Song J, Zhu Y, et al. 2010. Using DNA barcoding to identify species within Euphorbiaceae. Planta Medica, 76: 1784-1786.

Pang X, Song J, Zhu Y, et al. 2011. Applying plant DNA barcodes for Rosaceae species identification. Cladistics, 27: 165-170.

Phua D H, Cham G, Seow E. 2008. Two instances of Chinese herbal medicine poisoning in Singapore. Singapore Medical Journal, 49: e131-133.

Qin W J, Yung L Y. 2007. Nanoparticle-based detection and quantification of DNA with single nucleotide polymorphism (SNP) discrimination selectivity. Nucleic Acids Research, 35: e111.

Rodrigues C I, Maia R, Miranda M, et al. 2009. Stable isotope analysis for green coffee bean: a possible method for geographic origin discrimination. Journal of Food Composition and Analysis, 22: 463-471.

Rodrigues S M, Otero M, Alves A A, et al. 2011. Elemental analysis for categorization of wines and authentication of their certified brand of origin. Journal of Food Composition and Analysis, 24: 548-562.

Schellenberg A, Chmielus S, Schlicht C, et al. 2010. Multielement stable isotope ratios (H, C, N, S) of honey from different European regions. Food Chemistry, 121: 770-777.

Song J, Yao H, Li Y, et al. 2009. Authentication of the family Polygonaceae in Chinese pharmacopoeia by DNA barcoding technique. Journal of Ethnopharmacology, 124: 434-439.

Suzuki Y, Chikaraishi Y, Ogawa N O, et al. 2008. Geographical origin of polished rice based on multiple element and stable isotope analyses. Food Chemistry, 109: 470-475.

Wang X, Liu Y, Wang L, et al. 2016. A nucleotide signature for the identification of *Angelicae sinensis* radix (Danggui) and its products. Scientific Reports, 6: 34940.

Wang X, Xu R, Chen J, et al. 2018. Detection of Cistanches Herba (*Rou Cong Rong*) medicinal products using species-specific nucleotide signatures. Frontiers in Plant Science, 9: 1643.

Wolf M, Chen S, Song J, et al. 2013. Compensatory base changes in ITS2 secondary structures correlate with the biological species concept despite intragenomic variability in ITS2 sequences—a proof of concept. PLoS ONE, 8: e66726.

Wu L T, Curran M D, Ellis J S, et al. 2010. Nucleic acid dipstick test for molecular diagnosis of pandemic H1N1. Journal of Clinical Microbiology, 48: 3608-3613.

Xia F, Zuo X, Yang R, et al. 2010. Colorimetric detection of DNA, small molecules, proteins, and ions using unmodified gold nanoparticles and conjugated polyelectrolytes. Proceedings of the National Academy of Sciences of the United States of America, 107: 10837-10841.

Xiong Y, Xiao X, Yang X, et al. 2014. Quality control of *Lonicera japonica* stored for different months by electronic nose. Journal of Pharmaceutical and Biomedical Analysis, 91: 68-72.

Yao H, Song J, Liu C, et al. 2010. Use of ITS2 region as the universal DNA barcode for plants and animals. PLoS ONE, 5 (10): e13102.

Yao H, Song J Y, Ma X Y, et al. 2009. Identification of *Dendrobium* species by a candidate DNA barcode sequence: the chloroplast *psbA-trnH* intergenic region. Planta Medica, 75: 667-669.

Zhang Y, Xiao Y, Pan K, et al. 2011. Development and application of a rapid nucleic acid diagnostic strip for influenza A(H1N1) virus. Chinese Journal of Nosocomiology, 21: 2871-2873.

Zhao W, Chiuman W, Brook M A, et al. 2007. Simple and rapid colorimetric biosensors based on DNA aptamer and noncrosslinking gold nanoparticle aggregation. Chembiochem: A European Journal of Chemical Biology, 8: 727-731.

Zheng S, Ren W, Huang L. 2015. Geoherbalism evaluation of Radix *Angelica sinensis* based on electronic nose. Journal of Pharmaceutical and Biomedical Analysis, 105: 101-106.

# 第二十章　药用植物转基因技术

自 1983 年，几个实验室几乎同时通过农杆菌方法成功获得转外源基因植物以来，转基因技术的应用得到了迅速发展，已成为近代育种史上发展最快、效率最高的作物改良技术（储成才，2013；Kamthan et al.，2016；Ahmad and Mukhtar，2017）。另外，转基因技术也是基因功能研究不可或缺的关键技术。目前已有多种药用植物建立了转基因体系，获得了转基因植株，如丹参（Tan et al.，2014；Liu et al.，2017a；Wang et al.，2017）、地黄（Teng et al.，2016）、铁皮石斛（Phlaetita et al.，2015；Teixeira da Silva et al.，2016）、长春花（Alam et al.，2017）等（表 20-1）。随着测序技术的不断发展，已积累了越来越多的药用植物基因组和转录组数据，转基因技术在研究药用植物功能基因方面也起到了越来越重要的作用。除了通过转基因技术获得完整的转基因植株，转基因毛状根也在多种药用植物上成功应用（Hong et al.，2006；Sun et al.，2013；Ru et al.，2017），另外还有转基因细胞系等（Verma et al.，2015）。转基因的目的既有过量表达和抑制表达受体本身存在的基因，也有异源基因的表达。以往转基因技术中目的基因都是随机插入到受体基因组中，新近发展起来的基因组编辑技术能够实现定点的基因插入、缺失和突变（Liu et al.，2017b）。下面分四节对转基因载体的构建、以获得转基因植株为目标的遗传转化、以获得转基因毛状根为目标的遗传转化、定点修饰的基因编辑技术等方面的实验技术逐一简单介绍。

表 20-1　已报道获得转基因植株的部分药用植物种类

| 植物种 | 外植体 | 转化方式 | 转化基因 | 载体/农杆菌菌株 | 基因表达 | 参考文献 |
|---|---|---|---|---|---|---|
| 长春花 | 无菌幼苗下胚轴 | 菌液浸泡 | egfp | pRepGFP0029/LBA4404 | 异源基因表达 | Alam et al.，2017 |
| 长春花 | 子叶下轴 | 菌液浸泡+超声处理 | GUS 基因 | pCAMBIA2301/EHA105 | 异源基因表达 | Wang et al.，2012b |
| 丹参 | 叶片(叶盘) | 菌液浸泡 | bar 基因 | pCAMBIA3301/EHA105 | 异源基因表达 | Liu et al.，2015 |
| 罗汉果 | 叶片(叶盘) | 菌液浸泡 | 二烯醇合酶基因 | pBI121/GV3101 | 过表达 | 曾雯雯，2015 |
| 孜然芹 | 发芽 7d 的种子 | 菌液浸泡 | SbNHX1 | pCAMBIA1301/EHA105 | 异源基因表达 | Sonika et al.，2016 |
| 黄花蒿 | 幼嫩叶片(叶盘) | 菌液浸泡 | β-丁香烯合酶基因 | pBI121/EHA105 | 抑制表达 | Chen et al.，2011 |
| 野甘草 | 成熟叶片(叶盘) | 基因枪法 | egfp 和 aadA | KNTc/- | 异源基因表达 | Muralikrishna et al.，2016；Srinivas et al.，2016 |
| 枸杞 | 幼茎 | 菌液浸泡 | 小鼠金属硫蛋白-I | pE3/LBA4404 | 异源基因表达 | 赵亚华和何平，2000 |
| 假马齿苋 | 近顶端叶片(叶盘) | 注射器注射菌液 | 隐地蛋白基因 | pTi4404+pBin19++crypt/LBA4404 | 异源基因表达 | Majumdar et al.，2012 |

| 植物种 | 外植体 | 转化方式 | 转化基因 | 载体/农杆菌菌株 | 基因表达 | 参考文献 |
|---|---|---|---|---|---|---|
| 印蒿 | 子叶 | 菌液浸泡 | GUS 基因 | pCambia1301/AGL1 | 异源基因表达 | Alok et al.，2016 |
| 山椒 | 叶柄和茎段 | 菌液浸泡 | GUS 基因和异戊烯基转移酶基因(ipt) | pBin-Ex-H-ipt/EHA-105 | 异源基因表达 | Zeng and Zhao，2015 |
| 地黄 | 叶片(叶盘) | 菌液浸泡 | 烟草花叶病毒和黄瓜花叶病毒的外壳蛋白基因 | pCambia3301/LBA4404 | 异源基因表达 | Teng et al.，2016 |
| 铁皮石斛 | 原球茎 | 菌液浸泡 | GUS 基因 | pIG121Hm/EHA-1 | 异源基因表达 | Phlaetita et al.，2015 |
| 铁皮石斛 | 原球茎/愈伤/原球茎类似体 | 菌液浸泡/基因枪/子房注射 | GUS 基因及有农艺性状的基因 | 多种双元载体 | 异源基因表达 | Teixeita da Silva et al.，2016 |

# 第一节　转基因载体的构建

## 一、目的基因的分离

　　构建转基因体系，首先要克隆到目的基因。目前药用植物转基因研究涉及的目的基因包括活性成分生物合成途径酶基因，如萜类、生物碱类、黄酮类成分合成途径酶基因(Colliver et al.，1997；Seo et al.，2005；Xia et al.，2016；Yang et al.，2017)；活性成分生物合成的调控基因，如转录因子基因(Liu et al.，2011；Huang et al.，2013，2016)；抗逆基因(Wang et al.，2012b)；抗病基因(毛碧增等，2008)；抗虫基因(丁如贤等，2009)等。

　　分离克隆目的基因的技术有多种，往往根据目的基因特点、试验材料特征和实验条件而选择合适的技术。可应用的技术有基因芯片技术、基因文库技术、功能蛋白组技术、PCR 技术、mRNA 差别显示技术、插入突变分离技术、图位克隆技术、酵母双杂交技术等，具体技术原理及操作要点可参见相关书籍和研究报道(王关林和方宏筠，2002；Green and Sambrook，2012)。随着组学和测序技术的发展，越来越多的目的基因依赖于大规模基因组及转录组测序结合生物信息学技术而得到分离克隆。通常首先是从大规模测序的序列数据库中获得目的基因序列，再根据序列设计特异性 PCR 引物，PCR 扩增获得目的基因。引物设计时往往根据后续目的基因与载体连接的策略，在特异引物前加含有酶切位点或其他类型接头，提取植物总 RNA，反转录为 cDNA，PCR 扩增目的基因，最后目的基因与载体连接。或是先利用不含接头的特异性 PCR 引物扩增目的基因，连接 T 载体，随后再利用含有特定接头的引物进行亚克隆。如果序列数据库中的目的基因不是全长，则先利用 3′-RACE 和(或)5′-RACE 方法获得基因全长序列，再进行全长的 PCR 扩增及与载体连接。已知目的基因部分序列的全长克隆实验流程参见图 20-1。详细步骤可参见文献(徐洁森等，2013)。

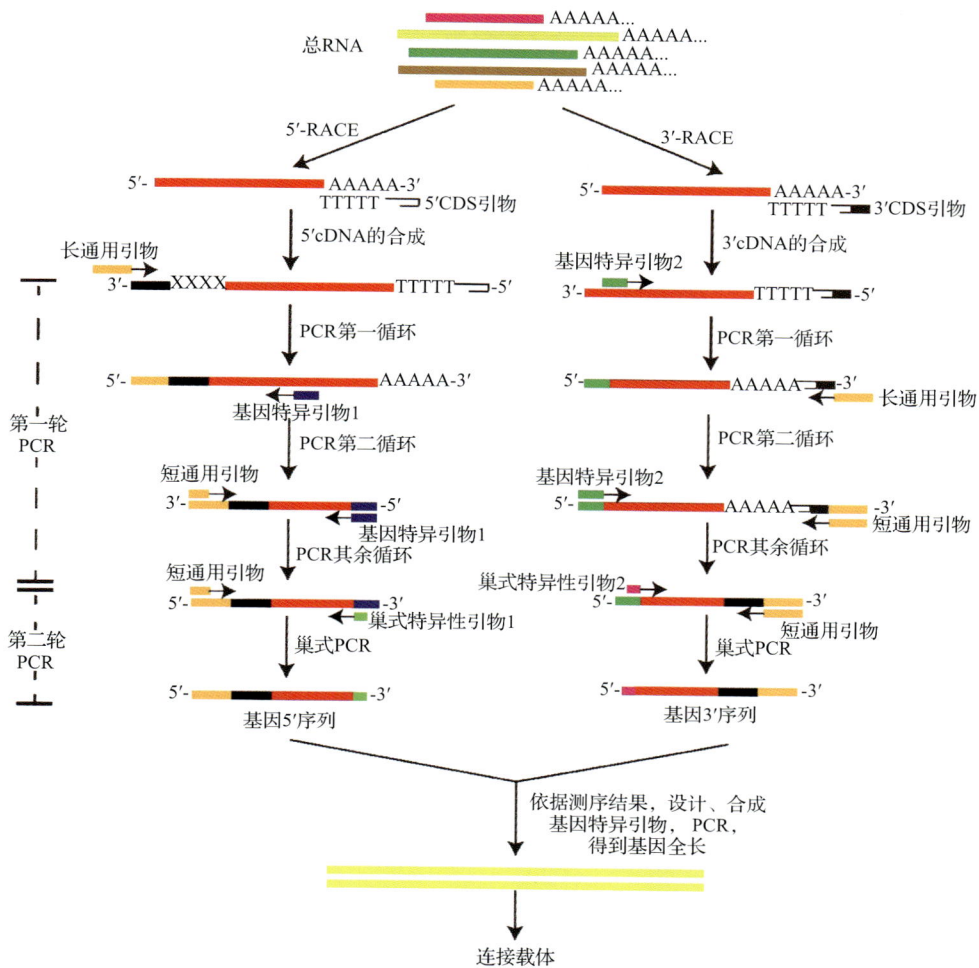

图 20-1 已知部分序列的目的基因 PCR 克隆实验流程图

先根据已知的基因部分序列设计基因特异引物，PCR 扩增核心序列，再根据测序结果，设计 3′-RACE 和（或）5′-RACE 的基因特异引物，可分别设计两个嵌套引物，PCR 扩增分别获得基因 3′和 5′端序列，最后根据基因两端序列，设计扩增基因全长的 LD-PCR 引物，一次性扩增基因全长 ORF

## 二、目的基因与载体的连接

较常用的两种目的基因与载体连接的方法是利用酶切的方法和利用 Gateway 技术的方法。利用双酶切方法的载体有 pCHF3、pCAMBIA1301、pCAMBIA3300 和 pCAMBIA3301等，连接到表达载体上的序列可以是完整的基因 cDNA，或是反义 RNA 策略中的序列，或是 RNAi 技术中的核酸片段。目的序列的来源可以是从植物材料中直接 PCR 扩增，扩增时在引物两端加上表达载体上两个适宜的内切酶位点，也可以是已经连接到 T 载体上的序列，或是其他表达载体上的序列，或是直接人工合成的序列。如果是从一个表达载体转移到另外一个表达载体，且适宜的双酶切位点相同，则可直接分别酶切，再连接。利用双酶切方法连接的实验流程参见图 20-2。实验的详细步骤可参见文献（隋春等，2012）。

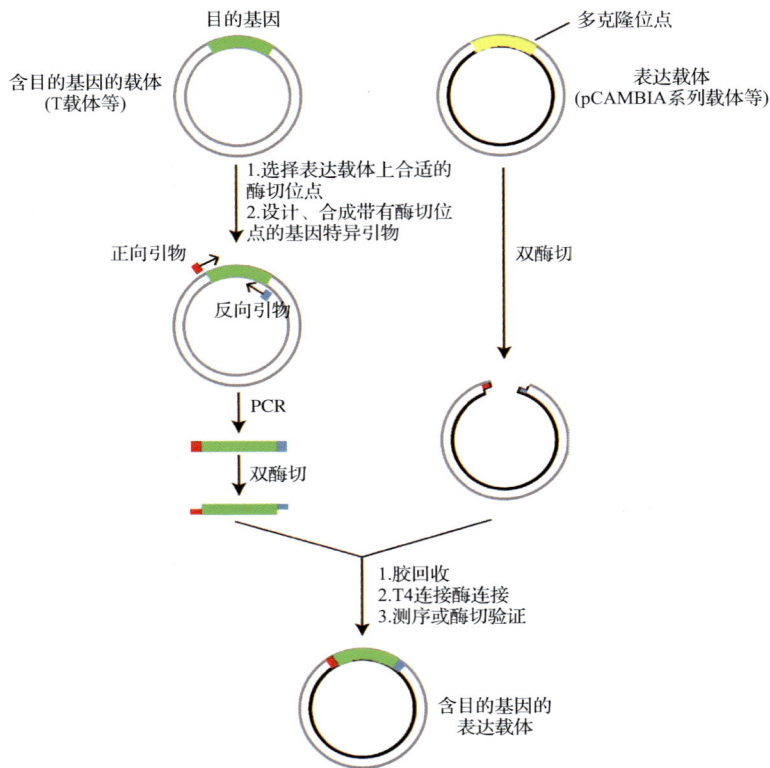

图 20-2　双酶切方法连接目的基因和载体的实验流程图

首先 PCR 扩增目的基因，同时在两端分别加入表达载体多克隆位点上的两个不同的内切酶位点(注意基因序列中不能含有这两个酶切位点)，再将目的基因和表达载体分别进行双酶切，最后利用 T4 DNA 连接酶将目的基因连接到表达载体上

　　Gateway 技术也是一种克隆操作平台，相比酶切方法，更为高效和快速，且保持正确的 ORF 和插入方向。首先是把目的基因克隆到入门载体(entry vector)上，利用载体上存在的特定重组位点和重组酶，将目的基因连接到另外一个受体载体(destination vector，目的载体)上。这一技术是由 Invitrogen 公司开发。其原理是基于噬菌体 DNA 定点整合到细菌宿主基因组上。在噬菌体和细菌的整合因子(INF，Int)作用下，Lambda 噬菌体的 attP 位点和大肠杆菌基因组的 attB 位点发生定点重组，Lambda 噬菌体 DNA 整合到大肠杆菌的基因组 DNA 中，两侧产生两个新位点：attL 和 attR。这是一个可逆的过程，如果在一个噬菌体编码蛋白 Xis 和 IHF、Int 的共同介导下，这两个新位点可以再次重组回复为 attB 和 attP 位点，噬菌体从细菌基因组上裂解下来。这个过程的方向受控于两个重要因素：存在的介导蛋白和重组位点。

　　构建 Gateway 表达载体包括两个基本反应：BP 反应(attB 和 attP)和 LR 反应(attL 和 attR)。前者目的是创建入门载体，后者是实现将目的基因连接到各种表达载体上。BP 反应利用 BP 克隆酶混合物催化一个带有 attB 位点的 DNA 片段或表达克隆和一个带有 attP 位点的入门载体之间的重组反应，把目的片段及其两端部分位点转移至入门载体中，其结构为 attL1-基因-attL2。同时，入门载体中的 ccdB 细胞死亡控制基因及其两端部分位点被置换出来。转化细菌后，目的片段没有置换的含有 ccdB 基因的载体将杀死宿主细胞，存活的宿主细胞则为含有目的片段载体的阳性克隆。LR 反应是利用 LR 克隆酶混合物催化一个带有 attL 位点的入门载体和一个带有 attR 位点的目的载体之间的重组反应，使目的片段及其两端部分位点取代目的载体的 *ccdB* 基因及其两端部分位点而产生最终的表达载体，其结构为 attB1-基因-attB2。利用 Gateway 技术连接的实验流程参见图 20-3。详细步骤可参见文献（马莹等，2015；郭艳等，2017）。

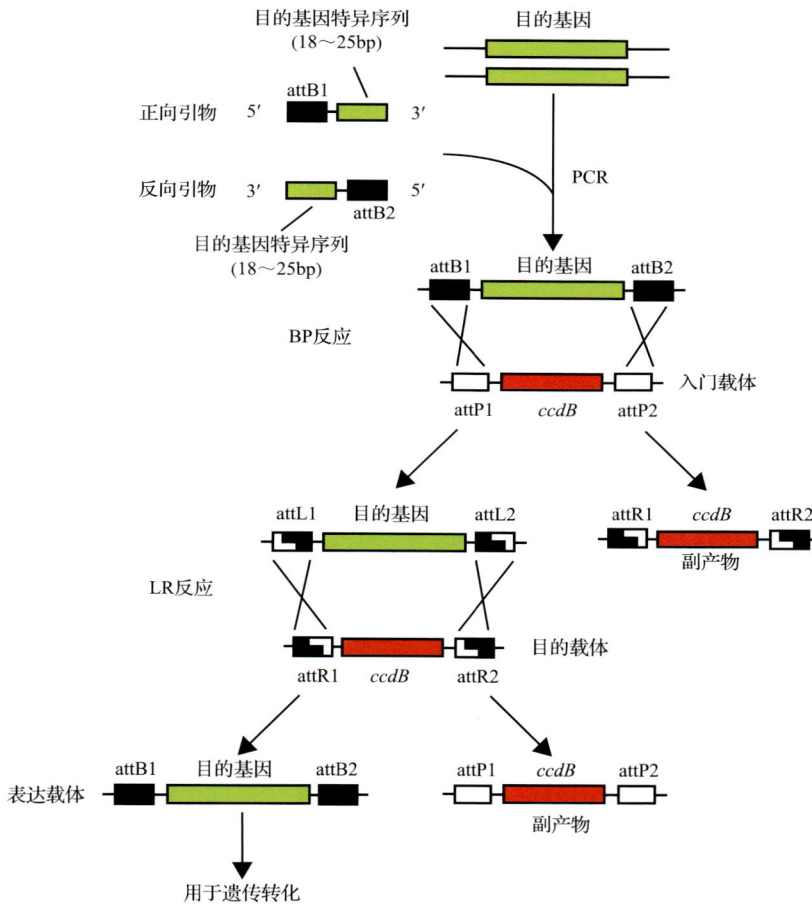

图 20-3　Gateway 技术连接目的基因和载体的实验流程图

首先利用 PCR 扩增目的基因，在引物序列两端加入 attB1 和 attB2 序列，然后依次进行 BP 反应和 LR 反应，
将目的基因插入到用于遗传转化的载体上，BP 和 LR 反应使用商品化的 BP clonase 和 LR clonase 即可

# 第二节　以获得转基因植株为目标的遗传转化

以获得转基因植株为目标的遗传转化，根据转化的受体类型，植物转基因方法可以分为三大类：以外植体为受体的基因转化方法，如根癌农杆菌介导法、基因枪法和超声波介导法；以原生质体为受体的基因转化方法，如聚乙二醇法、电击法、脂质体法及磷酸钙-DNA共沉淀法；以种质系统为受体的基因转化方法，如子房注射法和花粉管通道法。在药用植

物转基因研究中，可见农杆菌介导法、基因枪法的报道，其他方法研究报道较少(Teixeira da Silva et al.，2016；马小军和莫长明，2017)。另外，有些药用植物种类生长周期长，转基因过程中形成完整植株需要的时间也比较长，由此，利用根癌农杆菌或其他方式转化受体细胞后，诱导形成转基因的不定根，如人参转基因不定根(Lee et al.，2004)。

## 一、根癌农杆菌介导法

根癌农杆菌(*Agrobacterium tumefaciens*)介导的转化法以其费用低、拷贝数低、重复性好、基因沉默现象少、转育周期短及能转化较大片段等独特优点而备受研究者青睐。根癌农杆菌含有 Ti 质粒(tumor-inducing plasmid)，为染色体外的双链共价闭合环状 DNA 分子，具有一段转移 DNA(transfer DNA，又称 T-DNA)。根癌农杆菌侵染植物时，T-DNA 插入到植物基因组中，使其携带的基因在植物中表达。野生型 Ti 质粒由于质量大、酶切位点多、T-DNA 区 *Onc* 基因干扰宿主激素平衡三个主要原因，而不能在大肠杆菌中复制；另外，野生型 Ti 质粒含有冗余基因，所以不能直接用作克隆外源基因的载体。转基因实验中使用的 Ti 质粒是经过改造的无毒的 *Onc* 卸甲载体，具有适宜的 DNA 复制起始位点、选择标记基因、T-DNA 边界序列和多克隆位点。有两种表达载体构建系统：共整合载体系统和双元载体系统。

应用较多的是双元载体系统，由穿梭载体(微型质粒)和辅助 Ti 质粒组成。穿梭载体不带有 *vir* 基因，但带有大肠杆菌及农杆菌的复制起始位点。所有基因操作可以在大肠杆菌中完成，之后转入一种经修饰后的 Ti 质粒农杆菌中，该 Ti 质粒包含一整套 *vir* 基因，但缺失 T-DNA 序列而无法转移，这样可提供 *vir* 基因产物以帮助双元载体转移。

构建好的载体，首先转化根癌农杆菌。常使用的菌株有 LBA4404、EHA105、GV3101、GV3101 等。制备转化用菌株的感受态细胞：画线活化保存的菌株，通常加入相应的抗生素，如 LBA4404 加入 Rif 或 Str，EHA105 加入 Rif 或 Str，GV3103 加入庆大霉素。如不加抗生素有可能造成这些菌株的 Ti 质粒丢失，导致农杆菌缺乏侵染性。抗生素浓度通常为 50μg/ml。28℃培养，挑取单斑，再继续液体摇培，以制备感受态细胞。根据后续 DNA 转化农杆菌的具体方法，如反复冻融法或电击法，感受态细胞制备方法略有不同，具体操作步骤可参考王关林和方宏筠(2002)，另外有公司出售制备好的各种菌株的感受态细胞，也可购买使用。制备好的感受态细胞可马上使用，也可每管 200μl 分装于无菌的离心管中，液氮中速冻后存于−70℃。使用时取出，置于冰上融化后使用。采用反复冻融法或是电击法，将构建好的带有目的基因的双元表达载体转入农杆菌中。挑取转化后的单菌落，扩繁培养后，提取质粒进行 PCR 鉴定，或者是菌液 PCR 鉴定，设置阳性和阴性对照。阳性菌株即可作为后续侵染用菌株。

供侵染的外植体可以是叶片、经诱导的愈伤及原生质体等。不同植物种类，适宜转化的外植体类型不同。具体转化方法有叶盘转化法、原生质体(或愈伤组织)共培养转化法、整株感染法等。转化采用的外植体类型和相应的转化方法往往是根据多次摸索性试验建立的方法体系。有些植物，用不同类型的外植体均可成功转化。

叶盘转化法包括如下几个步骤。

1)制备侵染菌液。一般用液体的在共培养和分化培养时使用的基本培养基，如 MS 培养基，重悬经鉴定的带有目的基因的根癌农杆菌，有时加入乙酰丁香酮(通常认为乙酰丁香酮可诱发农杆菌内 Ti 质粒 DNA 上 Vir 区基因的活化和高效表达)，作为侵染菌液。

2)使用打孔器从消毒叶片或是无菌苗叶片上打孔，获得圆形叶片，即为叶盘；或是用消毒或酒精灯上烧过的剪子将叶片边缘剪掉，再剪成(0.5~1)cm×(0.5~1)cm 的小块，作为外植体，将外植体浸泡于侵染菌液中，有些植物外植体在浸泡前先预培养 2~5d，有助于提高转化效率，而有些植物外植体直接浸泡于侵染菌液即能获得较高转化效率。不同植物外植体在侵染菌液中的浸泡时间长短不同，一般是 5~30min，使农杆菌由伤口处侵染叶盘或是叶片小块。用滤纸吸干叶盘上多余的菌液后进行共培养。

3)共培养。将菌液浸泡后的外植体转到共培养基上，通常是叶背朝上，共培养 2~5d，能够在外植体周边看到有农杆菌菌落生成。在共培养基中也可加入相应的抗生素进行转化体的筛选，也可在后续的抑菌培养基中加入相应的抗生素筛选转化体。

4)芽的诱导和阳性转化芽的筛选。共培养后，往往用无菌水冲洗 3~5 遍，每一遍都用滤纸吸去多余的水，再用含有抑制农杆菌生长的抗生素如头孢霉素(500mg/L)的水浸泡冲洗 1~2 遍，用滤纸吸去多余的水，最后用无菌水冲洗一遍，放置在含有抑菌抗生素的愈伤诱导培养基或芽再生培养基上，一般同时在培养基中加入筛选阳性转基因系的抗生素，一边诱导分化一边筛选，也有分化再生效率低的先分化再筛选。以上冲洗除菌的次数和时间也视不同植物不同外植体类型略有不同。抗性芽的产生可能是共培养后采用一种分化培养基即可，也可能是分段采用两种培养基，先诱导愈伤的产生，然后再诱导成芽。

5)幼苗生长和诱导生根。诱导成芽后，芽逐渐长大，这时，可将由芽长大形成的无根幼苗切下，转移至生根培养基中，有些植物生根时，不需添加激素，采用基本 MS 或 B5 等培养基即可。有些植物生根时，需要加入激素，如 NAA 等。

6)植株移栽。移栽前将培养瓶的盖子打开，在组培室内使试管苗适应 2~3d，可以加入适量水，防止培养基过干，也有利于移栽而不伤根。用清水将转化的试管苗根部的培养基洗净，移栽到营养土中，在温室中培养，保证一定湿度和适宜的温度。成活后，即可对这些再生植株进行进一步的检测和分析。叶盘转化法的实验流程参见图 20-4。详细步骤可参见丹参的遗传转化(Wang et al.，2017)。利用叶盘转化法成功获得转基因植株的部分药用植物种类见表 20-1。

叶盘转化法适用性广且操作简单，是目前应用最多的方法之一。其他多种外植体，如茎段、叶柄、胚轴、子叶愈伤组织、萌发的种子，均可采用类似的方法进行转化。在具体实验过程中，依据外植体类型和转化的难易程度，做相应的技术调整。例如，对于转化率非常低的植物，利用超声辅助的农杆菌转化方法(sonication-assisted *Agrobacterium-mediated transformation*，SAAT)能够提高转化效率。长春花的遗传转化(Alam et al.，2017)研究中，将种子萌发后 10d 的无菌苗的下胚轴剪成 1~1.5cm 长，在 MS 基本培养基上预培养，带有 pRepGFP0029(插入 *GFP* 基因的 pGreen0029 载体)的 LBA4404 菌株及辅助质粒 pSoup 一起培养，利用三亲交配法，用质粒转化农杆菌菌株，培养过夜后，离心收集菌体，菌体重悬于液体 MS 培养基中，将预培养的外植体置于侵染菌液中，超声处理 10min，用无菌滤纸吸去多余的菌液，置于共培养基上，共培养 4d，随后进行愈伤和芽的诱导分化及生根移栽过程。SAAT 的采用使转化效率由 3.5%提高到 6%。

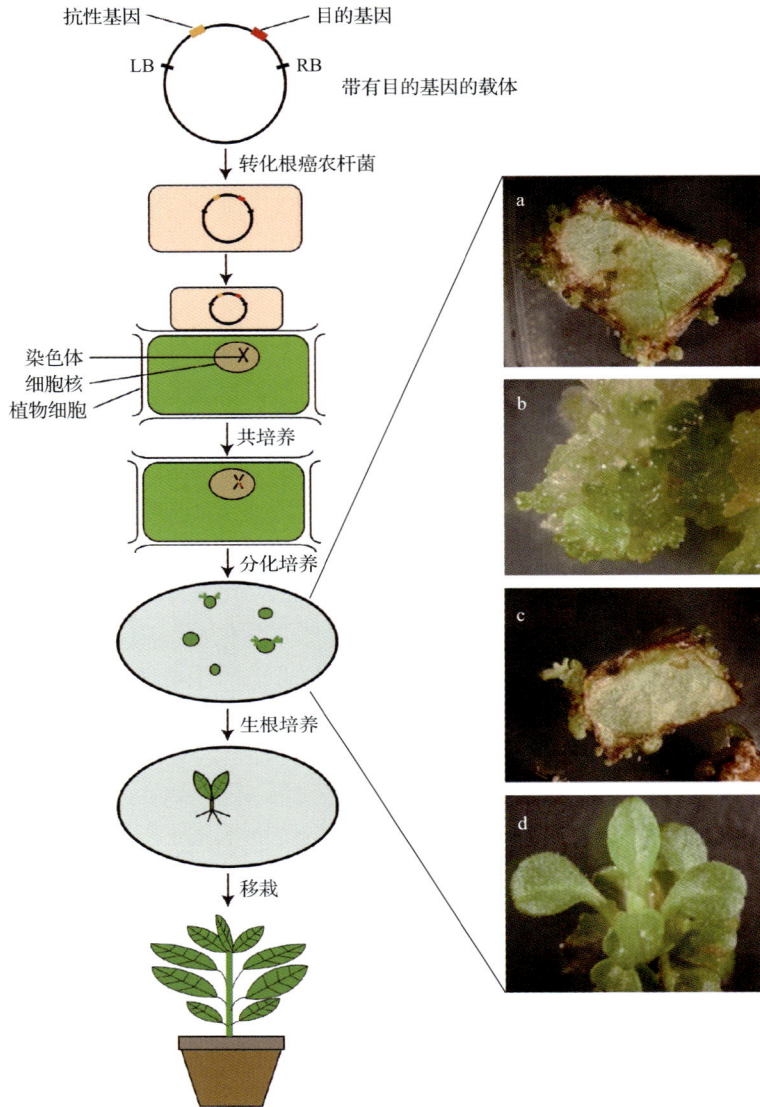

图 20-4　叶盘转化法实验流程图

丹参叶盘转化法获得转基因植株见 Wang 等(2017)：a 和 b 为叶盘上长出了抗性愈伤；c 和 d 为再生出了小芽

## 二、基因枪转化法

1984 年，科学家发现，超螺旋结构的细菌质粒，虽然不能在植物细胞中复制，但可以重组整合到植物染色体内。受这一现象的启发产生了基因直接转移技术。基因枪技术（particle gun）又称微弹轰击法（microprojectile bombardment，particle bombardment，biolistic），是基因直接转移技术的一种。该技术是用钨粉或金粉包裹外源 DNA，而后依靠基因枪装置，利用高压氦气冲击波加速微弹去穿透植物细胞壁和细胞膜，使外源 DNA 进入植物细胞内，然后通过细胞和组织培养技术，再生出植株，选出其中转基因阳性植株，即为转基因植株。

基因枪的组成部分有点火装置、发射装置、挡板、样品室、真空系统。最早是由康奈尔大学研制的火药基因枪。1990 年，美国杜邦公司推出了商品基因枪 PDS-1000 系统。伯乐公司 1992 年推出了 PDS-1000/He 枪。PDS-1000 和 PDS-1000/He 为台式基因枪，不能用于活体转殖。

第二代基因枪出现于 1996 年，伯乐公司推出了 Helios 手持式基因枪。该系统通过可调节的氦气脉冲，来带动位于小塑料管内壁处预包有 DNA、RNA 或其他生物材料的金粉颗粒，将其直接打入细胞内部。使活体动物转殖成为可能，被广泛应用于由原生质体再生植株较为困难和农杆菌感染不敏感的单子叶植物的基因转殖，但由于气体压力较小（仅有 $100\sim600$psi[①]），而不能穿透成熟叶片的细胞壁，一定程度上影响了其在植物中转基因的应用范围。

2009 年，Wealtec 公司推出第三代基因枪 GDS-80 低压基因传递系统（又称 GDS-80 基因枪）（US Patent Number 6436709B1），使用氦气或氮气于低压状态加速生物分子至极高的速度，完成基因传送。GDS-80 射出的携基因微粒子因为其本身的高动量，能够像台式基因枪发射出的粒子一样穿透植物细胞壁穿入植物细胞完成转殖。中国农业科学院棉花研究所叶武威等在 2013 年开发出一种棉花的基因枪活体快速转化方法，通过第三代便携式基因枪和优化转化的参数，将含有外源基因的载体轰入父本棉花的花粉中，再授粉到活体母本中，所结的种子便是转基因种子。

基因枪法转化率差异很大，一般为 $10^{-3}\sim10^{-2}$。相对于农杆菌介导的转化率要低得多，而且基因枪转化成本高；嵌合体比率大，遗传稳定性差。但自然界中的农杆菌只侵染双子叶植物，对单子叶植物不敏感。虽然通过添加乙酰丁香酮类物质可使农杆菌侵染单子叶植物，但单子叶植物的再生比较困难，因而农杆菌转化单子叶植物仍然是比较困难的。因此，基因枪法在单子叶植物上应用较多。基因枪法的优点包括：无宿主限制，无论是单子叶植物和双子叶植物都可以应用；受体类型广泛，原生质体、叶圆片、悬浮培养细胞、茎、根及种子的胚、分生组织、愈伤组织、花粉细胞、子房等几乎所有具有分生潜力的组织或细胞都可以用基因枪进行轰击；可控度高，商品化的基因枪都可以根据实验需要调控微弹的速度和射入浓度，命中特定层次的细胞；操作简便迅速。

利用基因枪法进行转基因前，需要建立该物种的高效再生体系，以确保转化效率。另外金粉和钨粉是基因枪转化中最常用的金属颗粒，钨粉比较便宜，但与 DNA 结合时间过长，会催化性降解 DNA 并对某些细胞产生毒害。金粉大小一致，不会引起 DNA 降解，对细胞也无毒性，但金粉的水溶液趋向不可逆的结块，需要现配现用。

基因枪转化的基本步骤包括：①DNA-微弹载体的制备；②外植体准备；③DNA 微弹轰击；④轰击后外植体的恢复培养；⑤筛选培养。

DNA-微弹载体的制备：首先制备金粉或钨粉悬浮液，然后进行 DNA 包埋，多胺在适宜的 pH 条件下，以多聚阳离子态存在，易与带负电荷的核酸和蛋白质结合，即多胺上的氨基和亚氨基与核酸的磷酸基结合，稳定了核酸的二级结构，有助于 DNA 的复制。

① 1psi=6.894 76×10³Pa

CaCl$_2$ 使 DNA 慢慢聚集沉淀在金粉或钨粉周围。具体步骤可参见文献(周春丽等, 2005; Dheeraj et al., 2008)。装弹的过程不同的基因枪略有不同, 台式基因枪放置于较大型的超净工作台上, 以便于无菌操作。对于 BiolisticR PDS-1000/He BIO-RAD, 用 70%~75% 的酒精擦净真空室及表面, 用 75%的酒精浸泡消毒可裂膜、子弹载膜, 并用无菌滤纸吸干, 用 100%酒精浸泡阻挡网和子弹载膜器, 并用明火烧干, 打开电源开关、真空泵及氦气瓶阀, 将子弹载膜置于子弹载膜器上, 吸 10μl DNA-金属包埋悬浮液(充分悬浮)涂布于子弹载膜中间, 于工作台上吹干, 将可裂膜装入固定盖, 旋紧, 将阻挡网和载有子弹载膜的子弹载膜器装入微粒子弹发射装置中, 将欲转化的靶组织放入轰击箱内, 待轰击。

外植体准备: 用于基因枪转化法的外植体可以是如同叶盘转化法的叶盘, 也可以是胚性愈伤等。例如, 石斛属植物的遗传转化, 利用基因枪转化法的外植体可以是原球茎、类原球茎体(及其薄片)、黄花苗、愈伤及花。具体可见文献综述(Teixeira da Silva et al., 2016)。有些外植体在轰击前将材料转入高渗培养基中预先培养 4~6h。高渗培养基即愈伤诱导培养基或继代培养基中加入 0.1~0.3mol/L 的甘露醇和山梨醇, 提高渗透压。

DNA 微弹轰击: 先抽真空, 按 VAC(vaccum)键, 当真空度达到需要值(84.65~91.42kPa)时, 将 VAC 键转到 HOLD 位置, 然后轰击, 按 FIRE 键直到可裂膜爆破, 再按 VENT 键放气, 取出样品, 完成轰击。轰击参数设置可参见文献(Srinivas et al., 2016)。

轰击后外植体的培养: 轰击后的材料在高渗培养基中培养(加入 0.1~0.3mol/L 的甘露醇和山梨醇的愈伤诱导培养基或继代培养基)过夜, 然后继代到不含抗生素的继代培养基中恢复 1~2 周, 以利于受轰击细胞的恢复及外源基因的表达。

筛选培养: 将恢复培养基的材料转入含有相应抗生素的筛选培养基中进行抗生素筛选, 一般 3 周左右为一个筛选周期, 筛选 2~3 次, 抗性组织可进行下步分化、生根培养, 生根植株移栽温室, 可用于转基因植株的分子生物学鉴定及其他生物学检测。

对于基因枪法具体的实验条件要做具体的摸索。周春丽等(2005)对基因枪轰击佛手叶盘的转化参数, 外植体的幼嫩程度、射程、氦气压力、真空度、轰击次数等进行了摸索。结果表明, 最佳条件为以幼叶为受体, 射程为 6cm, 氦气压力为 7.584×10$^6$Pa, 真空度为 88.046kPa。

基因枪转化法实例: Muralikrishna 等(2016)利用基因枪轰击了 75 个外植体, 获得了 6 个转化植株。首先 DNA-微弹载体的制备参考文献(Dheeraj et al., 2008), 选用 Bio-Rad 的 0.6μm 的金粉, 1100psi 可裂膜(不同植物选用不同 psi 的可裂膜), 7μl 质粒-金粉悬浮液用于轰击, 参数设置为射程 6cm、压力 650psi, 真空度 25mm 汞柱(Srinivas et al., 2016)。外植体为离体培养野甘草嫩芽的成熟绿叶(1cm), 基因枪为 PDS-1000/He。轰击后的外植体在不含有选择抗生素的 MS 培养基上培养 2d, 然后将外植体切成小块, 转移到含有选择抗生素[壮观霉素(spectinomycin)75mg/L] 和 4mg/L BAP、0.2mg/L IAA 的再生培养基中(Aileni et al., 2008)。3~4 周后, 将再生的外植体转移至同样的选择再生培养基中培养 3 周, 进行第二轮抗性筛选和芽的分化生长。然后将再生芽转移到含有选择抗生素而没有激素的 MS 培养基中培养 5~6 周, 促进芽的进一步生长。最后将长大的芽转移到含有 1mg/L IBA 的 1/2MS 培养基中促进生根, 生根后移栽到土中, 放温室培养, 用于后续鉴定分析。转基因的确定可用 PCR 和 DNA 印迹(Southern blot)分析方法。基因枪转化法实验流程见图 20-5。

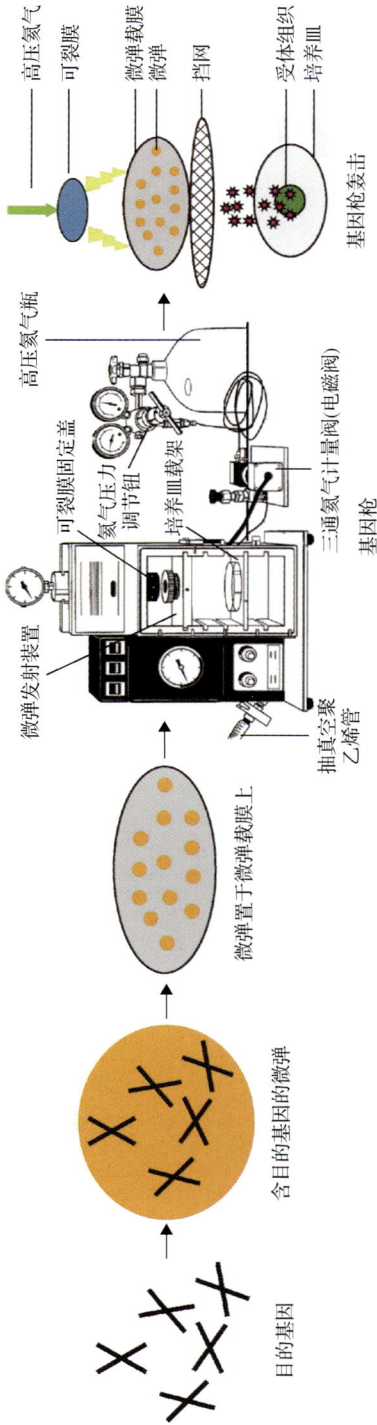

a. 基因枪介导转化法

b. 基因枪转化实例

图20-5　基因枪介导转化实验流程图

PDS-1000/He系统是利用通过可裂膜释放的高压氦气和轰击箱部分真空环境以很高的速率推动子弹载体的一面载有DNA-微弹，子弹载膜被推动运行一段距离后遇到挡网而停止，而DNA-微弹通过挡网继续前行，直至到达载有外植体的培养皿，穿入细胞，实现转化。首先是将DNA包被到金粉或钨的粉颗粒上，制成DNA-微弹，然后将DNA-微弹载到子弹载膜上，将子弹载膜置于子弹载膜装入固定盖，将挡网和载有子弹载膜的子弹载膜装置入微粒子弹发射装置中，将欲转化的外植体放入轰击箱内。轰击时，DNA-微弹的速率取决于氦气压力（可裂膜选择性），轰击箱的真空度及可裂膜到子弹载膜、子弹载膜到挡网、挡网到目标外植体细胞的距离。野甘草基因转化法未得转基因植株见Muralikrishna等(2016)

# 第三节　以获得转基因毛状根为目标的遗传转化

毛状根是植物整体植株或某一器官、组织(包括愈伤组织)、单个细胞,甚至原生质体受到发根农杆菌(*Agrobacterium rhizogenes*)的感染所产生的一种病理现象,在感染部位上或附近能产生大量的副产物毛状根(hairy root)。与根癌农杆菌带有染色体外的 Ti 质粒类似,发根农杆菌带有 Ri 质粒。Ri 质粒为一个约 250kb 的大质粒,其上面存在两个与转化有关的功能区,即 T-DNA 转移区和 Vir 致病区。T-DNA 的主要功能是在转化时进入植物细胞并插入到寄主植物基因组中,表达决定毛状根生长和冠瘿碱合成的基因,Vir 区的作用是协助 T-DNA 区完成转化。Vir 区上有 7 个操纵子 VirA-G。转化时,植物伤口产生小分子酚类化合物与 VirA 的表达产物结合,激活其他 *vir* 基因,使 T-DNA 被剪切、转移并最终整合到宿主细胞基因组中。因此,单子叶植物不能合成特异性小分子酚类化合物是其难以被侵染诱导出毛状根的主要原因(孙敏,2011;张萌等,2014)。经改造的 Ri 质粒和菌株即可携带外源基因,转化受体植物,形成表达外源基因的毛状根。

药用部位是植物根部的药用植物较多,因此毛状根培养对药用植物的研究十分重要。据不完全统计,毛状根的诱导培养已在毛地黄、银杏、红豆杉、黄芪、长春花、黄连、何首乌、紫草、人参、曼陀罗、颠茄、丹参、绞股蓝、半边莲、露水草、桔梗、决明、大黄、甘草、茜草和青蒿等 26 个科 100 多种药用植物上获得了成功(滕中秋和申业,2015),有草本植物,也有少量藤本及木本植物,豆科、茄科、菊科和唇形科药用植物所占比例较大(张萌等,2014)。其中一部分药用植物进行了转基因毛状根的研究。目前已报道的基因转化毛状根的部分药用植物参见表 20-2。

表 20-2　已报道基因转化毛状根的部分药用植物

| 植物种 | 外植体 | 侵染方式 | 转化基因 | 载体/农杆菌菌株 | 基因表达 | 参考文献 |
|---|---|---|---|---|---|---|
| 人参 | 根盘 | 菌液浸泡 | 环阿尔廷醇合酶(*CS*) | pBI121/A4 | 抑制表达 | Liang et al.,2009 |
| 人参和西洋参 | 根盘 | 菌液浸泡 | *PqD12H* 和 *CYP85a47* | pBI121/A4 | 抑制表达 | Sun et al.,2013 |
| 长春花 | 无菌培养 2~3 周的种子苗 | 茎尖穿刺接种 | 色氨酸脱羧酶基因(*TDC*)等 | pTA7002/ATCC 15834 | 过表达和异源基因表达 | Bhadra et al.,1993;Hong et al.,2006 |
| 丹参 | 叶片 | 菌液浸泡 | *2OGD5* | pK7GWIWG2D(II)/ACCC10060 | 抑制表达 | Xu and Song,2017 |
| *Rhazya stricta* | 无菌培养 2 个月的种子苗叶片 | 穿刺接种 | 潮霉素磷酸转移酶(*hph*) | pH7WGD2-GUS/LBA9402 | 选择标记基因表达 | Akhgari et al.,2015 |
| 夏枯草 | 无菌培养 2 个月的种子苗叶片 | 菌液浸泡 | 酪氨酸转氨酸(*PvTAT*) | pCAMBIA2300/ATCC15834 | 过表达和抑制表达 | Ru et al.,2016,2017 |
| *Nepeta pogonosperma* | 茎段 | 菌液浸泡 | *GUS* 报告基因 | pBI121/MSU440 和 ATCC15834 | 异源基因表达 | Valimehr et al.,2014 |
| 假马齿苋 | 近顶端叶片 | 注射器注射菌液 | 隐地蛋白基因 | pRi1855+pBin19++crypt/LBA9402 | 异源基因表达 | Majumdar et al.,2012 |
| 桔梗 | 幼苗叶片 | 菌液浸泡 | 3-羟基-3-甲基戊二酰辅酶 A 还原酶(*HMGR*) | pBI121/R1000 | 异源基因表达 | Kim et al.,2013 |

常用菌株主要有农杆碱型的 A4、ATCCl5834、16834、LBA9402 及 1601、R1000、R1200 等；还有黄瓜碱型的 2635、2657、2659 等，以及甘露碱型的 5196、TR101、TR7 等，不同植物对不同菌株的敏感性差异较大。但在菌株选择上还没有一定规律可循，往往需要尝试试验获知相应物种的最适菌株。

主要步骤：①外植体的选择和培养；②菌的活化和侵染液的制备；③侵染和共培养；④选择培养；⑤转基因毛状根的鉴定。

用于毛状根诱导的外植体可以是叶盘、叶柄、叶主脉、子叶、茎的节间薄片、茎段、茎段末端、无菌苗的茎穿刺、下胚轴和芽等。同一物种可选择多种外植体，但不同外植体的诱导效率不同，产生毛状根所需时间长短也不同。如丹参毛状根叶片基部诱导率最高，可以达到 93.3%，非叶片基部和茎段也可诱导产生毛状根，但诱导效率明显不如叶片基部，分别为 43.3%和 73.3%。叶片基部暗培养 15d 左右，可见白色毛状根长出，茎段一般需要 20～30d，叶片边缘时间最长，产生的毛状根也最少，具体是先取丹参无菌苗的叶片剪成小块，茎段切成小段，用刀片在叶片和茎段表面轻轻划伤，将外植体背面朝上置于 MS 固体培养基上预培养 2d，再进行菌体侵染(张夏楠等，2012)。外植体是否需要预培养，不同植物的不同外植体类型也有区别。如柴胡毛状根诱导时，是否预培养对发根率无明显影响(吴素瑞，2017)。

菌的活化和侵染液的制备：发根农杆菌的活化过程类似于根癌农杆菌的活化，培养至 $OD_{600}$=0.5～1.2(不同植物外植体的最适菌液浓度略有不同)，将菌液倒入无菌离心管中，4℃，4000r/min 离心 10min，弃上清液，用等体积的 MS 液体培养基重悬沉淀菌体，作为菌侵染液。

侵染方式常用的有菌液浸泡和注射器注射菌液。浸泡侵染时，浸泡时间、侵染菌液浓度、共培养时间也会对诱导率有影响。通常菌液浸泡时间为 5～20min，菌侵染液的浓度越大，侵染时间越长，菌液与外植体接触面积越大，农杆菌中的 Ri 质粒越容易进入外植体内，但菌液浓度过高也会导致外植体过度受伤致死，或后期不能完全除菌，抑制毛状根的产生和生长。菌液浸泡后取出外植体，用无菌滤纸吸去菌液，放入新的 MS 固体培养基上，黑暗中共培养一定时间，通常是 2～5d，共培养是为了诱导农杆菌中 vir 基因的表达，将其携带的外源基因转化进入外植体，共培养时间过长，农杆菌增殖严重，毒害外植体，不利于毛状根长出，时间过短则转化效率降低。丹参毛状根的诱导，不经共培养的外植体诱导生根率为零，随着共培养时间延长，诱导率逐渐提高，共培养 2～3d，诱导率最高，继续培养则诱导率显著下降(张夏楠等，2012)。共培养后的外植体用无菌水清洗及含有头孢霉素的水浸泡 5min 左右，用无菌水冲洗，吸干后，转入含有头孢霉素和选择抗生素的 MS 固体培养基上，每隔 7～14d 换一次培养基，待抗性毛状根长至 2～3cm 时，切下单独标号继代培养。多次继代直至完全除菌后将阳性根转入只含有选择抗生素的 MS 固体培养基上，继续培养用于后续分析。丹参毛状根诱导在菌侵染液中侵染 10min 可达到最佳诱导效果，随着时间延长，诱导率逐渐下降，侵染 20min 时仅为 13.3%(张夏楠等，2012)。而柴胡毛状根诱导的最适侵染时间为 20～25min(吴素瑞，2017)。

为了提高毛状根诱导效率，除了筛选适宜的菌株、外植体类型和侵染方式，也有采取各种方式以优化侵染条件的研究。SAAT 方法已成功用于多种植物的毛状根诱导。如罂粟（*Papaver somniferum*）(Le Flem-Bonhomme et al.，2004)和土耳其毛蕊花属植物 *Verbascum xanthophoeniceum*(Georgiev et al.，2011)的毛状根诱导。超声波的空化作用能在外植体表面形成大量的微伤口，这些微伤口能使发根农杆菌进入外植体的更深层，同时也增加了发根农杆菌的侵染位点。另外，通过热处理也能增加毛状根的诱导率。Thilip 等 (2015) 利用 SAAT 和热处理方法，优化了睡茄(*Withania somnifera*)的毛状根诱导条件，外植体经超声 15s 和热处理 41℃ 5min，最高诱导转化率达 93.3%。

转基因毛状根的鉴定：如选择的转化载体上带有 *GFP* 基因，可以将有毛状根的培养皿放在倒置显微镜下，在蓝色激发光源下观察。另外，还可以用 PCR 鉴定，实验中根据实际情况安排阴性对照和阳性对照。根据 Ri 质粒中 *rolC* 基因的序列设计 PCR 引物，进行扩增、电泳。也可 PCR 扩增转入的目的基因片段，如果转入的目的基因是诱导毛状根植物本身有的基因，可以跨载体序列和插入基因序列设计引物，即引物的一端是载体序列，另一端是插入的目的基因序列。如果插入的目的基因在植物基因组中是存在内含子的，也可设计跨内含子的引物，通常插入的目的基因是不带内含子的 cDNA，根据扩增片段大小确定是否包含转入的目的基因。

除了转化表达外源目的基因的应用，毛状根还有其他多方面的研究和应用。如在植物次生代谢产物合成方面的研究进展(刘彤等，2015)；在生物转化方面应用的研究进展(Ma et al.，2010；Banerjee et al.，2012)；在药物蛋白等生产方面应用的研究进展(Song et al.，2017)。另外，由毛状根也可再进一步诱导分化得到再生的完整植株(刘伟华等，1992；Saito et al.，1992；张荫麟等，1997； Sharifi et al.，2014)。在发根农杆菌诱导毛状根的产生研究中发现，产生的毛状根有时可自发长出愈伤组织或是整个植株。例如，假马齿苋毛状根诱导过程中，LBA9402 诱导出的毛状根自发长出愈伤组织，A4 诱导出的毛状根自发长出整个植株，这些愈伤组织和植株中有 *Rol* 基因的表达，而且植株长势也强于非转化的对照植株，个别皂苷单体的含量也较对照有显著增加(Majumdar et al.，2011)。柴胡毛状根诱导过程中也发现有自发长出植株的现象(孙晶等，2013)。这些自发现象也表明，可以通过培养过程中加激素及调整激素水平，由转基因的毛状根诱导产生完整植株，只是植株中还会有 *Rol* 基因的表达。Majumdar 等 (2012) 对转化了外源基因的毛状根再生出的完整植株及由根癌农杆菌转化法(含 Ti 载体)获得的完整植株进行了皂苷成分含量的比较。

人参和西洋参的转基因毛状根(抑制表达)实例(Sun et al.，2013)：将抑制 P450 基因表达的 RNAi 序列通过双酶切方法连接到植物表达载体 pBI121 中，重组载体热激法转化大肠杆菌感受态细胞，另外用重组载体 pBI-PqD12H-RNAi 和 pBI-PgCYP716A47-RNAi 转化发根农杆菌 A4，作为诱导毛状根的菌株。四年生的人参和西洋参的根分别用升汞无菌处理 10min，切成 1cm 厚的段，放置于 MS 培养基上 25℃预培养 2d。随后将预培养过的根段放入 A4 菌液中浸泡 8～10min，再放置到无菌的滤纸上 10min，最后将根段放置于含有选择抗生素的 MS 培养基上(20mg/L 卡那霉素)25℃培养。4～5 周后，在根段侧面即开始有毛状根发出，将长出毛状根的根段转入新的培养基中，以便继续筛选抗性毛状根。当毛状根长至大约 1cm 长时，将毛状根切下，转移至不含选择抗生素的 MS 培养基上 25℃条件下培养，用于后续基因表达和代谢产物含量测定分析。人参、西洋参及柴胡转基因毛状根诱导见图 20-6。

图 20-6　人参和西洋参转基因毛状根诱导(Sun et al.，2013)及柴胡转基因毛状根诱导(隋春等，未发表)

## 第四节　定点修饰的基因编辑技术

药用植物转基因技术在分子育种、药效成分合成与调控方面有较多应用。随着生物技术的发展，传统常规方法和现代先进技术的结合，不断扩展了转基因技术的应用领域，增大了其应用价值。基因编辑技术包括锌指核酸酶(zinc finger nuclease，ZFN)、TALEN (transcription activator-like effector nuclease)和成簇规律间隔短回文重复序列/CRISPR 相关蛋白(clustered regulatory interspaced short palindromic repeat/CRISPR-associated protein)。其中，CRISPR/Cas9 基因编辑技术是至今研究较多的、体系较成熟的、操作简单而高效的方法体系，可以在基因组上简便、高效地定点敲除、加入特定基因，还可实现对基因表达的调控和表观结构的改变，为基因功能解析及表观遗传学研究提供了很好的工具(Shan et al.，2013；Feng et al.，2014；Chang et al.，2015； Ren et al.，2016)。目前，从技术层面，植物基因组定点修饰的实现，需要常规的转基因技术环节；从功能层面，植物基因组定点修饰能够实现常规转基因技术所能达到的目标，以及更多已发现和有待探索的功能领域。本节简要介绍 CRISPR/Cas9 基因编辑技术的方法要点。

2013 年，3 个不同的研究小组分别利用 CRISPR/Cas9 成功地实现对拟南芥、烟草、玉米、小麦的基因进行编辑(Li et al.，2013；Nekrasov et al.，2013；Shan et al.，2013)，开启了 CRISPR/Cas9 用于植物基因组编辑的大门。CRISPR 即成簇规律间隔短回文重复序列，Cas 即 CRISPR 相关蛋白(CRISPR-associated proteins)。CRISPR/Cas 是原核生物在进化过程中形成的一种可降解外源性基因的免疫调节系统。CRISPR/Cas9 作为第三代基因编辑系统，通过简单的核苷酸互补配对方式与特定的位点结合，即可实现对靶基因的编辑，其实验设计简单、操作简便、成本低。与其他基因编辑技术相比，CRISPR/Cas9 技术的显著优势主要体现在：①设计简单，适用范围广，能够对基因组中绝大多数基因进行编辑。②对植物基因组编辑的特异性较高，除了在对六倍体植物小麦的基因组进行编辑时存在个别脱靶，在其他植物，如拟南芥、烟草中均未发现脱靶现象。③能够同时编辑多条基因。只要针对不同的基因设计不同的 sgRNA，并将其与 Cas9 蛋白编码序列构建到同一个转化体系中，便可一次性实现对多个基因的改造，大大提高了基因组编辑效率。④能够获得无外源基因插入的转基因植物（胡添源等，2016）。

CRISPR/Cas9 基因编辑技术是由具有核定位效应的 Cas9 蛋白和具有引导作用的 RNA（guide RNA，gRNA）两个部分组成。Cas9 是一种 DNA 核酸酶，最常用的 Cas9 蛋白来自于化脓性链球菌。在 Cas9 蛋白中存在两个重要的核酸酶结构域：HNH 结构域和 RuvC-like 结构域，其中，HNH 结构域能够剪切和 crRNA 相互补的一条链，而 RuvC-like 则剪切 DNA 双链中非互补的另一条链。gRNA 是一个合成长度约为 100nt 的 RNA 分子，靠近 5′端的约为 20nt 的序列能够与靶基因进行互补，而 3′端的发夹结构能与 Cas9 结合形成复合物。gRNA 可识别靶基因，并引导 Cas9 对靶基因进行剪切，从而产生双链 DNA 断裂（DNA double-strand break，DSB）。当 DSB 形成后，可通过非同源末端连接（nonhomologous end-joining，NHEJ）和同源重组修复（homology-directed repair，HDR）这两种途径进行修复。NHEJ 是一种简单但易导致错配的修复方式，会导致基因的插入/缺失（indel）或产生碱基突变；HDR 进行修复时，需利用 DNA 模板，产生特定序列的替换或插入（Liu et al.，2017b）。CRISPR/Cas9 技术原理示意图见图 20-7。

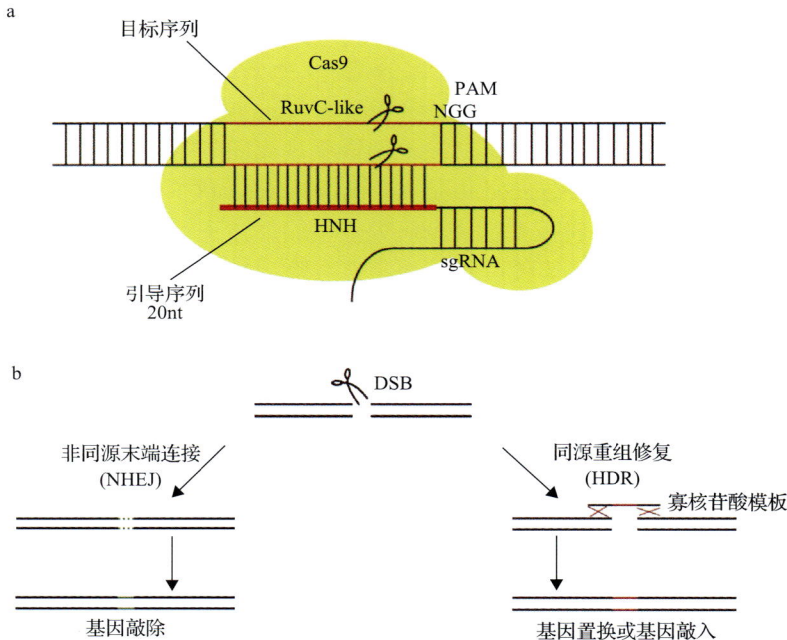

图 20-7　CRISPR/Cas9 技术原理示意图

CRISPR/Cas9 可对植物基因进行定点敲除、插入、定点替换、染色体重组和多基因敲除等，从反向遗传学的角度快速解析基因功能及基因间的相互关系，还可对植物基因进行转录调控。胡添源等（2016）展望了 CRISPR/Cas9 技术在药用植物研究中的应用，如下：①大部分药用植物的遗传背景和与重要次生代谢产物积累相关的功能基因尚不明确，以往主要通过以大肠杆菌作为宿主细胞的原核表达和以酵母作为宿主细胞的真核表达的体外功能验证法，以及以 RNAi、VIGS 过表达技术为主的体内功能验证法对基因的功能进行鉴定，均是通过调控基因的表达量从而达到功能验证的目的，而 CRISPR/Cas9 技术从 DNA 水平上对基因进行编辑，可以从源头上阻止基因的完整表达，是体内验证基因功能强有力的工具。②利用 CRISPR/Cas9 技术可以对许多重要次生代谢产物的含量进行调控，在异源生产过程中，工程菌的特性对产物的产量影响极大，传统的工程菌改造方法较为烦琐且耗时，但新一代基因编辑技术 CRISPR/Cas9 诞生后，可以一次性对多个位点进行改造，操作过程简单、高效，具有分子生物学实验背景的研究者只需通过简单的学习便可掌握这一技术。③CRISPR/Cas9 技术可以实现定向育种，培育出高产、抗逆或一些有具有特殊应用价值的作物或菌种。CRISPR/Cas9 技术的定点特性可以避免传统转基因技术的随机插入导致的许多不利结果，如内源基因破坏、外源基因沉默等，另外，CRISPR/Cas9 技术还可实现无外源基因的插入污染。④CRISPR/Cas9 系统在内源基因的转录调控、表观遗传调控及特定染色体位点的标记方面的应用，也有望用于药用植物的表观遗传研究中，以阐释药用植物的遗传背景和药材道地性。

CRISPR/Cas9 的应用过程中，sgRNA 的设计是能否成功进行基因编辑的关键。依据高质量基因组序列数据设计 sgRNA 也是避免脱靶现象的关键。已有多种在线或单机软件可设计出有效的、特异的 sgRNA，如 CRISPR-Design、E-CRISPR、CRISPR-P、Cas-OFFinder、Cas-Designer、CasOT、SSFinder 等。sgRNA 包括两部分：①crRNA（CRISPR derived RNA），也就是 20nt 与目标基因碱基配对的序列和 PAM（前间区序列临近基序，protospacer adjacent motif）；②反式激活 crRNA（trans-activating RNA，tracrRNA）。将 20nt 目标基因特异序列插入到启动子和 tracrRNA 之间构建载体。Cas9 可以和 sgRNA 构建在同一个载体上，也可以单独在一个载体上，随后和 sgRNA 所在载体共同转化受体。转化的方法有根癌农杆菌介导转化、发根农杆菌介导转化、基因枪转化、PEG 介导转化等。转化后的分析通常包括 Surveyor 分析、限制性酶切分析和二代测序分析，以检测、筛选转化和编辑成功的个体，进入后续的功能分析。Surveyor 分析就是利用 Surveyor 法（即错配酶法）进行分析，被编辑的目标基因序列上有碱基插入或缺失，因此 PCR 扩增后经变性、退火，将形成错配。错配酶（主要是 CEL1 或 T7E1 酶）将识别错配的杂合双链并剪切。产物跑电泳，比较切割条带与未切割条带的比例，即可反映出 Cas9/sgRNA 的活性。另外，也已报道有应用 CRISPR/Cas9 技术的载体工具。实验流程如图 20-8 所示。

药用植物转基因技术的不断建立、完善和成熟，将为分子育种和功能基因的研究起到更重要的作用。基因工程技术可以用来提高药用植物抗病、抗虫、抗除草剂的能力，提高药用植物的产量，增加药用植物中活性物质的含量，改善药材的品质，有利于药用植物的大面积种植和保护。在发展药用植物基因工程过程中，转基因药用植物的安全性也应受到重视，在充分认识到药用植物特殊性的基础上建立一套科学的、适用于转基因药用植物的安全性评价体系和判断标准，促进转基因技术在药用植物领域健康、可持续发展。在保证安全性的前提下，使基因工程技术的优势在药用植物研究和应用中得到充分的利用。另外，相比于经典的转基因技术改变植物性状，如农杆菌介导法、基因枪介导法和花粉管通道法等，外源基因都是随机整合到宿主基因组中去，转基因效果预见性不强，存在基因沉默和出现非预期变异问题，基因编辑技术具有靶向突变、删除、插入、替换目的基因和可获得不含外源基因的非转基因植株等优点，它们的相互结合应用正在快速发展。

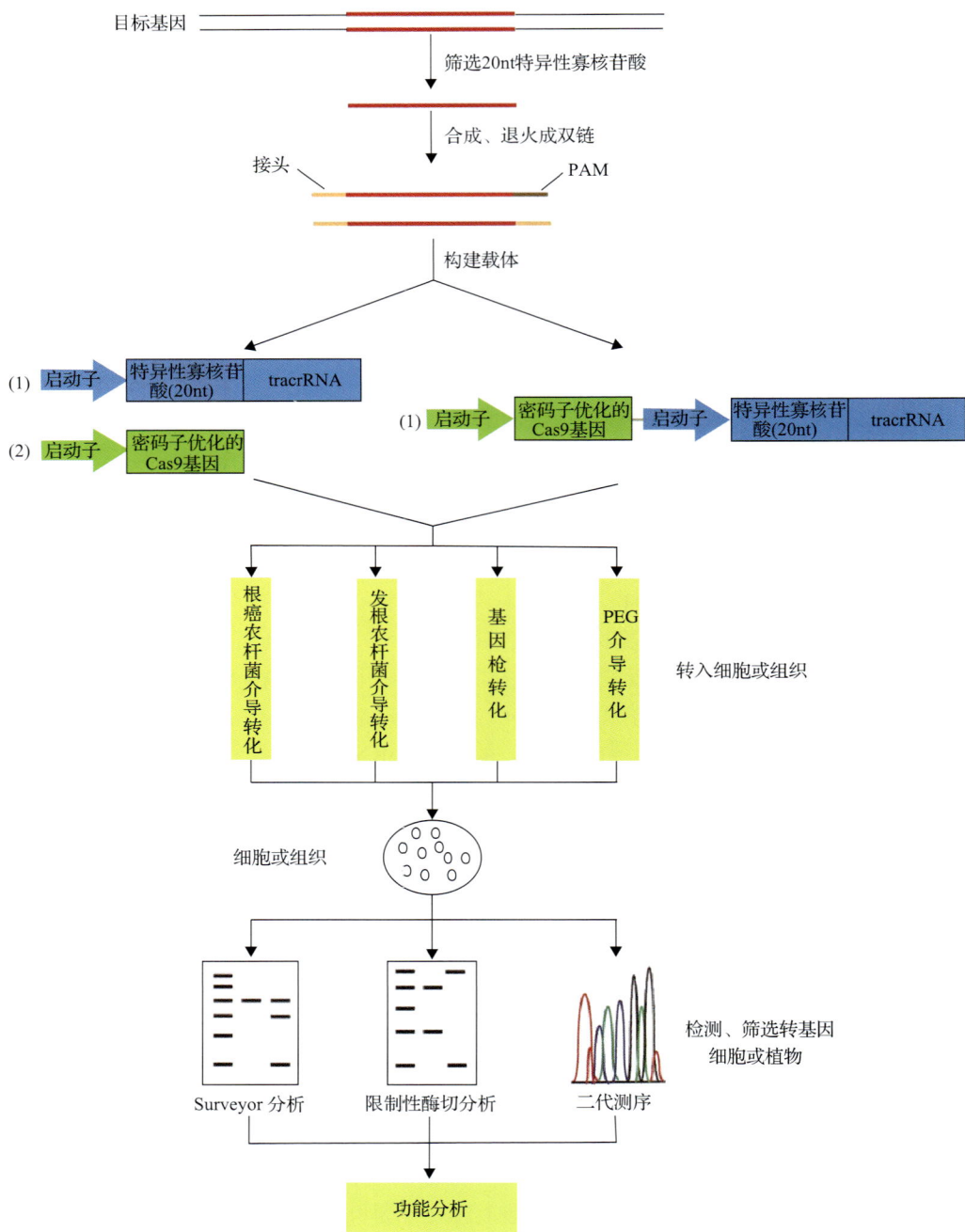

图 20-8　CRISPR/Cas9 技术实验流程图

## 参 考 文 献

储成才. 2013. 转基因生物技术育种: 机遇还是挑战? 植物学报, 48(1): 10-22.

丁如贤, 肖莹, 王凯, 等. 2009. 转双价抗虫基因 *Bt-CpTI* 提高四倍体菘蓝对小菜蛾抗性. 中草药, 40(4): 621.

郭艳, 张会, 简曙光, 等. 2017. 厚藤 cDNA 文库的构建和重金属镉耐受相关基因的筛选. 植物科学学报, 35(3): 372-378.

胡添源, 高伟, 黄璐琦. 2016. 展望 CRISPR/Cas9 基因编辑技术在药用植物研究中的应用. 中国中药杂志, 41(16): 2953-2957.

刘彤, 杨淑慎, 方荣锋, 等. 2015. Ri 质粒介导的毛状根体系建立及其在植物次生代谢产物合成中的研究进展. 植物科学学报, 33(2): 264-270.

刘伟华, 徐香玲, 李集临, 等. 1992. 发根农杆菌转化龙胆再生植株的研究. 遗传, 14(5): 27-29.

马小军, 莫长明. 2017. 药用植物分子育种展望. 中国中药杂志, 42(11): 2021-2031.

马莹, 马晓惠, 马晓晶, 等. 2015. 丹参酮生物合成途径 CYP76AH1 基因 RNA 干扰体系的建立及干扰效果研究. 中国中药杂志, 40(8): 1439-1443.

毛碧增, 孙丽, 刘雪辉. 2008. 基因枪转化双价防卫基因获得抗立枯病白术. 中草药, 39(1): 99.

隋春, 徐洁森, 赵立子, 等. 2012. 北柴胡 UGT 基因的克隆及其过量表达和 RNAi 转基因载体的构建. 中国中药杂志, 37(5): 558-563.

孙晶, 徐洁森, 赵立子, 等. 2013. 北柴胡毛状根诱导及其植株再生体系的建立. 药学学报, 48(9): 1491-1497.

孙敏. 2011. 药用植物毛状根培养与应用. 重庆: 西南师范大学出版社.

滕中秋, 申业. 2015. 药用植物基因工程的研究进展. 中国中药杂志, 40(4): 594-601.

王关林, 方宏筠. 2002. 植物基因工程. 2 版. 北京: 科学出版社.

吴素瑞. 2017. 柴胡皂苷合成相关的转录因子研究. 北京协和医学院/中国医学科学院硕士学位论文.

徐洁森, 魏建和, 陶韵文, 等. 2013. 北柴胡 BcUGT8 基因的克隆、序列分析及其原核表达载体的构建. 中草药, 44(17): 2453-2459.

曾雯雯. 2015. 罗汉果遗传转化体系的建立与 CS 基因的转化研究. 广西大学硕士学位论文.

张萌, 高伟, 王秀娟. 2014. 药用植物毛状根的诱导及其应用. 中国中药杂志, 39(11): 1956-1960.

张夏楠, 崔光红, 蒋喜红, 等. 2012. 丹参转基因毛状根离体培养体系的建立及分析. 中国中药杂志, 37(15): 2257-2261.

张荫麟, 宋经元, 祁建军, 等. 1997. 农杆菌转化后丹参植株再生. 中国中药杂志, 22(5): 274-275.

赵亚华, 何平. 2000. 根癌农杆菌介导的 mMT-1cDNA 转化枸杞及其表达的研究. 中国农业科学, 33(2): 92.

周春丽, 郭卫东, 王德解, 等. 2005. 利用 GUS 基因瞬时表达探索佛手叶盘基因枪转化参数. 西北植物学报, 25(11): 2145-2150.

Ahmad N, Mukhtar Z. 2017. Genetic manipulations in crops: challenges and opportunities. Genomics, 109(5-6): 494-505.

Aileni M, Rao Kokkirala V, Reddy Kota S, et al. 2008. Efficient *in vitro* regeneration from mature leaf explants of *Scoparia dulcis* L., an ethnomedicinal plant. Journal of Herbs, Spices & Medicinal Plants, 14(3-4): 200-207.

Akhgari A, Yrjönen T, Laakso I, et al. 2015. Establishment of transgenic *Rhazya stricta* hairy roots to modulate terpenoid indole alkaloid production. Plant Cell Reports, 34(11): 1939-1952.

Alam P, Khan Z A, Abdin M Z, et al. 2017. Efficient regeneration and improved sonication-assisted *Agrobacterium* transformation (SAAT) method for *Catharanthus roseus*. Biotech, 7(1): 26.

Alok A, Shukla V, Pala Z, et al. 2016. *In vitro* regeneration and optimization of factors affecting *Agrobacterium* mediated transformation in *Artemisia pallens*, an important medicinal plant. Physiology & Molecular Biology of Plants, 22(2): 261-269.

Banerjee S, Singh S, Ur R L. 2012. Biotransformation studies using hairy root cultures—a review. Biotechnology Advances, 30(3): 461-468.

Bhadra R, Vani S, Shanks J V. 1993. Production of indole alkaloids by selected hairy root lines of *Catharanthus roseus*. Biotechnology & Bioengineering, 41(5): 581-592.

Chang Z Y, Yan W, Liu D F, et al. 2015. Research progress on CRISPR/Cas. Journal of Agriculture Biotechnology, 23(9): 1196-1206.

Chen J L, Fang H M, Ji Y P, et al. 2011. Artemisinin biosynthesis enhancement in transgenic *Artemisia annua* plants by downregulation of the β-caryophyllene synthase gene. Planta Medica, 77(15): 1759-1765.

Colliver S P, Morris P, Robbins M P. 1997. Differential modification of flavonoid and isoflavonoid biosynthesis with an antisense chalcone synthase construct in transgenic *Lotus corniculatus*. Plant Molecular Biology, 35(4): 509-522.

Dheeraj V, Nalapalli P S, Vijay K, et al. 2008. A protocol for expression of foreign genes in chloroplasts. Nature Protocol, 3: 739-758.

Feng Z, Mao Y, Xu N, et al. 2014. Multigeneration analysis reveals the inheritance, specificity, and patterns of CRISPR/Cas-induced gene modifications in *Arabidopsis*. Proceedings of the National Academy of Sciences of the United States of America, 111(12): 4632-4637.

Georgiev M I, Ludwig-Müller J, Alipieva K, et al. 2011. Sonication-assisted *Agrobacterium rhizogenes*-mediated transformation of *Verbascum xanthophoeniceum* Griseb. for bioactive metabolite accumulation. Plant Cell Reports, 30: 859-866.

Green M R, Sambrook J. 2012. Molecular Cloning: A Laboratory Manual. 4th. Three-Volume Set. New York: Cold Spring Harbor Laboratory Press.

Hong S B, Peebles C A, Shanks J V, et al. 2006. Expression of the *Arabidopsis* feedback-insensitive anthranilate synthase holoenzyme and tryptophan decarboxylase genes in *Catharanthus roseus* hairy roots. Journal of Biotechnology, 122(1): 28-38.

Huang W, Khaldun A B M, Chen J, et al. 2016. A R2R3-MYB transcription factor regulates the flavonol biosynthetic pathway in a traditional Chinese medicinal Plant, *Epimedium sagittatum*. Frontiers in Plant Science, 7: 1089.

Huang W, Sun W, Lv H, et al. 2013. A R2R3-MYB transcription factor from *Epimedium sagittatum* regulates the flavonoid biosynthetic pathway. PLoS ONE, 8(8): e70778.

Kamthan A, Chaudhuri A, Kamthan M, et al. 2016. Genetically modified(GM) crops: milestones and new advances in crop improvement. Theoretical & Applied Genetics, 129(9): 1639-1655.

Kim Y K, Kim J K, Kim Y B, et al. 2013. Enhanced accumulation of phytosterol and triterpene in hairy root cultures of *Platycodon grandiflorum* by overexpression of *Panax ginseng* 3-hydroxy-3-methylglutaryl-coenzyme A reductase. Journal of Agricultural & Food Chemistry, 61(8): 1928-1934.

Le Flem-Bonhomme V, Laurain-Mattar D, Fliniaux M A. 2004. Hairy root induction of *Papaver somniferum* var. *album*, a difficult to transform plant, by *Agrobacterium rhizogenes* LBA 9402. Planta, 218: 890-893.

Lee M H, Jeong J H, Seo J W, et al. 2004. Enhanced triterpene and phytosterol biosynthesis in *Panax ginseng* overexpressing squalene synthase gene. Plant & Cell Physiology, 45(8): 976-984.

Li J F, Aach J, Norville J E, et al. 2013. Multiplex and homologous recombination-mediated genome editing in *Arabidopsis* and *Nicotiana benthamiana* using guide RNA and Cas9. Nature Biotechnology, 31: 688-591.

Liang Y, Zhao S, Zhang X. 2009. Antisense suppression of cycloartenol synthase results in elevated ginsenoside levels in *Panax ginseng* hairy roots. Plant Molecular Biology Reporter, 27(3): 298-304.

Liu W Y, Chiou S J, Ko C Y, et al. 2011. Functional characterization of three ethylene response factor genes from *Bupleurum kaoi* indicates that BkERFs mediate resistance to *Botrytis cinerea*. Journal of Plant Physiology, 168(4): 375-381.

Liu X, Wu S, Xu J, et al. 2017b. Application of CRISPR/Cas9 in plant biology. Acta Pharmaceutica Sinica B, 7(3): 292-302.

Liu Y, Sun G, Zhong Z, et al. 2017a. Overexpression of AtEDT1 promotes root elongation and affects medicinal secondary metabolite biosynthesis in roots of transgenic *Salvia miltiorrhiza*. Protoplasma, 254: 1617-1625.

Liu Y, Yang S X, Cheng Y, et al. 2015. Production of herbicide-resistant medicinal plant *Salvia miltiorrhiza*, transformed with the *Bar* gene. Applied Biochemistry & Biotechnology, 177(7): 1456-1465.

Ma W L, Yan C Y, Zhu J H, et al. 2010. Biotransformation of paeonol and emodin by transgenic crown galls of *Panax quinquefolium*. Applied Biochemistry and Biotechnology, 160(5): 1301-1308.

Majumdar S, Garai S, Jha S. 2011. Genetic transformation of *Bacopa monnieri*, by wild type strains of *Agrobacterium rhizogenes*, stimulates production of bacopa saponins in transformed calli and plants. Plant Cell Reports, 30(5): 941-954.

Majumdar S, Garai S, Jha S. 2012. Use of the cryptogein gene to stimulate the accumulation of bacopa saponins in transgenic *Bacopa monnieri* plants. Plant Cell Reports, 31(10): 1899-1909.

Muralikrishna N, Srinivas K, Kumar K B, et al. 2016. Stable plastid transformation in *Scoparia dulcis* L. Physiology & Molecular Biology of Plants, 22(4): 1-7.

Nekrasov V, Staskawicz B, Weigel D, et al. 2013. Targeted mutagenesis in the model plant *Nicotiana benthamiana* using Cas9-guided endonuclease. Nature Biotechnology, 31: 691-693.

Phaetita W, Chin D P, Otang N V, et al. 2015. High efficiency *Agrobacterium*-mediated transformation of *Dendrobium orchid* using protocorms as a target material. Plant Biotechnology, 32: 323-327.

Ren C, Liu X J, Zhang Z, et al. 2016. CRISPR/Cas9-mediated efficient targeted mutagenesis in Chardonnay (*Vitis vinifera* L.). Scientific Reports, 6: 32289.

Ru M, An Y, Wang K, et al. 2016. *Prunella vulgaris* L. hairy roots: culture, growth, and elicitation by ethephon and salicylic acid. Engineering in Life Sciences, 16 (5): 494-502.

Ru M, Wang K, Bai Z, et al. 2017. A tyrosine aminotransferase involved in rosmarinic acid biosynthesis in *Prunella vulgaris* L. Scientific Reports, 7 (1): 4892.

Saito K, Yamazaki M, Anzai H, et al. 1992. Transgenic herbicide-resistant *Atropa belladonna* using an Ri binary vector and inheritance of the transgenic trait. Plant Cell Reports, 11: 219-224.

Seo J W, Jeong J H, Shin C G, et al. 2005. Overexpression of squalene synthase in *Eleutherococcus senticosus* increases phytosterol and triterpene accumulation. Phytochemistry, 66 (8): 869-877.

Shan Q W, Wang Y P, Li J, et al. 2013. Targeted genome modification of crop plants using a CRISPR-Cas system. Nature Biotechnology, 31: 686-688.

Sharifi S, Sattari T N, Zebarjadi A, et al. 2014. The influence of *Agrobacterium rhizogenes* on induction of hairy roots and β-carboline alkaloids production in *Tribulus terrestris* L. Physiology and Molecular Biology of Plants, 20 (1): 69-80.

Song D, Xiong X, Tu W F, et al. 2017. Transfer and expression of the rabbit defensin *NP-1* gene in lettuce (*Lactuca sativa*). Genetics & Molecular Research, 16 (1): gmr16019333.

Sonika P, Kumar P M, Avinash M, et al. 2016. In planta transformed cumin (*Cuminum cyminum* L.) plants, over expressing the *SbNHX1* gene showed enhanced salt endurance. PLoS ONE, 11 (7): e0159349.

Srinivas K, Muralikrishna N, Kumar K B, et al. 2016. Biolistic transformation of *Scoparia dulcis* L. Physiology and Molecular Biology of Plants, 22 (1): 61-68.

Sun Y, Zhao S J, Liang Y L, et al. 2013. Regulation and differential expression of protopanaxadiol synthase in Asian and American ginseng ginsenoside biosynthesis by RNA interferences. Plant Growth Regulation, 71 (3): 207-217.

Tan Y Q, Wang K Y, Wang N, et al. 2014. Ectopic expression of human acidic fibroblast growth factor 1 in the medicinal plant, *Salvia miltiorrhiza*, accelerates the healing of burn wounds. BMC Biotechnology, 14 (1): 74.

Teixeira da Silva J A, Dobránszki J, Cardoso J C, et al. 2016. Methods for genetic transformation in *Dendrobium*. Plant Cell Reports, 35 (3): 483-504.

Teng Z, Shen Y, Li J, et al. 2016. Construction and quality analysis of transgenic *Rehmannia glutinosa* containing TMV and CMV coat protein. Molecules, 21: 1134.

Thilip C, Raju C S, Varutharaju K, et al. 2015. Improved *Agrobacterium rhizogenes*-mediated hairy root culture system of *Withania somnifera* (L.) Dunal using sonication and heat treatment. Biotech, 5 (6): 949-956.

Valimehr S, Sanjarian F, Sohi H H, et al. 2014. A reliable and efficient protocol for inducing genetically transformed roots in medicinal plant *Nepeta pogonosperma*. Physiology & Molecular Biology of Plants, 20 (3): 351-356.

Verma P, Sharma A, Khan S A, et al. 2015. Over-expression of *Catharanthus roseus* tryptophan decarboxylase and strictosidine synthase in *rol* gene integrated transgenic cell suspensions of *Vinca minor*. Protoplasma, 252 (1): 373-381.

Wang D, Yao W, Song Y, et al. 2012b. Molecular characterization and expression of three galactinol synthase genes that confer stress tolerance in *Salvia miltiorrhiza*. Journal of Plant Physiology, 169 (18): 1838-1848.

Wang M, Deng Y, Shao F, et al. 2017. *ARGONAUTE* genes in *Salvia miltiorrhiza*: identification, characterization, and genetic transformation. Methods in Molecular Biology, 1640: 173-189.

Wang Q, Xing S, Pan Q, et al. 2012a. Development of efficient *Catharanthus roseus* regeneration and transformation system using *Agrobacterium tumefaciens* and hypocotyls as explants. BMC Biotechnology, 12 (1): 1-12.

Xia K, Liu X, Zhang Q, et al. 2016. Promoting scopolamine biosynthesis in transgenic *Atropa belladonna* plants with *pmt* and *h6h* overexpression under field conditions. Plant Physiology & Biochemistry, 106: 46-53.

Xu Z, Song J. 2017. The 2-oxoglutarate-dependent dioxygenase superfamily participates in tanshinone production in *Salvia miltiorrhiza*. Journal of Experimental Botany, 68 (9): 2299-2308.

Yang Y, Ge F, Sun Y, et al. 2017. Strengthening triterpene saponins biosynthesis by over-expression of farnesyl pyrophosphate synthase gene and RNA interference of cycloartenol synthase gene in *Panax notoginseng* cells. Molecules, 22 (4): 581.

Zeng X, Zhao D. 2015. *In vitro* regeneration and *Agrobacterium tumefaciens*-mediated genetic transformation in asakura-sanshoo [*Zanthoxylum piperitum* (L.) DC. f. *inerme* Makino] an important medicinal plant. Pharmacognosy Magazine, 11 (42): 374-380.

# 名 词 索 引

**B**

倍半萜　97
苯丙烷代谢总途径　137
苯丙烷类化合物　122
苯醌　156
表达载体　407
表观遗传学　270
播种期　48

**C**

柴胡皂苷　186
长春碱　217
长春新碱　217
长非编码 RNA　251
超级条形码　384

**D**

打顶　53
大气压电离　297
大气压化学离子化　297
代谢流组学　365
代谢途径和代谢网络分析　363
代谢组　355
代谢组学　355
代谢组学分析策略　365
单萜　97
蛋白质编码 RNA　248
道地药材　6
德布鲁因图(DBG)算法　318
地理因子　26
第二代测序技术　307
第三代测序技术　307
第一代测序技术　308
电喷雾离子化　297

多倍性育种　21
DNA 甲基化　270
DNA 甲基化分析　275
DNA 结合区　227
DNA 条形码技术　379

**E**

蒽醌　157
二萜　99

**F**

繁殖方式　48
泛醌　162
非编码 RNA　248
非蛋白质编码 RNA　248
菲醌　157
分析方法的验证　370
分子排阻色谱法　293
分子身份证　386
酚酸类化合物　131
酚酸生物合成途径　144

**G**

高效液相色谱法　292
根癌农杆菌　410
寡聚化位点　229
光照　28, 50

**H**

海拔　27
合成生物学　198
核磁共振技术　362
核定位信号区　229
化学计量学　363
化学键合相色谱法　293

黄酮类化合物　125

黄酮生物合成途径　138

**J**

基因编辑技术　419

基因表达的调控　236

基因枪技术　412

基因型　112

基质辅助激光解吸电离　297

降水　30

胶束电动毛细管色谱法　300

胶束色谱法　293

金属配位体　83

聚异戊二烯焦磷酸合酶基因　165

**K**

抗氧化系统　79

醌类化合物　156

**L**

离子毒害　75

离子交换色谱法　293

**M**

毛细管等电聚焦电泳　300

毛细管电泳　299

毛细管电泳-质谱联用技术　301

毛细管凝胶电泳　300

毛细管区带电泳　300

毛状根　416

木质素单体　130

木质素单体生物合成途径　142

目的基因　406

Meta-barcode 技术　385

miRNA　249

miRNA 靶基因　344

miRNA 实时定量 PCR 技术　340

miRNA 转基因研究　346

miRNA 组织定位　343

miRNA microarray　343

miRNA Northern 杂交技术　340

**N**

萘醌　156

尿黑酸茄尼基转移酶基因　166

农药　57

农药残留　68

农药登记　60

农药乱用滥用　62

农药使用　61

**O**

Overlap-layout-consensus（OLC）算法　317

**P**

品种选育　13

**Q**

芪类化合物　135

芪类生物合成途径　146

气候因子　27

气相色谱法　286

亲和色谱法　294

**R**

人参皂苷　185

**S**

三七皂苷　186

三萜　104

三萜皂苷　184

色谱法　284

色谱分离技术　359

色谱-光谱联用技术　286

色谱-色谱联用技术　285

生物技术育种　21

生物碱　206

生物碱的分类　206

生物节律　112

施肥　44

薯蓣皂苷　187

数据质量保证 370

数量性状遗传 14

水分 51

溯源技术 390

siRNA 250

Solexa 测序技术 309

SOLiD 测序技术 310

454 测序技术 309

4-羟苯甲酸聚异戊二烯转移酶基因 167

**T**

特异条形码 384

萜类化合物 97

萜类生物合成 106

土壤 42

土壤水分 33

土壤微生物 33

土壤营养元素 31

土壤质地 31

**W**

纬度 26

温度 29

**X**

喜树碱 220

香豆素类化合物 133

小 RNA 分离 337

小 RNA 克隆 337

小 RNA 组高通量测序 343

修剪枝条 53

选择育种 19

**Y**

氧化胁迫 76

样品前处理 356

药效物质形成 5

药用植物非编码 RNA 258

药用植物 DNA 甲基化 278

药用植物品质 1

药用植物品质生物学 1

液-固吸附色谱法 293

液相色谱与质谱联用技术 296

液-液分配色谱法 293

遗传毒性 77

遗传规律 22

遗传转化 409

诱变育种 21

诱导子 114

**Z**

杂交育种 19

杂种优势利用 20

甾体皂苷 184

栽培技术 42

皂苷 184

皂苷的生物合成途径 188

皂苷类化合物的异源合成 196

摘蕾 53

植物 DNA 甲基化 271

质谱成像组学 365

质谱技术 361

质体醌 162

质体醌和泛醌的生物合成途径 162

种植密度 49

重金属 73

重金属超积累植物 74

重金属敏感植物 74

重金属耐性植物 74

重金属污染 89

主效基因遗传 14

转基因技术 405

转录调控区 228

转录因子 227

转录因子保守结构域 230

转录因子亚细胞定位 231